UNDERGRADUATE WORK COLLECTION OF DEPARTMENT OF ARCHITECTURE, NANCHANG UNIVERSITY 2020-2022

南昌大学建筑系学生作品集萃 2020-2022

南昌大学建筑与设计学院 编

黄景勇 王雪强 范丽娅 马 凯 主 编

周 韬 吴 琼 肖 君 曹 蕾 副主编

中国建筑工业出版社

南昌大学
NANCHANG UNIVERSITY
建筑与设计学院
ARCHITECTURE & DESIGN COLLEGE

自序
Author’s foreword

“物华天宝，人杰地灵”的红土地，碧波荡漾的前湖水，色彩斑斓的芳华四季滋养着南昌大学建筑与设计学院的师生们。建筑系学子的优秀作品如金秋的果实，每一颗都饱含着建筑系师生的智慧和心血。2020~2022 三年，正值新冠疫情期间，老师和学生能够克服各种困难，完成预期的教学和学习任务非常不易。虽然这些学生作品透露着些许稚嫩，但每一份作品都是师生们在课程设计当中留下的坚实印记，见证了学生们专业成长的辛路历程。我们今天收集成册，既是对建筑系近几年课程教学成果的总结，也是向始终关心南昌大学建筑学专业的专家、领导和家长们的一次作业展示。同时希望更多热爱建筑学专业的学生能了解到专业的特点，实现“建筑梦想、设计未来”的夙愿。

2022 年 1 月，新的南昌大学建筑与设计学院成立，包含建筑系、工业设计系、艺术设计系、城乡规划系。“大设计”平台为建筑学专业的发展提供了更广阔的空间。建筑系作为获批的国家一流本科专业建设点，我们深知肩上的重任。“星光不问赶路人”，在建筑学专业建设的道路上，我们将不懈努力，一路同行！

南昌大学建筑与设计学院副院长　黄景勇

2023 年 3 月

前言
Preface

“小荷才露尖尖角，早有蜻蜓立上头”，不少南昌大学建筑系的莘莘学子在老师们的辛勤指导下，已经开始在课程设计中崭露头角。本作品集收集了2020~2022 年期间部分优秀学生课程设计作品，作为阶段性教学成果回顾与总结。

南昌大学建筑系至今已有 60 多年的历史，建筑系师生始终秉承着踏实奋进、求实创新的精神，在建筑设计教学的道路上砥砺前行。近三年来，南昌大学建筑系稳步前进，逐年提升：2020 年，南昌大学建筑学专业获批江西省一流本科专业建设点；2021 年，南昌大学建筑学专业第三次通过全国建筑学专业评估，同年获批国家一流本科专业建设点；2022 年，南昌大学建筑系与城乡规划系、工业设计系、艺术设计系合并成为新的建筑与设计学院，进入新的历史发展阶段。

南昌大学建筑学专业的教学体系与时俱进，日趋成熟。在技术与艺术融合、人文与空间交汇的主线之下，课程设计训练从空间启蒙和认知开始，从单元空间过渡到组合空间，再从建筑尺度过渡到城市尺度，从而使学生能够具备全面的建筑设计能力，在毕业之前能够进行独立思考和创作，综合处理建筑空间和人居环境问题。

路漫漫其修远兮，南昌大学建筑系师生仍将上下求索，在建筑设计的教与学中耕耘，期待未来更多的收获。

南昌大学建筑与设计学院建筑系主任　王雪强

2023 年 3 月

目录
Contents

	自序	Author's foreword
	前言	Preface
12	建筑学大一 优秀作品集	Collection of excellent works of freshman majoring in architecture
42	建筑学大二 优秀作品集	Collection of excellent works of sophomore majoring in architecture
92	建筑学大三 优秀作品集	Collection of excellent works of junior majoring in architecture
162	建筑学大四 优秀作品集	Collection of excellent works of senior majoring in architecture
218	建筑学大五 优秀毕业设计	Excellent graduation works of fifth year architecture students
260	建筑遗产测绘 实习优秀成果	Excellent results of architectural heritage mapping practice
	后记	Postscript

建筑学大一优秀作品集

Collection of
excellent works of
freshman
majoring in architecture

一年级课题概述

Projects overview of the first grade

一年级建筑设计基础课程作为我校建筑类专业平台课，为建筑学和城乡规划专业学生进行共同的基础性训练。该课程以空间认知和表达训练为导向，共分为建筑设计基础（1）、建筑设计基础（2）和建筑设计基础（2）集中周三个阶段。在教学中，重视模型制作与观察、空间建构、团队合作，鼓励记录表达的多元化，并通过频繁的、不同规模层次的评图环节促进师生及学生之间的交流。

• 建筑设计基础（1）：实现对空间的最初认知以及对建筑图纸的最初绘制，强调模型制作对建筑设计基础课程的重要性。

“空间初探”：让学生理解空间的基本含义，学会运用以模型为基础进行空间建构、空间观察和空间表达的基本方法。

“建筑抄绘与测绘”：以模型为先、图纸居后的方式，训练学生识图与制图能力，并通过测绘过程加强学生对建筑空间以及场地关系的认识与理解。

• 建筑设计基础（2）：实现对建筑及城市空间的最初分析以及对建筑空间的初次构建，强调学生之间的团队合作意识。

“城市肌理调查与分析”：通过对某一经典城市肌理进行研究，让学生掌握城市调查与分析的基本方法，并加深学生对城市空间的理解与体会。

“大师作品分析”：通过对某一建筑大师住宅作品进行解读与分析，让学生初步体会建筑与周边环境（自然环境和人文环境）以及建筑功能与形式之间的相互关系，并深化对建筑各构成要素的认识。在近期的教学改革中，已将“城市肌理调查与分析”与“大师作品分析”课题进行整合，学生在对某一大师作品建筑单体及周边环境进行分析的同时，还对建筑所处区域一定范围内的城市肌理进行调查与分析，强调建筑与其所处城市环境之间的关系。

“小型空间设计与建造”通过设计及建造实践，使学生获得对材料性能、建造方式及设计过程的感性及理性认识，并对使用功能、人体尺度、空间形态以及建筑物理等方面有更为直观的体验与理解。

• 建筑设计基础（2）集中周：通过一个小型设计课题，巩固学生在一年级所学的基本设计与表达技能，为大一建筑设计基础课程与大二建筑设计及原理课程之间起到承上启下的作用。

南昌大学建筑与设计学院建筑系一年级组长　吴琼

2023 年 3 月

2020 级建筑学
大一

杨　行
许位鸿
彭宅镜
刘名一
罗　馨
刘思语
何邦楠
徐佳丽
沈欣彤
甘　露
王孟谦
宋雨萱

城市肌理 南京城市肌理分析 A

指导教师：
吴　琼
李　焰
雷　平
苏东宾
姜宇周
卢倚天
喻汝青
梁步青
陈家欢
叶雨辰

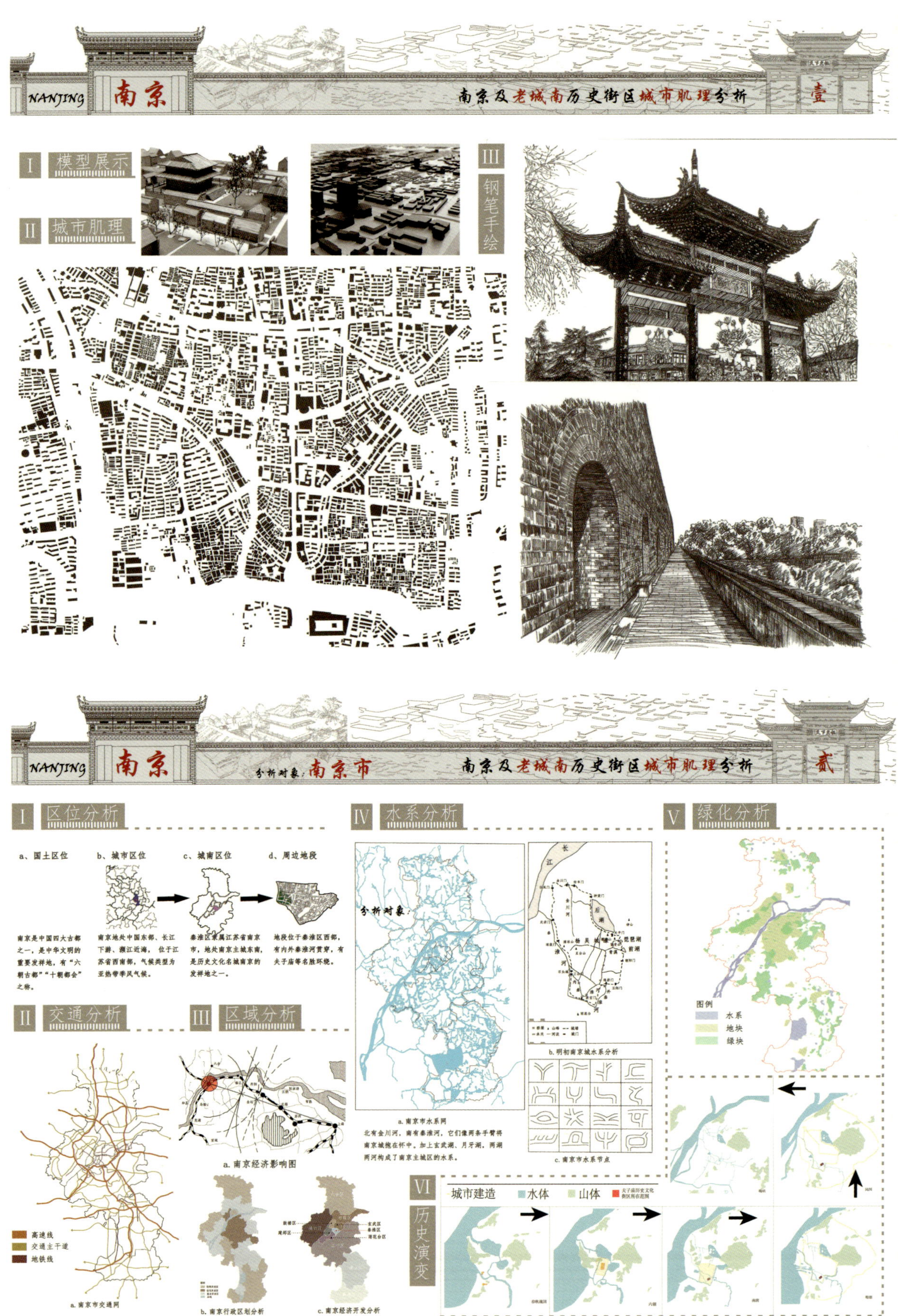
NANJING 南京
南京及老城南历史街区城市肌理分析
壹
I 模型展示
II 城市肌理
III 钢笔手绘
NANJING 南京
分析对象：南京市
南京及老城南历史街区城市肌理分析
贰
I 区位分析
a、国土区位
b、城市区位
c、城南区位
d、周边地段
南京是中国四大古都之一，是中华文明的重要发祥地，有“六朝古都”“十朝都会”之称。
南京地处中国东部、长江下游、濒江近海，位于江苏省西南部，气候类型为亚热带季风气候。
秦淮区隶属江苏省南京市，地处南京主城东南，是历史文化名城南京的发祥地之一。
地段位于秦淮区西部，有内外秦淮河贯穿，有夫子庙等名胜环绕。
II 交通分析
高速线
交通主干道
地铁线
a. 南京市交通网
III 区域分析
a. 南京经济影响图
b. 南京行政区划分析
c. 南京经济开发分析
IV 水系分析
分析对象：
a. 南京市水系网
北有金川河，南有秦淮河，它们像两条手臂将南京城抱在怀中，加上玄武湖、月牙湖，两湖两河构成了南京主城区的水系。
b. 明初南京城水系分析
c. 南京市水系节点
V 绿化分析
图例
水系
地块
绿块
VI 历史演变
城市建造
水体
山体

杨 行
许位鸿
彭宅镜
刘名一
罗 馨
刘思语
何邦楠
徐佳丽
沈欣彤
甘 露
王孟谦
宋雨萱

城市肌理
南京城市肌理分析B

指导教师：
吴 琼
李 焰
雷 平
苏东宾
姜宇周
卢倚天
喻汝青
梁步青
陈家欢
叶雨辰

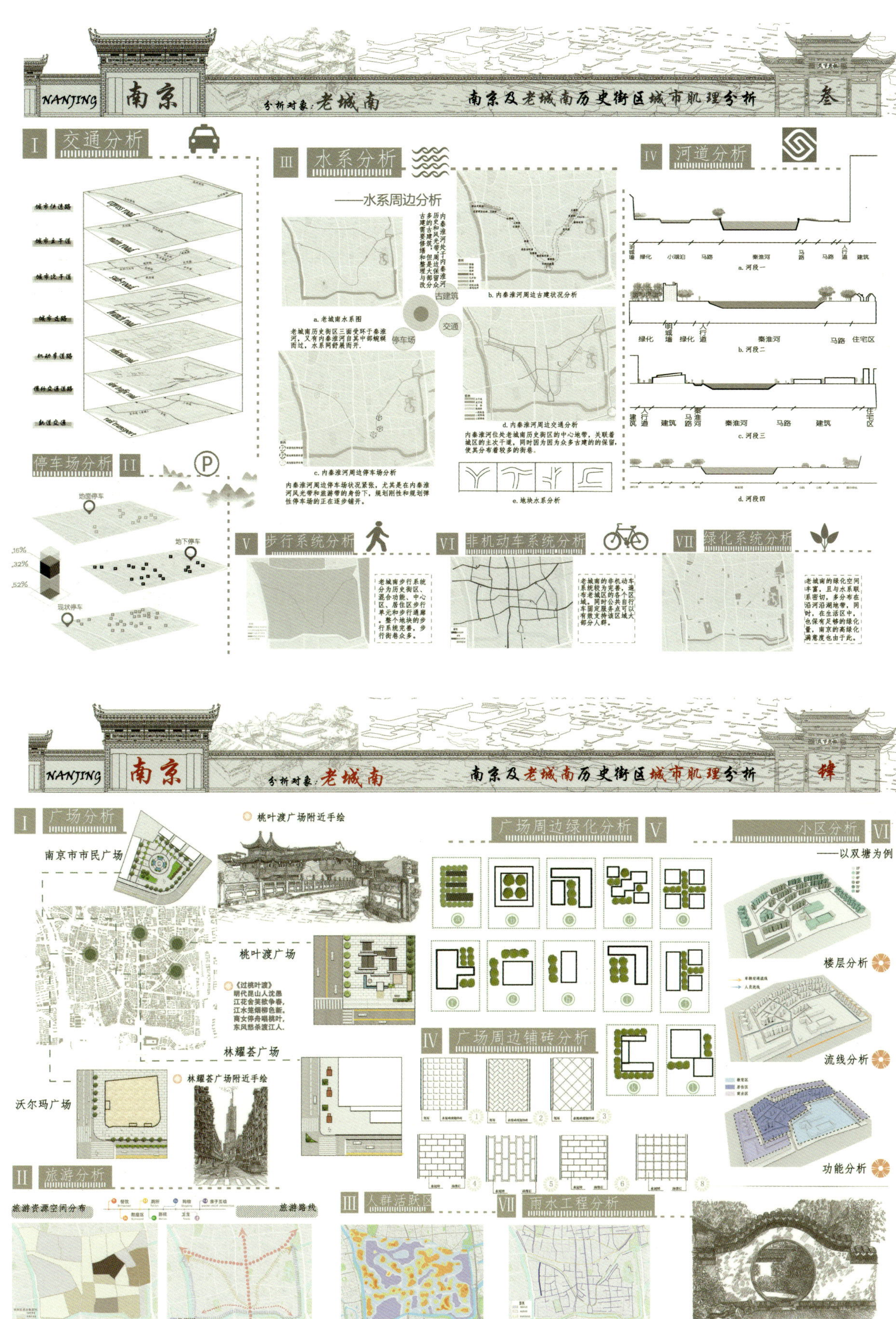
NANJING
南京
分析对象：老城南
南京及老城南历史街区城市肌理分析
叁
I 交通分析
III 水系分析
IV 河道分析
——水系周边分析
a. 老城南水系图
b. 内秦淮河周边古建状况分析
c. 内秦淮河周边停车场分析
d. 内秦淮河周边交通分析
e. 地块水系分析
a. 河段一
b. 河段二
c. 河段三
d. 河段四
停车场分析 II
地面停车
地下停车
现状停车
V 步行系统分析
VI 非机动车系统分析
VII 绿化系统分析
NANJING
南京
分析对象：老城南
南京及老城南历史街区城市肌理分析
肆
I 广场分析
南京市市民广场
桃叶渡广场附近手绘
桃叶渡广场
林耀荟广场
林耀荟广场附近手绘
沃尔玛广场
广场周边绿化分析 V
小区分析 VI
——以双塘为例
楼层分析
流线分析
功能分析
IV 广场周边铺砖分析
II 旅游分析
旅游资源空间分布
旅游路线
III 人群活跃区
VII 雨水工程分析

2020 级建筑学
大一

杨　行
许位鸿
彭宅镜
刘名一
罗　馨
刘思语
何邦楠
徐佳丽
沈欣彤
甘　露
王孟谦
宋雨萱

南京城市肌理分析 C

城市肌理

指导教师：
吴　琼
李　焰
雷　平
苏东宾
姜宇周
卢倚天
喻汝青
梁步青
陈家欢
叶雨辰

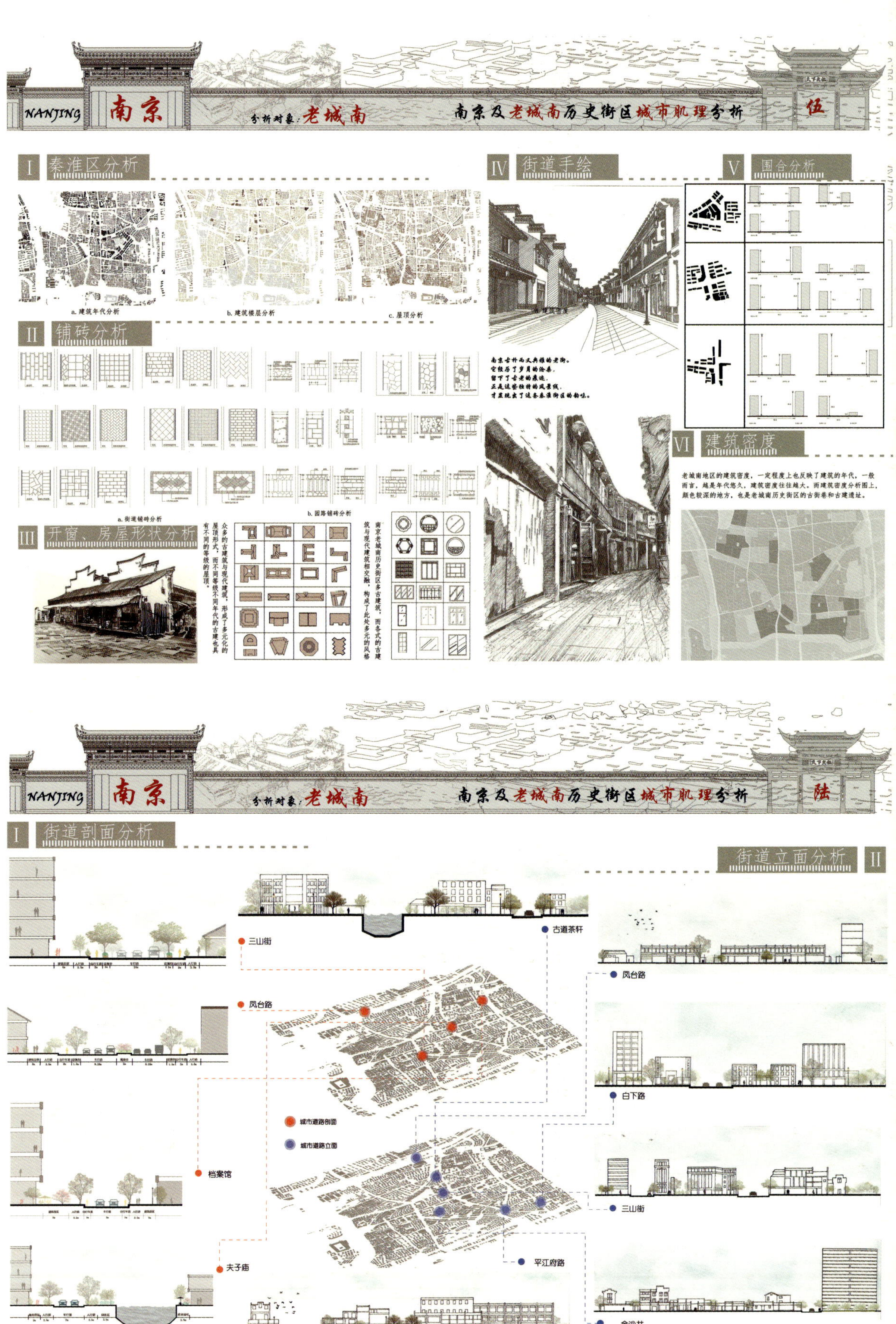
NANJING
南京
分析对象：老城南
南京及老城南历史街区城市肌理分析
伍
I 秦淮区分析
a. 建筑年代分析
b. 建筑楼层分析
c. 屋顶分析
II 铺砖分析
a. 街道铺砖分析
b. 园路铺砖分析
III 开窗、房屋形状分析
众多的古建筑与现代建筑，形成了多元化的屋顶形式，而不同等级不同年代的古建也具有不同的等级的屋顶。
南京老城南历史街区多古建筑，而各式的古建筑与现代建筑相交融，构成了此处多元的风格
IV 街道手绘
V 围合分析
VI 建筑密度
老城南地区的建筑密度，一定程度上也反映了建筑的年代，一般而言，越是年代悠久，建筑密度往往越大。而建筑密度分析图上，颜色较深的地方，也是老城南历史街区的古街巷和古建遗址。
NANJING
南京
分析对象：老城南
南京及老城南历史街区城市肌理分析
陆
I 街道剖面分析
街道立面分析 II
三山街
古道茶轩
凤台路
凤台路
白下路
城市道路剖面
城市道路立面
档案馆
三山街
夫子庙
平江府路
金沙井

2020 级建筑学
大一

杨 行
许位鸿
彭宅镜
刘名一
罗 馨
刘思语
何邦楠
徐佳丽
沈欣彤
甘 露
王孟谦
宋雨萱

城市肌理
南京城市肌理分析D

指导教师：
吴 琼
李 焰
雷 平
苏东宾
姜宇周
卢倚天
喻汝青
梁步青
陈家欢
叶雨辰

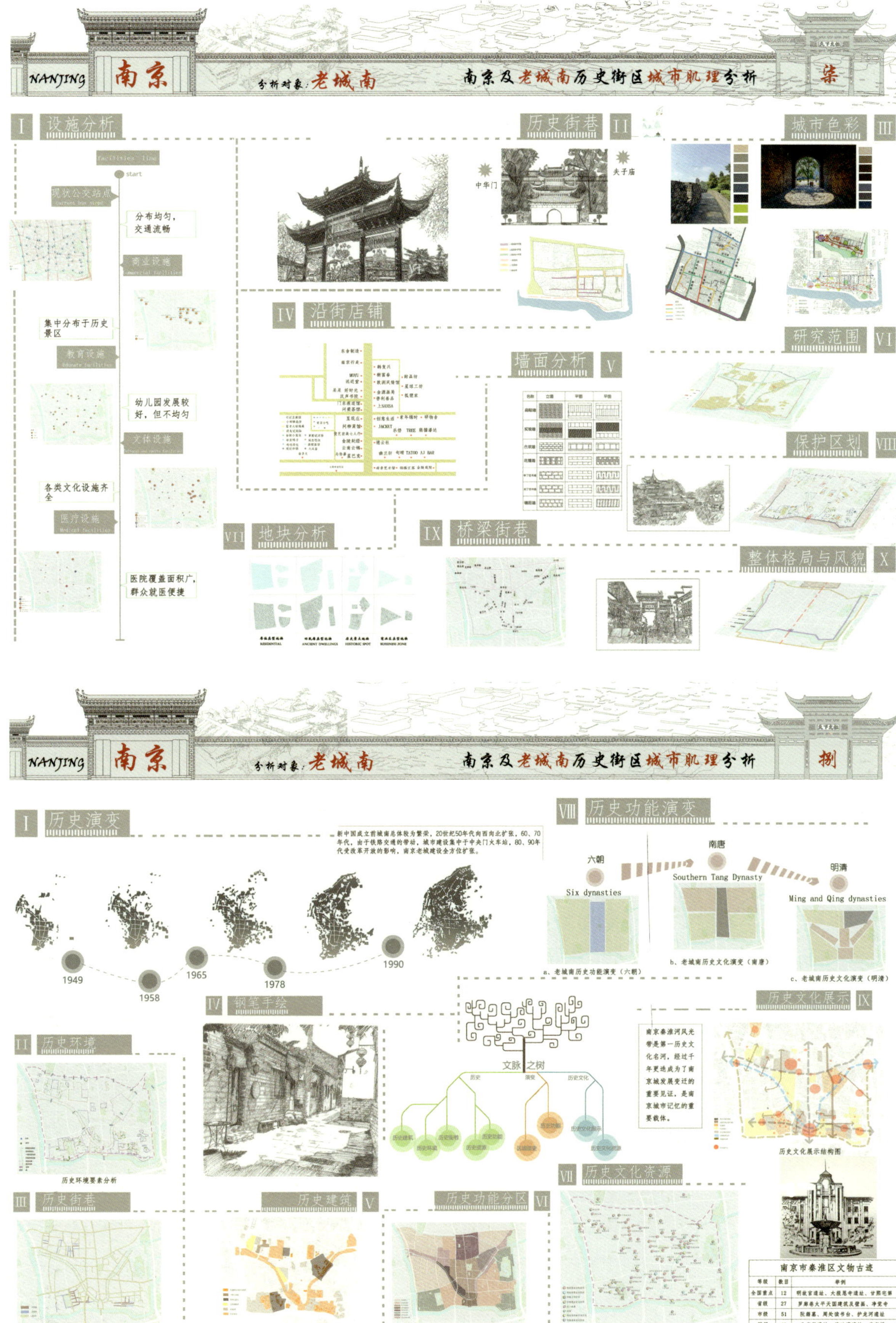
NANJING
南京
分析对象：老城南
南京及老城南历史街区城市肌理分析
柒
I 设施分析
start
现状公交站点
分布均匀，交通流畅
商业设施
集中分布于历史景区
教育设施
幼儿园发展较好，但不均匀
文体设施
各类文化设施齐全
医疗设施
医院覆盖面积广，群众就医便捷
历史街巷 II
中华门
夫子庙
城市色彩 III
IV 沿街店铺
墙面分析 V
研究范围 VI
VII 地块分析
保护区划 VIII
IX 桥梁街巷
整体格局与风貌 X
NANJING
南京
分析对象：老城南
南京及老城南历史街区城市肌理分析
捌
I 历史演变
新中国成立前城南总体较为繁荣，20世纪50年代向西向北扩张，60、70年代，由于铁路交通的带动，城市建设集中于中央门火车站，80、90年代受改革开放的影响，南京老城建设全方位扩张。
1949
1958
1965
1978
1990
VIII 历史功能演变
六朝
Six dynasties
南唐
Southern Tang Dynasty
明清
Ming and Qing dynasties
a. 老城南历史功能演变（六朝）
b. 老城南历史文化演变（南唐）
c. 老城南历史文化演变（明清）
IV 钢笔手绘
II 历史环境
历史环境要素分析
文脉之树
南京秦淮河风光带是第一历史文化名河，经过千年更迭成为了南京城发展变迁的重要见证，是南京城市记忆的重要载体。
历史文化展示 IX
历史文化展示结构图
VII 历史文化资源
III 历史街巷
历史街巷分布图
历史建筑 V
历史建筑分布图
历史功能分区 VI
老城南历史功能分区
历史文化资源分布图
南京市秦淮区文物古迹

2020 级建筑学
大一

杨　行
许位鸿
彭宅镜
刘名一
罗　馨
刘思语
何邦楠
徐佳丽
沈欣彤
甘　露
王孟谦
宋雨萱

城市肌理

南京城市肌理分析 E

指导教师：
吴　琼
李　焰
雷　平
苏东宾
姜宇周
卢倚天
喻汝青
梁步青
陈家欢
叶雨辰

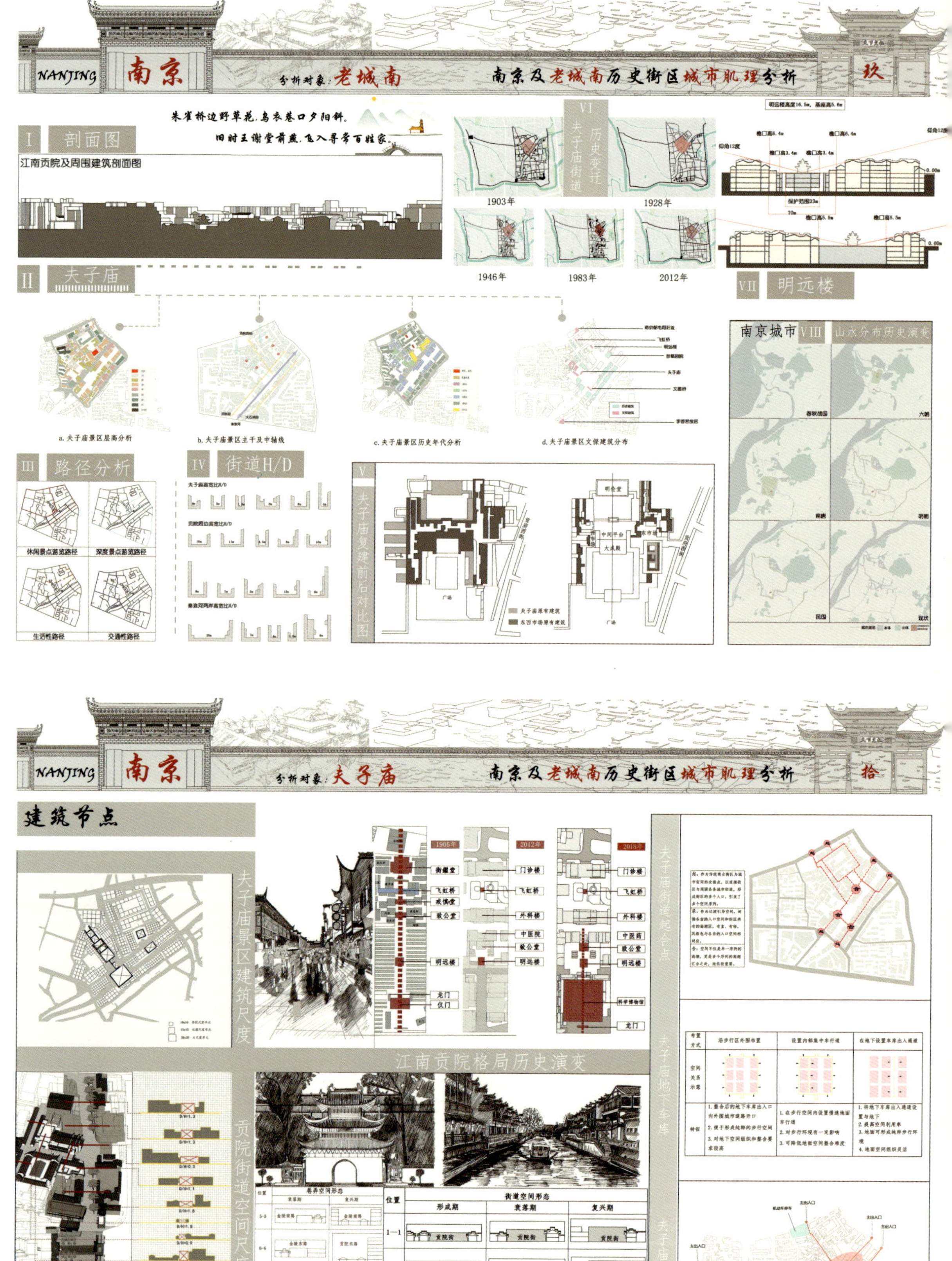
NANJING
南京
分析对象：老城南
南京及老城南历史街区城市肌理分析
玖
朱雀桥边野草花，乌衣巷口夕阳斜。
旧时王谢堂前燕，飞入寻常百姓家。
I 剖面图
江南贡院及周围建筑剖面图
II 夫子庙
III 路径分析
IV 街道H/D
V 夫子庙复建前后对比图
VI 夫子庙街道历史变迁
1903年
1928年
1946年
1983年
2012年
VII 明远楼
南京城市 VIII 山水分布历史演变
NANJING
南京
分析对象：夫子庙
南京及老城南历史街区城市肌理分析
拾
建筑节点
夫子庙景区建筑尺度
江南贡院格局历史演变
贡院街道空间尺度分析
夫子庙街道起合点
夫子庙地下车库
夫子庙景区出入口

杨　行
许位鸿
彭宅镜
刘名一
罗　馨
刘思语
何邦楠
徐佳丽
沈欣彤
甘　露
王孟谦
宋雨萱

城市肌理

南京城市肌理分析F

指导教师：
吴　琼
李　焰
雷　平
苏东宾
姜宇周
卢倚天
喻汝青
梁步青
陈家欢
叶雨辰

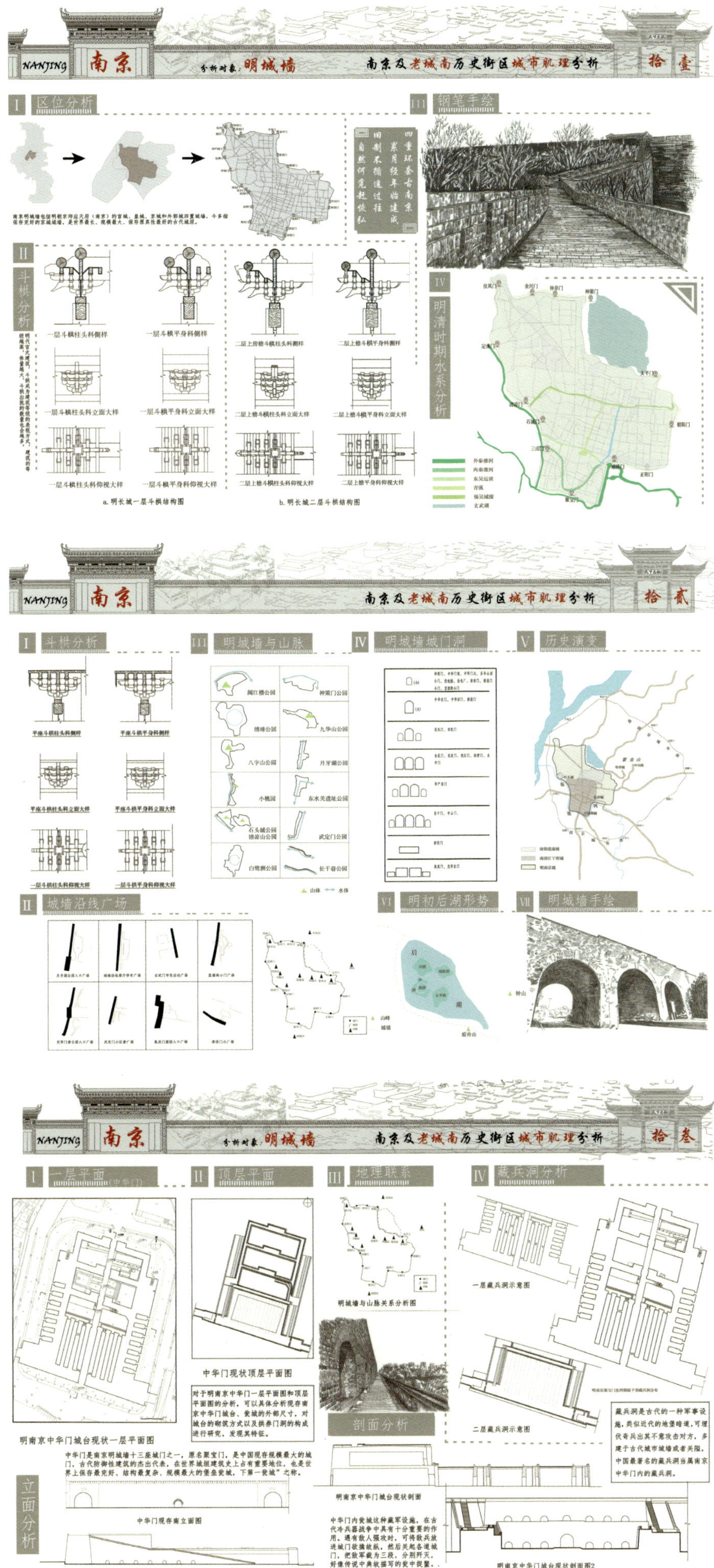
NANJING 南京 分析对象：明城墙 南京及老城南历史街区城市肌理分析 拾壹
I 区位分析
III 钢笔手绘
II 斗栱分析
IV 明清时期水系分析
a. 明长城一层斗栱结构图
b. 明长城二层斗栱结构图
NANJING 南京 南京及老城南历史街区城市肌理分析 拾贰
I 斗栱分析
III 明城墙与山脉
IV 明城墙城门洞
V 历史演变
II 城墙沿线广场
VI 明初后湖形势
VII 明城墙手绘
NANJING 南京 分析对象：明城墙 南京及老城南历史街区城市肌理分析 拾叁
I 一层平面
II 顶层平面
III 地理联系
IV 藏兵洞分析
明南京中华门城台现状一层平面图
中华门现状顶层平面图
明城墙与山脉关系分析图
剖面分析
一层藏兵洞示意图
二层藏兵洞示意图
对于明南京中华门一层平面图和顶层平面图的分析，可以具体分析现存南京中华门城台、瓮城的外部尺寸，对城台的砌筑方式以及拱券门洞的构成进行研究，发现其特征。
中华门是南京明城墙十三座城门之一，原名聚宝门，是中国现存规模最大的城门，古代防御性建筑的杰出代表，在世界城垣建筑史上占有重要地位，也是世界上保存最完好、结构最复杂、规模最大的堡垒瓮城，下第一瓮城”之称。
藏兵洞是古代的一种军事设施，类似近代的地堡暗道，可埋伏奇兵出其不意攻击对方，多建于古代城市城墙或者关隘。中国最著名的藏兵洞当属南京中华门内的藏兵洞。
立面分析
中华门现存南立面图
中华门现存东立面图
明南京中华门城台现状剖面
中华门内瓮城这种藏军设施，在古代冷兵器战争中具有十分重要的作用。遇有敌人强攻时，可将数兵放进城门瓮城数瓮，然后关起各道城门，把数军截为三段，分别歼灭，好像传说中典故描写的瓮中捉鳖。
明南京中华门城台现状剖面图2

2021 级建筑学
大一

梁志勇
戚　睿
张子卿
徐　欣
张宇涵
吴昕遥
刘　姿
李新妍
袁钰霖
许文捷

城市肌理

苏州城市肌理分析 A

指导教师：
吴　琼
李　焰
雷　平
苏东宾
姜宇周
卢倚天
喻汝青
梁步青
陈家欢
叶雨辰

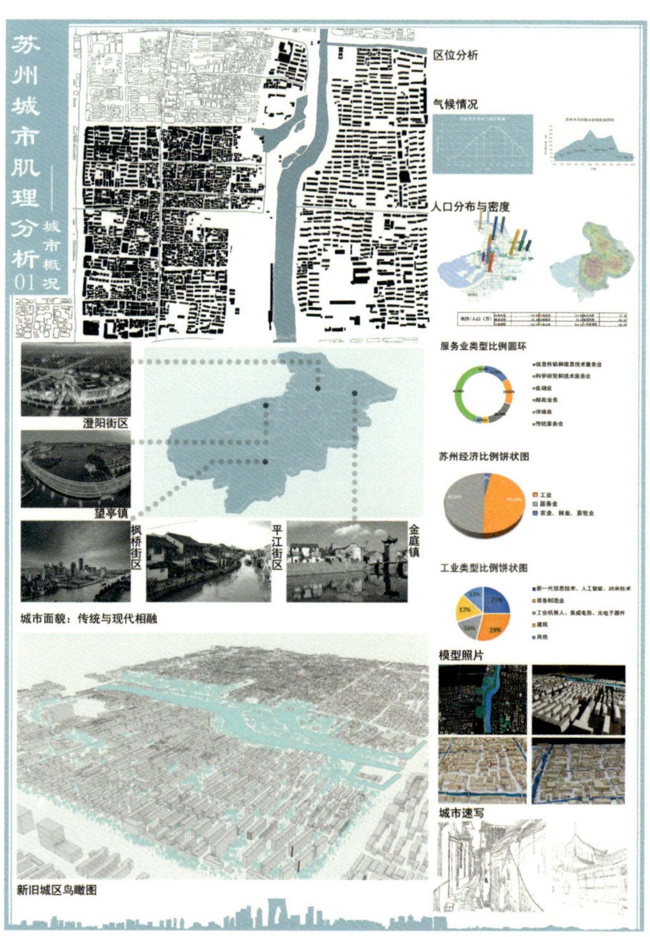
苏州城市肌理分析01
城市概况
区位分析
气候情况
人口分布与密度
服务业类型比例圆环
苏州经济比例饼状图
工业类型比例饼状图
澄阳街区
望亭镇
枫桥街区
平江街区
金庭镇
城市面貌：传统与现代相融
模型照片
城市速写
新旧城区鸟瞰图

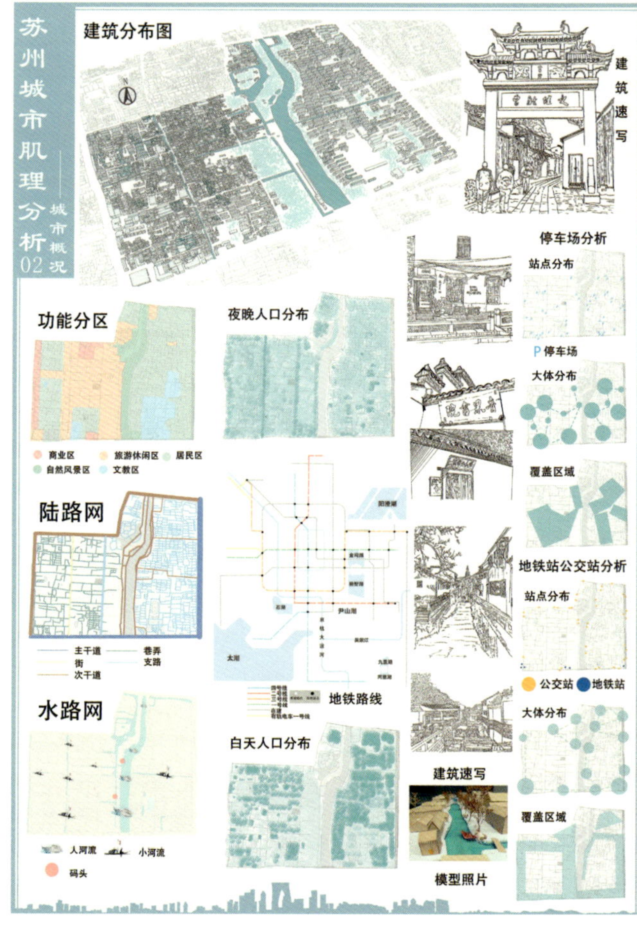
苏州城市肌理分析02
城市概况
建筑分布图
建筑速写
停车场分析
站点分布
P 停车场
大体分布
覆盖区域
功能分区
夜晚人口分布
商业区
旅游休闲区
居民区
自然风景区
文教区
陆路网
主干道
街
次干道
巷弄
支路
地铁路线
地铁站公交站分析
站点分布
公交站
地铁站
大体分布
覆盖区域
水路网
白天人口分布
大河流
小河流
码头
建筑速写
模型照片

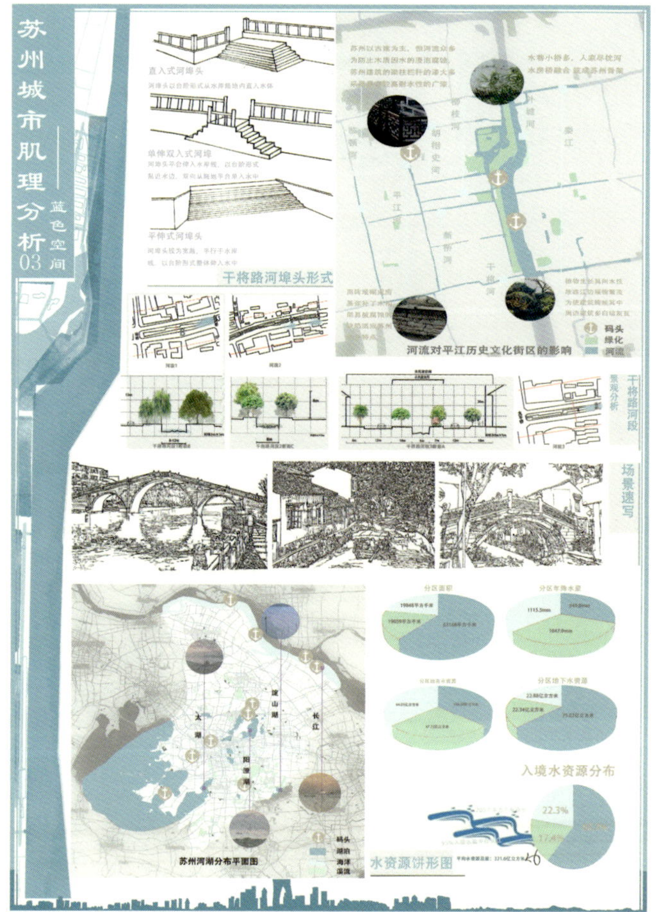
苏州城市肌理分析03
蓝色空间
直入式河埠头
平行式河埠头
干将路河埠头形式
河流对平江历史文化街区的影响
码头
绿化
河道
场景速写
入境水资源分布
水资源饼形图
苏州河湖分布平面图

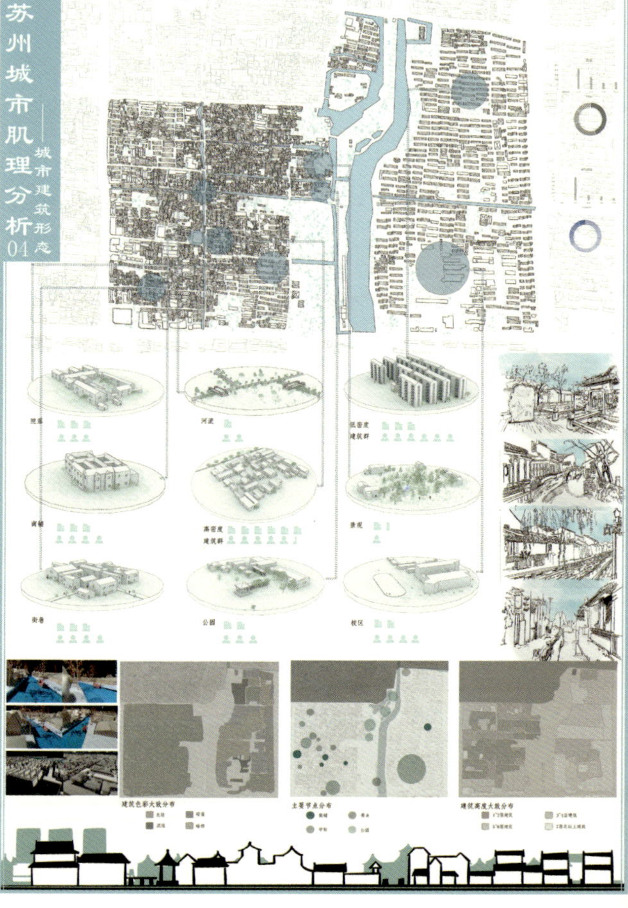
苏州城市肌理分析04
城市建筑形态

2021 级建筑学
大一

梁志勇
戚　睿
张子卿
徐　欣
张宇涵
吴昕遥
刘　姿
李新妍
袁钰霖
许文捷

城市肌理 苏州城市肌理分析 B

指导教师：
吴　琼
李　焰
雷　平
苏东宾
姜宇周
卢倚天
喻汝青
梁步青
陈家欢
叶雨辰

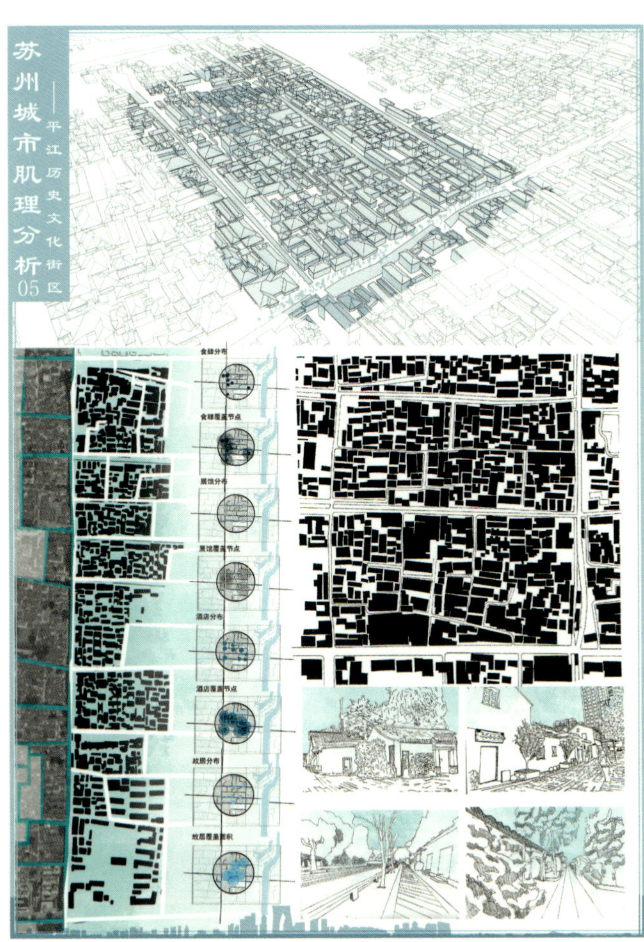
苏州城市肌理分析
平江历史文化街区
05

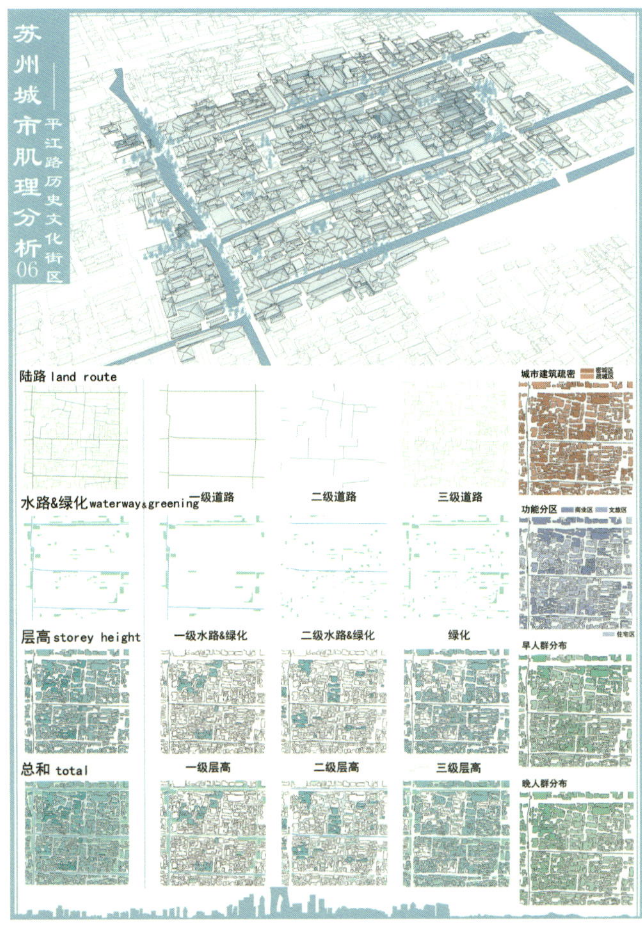
苏州城市肌理分析
平江路历史文化街区
06
陆路 land route
水路&绿化 waterway&greening
一级道路
二级道路
三级道路
层高 storey height
一级水路&绿化
二级水路&绿化
绿化
总和 total
一级层高
二级层高
三级层高
城市建筑疏密
功能分区
早人群分布
晚人群分布

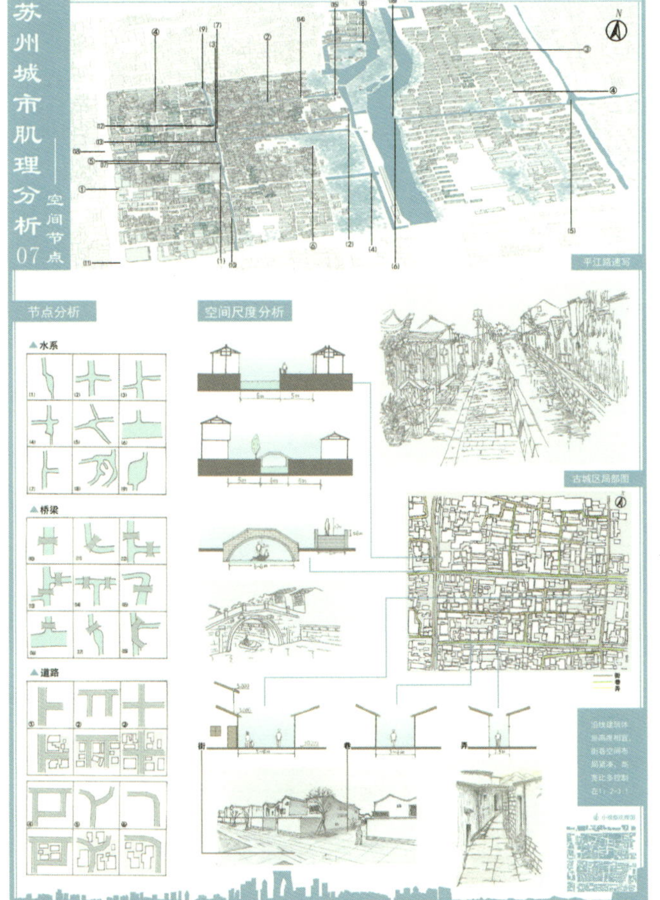
苏州城市肌理分析
空间节点
07
平江路速写
节点分析
空间尺度分析
水系
桥梁
道路
古城区局部图

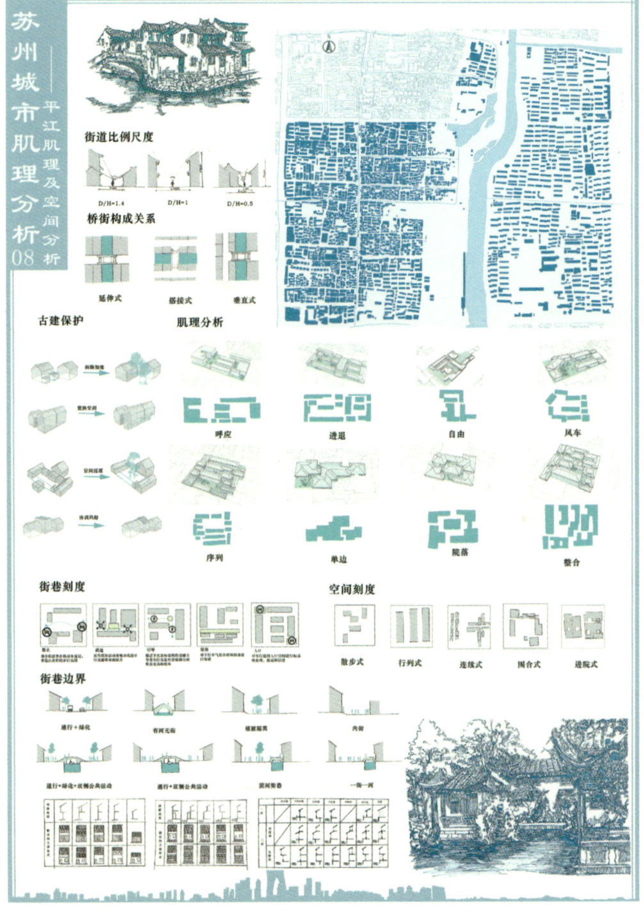
苏州城市肌理分析
平江肌理及空间分析
08
街道比例尺度
桥街构成关系
古建保护
肌理分析
呼应
进退
自由
风车
序列
单边
院落
整合
街巷刻度
空间刻度
街巷边界

2021 级建筑学
大一

梁志勇
戚　睿
张子卿
徐　欣
张宇涵
吴昕遥
刘　姿
李新妍
袁钰霖
许文捷

城市肌理

苏州城市肌理分析 C

指导教师：
吴　琼
李　焰
雷　平
苏东宾
姜宇周
卢倚天
喻汝青
梁步青
陈家欢
叶雨辰

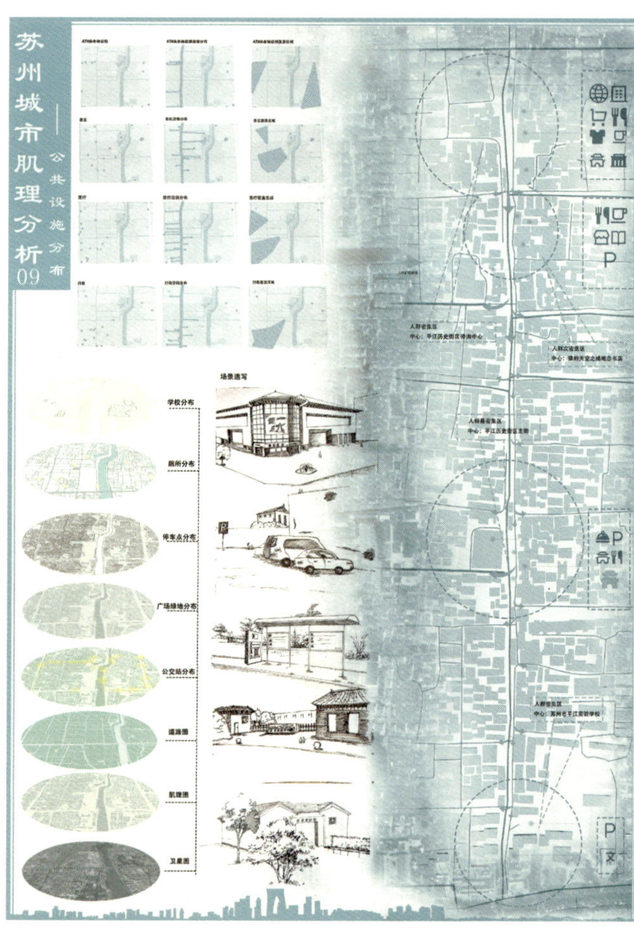
苏州城市肌理分析09
——公共设施分布
场景速写
学校分布
厕所分布
停车点分布
广场绿地分布
公交站分布
道路图
肌理图
卫星图

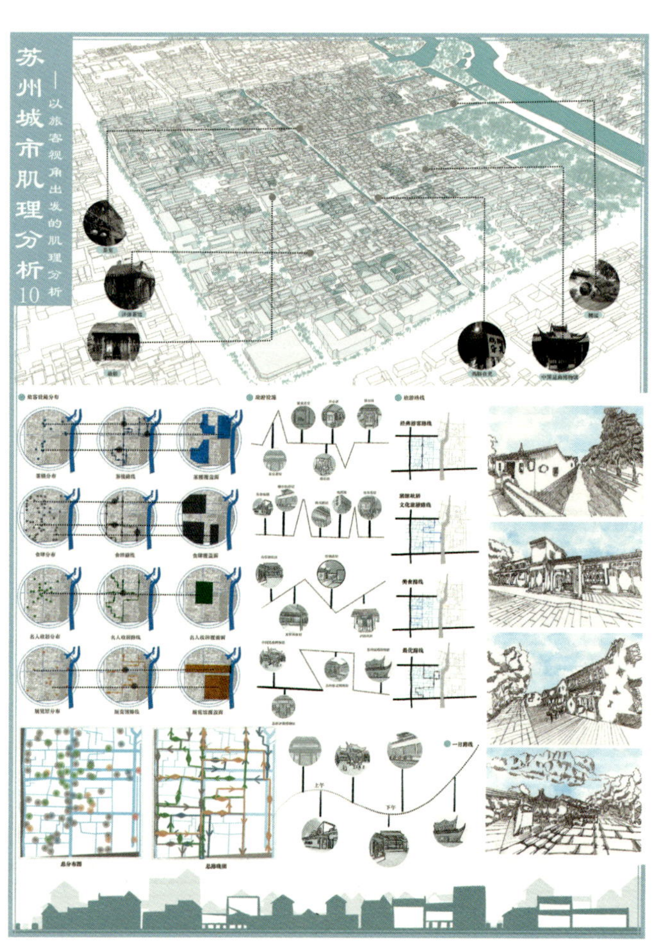
苏州城市肌理分析10
——以旅客视角出发的肌理分析

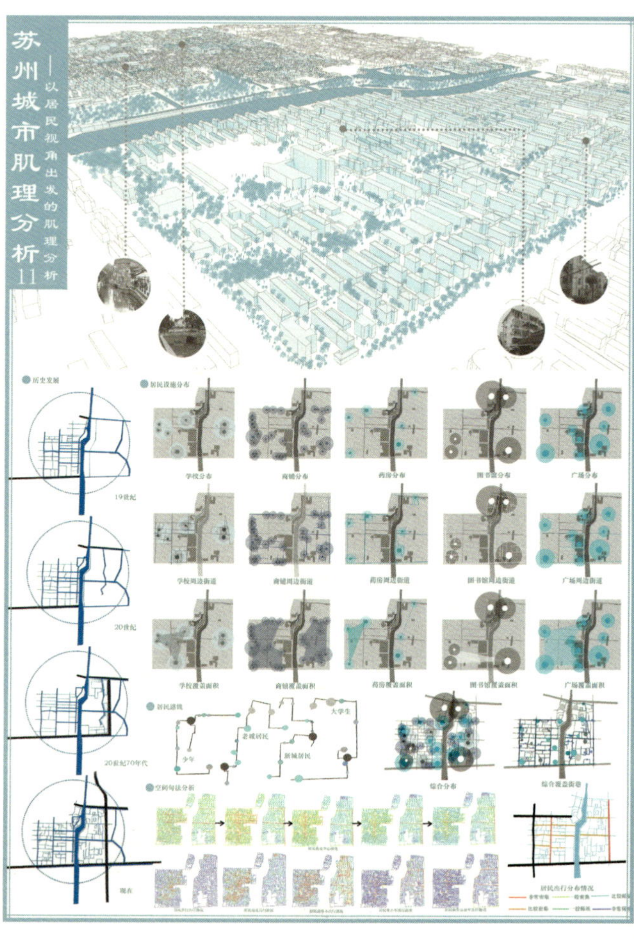
苏州城市肌理分析11
——以居民视角出发的肌理分析
历史发展
19世纪
20世纪
20世纪70年代
现在
居民设施分布
学校分布
商铺分布
西医分布
图书馆分布
广场分布
综合分布
大学生
老城居民
新城居民
少年

邢朝圆
敖杨婕妤
王懿荣
董佳鑫
陈蔚生
王雨虹
肖燕雯
左爱琦
廖　华
范自腾
陆家璇
刘智阳
应威涛

城市肌理

巴黎城市肌理分析A

指导
教师：
吴　琼
李　焰
雷　平
苏东宾
姜宇周
卢倚天
喻汝青
梁步青
陈家欢
叶雨辰

URBAN TEXTURE ANALYSIS OF PARIS
巴黎城市肌理分析
肌理图
1：5200
文化概述 CULTURAL OVERVIEW
巴黎在战争、瘟疫、革命和工业化、旧城改造中幸存下来，它已经吸引了几个世纪的流亡者、艺术家、建筑师和作家，"在这座城市留下大量有形和无形的文化遗产，其本身就是一座蕴藏丰富艺术价值的人文城市"。
巴黎重视人文历史保护与再利用，以此打造鲜明的城市特色品牌效应，使巴黎乃至整个法国成为浪漫、时尚、艺术的代名词。巴黎是世界公认的创意文化中心，是世界上最伟大的"文化生活中心"之一，"以其'生活艺术'而闻名"。
1

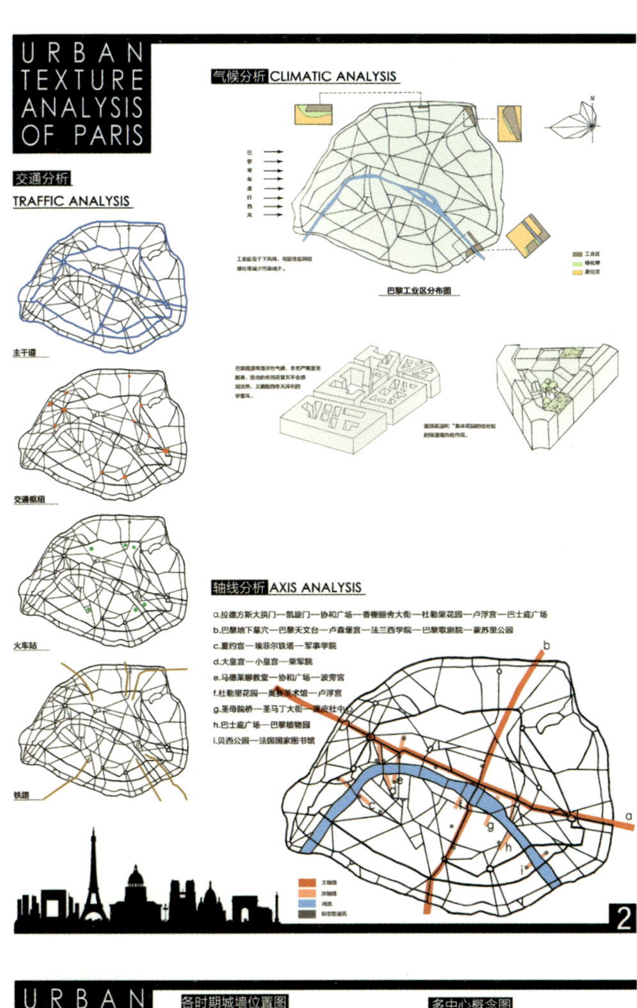
URBAN TEXTURE ANALYSIS OF PARIS
交通分析
TRAFFIC ANALYSIS
主干道
交通枢纽
火车站
铁路
气候分析 CLIMATIC ANALYSIS
巴黎工业区分布图
轴线分析 AXIS ANALYSIS
a.拉德方斯大拱门—凯旋门—协和广场—香榭丽舍大街—杜勒里花园—卢浮宫—巴士底广场
b.巴黎地下墓穴—巴黎天文台—卢森堡宫—法兰西学院—巴黎歌剧院—蒙苏里公园
c.夏约宫—埃菲尔铁塔—军事学院
d.大皇宫—小皇宫—荣军院
e.马德莱娜教堂—协和广场—波旁宫
f.杜勒里花园—奥赛美术馆—卢浮宫
g.圣母院桥—圣马丁大街—蓬皮杜中心
h.巴士底广场—巴黎植物园
i.贝西公园—法国国家图书馆
2

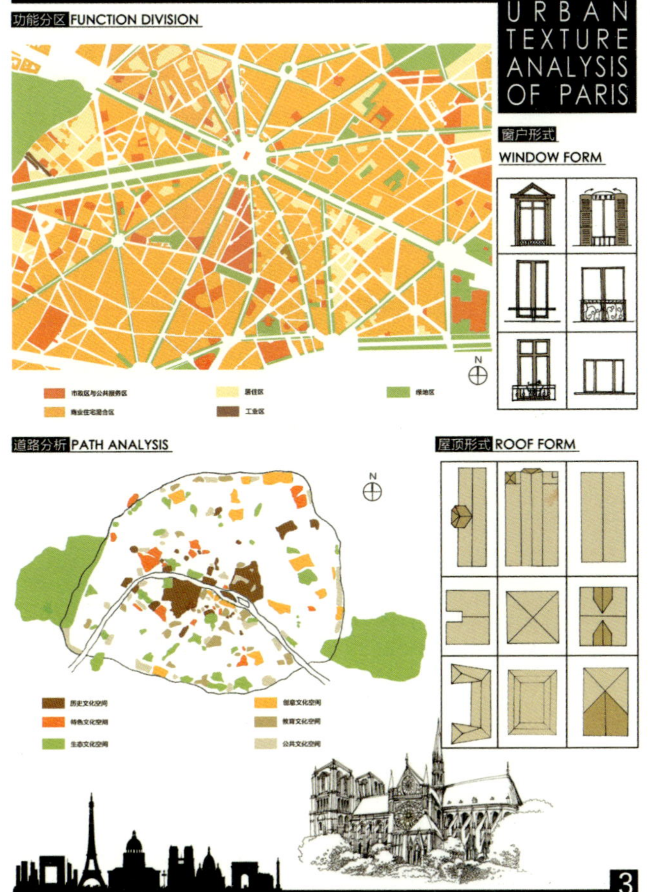
功能分区 FUNCTION DIVISION
URBAN TEXTURE ANALYSIS OF PARIS
窗户形式
WINDOW FORM
道路分析 PATH ANALYSIS
屋顶形式 ROOF FORM
3

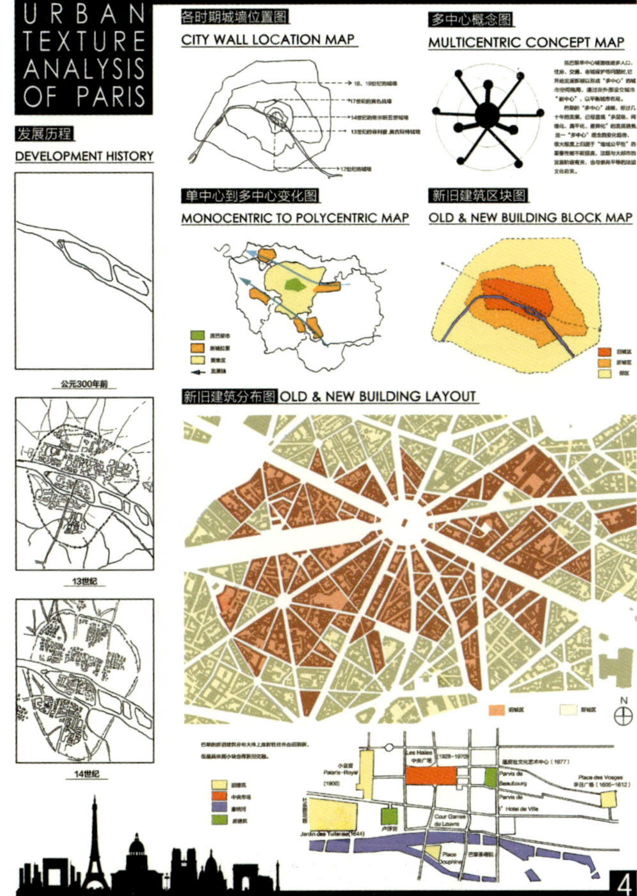
URBAN TEXTURE ANALYSIS OF PARIS
各时期城墙位置图
CITY WALL LOCATION MAP
多中心概念图
MULTICENTRIC CONCEPT MAP
发展历程
DEVELOPMENT HISTORY
公元300年前
13世纪
14世纪
单中心到多中心变化图
MONOCENTRIC TO POLYCENTRIC MAP
新旧建筑区块图
OLD & NEW BUILDING BLOCK MAP
新旧建筑分布图 OLD & NEW BUILDING LAYOUT
4

2021 级建筑学
大一

邢朝圆
敖杨婕妤
王懿荣
董佳鑫
陈蔚生
王雨虹
肖燕雯
左爱琦
廖　华
范自腾
陆家璇
刘智阳
应威涛

巴黎城市肌理分析 B

指导教师：
吴　琼
李　焰
雷　平
苏东宾
姜宇周
卢倚天
喻汝青
梁步青
陈家欢
叶雨辰

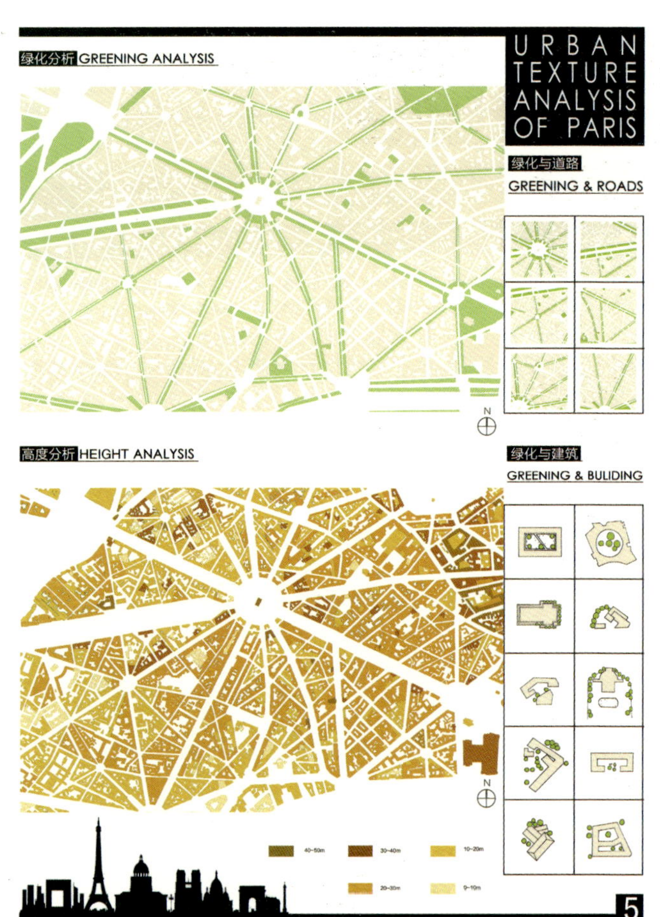
URBAN TEXTURE ANALYSIS OF PARIS
绿化分析 GREENING ANALYSIS
绿化与道路
GREENING & ROADS
高度分析 HEIGHT ANALYSIS
绿化与建筑
GREENING & BULIDING
5

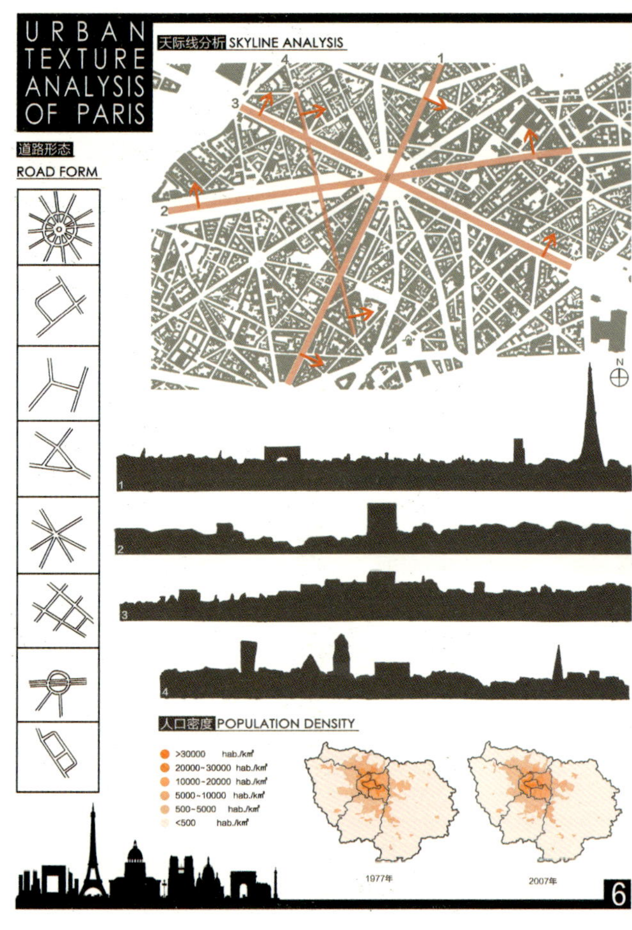
URBAN TEXTURE ANALYSIS OF PARIS
天际线分析 SKYLINE ANALYSIS
道路形态
ROAD FORM
人口密度 POPULATION DENSITY
>30000 hab./km²
20000~30000 hab./km²
10000~20000 hab./km²
5000~10000 hab./km²
500~5000 hab./km²
<500 hab./km²
1977年
2007年
6

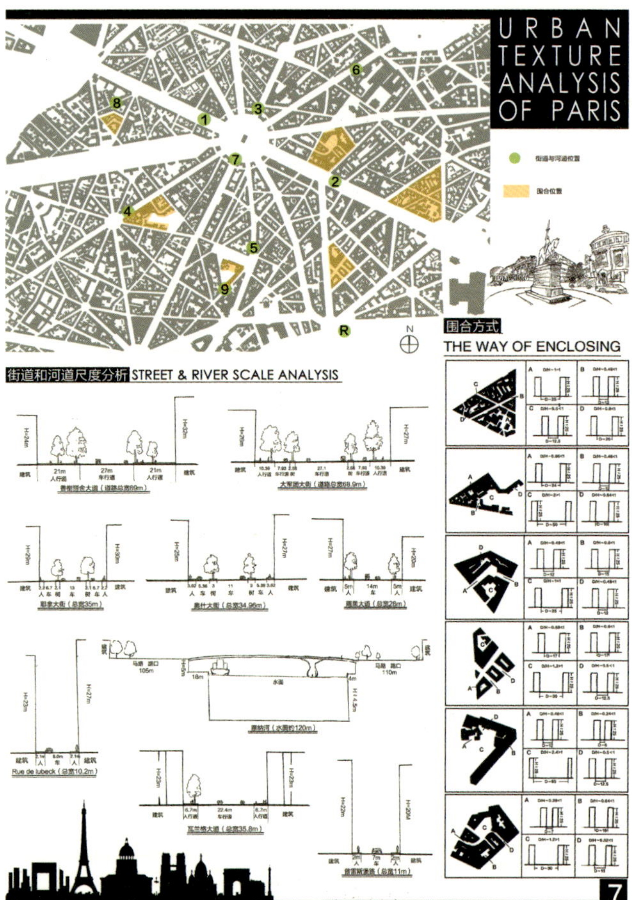
URBAN TEXTURE ANALYSIS OF PARIS
围合方式
THE WAY OF ENCLOSING
街道和河道尺度分析 STREET & RIVER SCALE ANALYSIS
7

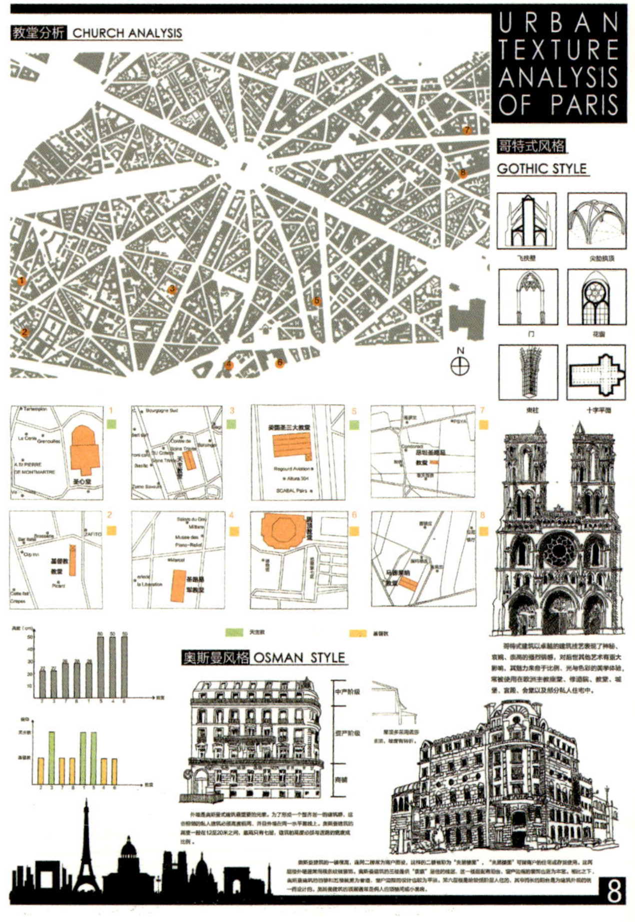
URBAN TEXTURE ANALYSIS OF PARIS
教堂分析 CHURCH ANALYSIS
哥特式风格
GOTHIC STYLE
奥斯曼风格 OSMAN STYLE
8

2021 级建筑学
大一

邢朝圆
敖杨婕妤
王懿荣
董佳鑫
陈蔚生
王雨虹
肖燕雯
左爱琦
廖　华
范自腾
陆家璇
刘智阳
应威涛

城市肌理　巴黎城市肌理分析C

指导教师：
吴　琼
李　焰
雷　平
苏东宾
姜宇周
卢倚天
喻汝青
梁步青
陈家欢
叶雨辰

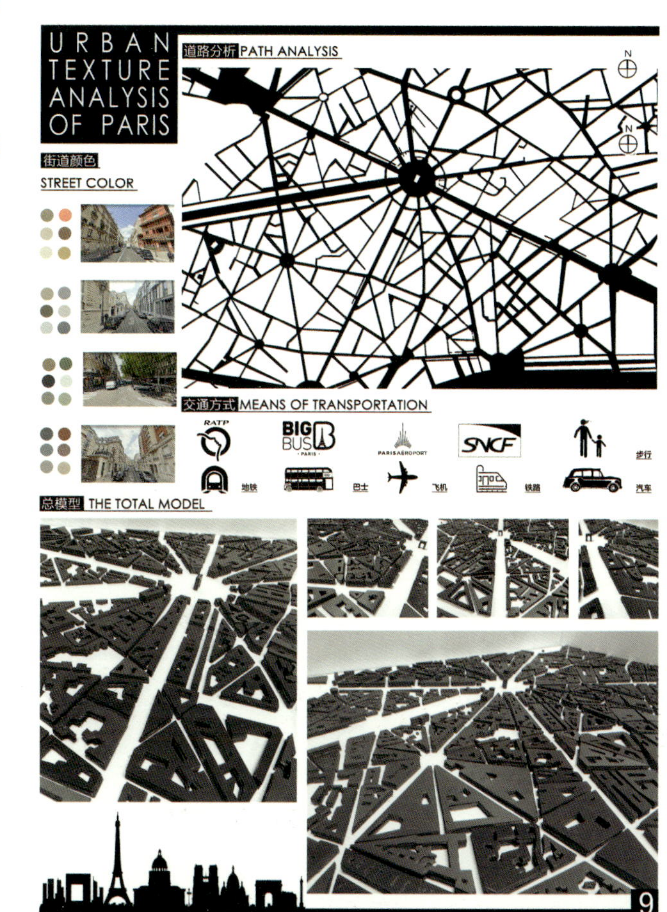
URBAN TEXTURE ANALYSIS OF PARIS
道路分析 PATH ANALYSIS
街道颜色 STREET COLOR
交通方式 MEANS OF TRANSPORTATION
RATP
BIG BUS
SNCF
地铁
巴士
飞机
铁路
汽车
步行
总模型 THE TOTAL MODEL
9

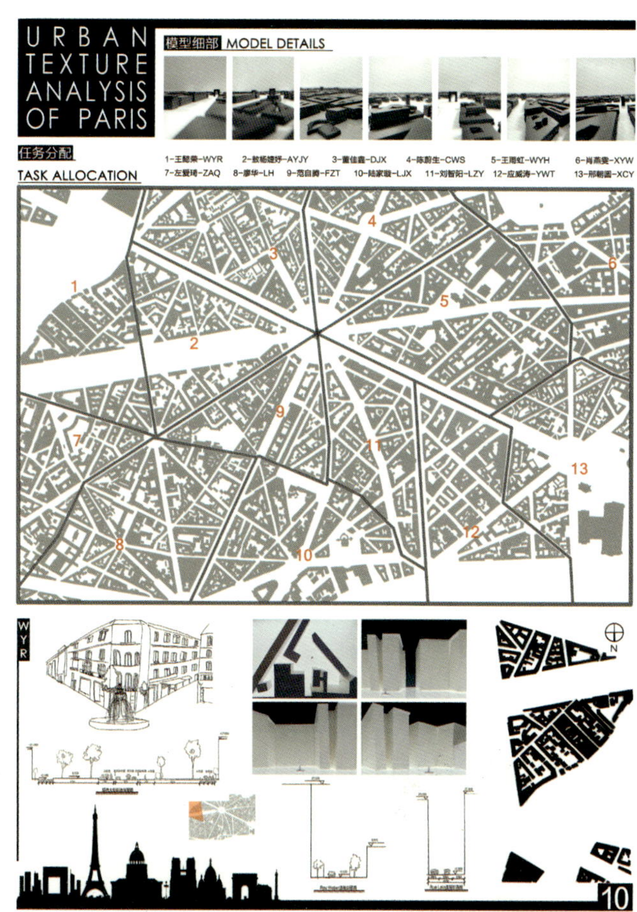
URBAN TEXTURE ANALYSIS OF PARIS
模型细部 MODEL DETAILS
任务分配 TASK ALLOCATION
1-王懿荣-WYR
2-敖杨婕妤-AYJY
3-董佳鑫-DJX
4-陈蔚生-CWS
5-王雨虹-WYH
6-肖燕雯-XYW
7-左爱琦-ZAQ
8-廖华-LH
9-范自腾-FZT
10-陆家璇-LJX
11-刘智阳-LZY
12-应威涛-YWT
13-邢朝圆-XCY
WYR
10

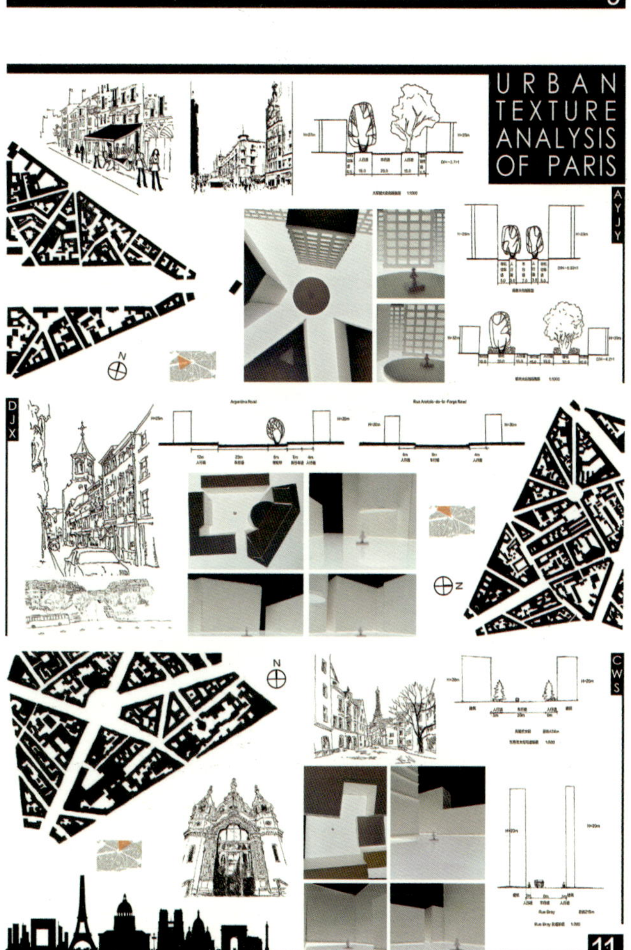
URBAN TEXTURE ANALYSIS OF PARIS
AYJY
DJX
CWS
11

URBAN TEXTURE ANALYSIS OF PARIS
WYH
ZAQ
XYW
12

2021 级建筑学
大一

邢朝圆
敖杨婕妤
王懿荣
董佳鑫
陈蔚生
王雨虹
肖燕雯
左爱琦
廖　华
范自腾
陆家璇
刘智阳
应威涛

城市肌理

巴黎城市肌理分析D

指导教师：
吴　琼
李　焰
雷　平
苏东宾
姜宇周
卢倚天
喻汝青
梁步青
陈家欢
叶雨辰

URBAN
TEXTURE
ANALYSIS
OF PARIS
FZT
LH

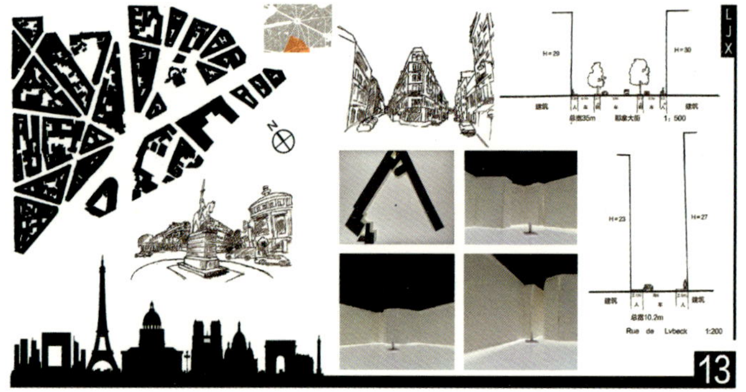
LJX
13

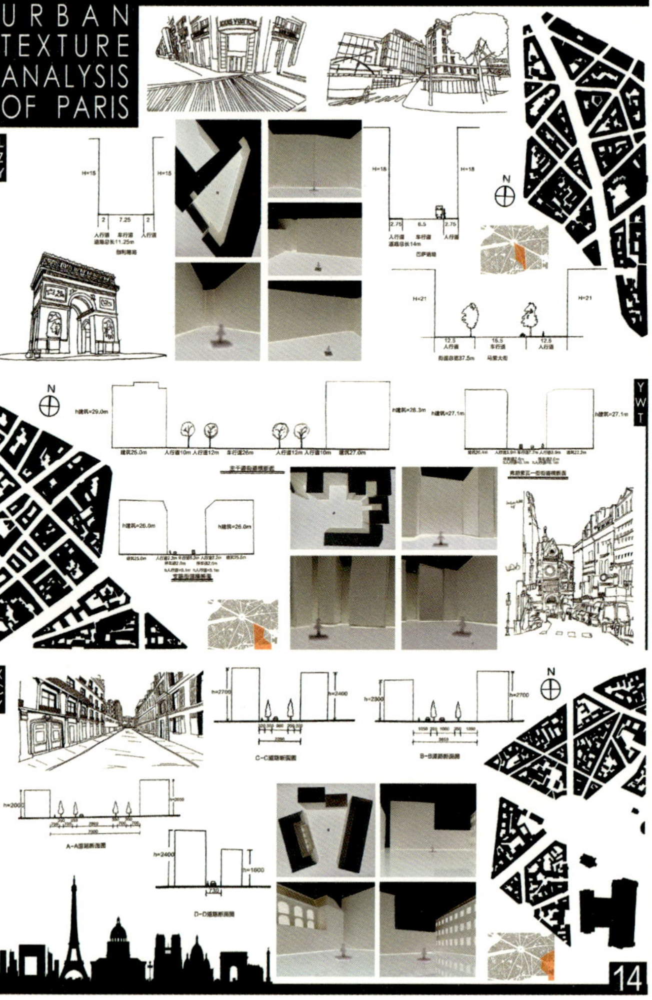
URBAN
TEXTURE
ANALYSIS
OF PARIS
LZY
YWT
XCY
14

2020 级建筑学
大一

杨行

解读建筑 二分宅

指导教师：
吴 琼
李 焰
雷 平
苏东宾
姜宇周
卢倚天
喻汝青
梁步青
陈家欢
叶雨辰

二分宅建筑的功能分区布局分明，二分之南半部分主要服务于生活需要，而北半部分则是满足于交往展示需要，通过领略井然有序的内部空间功能布局，体会内部空间自然的生态理念，进而从中体会到建筑师别具匠心的设计理念。二分宅位于层叠的山峦景色中，其三面环山，建筑朝向顺地势下降方向，背靠山岭，以山岭为墙，能够在崎岖的地形上建造作品，也是一值得称道之处。

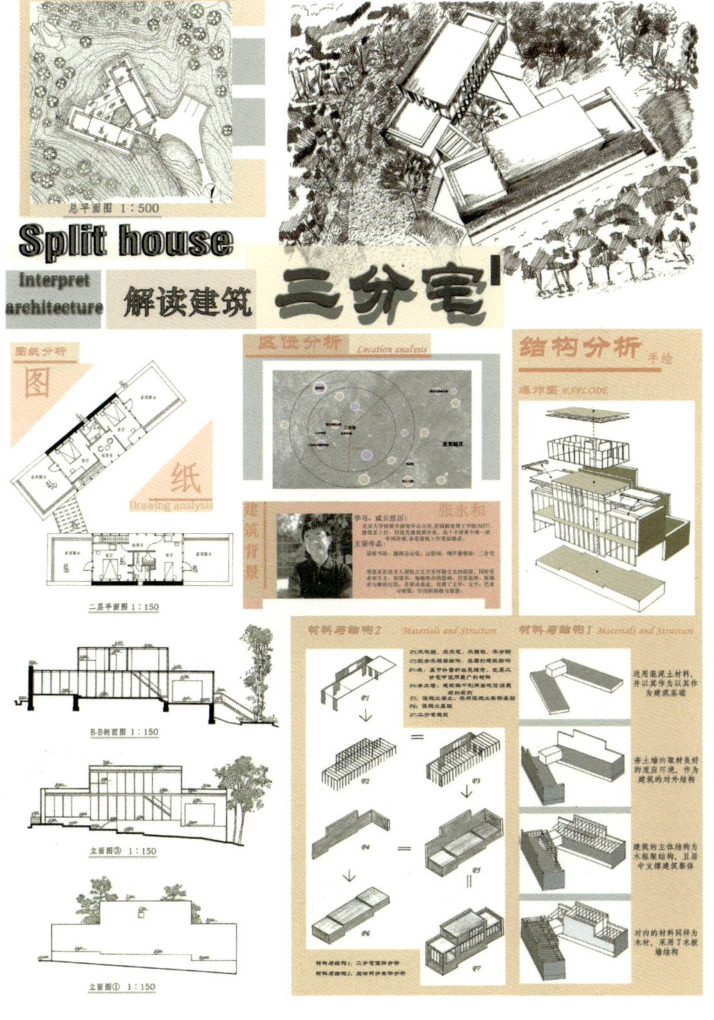
总平面图 1：500
Split house
Interpret architecture
解读建筑
二分宅Ⅰ
图纸分析
图
纸
Drawing analysis
区位分析
Location analysis
结构分析
手绘
爆炸图 EXPLODE
建筑背景
张永和
二层平面图 1：150
B-B剖面图 1：150
立面图③ 1：150
立面图① 1：150
材料与结构2 Materials and Structure
材料与结构1 Materials and Structure

功能分析 functional analysis
局部透视
一层功能分析
流线分析
二层功能分析
local perspective
山语间
作品横向比较
horizontal comparison
二分宅建筑的功能分区布局分明，二分之南半部分主要服务于生活需要，而北半部分则是满足于交往展示需要，通过领略井然有序的内部空间功能布局，体会内部空间自然的生态理念，进而从中体会到建筑师别具匠心的设计理念。
成果模型展示
Split house
Interpret architecture
解读建筑
二分宅Ⅱ
采光分析
通风分析
体块模型展示
立面图② 1：150
A-A剖面图 1：150
一层平面图 1：150
地势地形分析
relief analysis

2020 级建筑学
大一

卢听雨

解读建筑 流水别墅

指导教师：
吴 琼
李 焰
雷 平
苏东宾
姜宇周
卢倚天
喻汝青
梁步青
陈家欢
叶雨辰

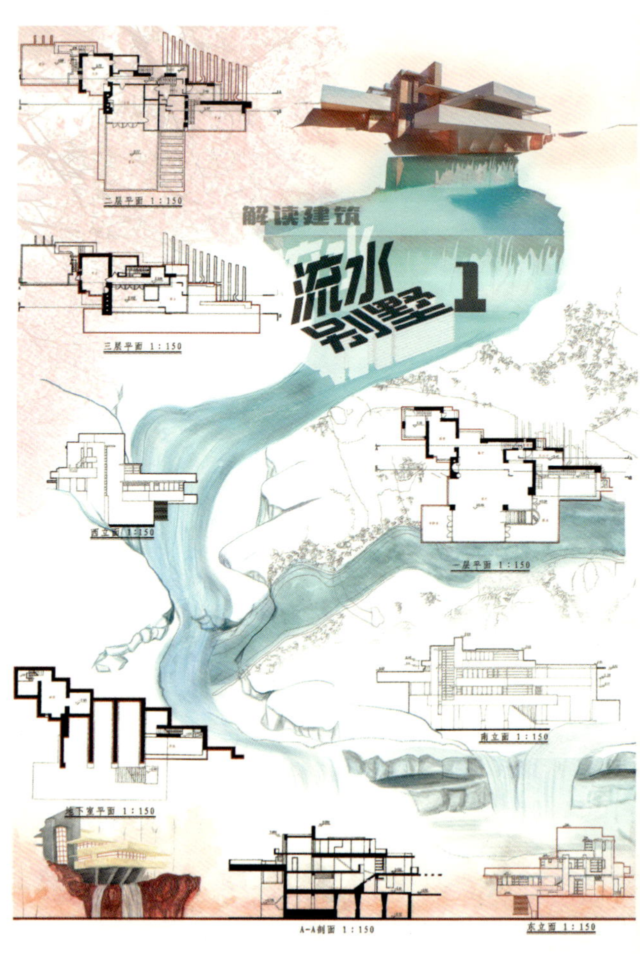
解读建筑
流水别墅1
二层平面 1:150
三层平面 1:150
西立面 1:150
一层平面 1:150
南立面 1:150
地下室平面 1:150
A-A剖面 1:150
东立面 1:150

有机建筑，即空间上遵循自然的规律，与大自然和谐共生，形成一种从自然中生长出来的感觉，恰到好处的运用材料和形状来达成协调和统一。流水别墅较远处有少量的住宅，安静的郊区为私人住宅提供舒适的环境。溪流在流水别墅前部下方奔流而过，仿佛从建筑下方流出，形同大自然的一部分。

流水
别墅2
设计师介绍
设计理念
总平面 1:250

模型照片
区域分析
场地分析
光影分析
8:00A.M
12:00A.M
14:00A.M
16:00A.M

渲染效果图

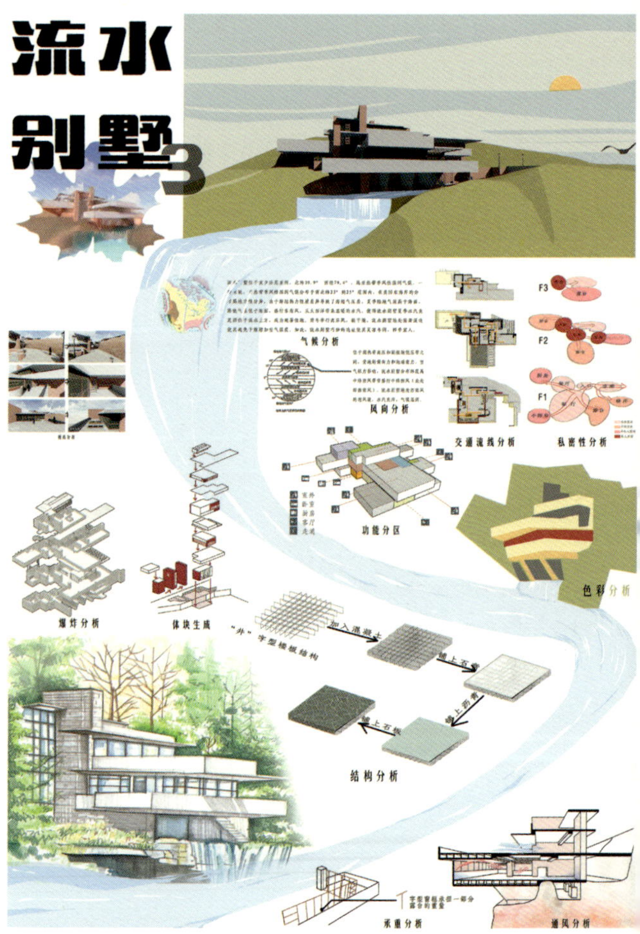
流水
别墅3
气候分析
风向分析
交通流线分析
私密性分析
功能分区
色彩分析
爆炸分析
体块生成
结构分析
承重分析
通风分析

2021 级建筑学
大一

林鹏

解读建筑 罗比住宅

指导教师：
吴　琼
李　焰
雷　平
苏东宾
姜宇周
卢倚天
喻汝青
梁步青
陈家欢
叶雨辰

该住宅位于芝加哥大学，高层建筑较少并多分布在商业区，多层建筑主要分布在文教区与居住区，低层建筑分布在居住区。道路分级明确，路网密度分布均匀，每个区域基本被主干道划分开，次干道也不会出现过于集中分布的现象。道路较窄，无人行道，大部分次干道只能单向通行，城市支路每条车道宽度更窄。该区域森林资源丰富，绿植覆盖率高。有大量的森林公园，居住区周边也都是绿植。

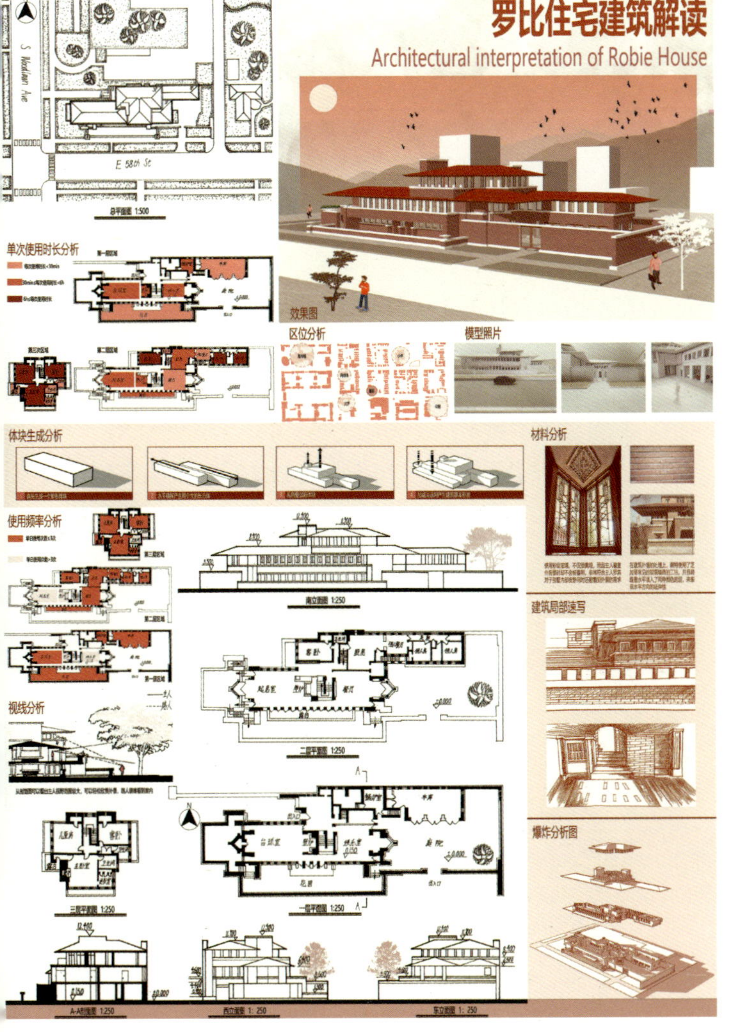
罗比住宅建筑解读
Architectural interpretation of Robie House
单次使用时长分析
效果图
区位分析
模型照片
体块生成分析
材料分析
使用频率分析
建筑局部速写
视线分析
爆炸分析图

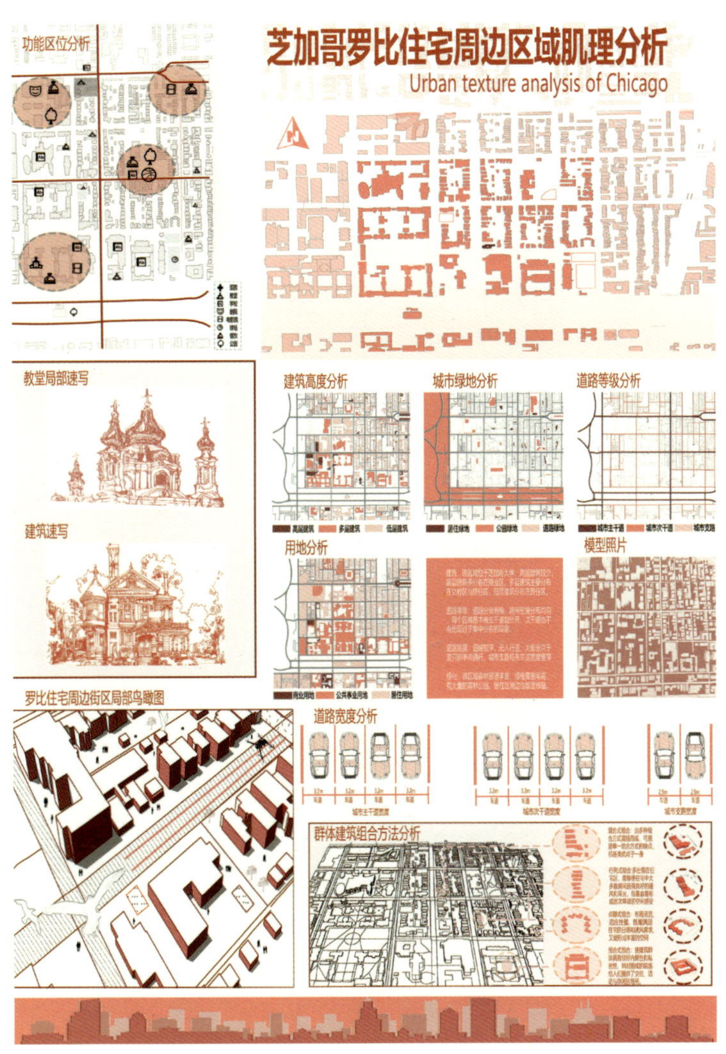
功能区位分析
芝加哥罗比住宅周边区域肌理分析
Urban texture analysis of Chicago
教堂局部速写
建筑高度分析
城市绿地分析
道路等级分析
建筑速写
用地分析
模型照片
罗比住宅周边街区局部鸟瞰图
道路宽度分析
群体建筑组合方法分析

范嘉纯

解读建筑 达尔雅瓦别墅

指导教师：
吴 琼
李 焰
雷 平
苏东宾
姜宇周
卢倚天
喻汝青
梁步青
陈家欢
叶雨辰

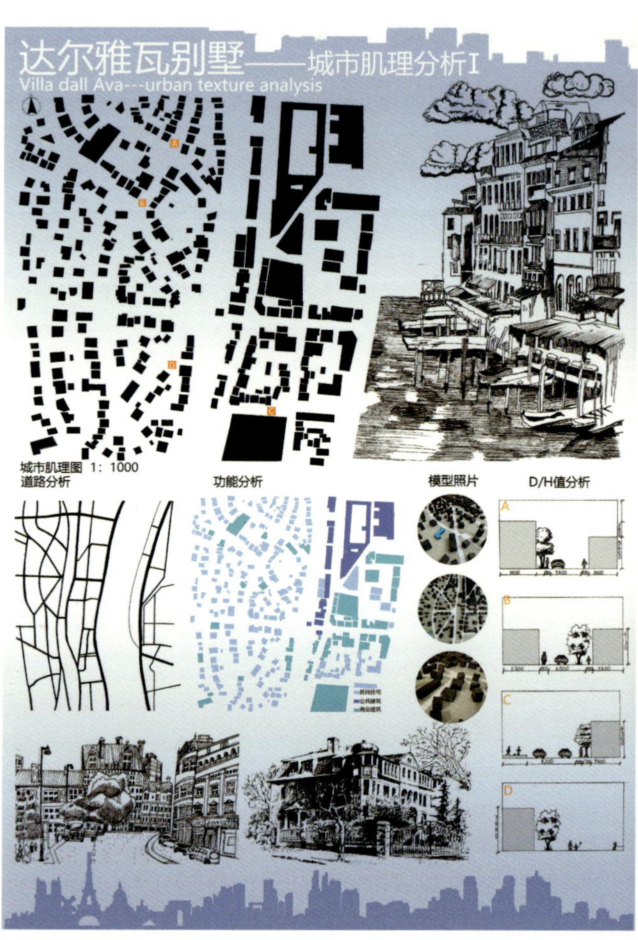
达尔雅瓦别墅——城市肌理分析Ⅰ
Villa dall Ava---urban texture analysis
城市肌理图 1：1000
道路分析
功能分析
模型照片
D/H值分析

达尔雅瓦别墅是为一个三口之家设计的私人别墅，占地约650平方米。建址为巴黎塞纳河畔高地，人们在此能远眺埃菲尔铁塔美景。库哈斯的主要思想理论为“后现代主义，每一座建筑都是一个城市”，达尔雅瓦别墅功能的多样性与这一想法相呼应。

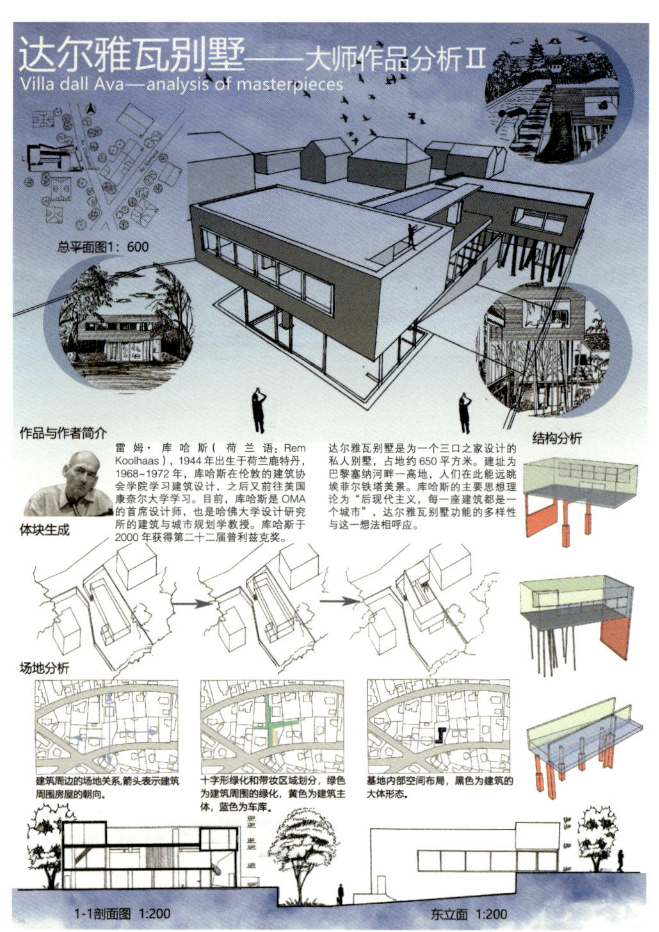
达尔雅瓦别墅——大师作品分析Ⅱ
Villa dall Ava—analysis of masterpieces
总平面图1：600
作品与作者简介
雷姆·库哈斯（荷兰语：Rem Koolhaas），1944年出生于荷兰鹿特丹，1968~1972年，库哈斯在伦敦的建筑协会学院学习建筑设计，之后又前往美国康奈尔大学学习。目前，库哈斯是OMA的首席设计师，也是哈佛大学设计研究所的建筑与城市规划学教授。库哈斯于2000年获得第二十二届普利兹克奖。
达尔雅瓦别墅是为一个三口之家设计的私人别墅，占地约650平方米。建址为巴黎塞纳河畔一高地，人们在此能远眺埃菲尔铁塔美景。库哈斯的主要思想理论为“后现代主义，每一座建筑都是一个城市”，达尔雅瓦别墅功能的多样性与这一想法相呼应。
结构分析
体块生成
场地分析
建筑周边的场地关系,箭头表示建筑周围房屋的朝向。
十字形绿化和带状区域划分，绿色为建筑周围的绿化，黄色为建筑主体，蓝色为车库。
基地内部空间布局，黑色为建筑的大体形态。
1-1剖面图 1:200
东立面 1:200

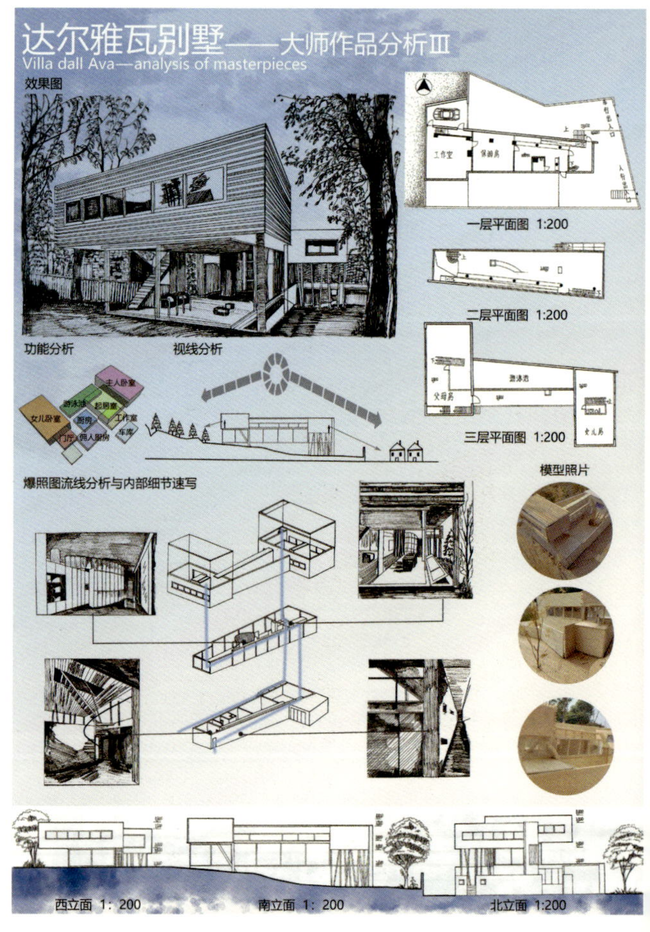
达尔雅瓦别墅——大师作品分析Ⅲ
Villa dall Ava—analysis of masterpieces
效果图
一层平面图 1:200
二层平面图 1:200
三层平面图 1:200
功能分析
视线分析
爆照图流线分析与内部细节速写
模型照片
西立面 1：200
南立面 1：200
北立面 1:200

杨昕宇

解读建筑 李子林住宅

指导教师：
吴　琼
李　焰
雷　平
苏东宾
姜宇周
卢倚天
喻汝青
梁步青
陈家欢
叶雨辰

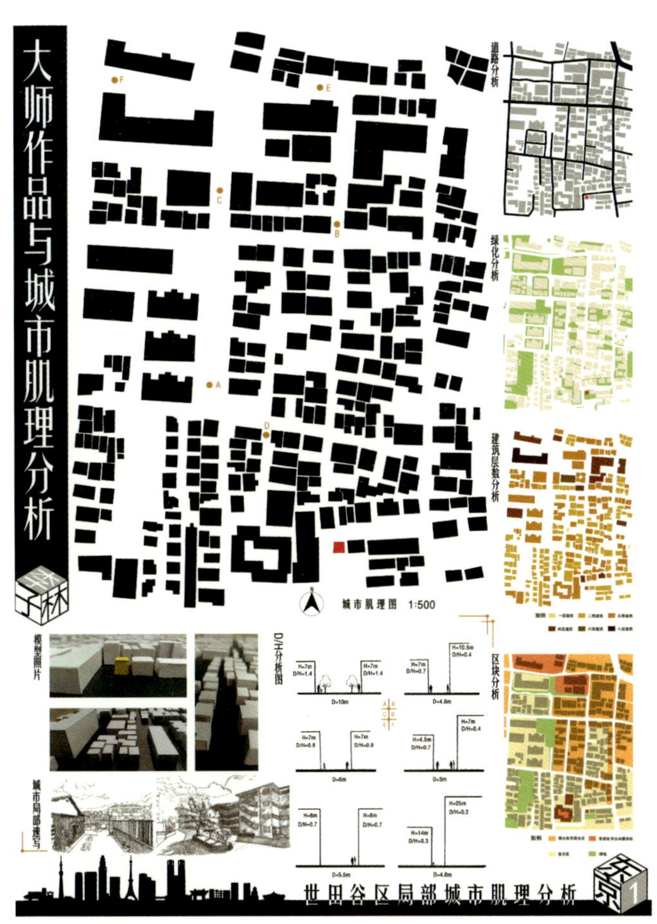
大师作品与城市肌理分析
道路分析
绿化分析
建筑层数分析
城市肌理图 1:500
模型照片
D/H分析图
区块分析
城市局部速写
世田谷区局部城市肌理分析

李子林住宅（House in a Plum Grove）于 2003 年建成，位于日本东京郊区安静的住宅区内。基地总面积 92.3 平方米，总建筑面积 77.68 平方米，因四周保留了李子树林而得名。建筑共三层，整体结构形式为钢筋混凝土结构，立面与幕墙均为轻钢结构，整体轻薄飘逸、纯白暧昧。

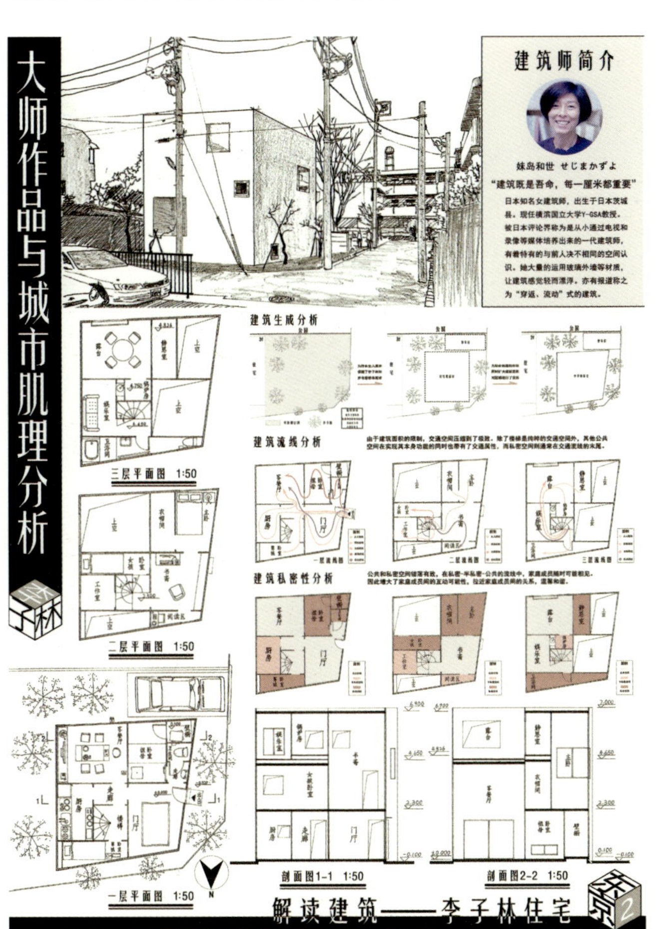
大师作品与城市肌理分析
建筑师简介
妹岛和世 せじまかずよ
"建筑既是吾命，每一厘米都重要"
日本知名女建筑师，出生于日本茨城县。现任横滨国立大学Y-GSA教授。被日本评论界称为是从小通过电视和录像等媒体培养出来的一代建筑师，有着特有的与前人决不相同的空间认识。她大量的运用玻璃外墙等材质，让建筑感觉轻巧漂浮，亦有报道称之为"穿通、流动"式的建筑。
三层平面图 1:50
二层平面图 1:50
一层平面图 1:50
建筑生成分析
建筑流线分析
建筑私密性分析
剖面图1-1 1:50
剖面图2-2 1:50
解读建筑——李子林住宅

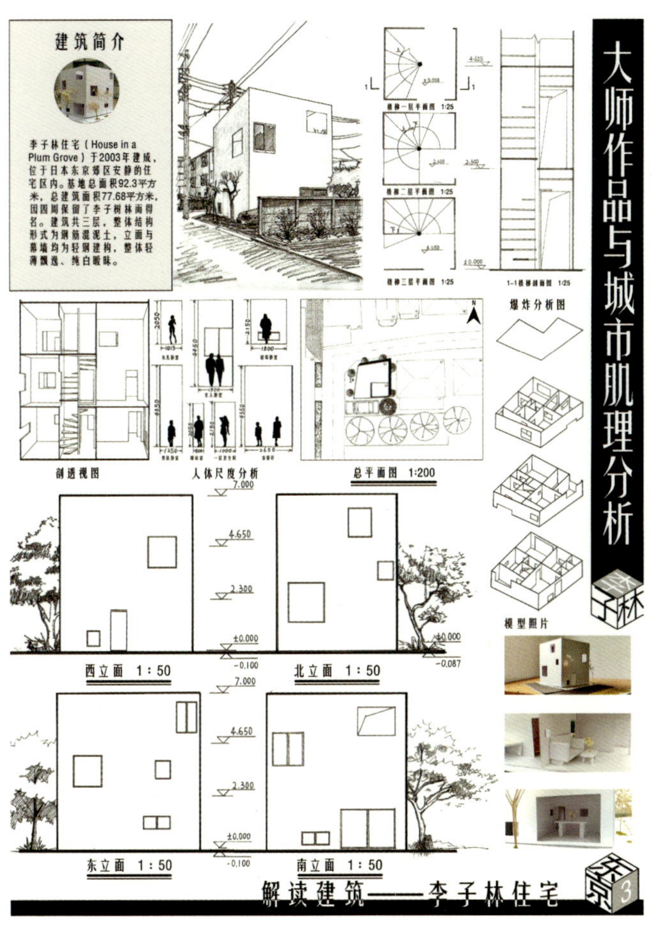
建筑简介
李子林住宅（House in a Plum Grove）于2003年建成，位于日本东京郊区安静的住宅区内。基地总面积92.3平方米，总建筑面积77.68平方米，因四周保留了李子树林而得名。建筑共三层，整体结构形式为钢筋混凝土，立面与幕墙均为轻钢结构，整体轻薄飘逸、纯白暧昧。
剖透视图
人体尺度分析
总平面图 1:200
爆炸分析图
模型照片
西立面 1:50
北立面 1:50
东立面 1:50
南立面 1:50
1-1楼梯剖面图 1:25
大师作品与城市肌理分析
解读建筑——李子林住宅

2020 级建筑学
大一

黄启航
卢听雨
杨棋琛
罗子玥
张宇澄
欧阳飞雪
邹　杰
袁金发
饶　洋
罗明婵

百瀧归樾 A

小型空间设计与建造

指导教师：
吴　琼
李　焰
雷　平
苏东宾
姜宇周
卢倚天
喻汝青
梁步青
陈家欢
叶雨辰

以年轮为主要元素，依据百年校庆的主题形成较开阔的空间，使人们在其中能够体会到“别有洞天”的感觉，并且迎合来参观的人们对休息环境的要求，方便校友们在参观过程中获得更好的体验。对于我们组所有人来讲，模型搭建是一个辛苦却又幸福的过程。即使每天打着灯在玻璃房中“工作”到深夜，我们也能在繁忙中找到“小乐子”。在这个将想象中的图纸一步步变成现实的过程中，我们较之前能更好地把握对物体受力的运用和对结构的掌控。

百瀧归樾
小型空间设计与建造
渲染效果图
灵感生成
1

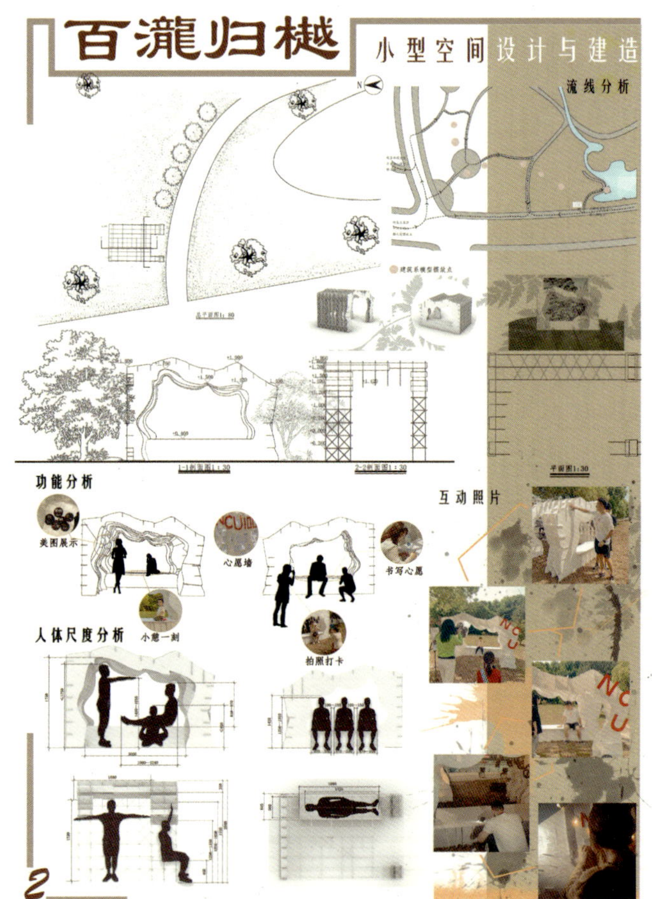
百瀧归樾
小型空间设计与建造
流线分析
功能分析
互动照片
人体尺度分析
2

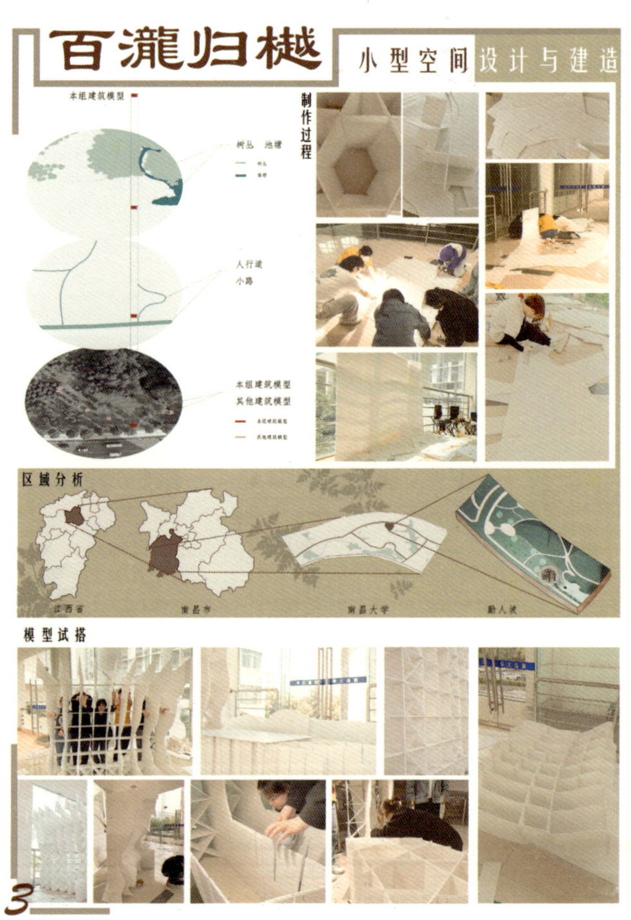
百瀧归樾
小型空间设计与建造
制作过程
区域分析
模型试搭
3

2020 级建筑学
大一

黄启航
卢听雨
杨棋琛
罗子玥
张宇澄
欧阳飞雪
邹　杰
袁金发
饶　洋
罗明婵

小型空间设计与建造
百瀧归樾 B

指导教师：
吴　琼
李　焰
雷　平
苏东宾
姜宇周
卢倚天
俞汝青
梁步青
陈家欢
叶雨辰

百瀧归樾
小型空间设计与建造
搭建过程
色彩分析
材料分析
4

百瀧归樾
小型空间设计与建造
结构零件分析
模型细部照片
模型结构插件
模型结构板加厚
坐凳及顶部插件
体块生成
5

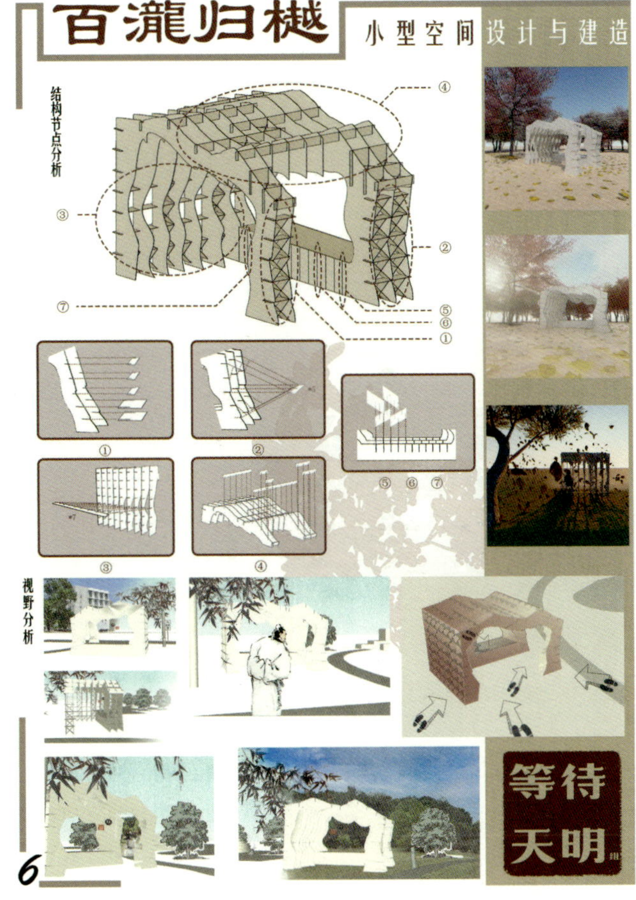
百瀧归樾
小型空间设计与建造
结构节点分析
视野分析
等待
天明
6

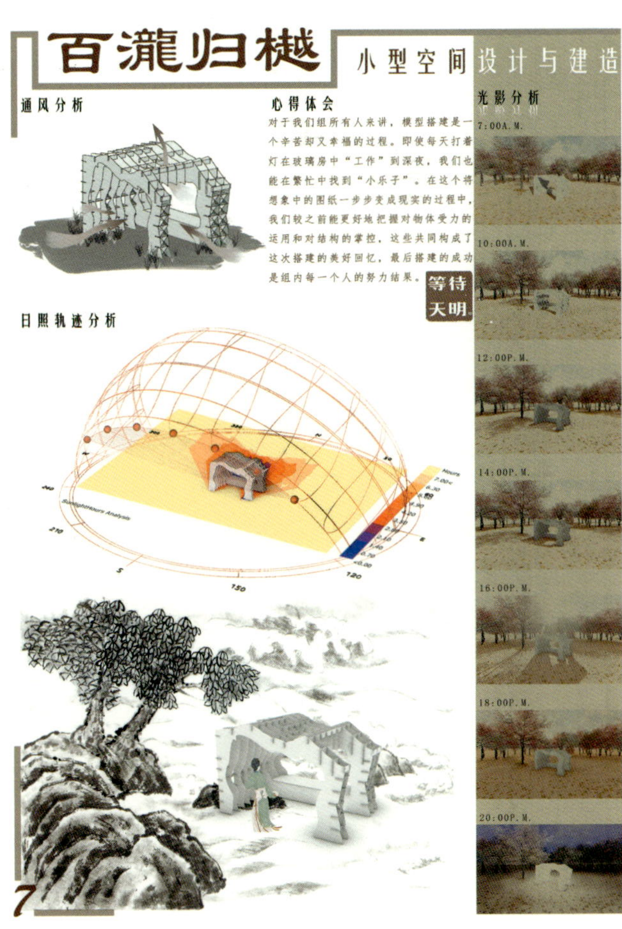
百瀧归樾
小型空间设计与建造
通风分析
心得体会
对于我们组所有人来讲，模型搭建是一个辛苦却又幸福的过程。即使每天打着灯在玻璃房中“工作”到深夜，我们也能在繁忙中找到“小乐子”。在这个将想象中的图纸一步步变成现实的过程中，我们较之前能更好地把握对物体受力的运用和对结构的掌控，这些共同构成了这次搭建的美好回忆，最后搭建的成功是组内每一个人的努力结果。
等待
天明
光影分析
7:00A.M.
10:00A.M.
12:00P.M.
14:00P.M.
16:00P.M.
18:00P.M.
20:00P.M.
日照轨迹分析
7

2020 级建筑学
大一

李新妍
刘　姿
丁玉婷
徐　欣
吴昕瑶
张子卿
李本俊
梁　博
肖　凯
许文捷
尹志文

鲤素A

小型空间设计与建造

指导教师：
吴　琼
李　焰
雷　平
苏东宾
姜宇周
卢倚天
喻汝青
梁步青
陈家欢
叶雨辰

模型柱子间形似鲤鱼，古有鱼传尺素之说，借此传达校友对南大之思之贺。上三下七柱子，寓意南大百年，模型由三扇大门汇聚，以飘带连接，反映南昌大学由三所大学合并而来和蒸蒸日上的发展历程。

鲤素
小型空间设计与建造
平面图 1:60
立面图
东立面图 1:60
南立面图 1:60
剖面图
1-1 剖面图 1:60
2-2 剖面图 1:60
整体认知
NO. 1
设计理念
模型柱子间形似鲤鱼,古有鱼传尺素之说,借此传达校友对南大之思之贺。上三下七柱子,寓意南大百年。
模型由三扇大门汇聚,以飘带连接,反映南昌大学由三所大学合并而来和蒸蒸日上的发展历程。
small building empty construction planning and construction

鲤素
小型空间设计与建造
环境场地
NO. 2
总平面图 1:800
流线分析
人流
车流
总平面流线
建筑场地流线
建筑内部人流
区位分析
日照分析
早上07:00
中午12:00
晚上17:00
通风分析
气旋区小
夏季太阳辐射分析
植物配置
香樟
桂花
小叶黄杨
small building empty construction planning and construction

2020 级建筑学
大一

李新妍
刘 姿
丁玉婷
徐 欣
吴昕瑶
张子卿
李本俊
梁 博
肖 凯
许文捷
尹志文

小型空间设计与建造
鲤素 B

指导教师：
吴 琼
李 焰
雷 平
苏东宾
姜宇周
卢倚天
喻汝青
梁步青
陈家欢
叶雨辰

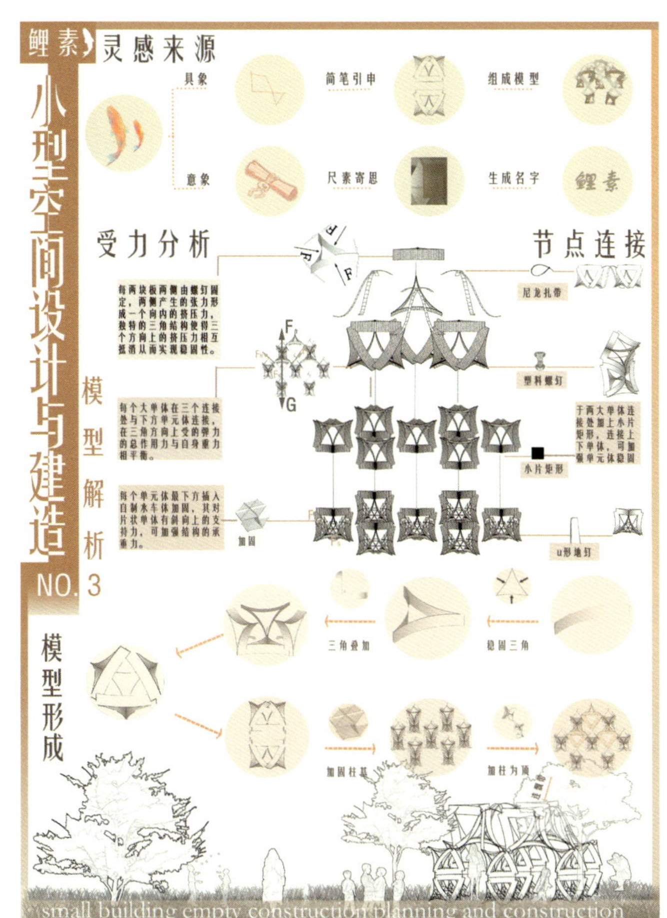
鲤素
灵感来源
具象
简笔引申
组成模型
意象
尺素寄思
生成名字
鲤素
受力分析
节点连接
尼龙扎带
塑料螺钉
小片矩形
U形地钉
加固
模型解析
小型空间设计与建造
NO.3
模型形成
三角叠加
稳固三角
加固柱基
加柱为墙
small building empty construction planning and construction

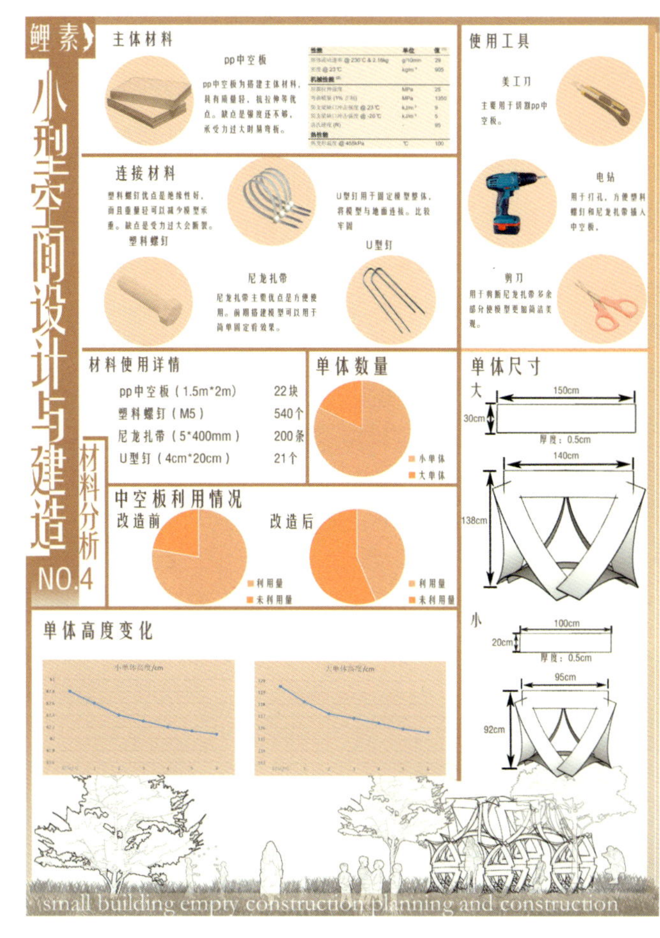
鲤素
主体材料
pp中空板
使用工具
美工刀
连接材料
U型钉
塑料螺钉
尼龙扎带
电钻
剪刀
材料使用详情
pp中空板（1.5m*2m） 22块
塑料螺钉（M5） 540个
尼龙扎带（5*400mm） 200条
U型钉（4cm*20cm） 21个
单体数量
小单体
大单体
单体尺寸
大
150cm
30cm
厚度：0.5cm
140cm
138cm
小
100cm
20cm
厚度：0.5cm
95cm
92cm
中空板利用情况
改造前
改造后
利用量
未利用量
单体高度变化
材料分析
小型空间设计与建造
NO.4
small building empty construction planning and construction

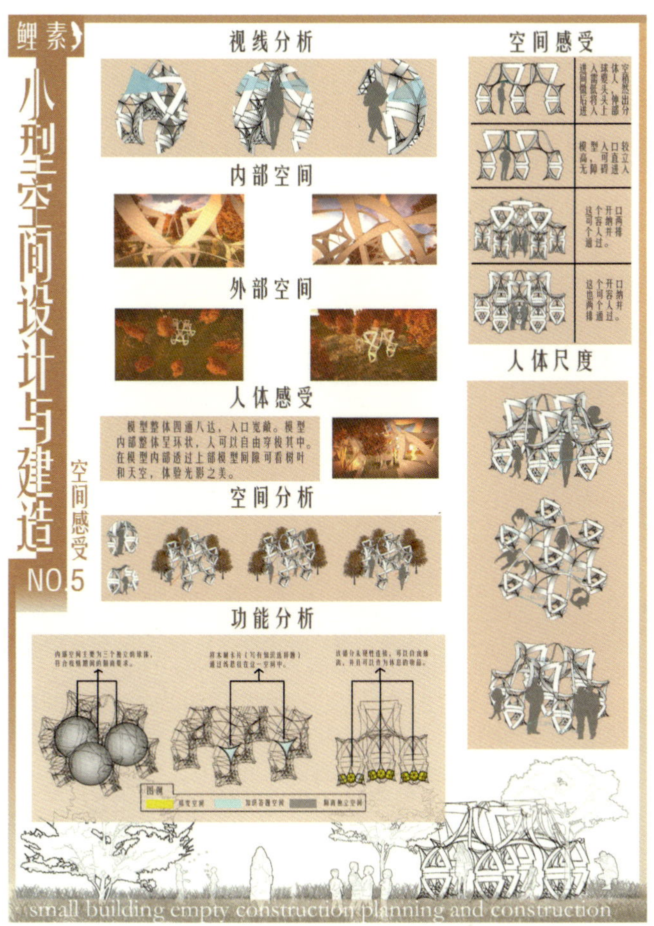
鲤素
视线分析
空间感受
内部空间
外部空间
人体感受
人体尺度
空间分析
功能分析
空间感受
小型空间设计与建造
NO.5
small building empty construction planning and construction

鲤素
模型优点
搭建过程
三角体，牢固
空间丰富
受力均衡
模型缺点及改善
心得体会
地方显空
加螺旋长条
风吹承重不均变形
借绳拉力防变形
材料性软易变形
六棱柱加固
底下小单体被压平
利用地钉拱起
体验记录
小型空间设计与建造
NO.6
small building empty construction planning and construction

2020 级建筑学
大一

**孙文辉
黄怡莹
杨　行
杨馨语
罗　馨
刘思语
邢梦瑶
郭雯茜
谢非含
连海鸿
何邦楠
沈欣彤
汤鑫琼**

小型空间设计与建造

熵·序A

指导教师：
吴　琼
李　焰
雷　平
苏东宾
姜宇周
卢倚天
喻汝青
梁步青
陈家欢
叶雨辰

小型空间设计与建造 Ⅰ
Design and construction of small space
熵·序
Entropy · Order
生命以负熵为生
尊以方格为律
为空间缔序
设计理念

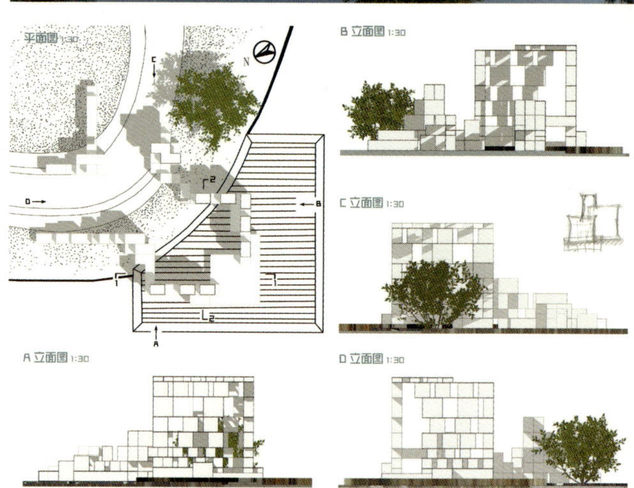
平面图 1:30
B 立面图 1:30
C 立面图 1:30
A 立面图 1:30
D 立面图 1:30

熵就是无序和混乱的意思，而熵的增加正是事物消亡的原因。若想保证衍存，就必须自己作出调整。为此生命一直在做三件事：一是保证能量供给，二是开放系统，三是变得更加智能。这与我们的想法不谋而合。我们用大小不同的方格堆叠起造型各异的方格墙，下实上虚，保证稳定性；顺环境而生，用连续创造规律，用间断开放空间；墙面造型和座椅可让游客自行设计而不凌乱，变化随心。在我们的空间中，可以看到生命的影子。

小型空间设计与建造 Ⅱ
Design and construction of small space
熵·序
Entropy · Order
山林
湖泊
五四中大道
区位分析

小型空间设计与建造 Ⅲ
Design and construction of small space
熵·序
Entropy · Order
空间演变
造型方案

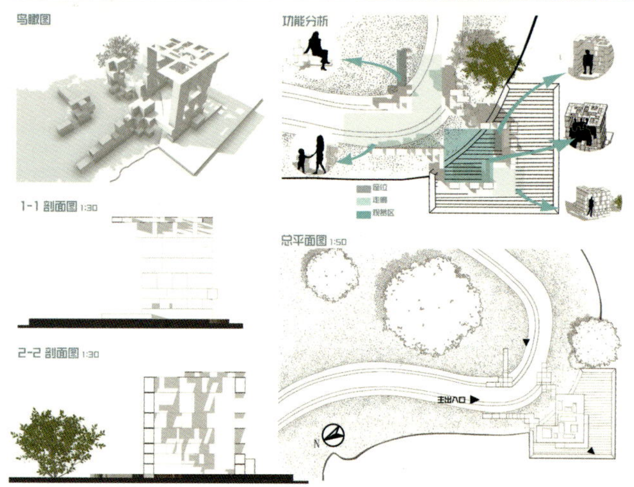
鸟瞰图
功能分析
1-1 剖面图 1:30
2-2 剖面图 1:30
总平面图 1:50
主出入口

日照光影分析
早晨8:00的光影
中午12:00的光影
下午17:00的光影
人体尺度分析

2020 级建筑学
大一

孙文辉
黄怡莹
杨　行
杨馨语
罗　馨
刘思语
邢梦瑶
郭雯茜
谢非含
连海鸿
何邦楠
沈欣彤
汤鑫琼

小型空间设计与建造

熵·序 B

指导教师：
吴　琼
李　焰
雷　平
苏东宾
姜宇周
卢倚天
喻汝青
梁步青
陈家欢
叶雨辰

小型空间设计与建造 Ⅳ
Design and construction of small space
熵·序
Entropy·Order
熵·序的人性化设计

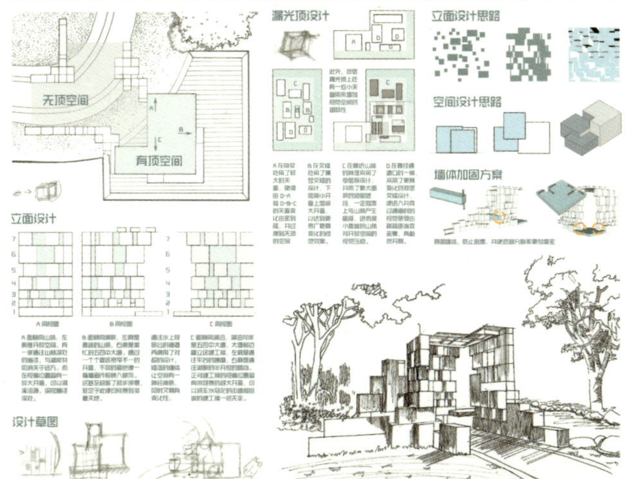
无顶空间
有顶空间
漏光顶设计
立面设计思路
空间设计思路
墙体加固方案
立面设计
设计草图

小型空间设计与建造 Ⅴ
Design and construction of small space
熵·序
Entropy·Order
熵·序的多重视角

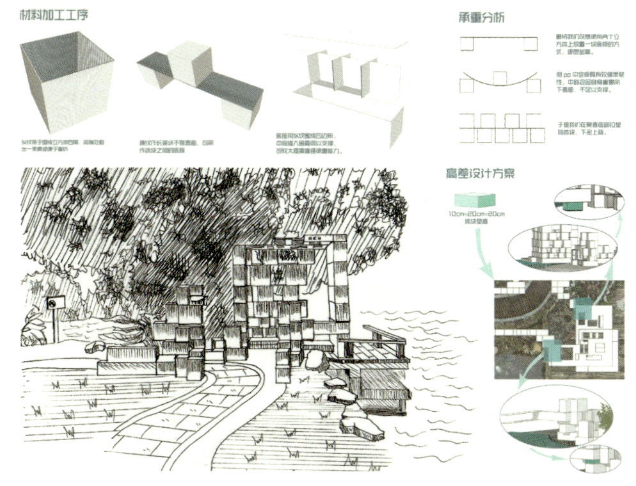
材料加工工序
承重分析
高差设计方案

小型空间设计与建造 Ⅵ
Design and construction of small space
熵·序
Entropy·Order
熵·序的建造过程

板材切割方式
建造流程
余材利用方式
材料介绍
PP 中空板
尼龙扎带
角码

小型空间设计与建造 Ⅶ
Design and construction of small space
熵·序
Entropy·Order
反思与展望
心得体会

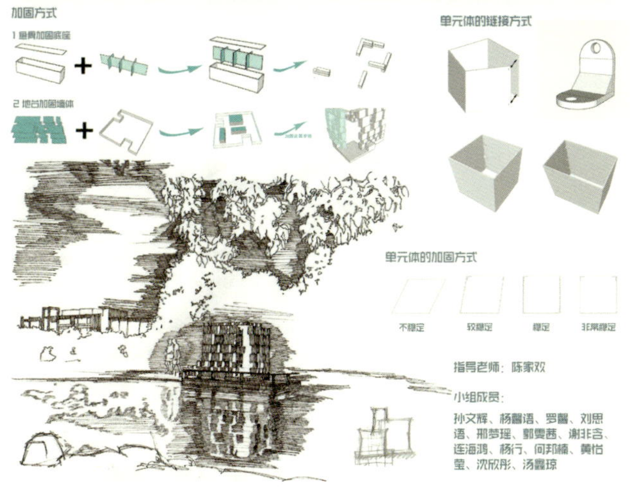
加固方式
单元体的链接方式
单元体的加固方式
不稳定
较稳定
稳定
非常稳定
指导老师：陈家欢
小组成员：
孙文辉、杨馨语、罗馨、刘思语、邢梦瑶、郭雯茜、谢非含、连海鸿、杨行、何邦楠、黄怡莹、沈欣彤、汤鑫琼

祖睿

校园小型建筑设计
悦读书屋

指导教师：
吴　琼
李　焰
雷　平
苏东宾
姜宇周
卢倚天
喻汝青
梁步青
陈家欢
叶雨辰

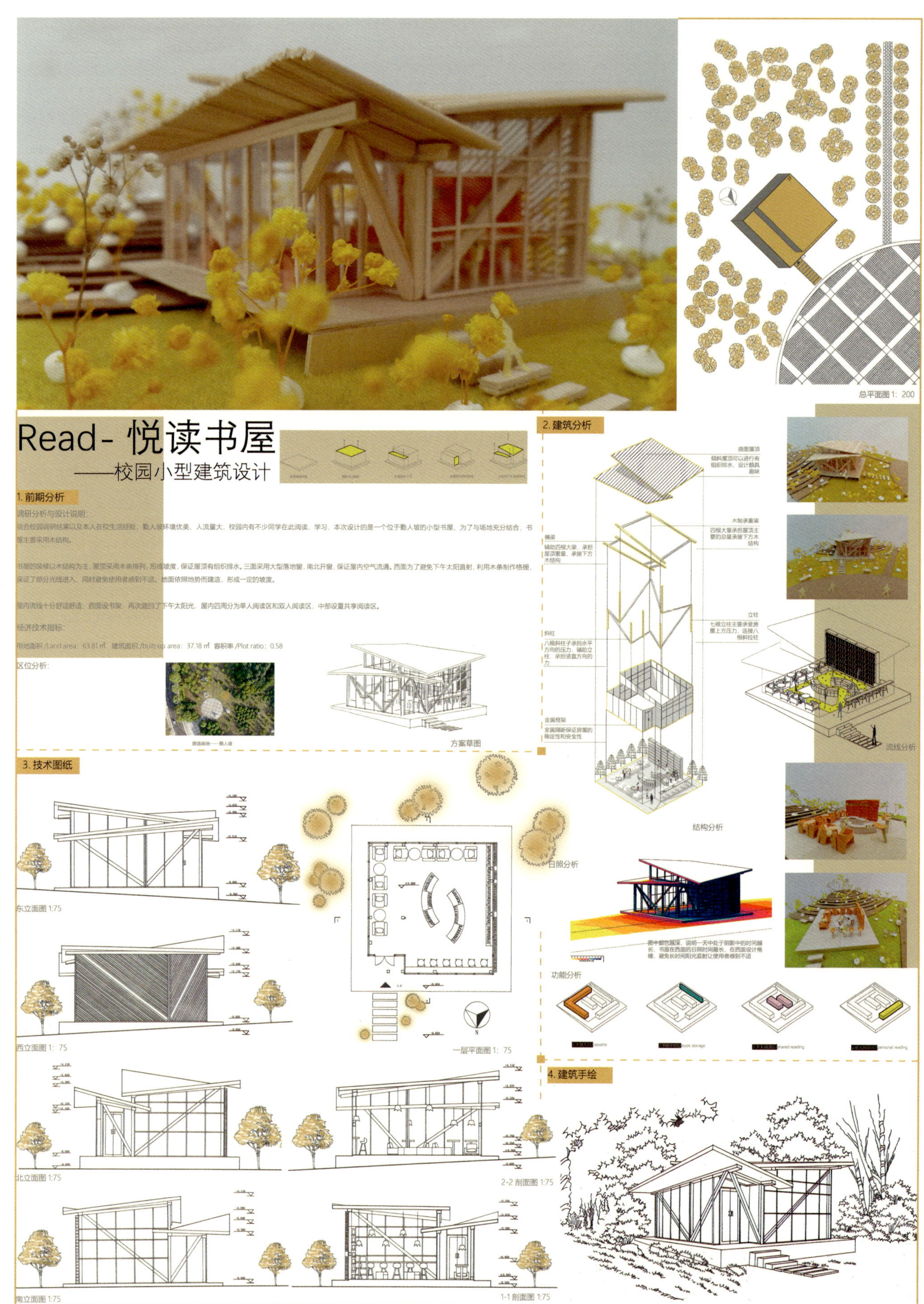
总平面图 1：200
Read- 悦读书屋
——校园小型建筑设计
1. 前期分析
调研分析与设计说明：
结合校园调研结果以及本人在校生活经验，勤人坡环境优美、人流量大，校园内有不少同学在此阅读、学习，本次设计的是一个位于勤人坡的小型书屋，为了与场地充分结合，书屋主要采用木结构。
书屋的装修以木结构为主，屋顶采用木条排列，形成坡度，保证屋顶有组织排水。三面采用大型落地窗，南北开窗，保证屋内空气流通。西面为了避免下午太阳直射，利用木条制作格栅，保证了部分光线进入，同时避免使用者感到不适。地面依照地势而建造，形成一定的坡度。
屋内流线十分舒适舒适，西面设书架，再次遮挡了下午太阳光，屋内四周分为单人阅读区和双人阅读区，中部设置共享阅读区。
经济技术指标：
用地面积 /Land area：63.81 m² 建筑面积 /built-up area：37.18 m² 容积率 /Plot ratio：0.58
区位分析：
方案草图
2. 建筑分析
曲面屋顶
倾斜屋顶可以进行有组织排水，设计颇具趣味
木制承重梁
四根大梁承担屋顶主要的总量承接下方木结构
横梁
辅助四根大梁，承担屋顶重量，承接下方木结构
立柱
七根立柱主要承受房屋上方压力，连接八根斜拉柱
斜柱
八根斜柱子承担水平方向的压力，辅助立柱，承担竖直方向的力
金属框架
金属隔断保证房屋的稳定性和安全性
结构分析
流线分析
3. 技术图纸
东立面图 1:75
西立面图 1：75
一层平面图 1：75
日照分析
图中颜色越深，说明一天中处于阴影中的时间越长，书屋在西面的日照时间最长，在西面设计格栅，避免长时间阳光直射让使用者感到不适
功能分析
cassette
book storage
shared reading
personal reading
北立面图 1:75
2-2 剖面图 1:75
南立面图 1:75
1-1 剖面图 1:75
4. 建筑手绘

2021 级建筑学
大一

龚伟涛

方圆
大学生寝室单元设计

指导教师：
吴　琼
李　焰
雷　平
苏东宾
姜宇周
卢倚天
喻汝青
梁步青
陈家欢
叶雨辰

方圆
寝室·家
大学生寝室单元设计

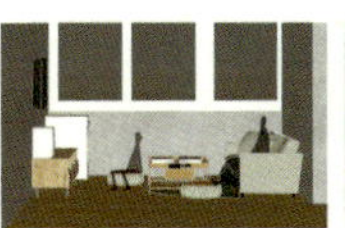

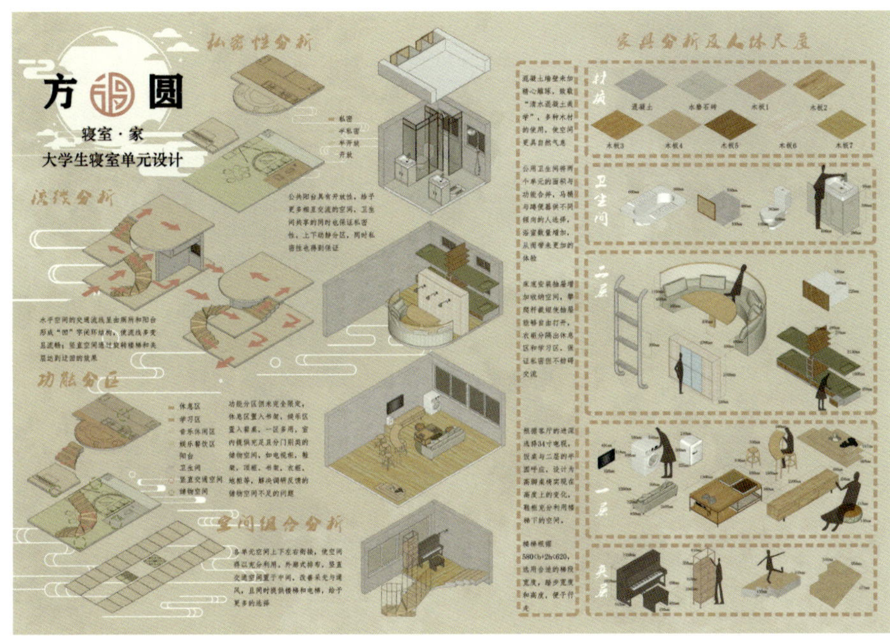

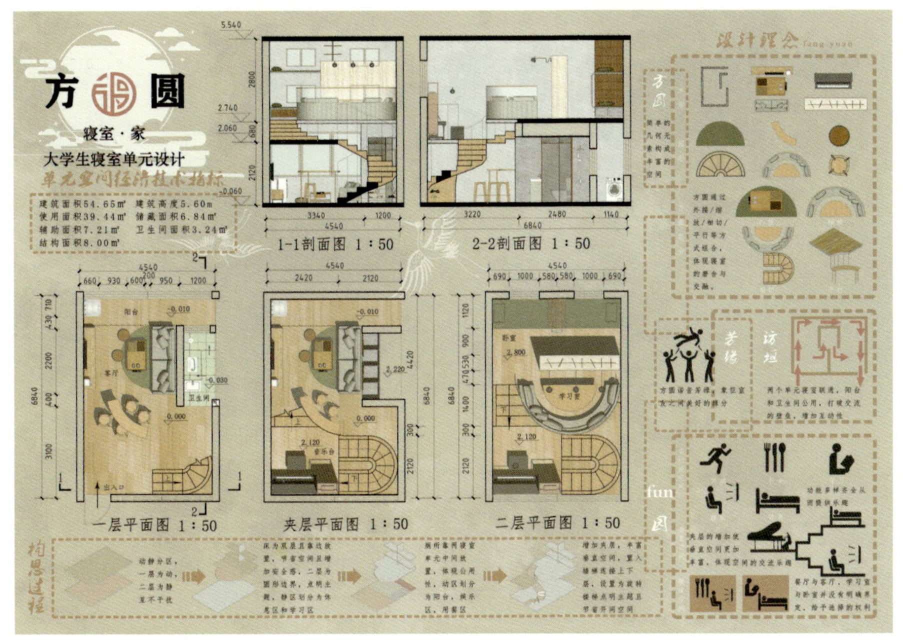

混凝土墙壁未加精心雕琢，致敬“清水混凝土美学”，多种木材的使用，使空间更具自然气息。公用卫生间将两个单元的面积与功能合并，马桶与蹲便器供不同需求的人选择，浴室数量增加，从而带来更加好的体验。床底安装抽屉增加收纳空间，攀爬杆截短使抽屉能够自由打开，衣柜分隔出休息区和学习区，保证私密但不妨碍交流。水平空间的交通流线由厕所和阳台形成“凹”字闭环结构，使流线多变且流畅；竖直空间通过旋转楼梯和夹层达到迂回的效果。

2021 级建筑学
大一

范嘉纯

虚室有余闲
大学生寝室单元设计

指导教师：
吴　琼
李　焰
雷　平
苏东宾
姜宇周
卢倚天
喻汝青
梁步青
陈家欢
叶雨辰

根据大学生寝室功能需求以及家具人体尺度调研报告中对于大家对新时代寝室的需求，本次设计以“虚室有余闲”为设计理念。寝室内部以分层实现动静分区，把 4 人共同休息的空间改为 2 人的卧室，以减少寝室成员之前的互相影响。寝室的朝向为坐北朝南，在早晨，阳光从窗户照进寝室，早晨太阳高度角高，光照强，因此光束多，夜晚相反。夏天盛行东南风，寝室南部方面气流较多，外部的冷空气进入室内与上部的热空气形成对流以实现空气的流通。

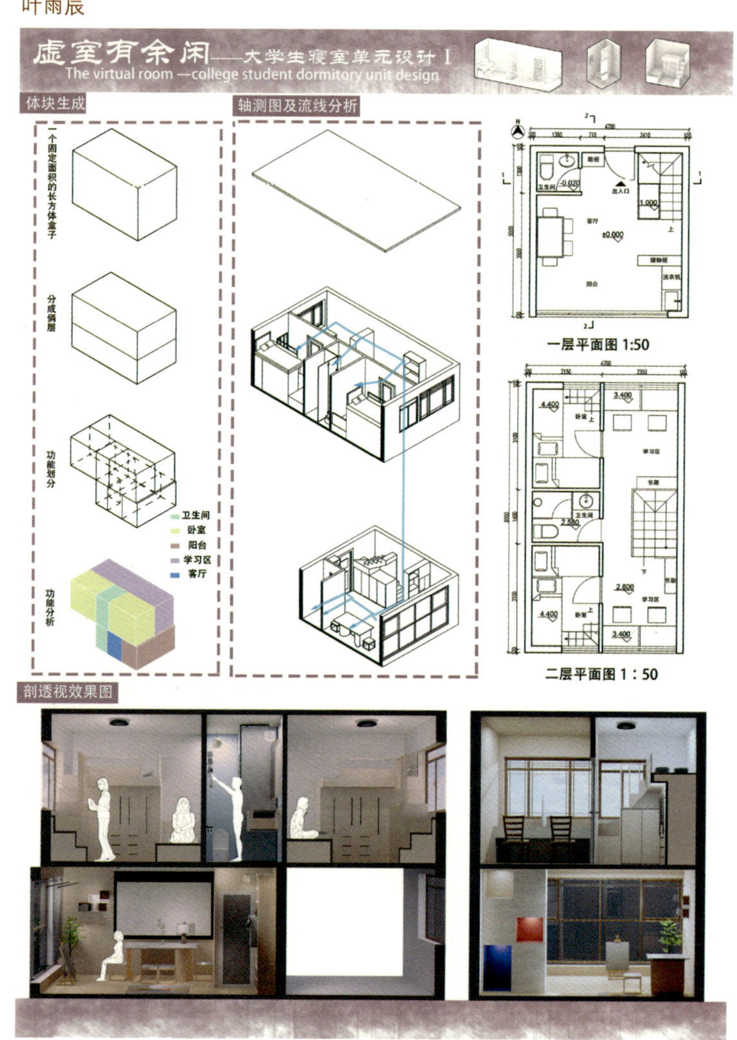
虚室有余闲——大学生寝室单元设计 I
The virtual room —college student dormitory unit design
体块生成
轴测图及流线分析
一个固定面积的长方体盒子
分成两层
功能划分
功能分析
卫生间
卧室
阳台
学习区
客厅
一层平面图 1:50
二层平面图 1 : 50
剖透视效果图

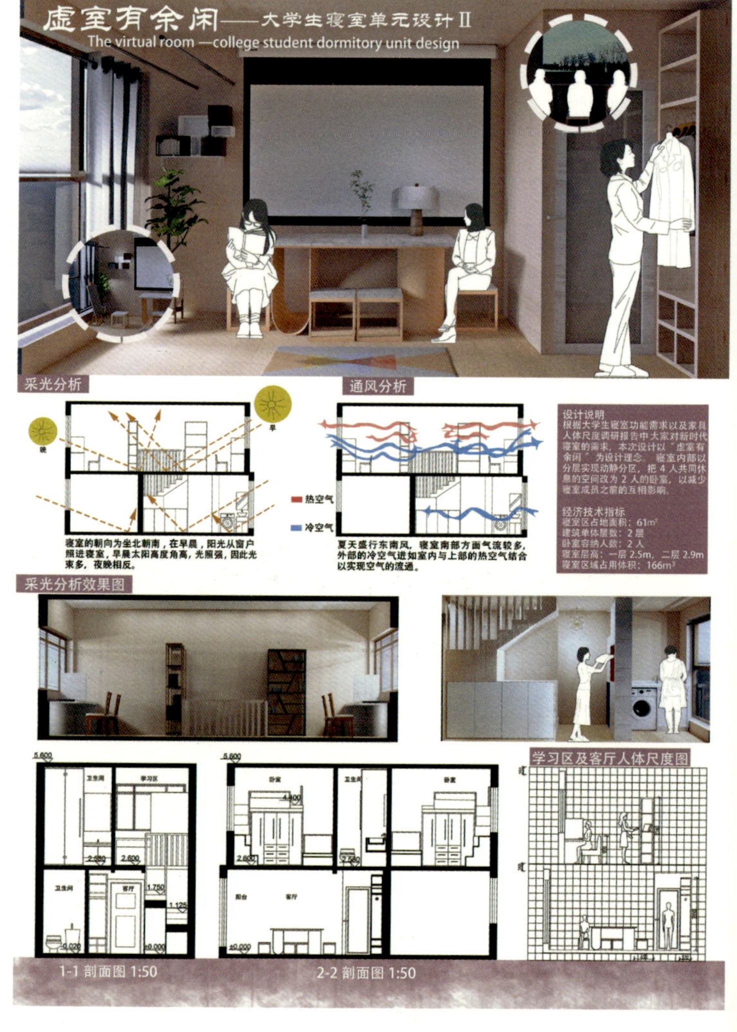
虚室有余闲——大学生寝室单元设计 II
The virtual room —college student dormitory unit design
采光分析
通风分析
热空气
冷空气
寝室的朝向为坐北朝南，在早晨，阳光从窗户照进寝室，早晨太阳高度角高，光照强，因此光束多，夜晚相反。
夏天盛行东南风，寝室南部方面气流较多，外部的冷空气进如室内与上部的热空气结合以实现空气的流通。
设计说明
经济技术指标
采光分析效果图
学习区及客厅人体尺度图
1-1 剖面图 1:50
2-2 剖面图 1:50

建筑 81 级 艾云辉 效果图练习

建筑 81 级 廖琴 效果图练习

建筑 83 级 罗奇 墨线线条练习

建筑 86 级 林昆 传达室抄绘

传达室设计

建筑 87 级 江水珍 字体练习

江西工业大学建筑设计初步
科学有险阻须
苦战能过关动
ABCD
EFGH
IJKL
MNOP
QRST
UVWX
YZ
1234567890
1234567890

建筑 88 级 邱路 墨线线条练习

建筑学大二优秀作品集

Collection of
excellent works of
sophomore
majoring in architecture

二年级课题概述

Projects overview of the second grade

建筑系二年级在五年制建筑学教育中处于一个设计的初始阶段，是学生从建筑基础学习走向建筑设计学习的第一步。对学生而言，他们在这个阶段对建筑设计的了解相当有限，在设计过程中会出现诸多困难，例如对任务书的不理解、对相关法规的不明晰。在这种情况下，如何快速地提升学生的设计素养成了重中之重，因此在教学过程中既要给学生讲授建筑设计的基本理论知识，教导他们如何去理解设计的课题及相应的法规条例，还需要指导学生完成教学大纲所要求的建筑类型设计，包括对于平面布置、造型把握、总图关系、组群协调、多功能复合的积累学习，由浅入深地塑造他们对设计的探寻能力，建立基本的建筑观，为日后更高年级的课程学习奠定良好的基础。

二年级的课程设计共分为四个课题：

1. 校园休闲吧设计：以单一的功能形式设计，学习并了解建筑空间的建构逻辑，思索各种空间形式所营造的环境氛围，分析建筑空间组合和场所环境之间的关系。
2. 小住宅设计：通过对不同人群生活行为体验的学习，掌握生活行为同建筑空间的“耦合”关系，深化对建筑功能的理解，初步掌握基于建筑空间的设计方法。
3. 幼儿园设计：以功能模块重复叠加的设计，学习“半开放”式复合空间的设计特点，提高方案构思、造型处理和表现的能力，并了解场地与城市的协调关系。
4. 社区活动中心设计：以复杂的流线关系，学习公共建筑的功能组织与空间构成特点，初步掌握中小型公共建筑的设计方法，学习基于城市环境进行建筑的体块组合与空间布局。

以上四个课题均以建筑的三个基本问题——环境、空间、建构为主要线索，让学生掌握应有的建筑学思维与行动模式，提升设计构思的图形表达，强化对设计内在逻辑的理解与认识，最终完成学生从“知觉认知”向“设计提高”的过渡。

南昌大学建筑与设计学院建筑系二年级组长　马凯
2023 年 3 月

梁佳琪

校园休闲吧设计

指导教师：
马　凯
廖　琴
聂　璐
肖　芬
何志华
卢倚天

象征规矩与陈旧的矩形框架和象征突破与新意的圆弧形相结合，形成一个整体，相互依存却又彼此矛盾。这种打破陈旧与规矩的渴望被现实影响、束缚，但依然会努力尝试突破的现状，与我们当代年轻人的状态十分相似，也是一种渴望创新与突破，渴望打破常规、追求个性的心态。圆弧是没有棱角、最容易突破的形状，利用这种规律，来设计校园休闲吧，用书籍加以填充，希望年轻人在这里休息观景之余，可以更好地沉淀自己，进行量的积累，可以更好地突破，引起质的变化。

新突破
NEW BREAKTHROUGH
校园休闲吧设计
南昌大学
前湖校区
设计理念

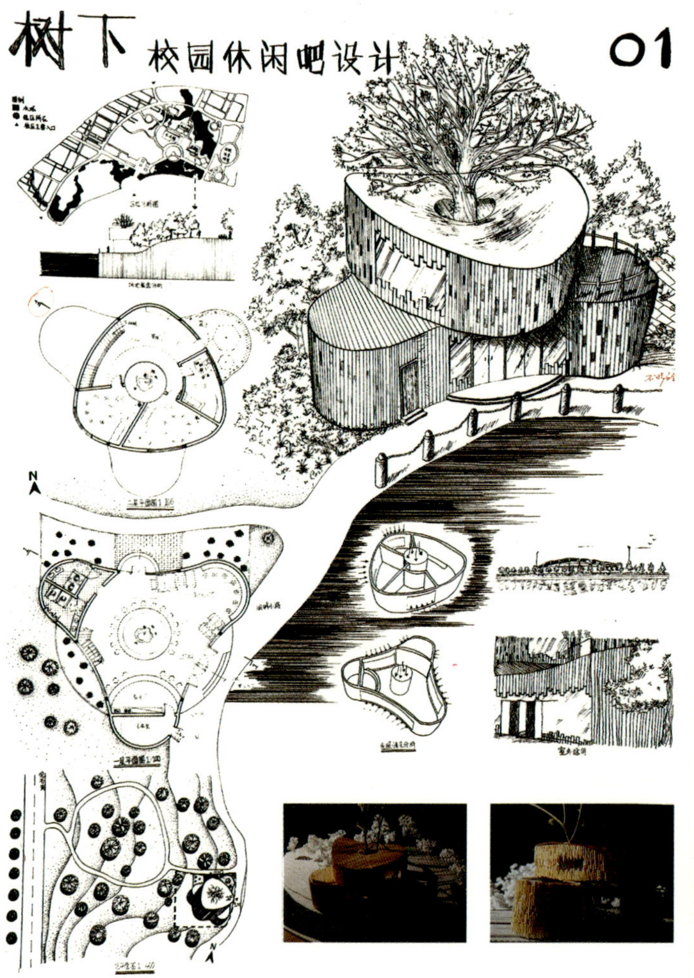
树下
校园休闲吧设计
01

2019 级建筑学
大二

沈欣钰

校园休闲吧设计
庇荫港

指导教师：
马　凯
廖　琴
聂　璐
肖　芬
何志华
卢倚天

在繁忙的校园生活中，学生需要一个庇护所，需要一个能够使内心宁静的场所。故此咖啡厅外形灵感取自庇护之意。以玻璃幕墙、实体墙面、挑空的屋顶打造出虚实空间感。结合形似湖泊的圆形广场，营造了假日海岸般的露台氛围。

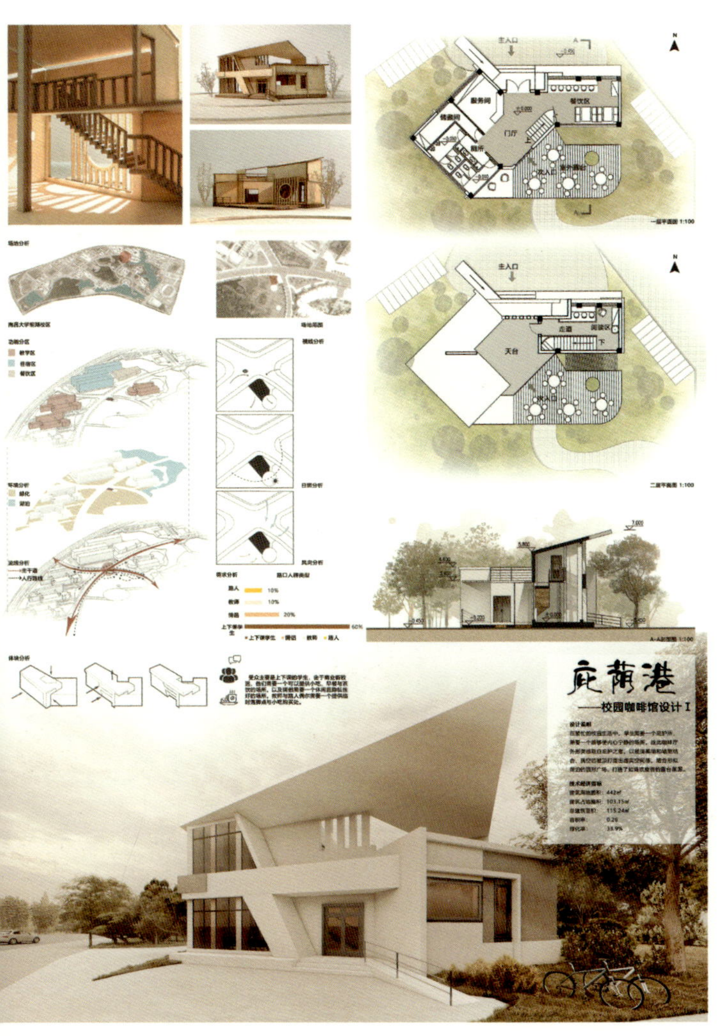
庇荫港
——校园咖啡馆设计 Ⅰ

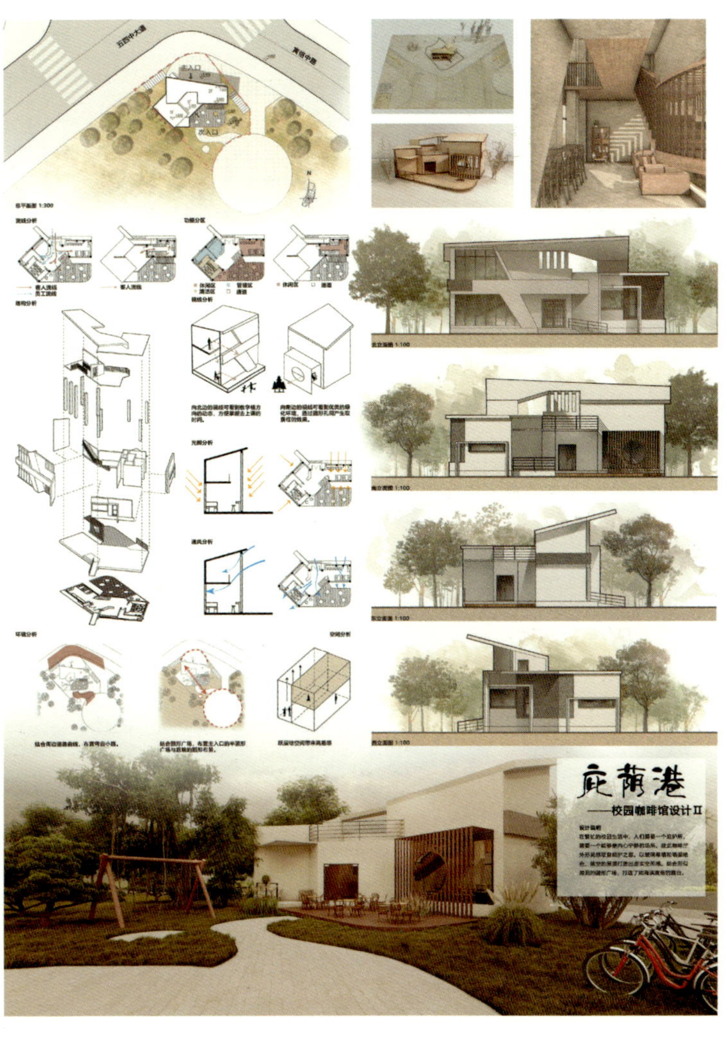
庇荫港
——校园咖啡馆设计 Ⅱ

王逸佳

校园休闲吧设计
叠山理水 化物成境

指导教师：
马　凯
廖　琴
聂　璐
肖　芬
何志华
卢倚天

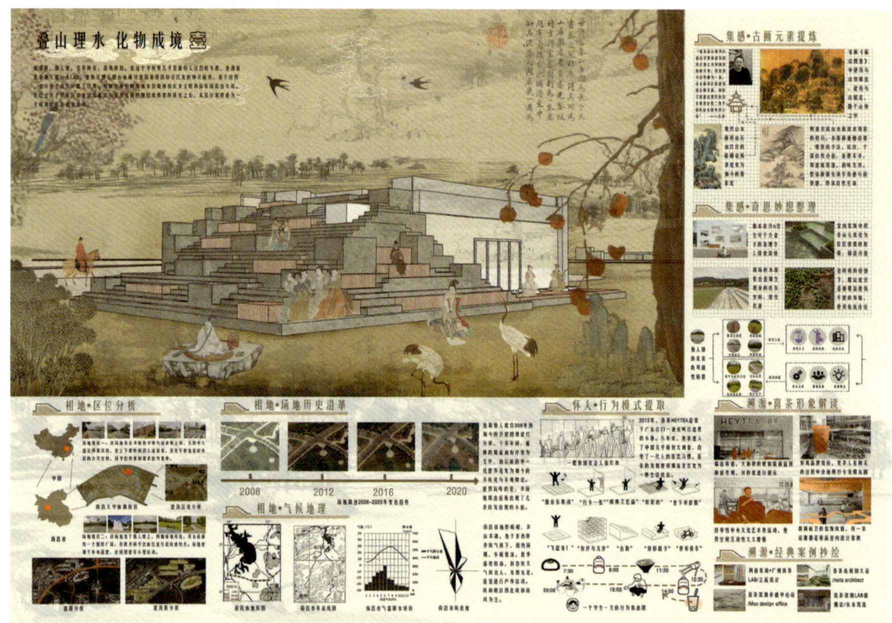
叠山理水 化物成境

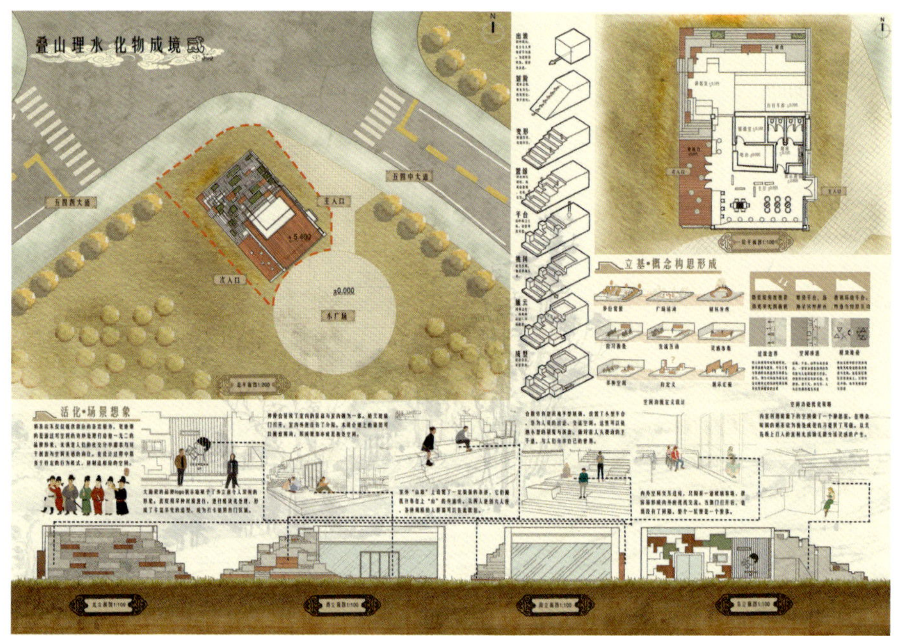
叠山理水 化物成境

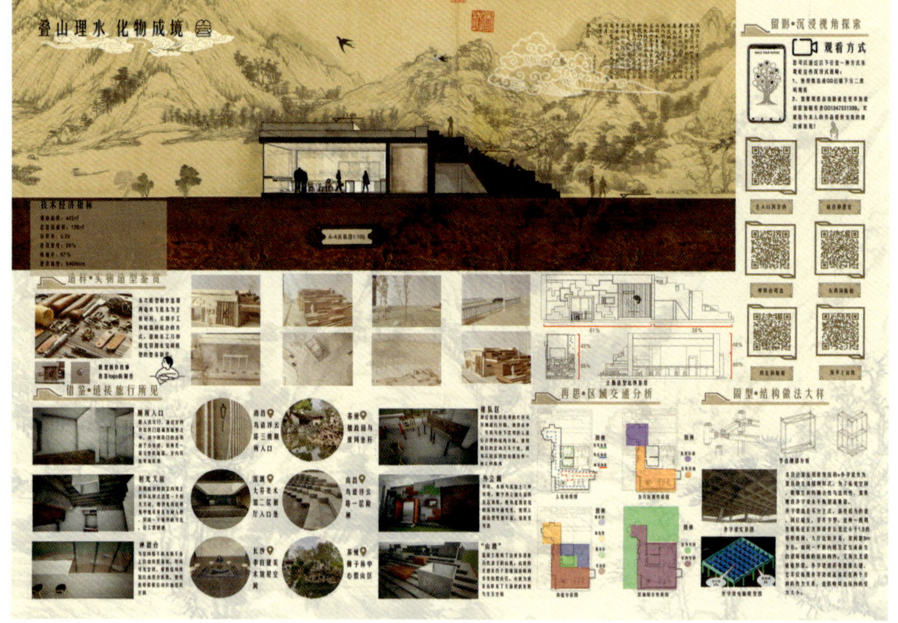
叠山理水 化物成境

前湖畔，勤人坡，芳草鲜美，落英缤纷。在这个学校里几乎是最引人注目的角落，坐落着“喜茶勤人坡山水 LAB”。建筑灵感源自山水画之风韵，诗意致敬南昌的钟灵毓秀，源于自然，也存于自然，并隐于自然。用创意独特的坡地设计，暗合农业文明的梯田和剧场文化的看台。

2019 级建筑学
大二

邝哲源

校园休闲吧设计
湖畔啡友

指导教师：
马　凯
廖　琴
聂　璐
肖　芬
何志华
卢倚天

场地位于小山坡上，临近湖水，有着天然的地形优势来进行悬挑设计。先放置一个方盒子镶嵌于山坡内，使盒子顶部与山坡平面齐平，让建筑更好地与场地融合。再于方盒子的侧面增加三角形体块形成不同体块间的穿插感。顶部增设小斜坡，底部斜向削减部分，加强整个形体的悬挑感。场地朝向湖泊的一面，景色优美，所以在这个景观面设计了大面积虚空间，增加通透性，使内部空间与外部自然空间的距离感减弱，同时形成室外的平台，利于眺望湖畔。在主入口处植入一曲形楼梯，给予人们行进的引导感，在漫步之余亦可观察建筑本体，楼梯终点可直接到达屋面，借高度之势，望极目之景。

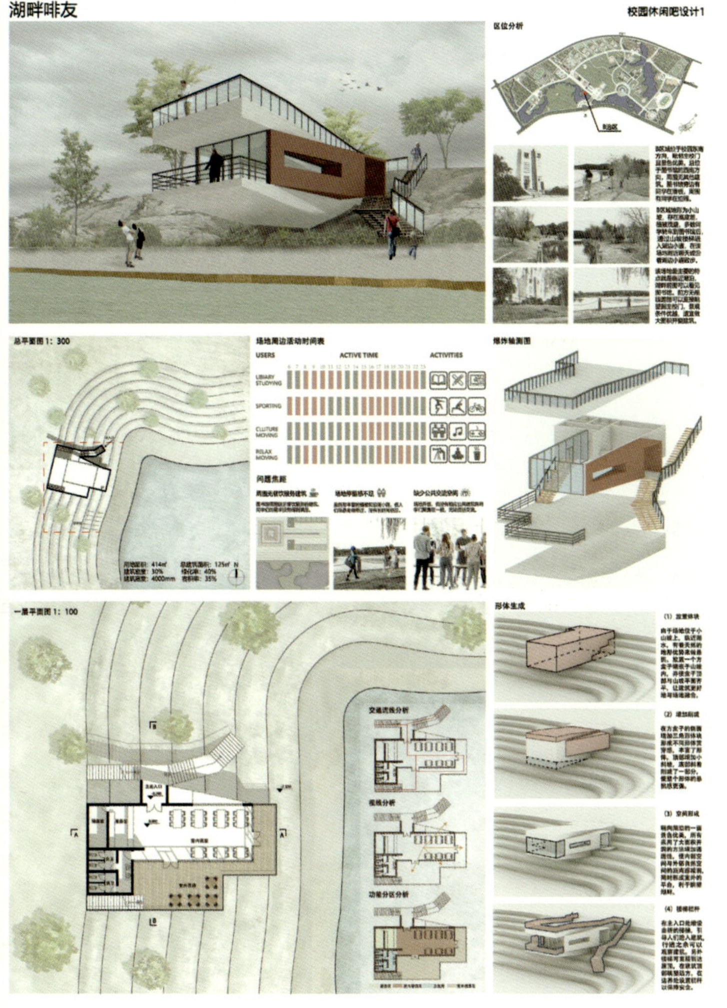
湖畔啡友
校园休闲吧设计1
区位分析
总平面图 1：300
场地周边活动时间表
USERS
ACTIVE TIME
ACTIVITIES
问题焦点
爆炸轴测图
一层平面图 1：100
形体生成
交通流线分析
视线分析
功能分区分析

湖畔啡友
校园休闲吧设计2
北立面 1：100
室内光照分析
模型照片
南立面 1：100
视线分析
东立面 1：100
垂直流线分析
A-A剖面图 1：100
B-B剖面图 1：100
通风分析

2019 级建筑学
大二

肖湘羽

校园休闲吧设计
ESCAPE

指导教师：
马 凯
廖 琴
聂 璐
肖 芬
何志华
卢倚天

“escape”意为逃离，但在这次设计中，设计师想要强调的不是逃避的态度，而是建立一个庇护所，让快节奏时代的人们可以暂时慢下来，缓解生活的压力。因此建筑从形态和材料都选择了更加贴近自然的风格：建筑外形作了许多退让，形成折线迎合水面的形态并朝向水面；材料选择了红砖、木材、玻璃和混凝土，希望质朴的材料可以给人沉着宁静的感觉。给你“一杯时光”，在忙碌中享受片刻的静谧。

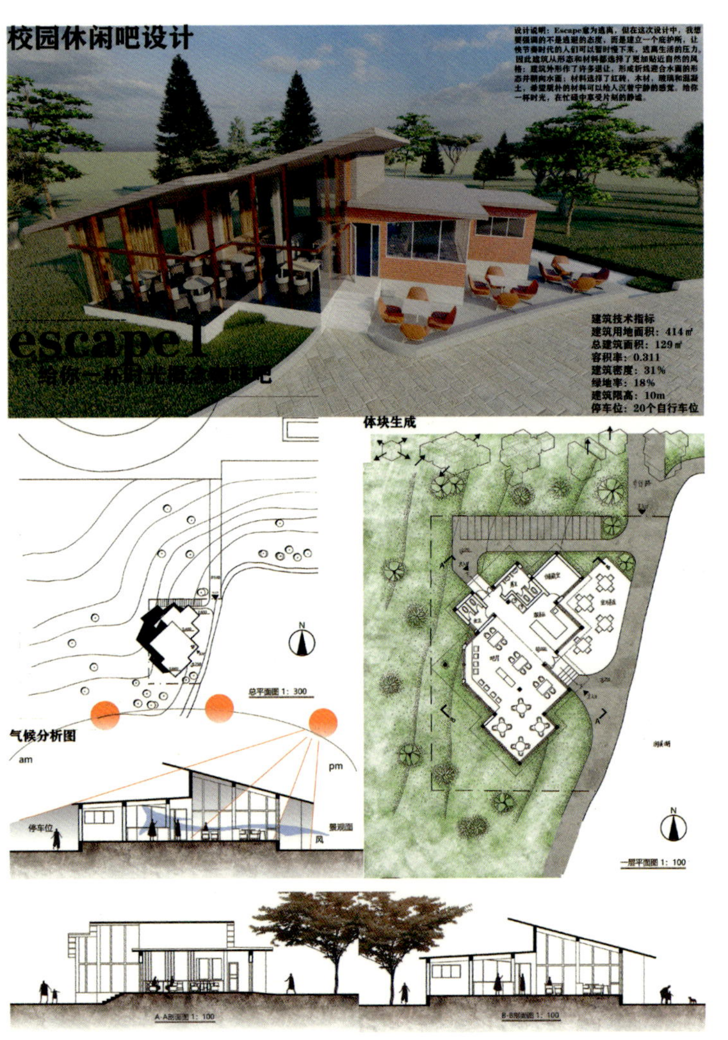
校园休闲吧设计
escape1
建筑技术指标
建筑用地面积：414㎡
总建筑面积：129㎡
容积率：0.311
建筑密度：31%
绿地率：18%
建筑限高：10m
停车位：20个自行车位
体块生成
总平面图 1:300
气候分析图
am
pm
一层平面图 1:100
A-A剖面图 1:100
B-B剖面图 1:100

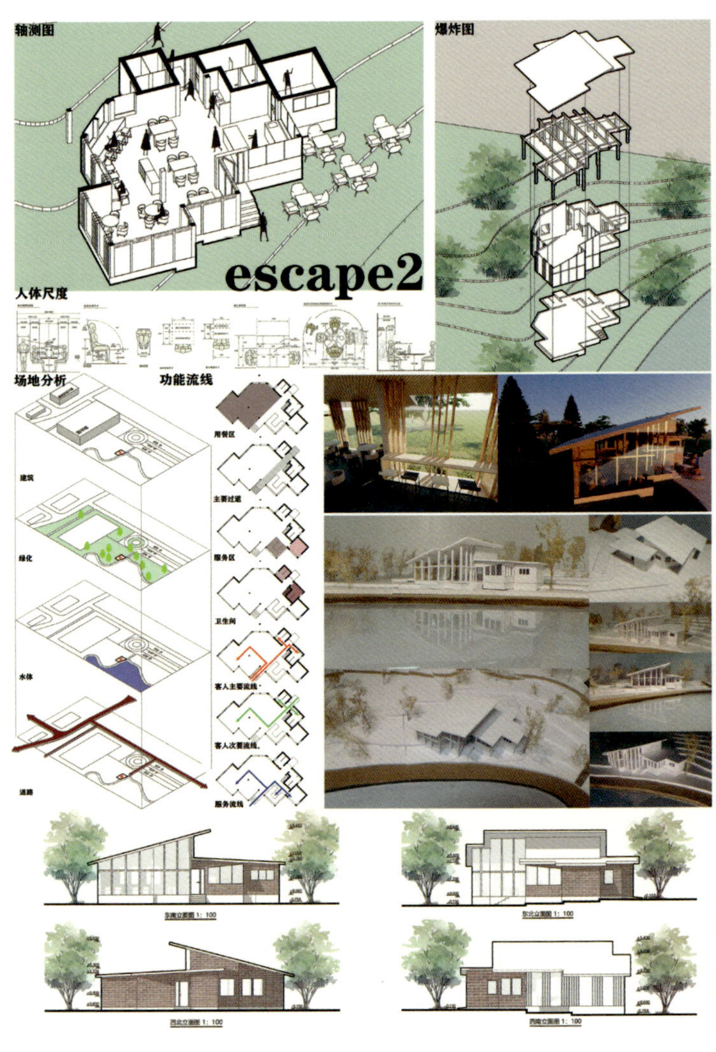
轴测图
爆炸图
escape2
人体尺度
场地分析
功能流线

2019 级建筑学
大二

徐天歌

MOMENT
校园休闲吧设计

指导
教师：
马　凯
廖　琴
聂　璐
肖　芬
何志华
卢倚天

同学们在运动之后，由于挥洒了大量的汗水，需要身体与精神上的片刻缓冲与休息，因此需要一个过渡的场所。MOMENT 饮品吧，不仅可以提供运动后的水分补充，也可提供身体与思维的休息。MOMENT 饮品吧采用现代设计手法，通过对周围场地的调研与分析，将设计自然地融入环境中。室内外的连贯性以及灯光的布置、开阔的空间都是 MOMENT 饮品吧的空间特点。

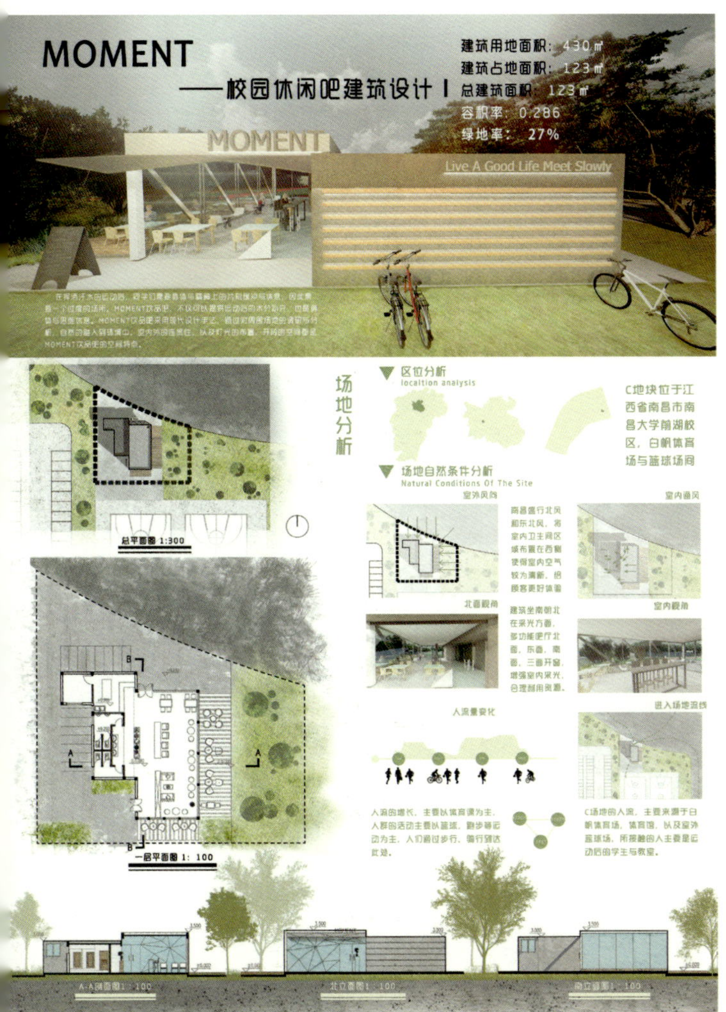
MOMENT
——校园休闲吧建筑设计 I
建筑用地面积：430㎡
建筑占地面积：123㎡
总建筑面积：123㎡
容积率：0.286
绿地率：27%
MOMENT
Live A Good Life Meet Slowly
场地分析
区位分析
location analysis
C地块位于江西省南昌市南昌大学前湖校区，白帆体育场与篮球场间
场地自然条件分析
Natural Conditions Of The Site
总平面图 1:300
一层平面图 1:100
A-A剖面图 1:100

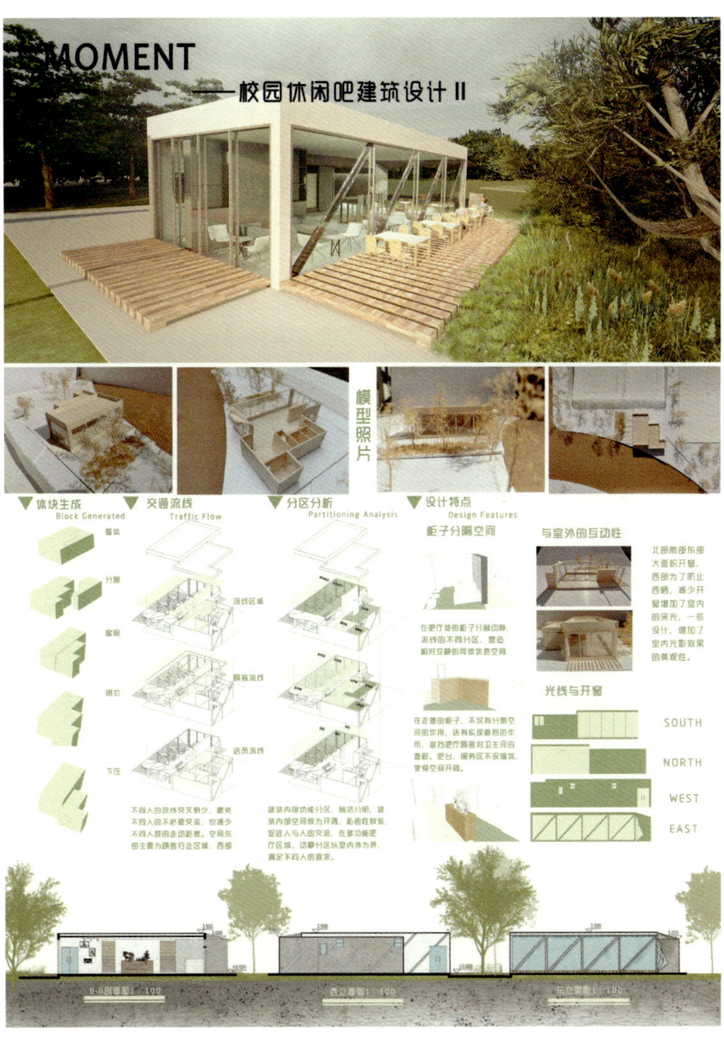
MOMENT
——校园休闲吧建筑设计 II
模型照片
体块生成
Block Generated
交通流线
Traffic Flow
分区分析
Partitioning Analysis
设计特点
Design Features
柜子分隔空间
与室外的互动性
光线与开窗
SOUTH
NORTH
WEST
EAST

李新妍

DIVE IN
校园休闲吧设计

指导教师：
马　凯
廖　琴
聂　璐
肖　芬
何志华
卢倚天

信息化普及的今天，对手机的依赖使人情淡薄。设计围绕“坠入”这一主题，使用简单的划分和轻松闲适的风格，旨在以空间体块及围合度的不同来塑造空间变化，打造从初始到坠入的空间情感体验，引导人们在其中放慢节奏，进行更多交流，并能够找到自己的一方小天地。

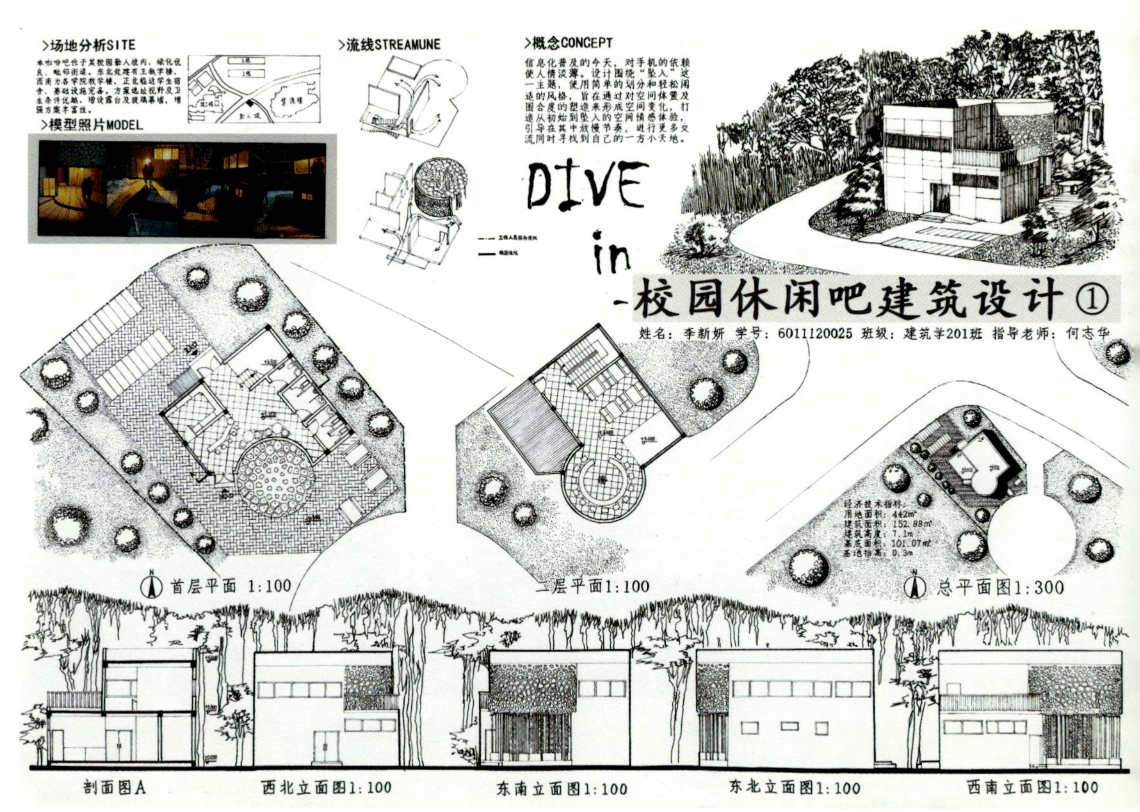
>场地分析SITE
>模型照片MODEL
>流线STREAMUNE
>概念CONCEPT
DIVE
in
-校园休闲吧建筑设计①
姓名：李新妍 学号：6011120025 班级：建筑学201班 指导老师：何志华
首层平面 1:100
二层平面1:100
总平面图1:300
剖面图A
西北立面图1:100
东南立面图1:100
东北立面图1:100
西南立面图1:100

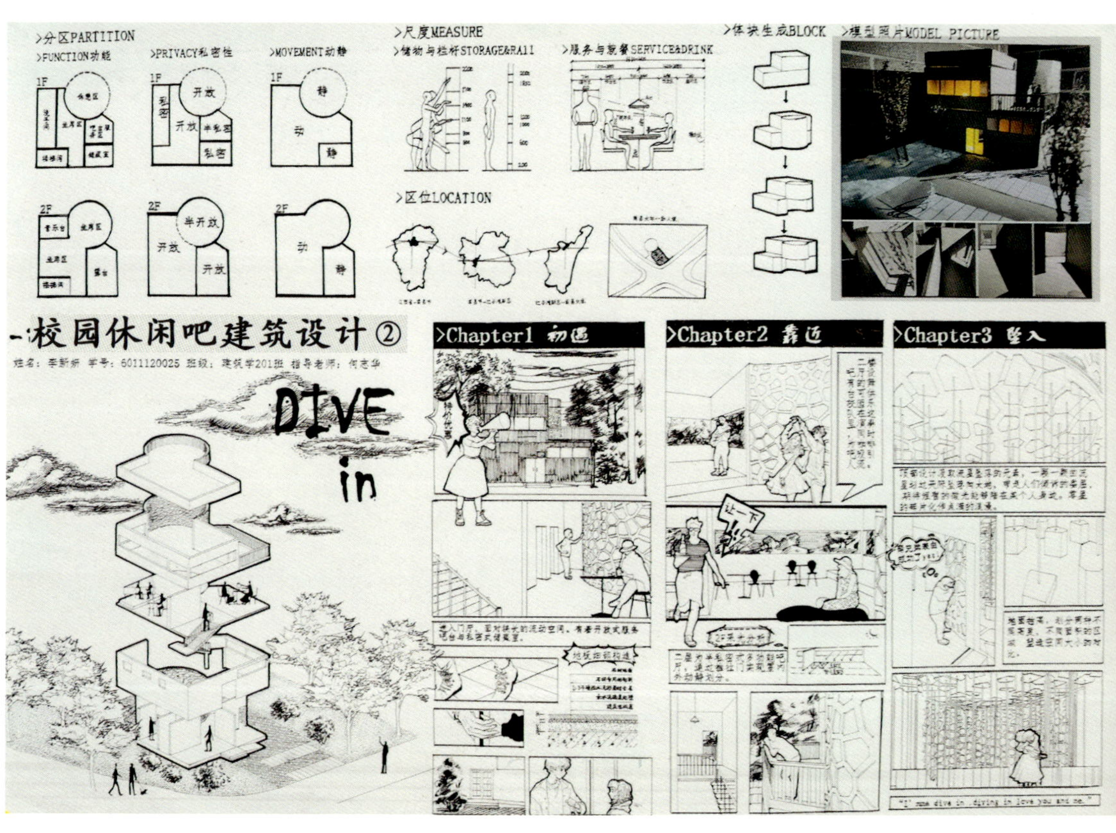
>分区PARTITION
>FUNCTION功能
>PRIVACY私密性
>MOVEMENT动静
>尺度MEASURE
>储物与栏杆STORAGE&RAIl
>服务与就餐SERVICE&DRINK
>体块生成BLOCK
>模型照片MODEL PICTURE
>区位LOCATION
-校园休闲吧建筑设计②
姓名：李新妍 学号：6011120025 班级：建筑学201班 指导老师：何志华
DIVE
in
>Chapter1 初遇
>Chapter2 靠近
>Chapter3 坠入

2020 级建筑学
大二

张伟功

青畔咖啡厅
校园休闲吧设计

指导教师：
马 凯
廖 琴
聂 璐
肖 芬
何志华
卢倚天

流线型风格的顶棚，其设计来源于海螺外壳的优美曲线，代表着面朝浪花的生命力与希望。同时曲线的设计也丰富了建筑外立面，增强了体块的交错感。玻璃幕墙的大面积使用保障了建筑内部对于光照的需求，同时也利用了遮阳削弱太阳光，使得人们能更好感受自然光的同时，丰富了空间。露台部分用支架托起，以顺应场地坡度，便于雨天的排水，在潮湿势平、蚊虫繁多的南方，此方案也是有效的物理解决措施。

青畔咖啡厅
校园休闲吧设计
N

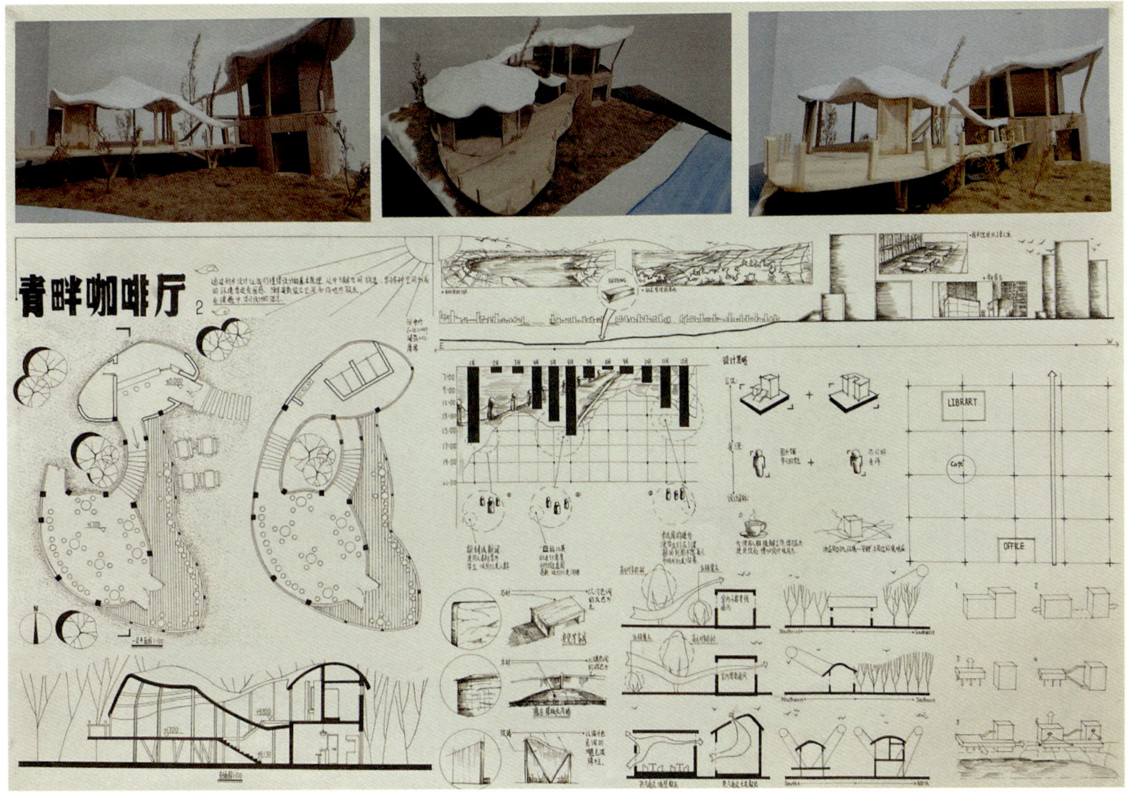
青畔咖啡厅
LIBRARY
OFFICE

2017 级建筑学
大二

程晓慧

专家工作室设计
汀里

指导教师：
马　凯
廖　琴
聂　璐
肖　芬
何志华
卢倚天

专家工作室设计——汀里 I
区位分析
设计说明
功能分区
瑞金路
主入口
家庭区
工作区
总用地面积：1145 ㎡
总建筑面积：270 ㎡
容积率：23.6%
建筑高度：9.7m
绿化率：42.4%
技术经济指标
总平面 1:300
南立面 1：100

设计取名为“汀里”，位于风景绮丽的湖畔，是为一位建筑师及其四口之家所设计的，整体上分为两部分，工作区与生活区相互分离，就像若即若离的两座山峰，左侧为公共区域，而右侧为私密区域，由中间通道连接，互不干扰，使户主有舒适的体验。

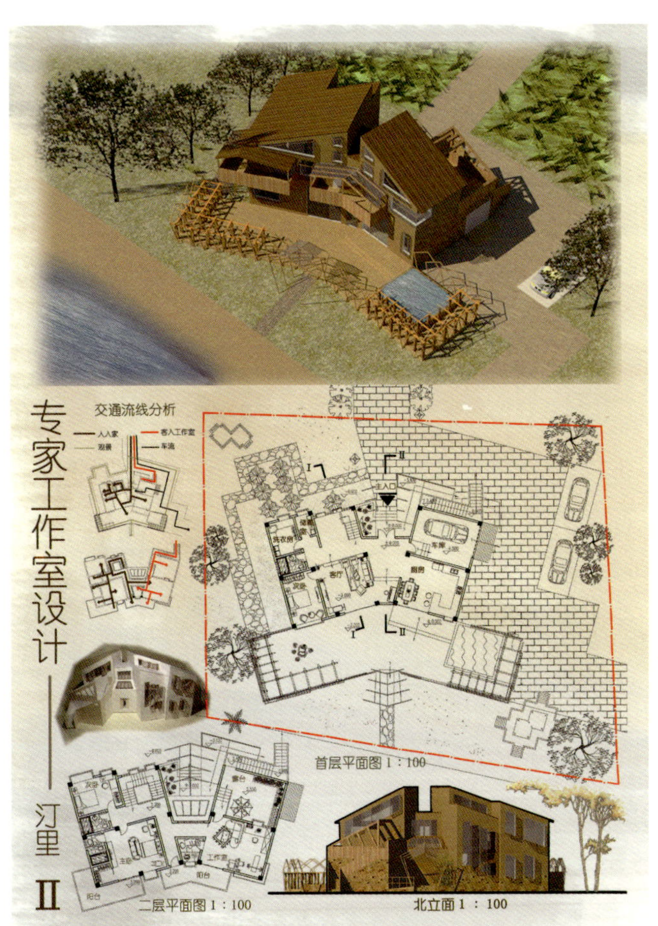
专家工作室设计——汀里 II
交通流线分析
首层平面图 1：100
二层平面图 1：100
北立面 1：100

专家工作室设计——汀里 III
II-II 剖面 1：100
I-I 剖面 1：100
结构分析

2017 级建筑学
大二

梁佳琪

专家工作室设计
My Dear Clover

指导教师：
马　凯
廖　琴
聂　璐
肖　芬
何志华
卢倚天

本案位于江西省南昌市新建县，是为前湖大学城内的学者所设计的专家工作室。场地面朝前湖，风景秀丽，建筑密度低，植被繁多，交通发达，出行方便。且本案邻近大学城，适合居于此的学者进行学习、生活、交流等活动。

My Dear Clover
—— 专家工作室设计 Expert Studio Design 1
剖面图1-1 1:100
剖面图1-1 1:100

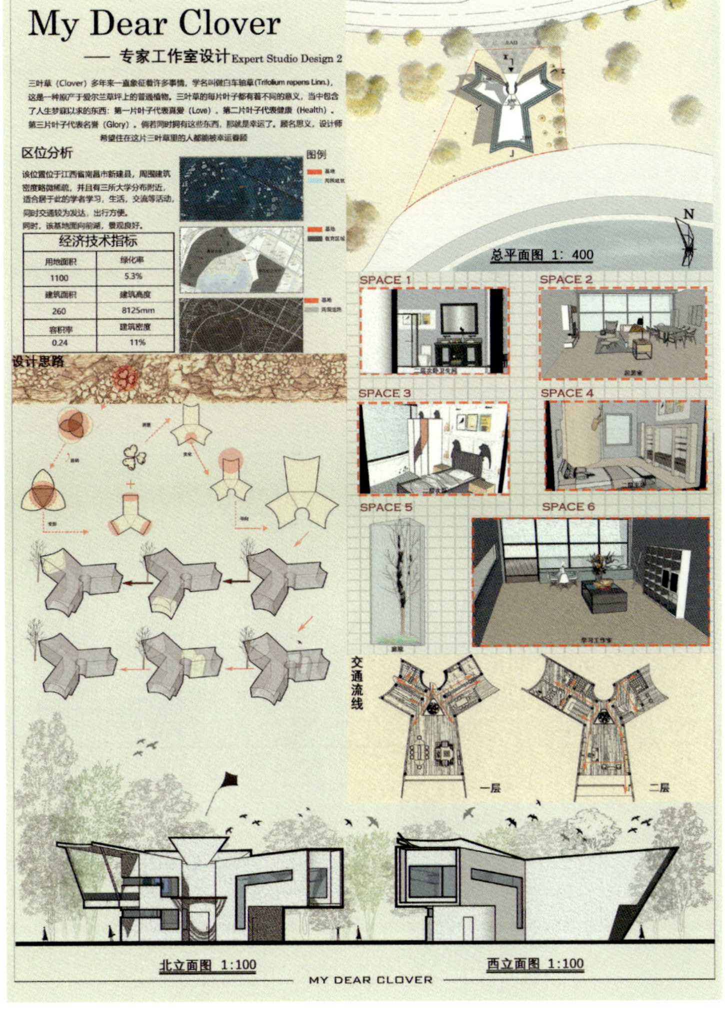
My Dear Clover
—— 专家工作室设计 Expert Studio Design 2
区位分析
图例
经济技术指标
用地面积 1100
绿化率 5.3%
建筑面积 260
建筑高度 8125mm
容积率 0.24
建筑密度 11%
设计思路
总平面图 1:400
SPACE 1
SPACE 2
SPACE 3
SPACE 4
SPACE 5
SPACE 6
交通流线
一层
二层
北立面图 1:100
西立面图 1:100
MY DEAR CLOVER

2017 级建筑学
大二

梁佳琪

专家工作室设计 My Dear Clover

指导教师：
马　凯
廖　琴
聂　璐
肖　芬
何志华
卢倚天

设计名为——三叶草（Clover），学名叫作白车轴草（Trifolium repens Linn.），这是一种原产于爱尔兰的草本植物。其每片叶子都有着不同的意义：第一片叶子代表真爱（Love），第二片叶子代表健康（Health），第三片叶子代表名誉（Glory），倘若同时拥有这些东西，那就是幸运了。顾名思义，设计师希望住在“三叶草”里的人都能被幸运眷顾。

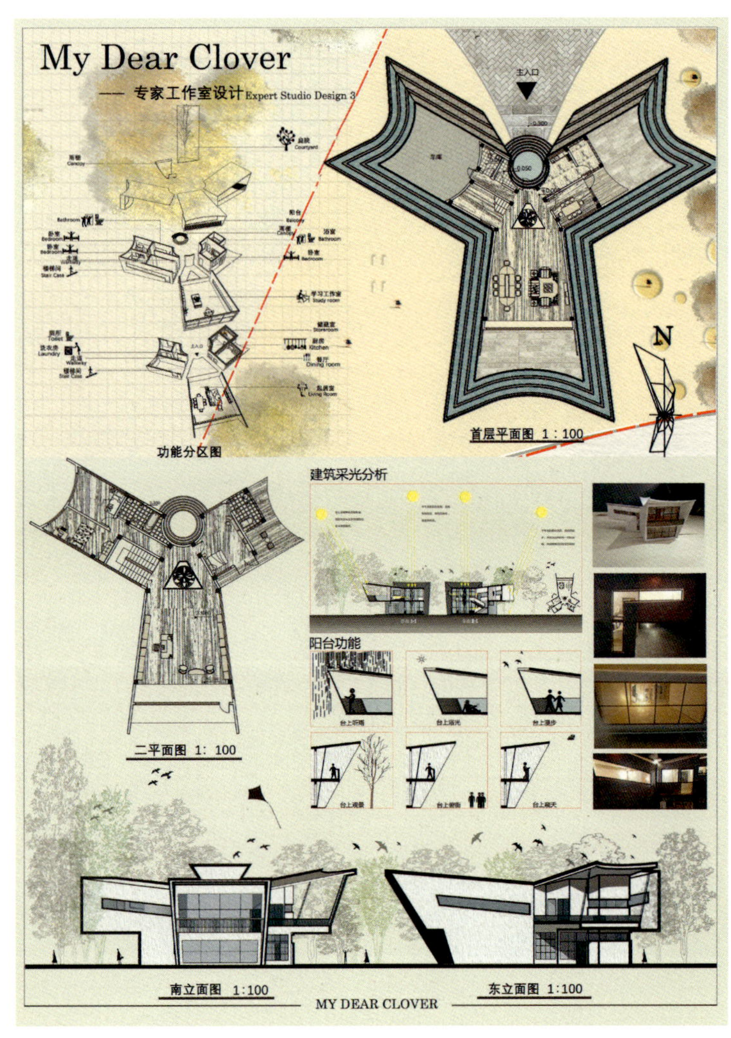
My Dear Clover
—— 专家工作室设计 Expert Studio Design 3
功能分区图
首层平面图 1：100
建筑采光分析
阳台功能
二平面图 1：100
南立面图 1:100
MY DEAR CLOVER
东立面图 1:100

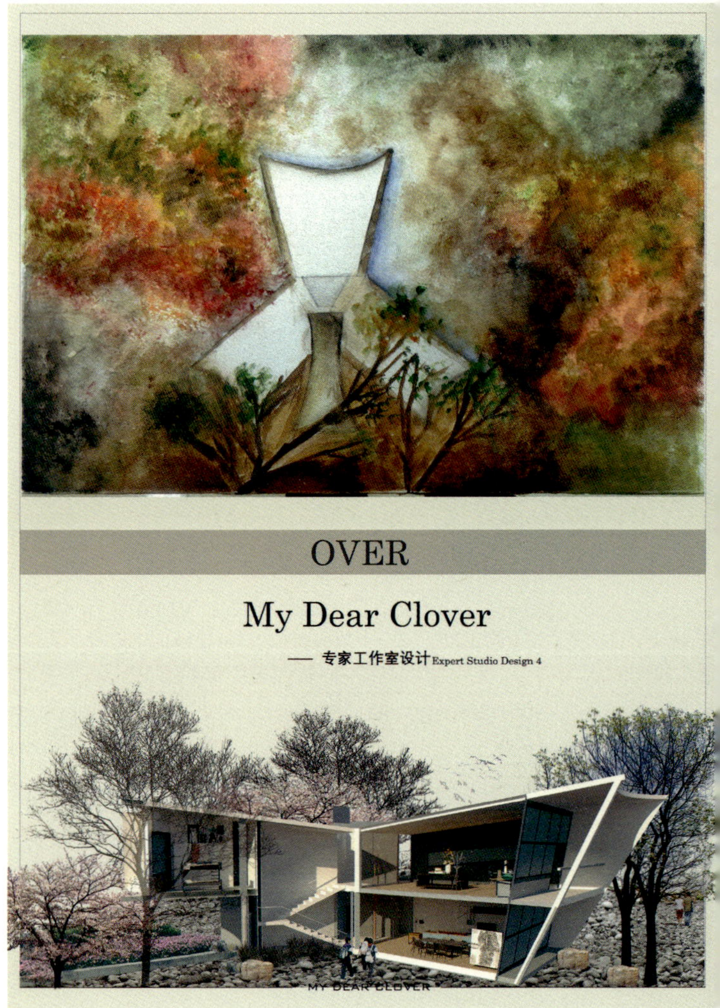
OVER
My Dear Clover
—— 专家工作室设计 Expert Studio Design 4

2017 级建筑学
大二

桂美乐

左岸
专家工作室设计

指导教师：
马　凯
廖　琴
聂　璐
肖　芬
何志华
卢倚天

每个人心中都有一条塞纳河，河的左岸是感性，右岸是理性；左岸是理想，右岸是现实。本次专家工作室设计的假定对象为植物学专家，植物学是理性与感性紧密结合的学科，设计为贴合这种兼容并蓄的理念，采用了特殊的造型设计增加观景面，同时采用落地玻璃来加强室内外联系，使得人与自然更加亲近，营造更为包容的室内观景效果。

左岸
专家工作室设计

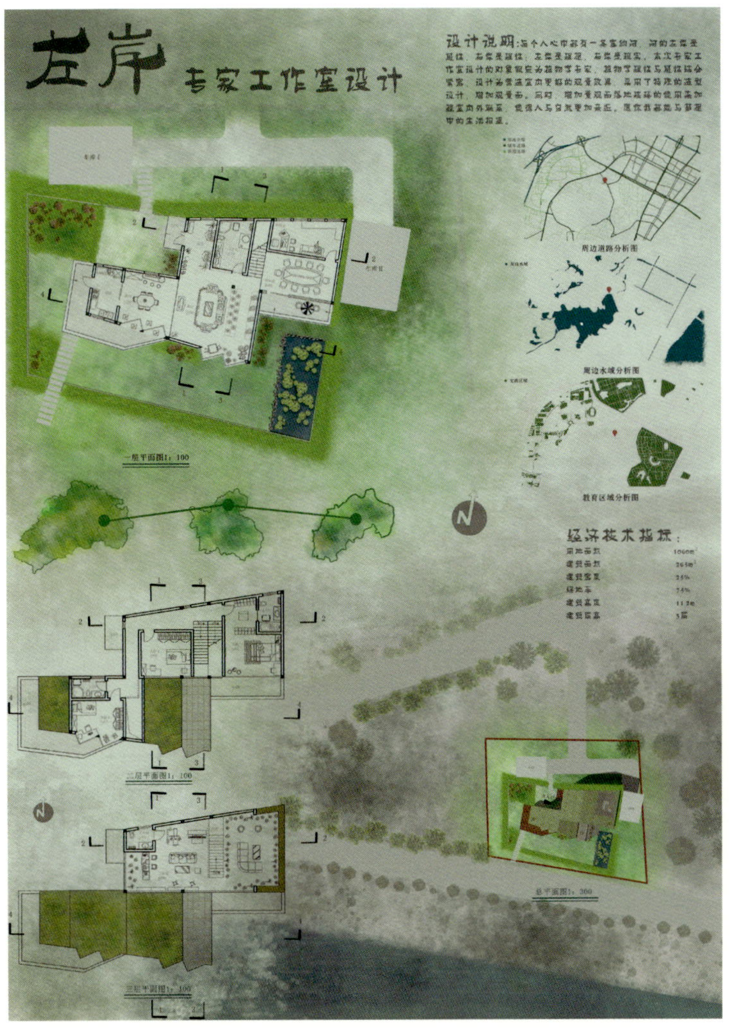
左岸
专家工作室设计
设计说明：
经济技术指标：

2017 级建筑学
大二

桂美乐

专家工作室设计 左岸

指导教师：
马　凯
廖　琴
聂　璐
肖　芬
何志华
卢倚天

屋顶部分采用了绿化屋面设计，所选植物以佛甲草为主，其特性能较好地满足当地的气候条件与景观需求。春日降雨量大，屋顶植物需耐水，夏日阳光强烈，屋顶植物需耐高温，秋日满足景观要求，屋顶植物最好常绿，冬日天气寒冷，屋顶植物需耐寒。

左岸
专家工作室设计

左岸
专家工作室设计

2018 级建筑学
大二

贾漠

专家工作室设计

香樟小宅

指导教师：
马　凯
廖　琴
聂　璐
肖　芬
何志华
卢倚天

针对此次独立住宅的设计，灵感与名称皆来源于场地附近的一片樟树林，故取名为“香樟小宅”。建筑与环境的关系影响了住宅的整体造型，层叠的体块形成了丰富的景观平台，能够让居住其中的人更加地贴近自然，曲尺形的设计也为场地前方留足了空间，便于景观立面的设计，也为日常出行提供了缓冲空间。

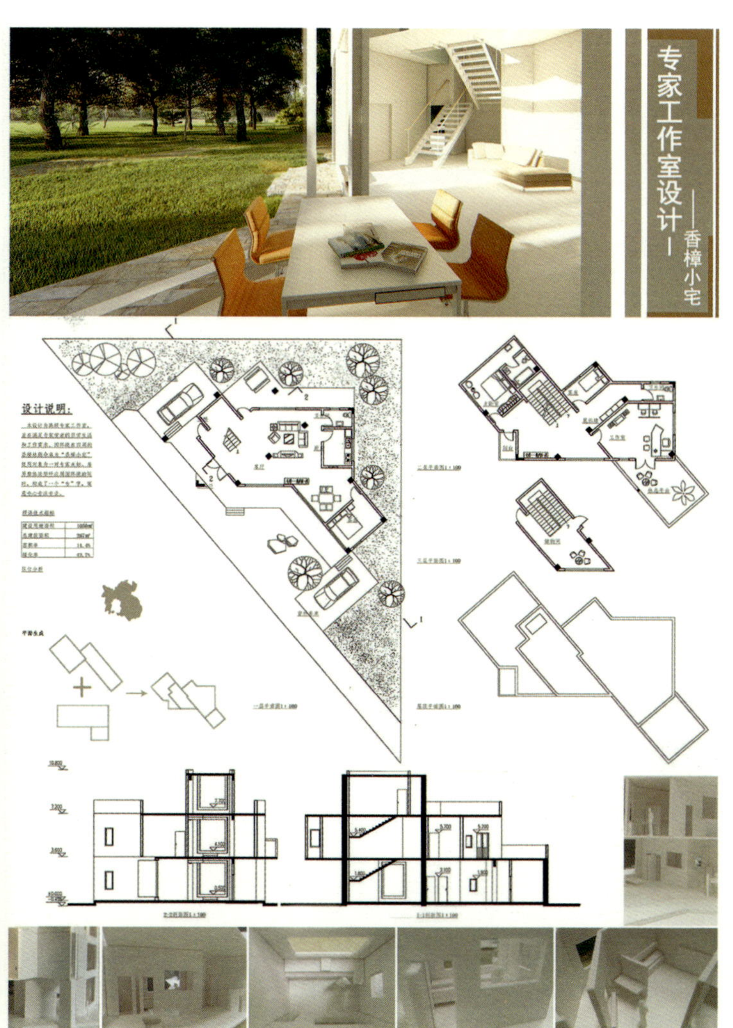
专家工作室设计
—香樟小宅—I
设计说明：

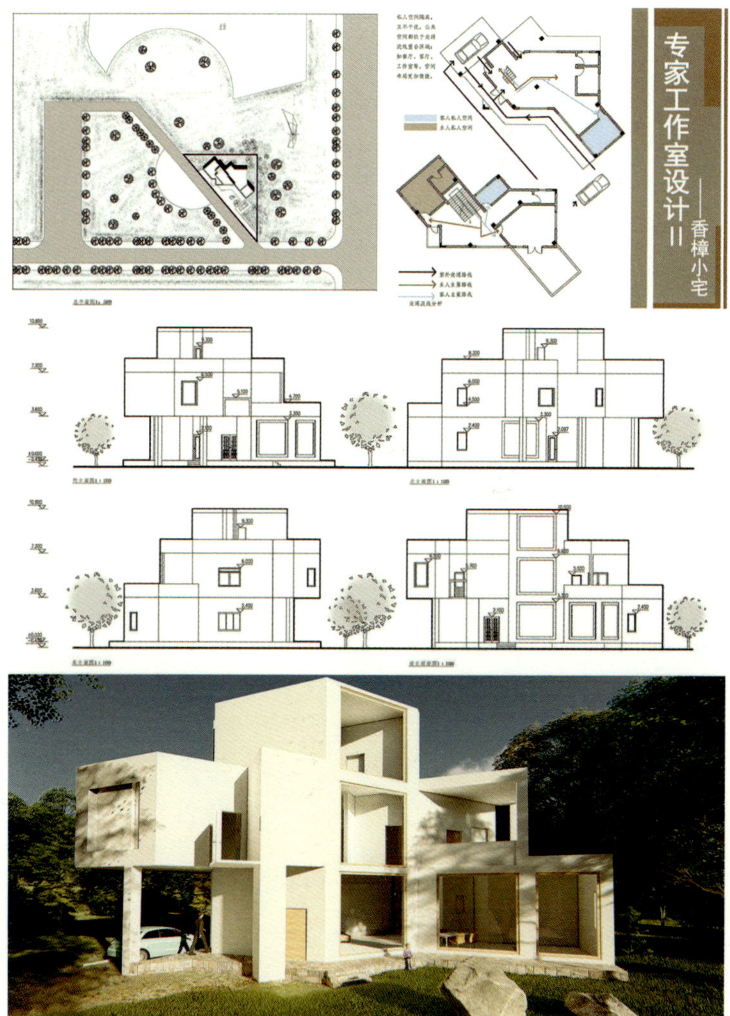
专家工作室设计
—香樟小宅—II

沈欣钰

专家工作室设计 水色

指导教师：
马　凯
廖　琴
聂　璐
肖　芬
何志华
卢倚天

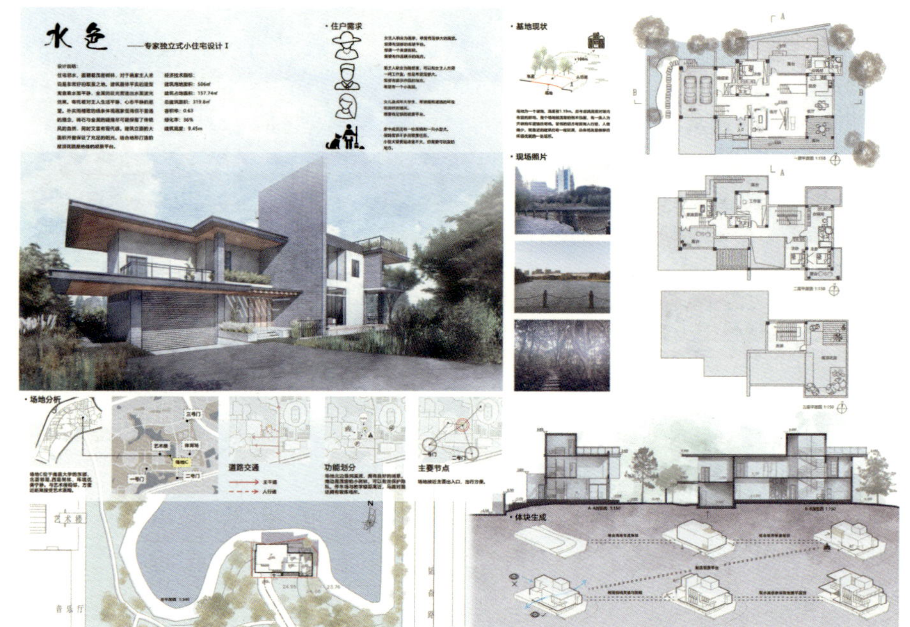
水色
——专家独立式小住宅设计 I
住户需求
基地现状
现场照片
场地分析
体块生成

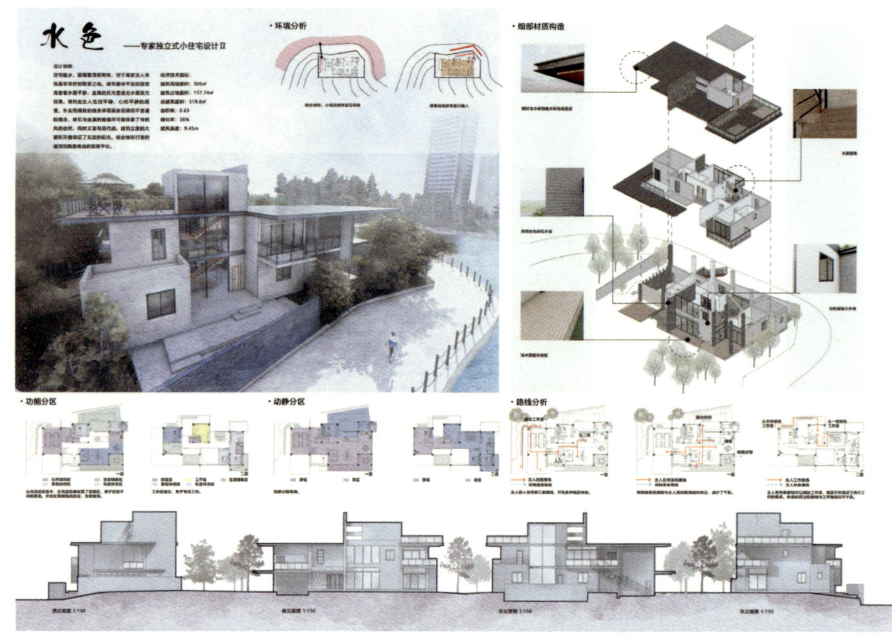
水色
——专家独立式小住宅设计 II
环境分析
细部材质构造
功能分区
动静分区
路线分析

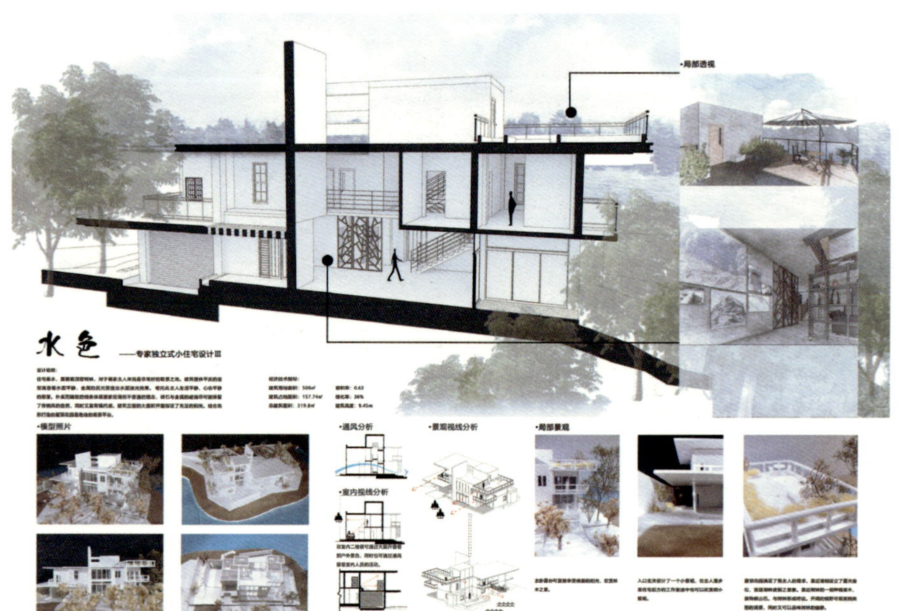
局部透视
水色
——专家独立式小住宅设计 III
模型照片
通风分析
景观视线分析
局部景观
室内流线分析

住宅临水，面朝着茂密树林，对于画家主人来说是非常好的取景之地。建筑整体平实的造型暗合着平静的水面，金属的反光则营造出水面波光效果，表达出主人期待生活宁静但又不失闪光点的心态，低调但不普通的理念。砖石与金属的碰撞在尽可能保留了传统自然风韵的同时注入现代表现的张力。立面部分的大面积开窗保证了充足的阳光，形成了通透的景观视线。而结合地形打造的屋顶花园则是设计中绝佳的观景平台，更是对场地精神的尊重。

钟扶

小住宅建筑设计

箱乐宅

指导教师：
马　凯
廖　琴
聂　璐
肖　芬
何志华
卢倚天

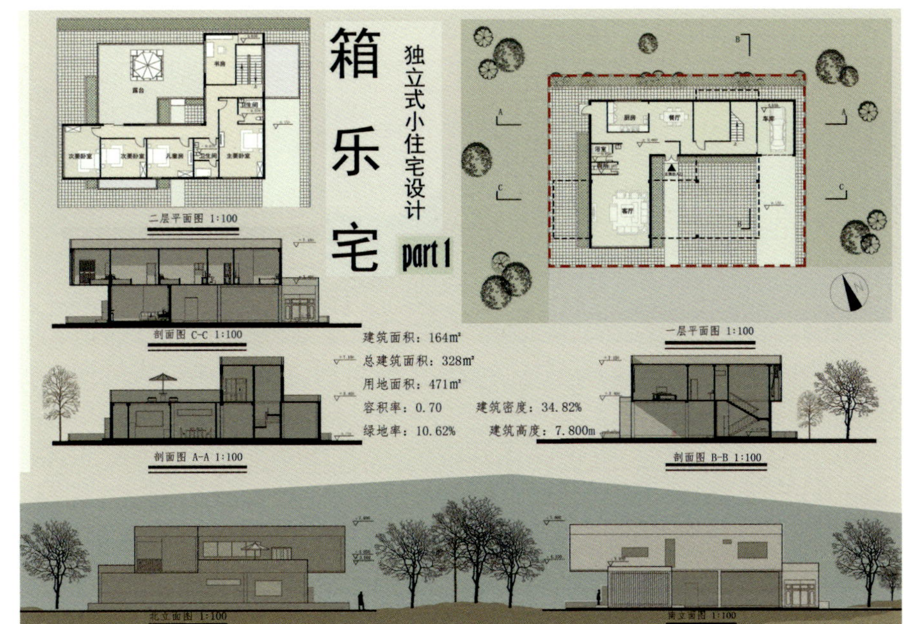
箱乐宅
独立式小住宅设计
part 1
二层平面图 1:100
剖面图 C-C 1:100
建筑面积：164m²
总建筑面积：328m²
用地面积：471m²
容积率：0.70　建筑密度：34.82%
绿地率：10.62%　建筑高度：7.800m
剖面图 A-A 1:100
一层平面图 1:100
剖面图 B-B 1:100
北立面图 1:100
东立面图 1:100

箱乐宅
独立式小住宅设计
part 2
西立面图 1:100
东立面图 1:100
区位分析

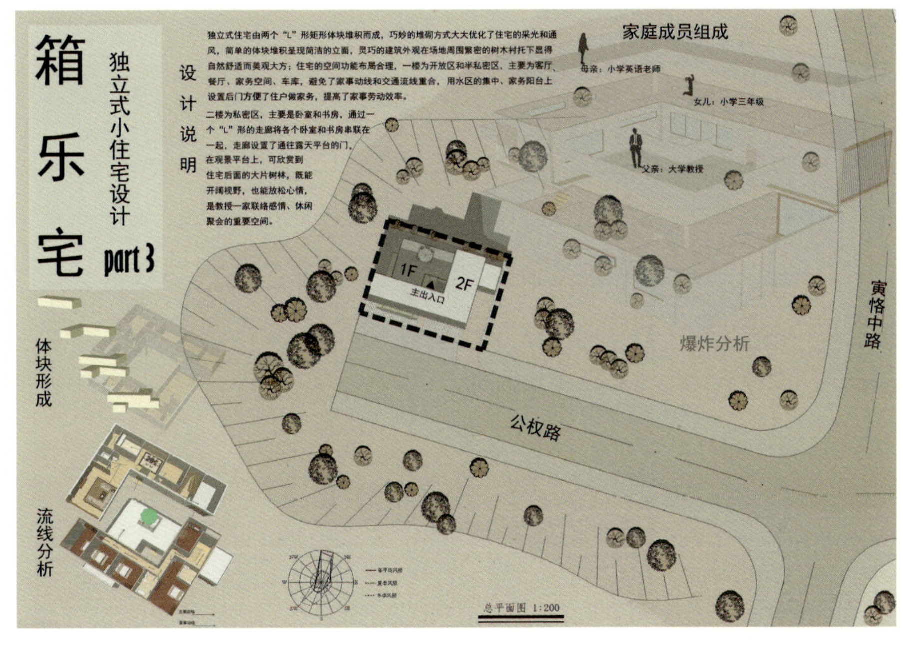
箱乐宅
独立式小住宅设计
part 3
设计说明
家庭成员组成
母亲：小学英语老师
女儿：小学三年级
父亲：大学教授
1F
2F
主出入口
爆炸分析
寅恪中路
公权路
体块形成
流线分析
总平面图 1:200

独立式住宅由两个“L”形矩形体块堆积而成，巧妙的堆砌方式大大优化了住宅的采光和通风，简单的体块堆积呈现简洁的立面，灵巧的建筑外观在场地周围繁密的树木衬托下显得自然舒适而美观大方；住宅的空间功能布局合理，一楼为开放区和半私密区，主要为客厅、餐厅、家务空间、车库，避免了家事动线和交通流线重合，用水区的集中、家务阳台上设置后门方便了住户做家务，提高了家事劳动效率。二楼为私密区，主要是卧室和书房，通过一个“L”形的走廊将各个卧室和书房串联在一起，走廊设置了通往露天平台的门。在观景平台上，可欣赏到住宅后面的大片树林，既能开阔视野，也能放松心情，是教授一家联络感情、休闲聚会的重要空间。

邝哲源

小住宅建筑设计
林遇

指导教师：
马　凯
廖　琴
聂　璐
肖　芬
何志华
卢倚天

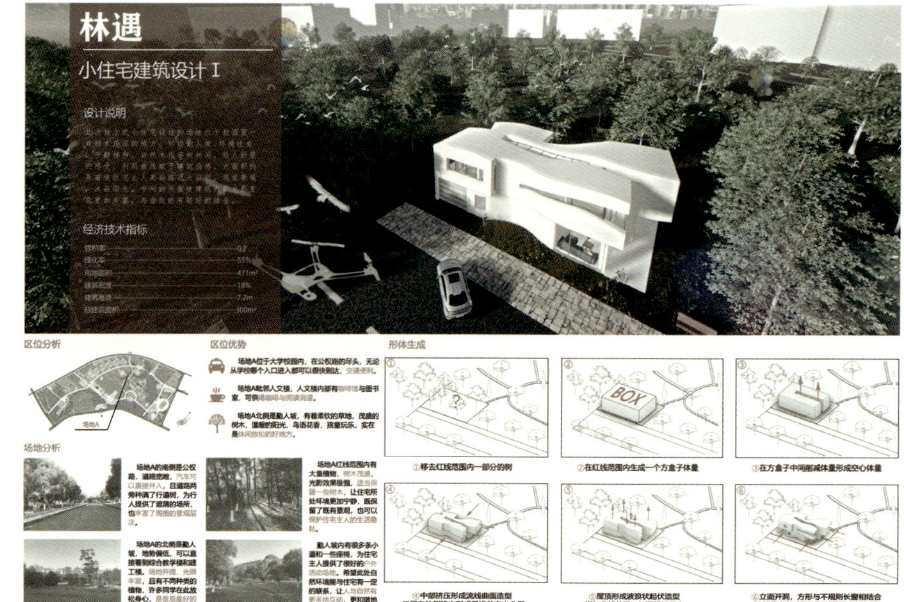
林遇
小住宅建筑设计 I
设计说明
经济技术指标
区位分析
区位优势
形体生成
场地分析
①移去红线范围内一部分的树
②在红线范围内生成一个方盒子体量
③在方盒子中间削减体量形成空心体量

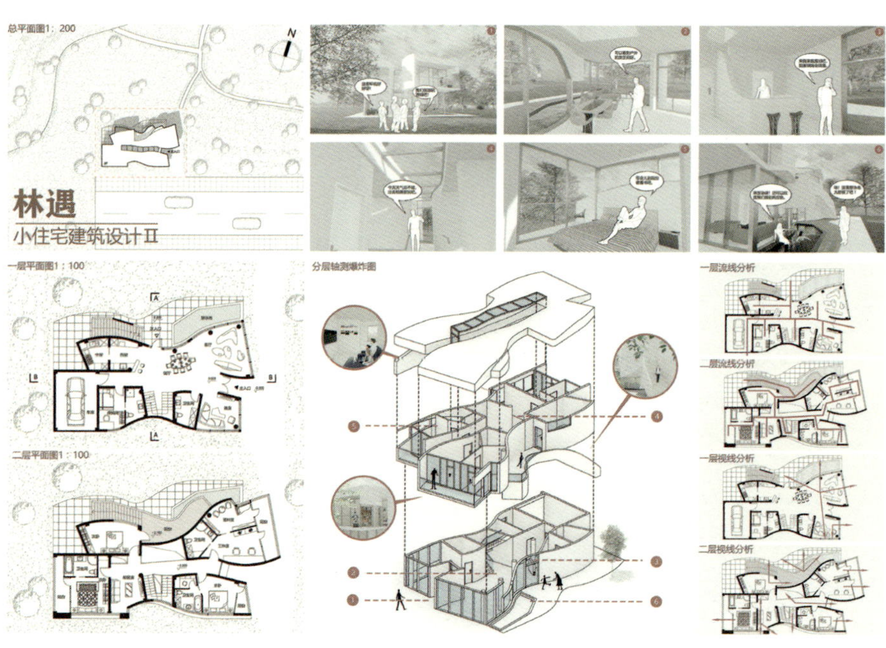
总平面图1：200
林遇
小住宅建筑设计 II
一层平面图1：100
二层平面图1：100
分层轴测爆炸图
一层流线分析
二层流线分析
一层视线分析
二层视线分析

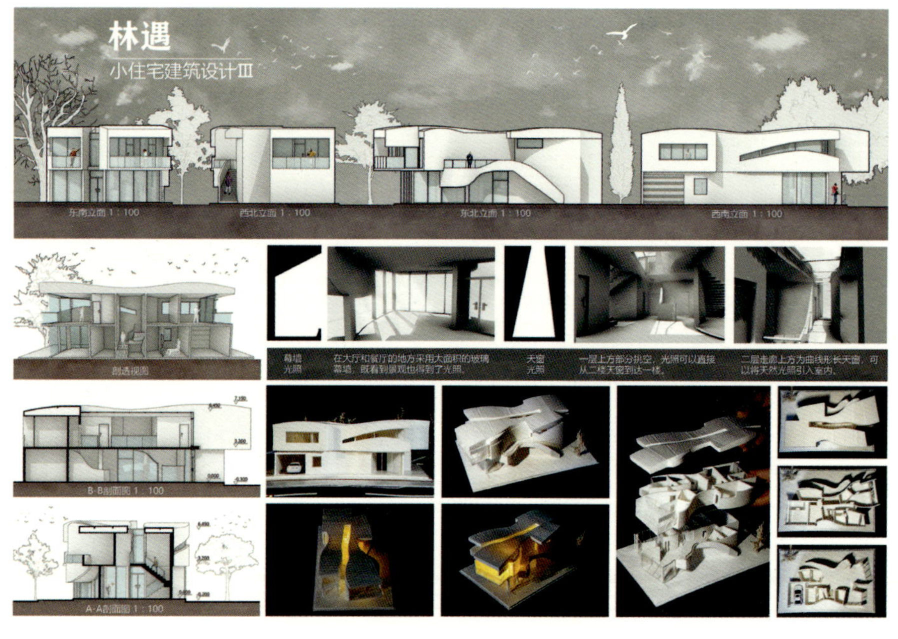
林遇
小住宅建筑设计 III
东南立面 1：100
西北立面 1：100
东北立面 1：100
西南立面 1：100
剖透视图
B-B剖面图 1：100
A-A剖面图 1：100

此次独立式小住宅设计的场地位于校园里一处树木茂密的地方，邻近勤人坡，环境优美宁静。自然光线穿梭林间，给人舒服的感受。设计利用曲线赋予建筑动感，采用大面积的开窗使住宅内部能更接近大自然，观赏景观，沐浴阳光。建筑中部的天窗使室内光影层次更加丰富，与曲线形变化的设计相结合能碰撞出更奇妙的花火。

2019 级建筑学
大二

王逸佳

小住宅建筑设计
无象居湖畔禅居

指导教师：
马　凯
廖　琴
聂　璐
肖　芬
何志华
卢倚天

设计位于南昌大学前湖校区润溪湖畔，场地风光旖旎、鸟语花香。虚拟业主为学校的一位计算机教授，喜爱接纳新事物。本设计充分考虑了场地文脉，大道至简，大道无象，抽离其精神内涵，采取了太湖石作为形体构建的元素，使之与湖滨山坡融为一体。为容纳湖畔辽阔旷达的景致与南方的阳光，体块的朝阳面尽可能多的进行通透的设计处理，多处露台给予了不同状态下人们进行休闲互动的可能。尊重案主及其家人的爱好与需求，设计师在同一个体块内为其定制了不同种类的空间，包括局部的小型园林、室内露台，使得建筑本身更有人情味。

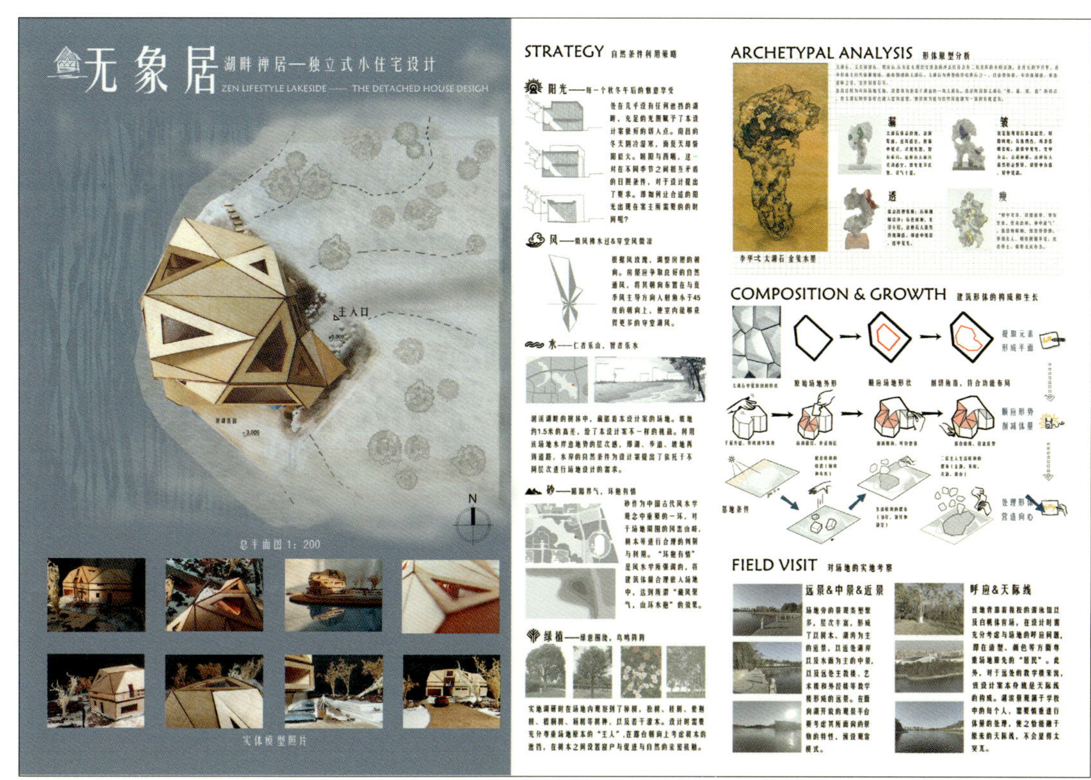
无象居 湖畔禅居—独立式小住宅设计
ZEN LIFESTYLE LAKESIDE —— THE DETACHED HOUSE DESIGN
主入口
总平面图 1：200
实体模型照片
STRATEGY 自然条件利用策略
阳光
风
水
砂
绿植
ARCHETYPAL ANALYSIS 形体原型分析
COMPOSITION & GROWTH 建筑形体的构成和生长
FIELD VISIT 对场地的实地考察
远景&中景&近景
呼应&天际线

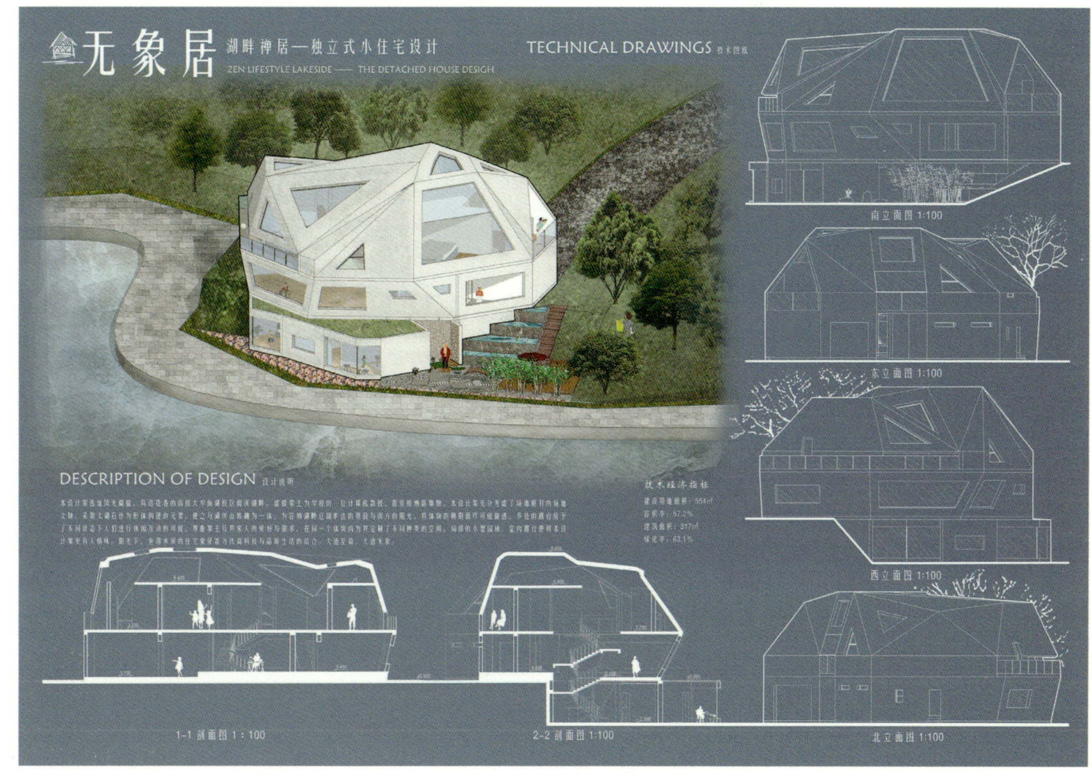
无象居 湖畔禅居—独立式小住宅设计
ZEN LIFESTYLE LAKESIDE —— THE DETACHED HOUSE DESIGN
TECHNICAL DRAWINGS 技术图纸
南立面图 1:100
东立面图 1:100
西立面图 1:100
北立面图 1:100
DESCRIPTION OF DESIGN 设计说明
技术经济指标
1-1 剖面图 1：100
2-2 剖面图 1:100

王逸佳

小住宅建筑设计
无象居湖畔禅居

指导教师：
马 凯
廖 琴
聂 璐
肖 芬
何志华
卢倚天

设计采用了动态光强度感应调节方法，针对影响人类健康生活最重要的光设计进行研究。设计过程首先构建了室内住宅光照的散射模型，利用 Gamma-Gamma 分布的方法进行运算，分析在日光作用下的光环境情况，调整设计以提高室内光照条件，实现光环境的人性化设计，利用良好的光环境营造温馨的居住氛围。

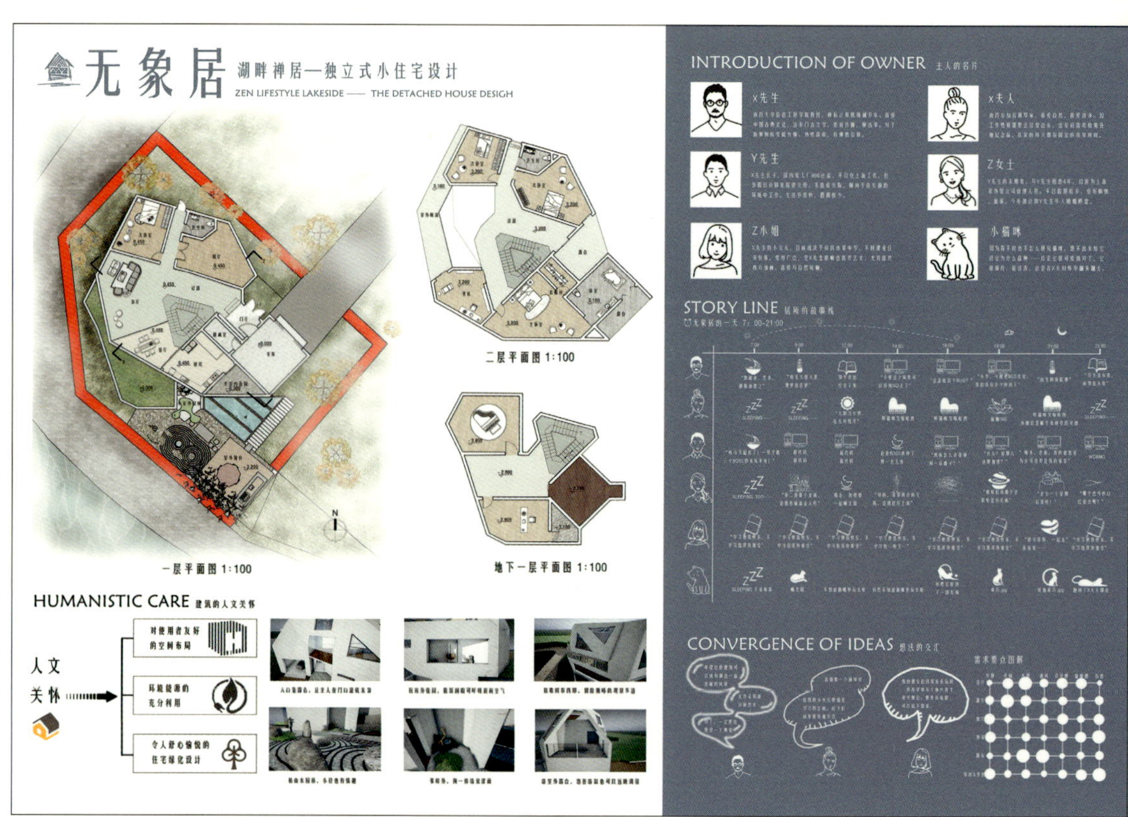
无象居
湖畔禅居—独立式小住宅设计
ZEN LIFESTYLE LAKESIDE —— THE DETACHED HOUSE DESIGN
INTRODUCTION OF OWNER
X先生
X夫人
Y先生
Z女士
Z小姐
小猫咪
二层平面图 1:100
STORY LINE
一层平面图 1:100
地下一层平面图 1:100
HUMANISTIC CARE
人文关怀
CONVERGENCE OF IDEAS

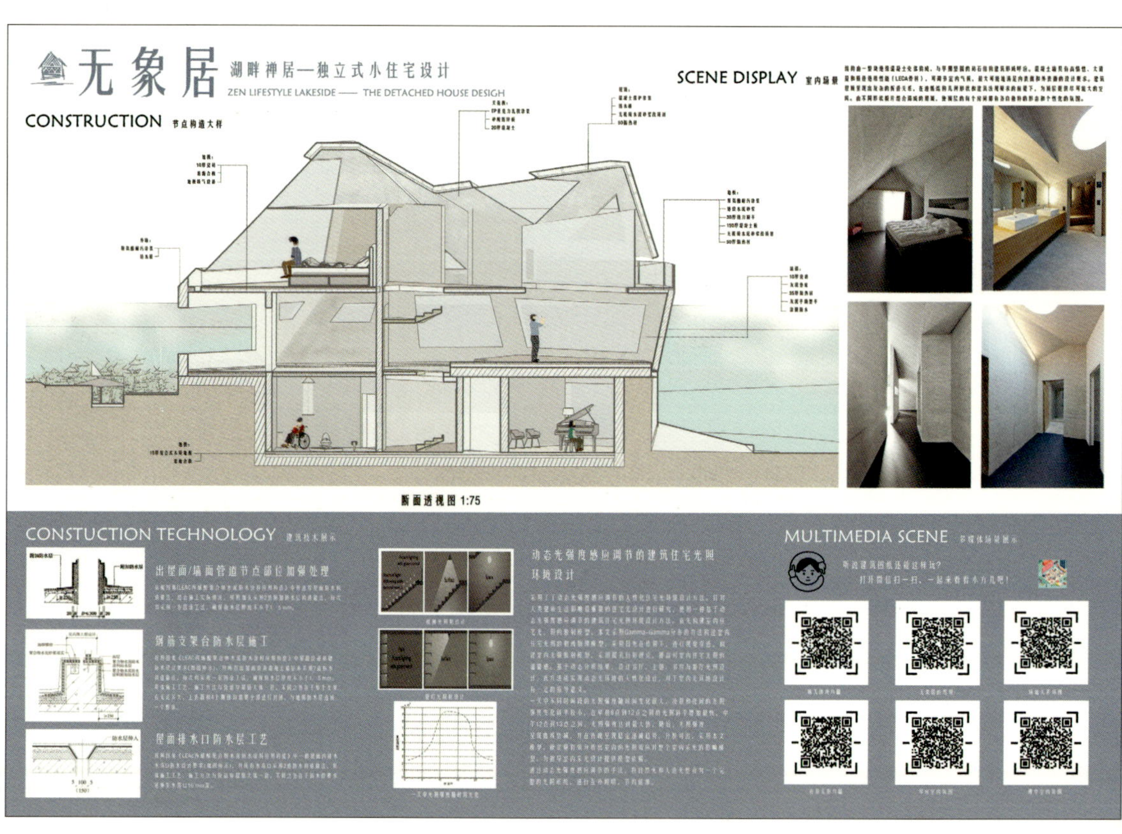
无象居
湖畔禅居—独立式小住宅设计
ZEN LIFESTYLE LAKESIDE —— THE DETACHED HOUSE DESIGN
CONSTRUCTION
SCENE DISPLAY
断面透视图 1:75
CONSTUCTION TECHNOLOGY
动态光强度感应调节的建筑住宅光照环境设计
MULTIMEDIA SCENE

庄晓琦

小住宅建筑设计
依川而居

指导教师：
马　凯
廖　琴
聂　璐
肖　芬
何志华
卢倚天

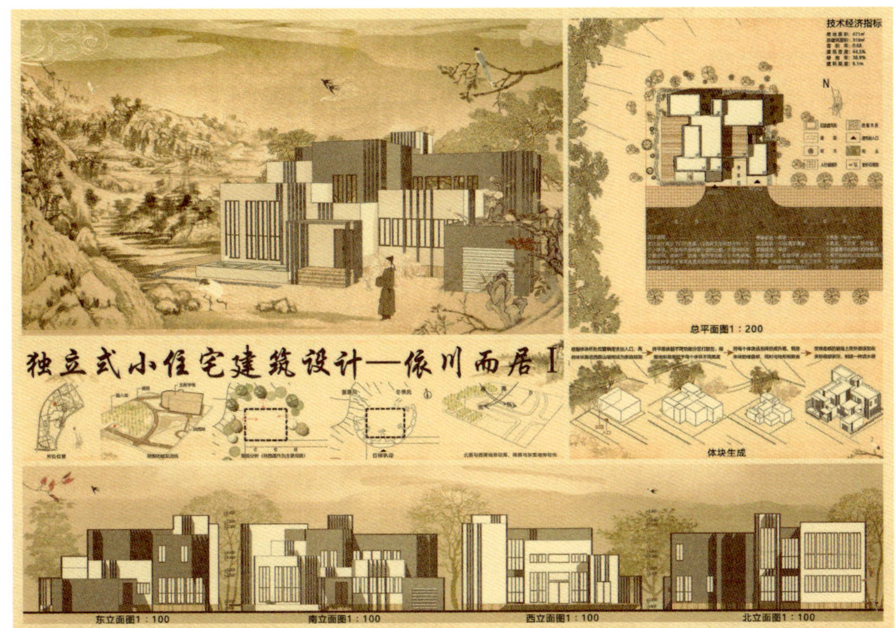
独立式小住宅建筑设计——依川而居Ⅰ
技术经济指标
总平面图1：200
体块生成
东立面图1：100
南立面图1：100
西立面图1：100
北立面图1：100

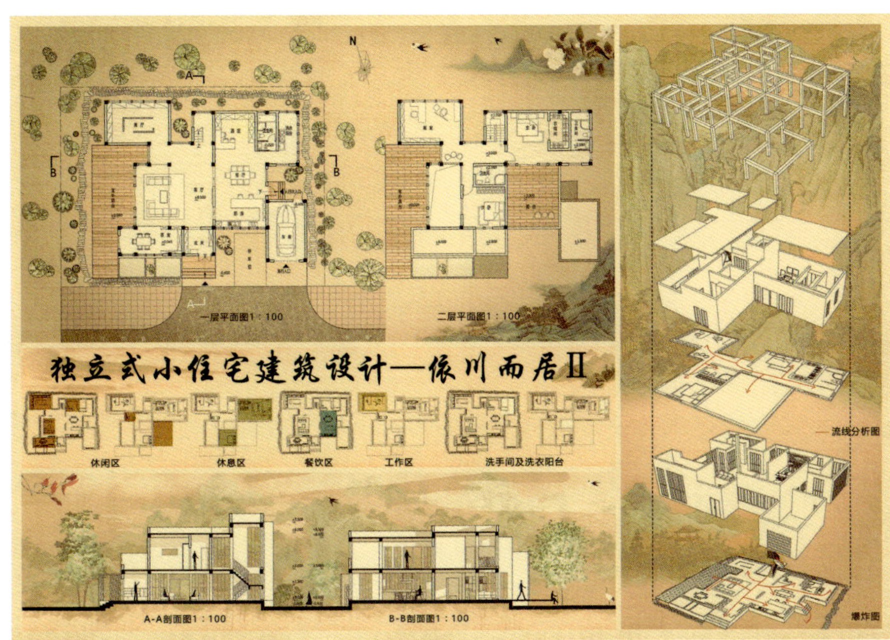
一层平面图1：100
二层平面图1：100
独立式小住宅建筑设计——依川而居Ⅱ
休闲区
休息区
餐饮区
工作区
洗手间及洗衣阳台
流线分析图
爆炸图
A-A剖面图1：100
B-B剖面图1：100

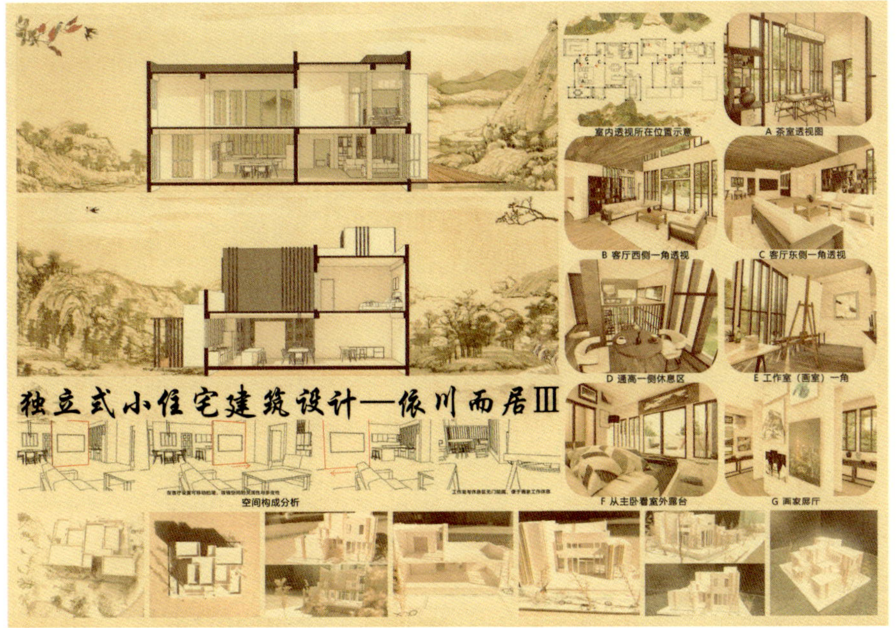
独立式小住宅建筑设计——依川而居Ⅲ
室内透视所在位置示意
A 茶室透视图
B 客厅西侧一角透视
C 客厅东侧一角透视
D 通高一侧休息区
E 工作室（画室）一角
F 从主卧看室外露台
G 画家厨厅
空间构成分析

本设计中有意减少了门的使用，没有将大空间处理为一个个小体块，而是以半开放的小空间去分割大的空间，形成一种流通感，同时半开放的小空间设计也能保证好公共区域与私密区域的边界。借用此种手法来营造通透灵活的空间，与业主画家自由的灵魂相契合。

付韬

幼儿园建筑设计
STAR OF TOMORROW
KINDERTEN

指导教师：
马 凯
廖 琴
聂 璐
肖 芬
何志华
卢倚天

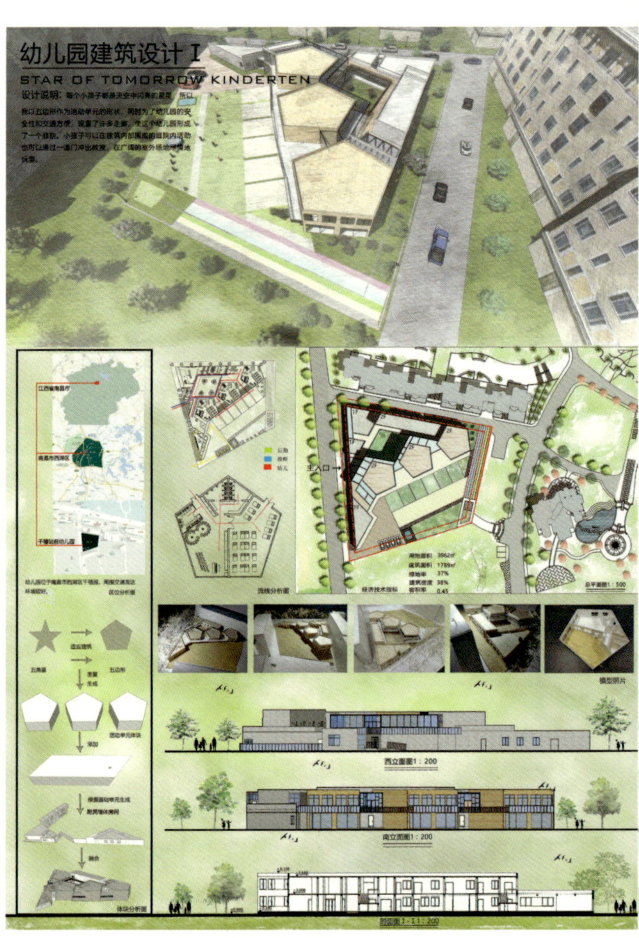
幼儿园建筑设计 I
STAR OF TOMORROW KINDERTEN

设计以五边形作为活动单元的形状，同时为了幼儿园的安全性、交通性，设置了许多走廊，使这个幼儿园内部形成了一个层次丰富的庭院。小孩子可以在围成的庭院内活动，也可以通过　道门冲出教室，在广阔的室外场地尽情地玩耍。

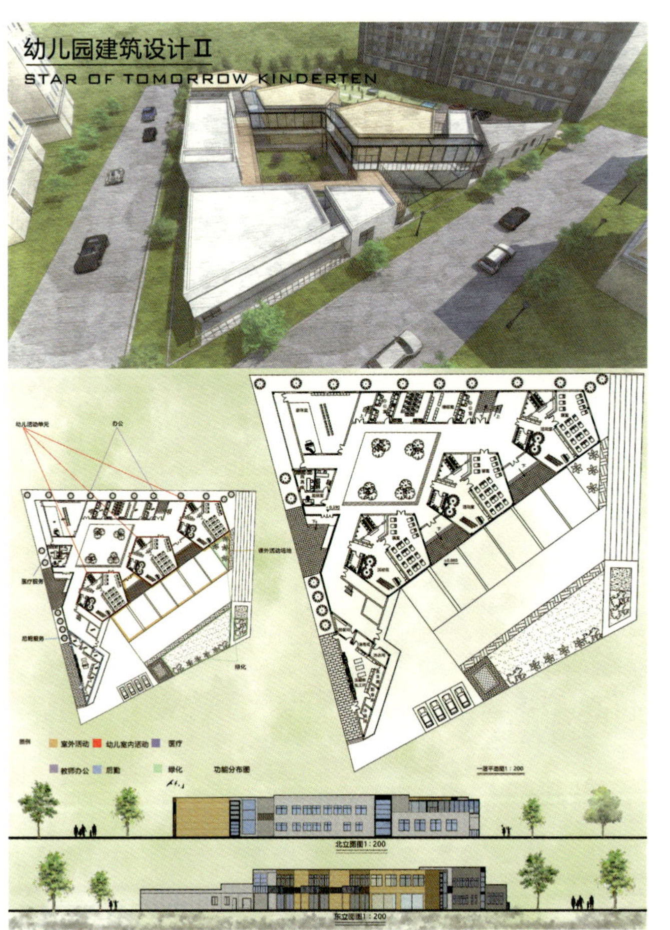
幼儿园建筑设计 II
STAR OF TOMORROW KINDERTEN

幼儿园建筑设计III
STAR OF TOMORROW KINDERTEN

2017 级建筑学
大二

吴明萱

幼儿园建筑设计
踢天&弄井

指导教师：
马凯
廖琴
聂璐
肖芬
何志华
卢倚天

东立面图 1:200
北立面图 1:200
西立面图 1:200
南立面图 1:200
总平面图 1:500
踢天&弄井
南方六班幼儿园设计

本设计位于南昌市西湖区千禧颐和园区西北部，规划为六班幼儿园，用地呈现不规则形状。地块东南面为高密度住宅区，西面毗邻的安石路为主要交通流线。本设计旨在于高楼和城市道路包围的环境中，为孩子们创造一个健康快乐的成长空间。

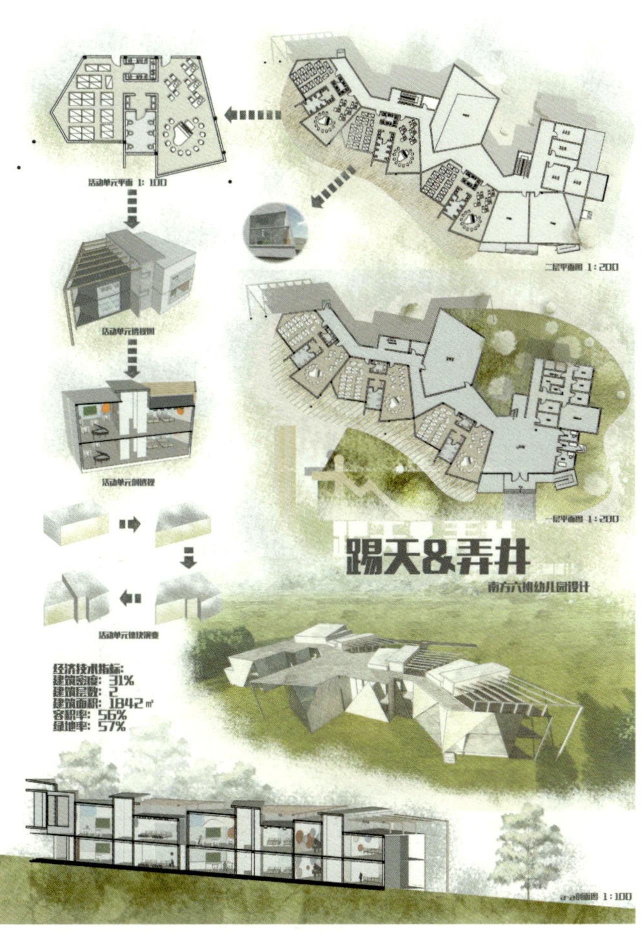
活动单元平面 1:100
二层平面图 1:200
一层平面图 1:200
踢天&弄井
南方六班幼儿园设计
经济技术指标：
建筑密度：31%
建筑层数：2
建筑面积：1842㎡
容积率：56%
绿地率：57%
a-a剖面图 1:100

踢天&弄井
南方六班幼儿园设计

2019 级建筑学
大二

李纪凡

幼儿园建筑设计
几何乐园

指导教师：
马　凯
廖　琴
聂　璐
肖　芬
何志华
卢倚天

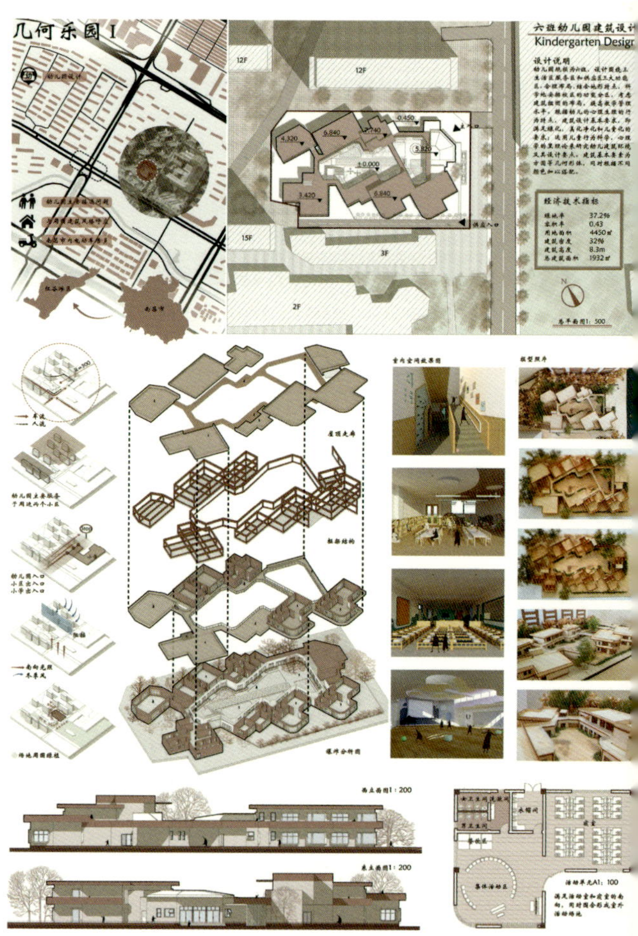
几何乐园Ⅰ
六班幼儿园建筑设计
Kindergarten Design

本幼儿园设计规模为六班，设计围绕生活区、服务区和供应区三大功能区，合理布局，结合地形特点，科学地安排建筑组团的设置，提高教学管理水平。根据幼儿的心理、生理的行为特点，运用儿童行为科学、心理学的理论来研究幼儿建筑环境及其设计要点，充分考虑了绿化、美化、净化和儿童化的要求。建筑整体形式基本为方圆等几何形体，搭配以不同的立面装饰颜色，以简单的方式实现对儿童感官的刺激，激发儿童的好奇心与探索欲。

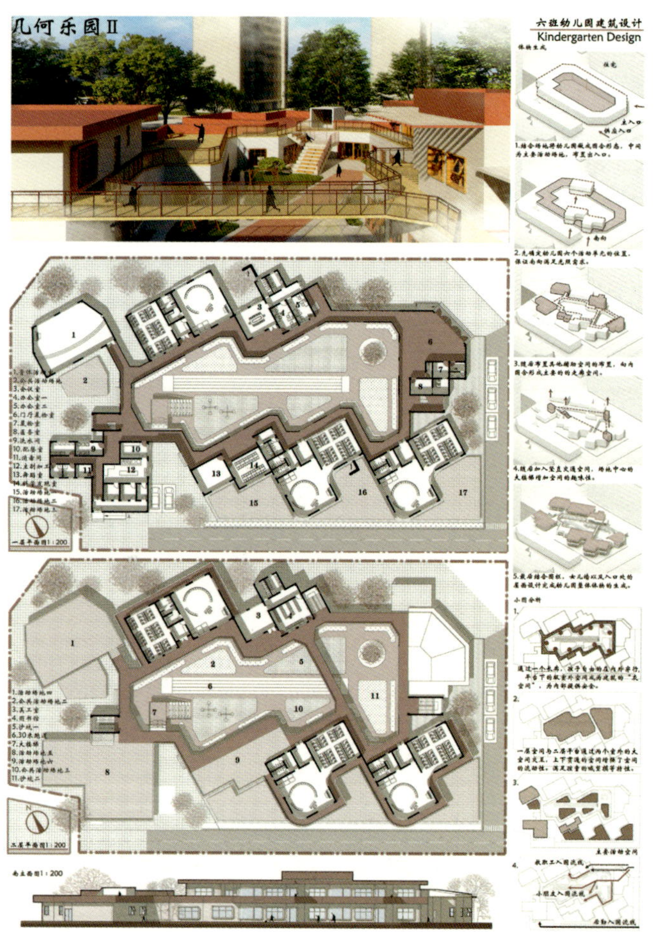
几何乐园Ⅱ
六班幼儿园建筑设计
Kindergarten Design

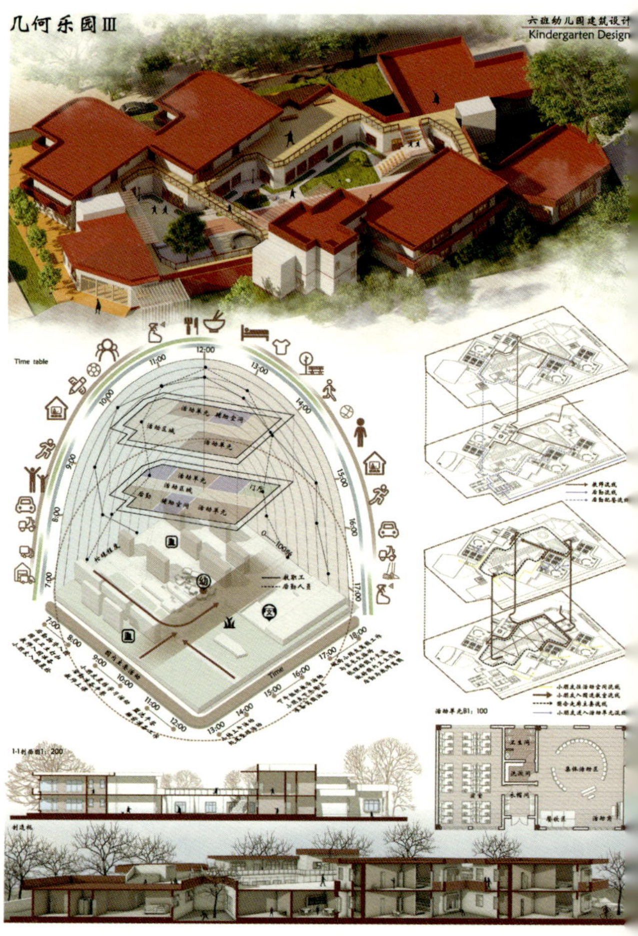
几何乐园Ⅲ
六班幼儿园建筑设计
Kindergarten Design
Time table

杨涵婷

幼儿园建筑设计

廊·幼儿园

指导教师：
马　凯
廖　琴
聂　璐
肖　芬
何志华
卢倚天

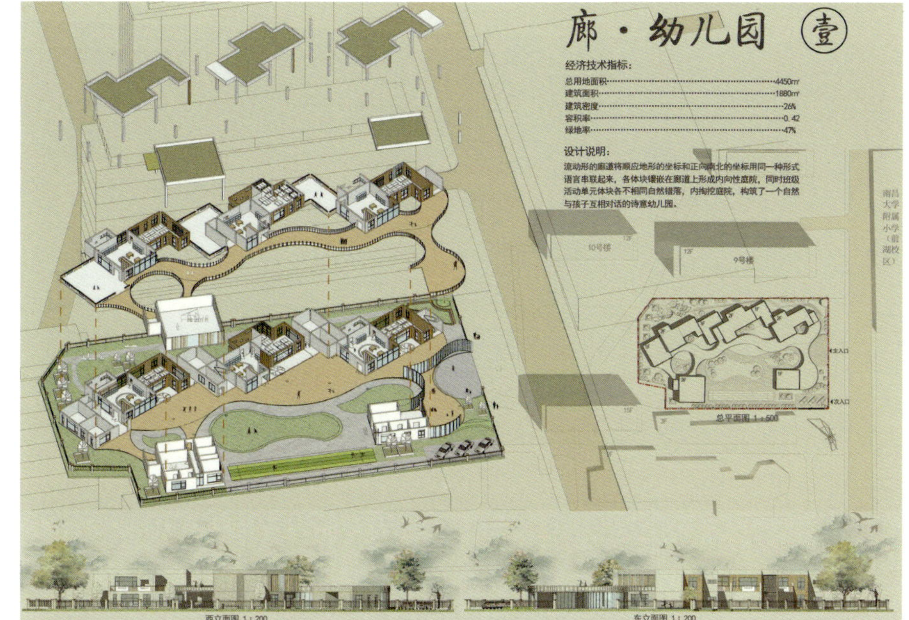
廊·幼儿园 壹
经济技术指标：
总用地面积……4450㎡
建筑面积……1880㎡
建筑密度……26%
容积率……0.42
绿地率……47%
设计说明：
流动形的廊道将顺应地形的坐标和正向南北的坐标用同一种形式语言串联起来，各体块镶嵌在廊道上形成内向性庭院，同时班级活动单元体块各不相同自然错落，内掏挖庭院，构筑了一个自然与孩子互相对话的诗意幼儿园。
10号楼
9号楼
总平面图 1:500
西立面图 1:200
东立面图 1:200

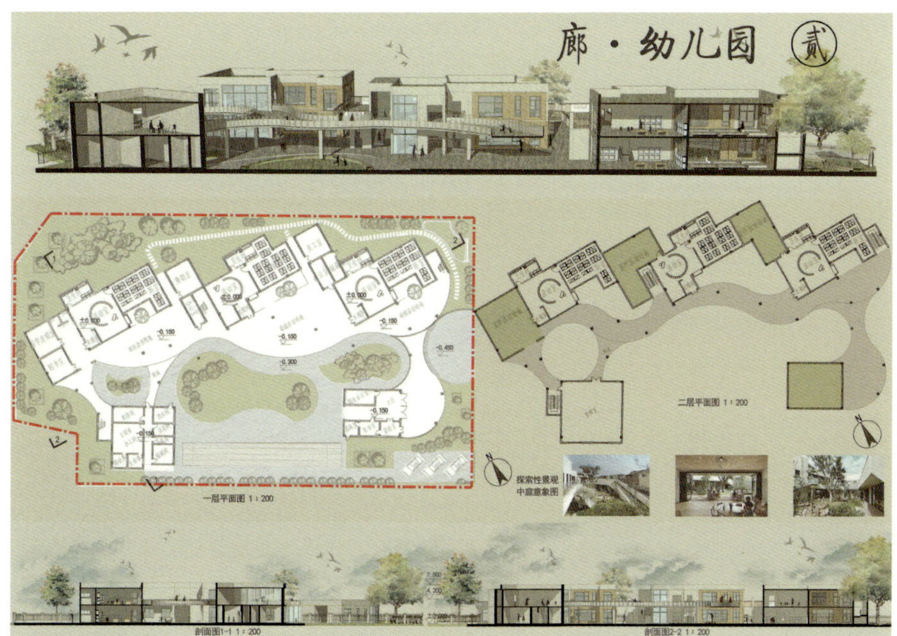
廊·幼儿园 贰
一层平面图 1:200
二层平面图 1:200
探索性景观
中庭意象图
剖面图1-1 1:200
剖面图2-2 1:200

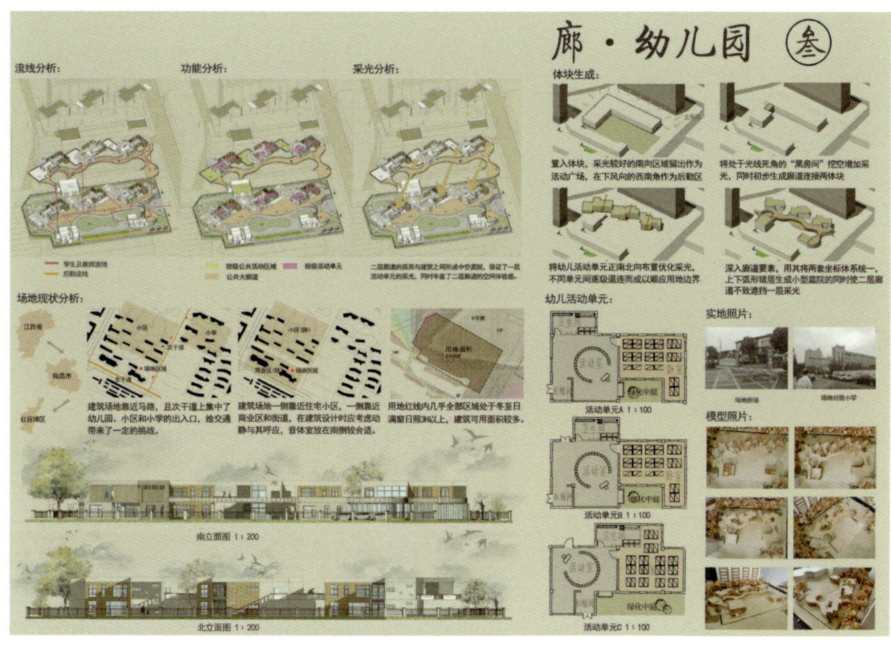
廊·幼儿园 叁
流线分析：
功能分析：
采光分析：
学生及教师流线
后勤流线
班级公共活动区域
班级活动单元
公共大廊道
二层廊道的弧形与建筑之间形成中空庭院，保证了一层活动单元的采光，同时丰富了二层廊道的空间体验感。
体块生成：
置入体块，采光较好的南向区域留出作为活动广场，在下风向的西南角作为后勤区
将处于光线死角的“黑房间”挖空增加采光，同时初步生成廊道连接两体块
将幼儿活动单元正南北向布置优化采光，不同单元间逐级退连而成以顺应用地边界
深入廊道要素，用其将两套坐标体系统一，上下弧形错层生成小型庭院的同时使二层廊道不致遮挡一层采光
场地现状分析：
江西省
南昌市
红谷滩区
建筑场地靠近马路，且次干道上集中了幼儿园、小区和小学的出入口，给交通带来了一定的挑战。
建筑场地一侧靠近住宅小区，一侧靠近商业区和街道，在建筑设计时应考虑动静与其呼应，音体室放在南侧较合适。
用地红线内几乎全部区域处于冬至日满窗日照3H以上，建筑可用面积较多。
幼儿活动单元：
活动单元A 1:100
活动单元B 1:100
活动单元C 1:100
实地照片：
场地前场
场地对面小学
模型照片：
南立面图 1:200
北立面图 1:200

设计以流动形的廊道顺应地形，同时也将散布在场地内的各个体块用同一种建筑语言形式串联起来，班级活动单元体块自然错落，镶嵌在廊道上形成内向性庭院，以更为亲密的形式构建出孩子们室内与室外的活动空间，形成一种有机的过渡，筑就了一个室外与室内互相对话的诗意幼儿园。

2019 级建筑学
大二

沈欣钰

嫩蕊细开
幼儿园建筑设计

指导教师：
马 凯
廖 琴
聂 璐
肖 芬
何志华
卢倚天

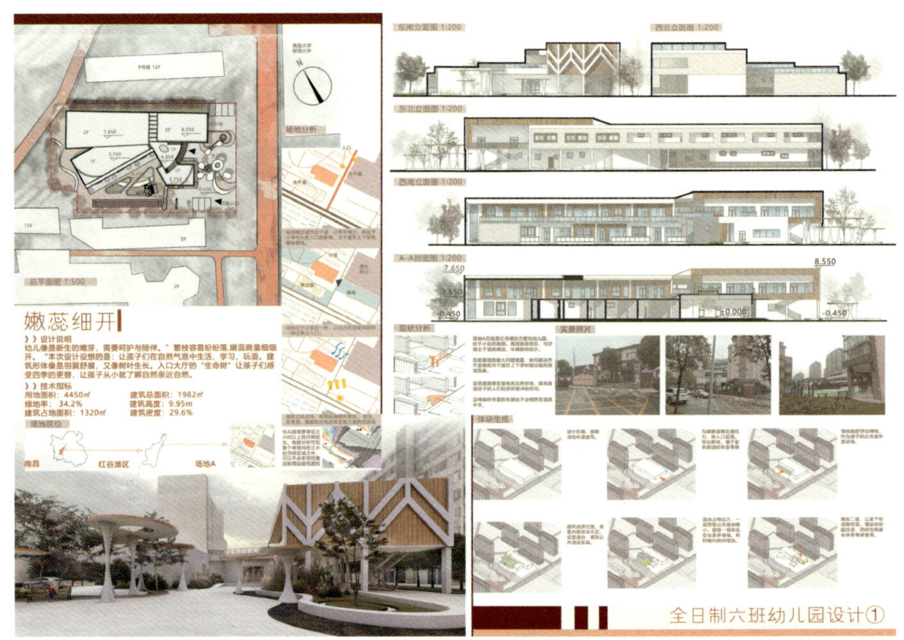
嫩蕊细开
全日制六班幼儿园设计①

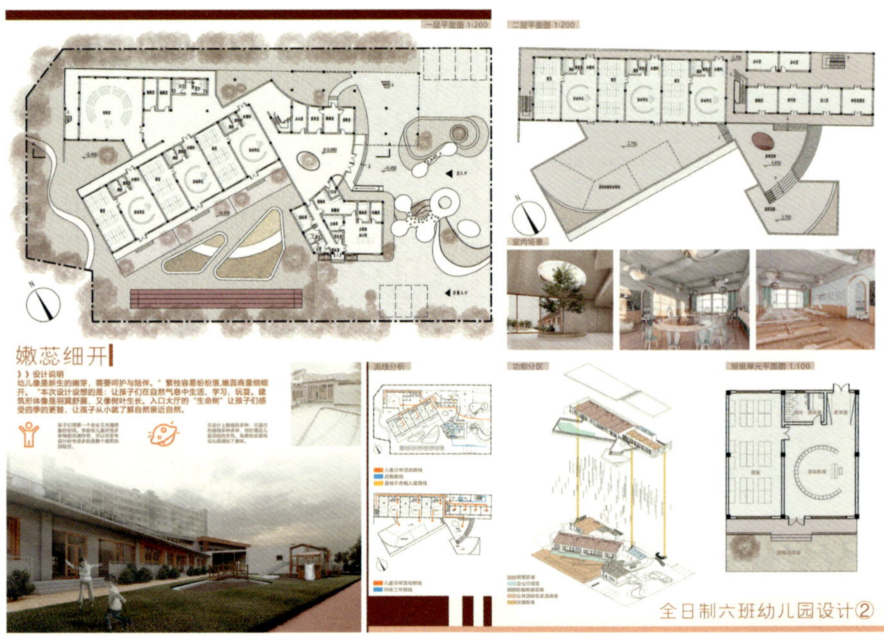
嫩蕊细开
全日制六班幼儿园设计②

嫩蕊细开
全日制六班幼儿园设计③

幼儿像是新生的嫩芽需要呵护与陪伴。“繁枝容易纷纷落，嫩蕊商量细细开”，本次设计的设想是让孩子们在自然气息中生活、学习、玩耍。建筑形体像羽翼般舒展，又像树叶般生长。入口大厅的“生命树”让孩子们感受到四季的更替，使他们从小就了解自然、亲近自然。

2019 级建筑学
大二

庄晓琦

幼儿园建筑设计
游园拾花

指导教师：
马　凯
廖　琴
聂　璐
肖　芬
何志华
卢倚天

本次设计的场地位于南昌红谷滩区一新建绿化小区内，东西长 68 米，南北长 58 米，近似正方形。该设计本着“呼吸、通透、自然”的原则，打破传统幼儿园以及班级活动单元的封闭沉闷之感，将班级活动单元体乃至整个幼儿园打造成前后通透的体量，让幼儿可以随时看到自然，能够走进自然，在幼儿园中玩耍。

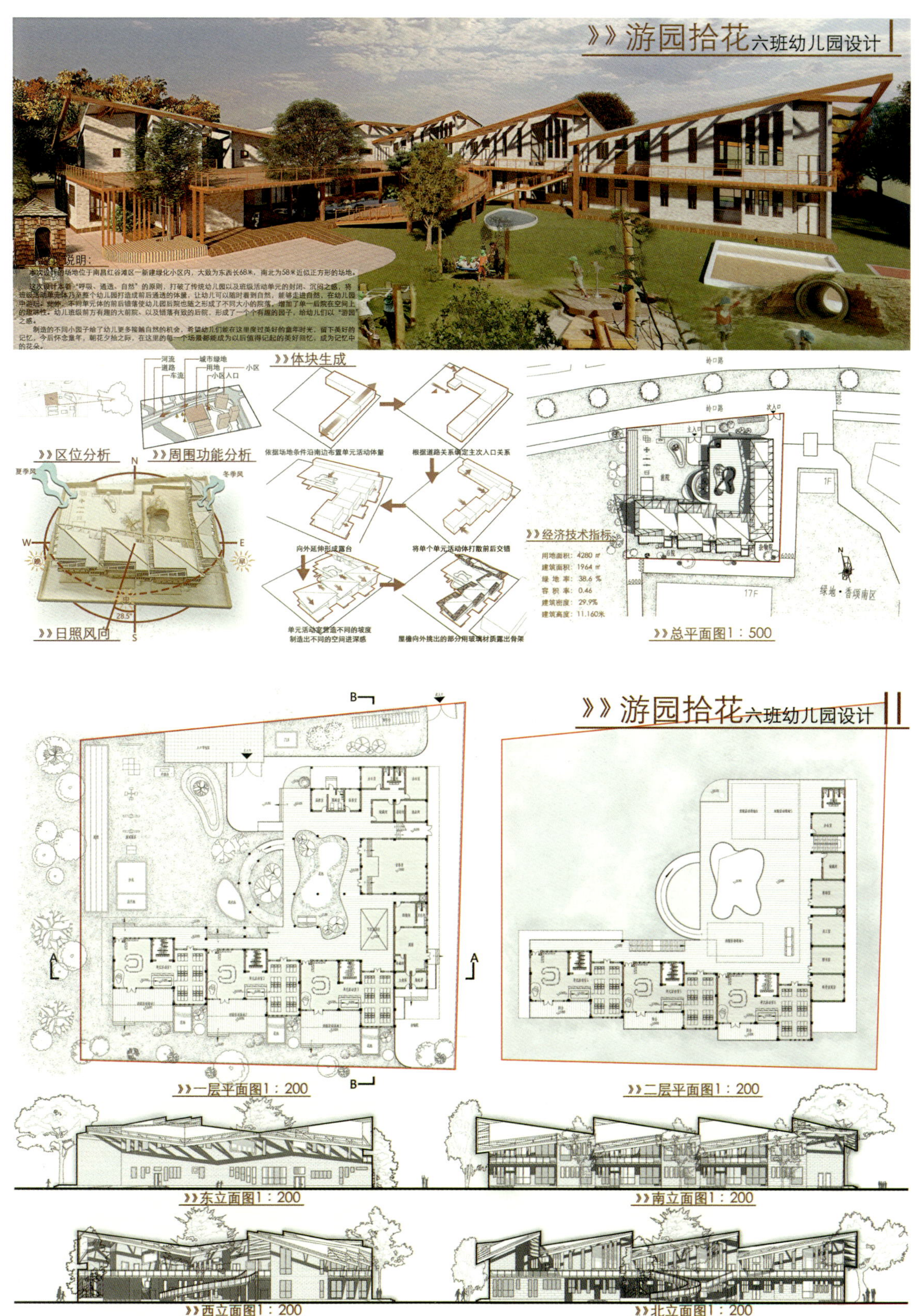
游园拾花六班幼儿园设计 I
体块生成
区位分析
周围功能分析
日照风向
依据场地条件沿南边布置单元活动体量
根据道路关系确定主次入口关系
向外延伸形成露台
将单个单元活动体打散前后交错
经济技术指标
总平面图1：500
游园拾花六班幼儿园设计 II
一层平面图1：200
二层平面图1：200
东立面图1：200
南立面图1：200
西立面图1：200
北立面图1：200

2019 级建筑学
大二

庄晓琦

幼儿园建筑设计

游园拾花

指导教师：
马　凯
廖　琴
聂　璐
肖　芬
何志华
卢倚天

此外，不同单元体的前后错落，使幼儿园后院也随之形成了不同大小的院落。增加了单一后院在空间上的趣味性。幼儿班级前侧为有趣的大前院、后侧是错落有致的后院，形成了一个个有趣的整体，给幼儿们以“游园”之感。打造的不同小园子给了幼儿更多接触自然的机会，希望幼儿们能在这里度过美好的童年时光，今后怀念童年，朝花夕拾之际，在这里的每一个场景都能成为以后值得记起的美好回忆，成为孩子记忆中的花朵。

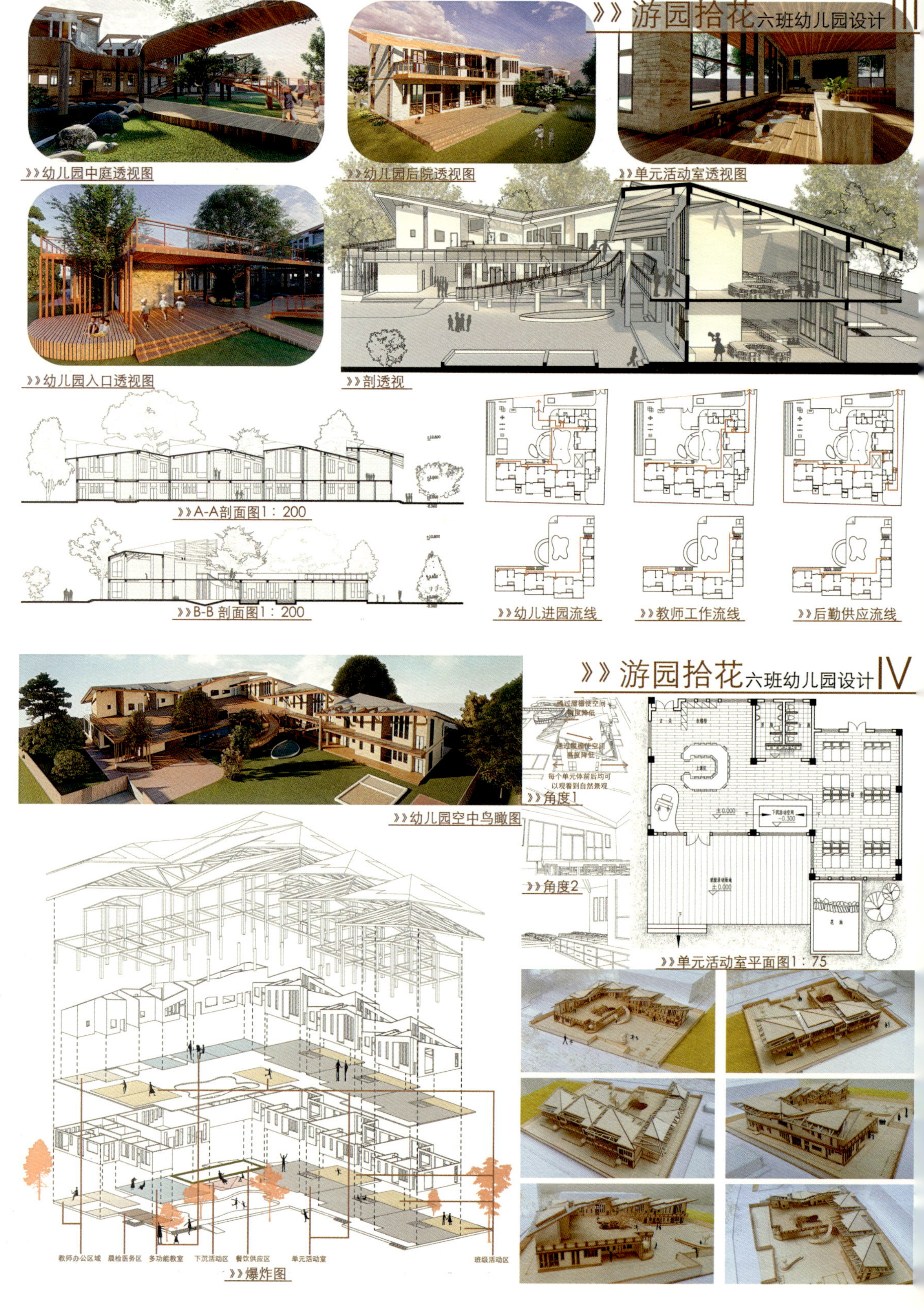
游园拾花六班幼儿园设计III
幼儿园中庭透视图
幼儿园后院透视图
单元活动室透视图
幼儿园入口透视图
剖透视
A-A剖面图1：200
B-B剖面图1：200
幼儿进园流线
教师工作流线
后勤供应流线
游园拾花六班幼儿园设计IV
每个单元体前后均可以观看到自然景观
角度1
幼儿园空中鸟瞰图
角度2
单元活动室平面图1：75
教师办公区域
晨检医务区
多功能教室
下沉活动区
餐饮供应区
单元活动室
班级活动区
爆炸图

王逸佳

幼儿园建筑设计
共享时间幼儿园
绳金塔

指导教师：
马 凯
廖 琴
聂 璐
肖 芬
何志华
卢倚天

本设计位于江西省南昌市西湖区绳金塔东街东侧，场地附近建筑历史悠久，人文气息浓厚。以斯洛文尼亚建筑师 Jure Kotnik 提出的“共享时间”幼儿园为概念，借鉴其新颖的行为模式。本设计方案为了符合日照条件而被压缩至场地的北侧，采用长条式布局。以层叠转折的积木为形体灵感，虚实错落有致。为了串联幼儿园的活动而设计了室内外双重交通流线直通的大坡道，为共享时间幼儿园的概念付诸实践提供了可能。

绳金塔共享时间幼儿园
Shengjin Tower Shared Time Kindergarten
主要经济技术指标：
总建筑面积：1970㎡
总用地面积：3975㎡
建筑密度：0.30
建筑容积率：0.50
绿化率：0.37
设计说明：
场地分析 SITE ANALYSIS
概念引入 CONCEPT IMPORTING
共享时间

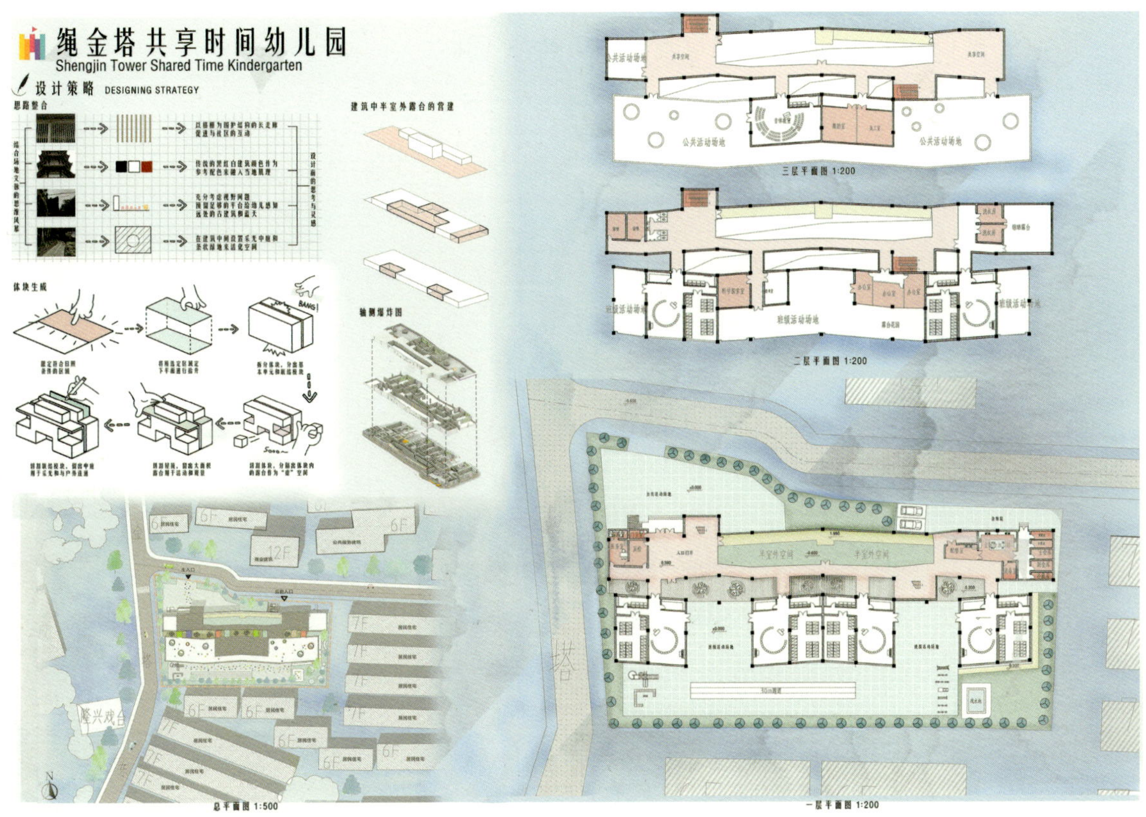
绳金塔共享时间幼儿园
Shengjin Tower Shared Time Kindergarten
设计策略 DESIGNING STRATEGY
三层平面图 1:200
二层平面图 1:200
总平面图 1:500
一层平面图 1:200

2019 级建筑学
大二

王逸佳

幼儿园建筑设计
共享时间幼儿园
绳金塔

指导教师：
马　凯
廖　琴
聂　璐
肖　芬
何志华
卢倚天

以格栅为围护结构的长走廊促进建筑与社区的互动，传统的黑红白建筑颜色作为参考配色，融入当地肌理，并充分考虑视野问题，预留足够的平台给幼儿感知远处的古建筑和蓝天，在建筑中间设置采光中庭和条状绿地来活化空间。

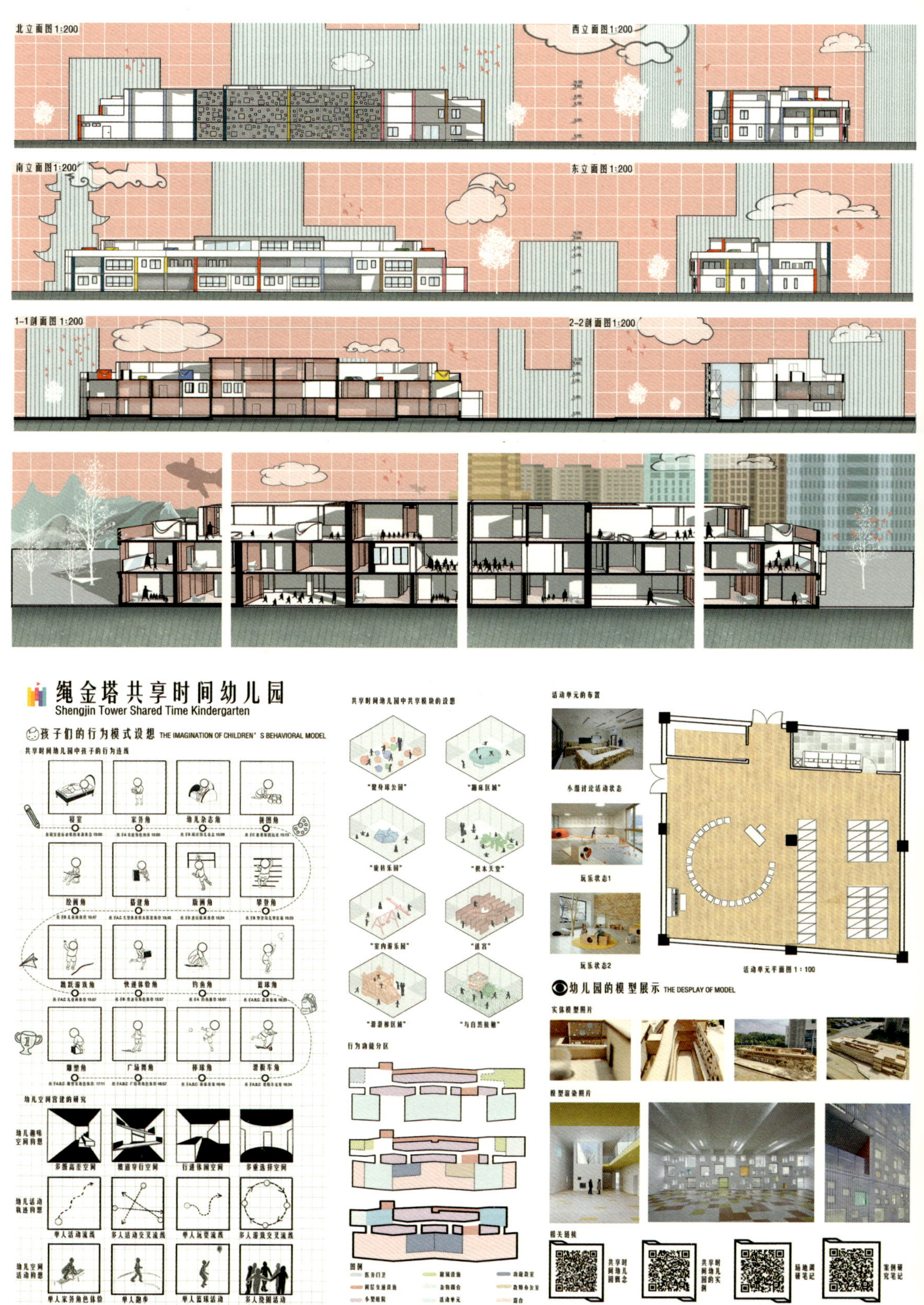
北立面图 1:200
西立面图 1:200
南立面图 1:200
东立面图 1:200
1-1 剖面图 1:200
2-2 剖面图 1:200
绳金塔共享时间幼儿园
Shengjin Tower Shared Time Kindergarten
孩子们的行为模式设想 THE IMAGINATION OF CHILDREN' S BEHAVIORAL MODEL
幼儿园的模型展示 THE DESPLAY OF MODEL

2020 级建筑学
大二

邢梦瑶

朝昭云间

幼儿园建筑设计

指导教师：
马　凯
廖　琴
聂　璐
肖　芬
何志华
卢倚天

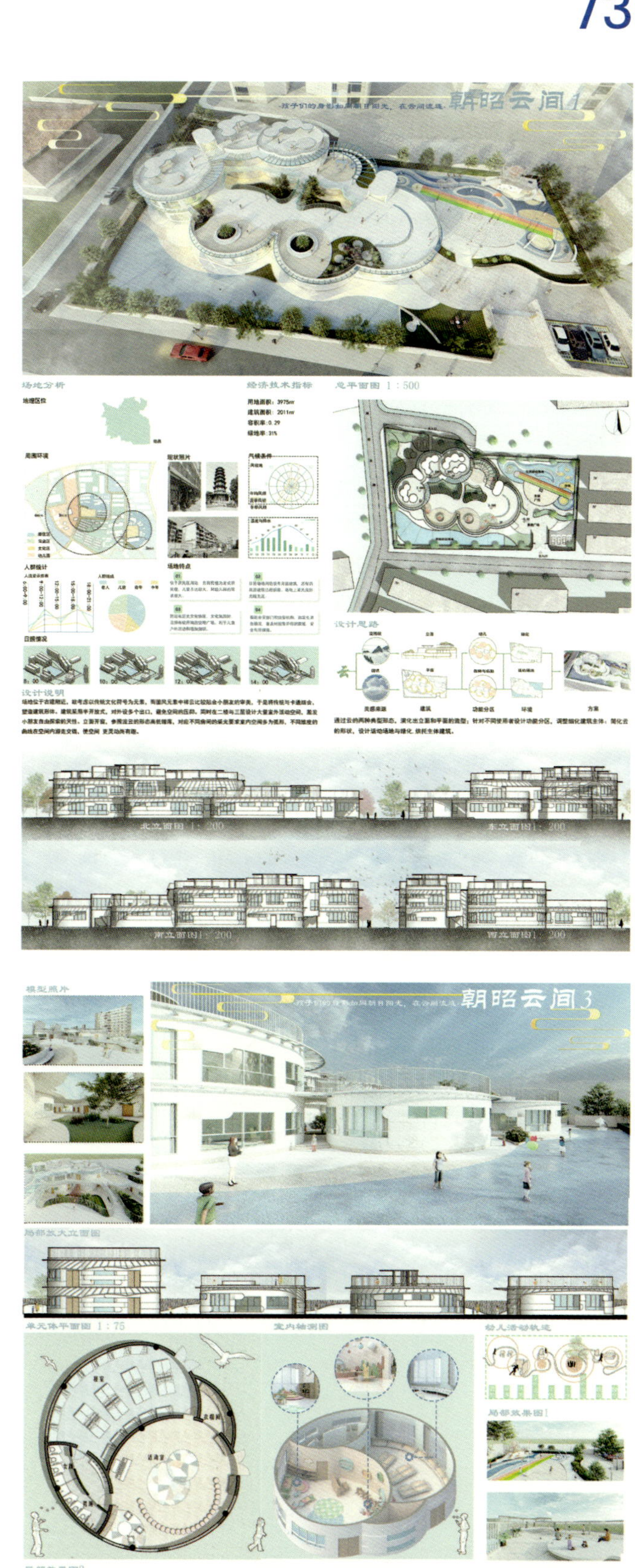
朝昭云间1
场地分析
经济技术指标
总平面图 1：500
设计思路
设计说明
北立面图 1：200
东立面图 1：200
南立面图 1：200
西立面图 1：200
朝昭云间3
模型照片
局部放大立面图
单元体平面图 1：75
室内轴测图
局部效果图1
局部效果图2
剖透视

该场地位于古建附近，考虑以传统文化符号为元素。国风元素中的祥云比较贴合小朋友的审美，于是将传统与卡通结合，来塑造建筑形体。建筑采用半开放式，对外设多个出口，避免空间的压抑感。同时在二层与三层设计大量室外活动空间，激发小朋友自由探索的天性。立面开窗，参照流云的形态高低错落，应对不同房间的采光要求。室内空间多为弧形，不同维度的曲线在空间内游走交错，使空间更灵动且有趣。

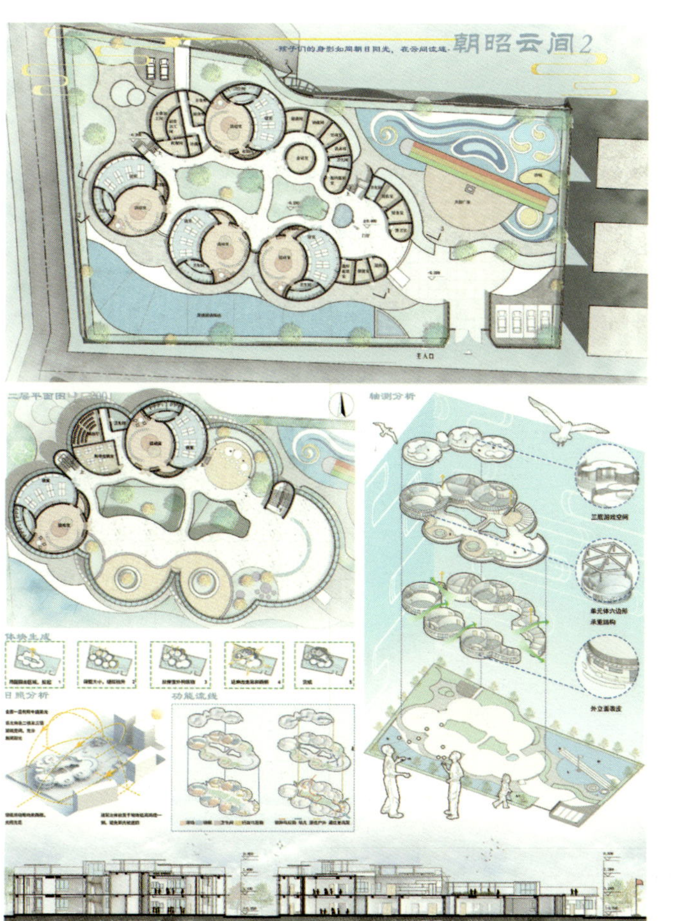
朝昭云间2
二层平面图 1：200
轴测分析
体块生成
日照分析
动线流线
1-1剖面图 1：200
2-2剖面图 1：200

2020 级建筑学
大二

杨行

流梦探曲
幼儿园建筑设计

指导教师：
马　凯
廖　琴
聂　璐
肖　芬
何志华
卢倚天

该幼儿园位于南昌红谷滩绿地香颂小区内，场地大致为正方形。幼儿园由大小不一的圆圈及流畅柔和的曲线排布构成。在飘动的曲线中，在自由的空间里，可感受到强烈的包容性。孩子们在这儿，有无数可供好奇探索和心性激发的趣味空间。每处角落——生机盎然的中庭、柔和温馨的单元、流畅舒展的室外空间以及屋顶的无限可能，都是留给孩子们的美妙多彩的童年。幼儿园是孩子们的小天地，而这里给了孩子们无限的可能，每一个流动奔跑的孩子，都是即将放飞的梦想，故名“流梦探曲”(Flowing Dream Questin Curve)。

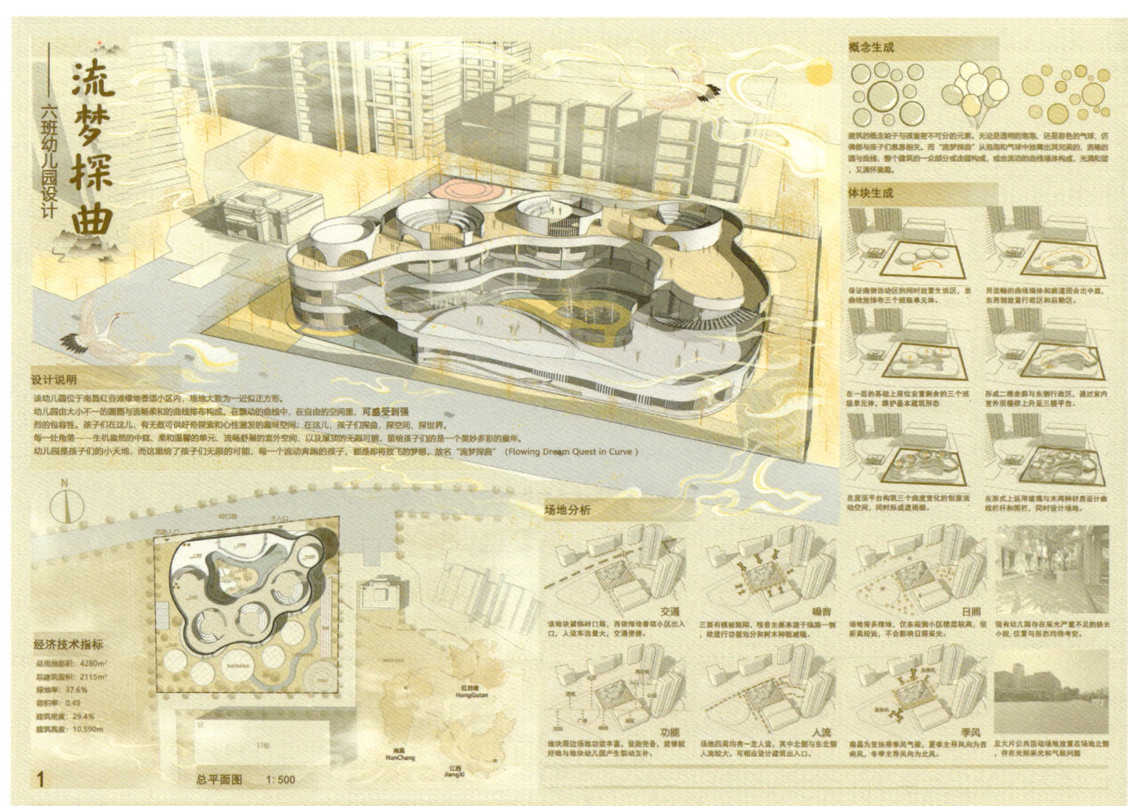
流梦探曲
六班幼儿园设计
概念生成
体块生成
设计说明
场地分析
经济技术指标
总用地面积：4280m²
总建筑面积：2115m²
绿地率：37.6%
容积率：0.49
建筑密度：29.4%
建筑高度：10.590m
交通
噪音
日照
功能
人流
季风
总平面图　1:500
1

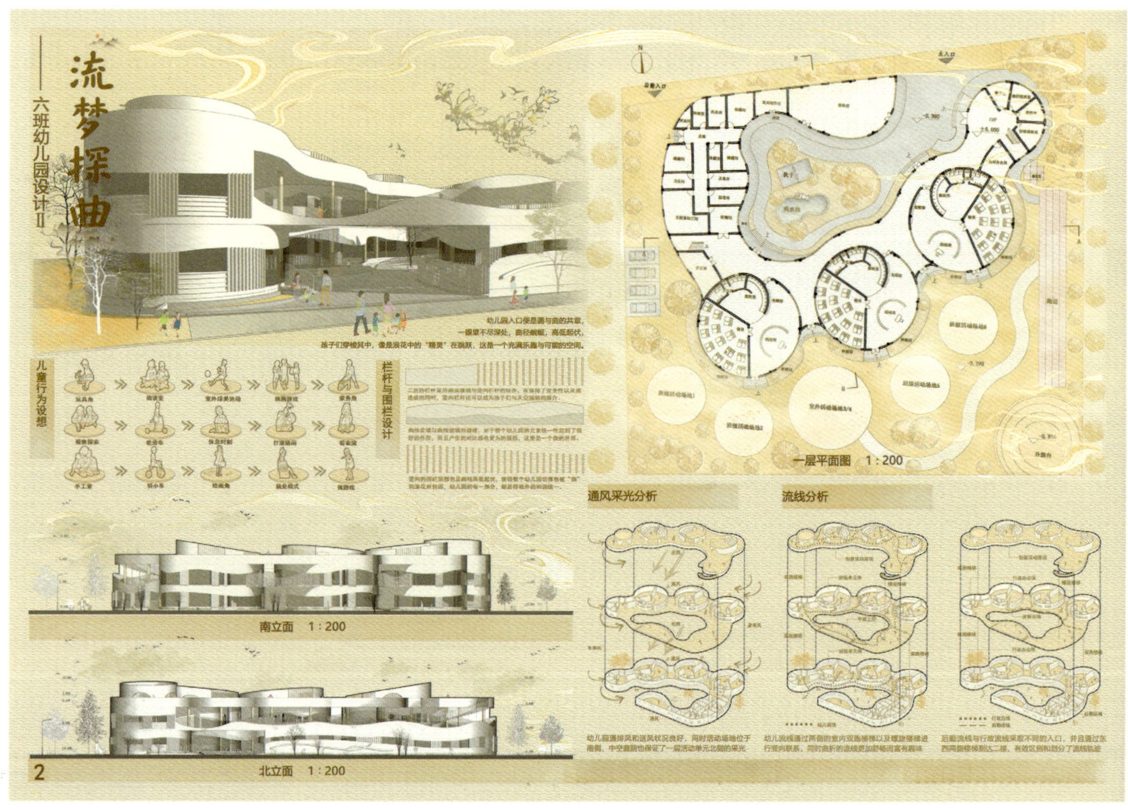
流梦探曲
六班幼儿园设计Ⅱ
儿童行为设想
栏杆与围栏设计
一层平面图　1:200
通风采光分析
流线分析
南立面　1:200
北立面　1:200
2

杨行

幼儿园建筑设计

流梦探曲

指导教师：
马　凯
廖　琴
聂　璐
肖　芬
何志华
卢倚天

白色常使人联想到干净整洁，也象征着明朗浪漫。更为可贵的是，以白色作为主色调，会让孩子们在成长中变得更自信爽朗。原木色散发着大自然的气息，带给孩子们安全、踏实的感觉，以原木色作为建筑的辅色，对于爱哭闹、紧张的孩子来说，会是最好的选择。粉色是属于孩子的颜色它会令孩子们倍感轻松，更渴望与人沟通，可以营造浪漫安静的氛围，同时也是爱意的表现和象征。

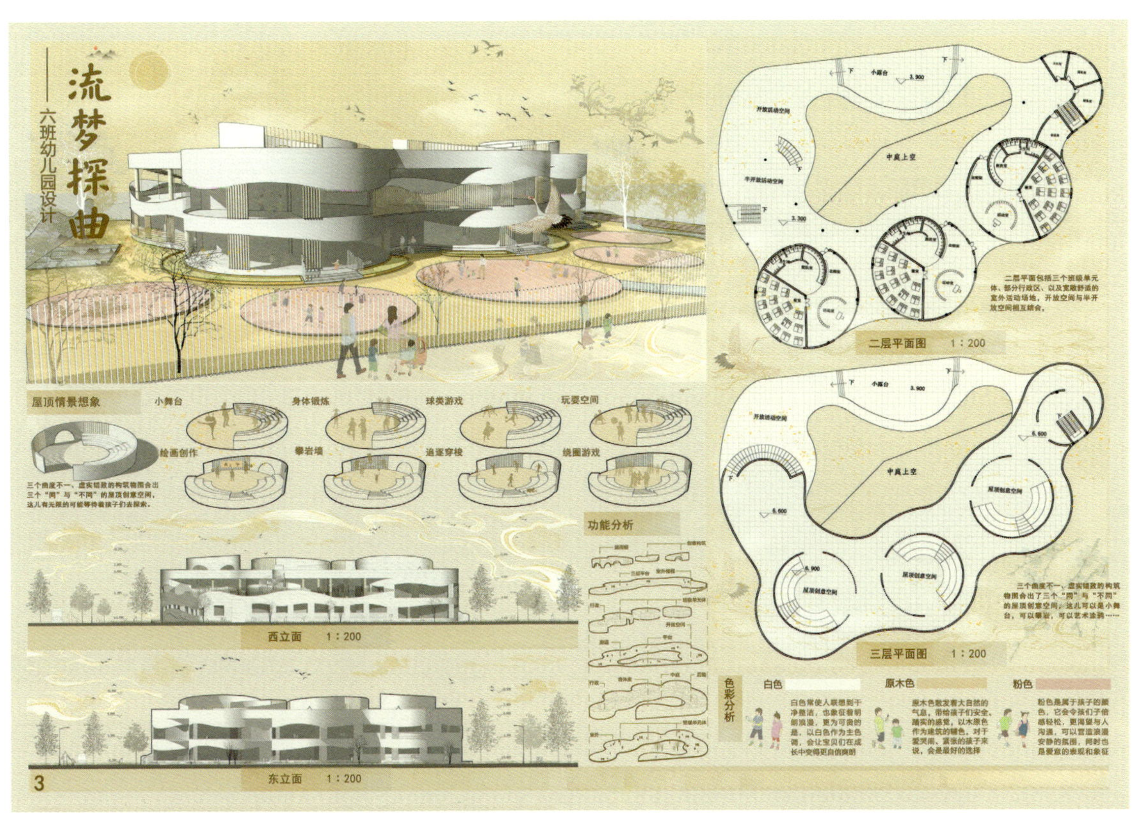
流梦探曲
六班幼儿园设计
二层平面图　1：200
三层平面图　1：200
屋顶情景想象
小舞台
身体锻炼
球类游戏
玩耍空间
绘画创作
攀岩墙
追逐穿梭
捉圈游戏
功能分析
西立面　1：200
东立面　1：200
色彩分析
白色
原木色
粉色
3

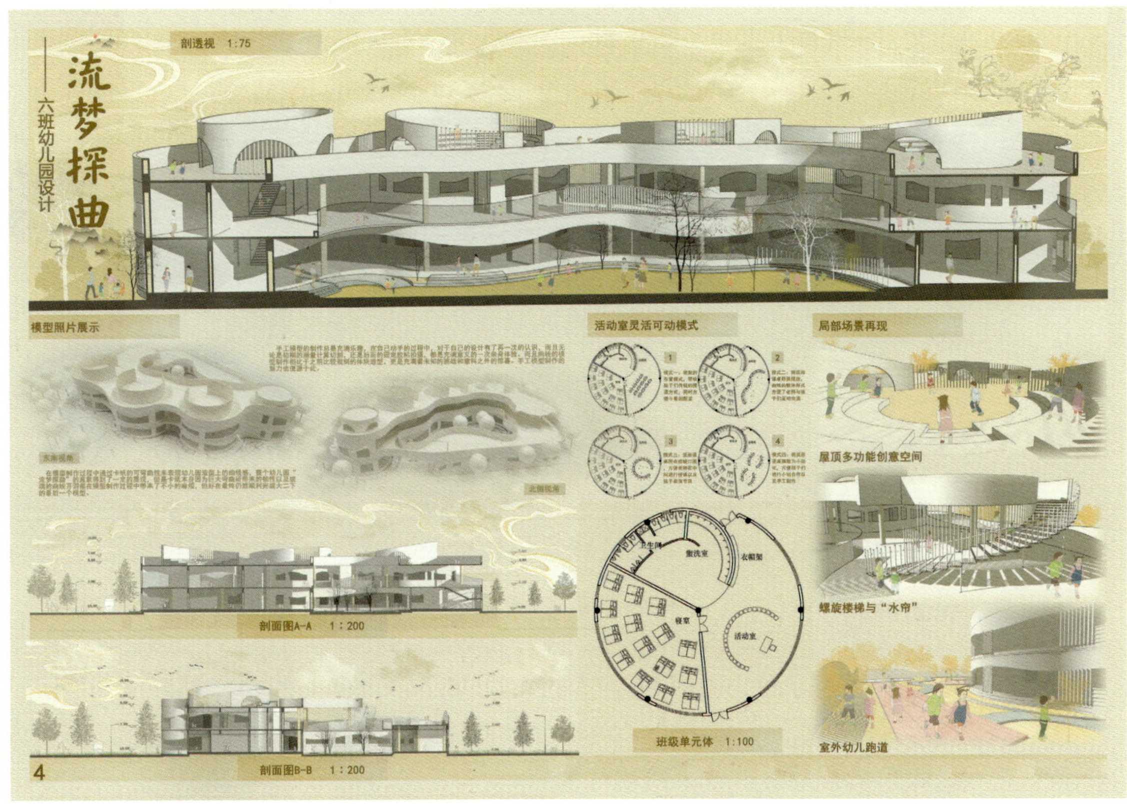
剖透视　1:75
流梦探曲
六班幼儿园设计
模型照片展示
活动室灵活可动模式
局部场景再现
屋顶多功能创意空间
螺旋楼梯与“水帘”
室外幼儿跑道
剖面图A-A　1：200
剖面图B-B　1：200
班级单元体　1:100
4

2017 级建筑学
大二

付韬

社区中心建筑设计 THE HOME OF WARMTH

指导教师：
马　凯
廖　琴
聂　璐
肖　芬
何志华
卢倚天

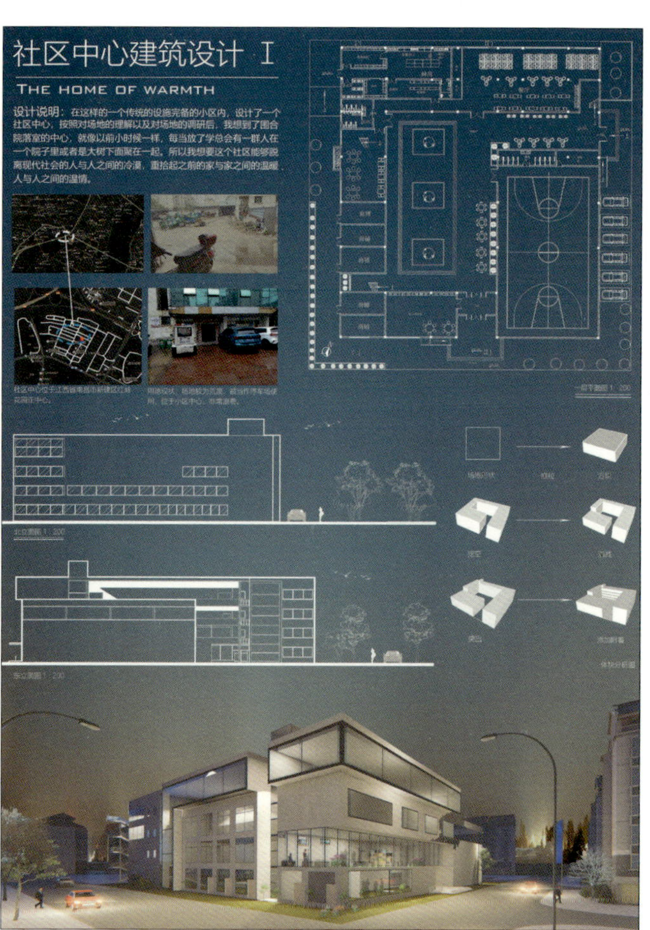
社区中心建筑设计 I
THE HOME OF WARMTH
设计说明：在这样的一个传统的设施完备的小区内，设计了一个社区中心，按照对场地的理解以及对场地的调研后，我想到了围合院落室的中心，就像以前小时候一样，每当放了学总会有一群人在一个院子里或者是大树下面聚在一起，所以我想要这个社区能够脱离现代社会的人与人之间的冷漠，重拾起之前的家与家之间的温暖、人与人之间的温情。

社区中心建筑设计 II
THE HOME OF WARMTH
经济技术指标：用地面积：3600m² 建筑面积：5209m²
建筑密度：60% 容积率：1.4 绿地率：37%

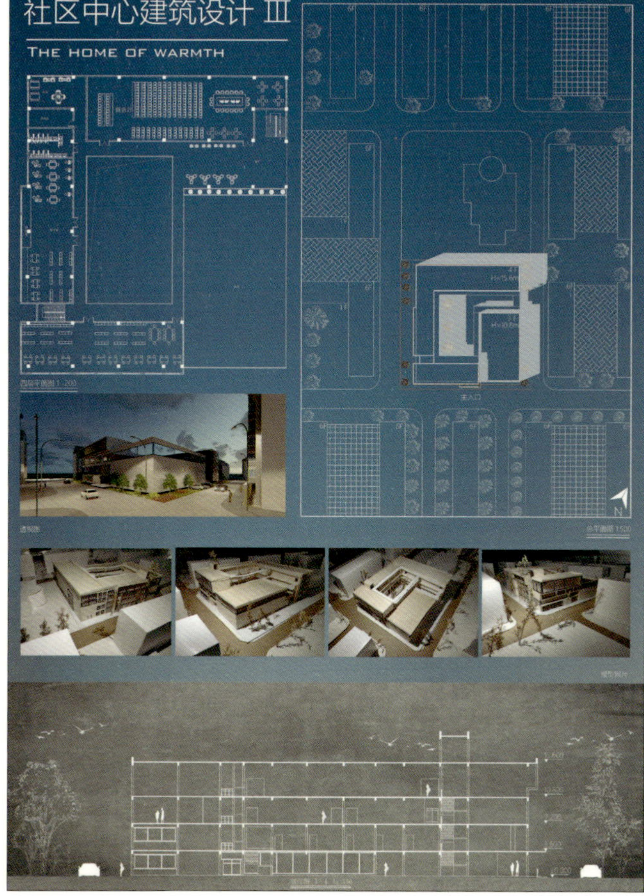
社区中心建筑设计 III
THE HOME OF WARMTH

社区中心建筑设计 IV
THE HOME OF WARMTH
END

2020–2022
作品集

2017 级建筑学
大二

汪丁

社区中心建筑设计
伊水

指导教师：
马　凯
廖　琴
聂　璐
肖　芬
何志华
卢倚天

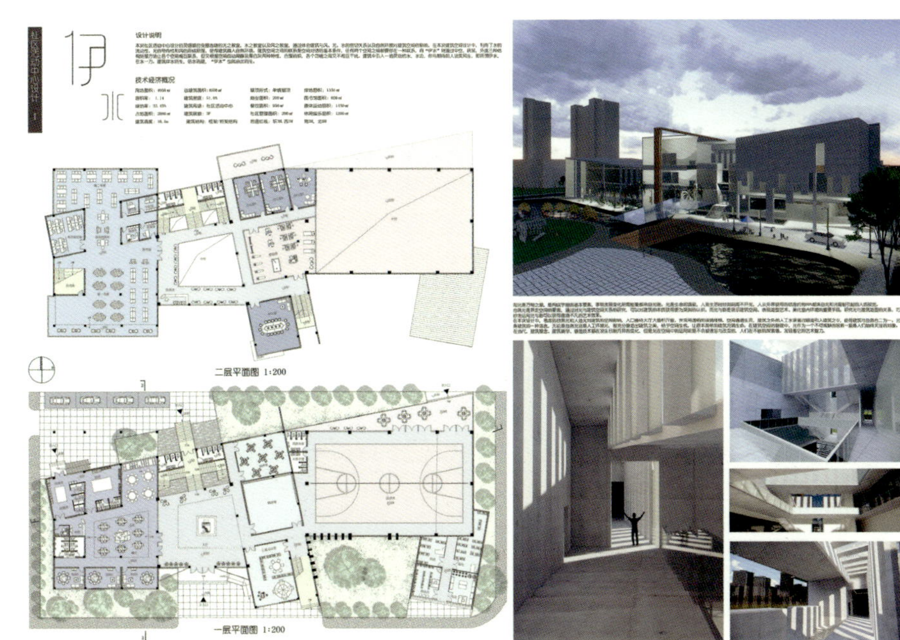

伊水
设计说明
技术经济指标
二层平面图 1:200
一层平面图 1:200

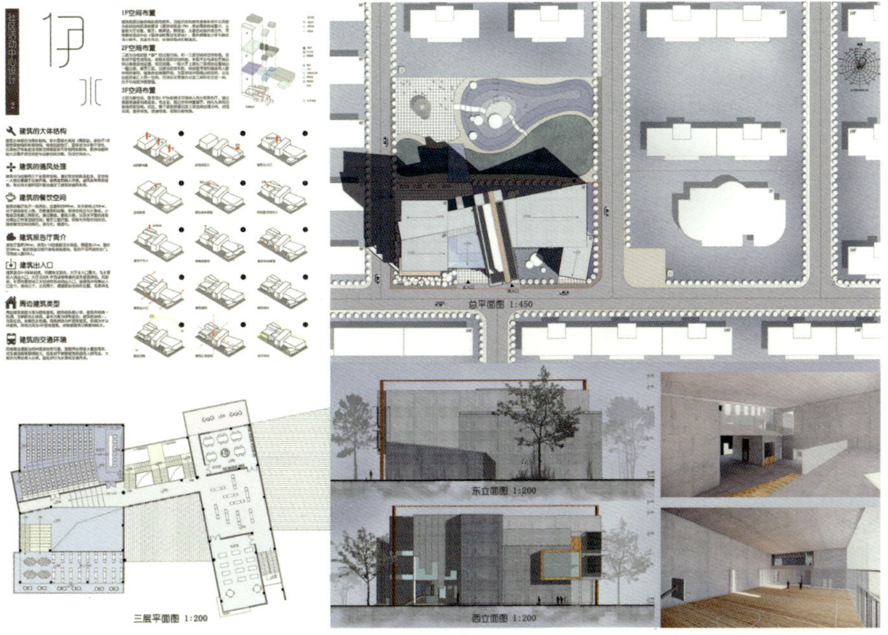

伊水
1F空间布置
2F空间布置
3F空间布置
建筑的大体结构
建筑的通风处理
建筑的餐饮空间
建筑报告厅简介
建筑出入口
周边建筑类型
建筑的交通环境
总平面图 1:450
东立面图 1:200
西立面图 1:200
三层平面图 1:200

伊水
区位分析
使用人群(功能需求)分析
流线分析

本次社区活动中心设计的灵感源自安藤忠雄的光之教堂、水之教堂以及风之教堂。通过体会建筑与风、光、水的密切关系以及自然环境对于建筑空间的影响。在本次建筑空间设计中，利用了水的流动性、光的导向性和风的形成原理使得建筑融入自然环境。建筑空间之间的联系是空间对话的基本条件，任何两个空间之间都要存在一种联系，而“伊水”则通过中空、跃层、外挑三种结构处理方法让各个空间相互联系但又根据空间的动闹静及黑白灰两种特性合理组织，各个功能之间又不相互干扰。建筑中引入一池灵动的水，在水边，你与期待的人谈笑风生，即所谓伊人，在水一方。建筑伴水而生，依水而建，“伊水”也就由此而生。

2018 级建筑学
大二

雷贺玉

社区中心建筑设计

指导教师：
马　凯
廖　琴
聂　璐
肖　芬
何志华
卢倚天

本次社区文化中心设计，通过前期调研与研究，充分利用该地块特点来满足居民需求。建筑采用了大量玻璃幕墙设计，增加建筑的通透性与现代感，部分穿孔板遮挡，使建筑更生动有趣，同时又不影响正常采光。

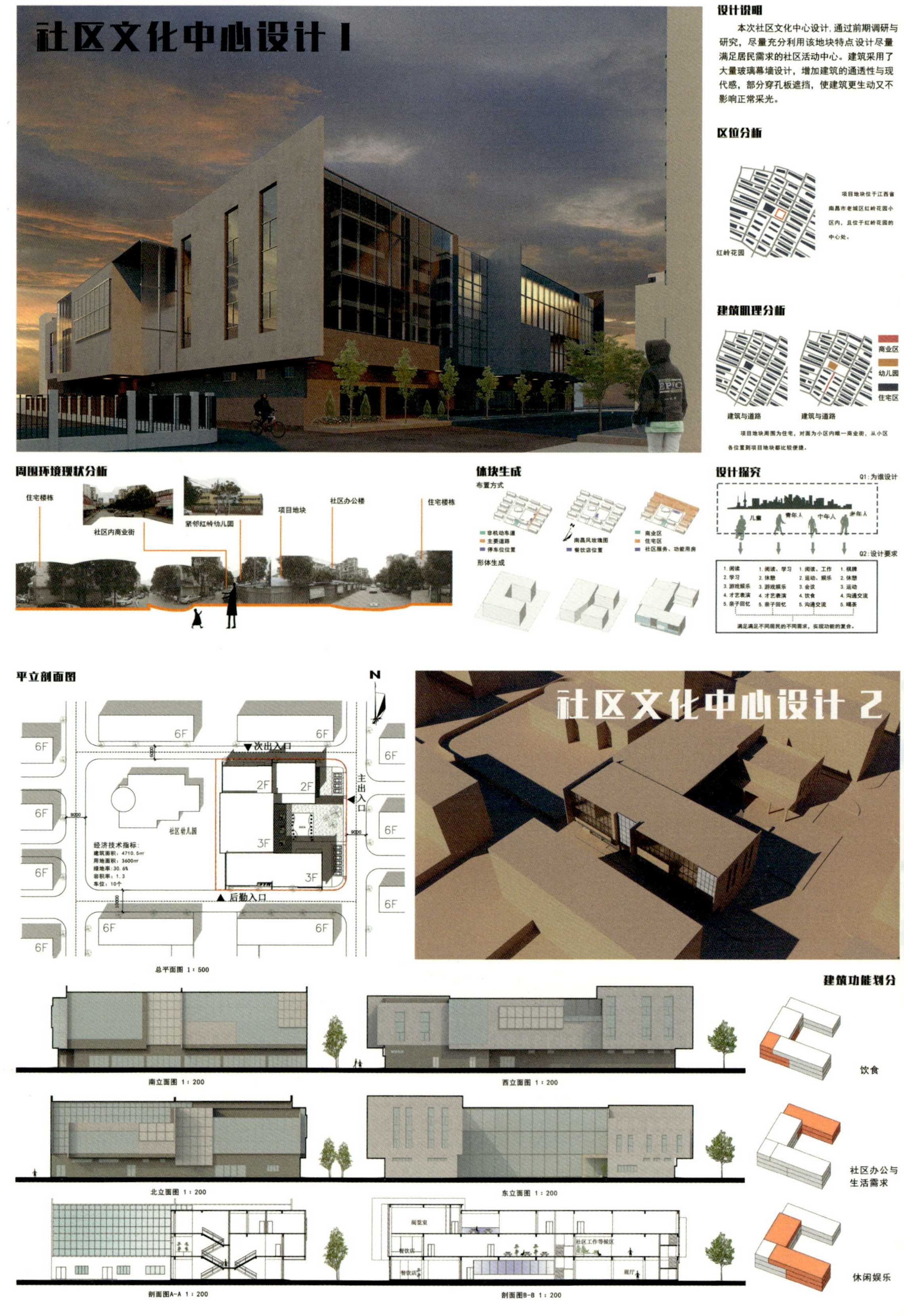
社区文化中心设计 1
设计说明
本次社区文化中心设计，通过前期调研与研究，尽量充分利用该地块特点设计尽量满足居民需求的社区活动中心。建筑采用了大量玻璃幕墙设计，增加建筑的通透性与现代感，部分穿孔板遮挡，使建筑更生动又不影响正常采光。
区位分析
项目地块位于江西省南昌市老城区红岭花园小区内，且位于红岭花园的中心处。
红岭花园
建筑肌理分析
建筑与道路
建筑与道路
商业区
幼儿园
住宅区
项目地块周围为住宅，对面为小区内唯一商业街，从小区各位置到项目地块都比较便捷。
周围环境现状分析
住宅楼栋
社区内商业街
紧邻红岭幼儿园
项目地块
社区办公楼
住宅楼栋
体块生成
布置方式
形体生成
设计探究
Q1：为谁设计
儿童
青年人
中年人
老年人
Q2：设计要求
平立剖面图
N
次出入口
主出入口
后勤入口
社区幼儿园
6F
2F
3F
总平面图 1：500
社区文化中心设计 2
建筑功能划分
饮食
社区办公与生活需求
休闲娱乐
南立面图 1：200
西立面图 1：200
北立面图 1：200
东立面图 1：200
剖面图A-A 1：200
剖面图B-B 1：200

雷贺玉

社区中心建筑设计

指导教师：
马　凯
廖　琴
聂　璐
肖　芬
何志华
卢倚天

建筑内部各功能用房通过"C"形或"L"形走道连接，交通流线简洁。建筑呈"C"字形，两端及中间各有垂直交通进行连接，餐饮后勤有专用的楼梯。首层部分功能用房可以从路边直接进入，方便居民使用。

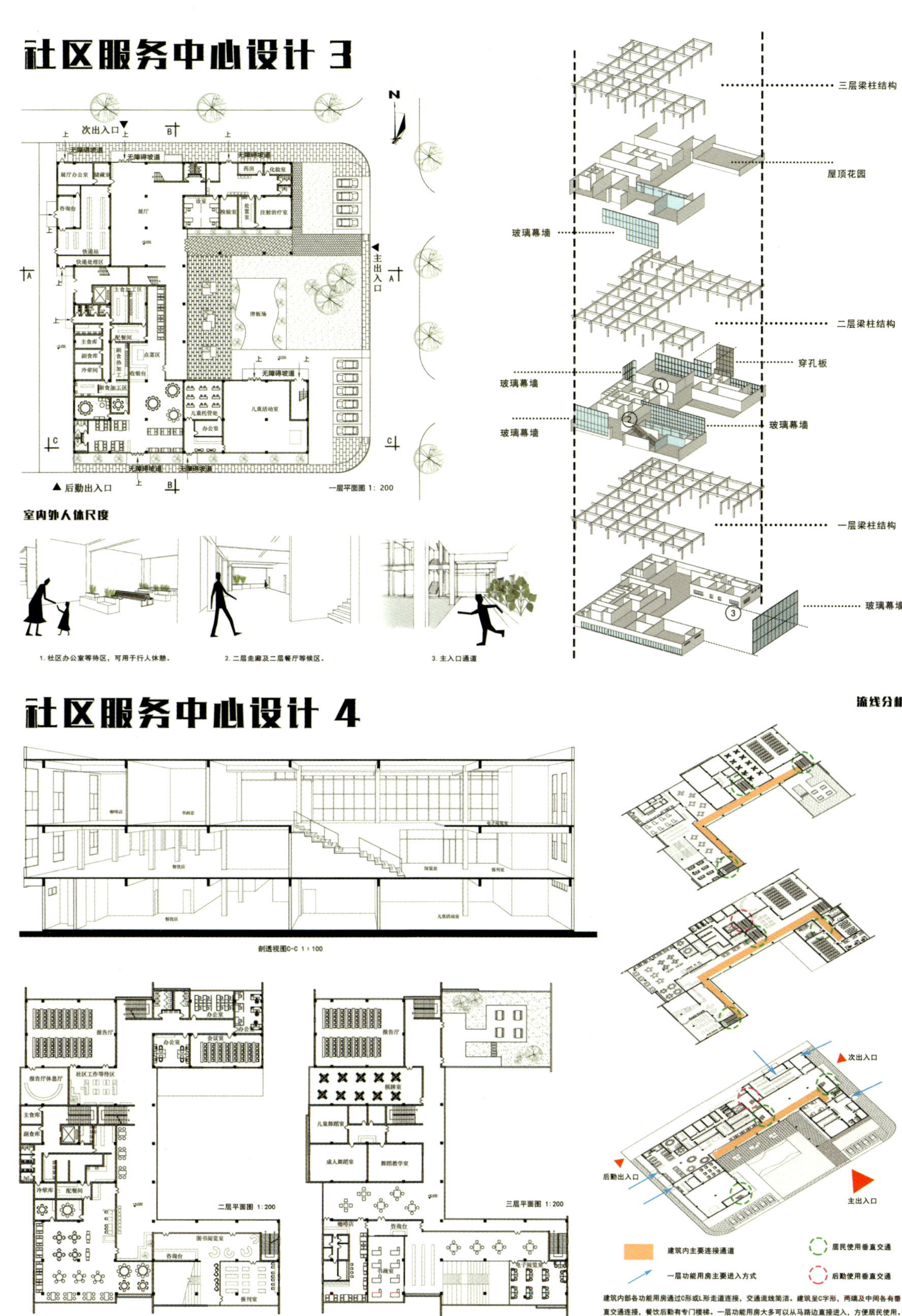
社区服务中心设计 3
次出入口
主出入口
后勤出入口
一层平面图 1：200
室内外人体尺度
1. 社区办公室等待区，可用于行人休憩。
2. 二层走廊及二层餐厅等候区。
3. 主入口通道
三层梁柱结构
屋顶花园
玻璃幕墙
二层梁柱结构
穿孔板
玻璃幕墙
玻璃幕墙
玻璃幕墙
一层梁柱结构
玻璃幕墙
社区服务中心设计 4
剖透视图C-C 1：100
二层平面图 1：200
三层平面图 1：200
流线分析
次出入口
后勤出入口
主出入口
建筑内主要连接通道
居民使用垂直交通
一层功能用房主要进入方式
后勤使用垂直交通
建筑内部各功能用房通过C形或L形走道连接，交通流线简洁，建筑呈C字形，两端及中间各有垂直交通连接，餐饮后勤有专门楼梯。一层功能用房大多可以从马路边直接进入，方便居民使用。

2018 级建筑学
大二

胥浩

花朝

社区中心建筑设计

指导教师：
马　凯
廖　琴
聂　璐
肖　芬
何志华
卢倚天

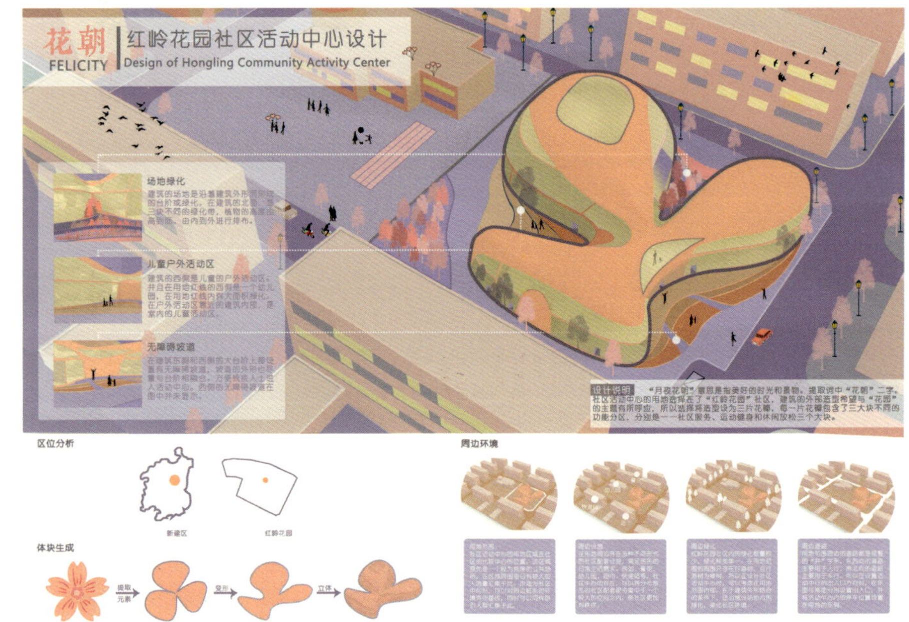
花朝
FELICITY
红岭花园社区活动中心设计
Design of Hongling Community Activity Center
场地绿化
儿童户外活动区
无障碍坡道
设计说明
区位分析
周边环境
体块生成

花朝
FELICITY
红岭花园社区活动中心设计
Design of Hongling Community Activity Center
花朝
FELICITY
红岭花园社区活动中心设计
Design of Hongling Community Activity Center
框架组成
功能分区
社区服务空间
运动空间
休闲空间

项目位于红岭花园小区中心，长绫互通立交以南，岭口路以北，隔凤凰南大道与奥克斯盛世经典相望，距离红谷滩中央商务区直线距离 3 千米。小区始建于 2000 年，分三期建设，人员组成复杂，内部商业自成气候，人气旺盛。项目地块为 60 米 × 60 米的正方形，偏移北向约 40°，西南侧即为小区主要商业街出入口，场地西侧南侧的人流量较大。名中“月夜花朝”意思是指美好的时光和景物，故提取词中“花朝”二字。建筑的外部造型希望与“花园”的主题有所呼应，所以选择将造型设为三片花瓣，每一片花瓣代表了不同的功能分区，分别是社区服务、运动健身和休闲放松。

2019 级建筑学
大二

沈欣钰

花间集
社区中心建筑设计

指导教师：
马 凯
廖 琴
聂 璐
肖 芬
何志华
卢倚天

人们在闲暇时期往往需要一个解闷交往的场所，本设计以此为设计宗旨，打造充满芬芳而又纯朴的小“集市”，来寄托老人感情的花架，供孩子们亲近的游乐场所，为年轻人打发时间提供的港湾。以“花鸟”为特殊功能，由花房为灵感进行深化演变，整体建筑的材质多以红砖为主，以贴合周边环境，达到复古的效果。

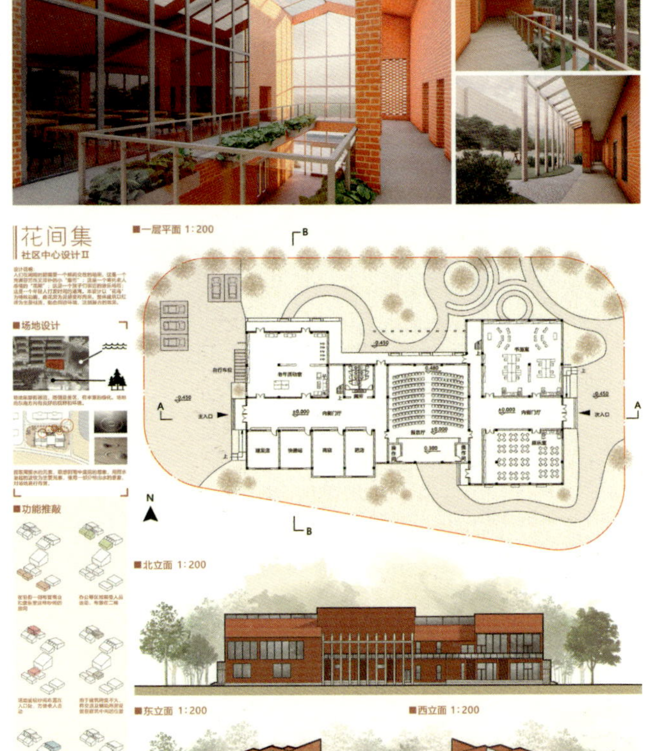

2019 级建筑学
大二

庄晓琦

纵横之间
社区中心建筑设计

指导教师：
马　凯
廖　琴
聂　璐
肖　芬
何志华
卢倚天

首层的空间集合方式为纵向布局设计，适应东西长、南北短的用地布局情况。二层的空间集合方式与一层截然相反，成横向布局方式，既是对场地做出的解决方案，又是对周围的长条形住宅建筑单元的呼应，同时又通过长条形体量的错动变形，打破全部都是长条形建筑的沉闷之感。为打造一种社区的有界与无界之感，让大家觉得该建筑是社区的空间延续，故在南北处打通，采用玻璃幕墙的设计，同时也方便通风与采光。通过玻璃幕墙与室内庭院的设计，将周边城市、生活以及风景延续到室内，为人们在建筑里的行走、活动带来更多的相遇与交流机会，给人们带来“浸入性”体验，促使社区居民在建筑内部发生多元化的行为，增加周围居民相互之间的互动。

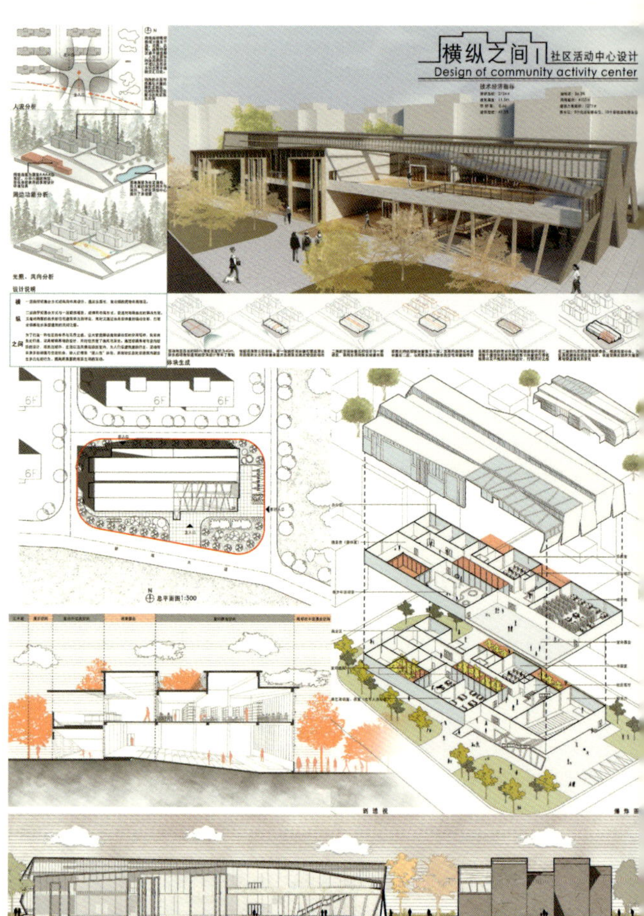
横纵之间 I 社区活动中心设计
Design of community activity center

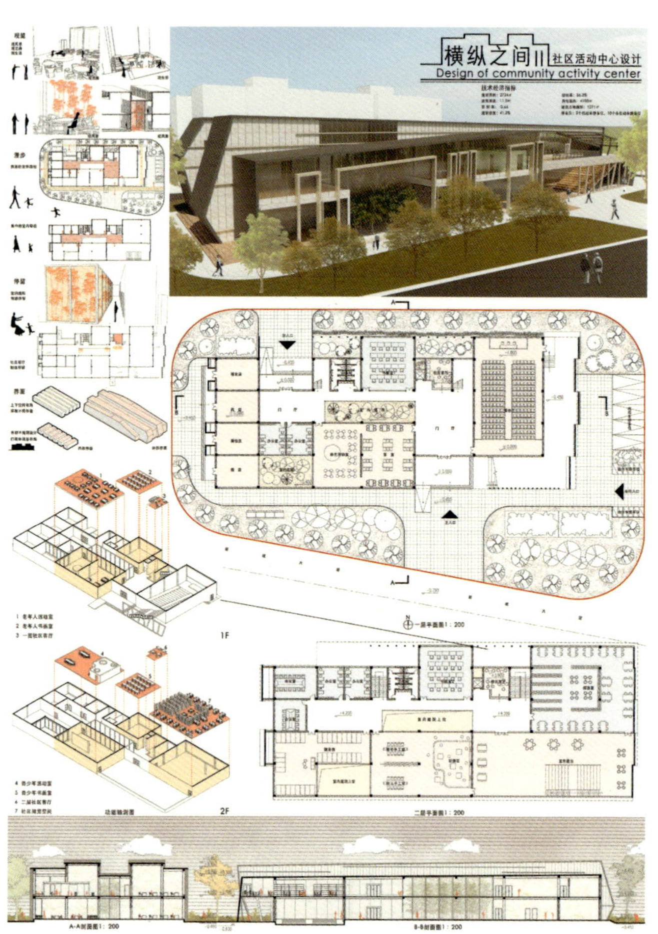
横纵之间 II 社区活动中心设计
Design of community activity center

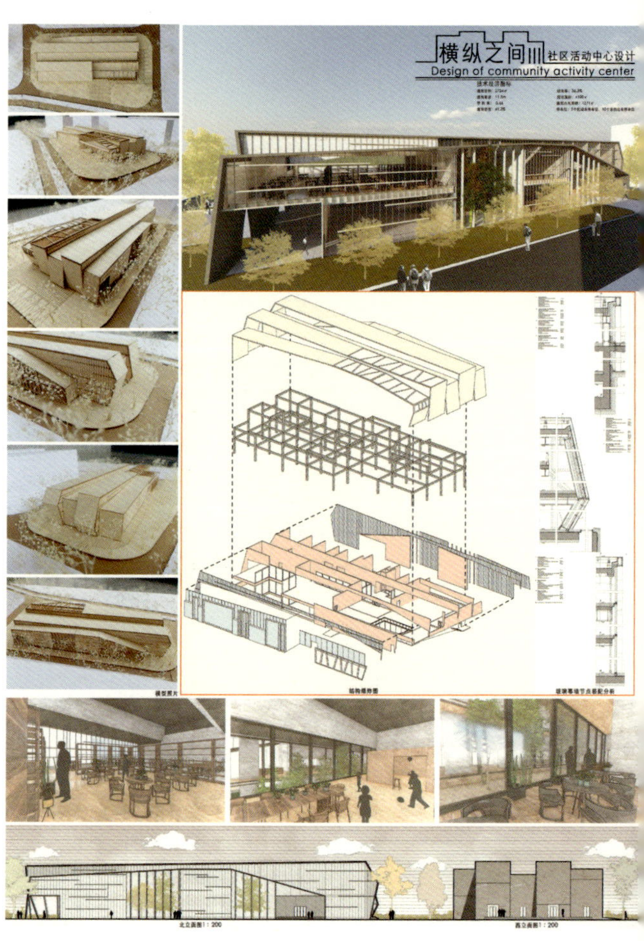
横纵之间 III 社区活动中心设计
Design of community activity center

2019 级建筑学
大二

王逸佳

社区中心建筑设计

木作本色·生活诗学

指导教师：
马　凯
廖　琴
聂　璐
肖　芬
何志华
卢倚天

大量的黄色板式住宅占据了我们的城市，它们的触角不断延伸，几乎每一座城市的每一个社区都不可避免。我们住进了绑架我们审美的居住机器，我们在极少交流的虚拟空间浪掷时光，千城一面。如果当下的社区没有家园，没有可以属于城市一代人的乡愁，那么我们就重塑我们的身份，去创造属于我们的大槐树和魂牵梦萦。

木作本色｜生活诗学

基于空间互动体验的社区活动中心设计

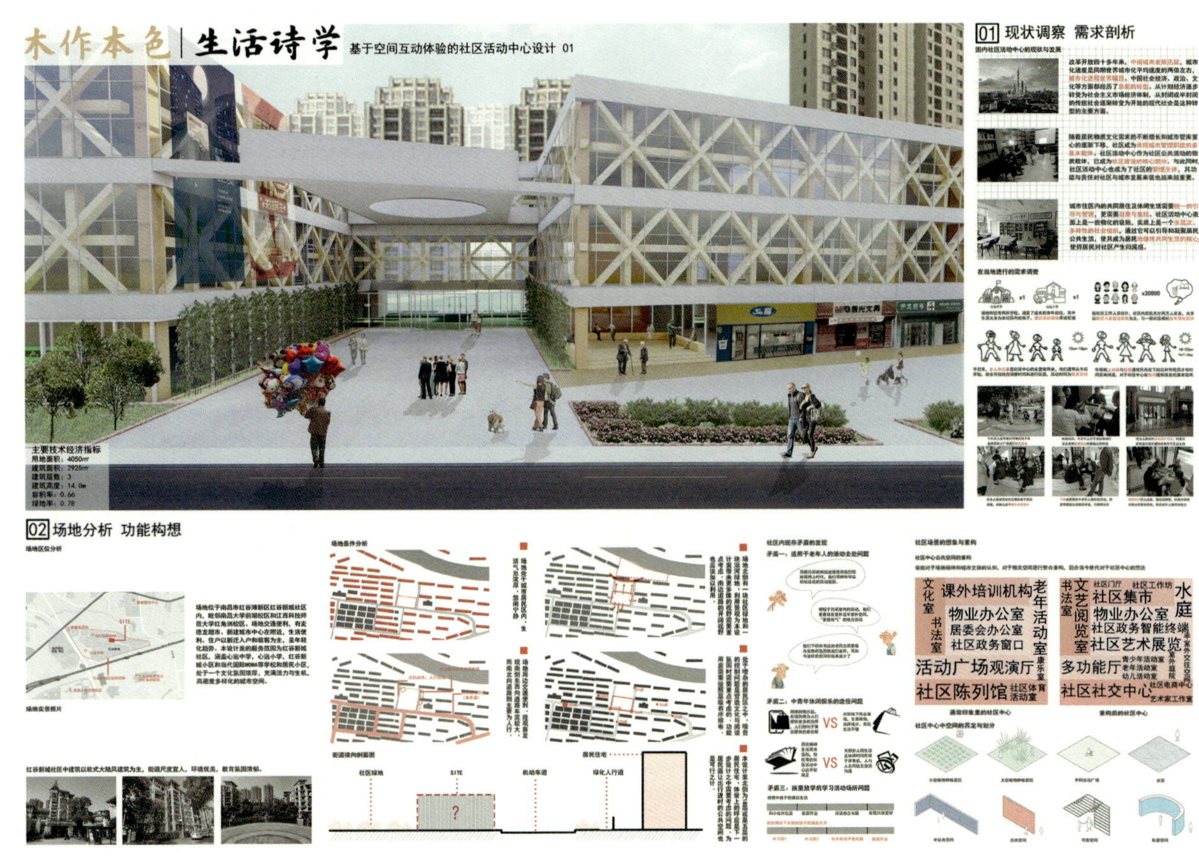
木作本色｜生活诗学
基于空间互动体验的社区活动中心设计 01
01 现状调察 需求剖析
02 场地分析 功能构想
主要技术经济指标
课外培训机构
物业办公室
居委会办公室
社区政务窗口
活动广场观演厅
社区陈列馆
社区集市
社区艺术展览
多功能厅
社区社交中心

2019 级建筑学
大二

王逸佳

木作本色·生活诗学
社区中心建筑设计

指导教师：
马　凯
廖　琴
聂　璐
肖　芬
何志华
卢倚天

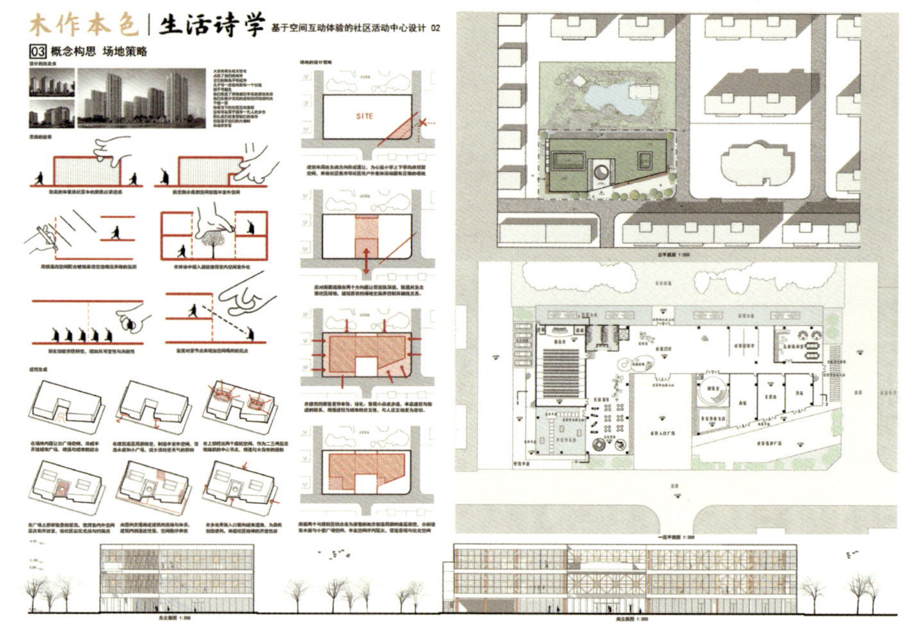
木作本色 | 生活诗学 基于空间互动体验的社区活动中心设计 02
03 概念构思 场地策略

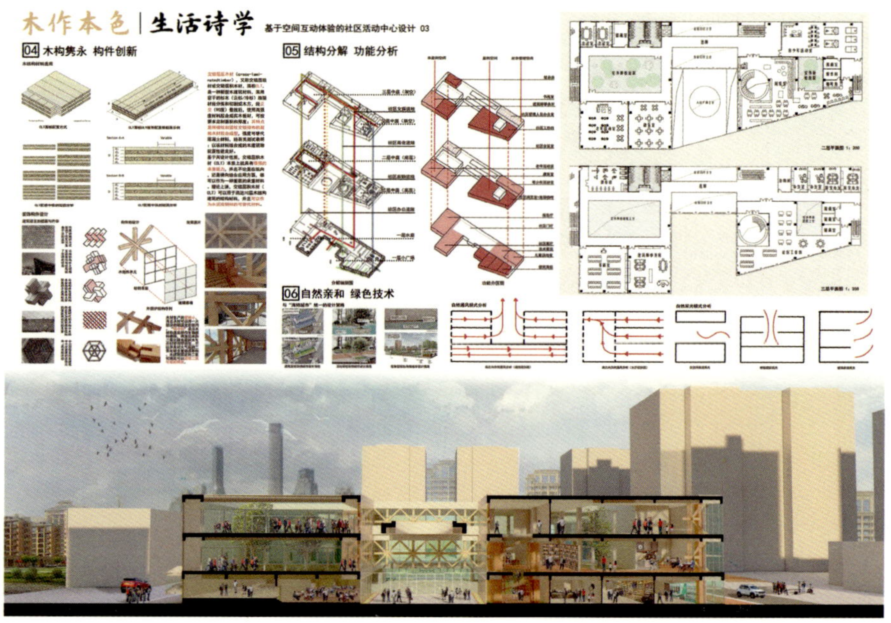
木作本色 | 生活诗学 基于空间互动体验的社区活动中心设计 03
04 木构隽永 构件创新
05 结构分解 功能分析
06 自然亲和 绿色技术

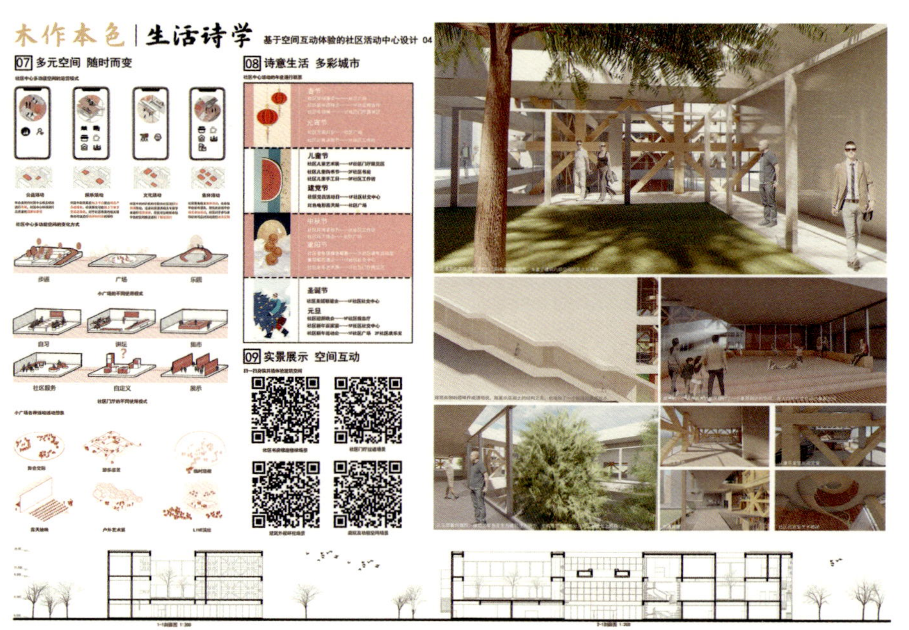
木作本色 | 生活诗学 基于空间互动体验的社区活动中心设计 04
07 多元空间 随时而变
08 诗意生活 多彩城市
09 实景展示 空间互动

建筑的布局在东南方向形成退让，为心远小学上下学高峰预留空间，同时给社区集市等户外集体活动留有足够的场地。应对南面道路在两个方向退让，来营造纵深感，连通其至北面社区绿地，延续原有的场地文脉并控制其轴线关系。在建筑四周设置停车位、绿化、景观小品及步道，丰富建筑与街道的联系，增强建筑与城市的交互性，让其与人流互动更为密切。南面与居民区结合最为紧密的两个地方来创造局部的底层架空，分别设置水庭与小型广场空间，丰富空间序列层次，营造景观与社交空间。

杨涵婷

社区中心建筑设计

山·水·廊

指导教师：马凯 廖琴 聂璐 肖芬 何志华 卢倚天

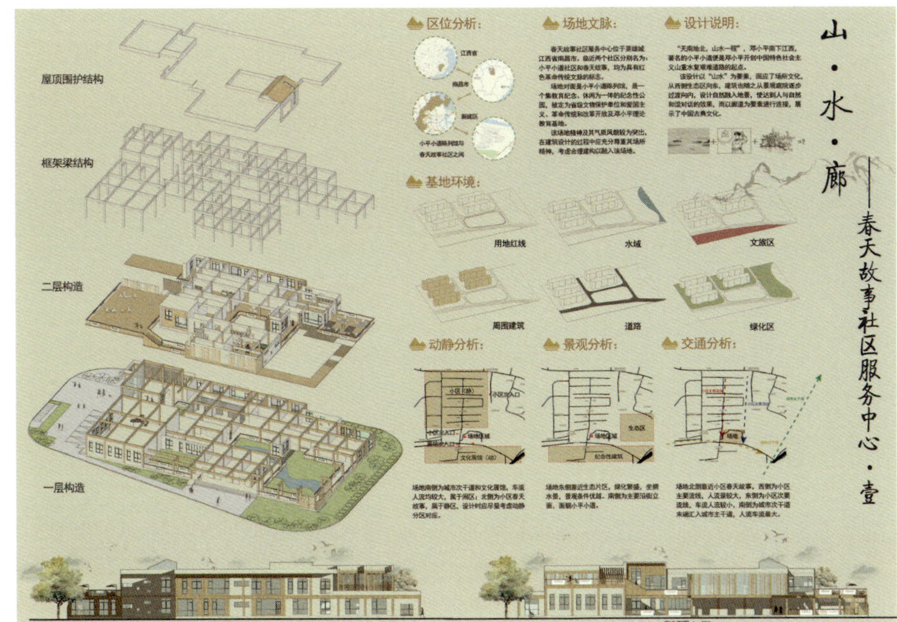
区位分析：
场地文脉：
设计说明：
屋顶围护结构
框架梁结构
二层构造
一层构造
基地环境：
用地红线
水域
文旅区
周围建筑
道路
绿化区
动静分析：
景观分析：
交通分析：
山·水·廊
——春天故事社区服务中心·壹

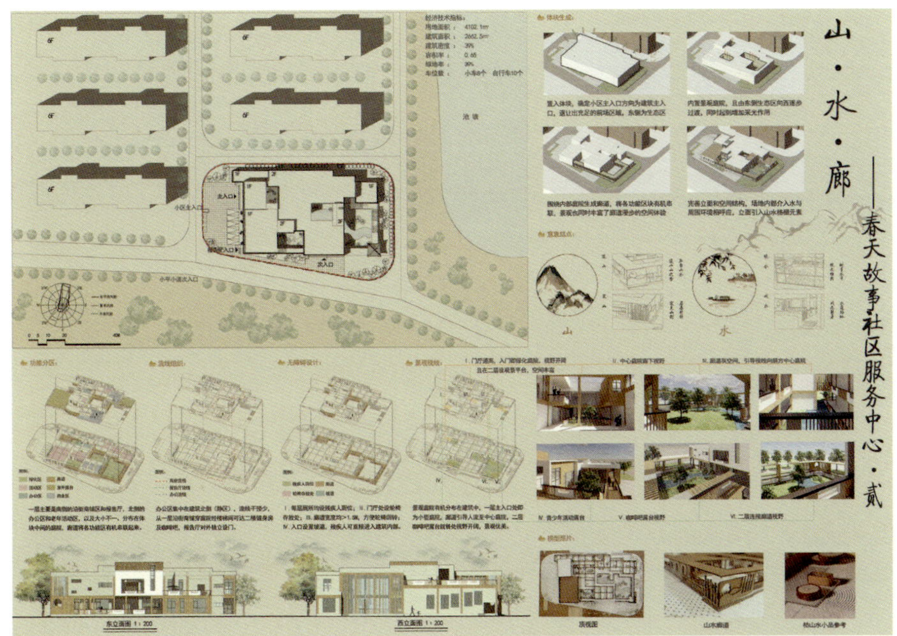
山
水
山·水·廊
——春天故事社区服务中心·贰

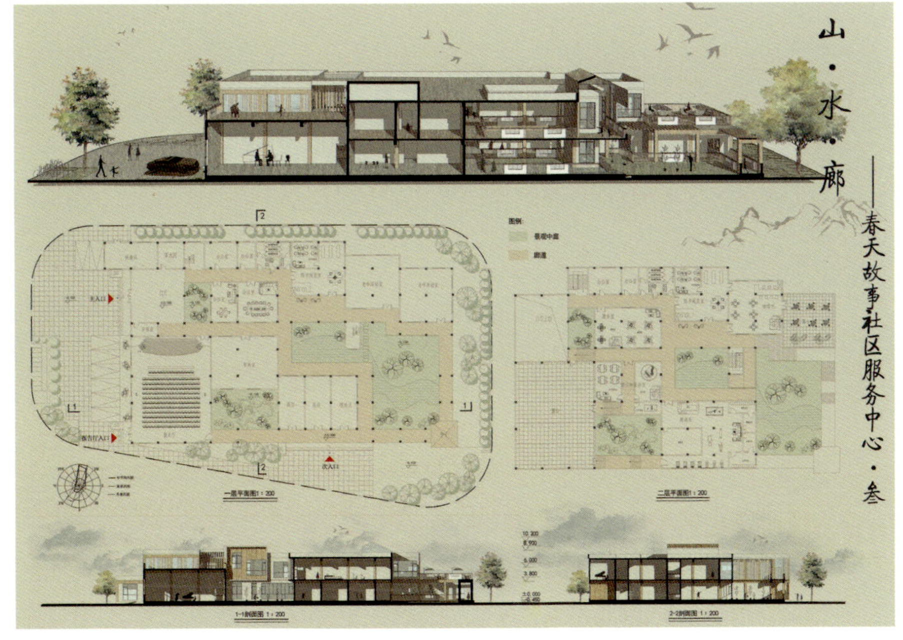
山·水·廊
——春天故事社区服务中心·叁

“天南地北，山水一程”，邓小平南下江西，著名的小平小道便是邓小平开创中国特色社会主义山重水复、艰难道路的起点。该设计以“山水”为要素，回应了场所文化，从西侧生态区向东，建筑也随之从景观庭院逐步过渡向内，设计自然融入地景，达到人与自然和谐对话的效果，以廊道为要素进行连接，展示了中国的古典文化。

2020 级建筑学
大二

邢梦瑶

社区中心建筑设计
盘缘系心

指导教师：
马 凯
廖 琴
聂 璐
肖 芬
何志华
卢倚天

该建筑是针对老旧小区设计的社区服务中心。为打破小区沉闷的建筑氛围，采用了具有动感缠绕的丝带作为造型灵感来源，以丝带的缠绕飘动为特点，分别应用于平面、立面的设计中。同时为了给使用者提供足够的室外活动空间，建筑偏紧凑设计，利用体块的加减进行退让，形成呼应的同时使空间按照其不同使用功能分隔，又能彼此呼应交流，保证使用者的良好体验，同时提供人与人之间产生联系的机会。

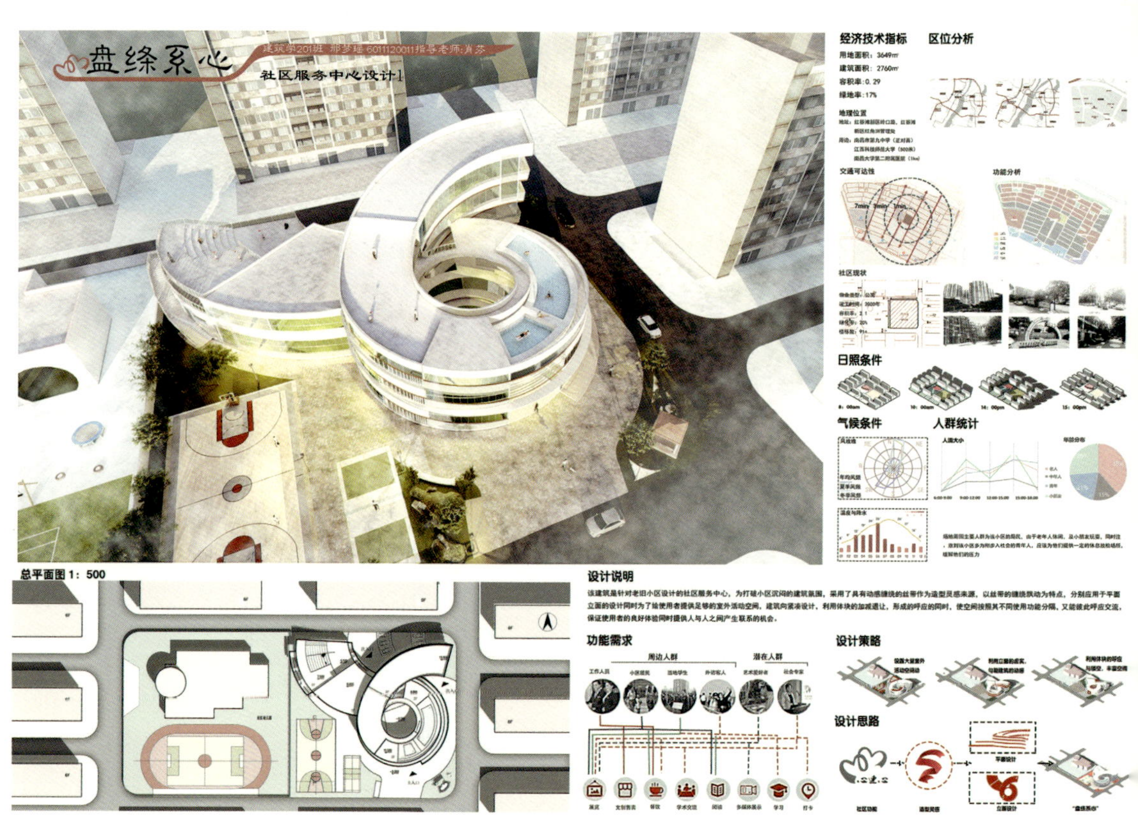
盘缘系心
社区服务中心设计1
经济技术指标
区位分析
日照条件
气候条件
人群统计
总平面图 1：500
设计说明
功能需求
设计策略
设计思路

盘缘系心
社区服务中心设计2

原有居委会功能更新
建筑轴测
空间策略
形体生成

邢梦瑶

社区中心建筑设计
盘绦系心

指导教师：
马　凯
廖　琴
聂　璐
肖　芬
何志华
卢倚天

缓坡作为立面的延伸，一条作为楼层间的垂直交通，一条联通阅览室的室内外，增加人与人之间的互动空间。阅览室结合由低到高的大空间，在室内设置夹层，丰富空间的同时增加空间的利用率。以内院为中心，房间环布四周，以公共交通空间进行空间的界定，使空间与空间的组合张弛有度。

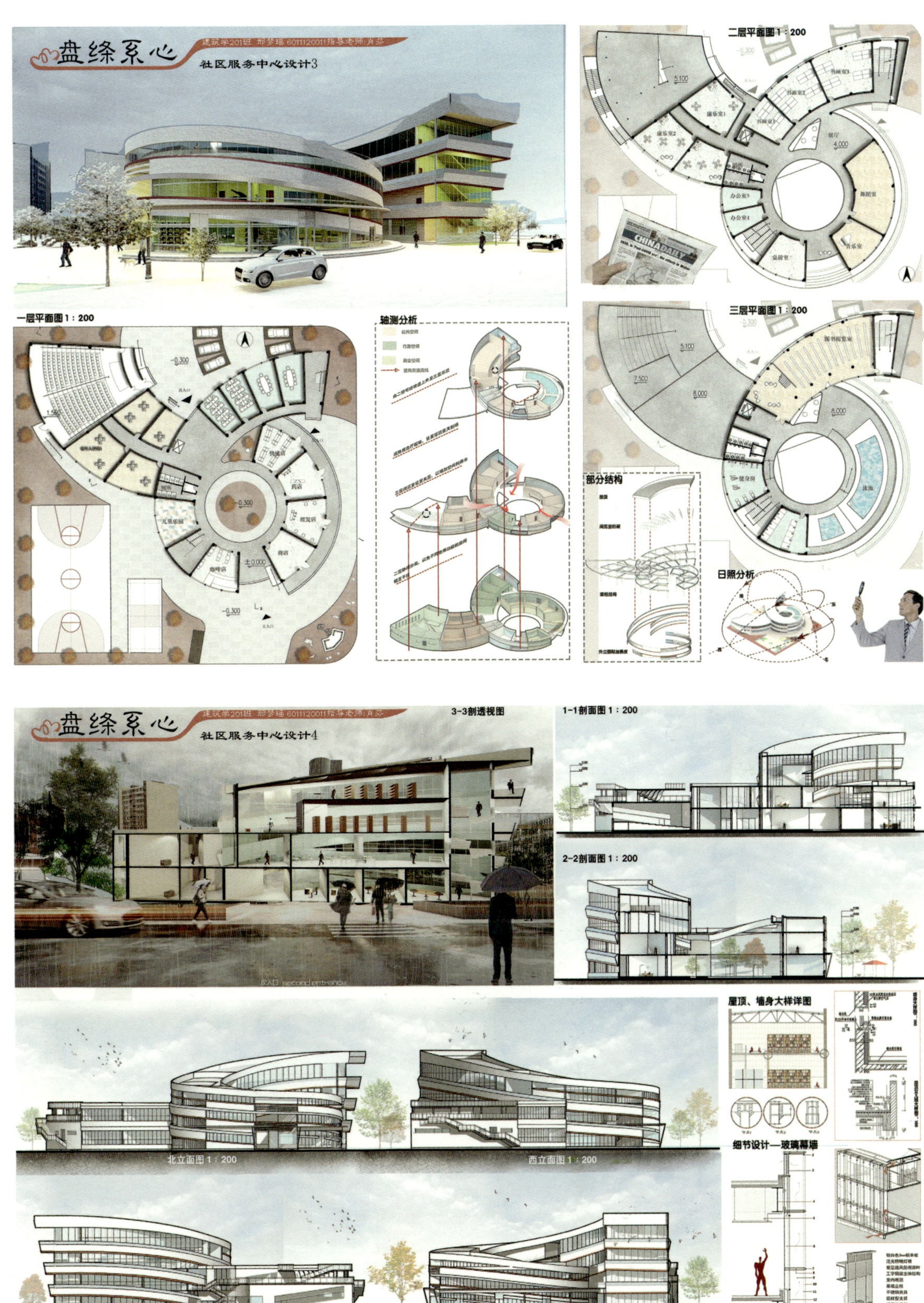

盘绦系心
社区服务中心设计3
二层平面图 1：200
一层平面图 1：200
轴测分析
三层平面图 1：200
部分结构
日照分析
盘绦系心
社区服务中心设计4
3-3剖透视图
1-1剖面图 1：200
2-2剖面图 1：200
屋顶、墙身大样详图
细节设计—玻璃幕墙
北立面图 1：200
西立面图 1：200
南立面图 1：200
东立面图 1：200

2020 级建筑学
大二

杨行

社区中心建筑设计
错&梯·乐活社区

指导教师：
马 凯
廖 琴
聂 璐
肖 芬
何志华
卢倚天

本设计位于南昌市红谷新城小区内，建筑整体依据地块呈长条形，内部庭院呈自由曲线。设计名为“错&梯·乐活社区”，建筑外部悬挂的楼梯，是为保证流线畅通及疏散安全，可达方便的同时，为社区居民提供一个可以健康运动的楼梯跑道。同时，在庭院内部同样设置充满趣味的曲线坡道直达屋顶花园。不同的流线，不同的相遇，这里是一个乐活社区，健康、绿色是这个社区新的名片，每一位社区居民都会在这里感受到家的温暖和社区的温度。

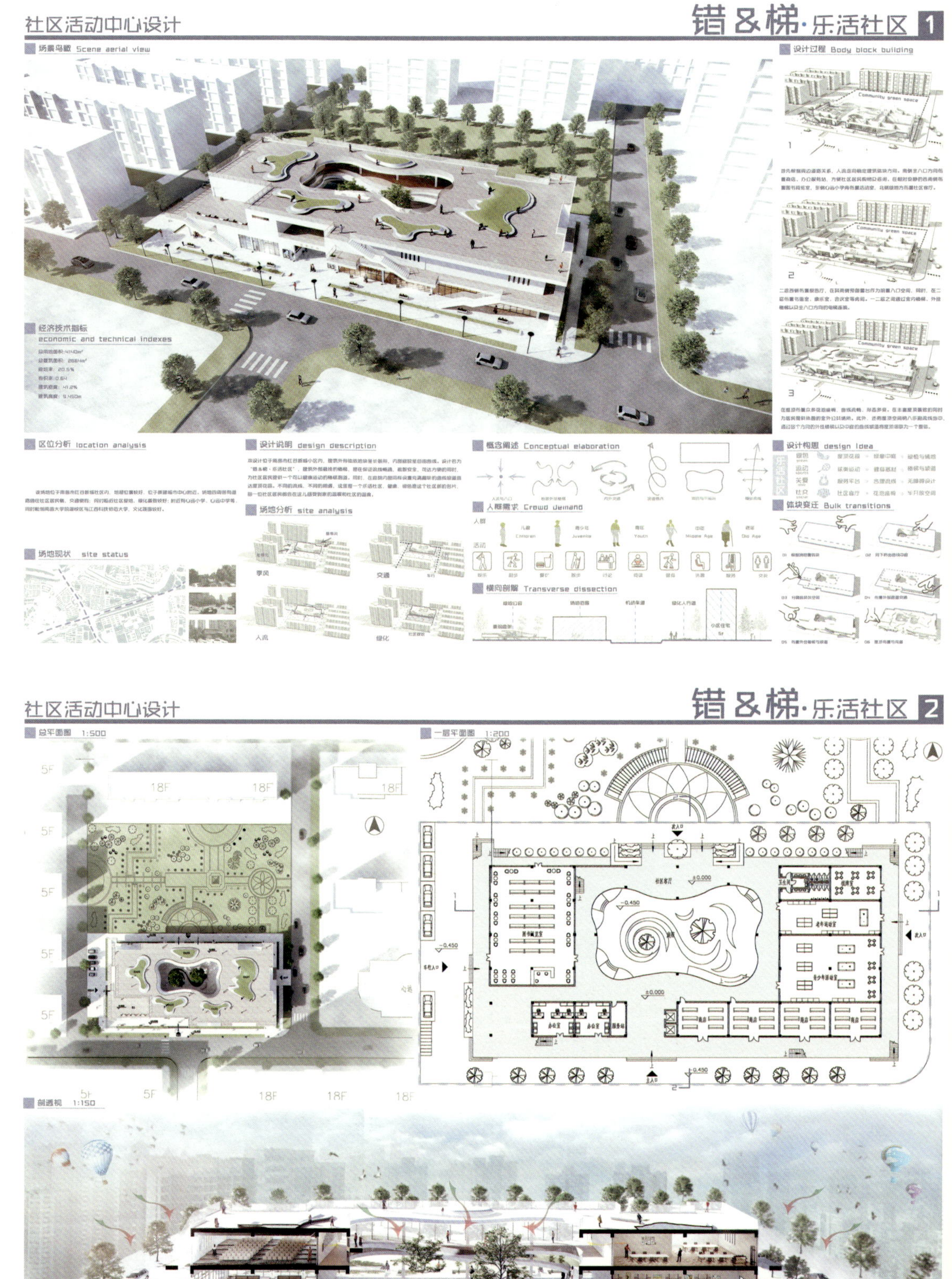
社区活动中心设计
错&梯·乐活社区 1
场景鸟瞰 Scene aerial view
设计过程 Body block building
经济技术指标 economic and technical indexes
区位分析 location analysis
设计说明 design description
概念阐述 Conceptual elaboration
设计构思 design idea
场地分析 site analysis
人群需求 Crowd demand
体块变迁 Bulk transitions
场地现状 site status
横向剖面 Transverse dissection
社区活动中心设计
错&梯·乐活社区 2
总平面图 1:500
一层平面图 1:200
剖透视 1:150

杨行

社区中心建筑设计

错&梯·乐活社区

指导教师：
马　凯
廖　琴
聂　璐
肖　芬
何志华
卢倚天

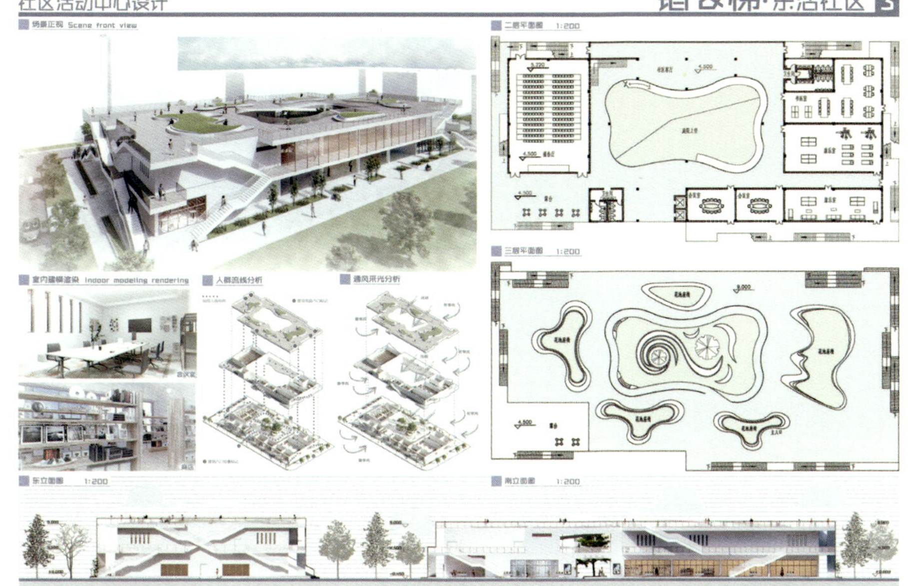
社区活动中心设计
错&梯·乐活社区 3

社区活动中心设计
错&梯·乐活社区 4

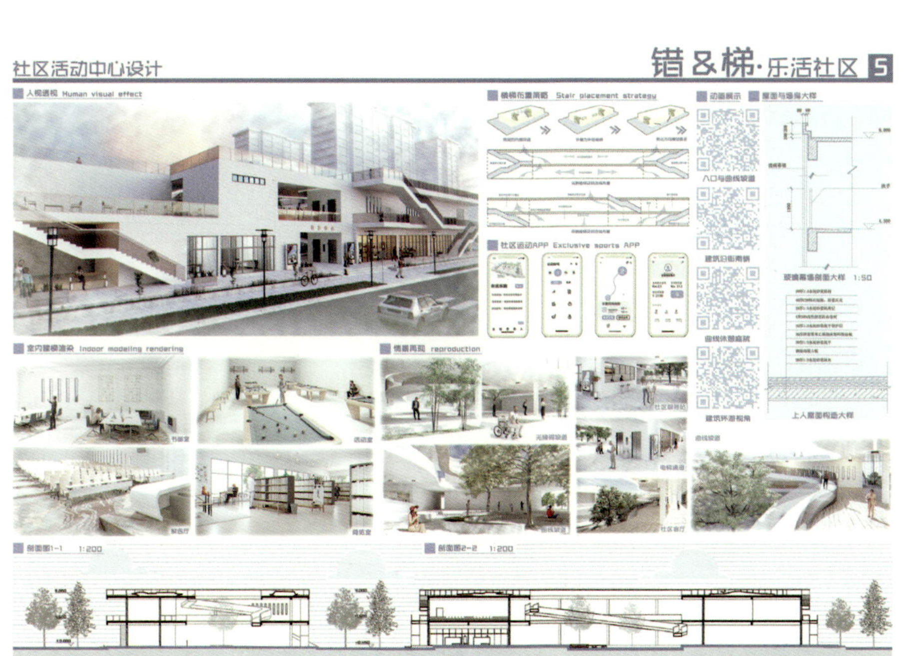
社区活动中心设计
错&梯·乐活社区 5

首先根据周边道路关系及人流走向来确定建筑体块方向。南侧主入口方向布置商店、办公服务站，方便社区居民购物及咨询。在相对安静的西南侧布置图书阅览室，东侧的心远小学旁布置活动室，北侧绿地方向布置社区客厅。二层西侧布置报告厅，在其南侧预留露台作为前置入口空间，同时在二层布置书画室、康乐室、会议室等房间。一二层之间通过室内楼梯、外挂楼梯以及主入口方向的电梯连接。在屋顶布置众多花池座椅，曲线流畅、形态多变。在丰富屋顶景致的同时为居民提供休憩的室外公共场所。此外，还将屋顶空间纳入乐跑流线当中，通过各个方向的外挂楼梯以及中庭的曲线坡道将屋顶串连为一个整体。

2020 级建筑学
大二

戚睿

社区中心建筑设计
径至隙隙

指导教师：
马　凯
廖　琴
聂　璐
肖　芬
何志华
卢倚天

“径至隙隙”社区中心位于南昌红谷滩红谷新城，该社区中心设计是为红谷新城及周边的小区所在的社区提供服务。本设计通过两条贯穿场地的小径将场地分隔成三个大块，其中西侧为四层的社区中心主楼，东南侧为三层的社区中心别楼，东北侧为居民室外运动活动区域。将延伸至场地中心的步道与城市街道进行场地连接，增强建筑空间与场地的互动性。

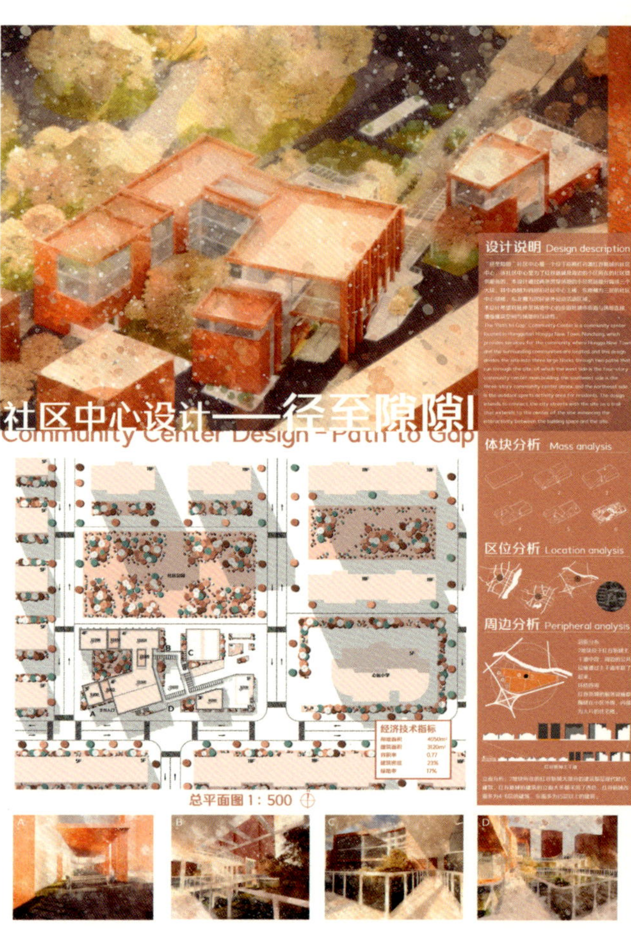
社区中心设计——径至隙隙I
Community Center Design - Path to Gap
设计说明 Design description
体块分析 Mass analysis
区位分析 Location analysis
周边分析 Peripheral analysis
经济技术指标
总平面图 1：500

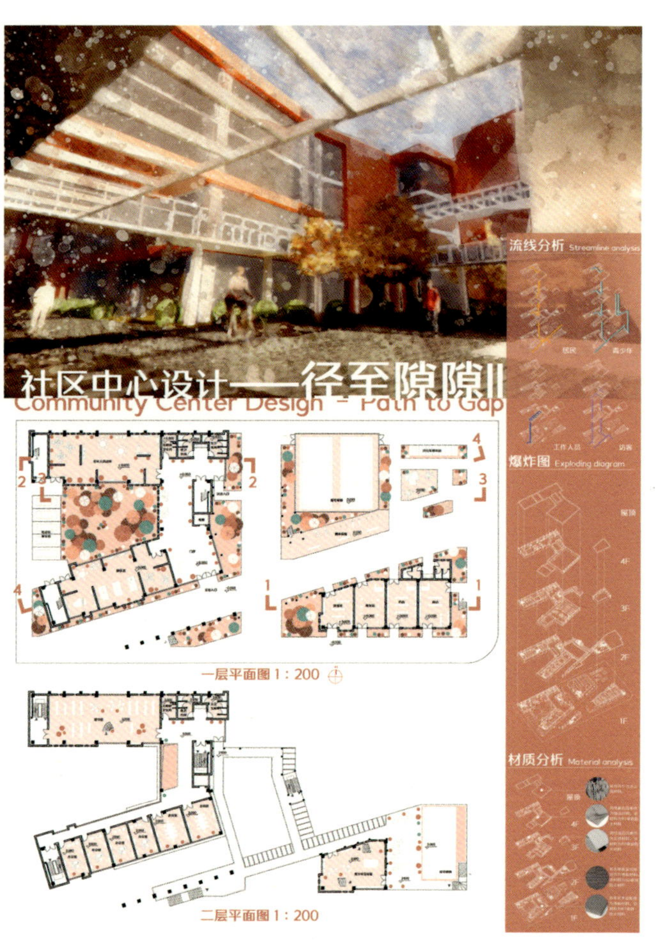
社区中心设计——径至隙隙II
Community Center Design - Path to Gap
流线分析 Streamline analysis
爆炸图 Exploding diagram
材质分析 Material analysis
一层平面图 1：200
二层平面图 1：200

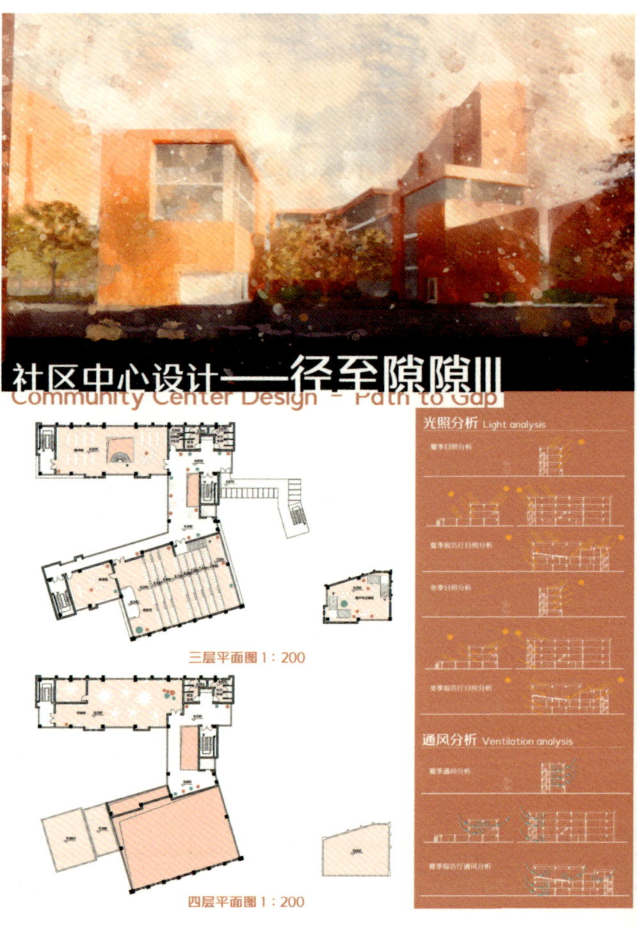
社区中心设计——径至隙隙III
Community Center Design - Path to Gap
光照分析 Light analysis
通风分析 Ventilation analysis
三层平面图 1：200
四层平面图 1：200

戚睿

社区中心建筑设计 径至隙隙

指导教师：
马 凯
廖 琴
聂 璐
肖 芬
何志华
卢倚天

社区中心设计——径至隙隙IV
Community Center Design - Path to Gap
功能分析
Functional analysis
动静分析
Motion analysis
北立面图 1：200
南立面图 1：200
东立面图 1：200
西立面图 1：200

功能分析：建筑主要的功能用房都放置在西北侧的主楼内，主楼的交通空间由一个中部的交通核心和两个侧边的楼梯组成，使不同人群的流线划分开来。

动静分析：建筑南侧靠近马路，将相对不安静的功能用房放在南侧，如报告厅。北侧是社区公园，将需要安静环境的功能用房放在北侧，如：老年人活动室、图书室。

社区中心设计——径至隙隙V
Community Center Design - Path to Gap
人群分析
Population analysis
景观分析
Landscape analysis
1-1剖面图 1：200
2-2剖面图 1：200
3-3剖面图 1：200
4-4剖面图 1：200
二层图书室

社区中心设计——径至隙隙VI
Community Center Design - Path to Gap
老年人活动室

屋顶平面图 1：200
屋顶大样详图
Roof sample details
2-2 剖透视图

建筑学大三优秀作品集

Collection of
excellent works of
junior
majoring in architecture

三年级课题概述
Projects overview of the third grade

建筑系三年级是一个承上启下的学习阶段，一方面需要深化学生的空间塑造能力，另一方面需要训练学生组织复杂空间和功能的能力。空间塑造能力包括学生对空间尺度的把控，对不同建筑材质与色彩的掌握。复杂建筑空间既包括不同体量空间的组合，也包括不同建筑功能的组合。在近几年来的教学中，三年级教学组不仅限于教授学生特定类型建筑的设计方法，同时也基于建筑的风土性、在地性、生长性等诸多内容开展教学，取得了颇多教学成果。学生需要学习在既有复杂场地环境中开展调研工作以及通过分析场地历史的、自然的、街区的，原有建筑形态的类型，找出线索来还原空间类型的技巧；学习小型公共建筑的类型特征及设计手法。了解和初步掌握空间构思的物质实现方法和手段。

三年级的课程设计共分为四个课题：

1. 文博展馆设计：学习基于历史文脉的建筑设计原理，训练学生在历史场地环境下处理建筑空间的能力。
2. 生态家园设计：学习基于适宜技术的建筑设计原理，结合江西省的特殊地理气候条件，训练学生在设计过程中考虑绿建因素带来的影响。
3. 交通驿站设计：学习基于场地条件限制的建筑设计原理，强化场地因素对建筑的影响，训练学生在受到场地条件限制下开展设计的能力。
4. 城乡客舍设计：学习基于地域性自然环境的建筑设计原理，在课题设置中引入江西省的风土性要素，促使学生对建筑周边环境进行思考，训练学生在设计中考虑地域性要素的能力。

以上四个课题均以训练处理复杂建筑空间为基本原则，在教学过程中，通过对建筑的材质与色彩的把控，将江西的地域性融入其中，不断优化、校正和精准化，最终达到提升课程设计质量的目的。

南昌大学建筑与设计学院建筑系三年级组长　周韬

2023 年 3 月

2017 级建筑学
大三

高渤轩

博物馆设计 铁军魂

指导教师：
周　韬
罗建亮
蔡　晴
邱　路
聂志勇
吴　靖

铁军魂　新四军军部旧址博物馆建筑设计 1

沿街面透视图

从舞动的新四军军旗中提取具有冲击力的四边形、三角形要素，传达战士们一往无前的大无畏精神。

新四军军部旧址博物馆建筑设计　1

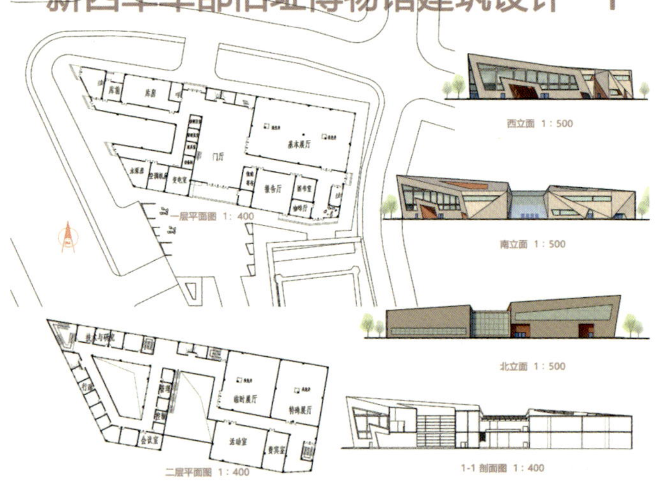
西立面 1：500
南立面 1：500
北立面 1：500
一层平面图 1：400
二层平面图 1：400
1-1 剖面图 1：400

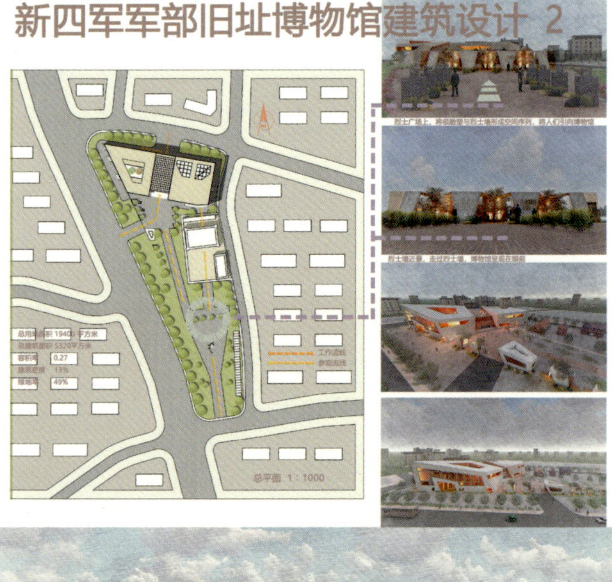
新四军军部旧址博物馆建筑设计 2
总平面 1：1000

2017 级建筑学
大三

高欣元

博物馆设计
画镜

指导教师：
周　韬
罗建亮
蔡　晴
邱　路
聂志勇
吴　靖

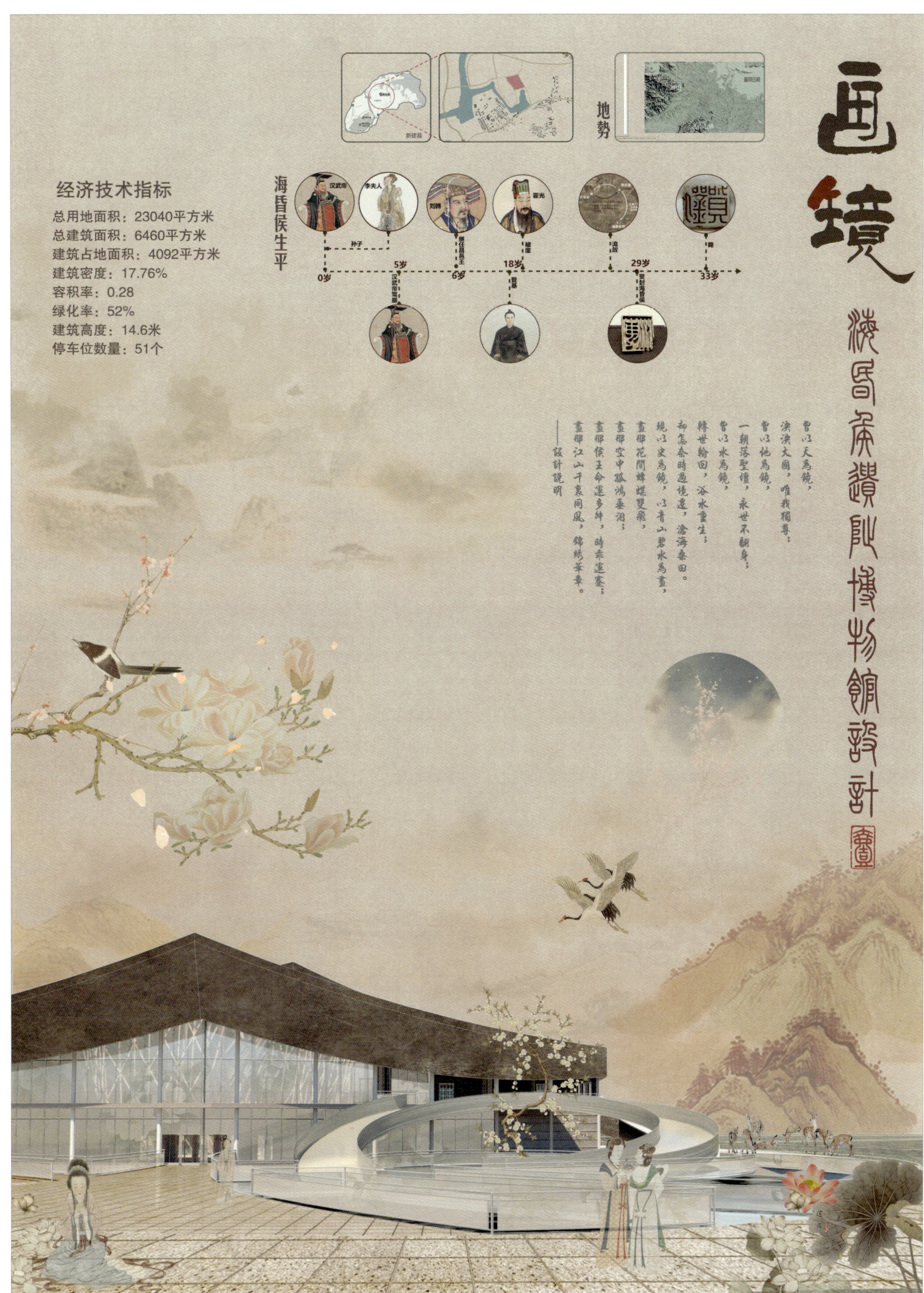
畫鏡
海昏侯遺址博物館設計
地势
海昏侯生平
汉武帝
李夫人
刘髆
霍光
0岁
5岁
6岁
18岁
29岁
33岁
经济技术指标
总用地面积：23040平方米
总建筑面积：6460平方米
建筑占地面积：4092平方米
建筑密度：17.76%
容积率：0.28
绿化率：52%
建筑高度：14.6米
停车位数量：51个
曾以天為鏡，
泱泱大國，唯我獨尊；
曾以地為鏡，
一朝落聖壇，永世不翻身；
曾以水為鏡，
轉世輪回，浴水重生；
卻怎奈時過境遷，滄海桑田。
現以史為鏡，以青山碧水為畫，
畫那花間蜂蝶雙飛，
畫那空中孤鴻垂泪；
畫那侯王命運多舛，時乖運蹇；
畫那江山千裏同風，錦綉華章。
——設計說明

2017 级建筑学
大三

高欣元

博物馆设计 画镜

指导教师：周韬 罗建亮 蔡晴 邱路 聂志勇 吴靖

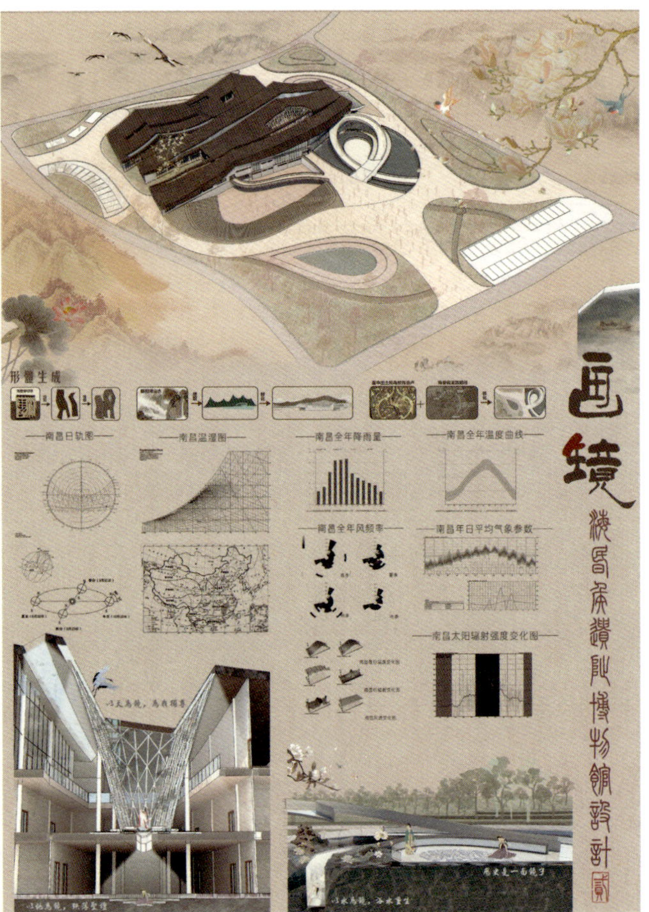
画镜
形势生境
南昌日轨图
南昌温湿图
南昌全年降雨量
南昌全年温度曲线
南昌全年风频率
南昌年日平均气象参数
南昌太阳辐射强度变化图

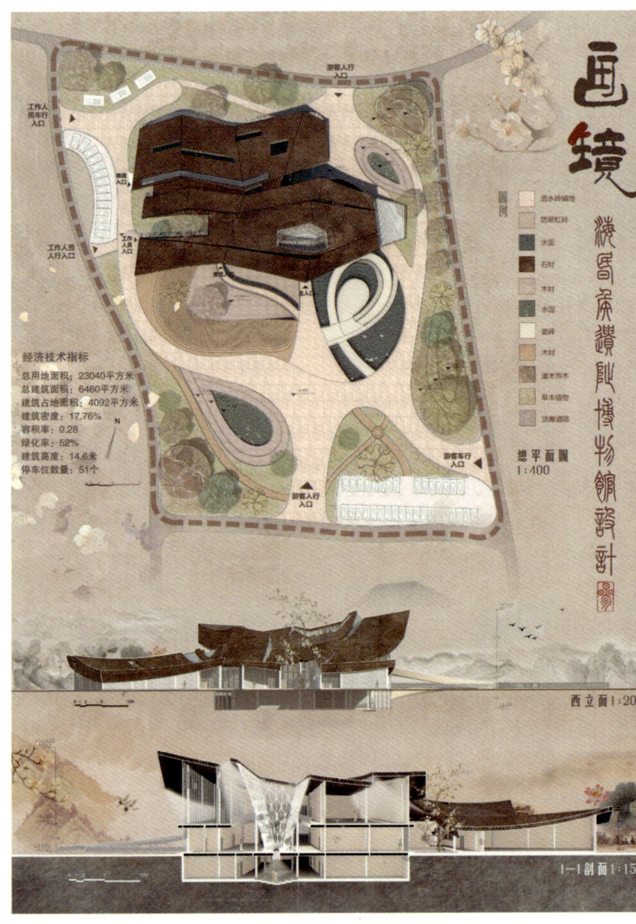
画镜
游客人行入口
工作人员停车行入口
工作人员人行入口
游客车行入口
经济技术指标
总用地面积：23040平方米
总建筑面积：6460平方米
建筑占地面积：4092平方米
建筑密度：17.76%
容积率：0.28
绿化率：52%
建筑高度：14.6米
停车位数量：51个
总平面图 1:400
西立面 1:200
1—1剖面 1:150

画镜
一层平面 1:200
节能分析
采光分析
流线分析
2—2剖面 1:200

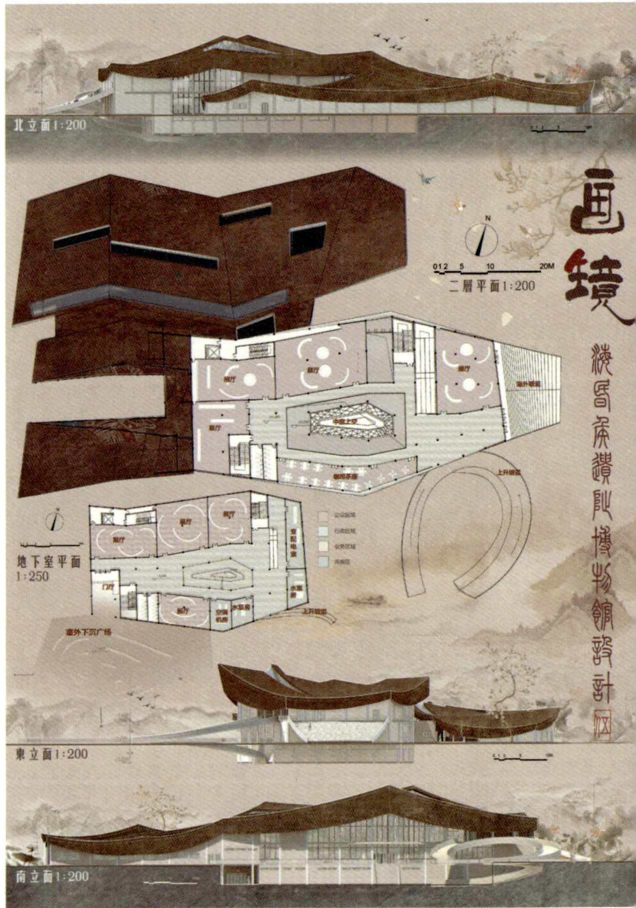
北立面 1:200
画镜
二层平面 1:200
地下室平面 1:250
东立面 1:200
南立面 1:200

2017 级建筑学
大三

汪丁

海昏侯博物馆
博物馆设计

指导教师：
周　韬
罗建亮
蔡　晴
邱　路
聂志勇
吴　靖

垣墙不方也不圆，门阙朝东不朝南。两座主墓偏一隅，七座袝葬作星盘。
坟丘巍巍似覆斗，寝殿悠悠列墓前。圆井幽深排成线，冢舍对峙护两边。

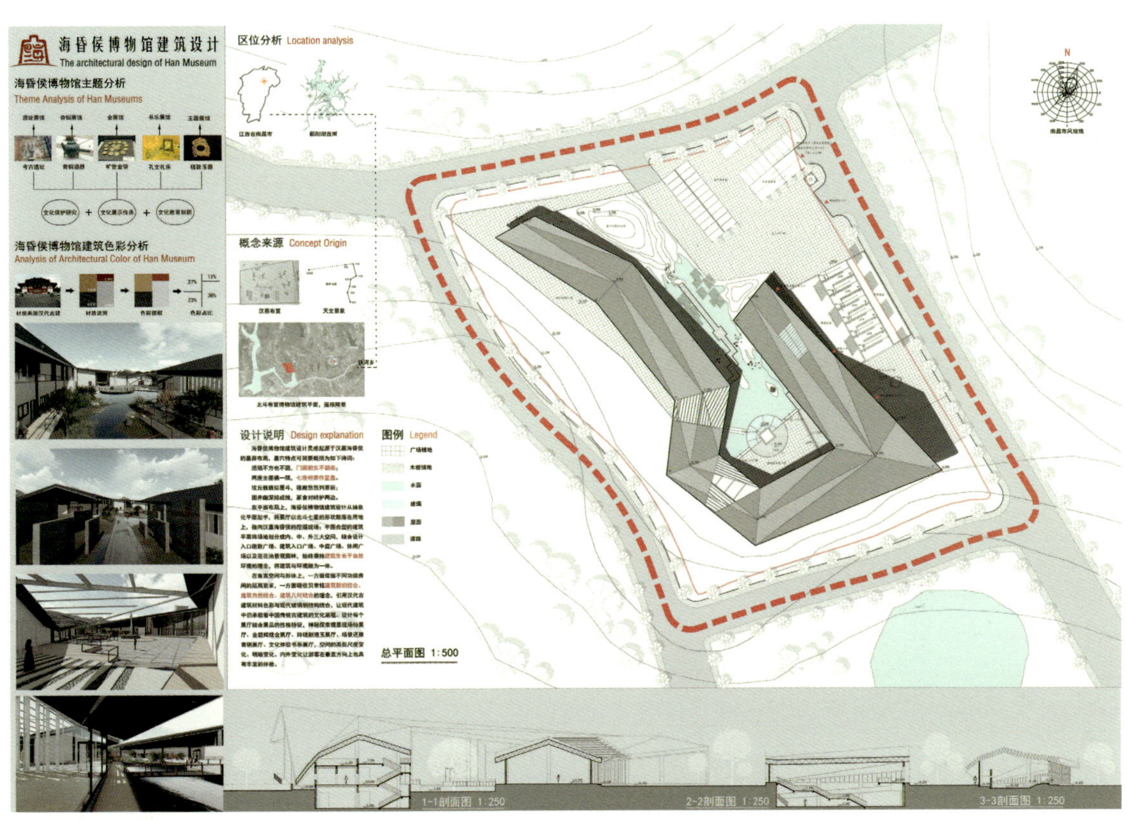

海昏侯博物馆建筑设计
The architectural design of Han Museum
海昏侯博物馆主题分析
Theme Analysis of Han Museums
海昏侯博物馆建筑色彩分析
Analysis of Architectural Color of Han Museum
区位分析 Location analysis
概念来源 Concept Origin
设计说明 Design explanation
图例 Legend
总平面图 1:500
1-1剖面图 1:250
2-2剖面图 1:250
3-3剖面图 1:250

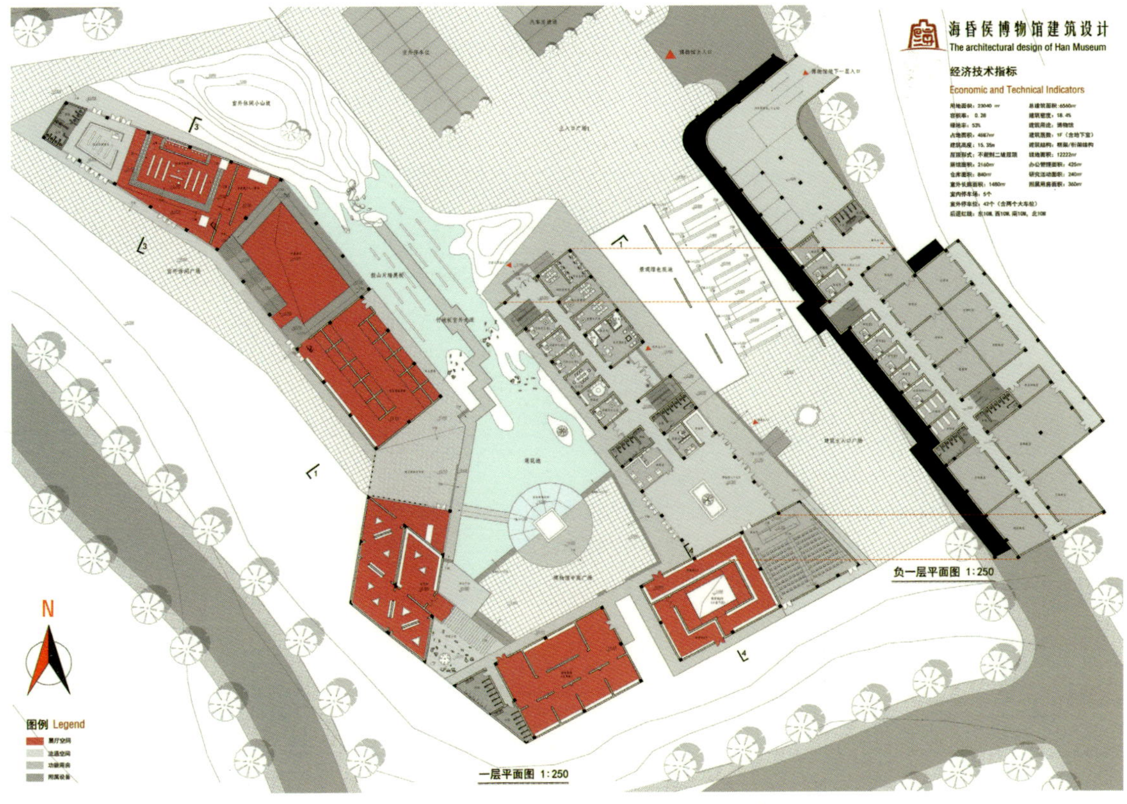

海昏侯博物馆建筑设计
The architectural design of Han Museum
经济技术指标
Economic and Technical Indicators
负一层平面图 1:250
一层平面图 1:250
N
图例 Legend

2017 级建筑学
大三

汪丁

海昏侯博物馆设计

指导教师：
周 韬
罗建亮
蔡 晴
邱 路
聂志勇
吴 靖

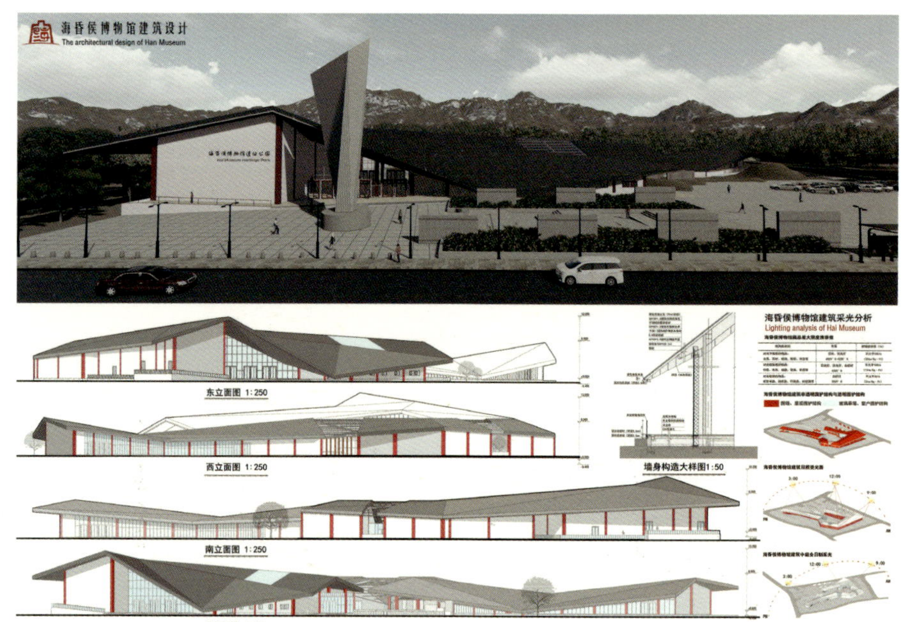
海昏侯博物馆建筑设计
The architectural design of Han Museum
东立面图 1:250
西立面图 1:250
南立面图 1:250
北立面图 1:250
墙身构造大样图1:50
海昏侯博物馆建筑采光分析
Lighting analysis of Han Museum

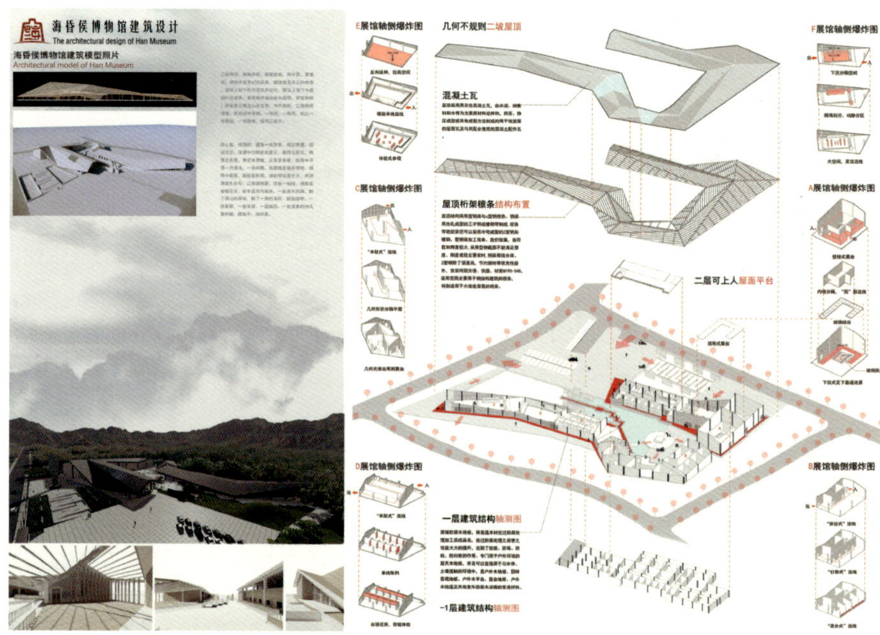
海昏侯博物馆建筑设计
The architectural design of Han Museum
海昏侯博物馆建筑模型照片
Architectural model of Han Museum
E展馆轴侧爆炸图
几何不规则二坡屋顶
混凝土瓦
F展馆轴侧爆炸图
C展馆轴侧爆炸图
屋顶桁架檩条结构布置
A展馆轴侧爆炸图
二层可上人屋面平台
D展馆轴侧爆炸图
B展馆轴侧爆炸图
一层建筑结构轴测图
-1层建筑结构轴测图

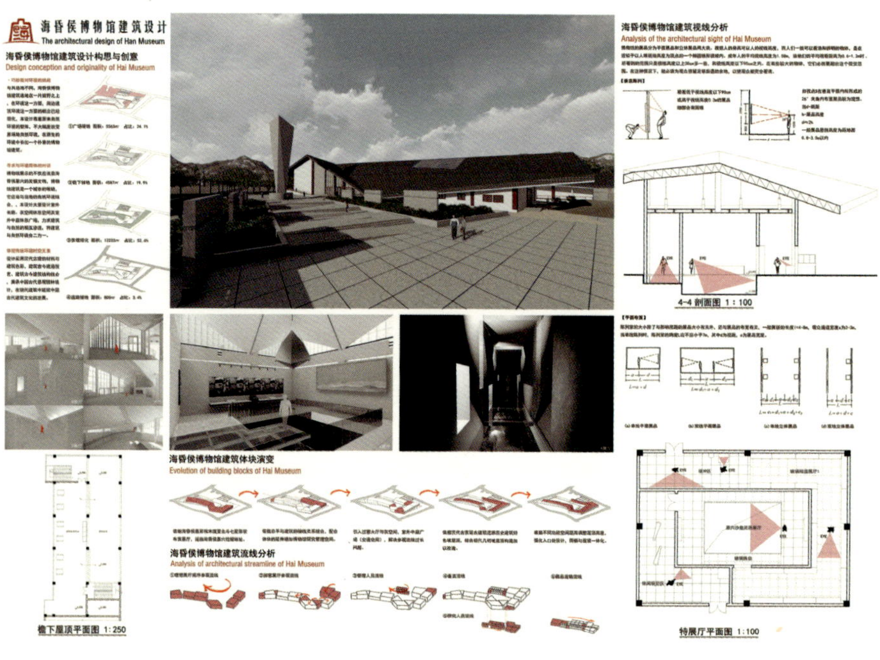
海昏侯博物馆建筑设计
The architectural design of Han Museum
海昏侯博物馆建筑设计构思与创意
Design conception and originality of Hai Museum
海昏侯博物馆建筑视线分析
Analysis of the architectural sight of Hai Museum
4-4 剖面图 1:100
海昏侯博物馆建筑体块演变
Evolution of building blocks of Hai Museum
海昏侯博物馆建筑流线分析
Analysis of architectural streamline of Hai Museum
檐下屋顶平面图 1:250
特展厅平面图 1:100

2017 级建筑学
大三

吴明萱

博物馆设计

曲水流觞

指导教师：
周　韬
罗建亮
蔡　晴
邱　路
聂志勇
吴　靖

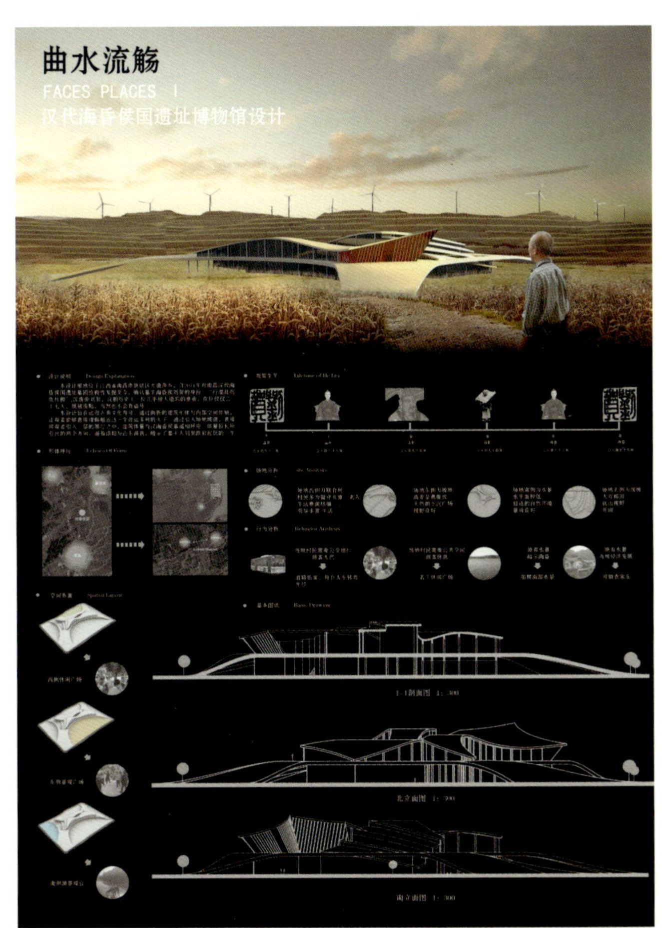
曲水流觞
FACES PLACES Ⅰ
汉代海昏侯国遗址博物馆设计

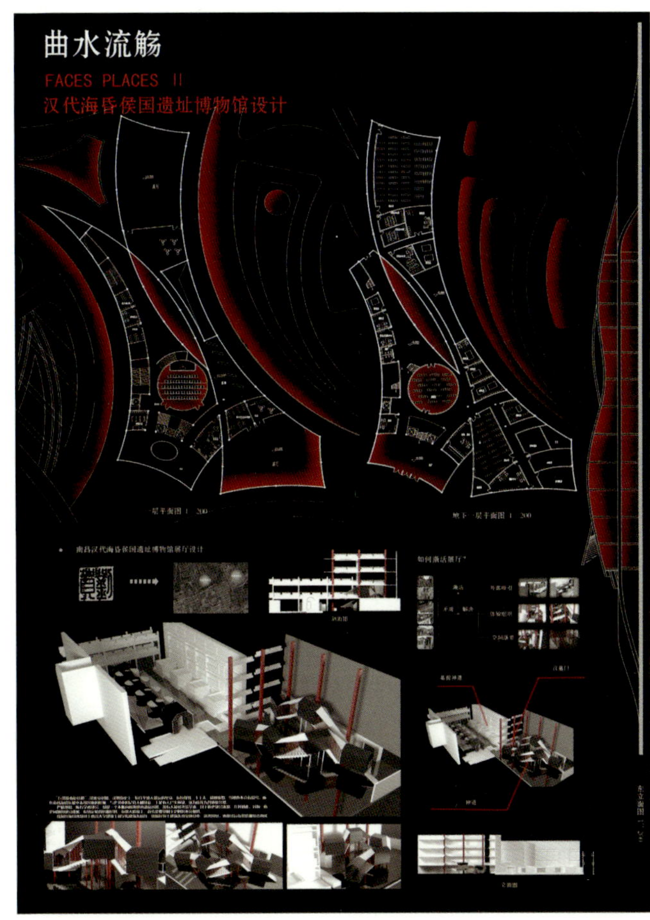
曲水流觞
FACES PLACES Ⅱ
汉代海昏侯国遗址博物馆设计

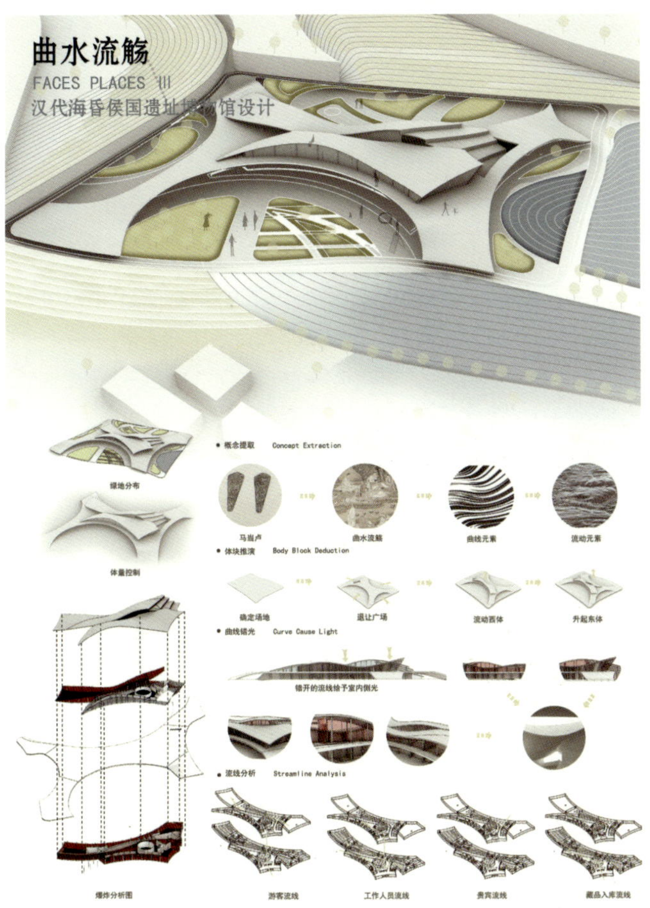
曲水流觞
FACES PLACES Ⅲ
汉代海昏侯国遗址博物馆设计
概念提取 Concept Extraction
马蹄卢
曲水流觞
曲线元素
流动元素
体块推演 Body Block Deduction
确定场地
退让广场
流动形体
升起形体
曲线铺光 Curve Cause Light
流线分析 Streamline Analysis
绿地分布
体量控制
爆炸分析图
游客流线
工作人员流线
贵宾流线
藏品入库流线

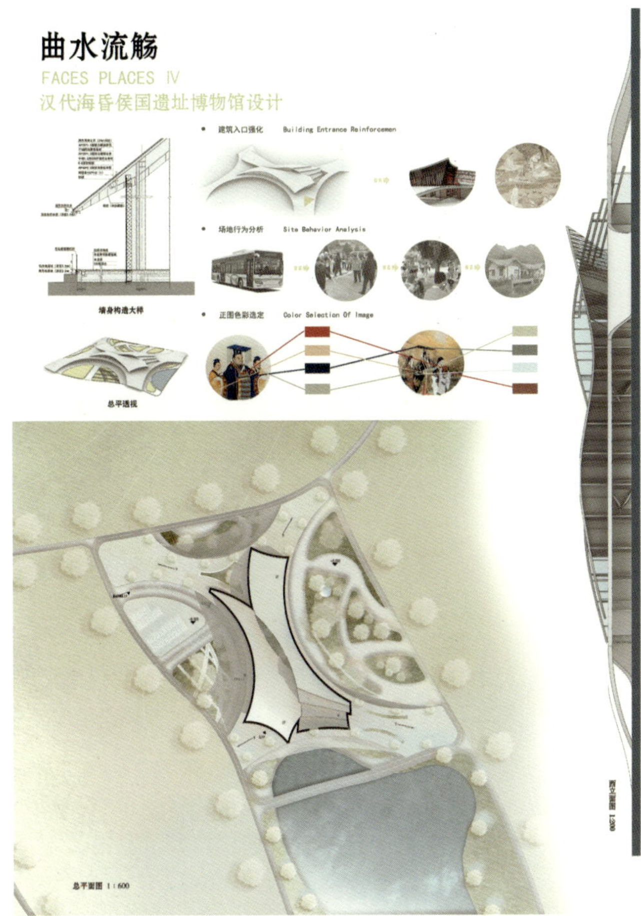
曲水流觞
FACES PLACES Ⅳ
汉代海昏侯国遗址博物馆设计
建筑入口强化 Building Entrance Reinforcemen
场地行为分析 Site Behavior Analysis
正图色彩选定 Color Selection Of Image
墙身构造大样
总平透视
总平面图 1:600

2017 级建筑学
大三

邹婴恬

博物馆设计

海昏侯国遗址博物馆

指导教师：
周　韬
罗建亮
蔡　晴
邱　路
聂志勇
吴　靖

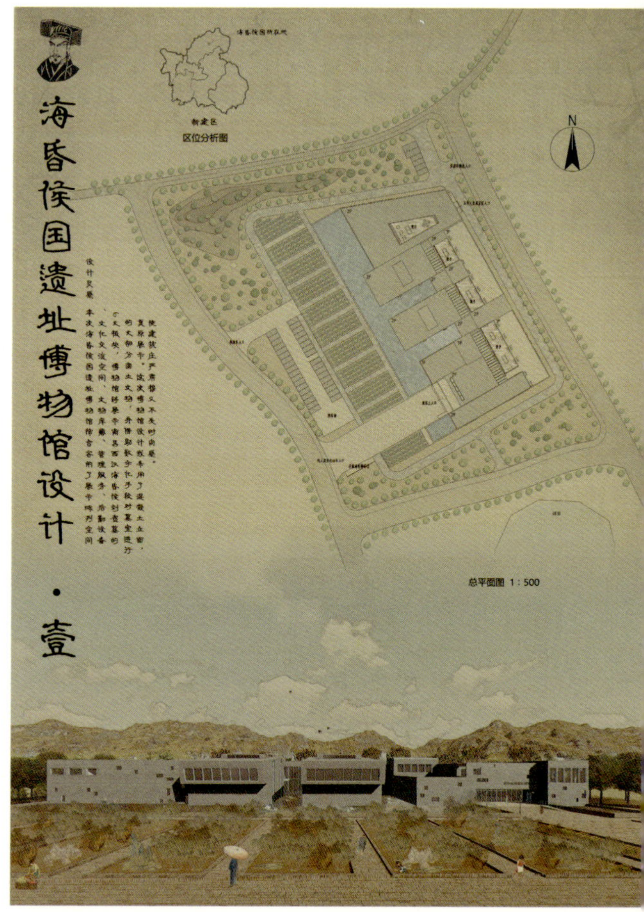
海昏侯国遗址博物馆设计 · 壹
区位分析图
总平面图 1 : 500

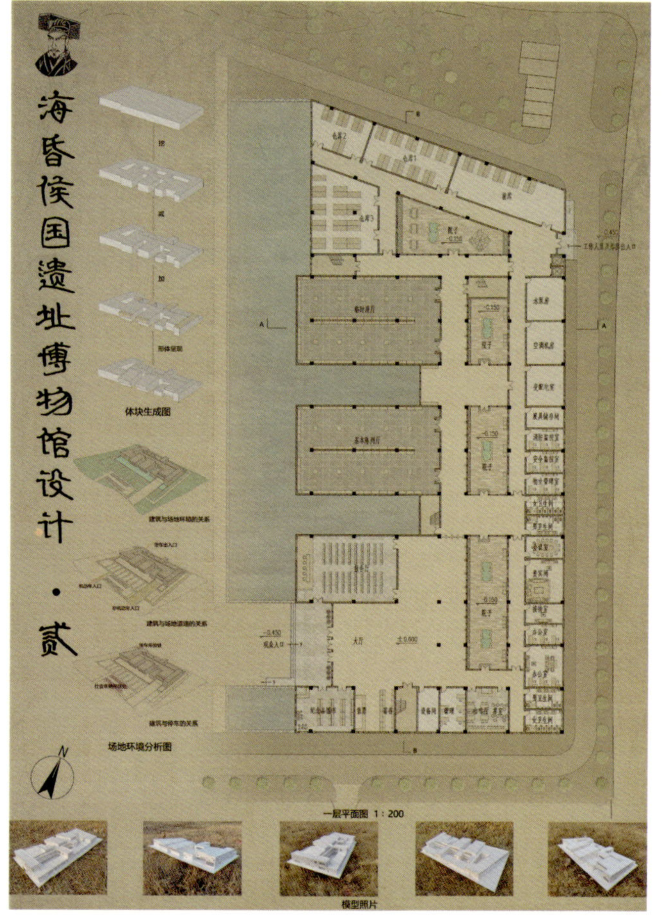
海昏侯国遗址博物馆设计 · 贰
体块生成图
场地环境分析图
一层平面图 1 : 200
模型照片

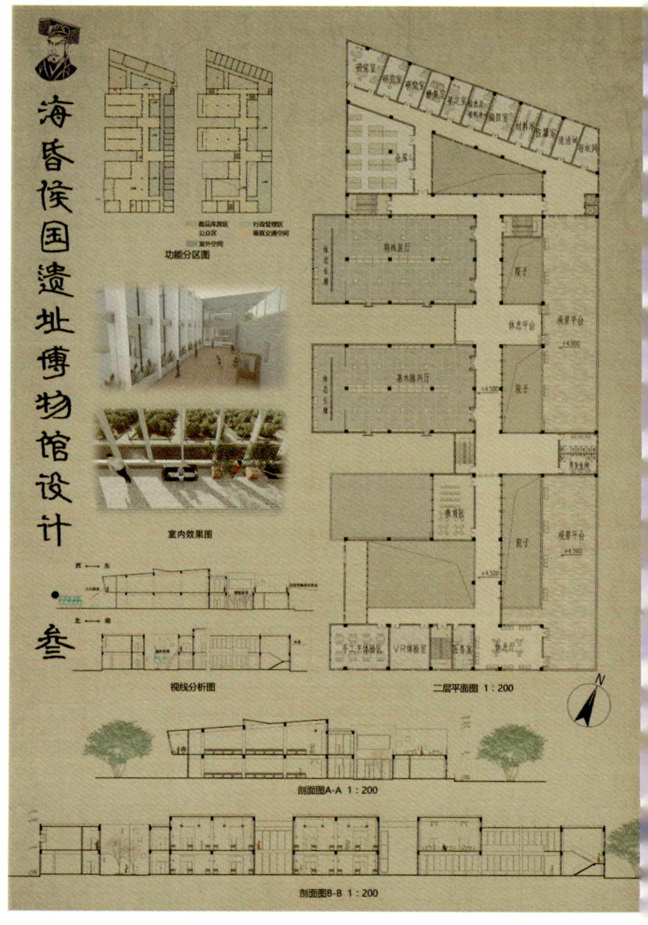
海昏侯国遗址博物馆设计 · 叁
功能分区图
室内效果图
视线分析图
二层平面图 1 : 200
剖面图A-A 1 : 200
剖面图B-B 1 : 200

许鸿鸣

博物馆设计　隐于厚土·见于时下

指导教师：
周　韬
罗建亮
蔡　晴
邱　路
聂志勇
吴　靖

场地位于南昌市新建区大塘坪乡丁古垄村，场地最高点与最低点之间存在 10.6 米的高差。场地东南向有一片龙隐湖，能为场地提供可能的景观与夏季凉爽的东南风，提升空间品质。场地内拟建海昏侯遗址博物馆。

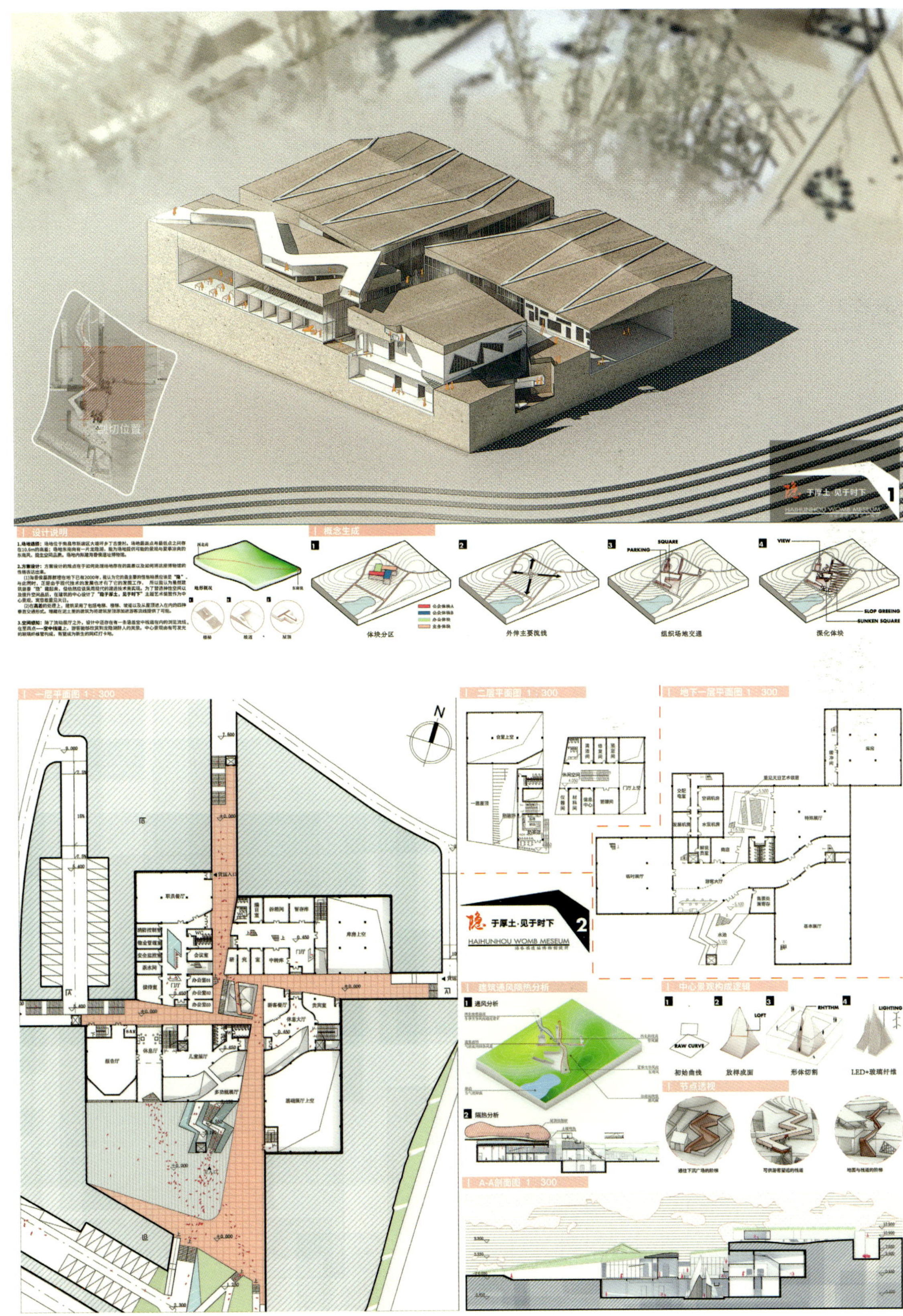
剖切位置
隐 于厚土·见于时下
HAIHUNHOU WOMB MESEUM
1
设计说明
概念生成
体块分区
外伸主要流线
组织场地交通
深化体块
PARKING
SQUARE
VIEW
SLOP GREENING
SUNKEN SQUARE
一层平面图 1：300
二层平面图 1：300
地下一层平面图 1：300
N
隐 于厚土·见于时下
HAIHUNHOU WOMB MESEUM
2
建筑通风隔热分析
通风分析
隔热分析
中心景观构建逻辑
RAW CURVE
LOFT
RHYTHM
LIGHTING
初始曲线
放样成面
形体切割
LED+玻璃纤维
节点透视
A-A剖面图 1：300

2018 级建筑学
大三

许鸿鸣

博物馆设计

隐于厚土·见于时下

指导教师：
周 韬
罗建亮
蔡 晴
邱 路
聂志勇
吴 靖

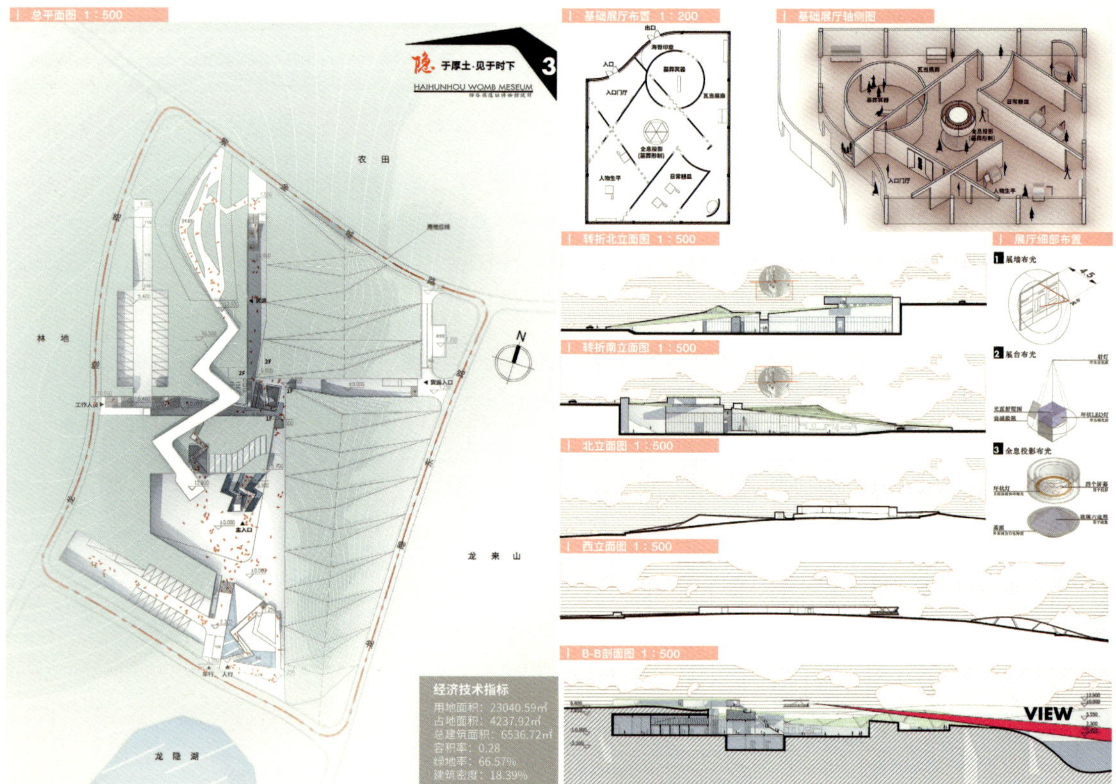
总平面图 1：500
隐 于厚土·见于时下
HAIHUNHOU WOMB MESEUM
3
农 田
林 地
龙 来 山
龙 隐 湖
基础展厅布置 1：200
基础展厅轴侧图
转折北立面图 1：500
转折南立面图 1：500
北立面图 1：500
西立面图 1：500
B-B剖面图 1：500
展厅细部布置
VIEW
经济技术指标
用地面积：23040.59㎡
占地面积：4237.92㎡
总建筑面积：6536.72㎡
容积率：0.28
绿地率：66.57%
建筑密度：18.39%

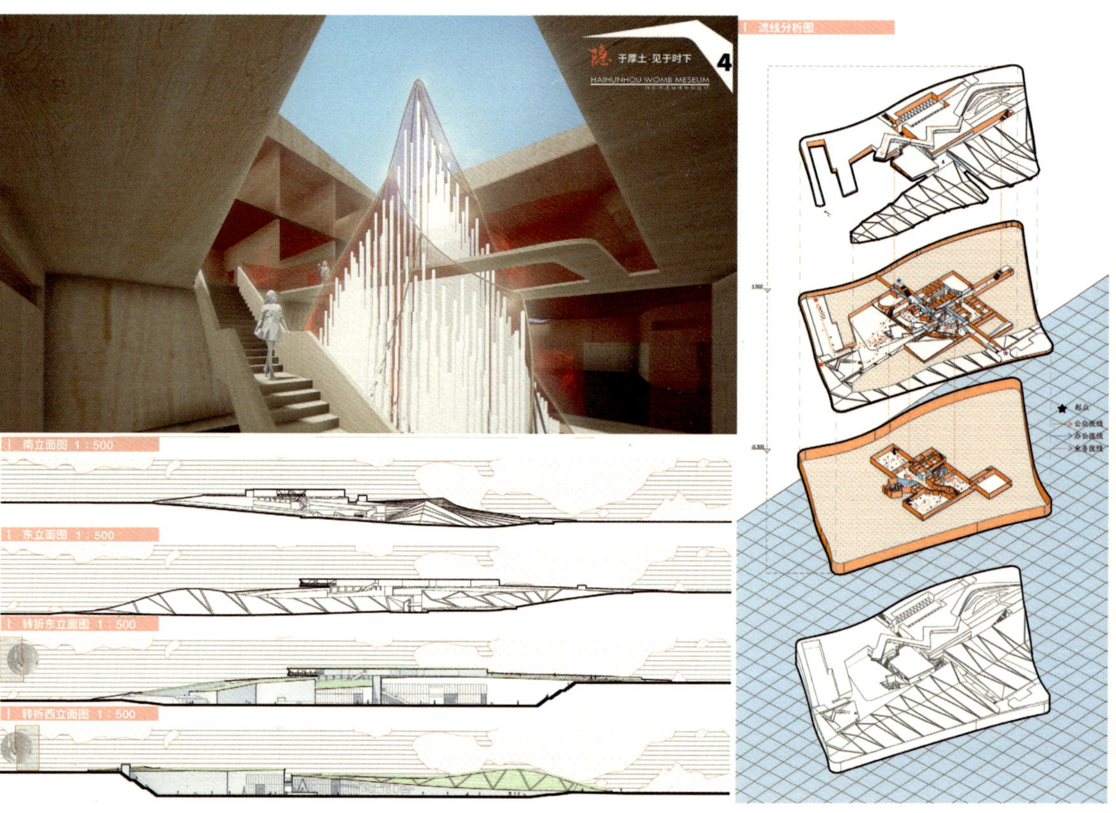
隐 于厚土·见于时下
HAIHUNHOU WOMB MESEUM
4
流线分析图
南立面图 1：500
东立面图 1：500
转折东立面图 1：500
转折西立面图 1：500

2019 级建筑学
大三

敖杨婕妤

博物馆设计 缝·合

指导教师：
周 韬
罗建亮
蔡 晴
邱 路
聂志勇
吴 靖

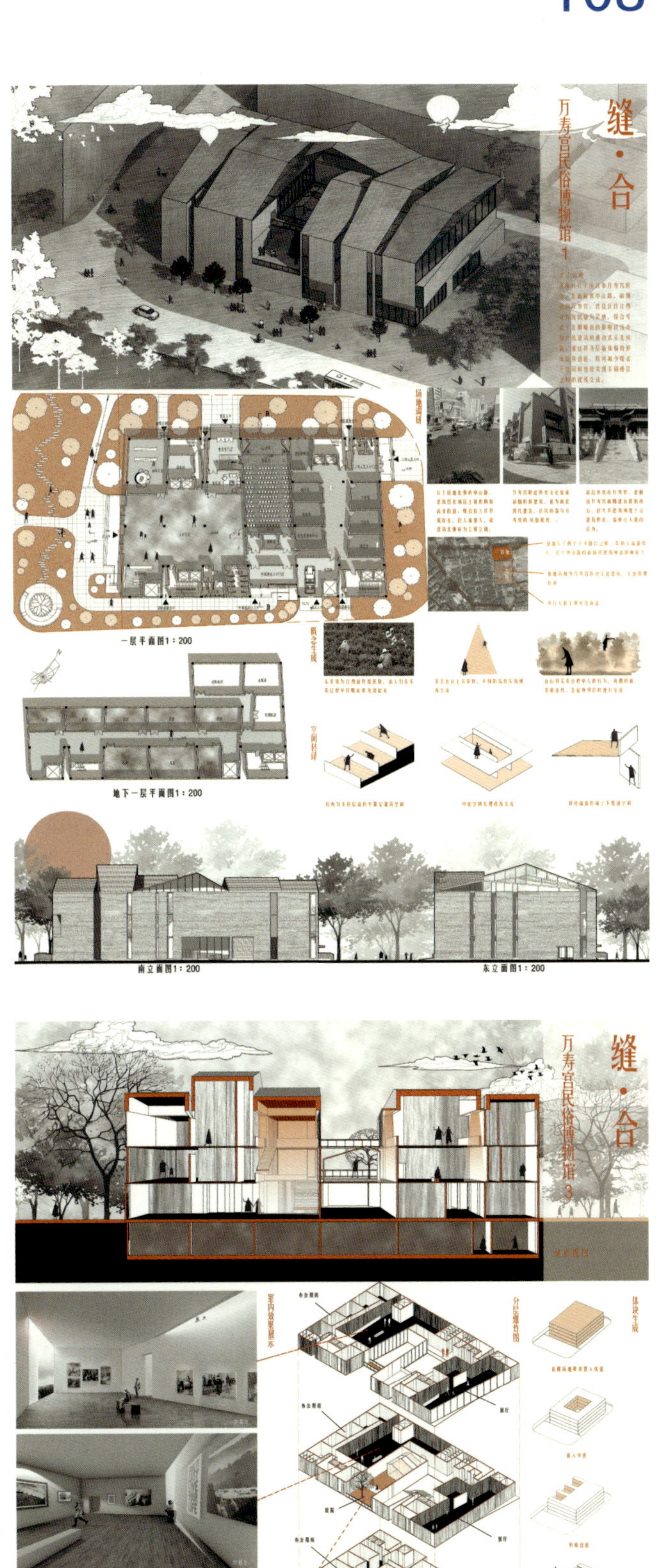
缝·合
万寿宫民俗博物馆 1
一层平面图 1 : 200
地下一层平面图 1 : 200
南立面图 1 : 200
东立面图 1 : 200

该项目位于南昌市万寿宫附近，北面临靠中山路，南侧面向万寿宫。该设计以江西省传统民俗为灵感，综合考虑了北侧噪声的影响以及中国传统建筑的被动式采光问题，通过将各层墙体偏转形成锐角边庭，既可减少噪声干扰，同时也能实现不同楼层之间的视线交流。

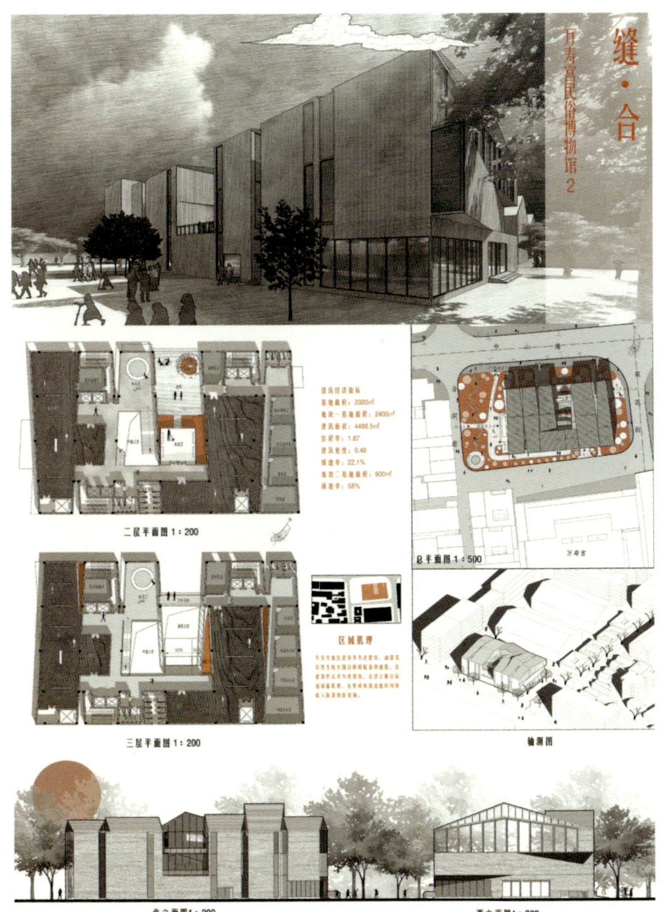
缝·合
万寿宫民俗博物馆 2
二层平面图 1 : 200
总平面图 1 : 500
三层平面图 1 : 200
区域肌理
轴测图
北立面图 1 : 200
西立面图 1 : 200
缝·合
万寿宫民俗博物馆 3
A-A 剖面图 1 : 200
B-B 剖面图 1 : 200

李新妍

博物馆设计

隐于巷

指导教师：
周　韬
罗建亮
蔡　晴
邱　路
聂志勇
吴　靖

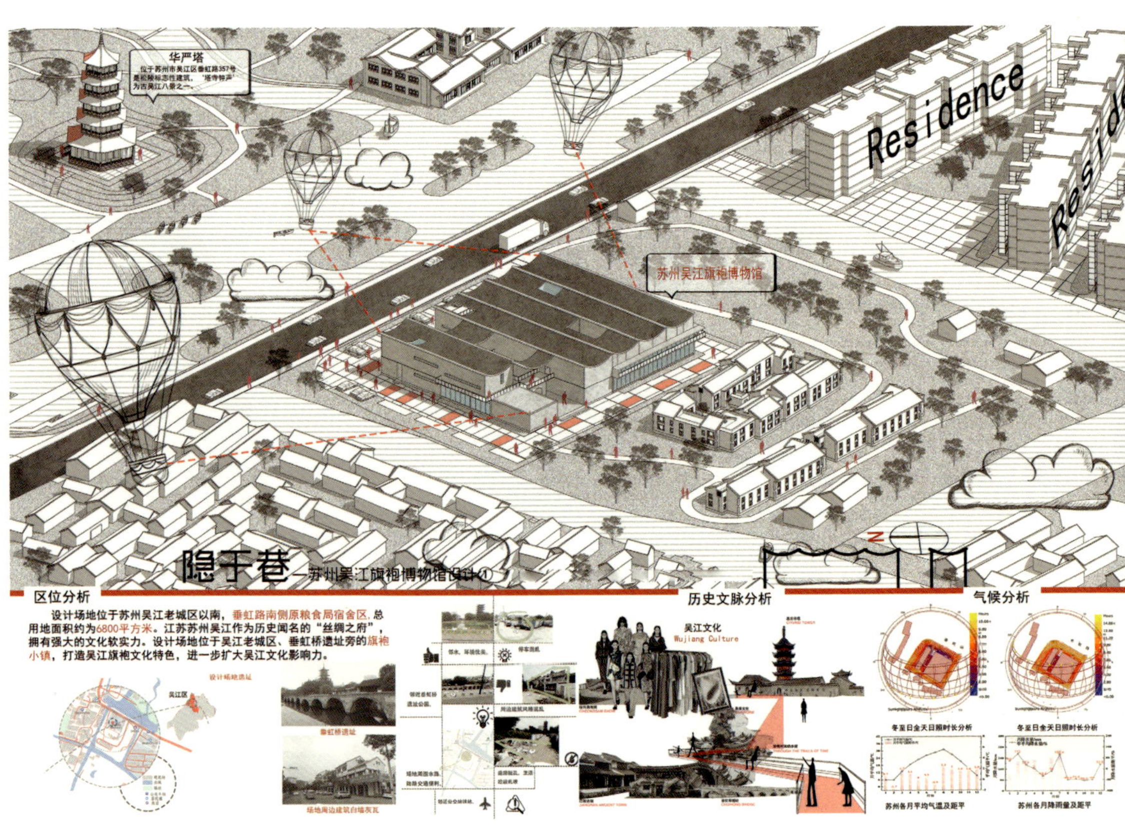
华严塔
Residence
苏州吴江旗袍博物馆
隐于巷—苏州吴江旗袍博物馆设计①
区位分析
设计场地位于苏州吴江老城区以南，垂虹路南侧原粮食局宿舍区，总用地面积约为6800平方米。江苏苏州吴江作为历史闻名的“丝绸之府”，拥有强大的文化软实力。设计场地位于吴江老城区、垂虹桥遗址旁的旗袍小镇，打造吴江旗袍文化特色，进一步扩大吴江文化影响力。
吴江区
垂虹桥遗址
历史文脉分析
吴江文化
Wujiang Culture
气候分析

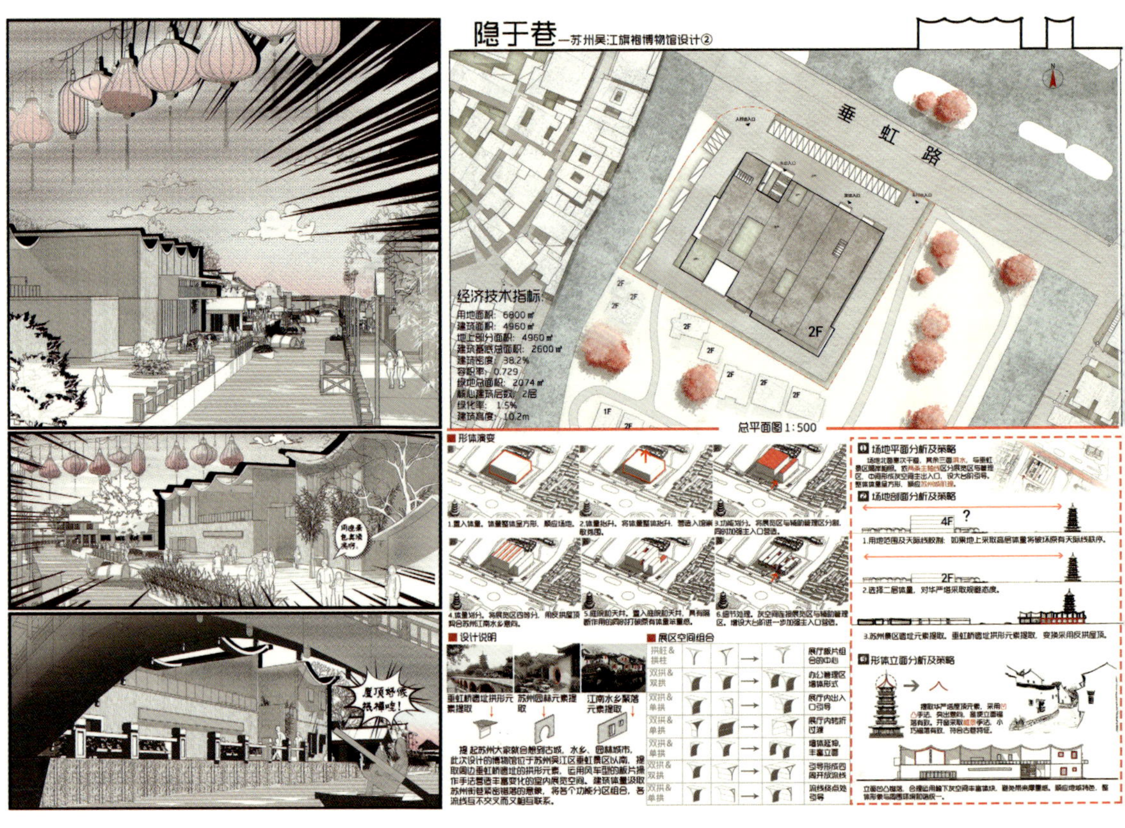
隐于巷—苏州吴江旗袍博物馆设计②
垂虹路
经济技术指标：
用地面积：6800㎡
建筑面积：4960㎡
地上部分面积：4960㎡
建筑基底总面积：2600㎡
建筑密度：38.2%
容积率：0.729
绿地总面积：2074㎡
核心建筑层数：2层
绿化率：1.5%
建筑高度：10.2m
总平面图 1:500
形体演变
1.置入体量，体量整体呈方形，顺应场地。
设计说明
垂虹桥遗址拱形元素提取
苏州园林元素提取
江南水乡聚落元素提取
提起苏州大家就会想到古城、水乡、园林城市，此次设计的博物馆位于苏州吴江区垂虹景区以南，提取周边垂虹桥遗址的拱形元素，运用风车型的板片操作手法营造丰富变化的室内展览空间。建筑体量汲取苏州街巷紧密错落的意象，将各个功能分区组合，各流线互不交叉而又相互联系。
展区空间组合
场地平面分析及策略
场地剖面分析及策略
形体立面分析及策略
4F
2F

许潇文

博物馆设计 脉脉相连

指导教师：
周　韬
罗建亮
蔡　晴
邱　路
聂志勇
吴　靖

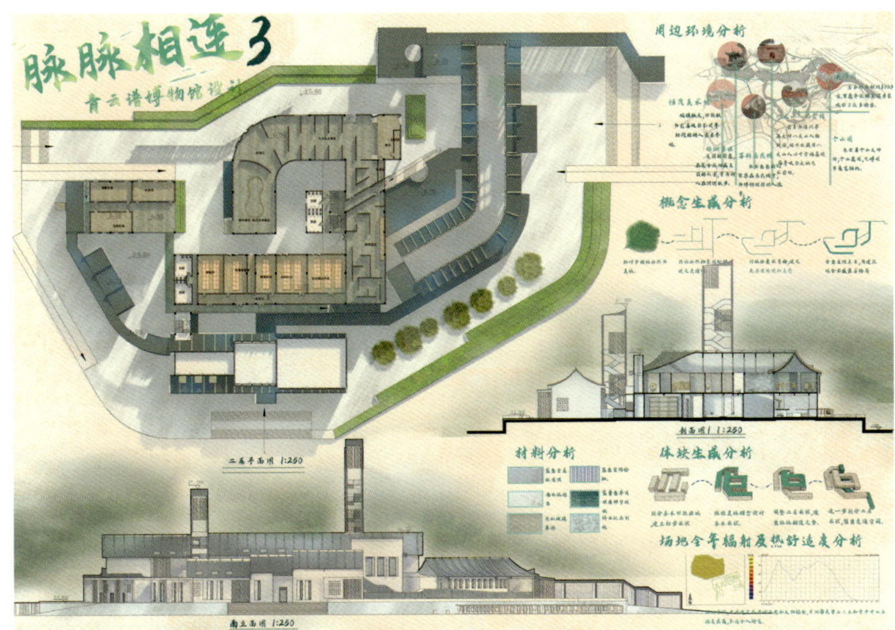
脉脉相连3
青云谱博物馆设计
周边环境分析
概念生成分析
材料分析
体块生成分析
场地全年辐射及热舒适度分析
二层平面图 1:250
南立面图 1:250

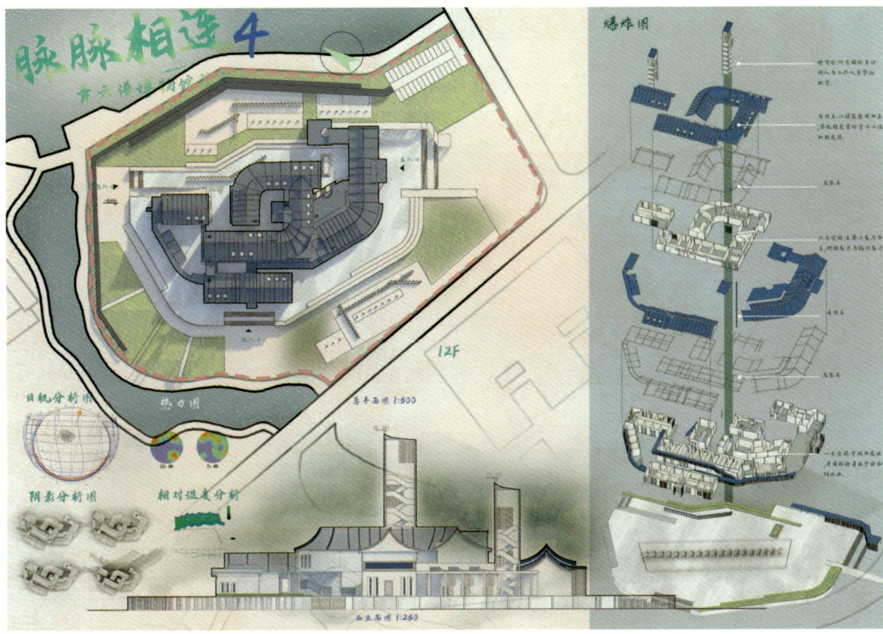
脉脉相连4
青云谱博物馆设计
爆炸图
日轨分析图
阴影分析图
相对湿度分析
总平面图 1:500

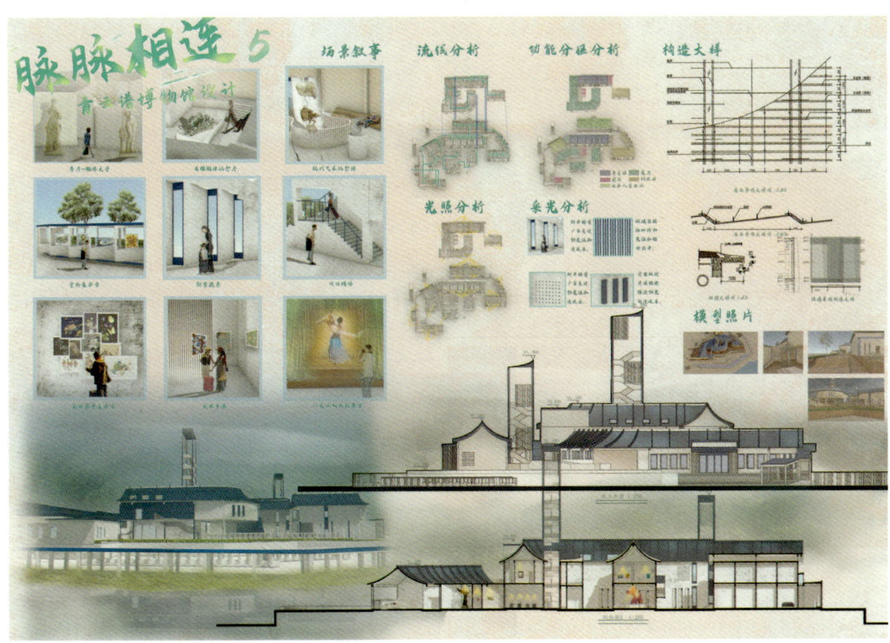
脉脉相连5
青云谱博物馆设计
场景叙事
流线分析
功能分区分析
构造大样
光照分析
采光分析
模型照片

2017 级建筑学
大三

高渤轩

花树
绿建设计

指导
教师：
周　韬
罗建亮
蔡　晴
邱　路
聂志勇
吴　靖

作为我们绿色建筑的第一个项目，绿色首先让我们想到的便是经济环保。于是我们需要制作一个可以快速建造、可以重复使用的建筑体系，从而延长建筑生命周期，减小建造成本与材料成本，达到真正意义上的绿色可持续发展。预制化生产和装配式建造与我们的理念不谋而合。设计形态来源于花朵，逐渐变为可自由组装的六边形。建筑基本单位大约为 60 平方米，中间有一个小的树池意在把自然景观引入室内，倒伞状的屋顶为雨水收集提供可能，可以将收集到的雨水用于周围景观灌溉。基本单元共有四种，它们钢骨架相同，不同的只是屋顶与围和方式，意在虚实结合，增加建筑趣味性，以及能够充分利用自然能源。

花树—绿建设计
1 Green Architectural Design
设计说明
场地现状
单元基本框架
基本单元组合方式
对称组合
非对称组合
剖面图 I－I 1：100

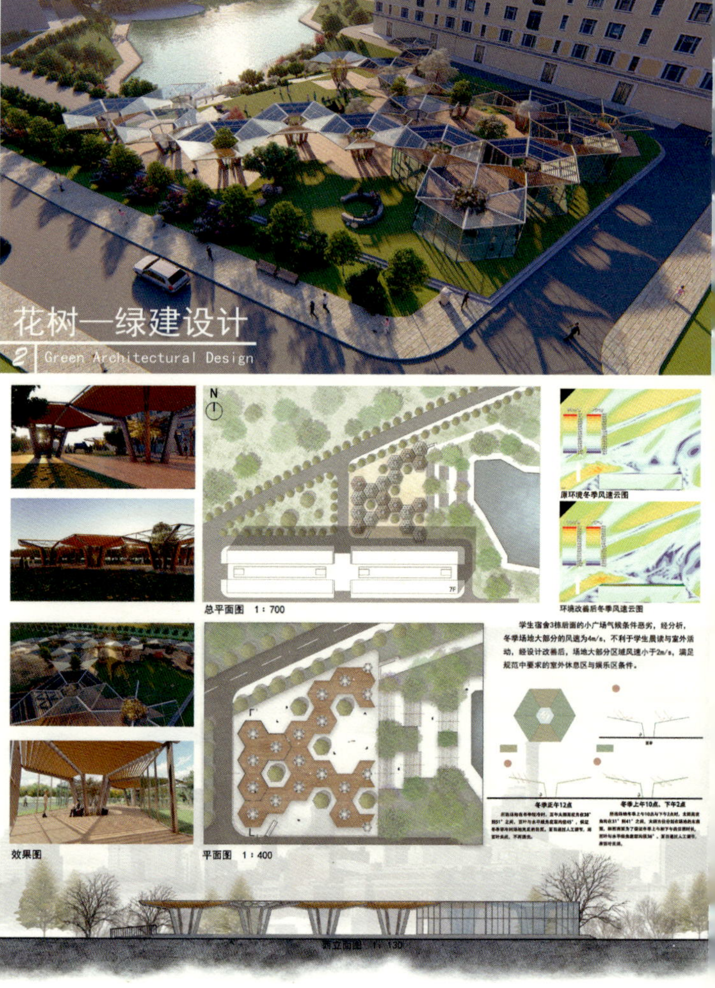
花树—绿建设计
2 Green Architectural Design
总平面图 1：700
平面图 1：400
效果图

高欣元
吴明萱
谢贤晟

绿建设计

水浮绿亭，樟影人归

指导教师：
周 韬
罗建亮
蔡 晴
邱 路
聂志勇
吴 靖

近年来，校园附属设施的迭代周期愈发缩短，如何处置废弃校园设施成为国内许多高校的难题。本设计基于国内真实高校校园环境，通过改造、分解和重新组合陈旧的校园环游车（“小白”），实现材料的可循环利用，打造适宜环境的校园公共空间，给校园注入新的活力。一直以来校园环游车存在设施陈旧、服务体验差等问题，届时学校将组织更新环游车设备。

GREEN TRANSPORT & SECRET BASE —水浮绿亭，樟影人归—
基地介绍
BASE INTRODUCTION
设计说明
DESIGN DESCRIPTION
前期调研
PREVIOUS RESEARCH
SCHOOL SCENE

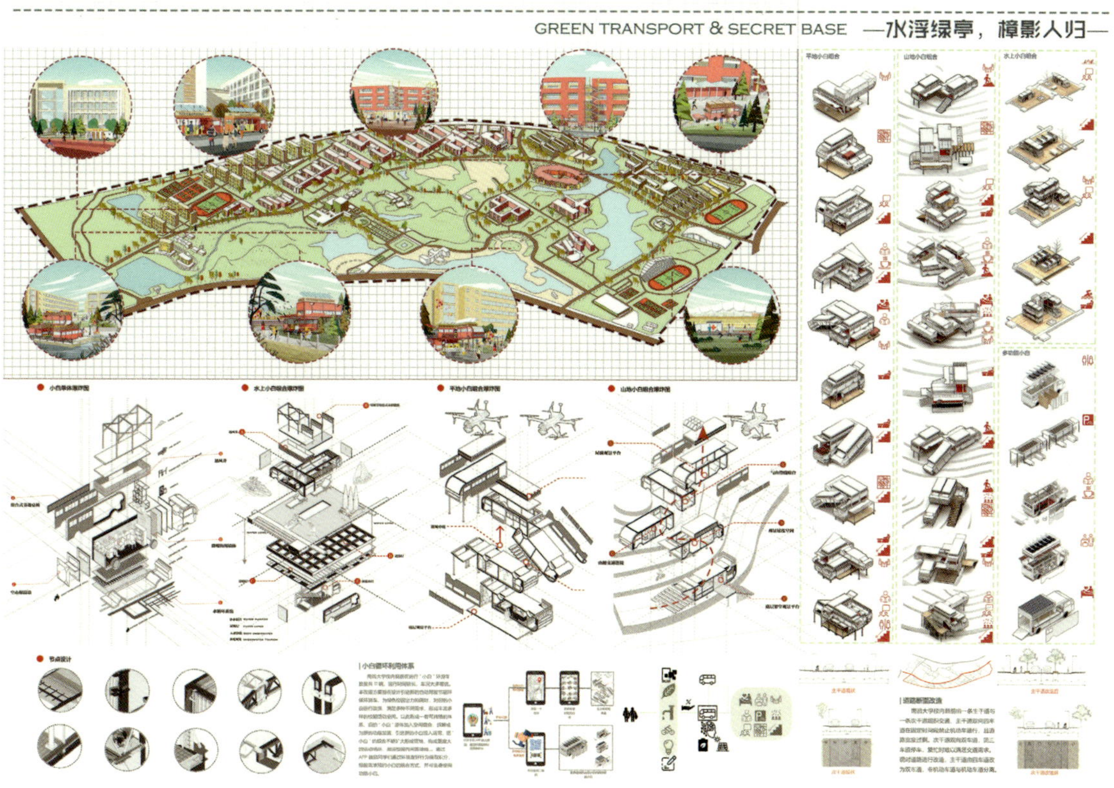
GREEN TRANSPORT & SECRET BASE —水浮绿亭，樟影人归—

2017 级建筑学
大三

汪丁

绿建设计
自主装配式校园流动书吧

指导教师：
周　韬
罗建亮
蔡　晴
邱　路
聂志勇
吴　靖

本设计以解决校园图书馆偏远、学生借书难的问题为主线，采用 LEGO 积木拼接的理念，设计出两种基本构件，分别做出两种厚度、三种长度，总共十二种尺寸。设计由建筑盒子和设备功能柜子组成，都是由上述两种基本构件组成，由于考虑到积木搭建的灵活组织性，我们可以依据每个选址场地不同的自然环境、建筑环境、人文环境的独特性，搭建出不同形式的流动书吧。书吧以解决学生借书难的问题，辅以基本便民设施、被动式利用能源（零能耗），秉持生态、人文、智能相结合的设计理念，建筑盒子模数、模块化组合，多种功能设备柜子模块化选择，使建筑与环境适应化，为老校园注入新活力！

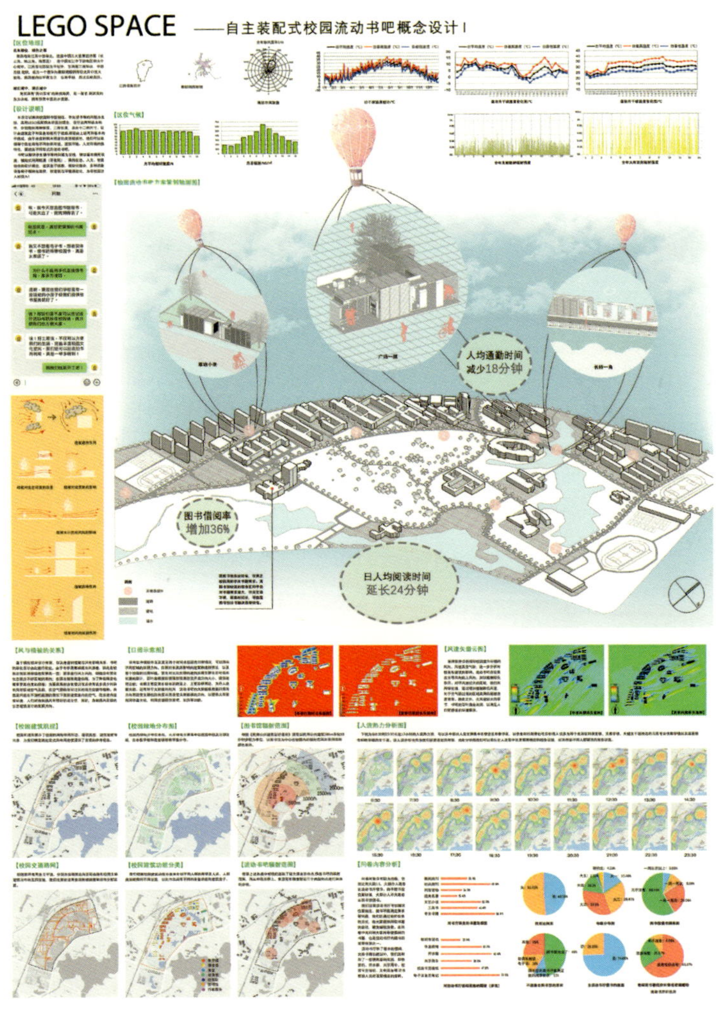
LEGO SPACE
——自主装配式校园流动书吧概念设计 I
人均通勤时间
减少18分钟
图书借阅率
增加36%
日人均阅读时间
延长24分钟

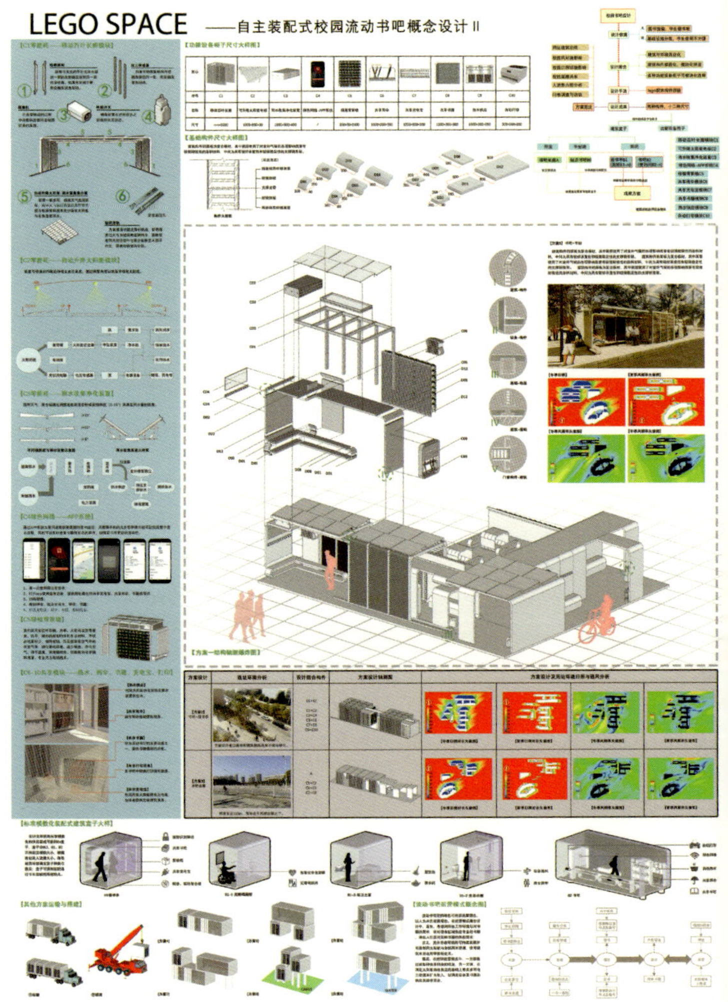
LEGO SPACE
——自主装配式校园流动书吧概念设计 II

2017 级建筑学
大三

邹婴恬

绿建设计 竹篱茅舍

指导教师：
周 韬
罗建亮
裴 晴
邵 路
聂志勇
吴 靖

本次设计旨在激发校园新活力，通过对校园人流量、行为等调研，发现位于校园核心区域的一片绿地处于闲置状态。通过布置可移动拼装装置提高校园核心绿地的利用率。我们根据前期调研观察到的各种行为例如：约会、自习、聚会等来设定此装置需满足的功能。为了给学生提供无限种空间形式，我们把装置设计成可移动拼装的样子，人们可以按照自己的需求自由组合使用。在细节方面，我们设计了折叠门可以让组合起来的空间内部相互联系并且屋顶尺寸也进行了调整，使得底板在拼装过程中无缝连接。屋顶上放置太阳能板，将之前没有利用到的太阳能充分利用转化成电能供装置内部照明。排水系统材料同样取材为竹子，屋顶竹片上下咬合避免漏水并在内层放置防水布双重保障以防止漏水。

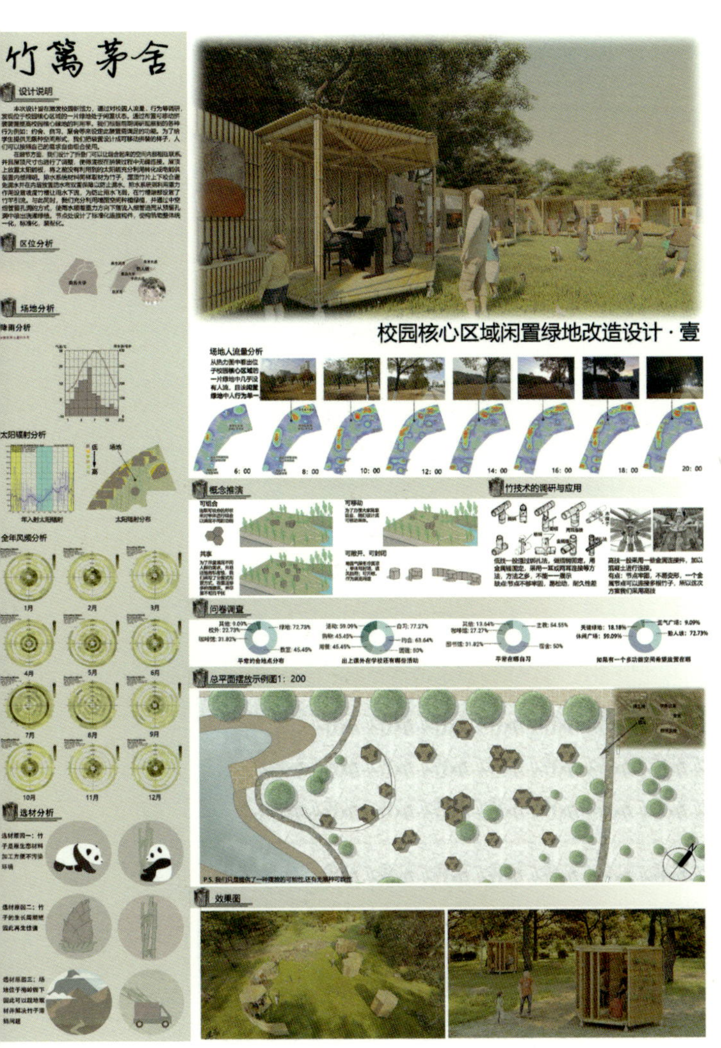
竹篱茅舍
设计说明
区位分析
场地分析
太阳辐射分析
全年风频分析
选材分析
校园核心区域闲置绿地改造设计 · 壹
场地人流量分析
概念推演
竹技术的调研与应用
问卷调查
总平面摆放示例图1：200
效果图

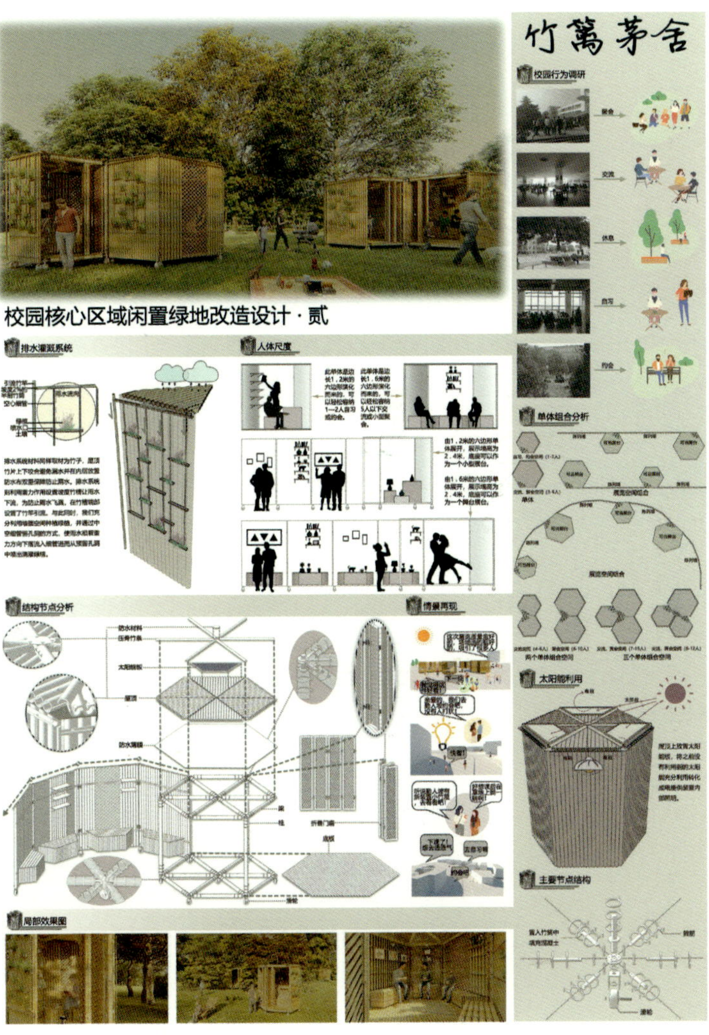
竹篱茅舍
校园行为调研
校园核心区域闲置绿地改造设计 · 贰
排水灌溉系统
人体尺度
单体组合分析
结构节点分析
情景再现
太阳能利用
主要节点结构
局部效果图

2018 级建筑学
大三

李家傲

绿建设计 共生

指导教师：
周　韬
罗建亮
蔡　晴
邱　路
聂志勇
吴　靖

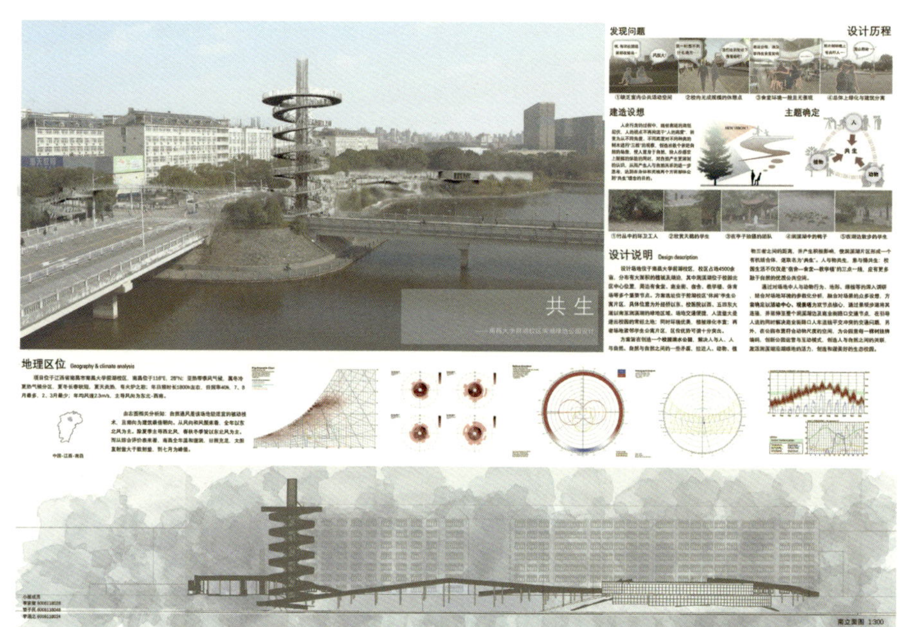

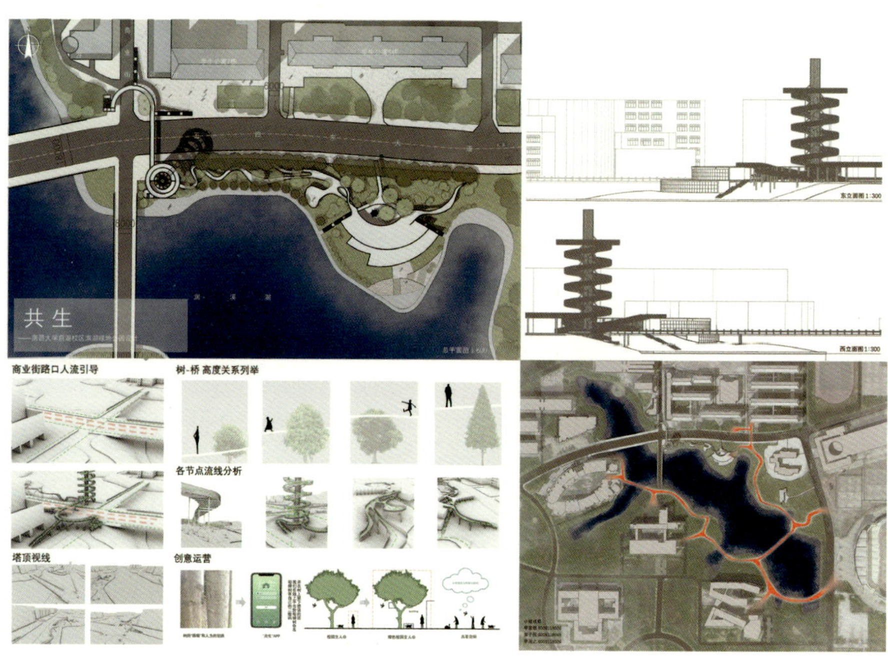

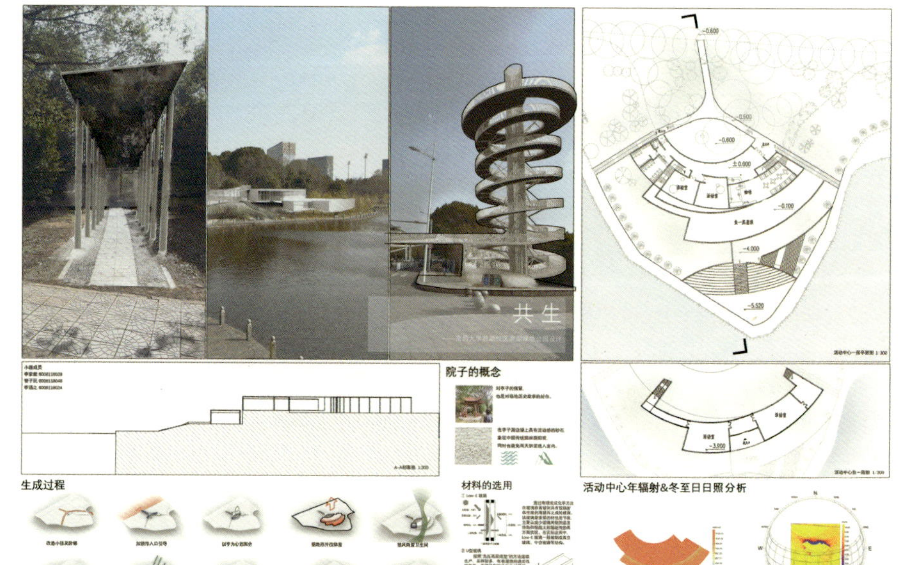

设计场地位于南昌大学前湖校区，校区占地 4500 余亩，分布有大面积的植被及湖泊，其中润溪湖位于校园北区中心位置，周边有食堂、商业街、宿舍、教学楼、体育场等多个重要节点。方案选址位于前湖校区“休闲”学生公寓片区，具体位置为外经桥以东、校医院以西、五四东大道以南至润溪湖的绿地区域。场地交通便捷，人流量大，是进出校园的常经之地；同时环境优美，植被绿化丰富；再者场地紧邻学生公寓片区，区位优势可谓十分突出。

王晨宇
吴颖滢

绿建设计 游廊串影

指导教师：
周　韬
罗建亮
蔡　晴
邱　路
聂志勇
吴　靖

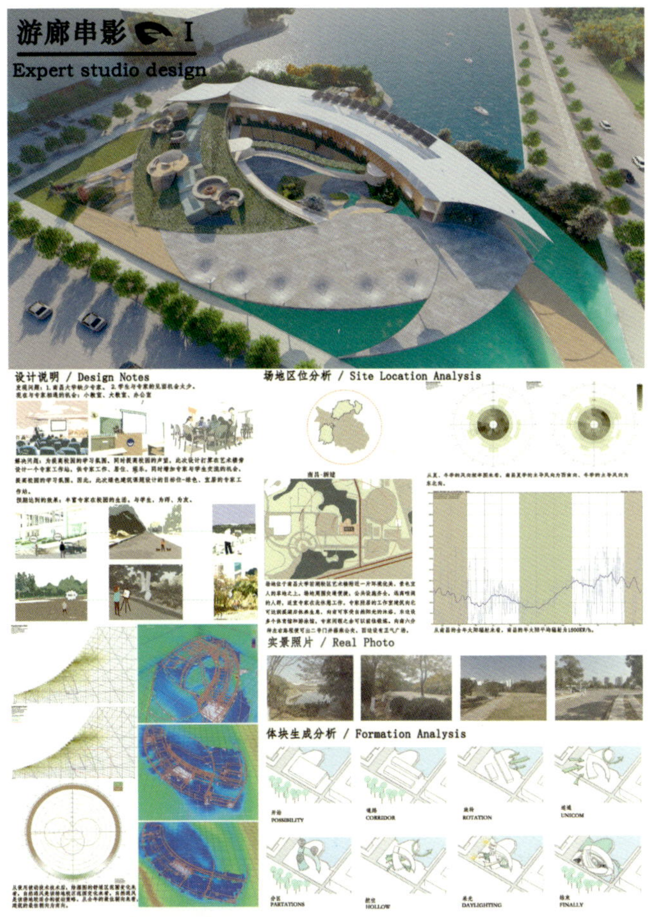
游廊串影 I
Expert studio design
设计说明 / Design Notes
场地区位分析 / Site Location Analysis
实景照片 / Real Photo
体块生成分析 / Formation Analysis

发现问题：南昌大学缺少专家；学生与专家的见面机会太少。
当前与专家相遇的机会地点：小教室、大教室、办公室。

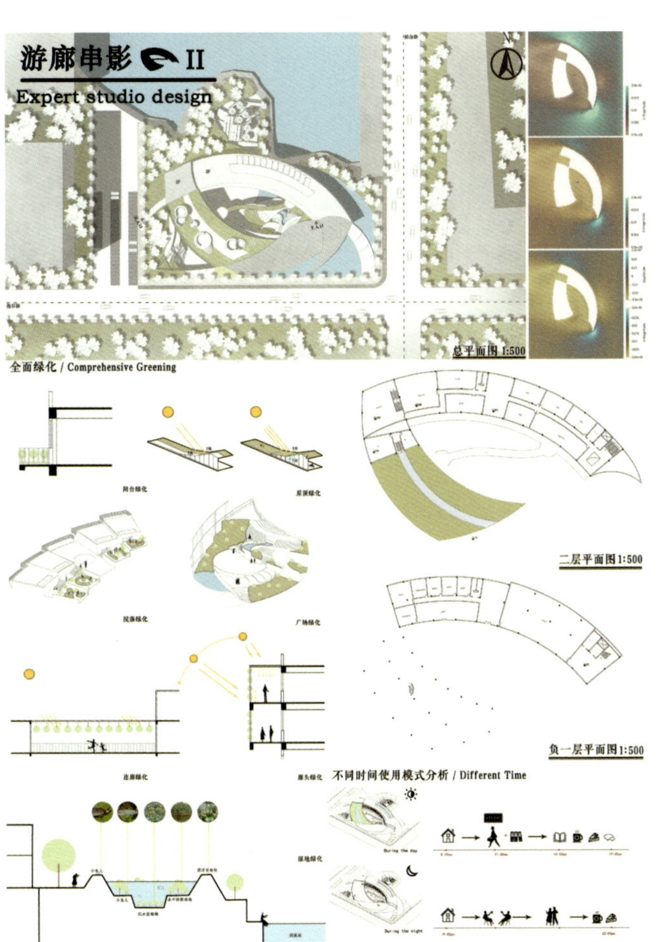
游廊串影 II
Expert studio design
总平面图 1:500
全面绿化 / Comprehensive Greening
二层平面图 1:500
负一层平面图 1:500
不同时间使用模式分析 / Different Time

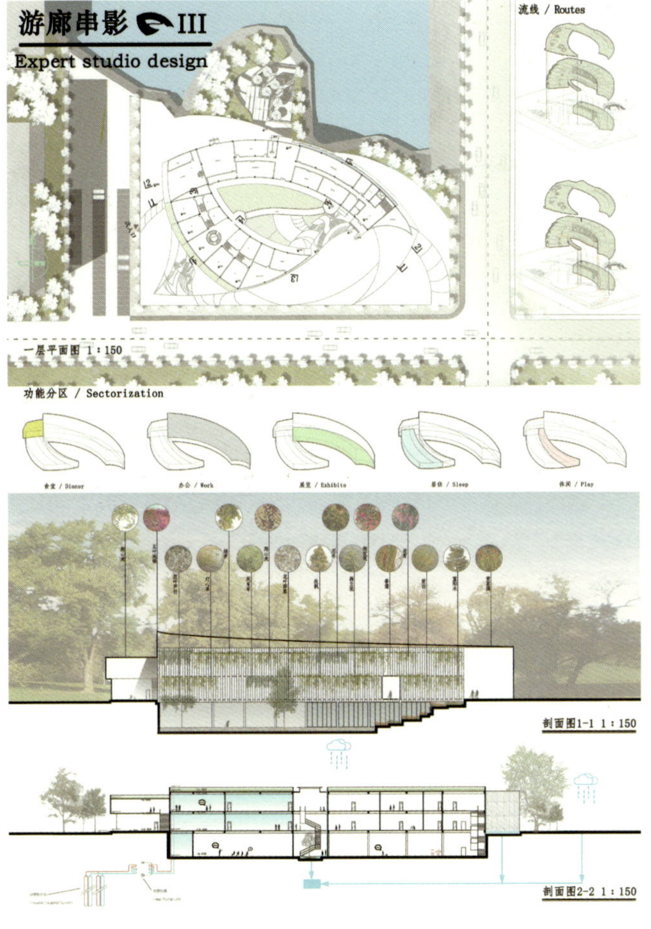
游廊串影 III
Expert studio design
流线 / Routes
一层平面图 1:150
功能分区 / Sectorization
剖面图1-1 1:150
剖面图2-2 1:150

2018 级建筑学
大三

王晨宇
吴颖滢

绿色建筑设计

游廊串影

指导教师：
周　韬
罗建亮
蔡　晴
邱　路
聂志勇
吴　靖

解决问题：为浓厚校园的学习氛围，同时提高校园的声望，此次设计打算在艺术楼旁设计一个专家工作站，供专家工作、居住、娱乐。同时增加专家与学生交流的机会，提升校园的学术氛围。因此，此次绿色建筑课题设计的目标为绿色、宜居的专家工作站。预期要达到的效果是丰富专家在校园的生活，与学生亦师亦友。

游廊串影 IV
Expert studio design
剖面图3-3 1:150
剖面图4-4 1:150

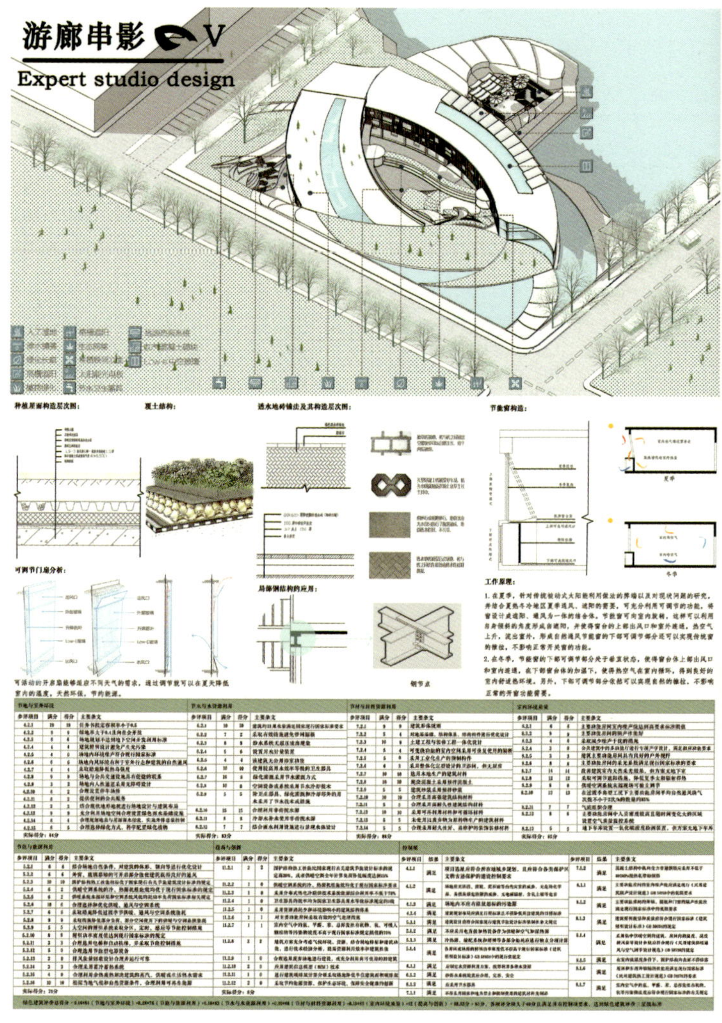
游廊串影 V
Expert studio design

2019 级建筑学
大三

王逸佳

绿建设计 理想 BLOCK

指导教师：
周　韬
罗建亮
蔡　晴
邱　路
聂志勇
吴　靖

前湖片区是南昌市的高等院校的集中区域，环境优美，科研力量雄厚。本设计方案位于南昌大学医学院校园内，初始功能定位为南昌大学青年教师公租房社区。建成于 2004 年的公租房代表了十余年前的高校规划理念，在当时有很多青年教师在此居住。但随着时间的推移，该社区在住宅居住的舒适性层面、社区公共设施配套层面和生活便利度层面的缺陷逐渐凸显，使得该社区的居住率逐年降低，出现了大面积的空置现象。人与人之间的关系变得冷漠，社区公共生活几乎为零，环境脏乱不整。因此我们选择了该社区以及北侧的空置绿地进行改造设计，通过绿色社区的营造来唤醒这个社区的活力，对于原本的公寓楼进行绿色化改造，并加建一个社区活动中心，设置若干点状、线状、面状结合的公共空间来丰富社区绿色公共生活。

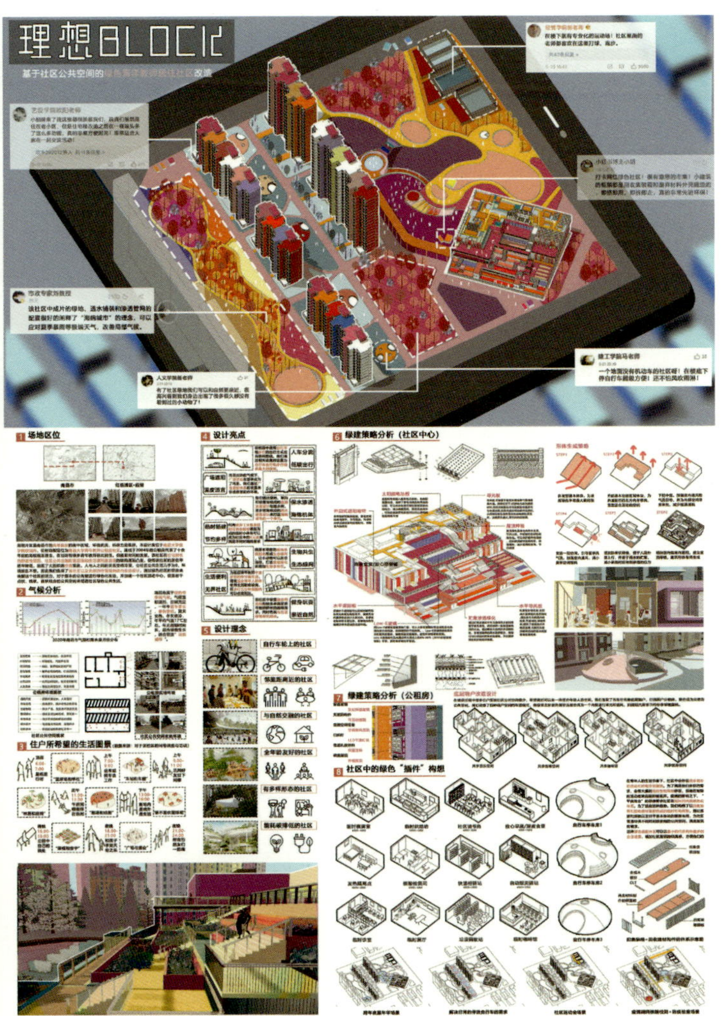
理想BLOCK
场地区位
设计亮点
气候分析
绿建策略分析（社区中心）
设计理念
住户所希望的生活重要
绿建策略分析（公租房）
社区中的绿色"插件"构想

理想BLOCK

2020 级建筑学
大三

杨行

绿建设计 研究生活动中心

指导教师：
周　韬
罗建亮
蔡　晴
邱　路
聂志勇
吴　靖

研究生活动中心建筑设计Ⅰ
——绿建课题——

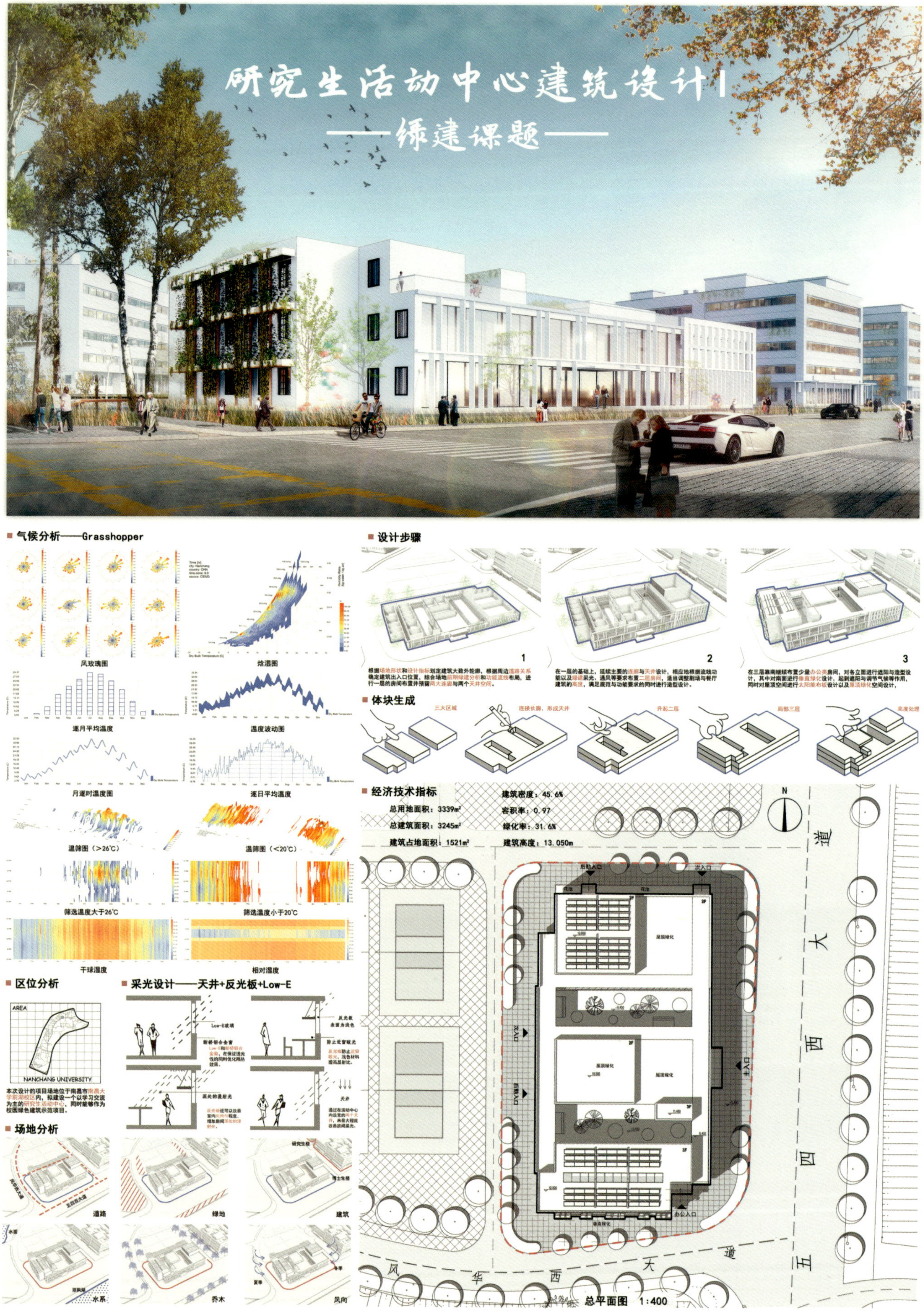

气候分析——Grasshopper

风玫瑰图

焓湿图

逐月平均温度

温度波动图

月逐时温度图

逐日平均温度

温筛图（>26℃）

温筛图（<20℃）

筛选温度大于26℃

筛选温度小于20℃

干球温度

相对湿度

区位分析

AREA

NANCHANG UNIVERSITY

本次设计的项目场地位于南昌市南昌大学前湖校区内，拟建设一个以学习交流为主的研究生活动中心，同时能够作为校园绿色建筑示范项目。

采光设计——天井+反光板+Low-E

Low-E玻璃

断桥铝合金窗

Low-E和断桥铝合金窗，在保证透光性的同时优化隔热效果。

反光板
表面为浅色

防止近窗眩光

反光板防止近窗眩光，浅色材料提高反射比。

深处的漫射光

反光板还可以改善室内光均匀程度，增加房间深处的漫射光。

天井

通过在活动中心内设置的两个天井，来最大程度改善房间采光。

场地分析

道路

绿地

研究生楼

博士生楼

建筑

水系

乔木

风向

设计步骤

1

根据场地形状和设计指标划定建筑大致外轮廓，根据周边道路关系确定建筑出入口位置，结合场地前期绿建分析和功能流线布局，进行一层的房间布置并预留两大连廊与两个天井空间。

2

在一层的基础上，延续主要的连廊与天井设计，相应地根据流线功能以及绿建采光、通风等要求布置二层房间，适当调整剧场与餐厅建筑的高度，满足规范与功能要求的同时进行造型设计。

3

在三层靠南继续布置少量办公类房间，对各立面进行遮阳与造型设计，其中对南面进行垂直绿化设计，起到遮阳与调节气候等作用，同时对屋顶空间进行太阳能布板设计以及屋顶绿化空间设计，

体块生成

三大区域

连接长廊，形成天井

升起二层

局部三层

高度处理

经济技术指标

总用地面积：3339m²

总建筑面积：3245m²

建筑占地面积：1521m²

建筑密度：45.6%

容积率：0.97

绿化率：31.6%

建筑高度：13.050m

后勤入口

次入口

主入口

办公入口

屋顶绿化

风华西大道

五四西大道

总平面图　1:400

杨行

绿建设计 研究生活动中心

指导教师：
周　韬
罗建亮
蔡　晴
邱　路
聂志勇
吴　靖

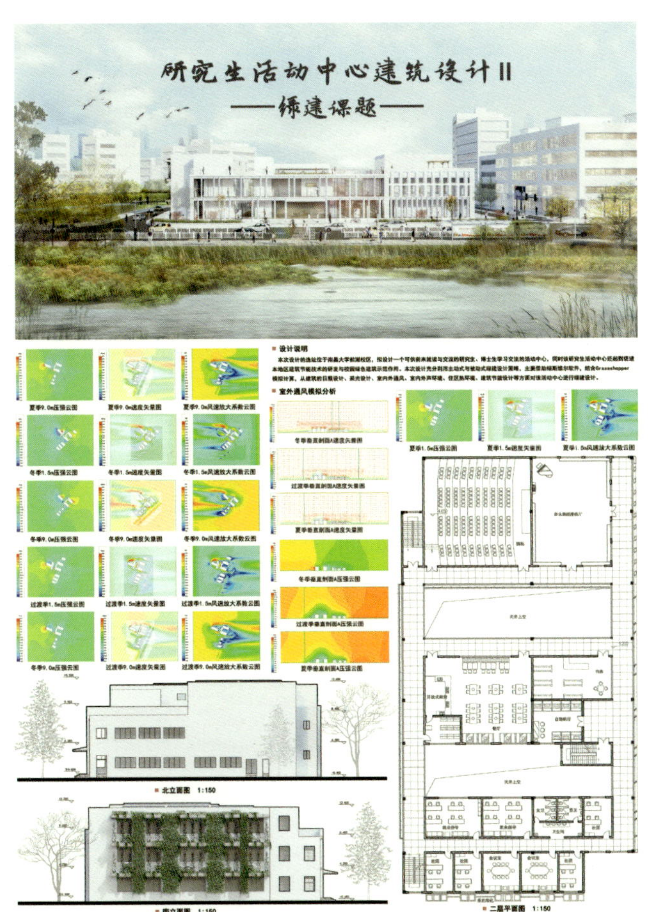
研究生活动中心建筑设计 II
——绿建课题——
北立面图 1:150
南立面图 1:150
二层平面图 1:150

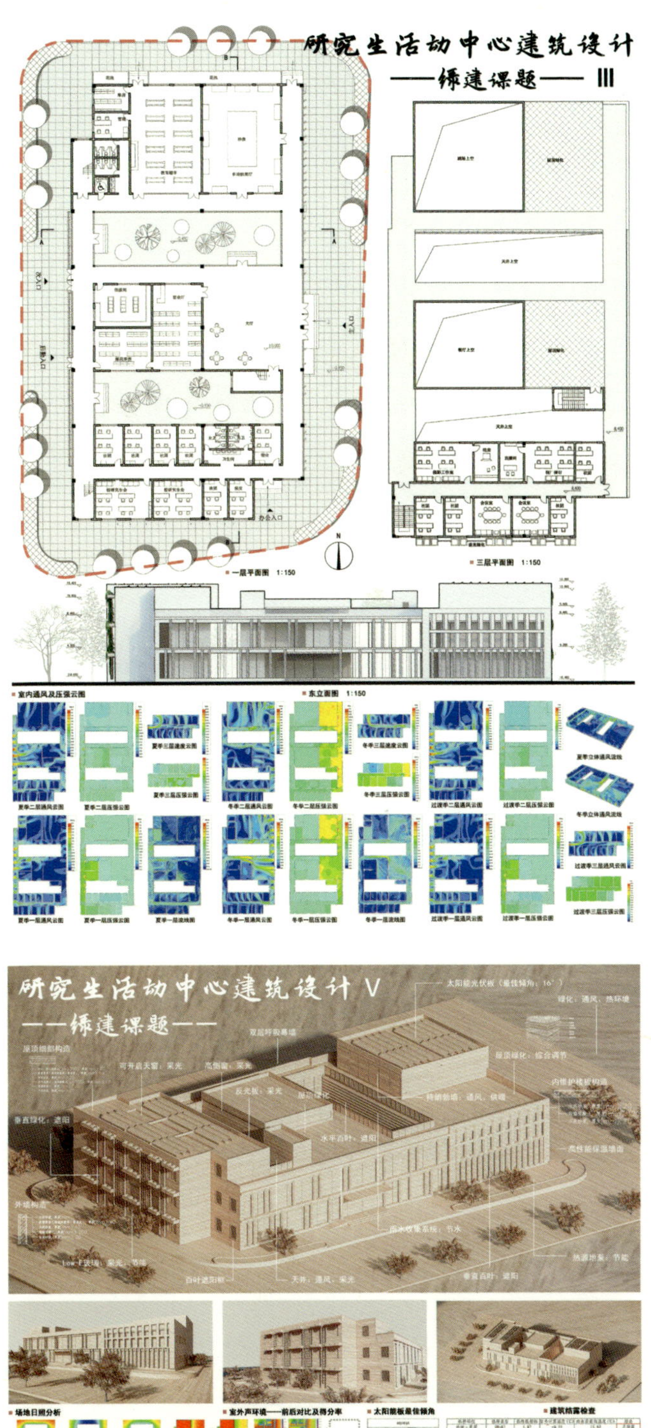
研究生活动中心建筑设计
——绿建课题—— III
一层平面图 1:150
三层平面图 1:150
东立面图 1:150
室内通风及压强云图

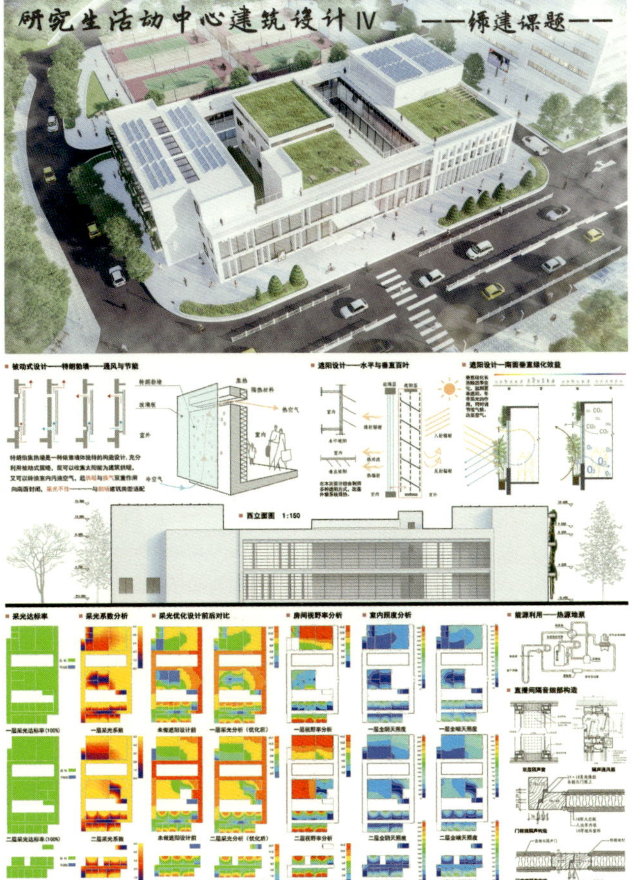
研究生活动中心建筑设计 IV ——绿建课题——
西立面图 1:150

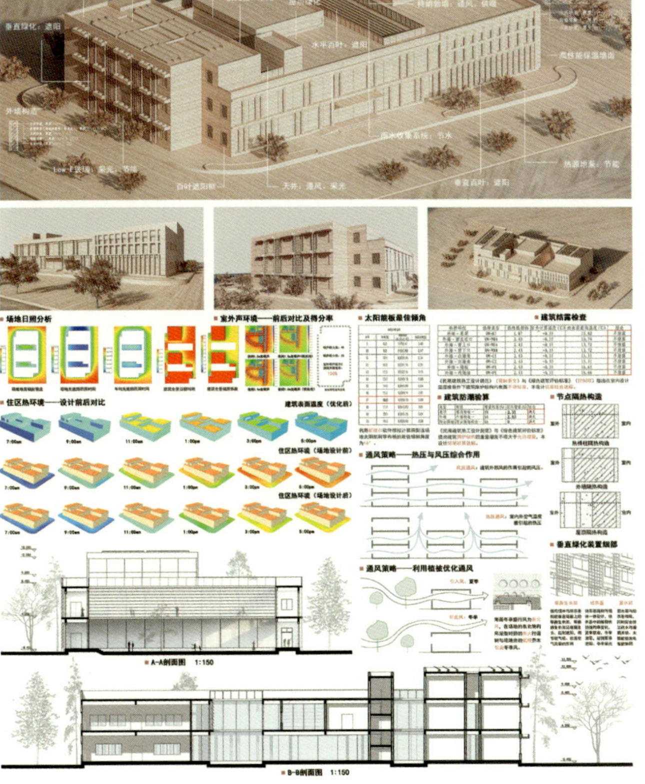
研究生活动中心建筑设计 V
——绿建课题——
A-A剖面图 1:150
B-B剖面图 1:150

2020 级建筑学
大三

李新妍

绿色建筑设计 绿阶

指导教师：
周 韬
罗建亮
蔡 晴
邱 路
聂志勇
吴 靖

绿色建筑设计理念不仅要能够最大限度地满足人们生活需求，同时还要促进人与自然环境的和谐共存。此次的高校研究生活动中心主要采用被动式设计，在遮阳、通风、节能等方面均巧妙结合周边场地条件；同时该设计紧扣后疫情时代，关注高校学生心理健康问题，旨在通过绿色环境设计，打造能够提供学生心理疗愈的场所，提高高校公共空间韧性。

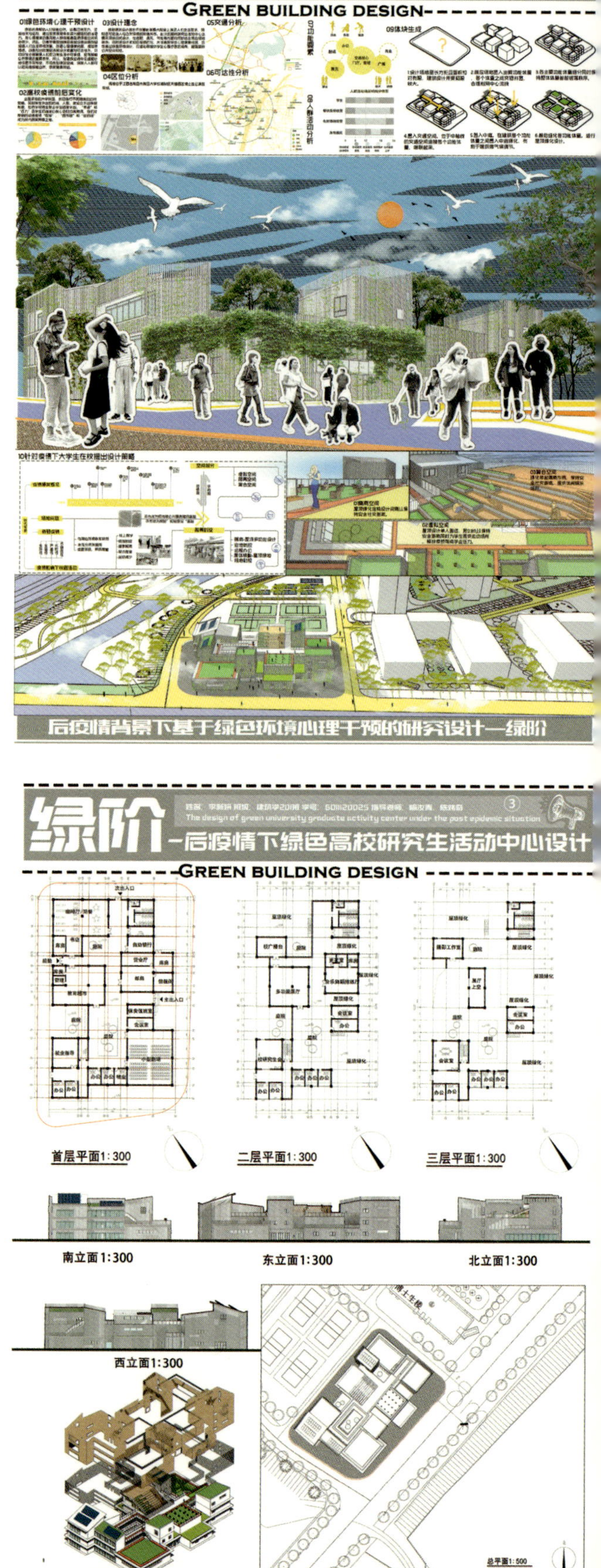
绿阶
-后疫情下绿色高校研究生活动中心设计
GREEN BUILDING DESIGN
后疫情背景下基于绿色环境心理干预的研究设计—绿阶

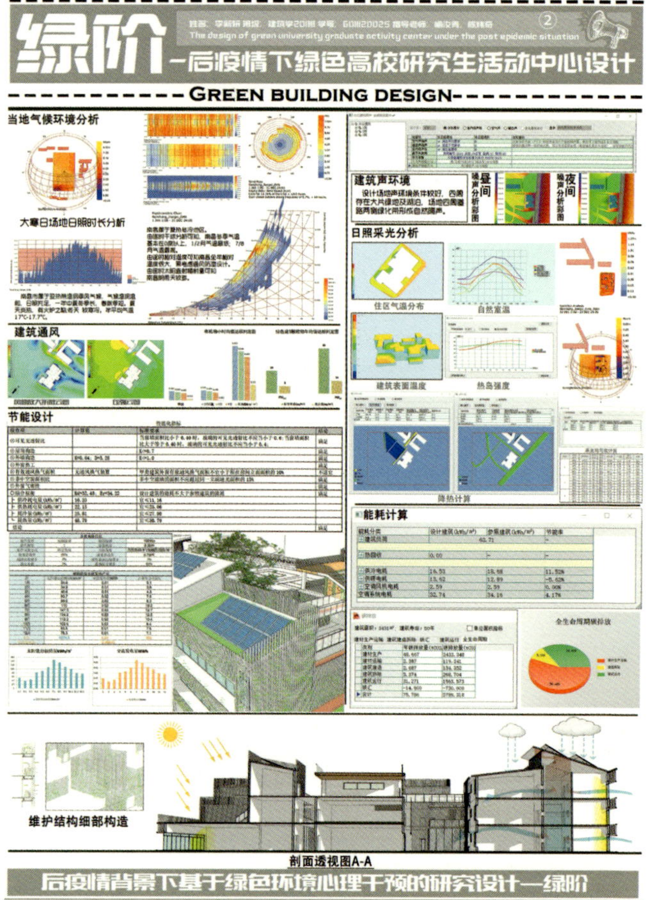
绿阶
-后疫情下绿色高校研究生活动中心设计
GREEN BUILDING DESIGN
当地气候环境分析
大寒日场地日照时长分析
建筑通风
节能设计
建筑声环境
日照采光分析
能耗计算
维护结构细部构造
剖面透视图A-A
后疫情背景下基于绿色环境心理干预的研究设计—绿阶
首层平面1:300
二层平面1:300
三层平面1:300
南立面1:300
东立面1:300
北立面1:300
西立面1:300

许潇文

绿建设计 青未了

指导教师：
周　韬
罗建亮
蔡　晴
邱　路
聂志勇
吴　靖

本设计选址区域位于大学校园内全校人流高度密集地带，设计者作为切身用户，熟悉选址现状。高密度的人流集散与本次大赛主题“后疫情时代”发生碰撞。本设计将校园看作整个有机体，而将选址部分以商业功能为主兼具人文功能作为为校园提供活力的活力发生器——“心脏”。心脏将血液送到全身，本设计将活力输送给校园师生。本设计以模块化为基础，模块类似细胞，可不断进行改变重组，始终处于运动状态，可呼吸、有活力，有生命、可生长，留有纵向、横向弹性发展空间，而在选址区域，又以大型活动场所和大型的楼房作为选址片区的“心脏”，其他小型的模块组成各具功能的单元体，相辅相成搭建人文脉络。在后疫情时代，不仅提供多元多变的弹性功能，更能提供抚慰人心的精神治愈。

设计说明
理念生成
青未了 后疫情时代下校园活力激发设计 1
区位分析
前期调研
场地叠图
宿舍楼改造
主入口

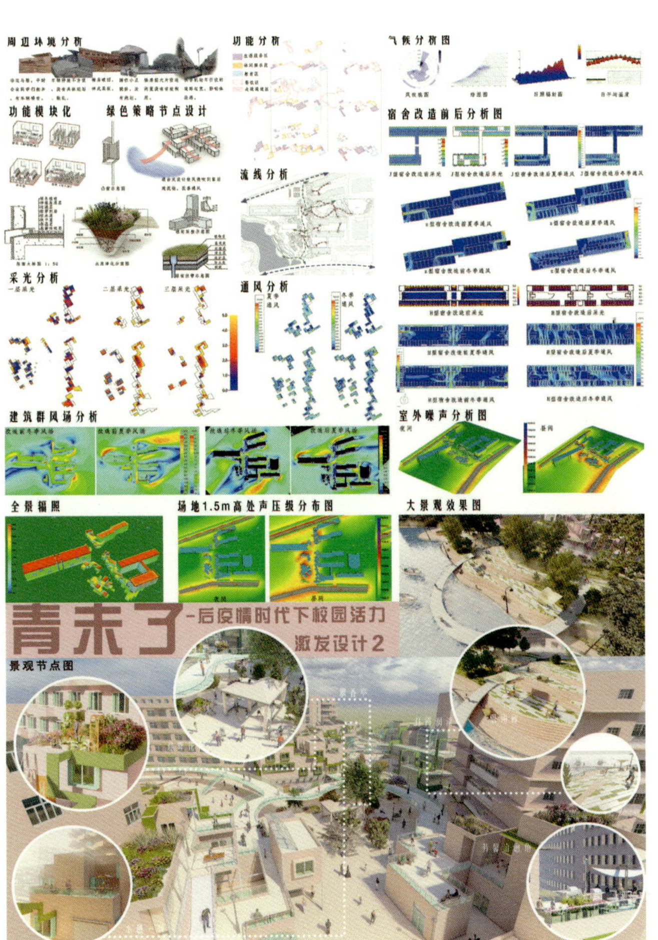
周边环境分析
功能分析
气候分析图
功能模块化
绿色策略节点设计
宿舍改造前后分析图
流线分析
采光分析
通风分析
建筑群风场分析
室外噪声分析图
全景辐照
场地1.5m高处声压级分布图
大景观效果图
青未了 -后疫情时代下校园活力激发设计 2
景观节点图

青未了 后疫情时代校园活力激发器 3
二层平面图 1:200
三层平面图 1:200

许潇文

绿建设计　青末了

指导教师：
周　韬
罗建亮
蔡　晴
邱　路
聂志勇
吴　靖

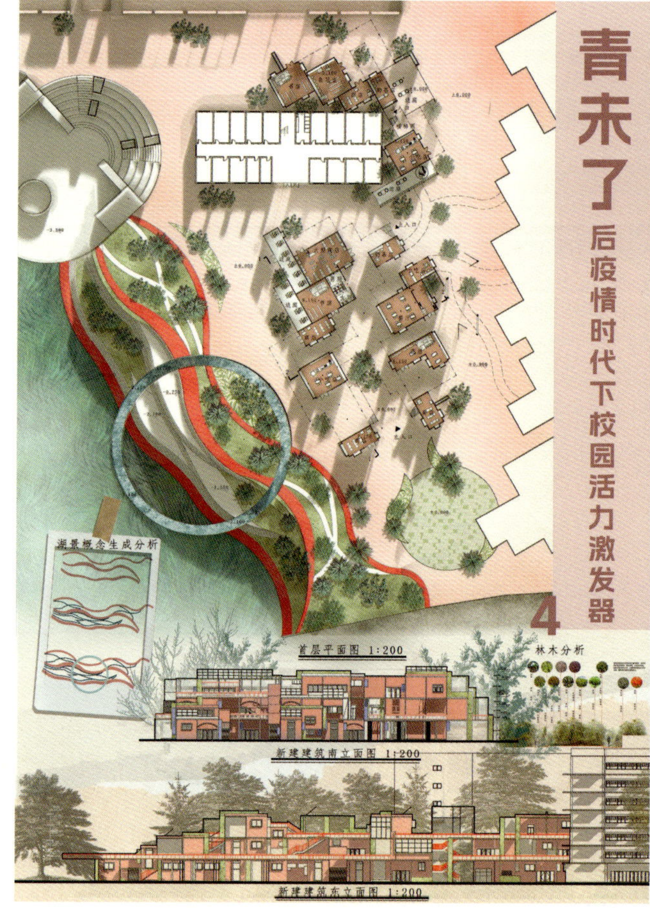
青末了
后疫情时代下校园活力激发器
4
溯景概念生成分析
首层平面图 1:200
林木分析
新建建筑南立面图 1:200
新建建筑东立面图 1:200

青末了 后疫情校园活力激发器 5
节点分析
门窗造型分析
建筑通风设计
中庭透视图
西立面图 1:200
剖面图1-1 1:200
剖面图1-2 1:200

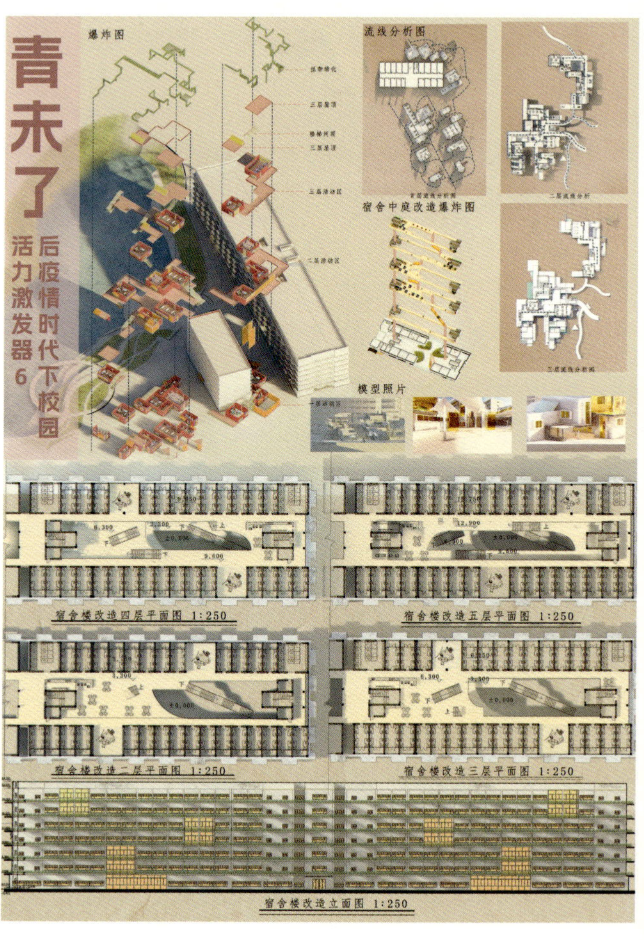
青末了
后疫情时代下校园活力激发器 6
爆炸图
流线分析图
宿舍中庭改造爆炸图
模型照片
宿舍楼改造四层平面图 1:250
宿舍楼改造五层平面图 1:250
宿舍楼改造二层平面图 1:250
宿舍楼改造三层平面图 1:250
宿舍楼改造立面图 1:250

2020 级建筑学
大三

刘思语
张伟功

绿建设计

绿色脉络

指导教师：
周　韬
罗建亮
蔡　晴
邱　路
聂志勇
吴　靖

2019 年底新冠疫情暴发，后疫情时代下的建筑设计概念逐渐形成，尤其是高校内的校园生活受疫情影响变化巨大。设计从后疫情时代的背景下出发，对南昌大学校图书馆进行绿色改造，将图书馆改造升级形成服务于高校内学生的绿色图书中心。

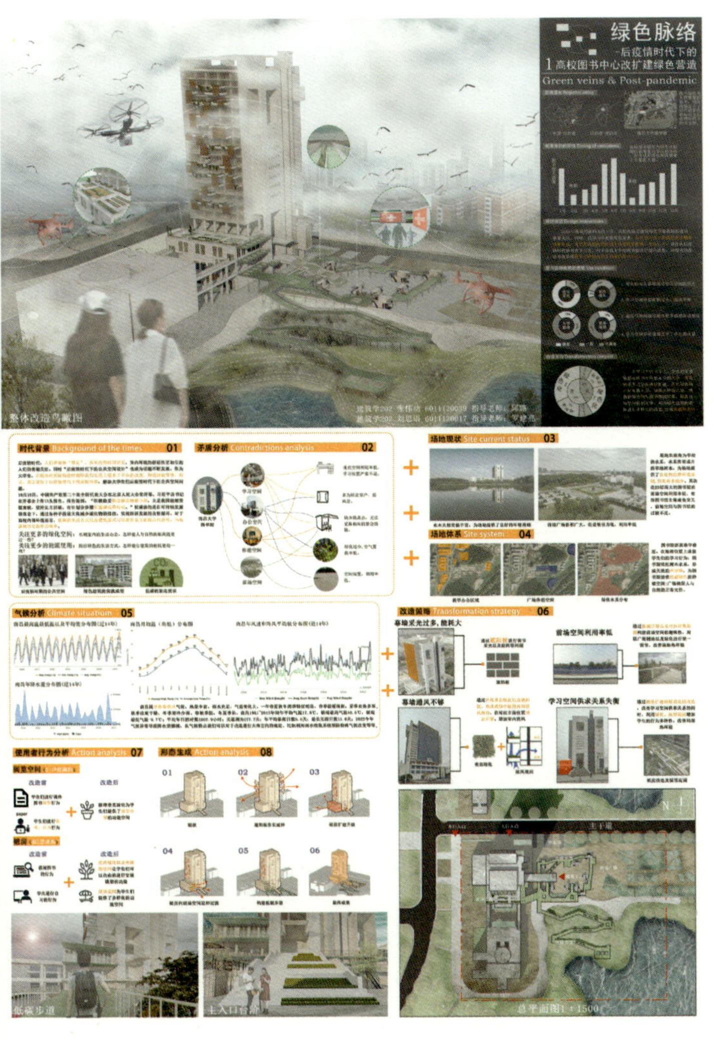
绿色脉络
—后疫情时代下的
1 高校图书中心改扩建绿色营造
Green veins & Post-pandemic
整体改造鸟瞰图
时代背景 Background of the times 01
矛盾分析 Contradictions analysis 02
场地现状 Site current status 03
场地体系 Site system 04
气候分析 Climate situation 05
改造策略 Transformation strategy 06
使用者行为分析 Action analysis 07
形态生成 Action analysis 08
总平面图 1：1500

绿色脉络
—后疫情时代下的
高校图书中心改扩建绿色营造
02
屋顶改造内部人视图
遮阳板与垂直绿化 Sunshade&Vertical greening 09
基于后疫情的空间思考 Post-pandemic 10
低碳步道 Low-carbon trails 11
场地水系统分析 Water system analysis 12
软件分析 Software analysis 13
室外风环境 Outdoor wind environment
室外热环境 Thermal environment
能耗计算 Energy consumption calculation
室内采光 Indoor lighting

2017 级建筑学
大三

高渤轩

换乘服务中心设计 西海高速服务区

指导教师：
周　韬
罗建亮
蔡　晴
邱　路
聂志勇
吴　靖

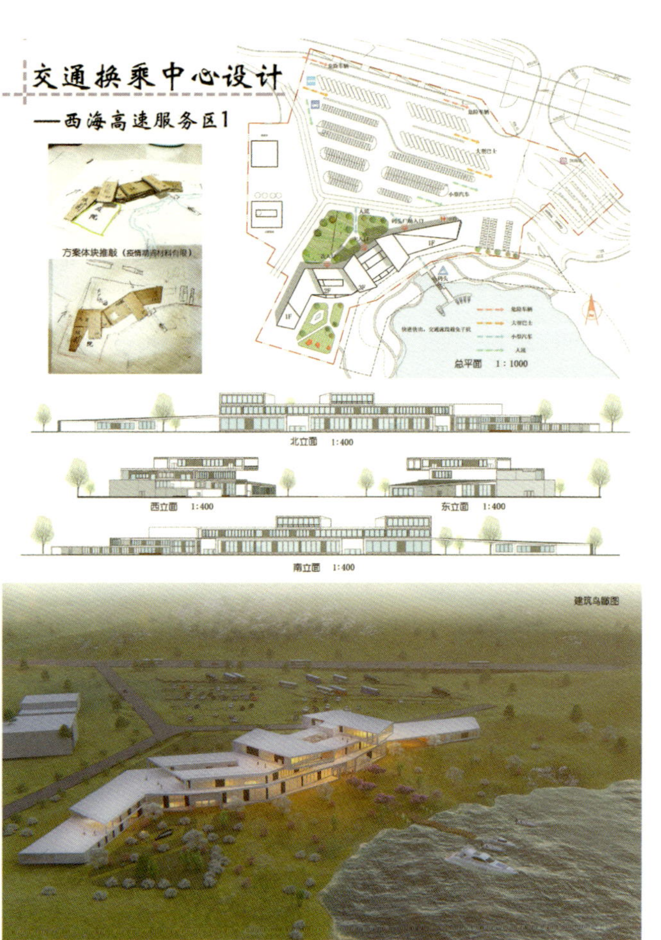
交通换乘中心设计
—西海高速服务区1
方案体块推敲（疫情期间材料有限）
总平面　1：1000
北立面　1:400
西立面　1:400
东立面　1:400
南立面　1:400
建筑鸟瞰图

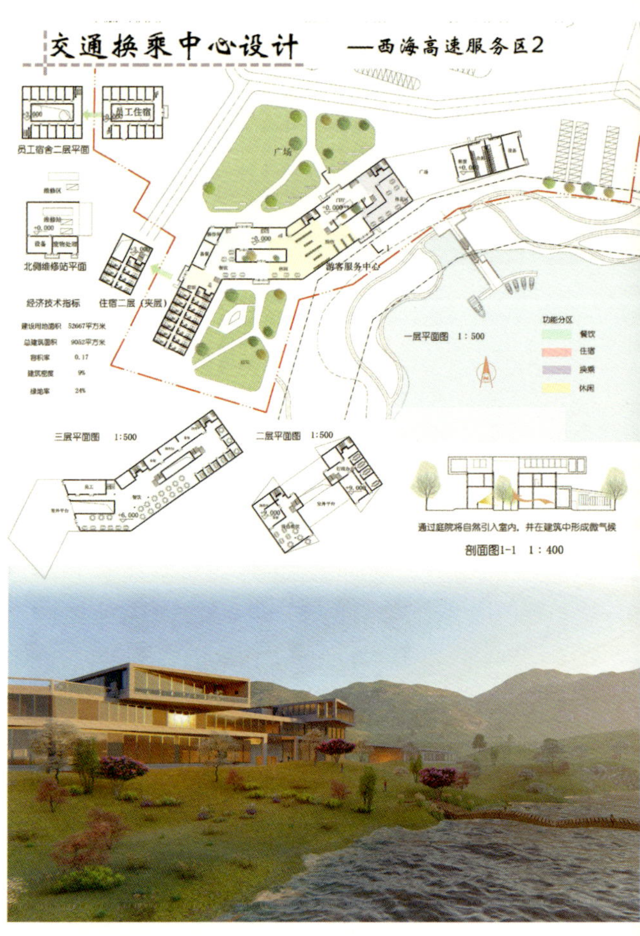
交通换乘中心设计
—西海高速服务区2
员工宿舍二层平面图
北侧维修站平面图
经济技术指标
住宿二层（夹层）
游客服务中心
一层平面图　1：500
功能分区
餐饮
住宿
换乘
休闲
三层平面图　1:500
二层平面图　1:500
通过庭院将自然引入室内，并在建筑中形成微气候
剖面图1-1　1：400

交通换乘中心设计
—西海高速服务区3
区位分析
庐山西海游览平面示意图
景观分析
连续水平长窗的运用，使建筑获得更多的景观资源

交通换乘中心设计
—西海高速服务区4
建筑丰富的露台
呼应景观
从码头看建筑
声波
声环境设计
总平面
广场入口声堤坝景观效果图

2017 级建筑学
大三

高欣元

三生万物
换乘服务中心设计

指导教师：
周　韬
罗建亮
蔡　晴
邱　路
聂志勇
吴　靖

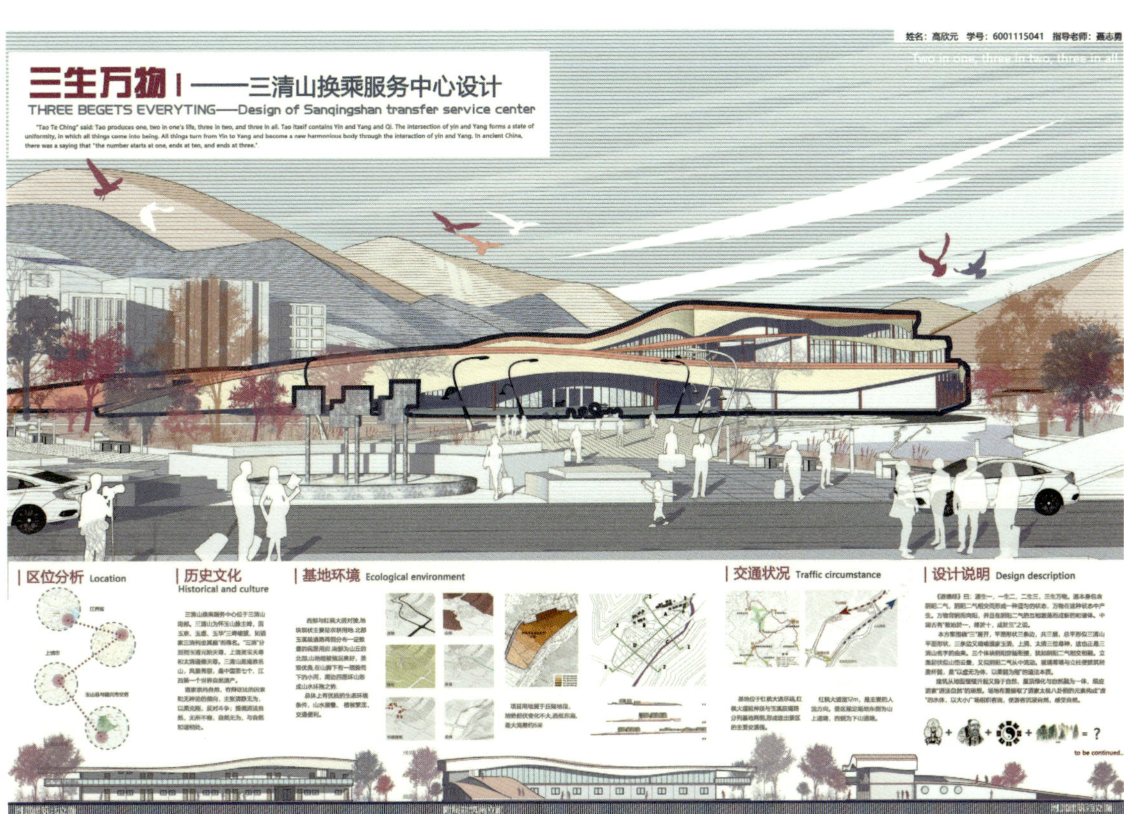
姓名：高欣元　学号：6001115041　指导老师：聂志勇
三生万物1——三清山换乘服务中心设计
THREE BEGETS EVERYTING—Design of Sanqingshan transfer service center
区位分析 Location
历史文化 Historical and culture
基地环境 Ecological environment
交通状况 Traffic circumstance
设计说明 Design description
to be continued

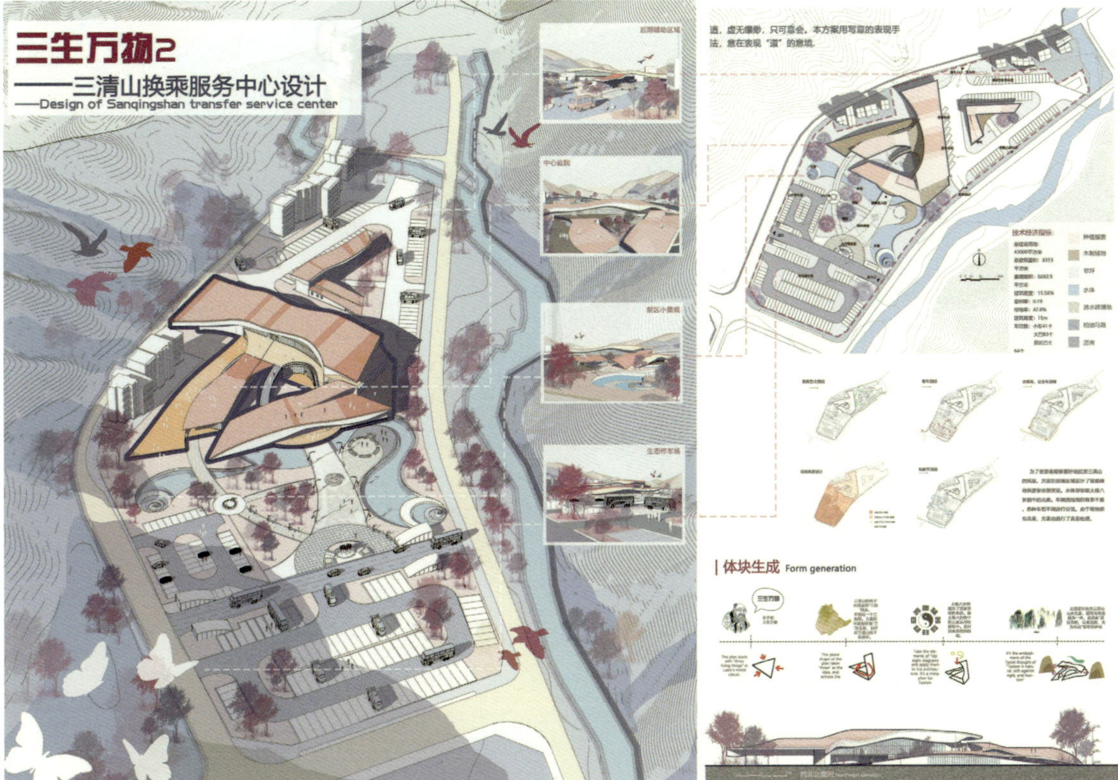
三生万物2
——三清山换乘服务中心设计
——Design of Sanqingshan transfer service center
体块生成 Form generation

2017 级建筑学
大三

高欣元

换乘服务中心设计
三生万物

指导教师：
周　韬
罗建亮
蔡　晴
邱　路
聂志勇
吴　靖

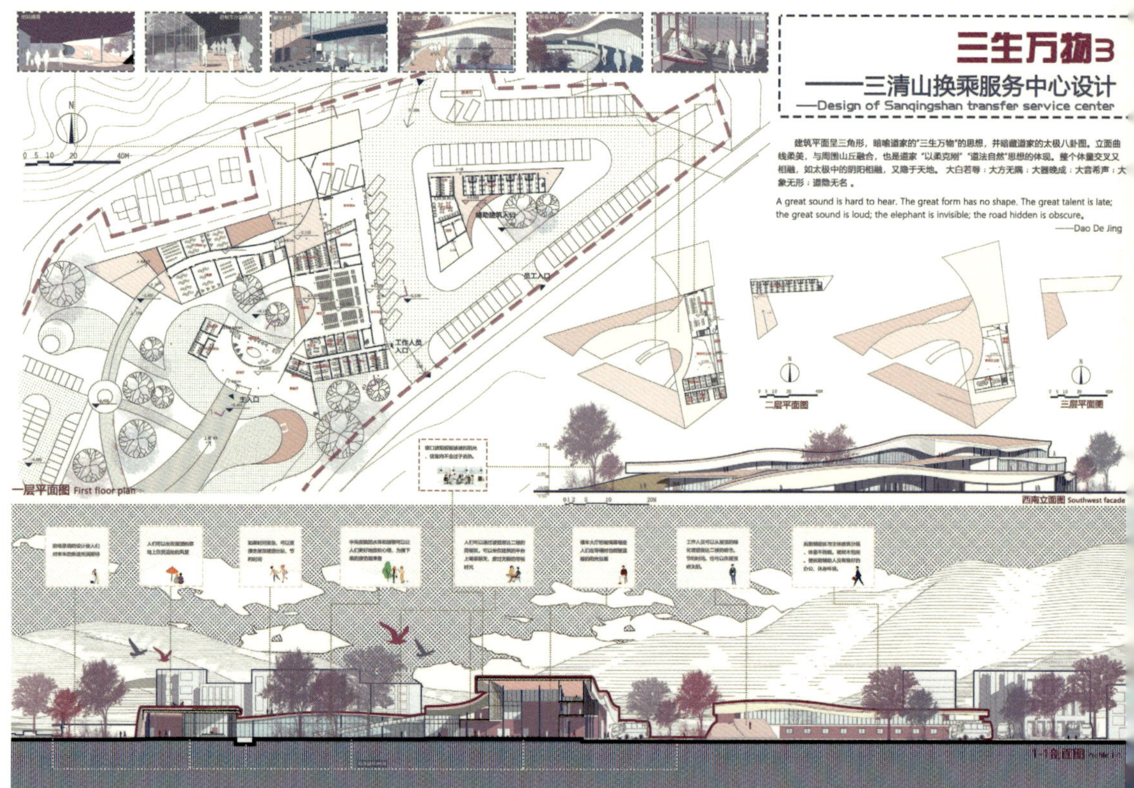
三生万物3
——三清山换乘服务中心设计
—Design of Sanqingshan transfer service center
建筑平面呈三角形，暗喻道家的"三生万物"的思想，并暗藏道家的太极八卦图。立面曲线柔美，与周围山丘融合，也是道家"以柔克刚""道法自然"思想的体现。整个体量交叉又相融，如太极中的阴阳相融，又隐于天地。大白若辱；大方无隅；大器晚成；大音希声；大象无形；道隐无名。
A great sound is hard to hear. The great form has no shape. The great talent is late; the great sound is loud; the elephant is invisible; the road hidden is obscure.
——Dao De Jing
一层平面图 First floor plan
二层平面图
三层平面图
西南立面图 Southwest facade
1-1剖面图

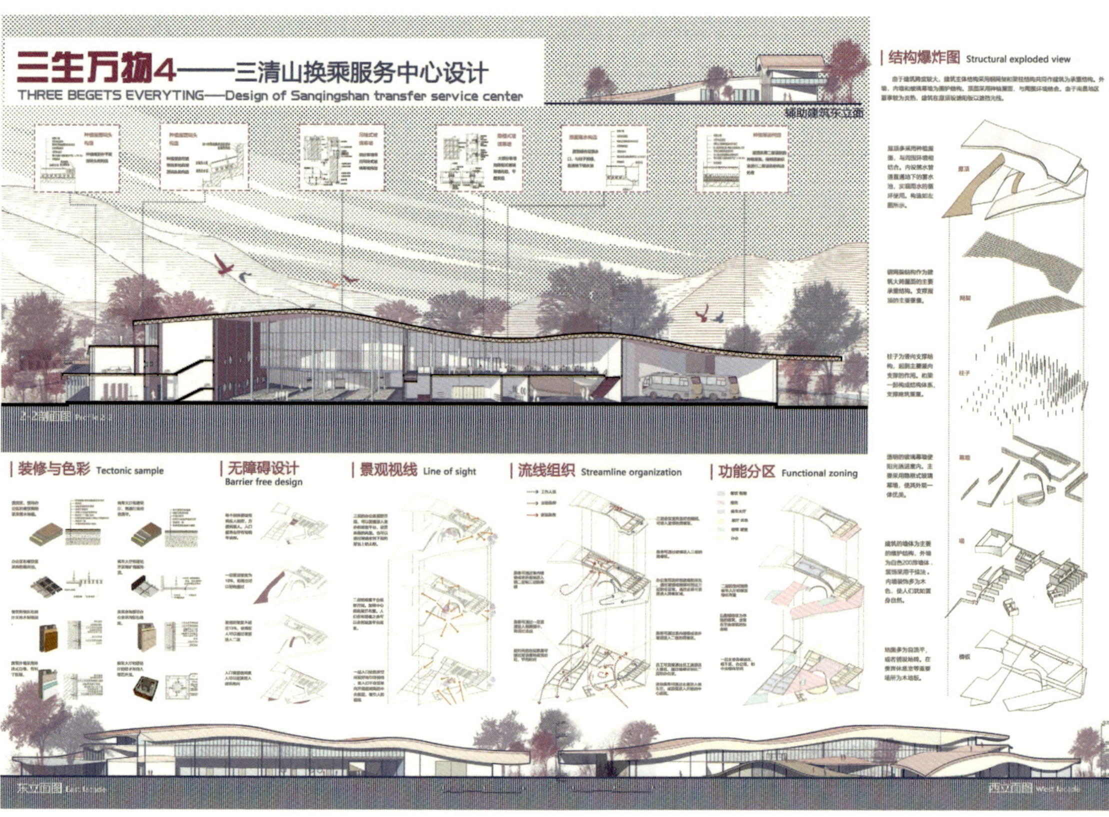
三生万物4——三清山换乘服务中心设计
THREE BEGETS EVERYTING—Design of Sanqingshan transfer service center
辅助建筑东立面
结构爆炸图 Structural exploded view
2-2剖面图 Profile 2-2
装修与色彩 Tectonic sample
无障碍设计 Barrier free design
景观视线 Line of sight
流线组织 Streamline organization
功能分区 Functional zoning
东立面图 East facade
西立面图 West facade

2017 级建筑学
大三

汪丁

山行
换乘服务中心设计

指导教师：
周　韬
罗建亮
蔡　晴
邱　路
聂志勇
吴　靖

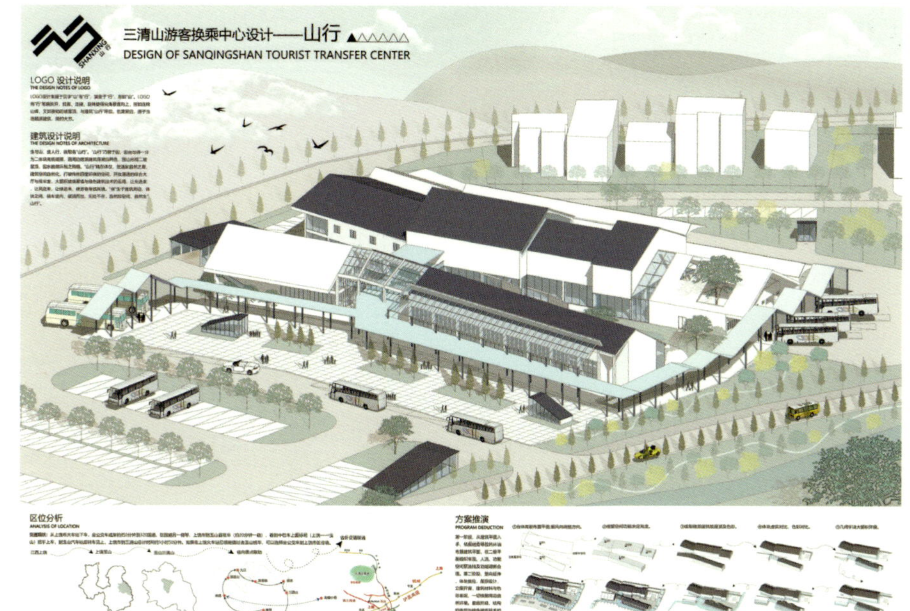
三清山游客换乘中心设计——山行
DESIGN OF SANQINGSHAN TOURIST TRANSFER CENTER
LOGO 设计说明
建筑设计说明
区位分析
方案推演

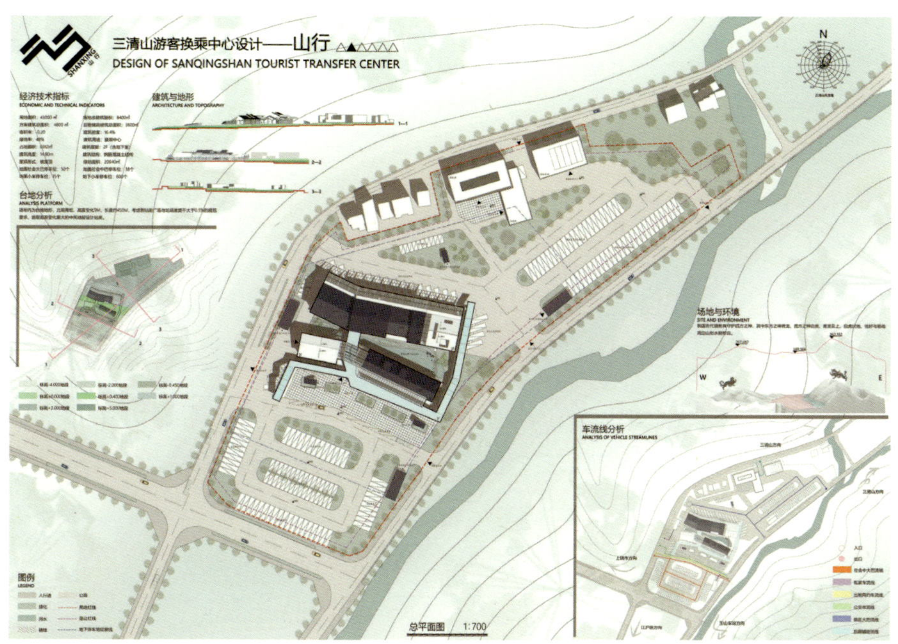
三清山游客换乘中心设计——山行
DESIGN OF SANQINGSHAN TOURIST TRANSFER CENTER
经济技术指标
建筑与地形
台地分析
场地与环境
车流线分析
图例
总平面图　1:700

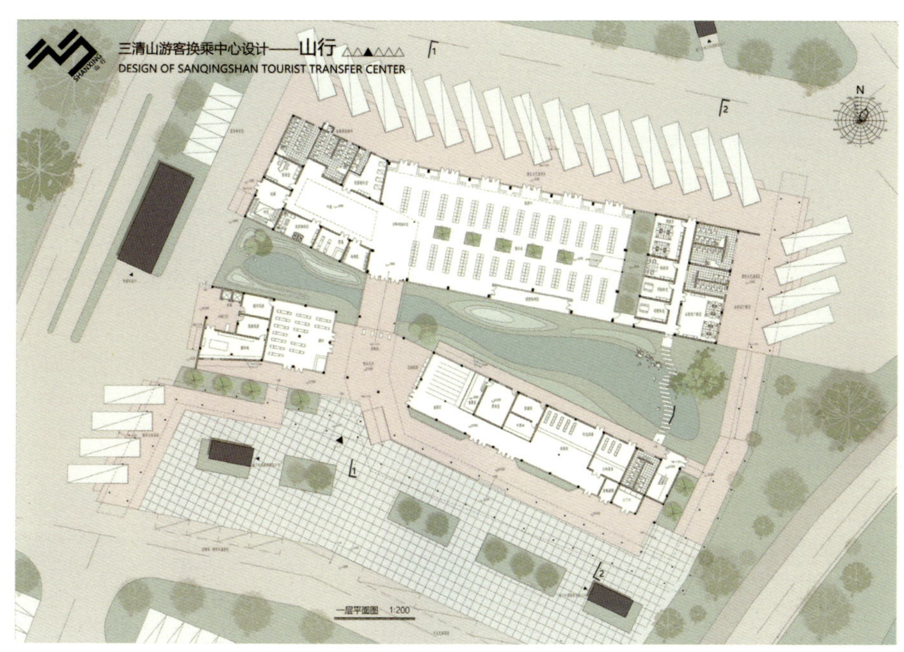
三清山游客换乘中心设计——山行
DESIGN OF SANQINGSHAN TOURIST TRANSFER CENTER
一层平面图　1:200

生与山，度人行，故取名“山行”。“山行”巧于因借，因台地得一分为二体块高低错落，因周边赣派建筑得黛白两色，因山形得二坡屋顶，因水貌得环抱之雨棚。“山行”精在体宜，效道家自然之意，建筑空间自然化，打破传统四壁环绕的空间，开放通透的综合大厅与候车室，大面积玻璃幕墙与绿色建筑技术的运用，让光进来，让风进来，让绿进来，使游者身临其境。“绿”生于建筑周边、体块之间、候车室内、破顶而出，无处不在，自然即空间，自然生“山行”。

2017 级建筑学
大三

汪丁

换乘服务中心设计
山行

指导教师：
周　韬
罗建亮
蔡　晴
邱　路
聂志勇
吴　靖

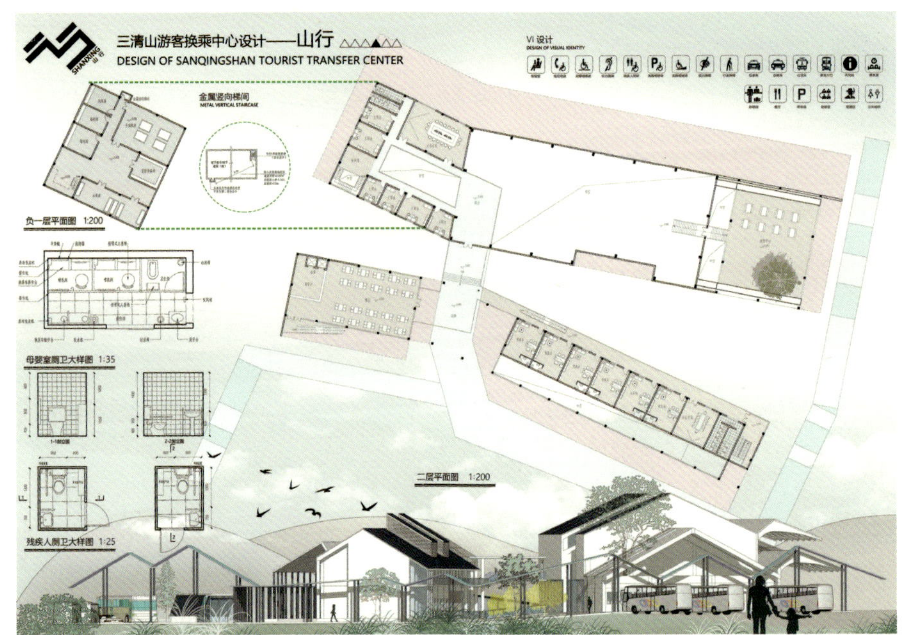
三清山游客换乘中心设计——山行
DESIGN OF SANQINGSHAN TOURIST TRANSFER CENTER
VI 设计
金属竖向楼梯间
负一层平面图 1:200
母婴室厕卫大样图 1:35
残疾人厕卫大样图 1:25
二层平面图 1:200

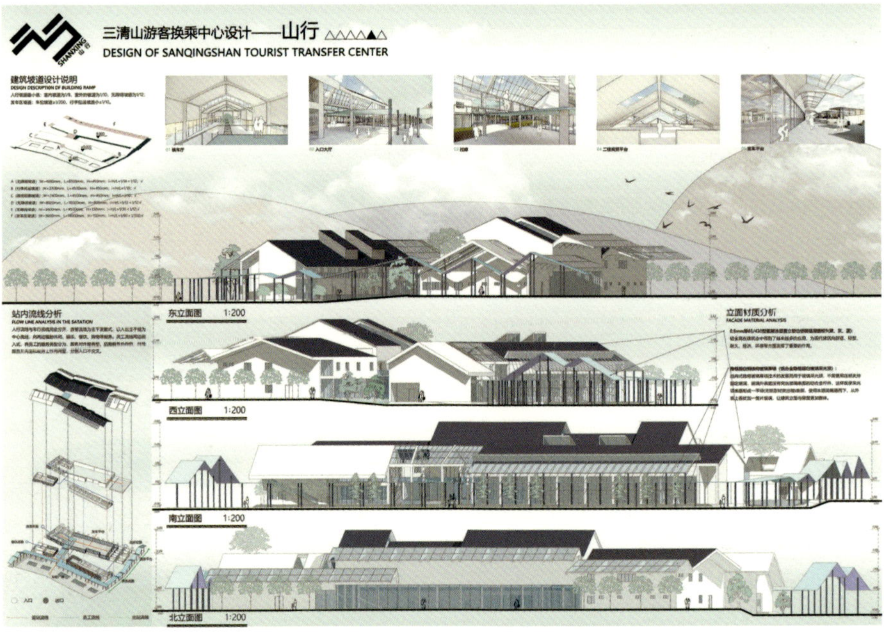
三清山游客换乘中心设计——山行
DESIGN OF SANQINGSHAN TOURIST TRANSFER CENTER
建筑坡道设计说明
站内流线分析
东立面图 1:200
西立面图 1:200
南立面图 1:200
北立面图 1:200
立面材质分析

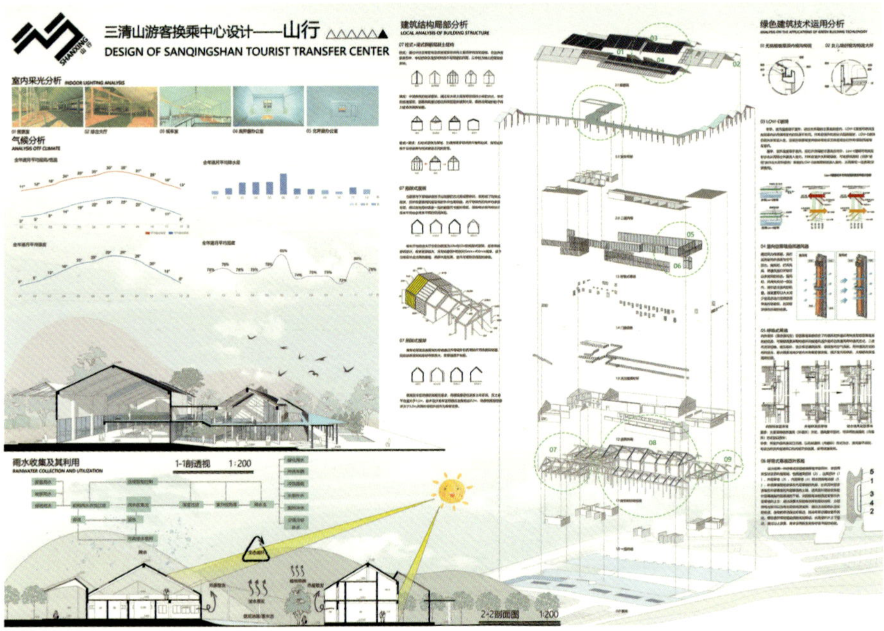
三清山游客换乘中心设计——山行
DESIGN OF SANQINGSHAN TOURIST TRANSFER CENTER
室内采光分析
气候分析
建筑结构局部分析
绿色建筑技术运用分析
雨水收集及其利用
1-1剖透视 1:200
2-2剖面图 1:200

017 级建筑学
大三

吴明萱

化身孤岛的蓝鲸

换乘服务中心设计

指导教师：
周 韬
罗建亮
蔡 晴
邵 路
聂志勇
吴 靖

《化身孤岛的鲸》：“你的衣衫破旧，而歌声却温柔，陪我漫无目的地四处漂流，我的背脊如荒丘，而你却微笑摆手，把它当成整个宇宙。”本项目位于江西省九江市庐山西海景区侧畔西海服务区，同时承担部分景区游客中心功能。设计从湖岸线的流动出发，以抽象孤岛蓝鲸为意象，以曲线为主要建筑语言，营造孤海中的孤岛意象。

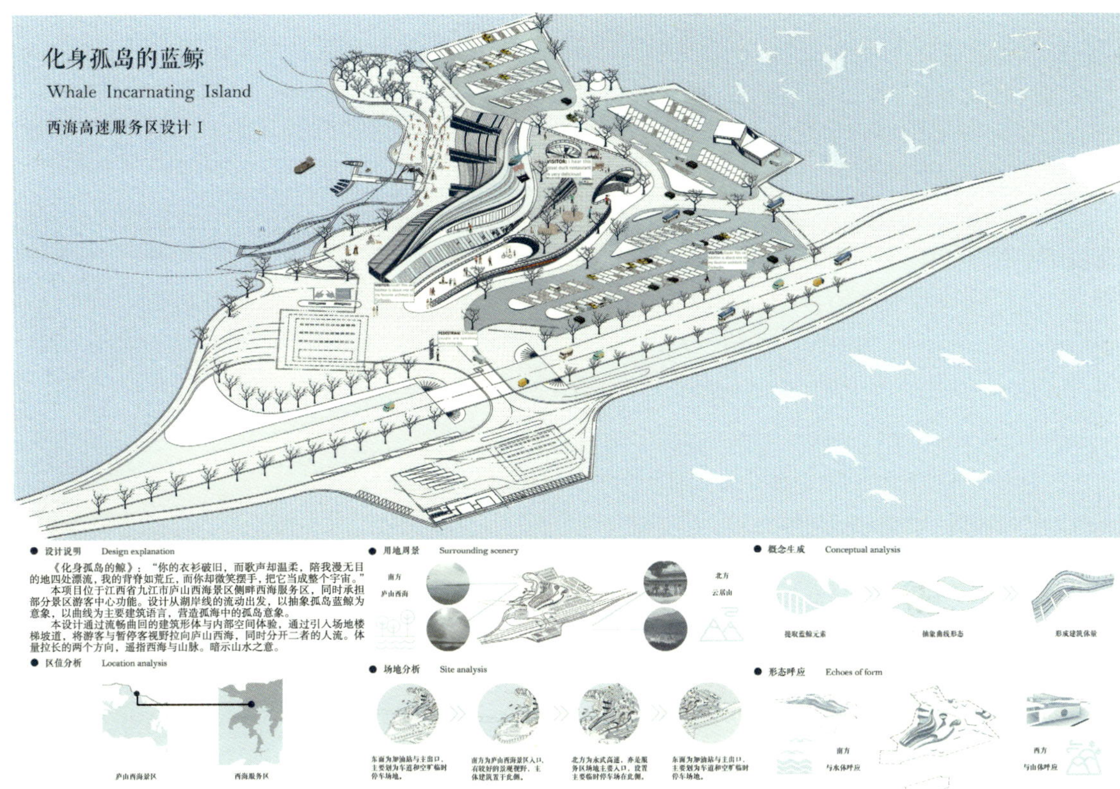
化身孤岛的蓝鲸
Whale Incarnating Island
西海高速服务区设计 I
设计说明 Design explanation
用地周景 Surrounding scenery
概念生成 Conceptual analysis
区位分析 Location analysis
场地分析 Site analysis
形态呼应 Echoes of form

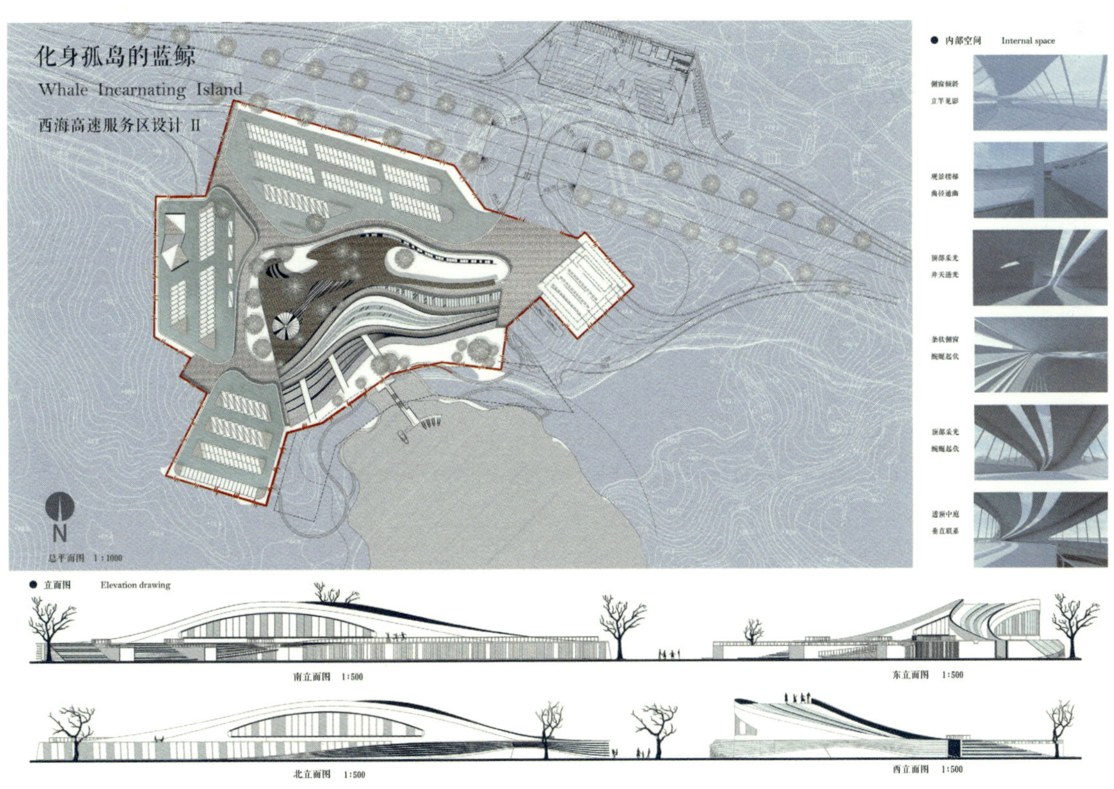
化身孤岛的蓝鲸
Whale Incarnating Island
西海高速服务区设计 II
内部空间 Internal space
总平面图 1:1000
立面图 Elevation drawing
南立面图 1:500
东立面图 1:500
北立面图 1:500
西立面图 1:500

2017 级建筑学
大三

吴明萱

换乘服务中心设计

化身孤岛的蓝鲸

指导教师：
周　韬
罗建亮
蔡　晴
邱　路
聂志勇
吴　靖

本设计通过流畅曲回的建筑形体与内部空间体验，通过引入场地楼梯坡道，将游客与暂停客视野拉向庐山西海，同时分开二者的人流。体量拉长的两个方向，遥指西海与山脉，暗示山水之意。

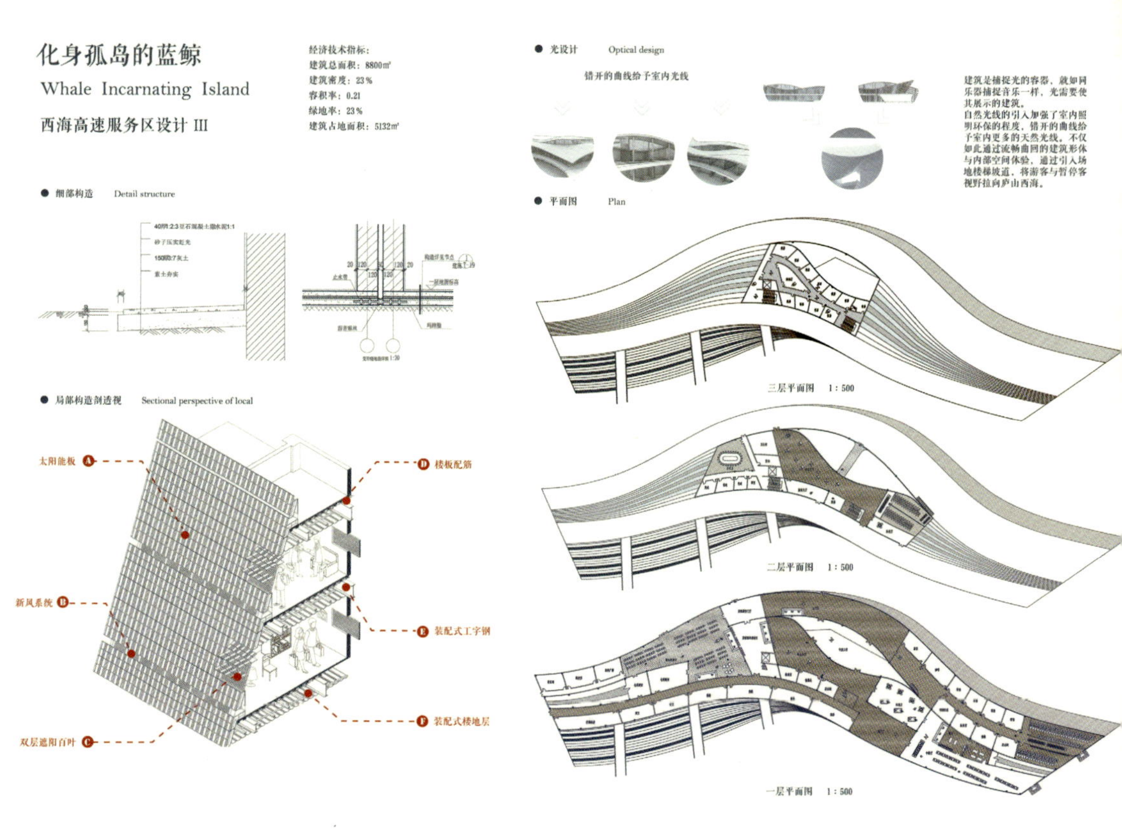
化身孤岛的蓝鲸
Whale Incarnating Island
西海高速服务区设计 III
经济技术指标：
建筑总面积：8800㎡
建筑密度：23％
容积率：0.21
绿地率：23％
建筑占地面积：5132㎡
光设计 Optical design
错开的曲线给予室内光线
平面图 Plan
细部构造 Detail structure
局部构造剖透视 Sectional perspective of local
太阳能板
新风系统
双层遮阳百叶
楼板配筋
装配式工字钢
装配式楼地层
三层平面图 1：500
二层平面图 1：500
一层平面图 1：500

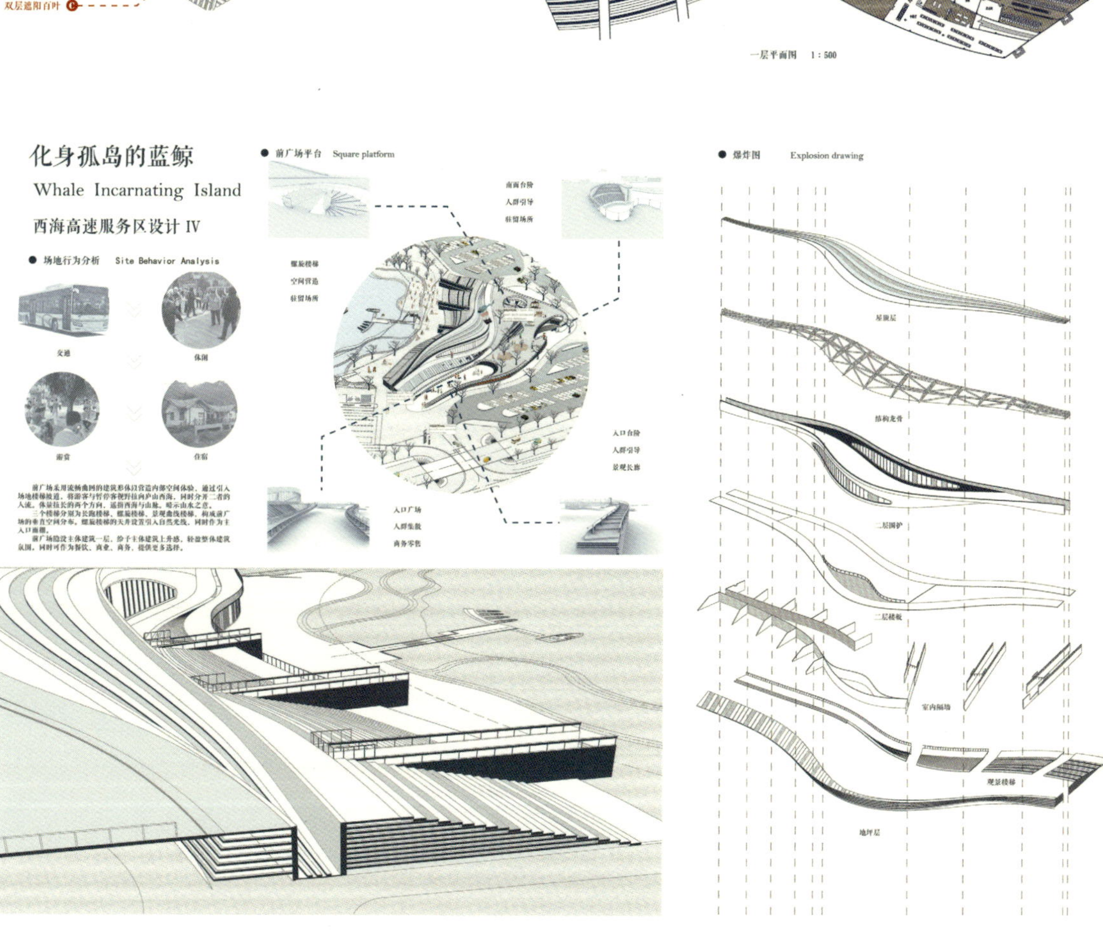
化身孤岛的蓝鲸
Whale Incarnating Island
西海高速服务区设计 IV
场地行为分析 Site Behavior Analysis
前广场平台 Square platform
爆炸图 Explosion drawing

李家傲

换乘服务中心设计
浮动山丘

指导教师：
周　韬
罗建亮
蔡　晴
邱　路
聂志勇
吴　靖

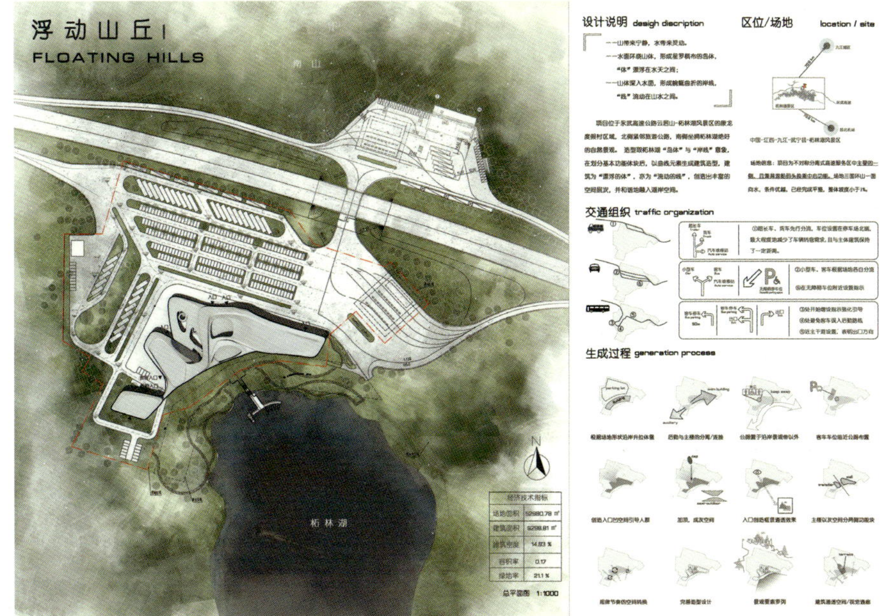
浮动山丘 I
FLOATING HILLS
设计说明 design discription
区位/场地 location / site
交通组织 traffic organization
生成过程 generation process
柘林湖
总平面图 1:1000

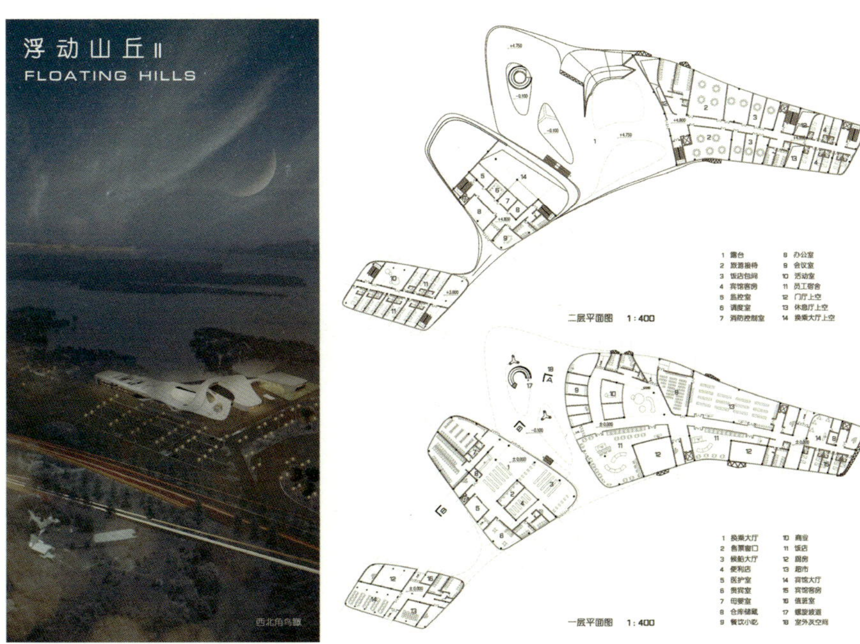
浮动山丘 II
FLOATING HILLS
二层平面图 1:400
一层平面图 1:400

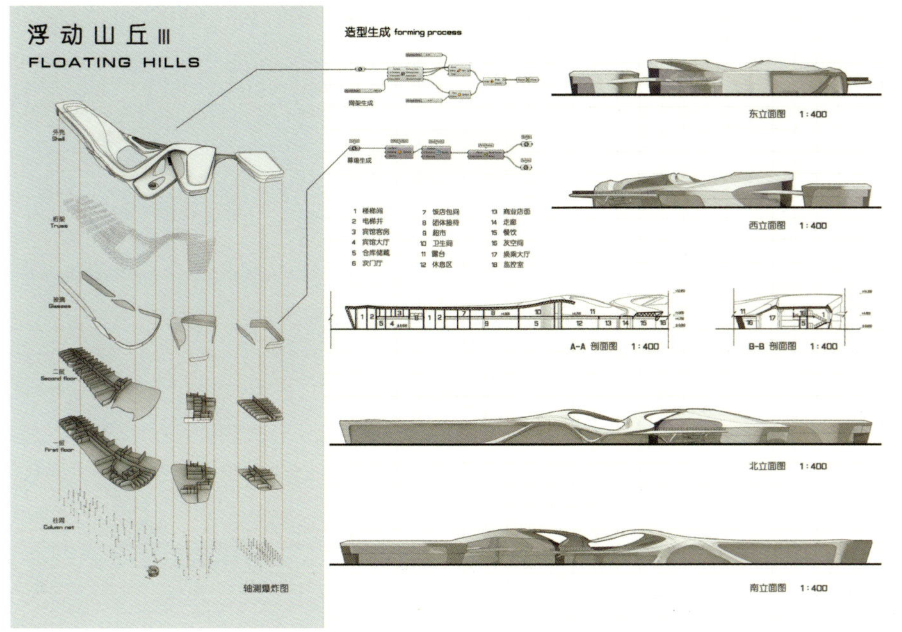
浮动山丘 III
FLOATING HILLS
造型生成 forming process
东立面图 1:400
西立面图 1:400
A-A 剖面图 1:400
B-B 剖面图 1:400
北立面图 1:400
南立面图 1:400

项目位于永武高速公路云居山—柘林湖风景区的康龙度假村区域，北侧紧邻旅游公路，南侧坐拥柘林湖。绝好造型取自柘林湖“岛体”与“岸线”意象的自然景观。在划分基本功能体块后，以曲线元素生成建筑造型，建筑为“漂浮的体”，亦为“流动的线”，创造出丰富的空间层次，并和谐地融入湖岸空间。

2018 级建筑学
大三

王晨宇

嵌·聚
换乘服务中心设计

指导教师：
周　韬
罗建亮
蔡　晴
邱　路
聂志勇
吴　靖

嵌·聚
EMBEDDING·GATHERING
I
设计说明：
区位
环境
气候
人事物
心灵的声音

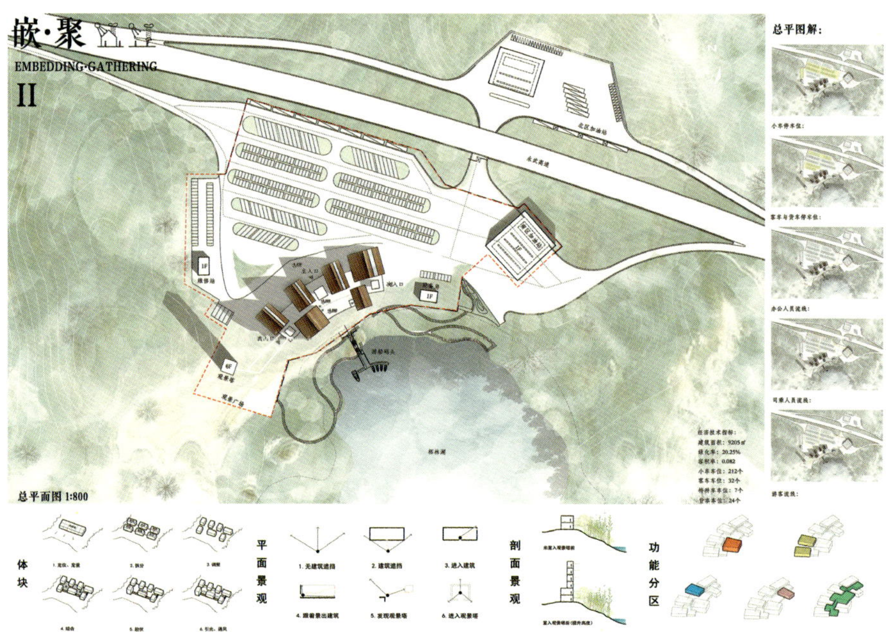
嵌·聚
EMBEDDING·GATHERING
II
总平图解：
总平面图 1:800
体块
平面景观
剖面景观
功能分区

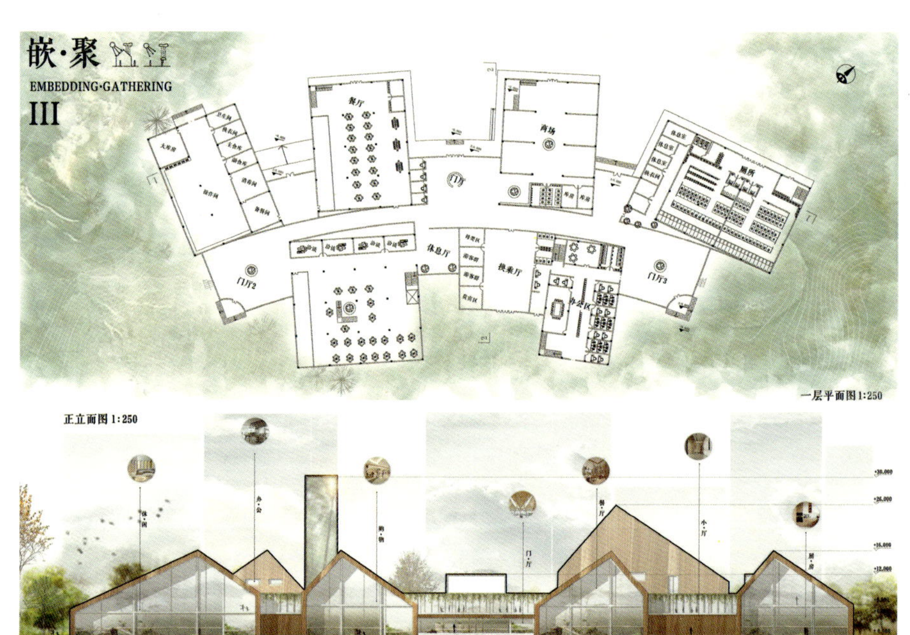
嵌·聚
EMBEDDING·GATHERING
III
一层平面图 1:250
正立面图 1:250

这是一个滨湖的游客服务中心，四周景色优美，以南面为最。为了给来此游玩的人一种忽隐忽现景观的感觉，决定采取移步换景的设计手法。游客在室内行走时，望向窗外，时而能清晰地看见室外的风景，时而又看不到。这种若隐若现的风景使你缠绵于此。而游客在这里用餐、购物、休闲，进出不同的房间，走的也不是单纯的走道，而是在湖景中穿梭。游客在观赏风景的同时，也成为了别人眼中的风景。

2018 级建筑学
大三

王晨宇

换乘服务中心设计

嵌·聚

指导教师：
周 韬
罗建亮
蔡 晴
邱 路
聂志勇
吴 靖

嵌·聚
EMBEDDING·GATHERING
IV
二层平面图 1:500
背立面图 1:250
嵌·聚
EMBEDDING·GATHERING
V
西侧立面 1:250
东侧立面 1:250
剖透视1-1 1:250
嵌·聚
EMBEDDING·GATHERING
VI
剖面图2-2 1:250
观景 . 平台
中庭 . 绿化
嵌入 . 盒子

2018 级建筑学
大三

吴颖滢

翦翦碧水揽风月
换乘服务中心设计

指导教师：
周　韬
罗建亮
蔡　晴
邱　路
聂志勇
吴　靖

群水环绕，西海湖畔，摇曳码头，嬉笑游人。建筑坐落于庐山西海景区入口处的一片空旷场地之上，我愿意用一句有感而发的诗句“翦翦碧水揽风月”来概括这处建筑包含的设计意向。建筑虽然定位为高速服务区但是确实拥有着丰富功能内涵的综合性建筑，建筑的成果是以生态建筑为出发点，让游客在体验丰富和流畅空间感受的同时也感受到与自然互动的乐趣。

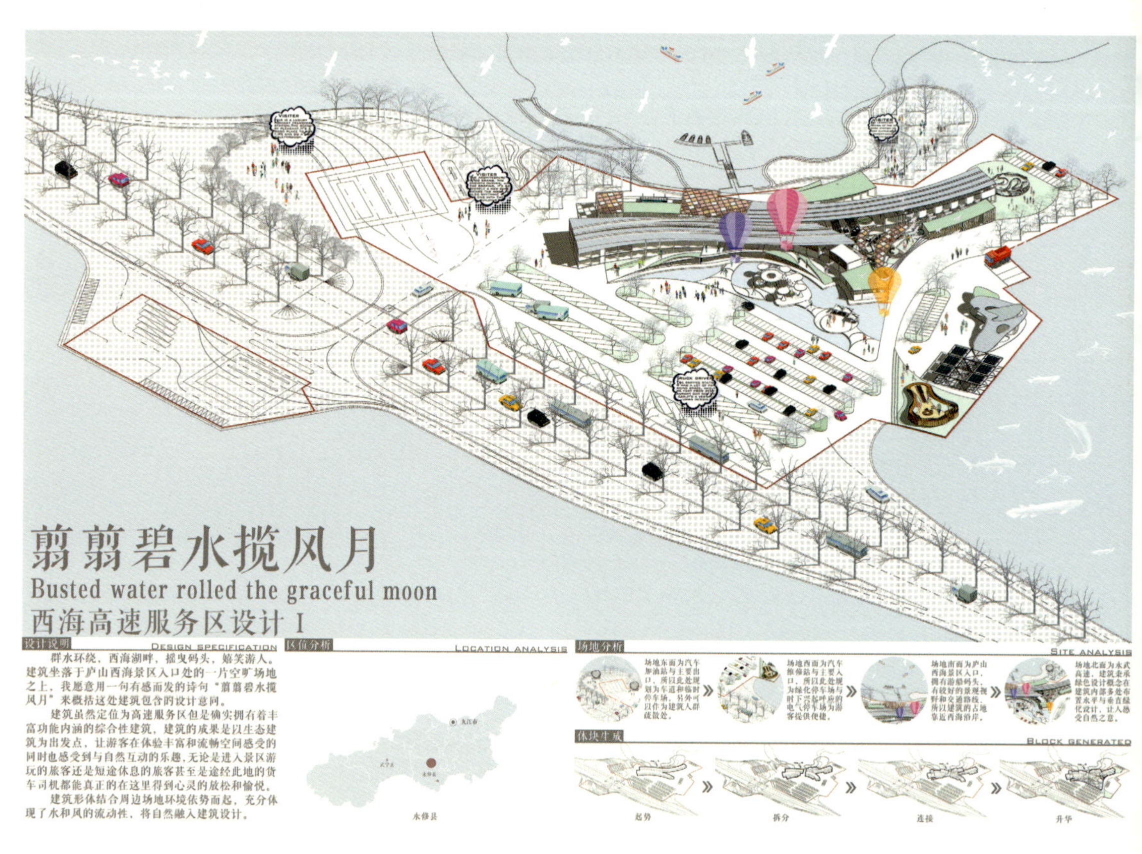
翦翦碧水揽风月
Busted water rolled the graceful moon
西海高速服务区设计 I
设计说明
DESIGN SPECIFICATION
群水环绕，西海湖畔，摇曳码头，嬉笑游人。建筑坐落于庐山西海景区入口处的一片空旷场地之上，我愿意用一句有感而发的诗句“翦翦碧水揽风月”来概括这处建筑包含的设计意向。
建筑虽然定位为高速服务区但是确实拥有着丰富功能内涵的综合性建筑，建筑的成果是以生态建筑为出发点，让游客在体验丰富和流畅空间感受的同时也感受到与自然互动的乐趣，无论是进入景区游玩的旅客还是短途休息的旅客甚至是途经此地的货车司机都能真正的在这里得到心灵的放松和愉悦。
建筑形体结合周边场地环境依势而起，充分体现了水和风的流动性，将自然融入建筑设计。
区位分析
LOCATION ANALYSIS
九江市
永修县
场地分析
SITE ANALYSIS
场地东面为汽车加油站与主要出口，所以此处规划为车道和临时停车场，另外可以作为建筑人群疏散处。
场地西面为汽车维修站与主要入口，所以此处规为绿化停车场与时下兴起呼应的电气停车场为游客提供便捷。
场地南面为庐山西海景区入口，拥有游船码头，有较好的景观视野和交通路线，所以建筑的占地靠近西海沿岸。
场地北面为永武高速，建筑秉承绿色设计概念在建筑内部多处布置水平与垂直绿化设计，让人感受自然之意。
体块生成
BLOCK GENERATED
起势
拆分
连接
升华

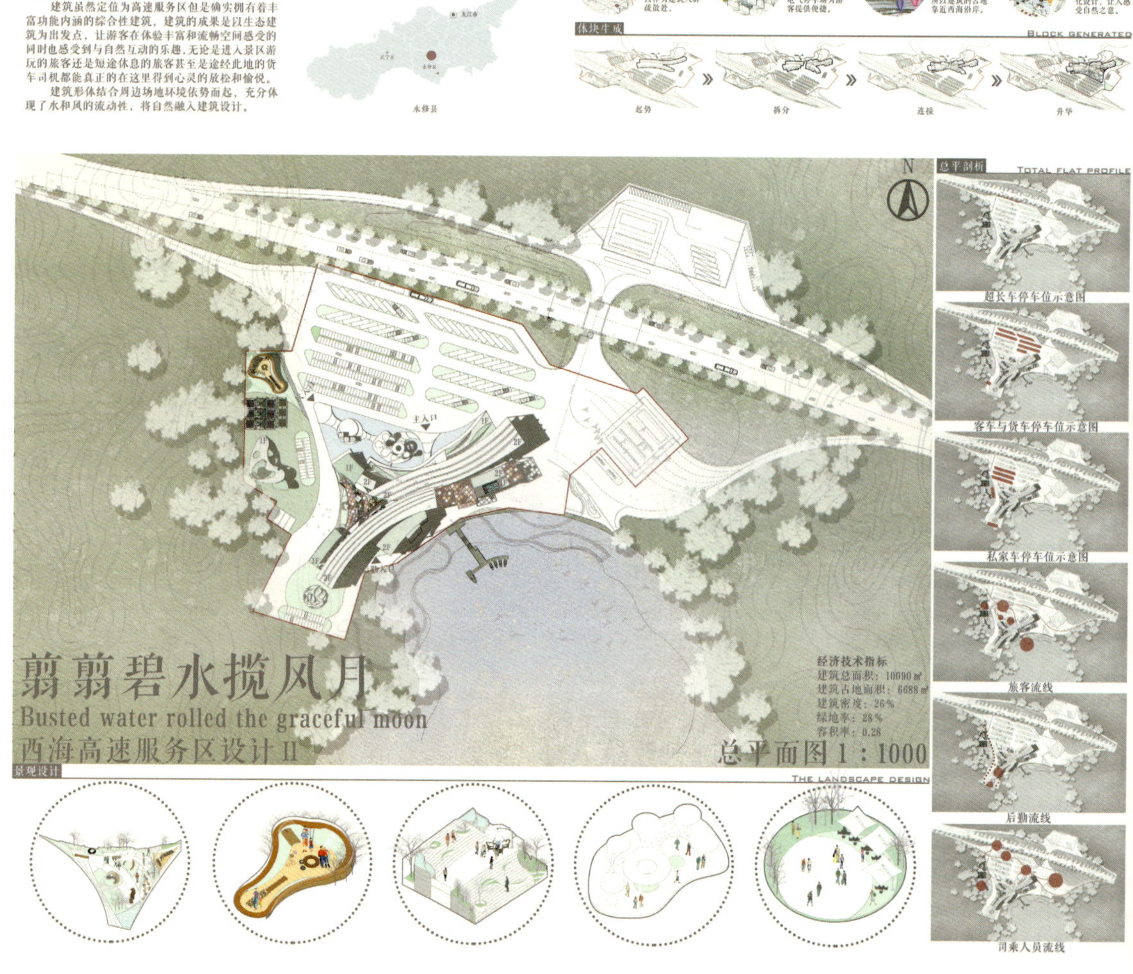
N
主入口
翦翦碧水揽风月
Busted water rolled the graceful moon
西海高速服务区设计 II
经济技术指标
建筑总面积：10090 ㎡
建筑占地面积：6688 ㎡
建筑密度：26%
绿地率：28%
容积率：0.28
总平面图 1：1000
总平剖析
TOTAL FLAT PROFILE
超长车停车位示意图
客车与货车停车位示意图
私家车停车位示意图
旅客流线
后勤流线
司乘人员流线
景观设计
THE LANDSCAPE DESIGN

吴颖滢

换乘服务中心设计
翦翦碧水揽风月

指导教师：
周　韬
罗建亮
蔡　晴
邱　路
聂志勇
吴　靖

无论是进入景区游玩的旅客还是短途休息的旅客，甚至是途经此地的货车司机都能真正地在这里得到心灵的放松和愉悦。建筑形体结合周边场地环境依势而起，充分体现了水和风的流动性，将自然融入建筑设计。

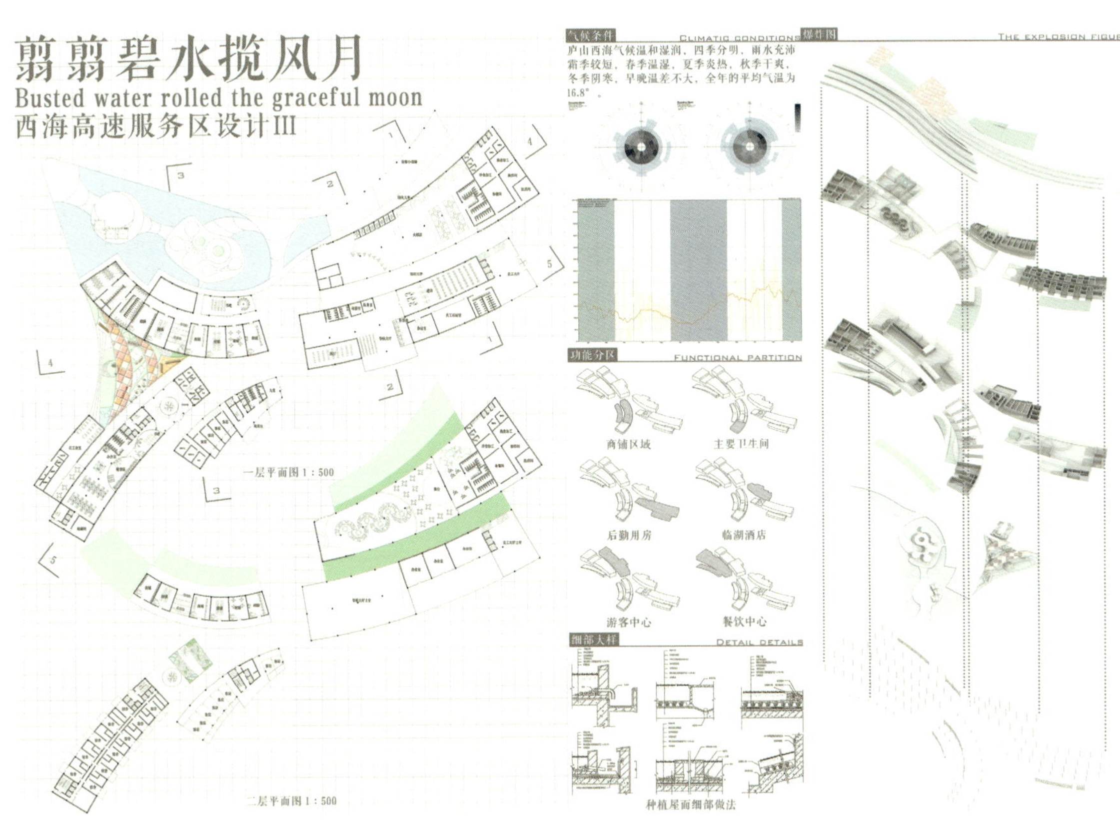
翦翦碧水揽风月
Busted water rolled the graceful moon
西海高速服务区设计III
气候条件
CLIMATIC CONDITIONS
庐山西海气候温和湿润，四季分明，雨水充沛。霜季较短，春季温湿，夏季炎热，秋季干爽，冬季阴寒，早晚温差不大，全年的平均气温为16.8°。
爆炸图
THE EXPLOSION FIGURE
功能分区
FUNCTIONAL PARTITION
商铺区域
主要卫生间
后勤用房
临湖酒店
游客中心
餐饮中心
细部大样
DETAIL DETAILS
种植屋面细部做法
一层平面图 1：500
二层平面图 1：500

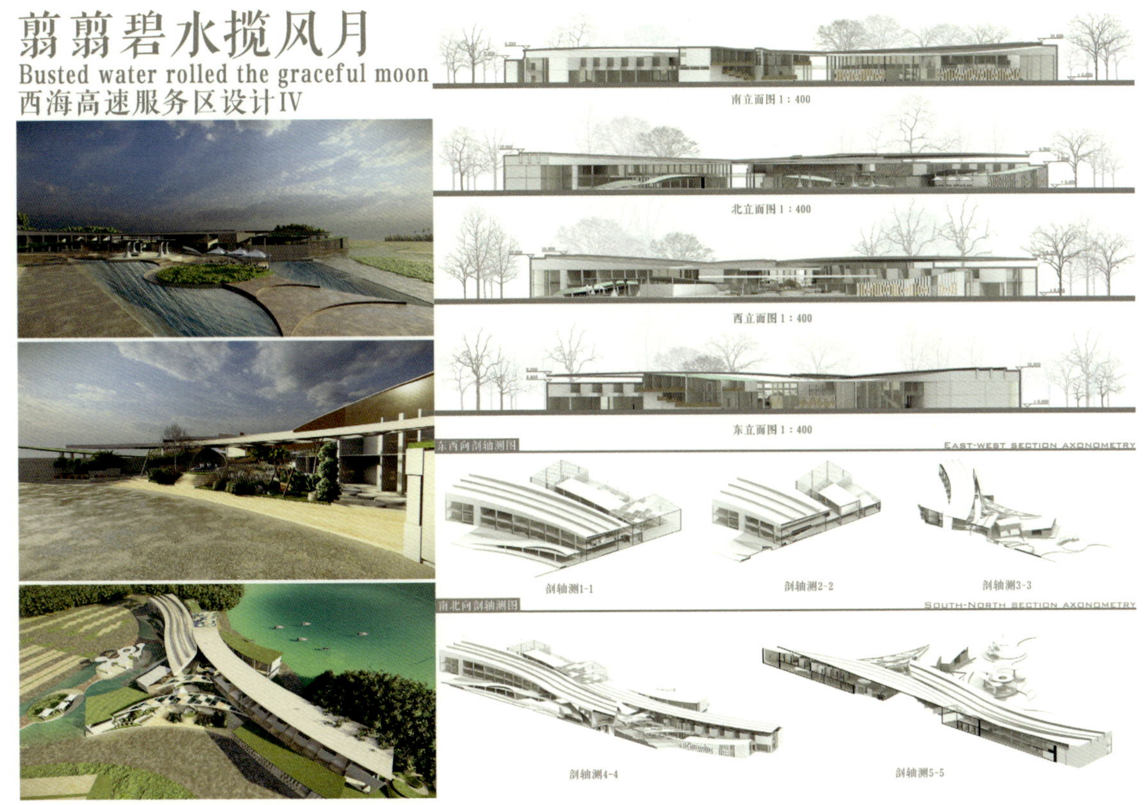
翦翦碧水揽风月
Busted water rolled the graceful moon
西海高速服务区设计IV
南立面图 1：400
北立面图 1：400
西立面图 1：400
东立面图 1：400
东西向剖轴测图
EAST-WEST SECTION AXONOMETRY
剖轴测1-1
剖轴测2-2
剖轴测3-3
南北向剖轴测图
SOUTH-NORTH SECTION AXONOMETRY
剖轴测4-4
剖轴测5-5

2018 级建筑学
大三

胥浩

换乘服务中心设计
见山

指导教师：
周　韬
罗建亮
蔡　晴
邱　路
聂志勇
吴　靖

此方案位于庐山西海。方案结合了场地大致轮廓，以场地边线向内偏移形成了建筑的大致平面布局。再结合庐山西海的周边环境，提取“山”的元素，建筑的一层和三层都依照山形，生成大的斜坡屋顶。并且根据此种做法，将人行流线与车行流线分开。屋顶结合桁架结构生成天窗，立面根据山形进行开窗。

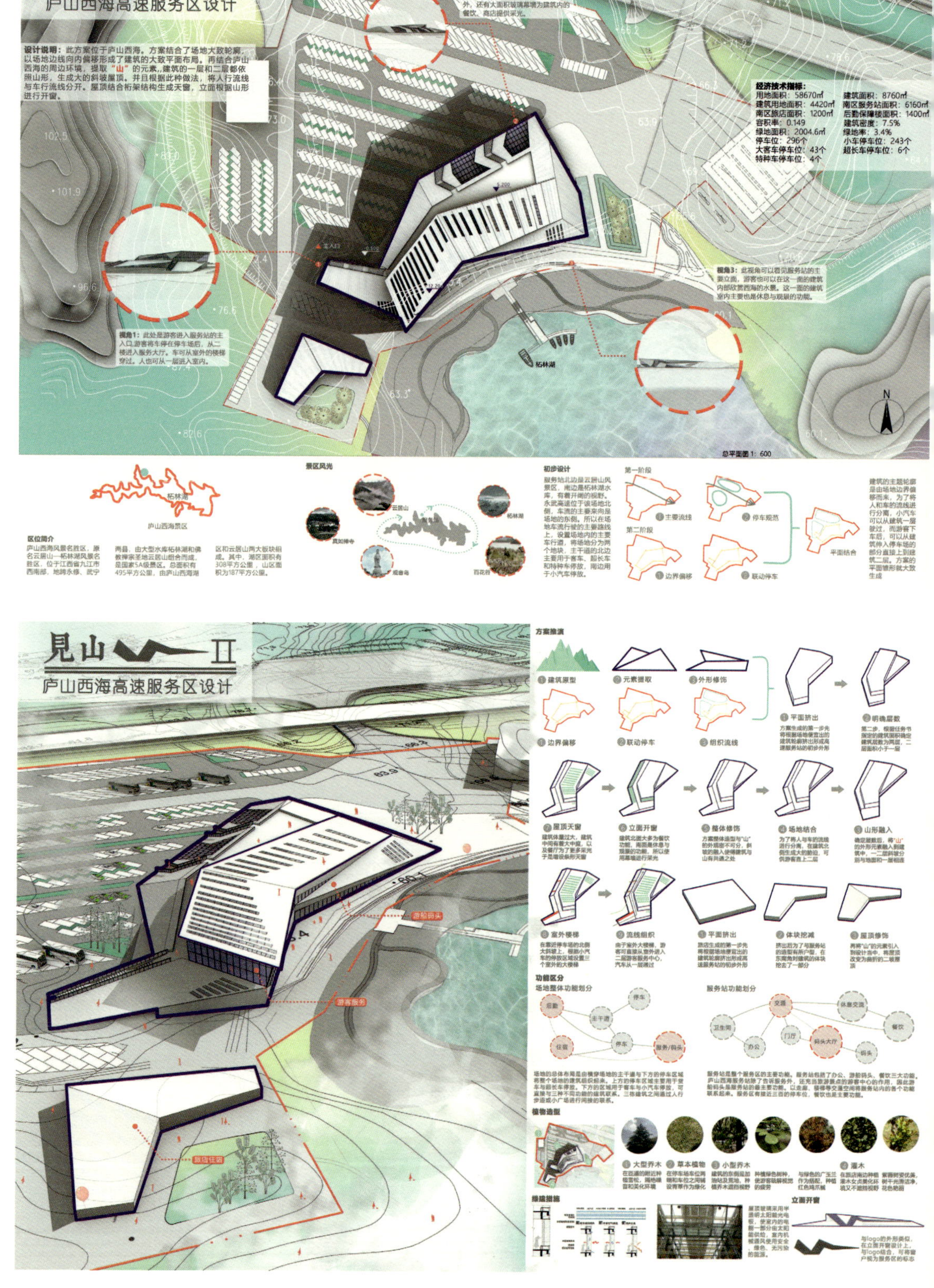
見山 I
庐山西海高速服务区设计
设计说明：此方案位于庐山西海。方案结合了场地大致轮廓，以场地边线向内偏移形成了建筑的大致平面布局。再结合庐山西海的周边环境，提取“山”的元素，建筑的一层和二层都依照山形，生成大的斜坡屋顶。并且根据此种做法，将人行流线与车行流线分开。屋顶结合桁架结构生成天窗，立面根据山形进行开窗。
经济技术指标：
用地面积：58670㎡
建筑面积：8760㎡
总平面图 1：600
見山 II
庐山西海高速服务区设计
方案推演
功能区分
植物造型
立面开窗

胥浩

见山
换乘服务中心设计

指导教师：
周　韬
罗建亮
蔡　晴
邱　路
聂志勇
吴　靖

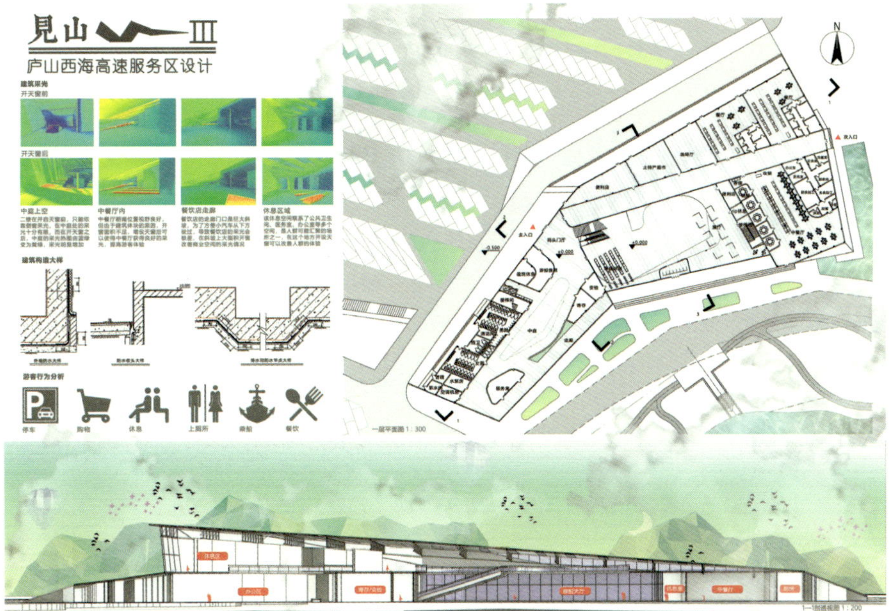
見山 III
庐山西海高速服务区设计

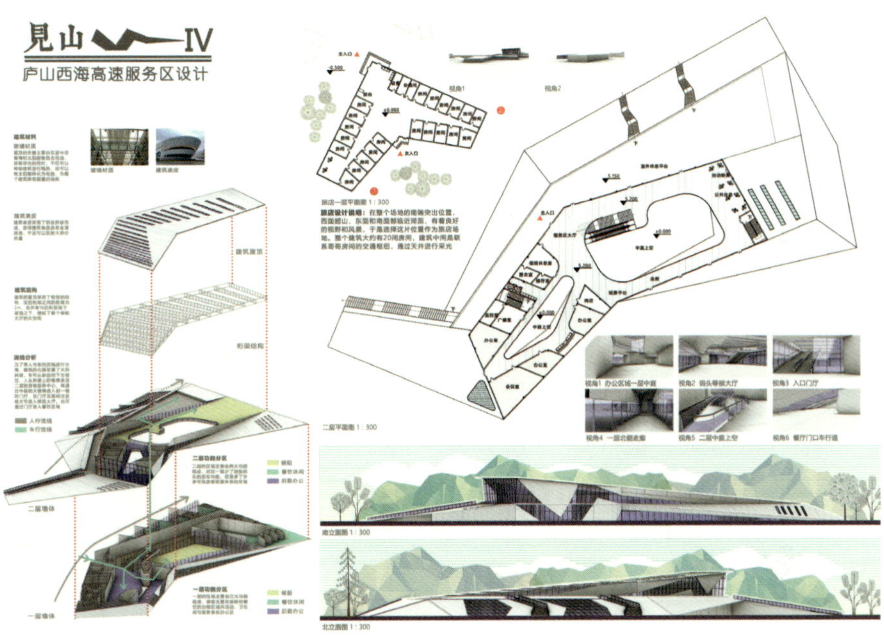
見山 IV
庐山西海高速服务区设计

見山 V
庐山西海高速服务区设计

2018 级建筑学
大三

许鸿鸣

换乘服务中心设计 畅·丘

指导教师：
周 韬
罗建亮
蔡 晴
邱 路
聂志勇
吴 靖

功能分区：服务区承担的功能既包含普通服务区应具备的功能同时包含游客中心的功能，因而在总图设计时将整个场地进行了功能分区，北部为服务区功能组套，南部为游客中心功能组套。

大小车分流：场地中为服务区以及游客中心分别设置了小汽车的停车位，并且明确了出入口，最终小车都将汇入两体量中间的道路上并离开。

流线最短：综合考虑大小车的差异，将大车的停车位尽可能布置在场地入口处并且给予最简短的流线以避免对内部的交通产生拥堵。

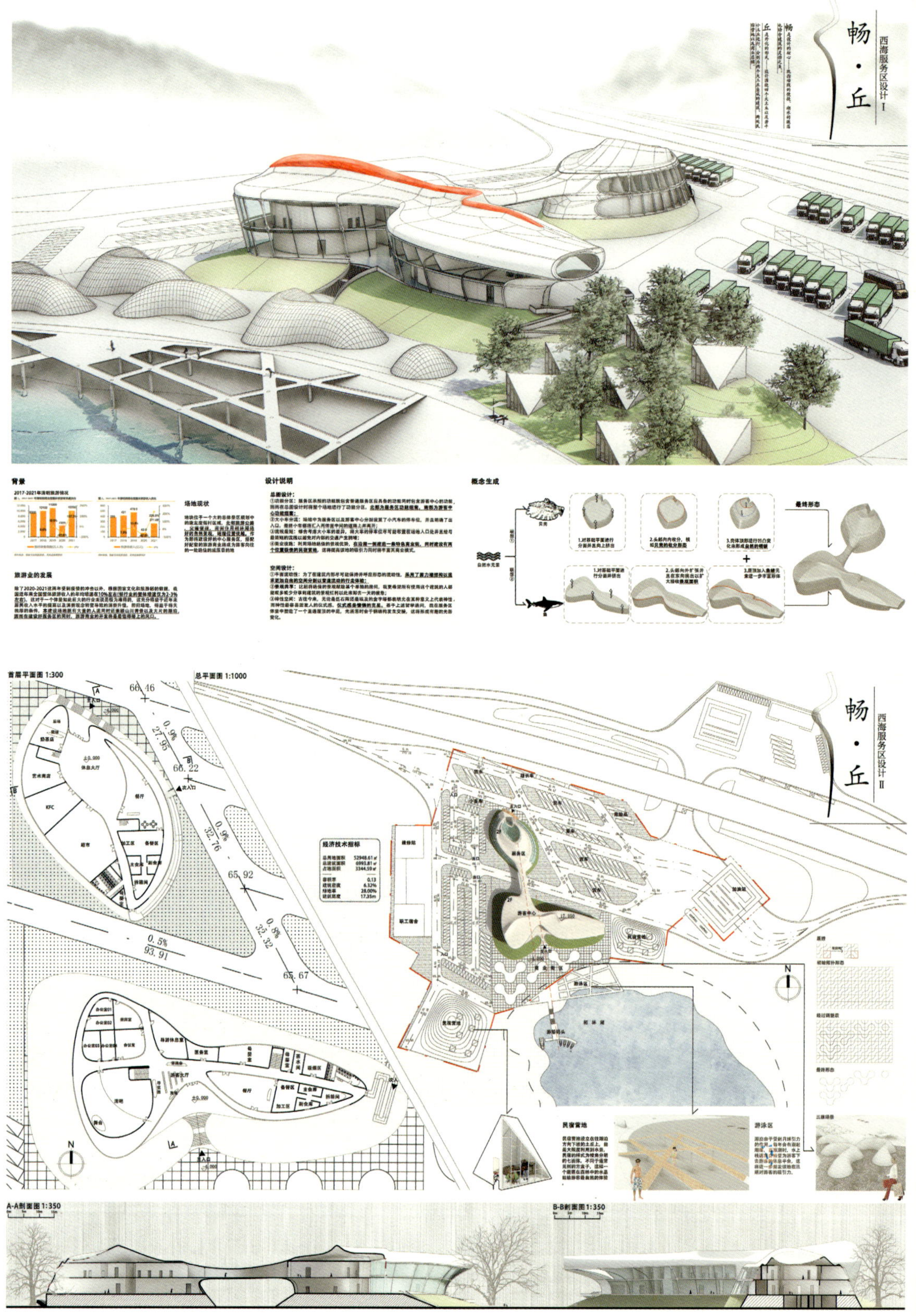
畅·丘
西海服务区设计 I
背景
场地现状
旅游业的发展
设计说明
概念生成
最终形态
首层平面图 1:300
总平面图 1:1000
畅·丘
西海服务区设计 II
经济技术指标
A-A剖面图 1:350
B-B剖面图 1:350

2018 级建筑学
大三

许鸿鸣

换乘服务中心设计
畅·丘

指导教师：
周　韬
罗建亮
蔡　晴
邱　路
聂志勇
吴　靖

商业设施：利用场地绝佳的景观优势，在沿湖一侧建造一条特色商业街，同时建设有两个位置极佳的民宿营地，这将提高该地的吸引力，同时将丰富其商业模式。

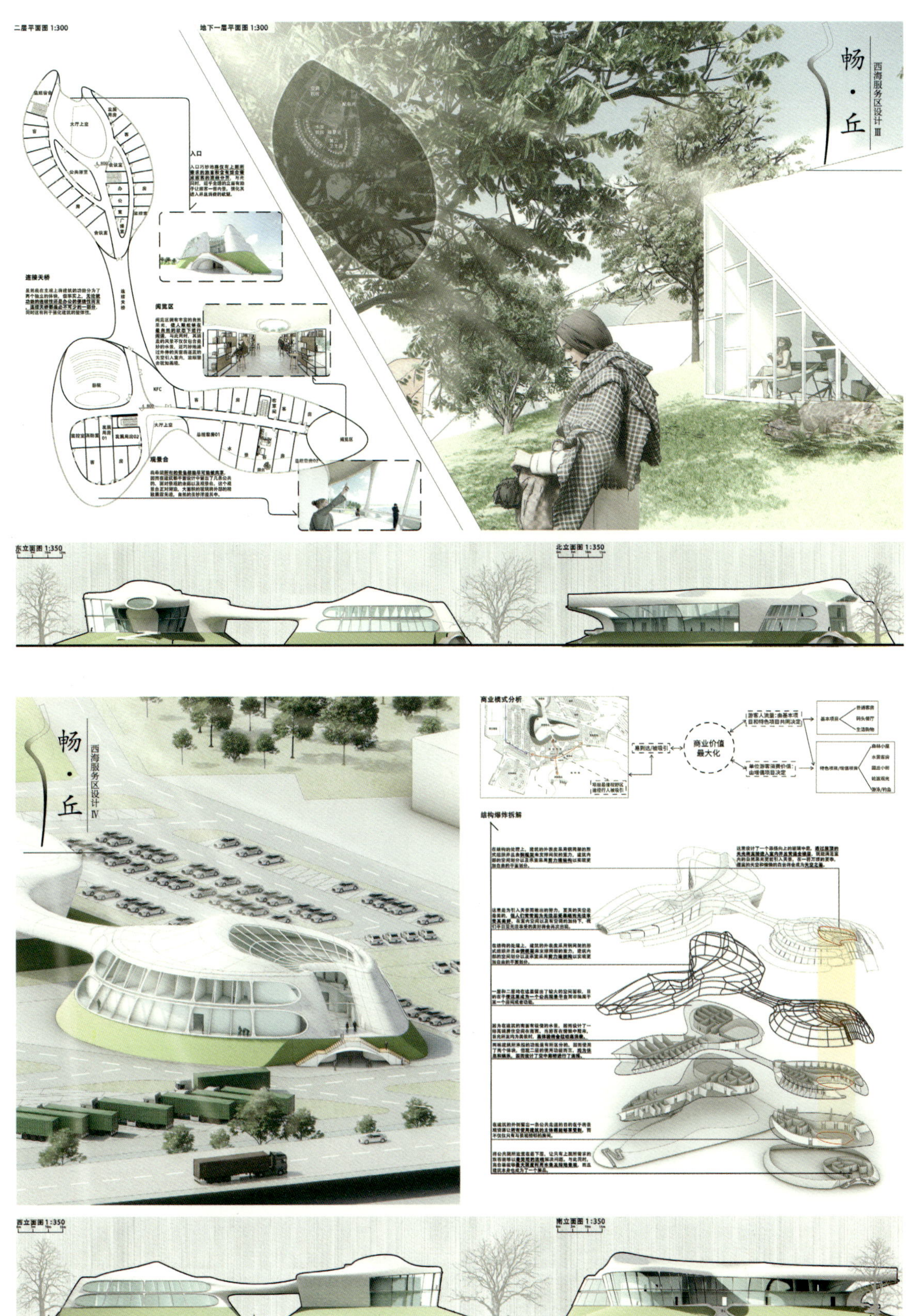
二层平面图 1:300
地下一层平面图 1:300
畅·丘
西海服务区设计Ⅲ
东立面图 1:350
北立面图 1:350
畅·丘
西海服务区设计Ⅳ
商业模式分析
商业价值最大化
结构爆炸拆解
西立面图 1:350
南立面图 1:350

庄晓琦

换乘服务中心设计
折返粼粼

指导教师：
周　韬
罗建亮
蔡　晴
邱　路
聂志勇
吴　靖

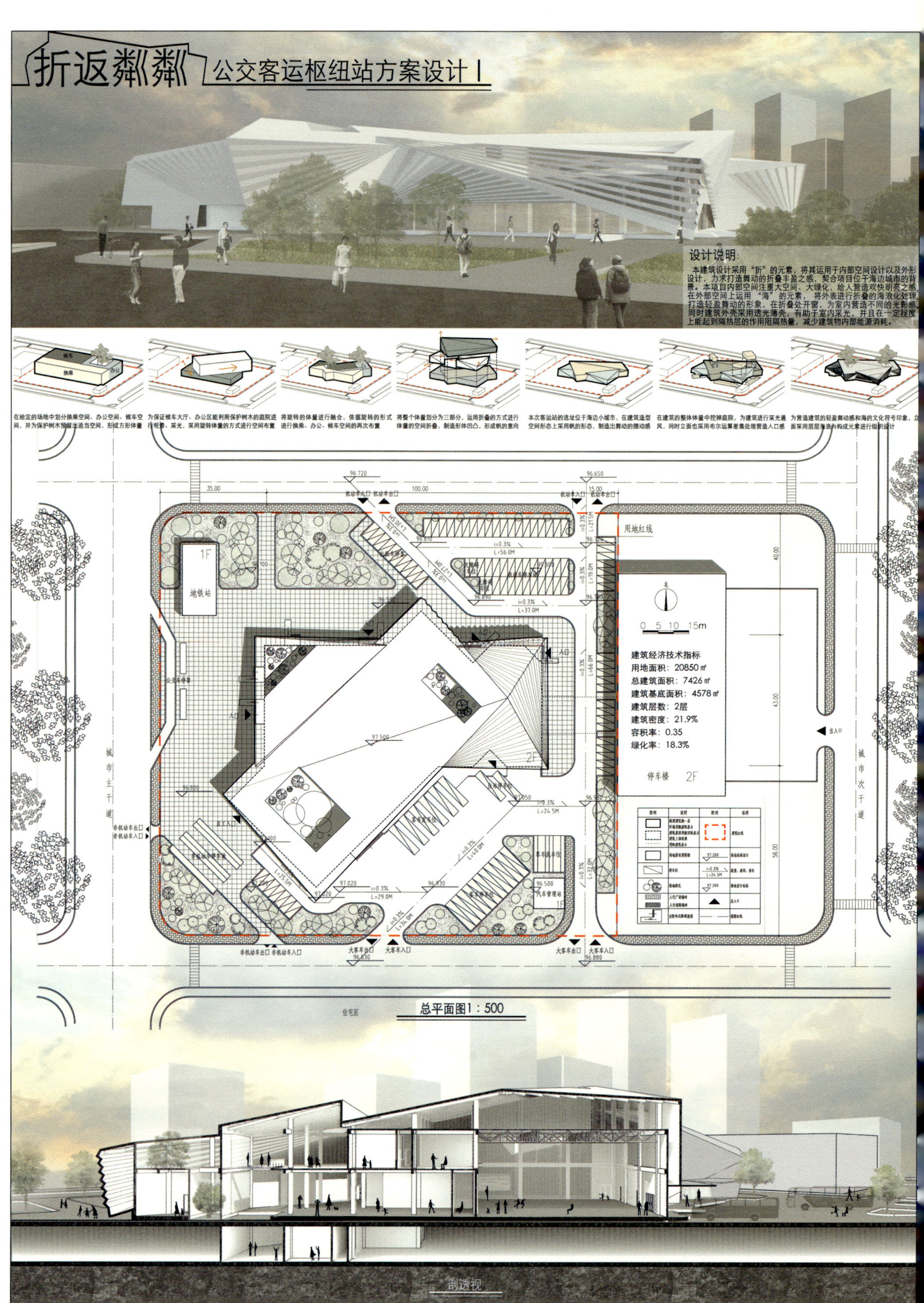
折返粼粼 公交客运枢纽站方案设计 I
设计说明：
本建筑设计采用"折"的元素，将其运用于内部空间设计以及外形设计，力求打造舞动的折叠丰盈之感，契合项目位于海边城市的背景。本项目内部空间注重大空间、大绿化，给人营造欢快明亮之感。在外部空间上运用"海"的元素，将外表进行折叠的海浪化处理，打造轻盈舞动的形象。在折叠处开窗，为室内营造不同的光影感。同时建筑外壳采用透光薄壳，有助于室内采光，并且在一定程度上能起到隔热层的作用阻隔热量，减少建筑物内部能源消耗。
建筑经济技术指标
用地面积：20850㎡
总建筑面积：7426㎡
建筑基底面积：4578㎡
建筑层数：2层
建筑密度：21.9%
容积率：0.35
绿化率：18.3%
用地红线
地铁站
停车楼
城市主干道
城市次干道
住宅区
总平面图1：500
剖透视

2019 级建筑学
大三

庄晓琦

换乘服务中心设计

折返粼粼

指导教师：
周 韬
罗建亮
蔡 晴
邱 路
聂志勇
吴 靖

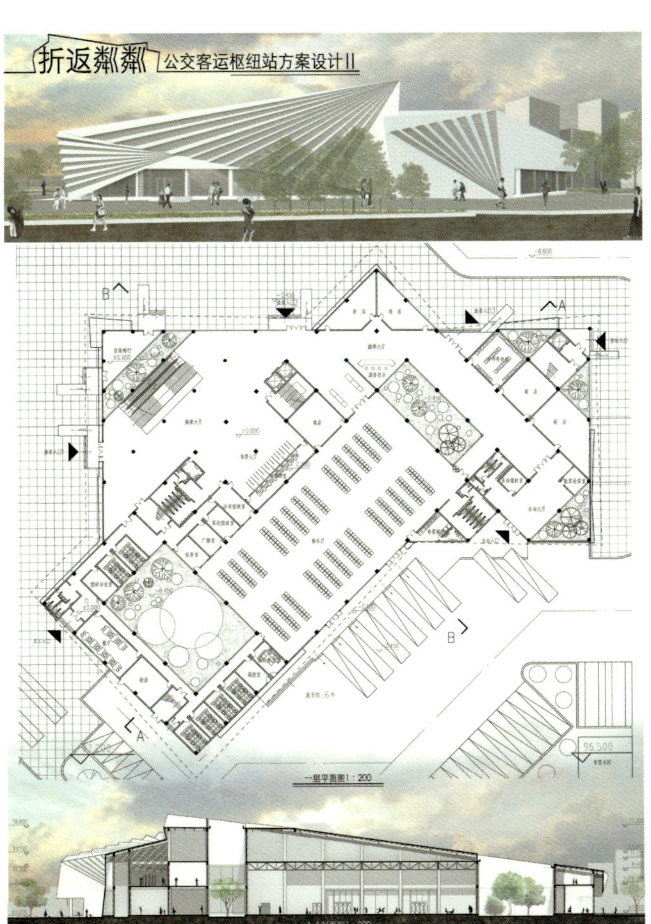
折返粼粼 公交客运枢纽站方案设计II
一层平面图1：200
A-A剖面图1：200

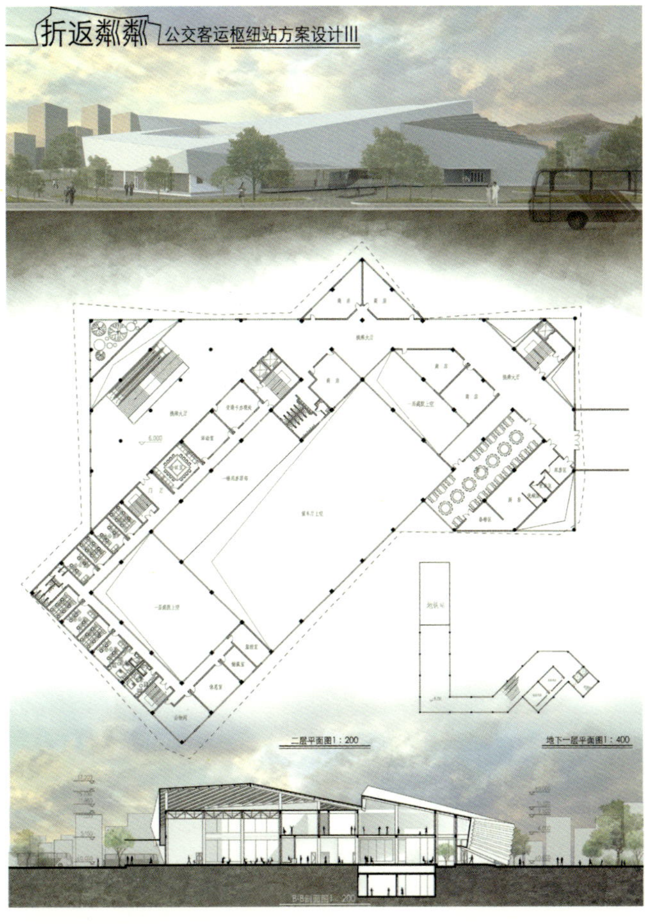
折返粼粼 公交客运枢纽站方案设计III
二层平面图1：200
地下一层平面图1：400
B-B剖面图1：200

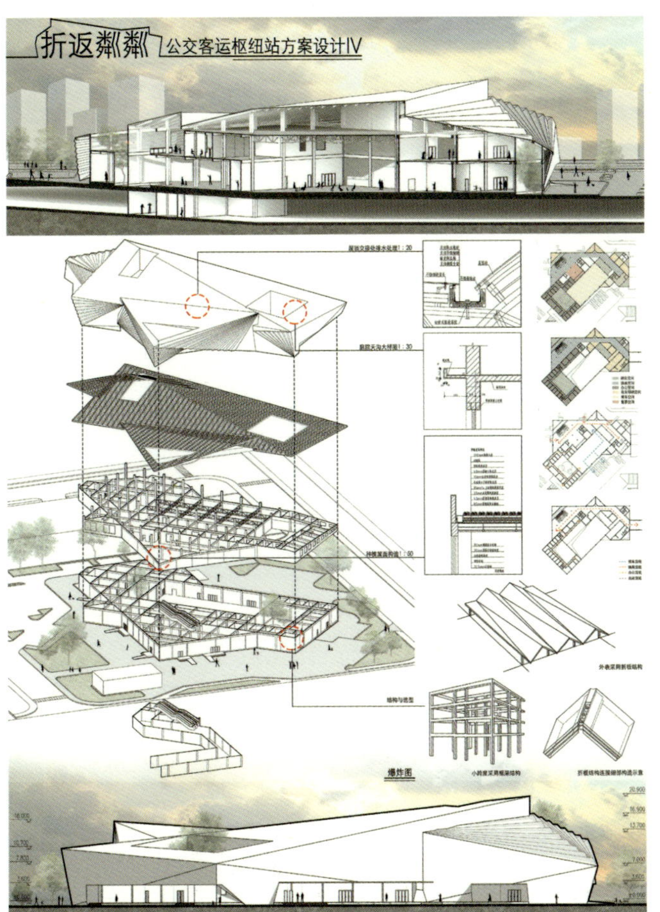
折返粼粼 公交客运枢纽站方案设计IV
爆炸图
B-B剖面图1：200

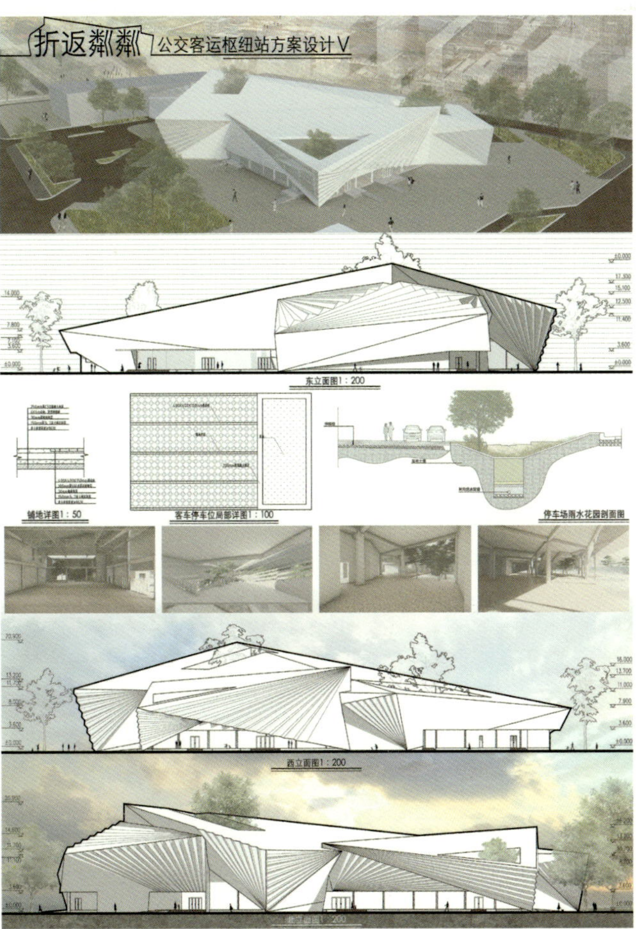
折返粼粼 公交客运枢纽站方案设计V
东立面图1：200
铺地详图1：50
客车停车位局部详图1：100
停车场雨水花园剖面图
西立面图1：200

2019 级建筑学
大三

杨涵婷

三生万物
换乘服务中心设计

指导教师：
周　韬
罗建亮
蔡　晴
邱　路
聂志勇
吴　靖

《道德经》曰："道生一，一生二，二生三，三生万物"。本方案围绕"三"展开，平面形似数字"3"，暗喻道家玉清、上清、太清三位尊神，这也正是三清山名字的由来。体块阴阳穿插衔接，犹如阴阳二气相交相融。立面起伏似山峦云叠，又似阴阳二气从中流动。玻璃幕墙与立柱使建筑轻盈纤弱，是"以虚无为体，以柔弱为刚"的道法本质。主建筑背山面水，尊重并利用场地高差组织流线，局部位于高地错层衔接，隐于自然，顺应道家"道法自然"的思想。

"三"生万物 1
——三清山换乘服务中心设计
场地概况 Environment
文化背景 Culture
区位分析 Location
场地高差 Height
交通状况 Traffic
设计说明 Description
《道德经》第四十二章：
道生一 一生二 二生三 三生万物
万物负阴而抱阳 冲气以为和……
玉溪线
红枫大道
总平面图 1:1000
经济技术指标：
总建设用地……43000㎡
总建筑面积……8640㎡
占地面积……6980㎡
建筑密度……16.2%
容积率……0.20
绿地率……41%
总车位数……268辆
私家车停车位……179辆
大巴车停车位……45辆
景区大巴停车位……44辆
绿化
种植屋面
玻璃
沥青
柏油马路
木制铺地
透水铺地

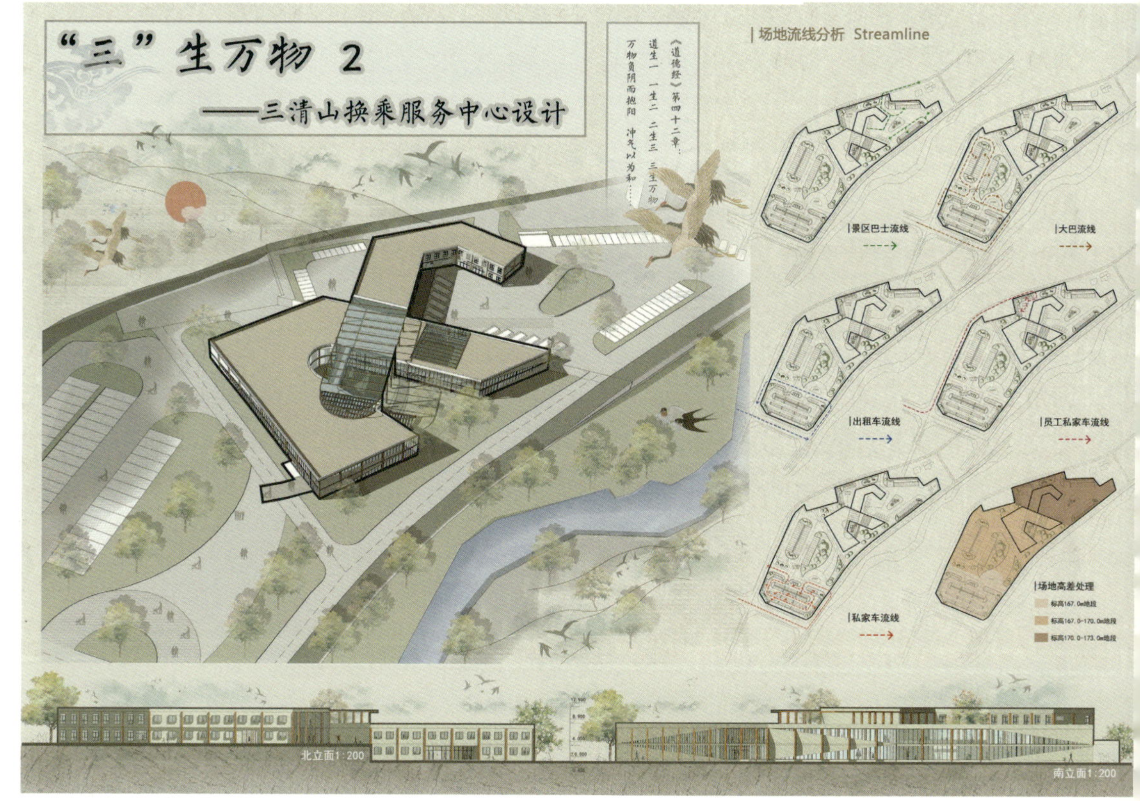
"三"生万物 2
——三清山换乘服务中心设计
《道德经》第四十二章：
道生一 一生二 二生三 三生万物
万物负阴而抱阳 冲气以为和……
场地流线分析 Streamline
景区巴士流线
大巴流线
出租车流线
员工私家车流线
私家车流线
场地高差处理
北立面1:200
南立面1:200

杨涵婷

换乘服务中心设计 三生万物

指导教师：
周 韬
罗建亮
蔡 晴
邱 路
聂志勇
吴 靖

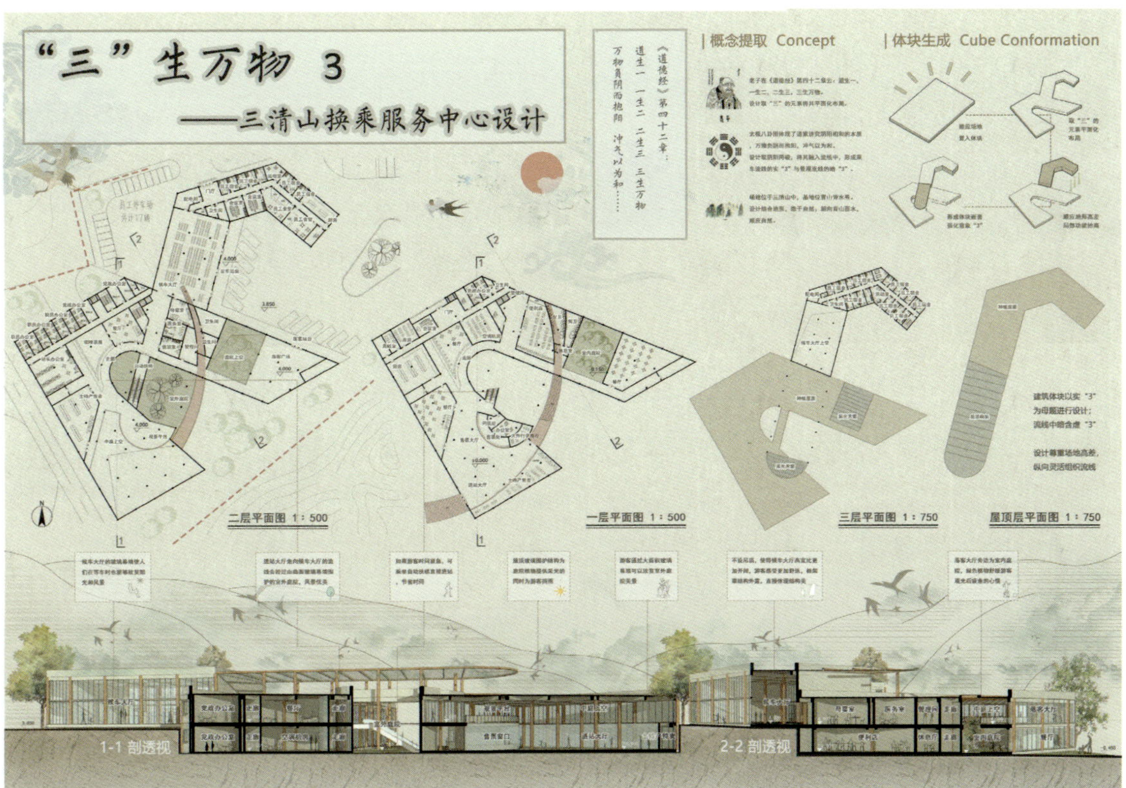
"三"生万物 3
——三清山换乘服务中心设计
《道德经》第四十二章：
道生一 一生二 二生三 三生万物
万物负阴而抱阳 冲气以为和……
概念提取 Concept
体块生成 Cube Conformation
二层平面图 1：500
一层平面图 1：500
三层平面图 1：750
屋顶层平面图 1：750
1-1 剖透视
2-2 剖透视

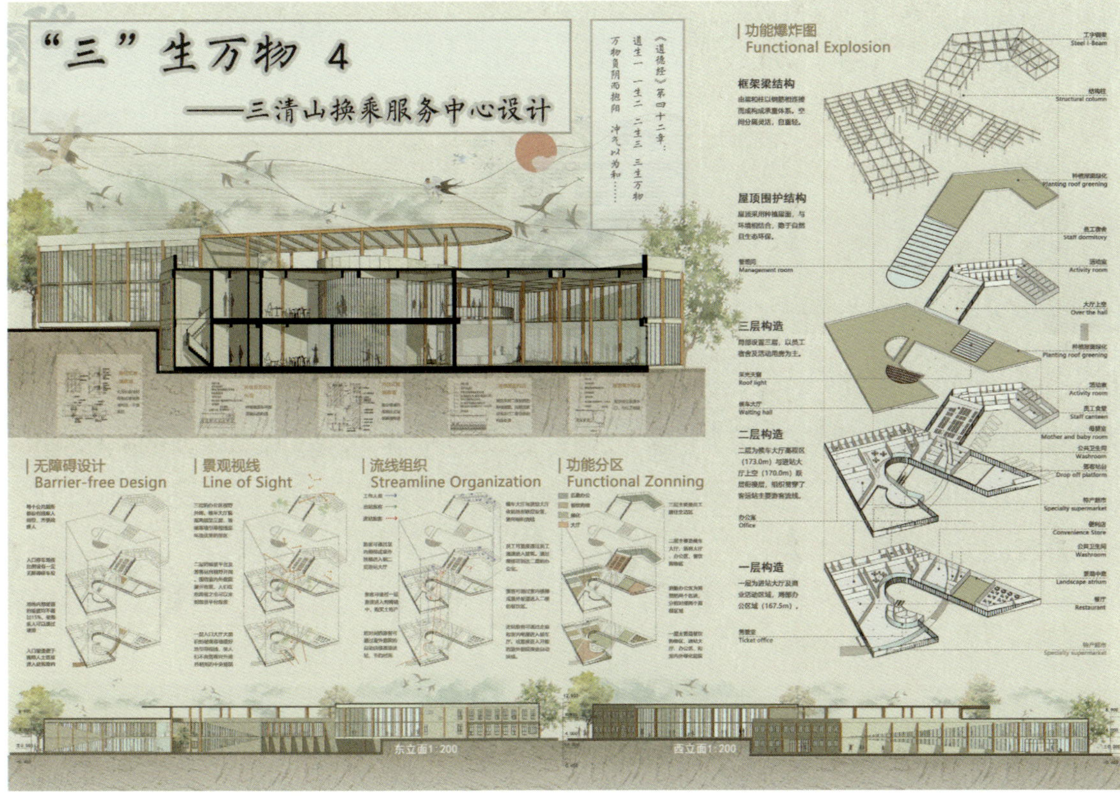
"三"生万物 4
——三清山换乘服务中心设计
《道德经》第四十二章：
道生一 一生二 二生三 三生万物
万物负阴而抱阳 冲气以为和……
功能爆炸图
Functional Explosion
框架梁结构
屋顶围护结构
三层构造
二层构造
一层构造
无障碍设计
Barrier-free Design
景观视线
Line of Sight
流线组织
Streamline Organization
功能分区
Functional Zonning
东立面1：200
西立面1：200

2017 级建筑学
大三

高欣元

城乡客舍设计 林里

指导教师：
周　韬
罗建亮
蔡　晴
邱　路
聂志勇
吴　靖

身处繁杂的城市，我们整日为了生活而奔走操劳，住在一幢幢公寓之中，大门紧闭阻隔了邻里之间的联系。为什么不敞开大门，与邻居来一次尽兴的畅谈？为什么不抛开压力，去山野林间享受自然？方案位于三清山景区东部。三清山是道教名山，风景秀丽，是中国第七个、江西第一个世界自然遗产。道家崇尚自然，有辩证法的因素和无神论的倾向，主张清静无为以柔克刚，反对斗争；提倡道法自然，无所不容，自然无为，与自然和谐相处。

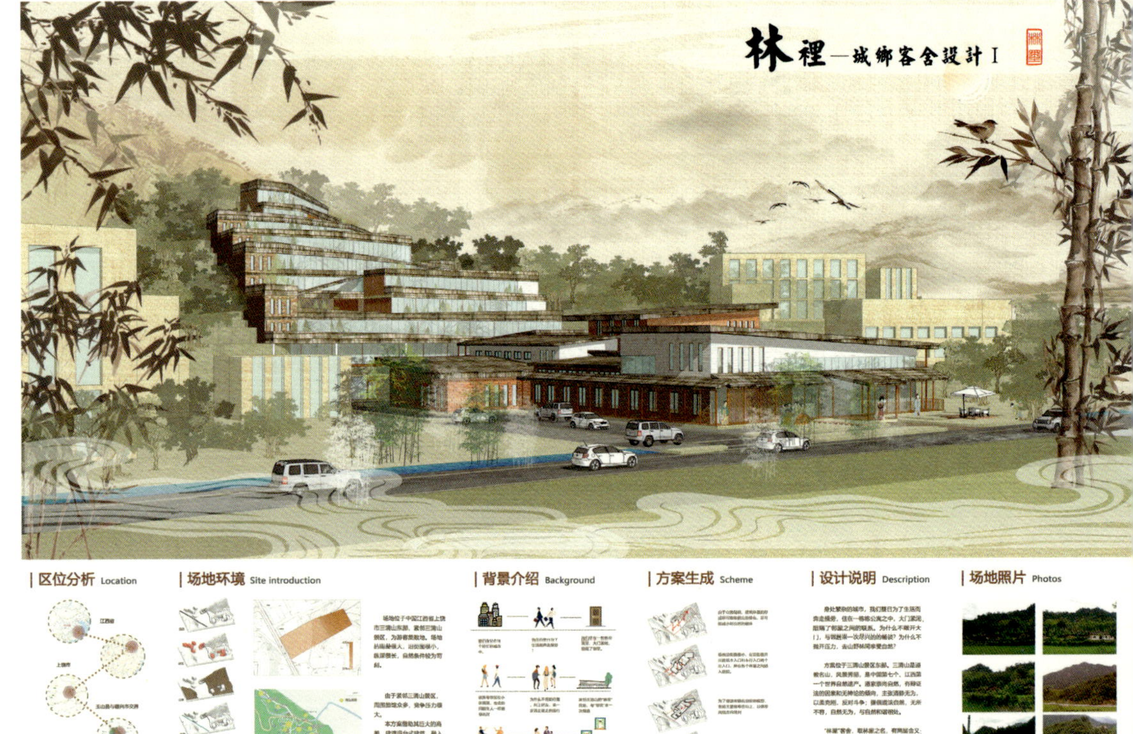
林裡—城鄉客舍設計 I
区位分析 Location
场地环境 Site introduction
背景介绍 Background
方案生成 Scheme
设计说明 Description
场地照片 Photos

城鄉客舍設計 II—林裡
2-2剖面透视

2017 级建筑学
大三

高欣元

城乡客舍设计　林里

指导教师：
周　韬
罗建亮
蔡　晴
邱　路
聂志勇
吴　靖

“林里”客舍，取林里之名，有两层含义，一是建筑依据山势逐层而上，隐于林里之间。二是建筑通过公共观景平台的设置，鼓励“邻里”之间交流，使邻里间关系和睦，创造和谐“邻里”。

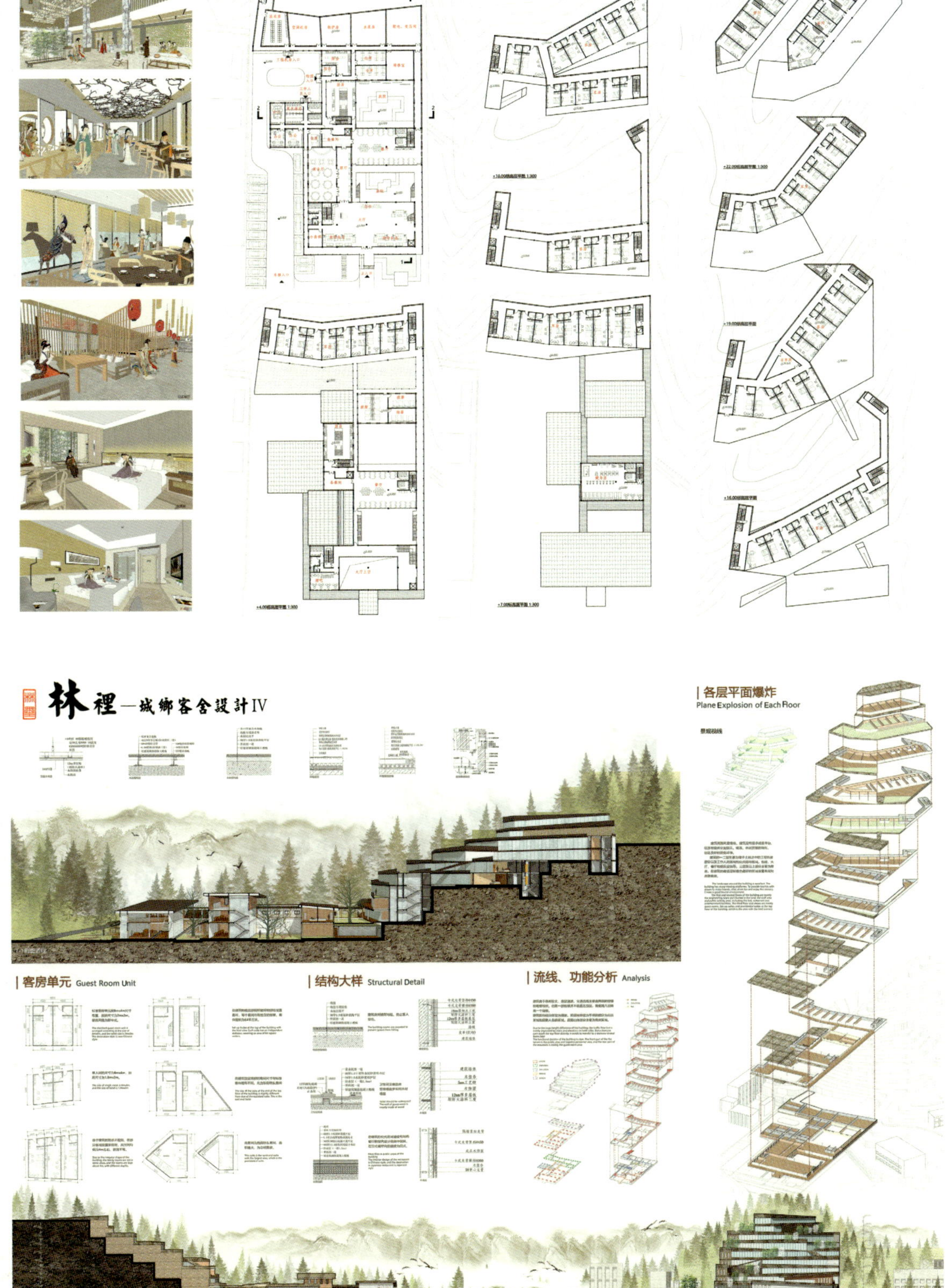
林裡—城鄉客舍設計IV
各层平面爆炸
Plane Explosion of Each Floor
客房单元 Guest Room Unit
结构大样 Structural Detail
流线、功能分析 Analysis

汪丁

竹·瓦舍里
城乡客舍设计

指导教师：
周　韬
罗建亮
蔡　晴
邱　路
聂志勇
吴　靖

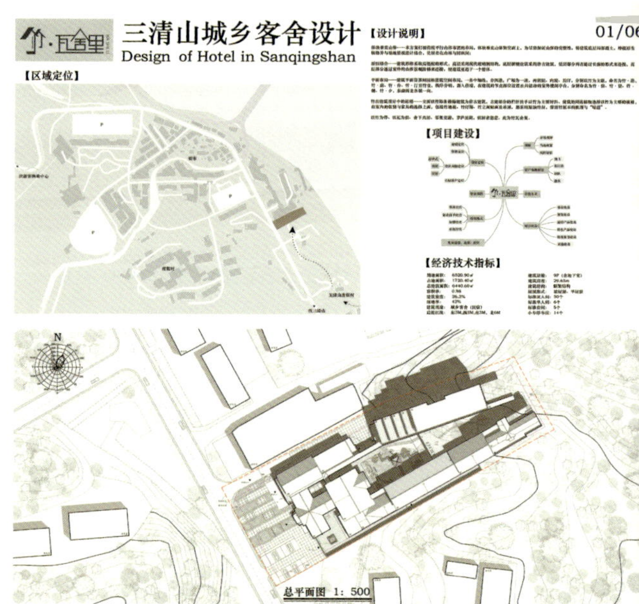
三清山城乡客舍设计
Design of Hotel in Sanqingshan
01/06
【区域定位】
【设计说明】
【项目建设】
【经济技术指标】
总平面图 1：500

体块垂直山体——本方案打破传统平行山体布置的布局，体块垂直山体架空而上，为尽量保证山体的完整性，将建筑底层局部覆土，种植原生植物并与场地景观设计结合，让居者在山林与园林间；新旧结合——建筑形体采取高低配的形式，高层采用现代玻璃钢结构，底层裙楼建筑采用仿古建筑，低层部分两者通过长廊的形式来连接，高层部分通过室外的山体景观阶梯来连接，使建筑更趋于一个整体。

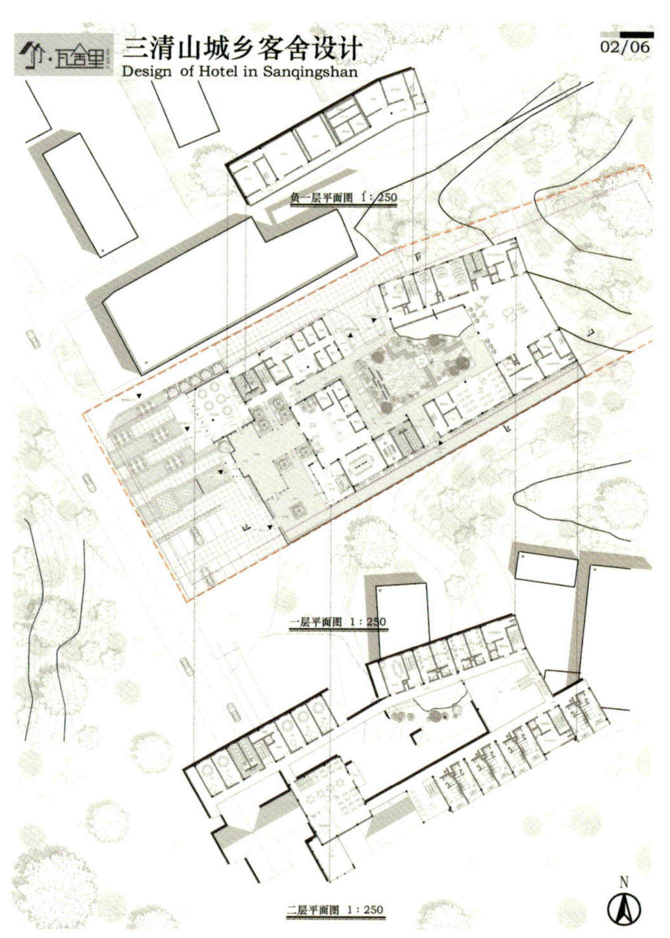
三清山城乡客舍设计
Design of Hotel in Sanqingshan
02/06
负一层平面图 1：250
一层平面图 1：250
二层平面图 1：250
N

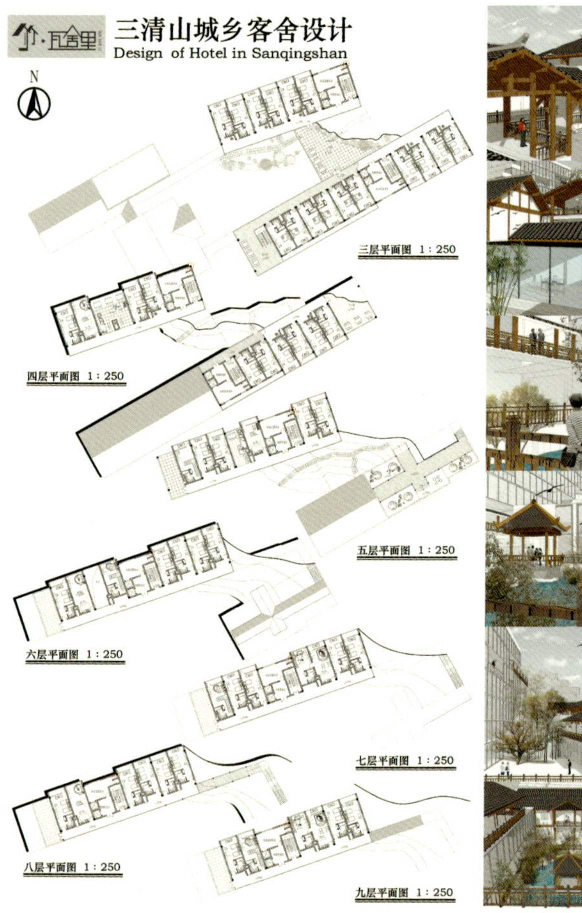
三清山城乡客舍设计
Design of Hotel in Sanqingshan
03/06
N
三层平面图 1：250
四层平面图 1：250
五层平面图 1：250
六层平面图 1：250
七层平面图 1：250
八层平面图 1：250
九层平面图 1：250

汪丁

城乡客舍设计
竹·瓦舍里

指导教师：
周　韬
罗建亮
蔡　晴
邱　路
聂志勇
吴　靖

平面布局——建筑平面仿苏州园林建筑空间布局，一条中轴线，分四进，广场为一进，再前院、内院、后厅，分别以竹为主题，命名为竹·进、竹·廊、竹·台、竹·汀、竹·堂，秩序分明，渐入佳境，在建筑的节点部位设置公共活动的室外楼阁亭台，分别命名为竹·驻、竹·望、竹·朝、竹·夕，东南西北各朝一向。竹在建筑设计中的运用——立面以竹饰条修饰建筑为仿古建筑，古建部分的栏杆扶手以竹为主要材料。建筑的周边植物选择以竹为主要植被，在室内的软装与家具的选择上面，包括竹地板、竹灯饰、竹立面贴面及吊顶，都采用原有竹材，保留竹原本的肌理与“味道”。以竹为伴、以瓦为侣、舍下共居、邻里交游，茅庐虽简，但居者恣意。此为竹瓦舍里。

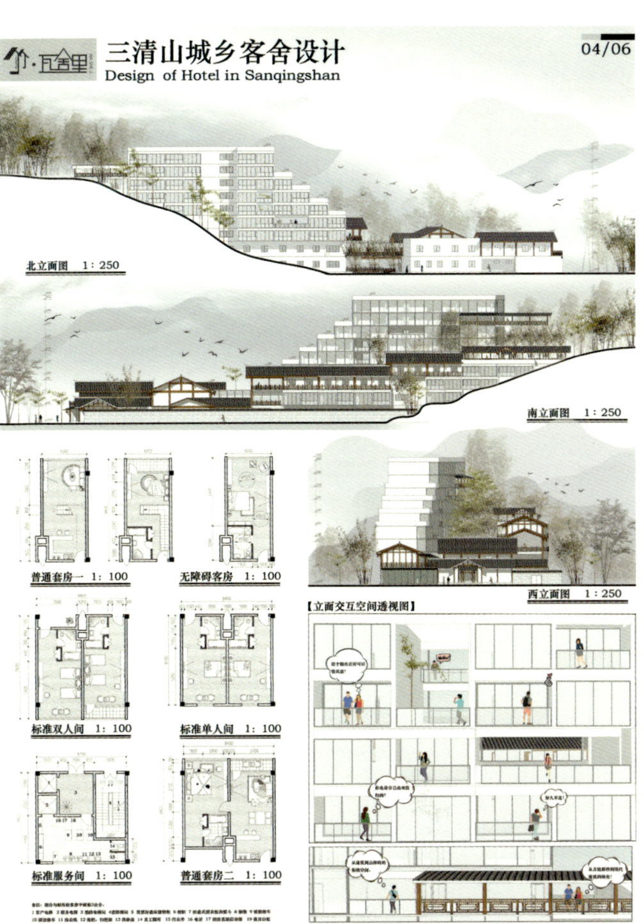
三清山城乡客舍设计
Design of Hotel in Sanqingshan
04/06
北立面图　1：250
南立面图　1：250
普通套房一　1：100
无障碍客房　1：100
西立面图　1：250
【立面交互空间透视图】
标准双人间　1：100
标准单人间　1：100
标准服务间　1：100
普通套房二　1：100

三清山城乡客舍设计
Design of Hotel in Sanqingshan
05/06
1-1剖面图　1：250
2-2剖面图　1：250
污衣井构造大样
外墙保温构造　1：20
楼板与内墙隔音构造1：20
【基本流线及功能分区】
【建筑生态发展】

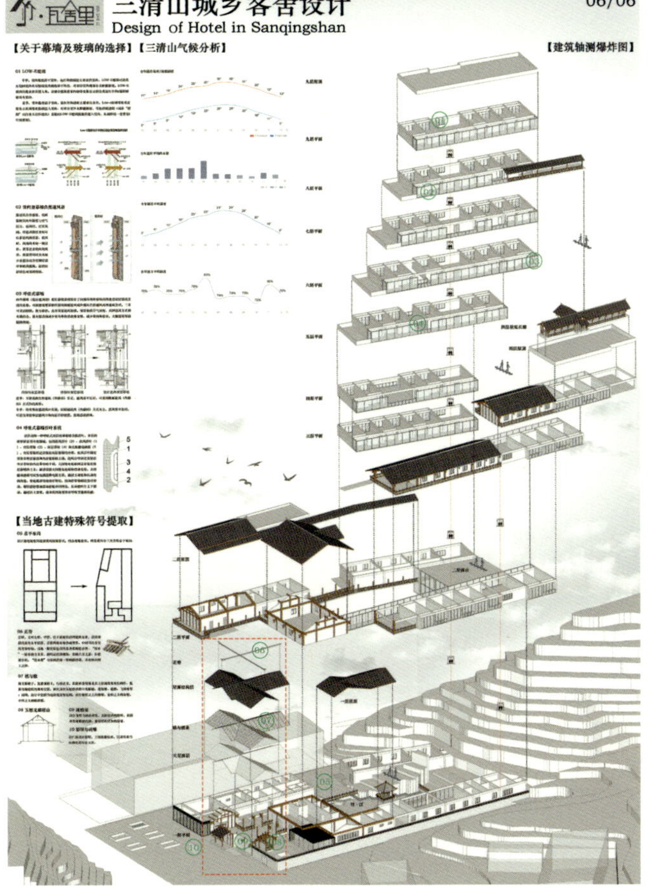
三清山城乡客舍设计
Design of Hotel in Sanqingshan
06/06
【关于幕墙及玻璃的选择】【三清山气候分析】
【建筑轴测爆炸图】
【当地古建特殊符号提取】

2018 级建筑学
大三

李家傲

城乡客舍设计

山中游

指导教师：
周　韬
罗建亮
蔡　晴
邱　路
聂志勇
吴　靖

"游"是从容地行走，是投入身心感知环境，感知旷奥趣味，有所得于心中，自然有欣快愉悦之感，如鱼游于水中，是一种物我两忘的超然状态。项目位于上饶三清山风景区，场地呈东北—西南狭长条形，东北方为陡峭坡地，平均坡度超过 57%，平缓场地比较有限。设计以流线为主要线索，首先在场地设置环形车道，满足后勤与消防功能需求。在公共区域设置形成灵活的洄游动线，并内含几何控制创造动态空间，旅客流线兼具水平与垂直，客房区为适应陡峭坡地设竖向交通转换：多维度体现"游"的行为特点。

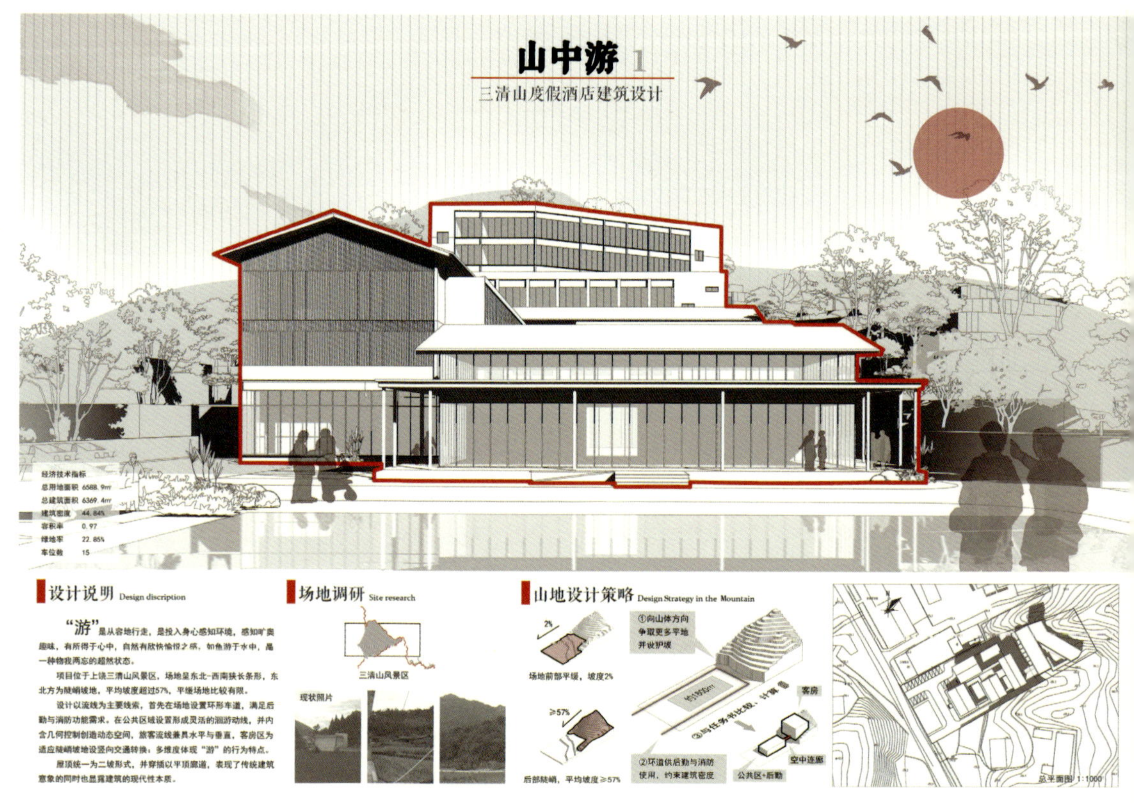
山中游 1
三清山度假酒店建筑设计
设计说明 Design discription
场地调研 Site research
三清山风景区
现状照片
山地设计策略 Design Strategy in the Mountain
场地前部平缓，坡度2%
后部陡峭，平均坡度≥57%
总平面图 1:1000

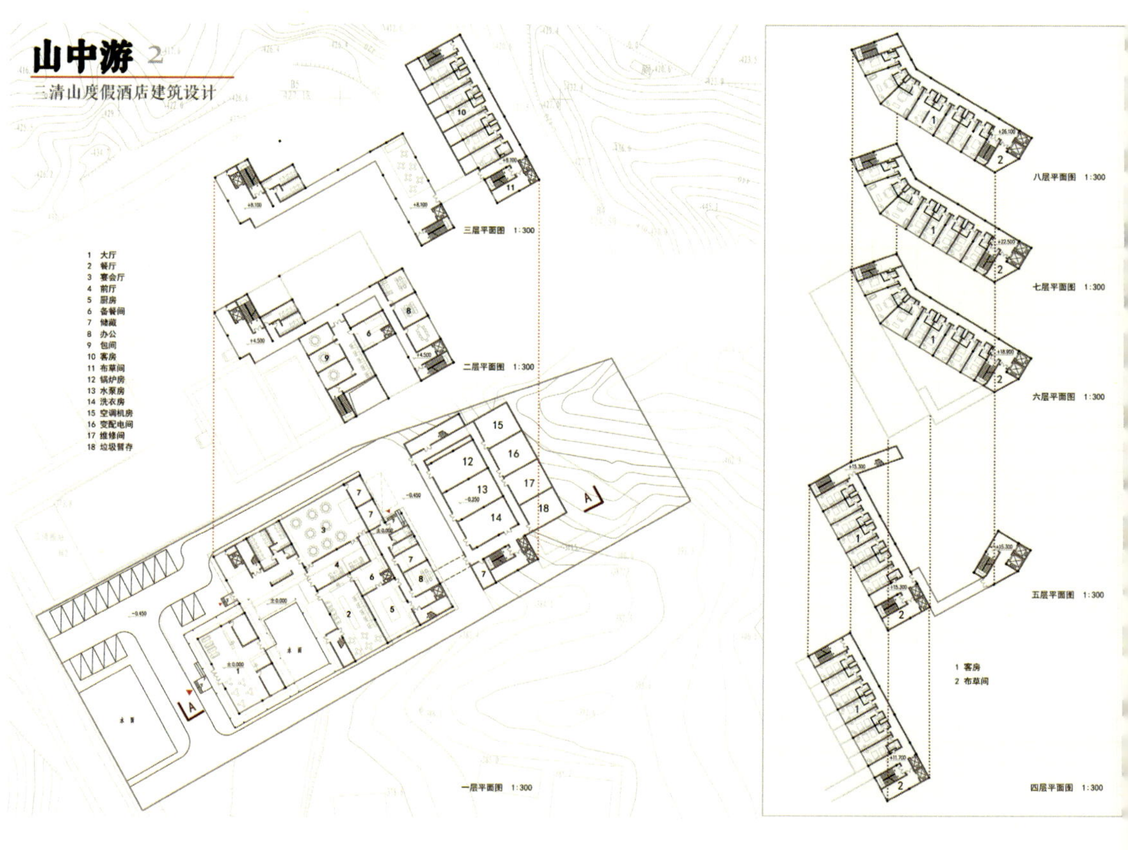
山中游 2
三清山度假酒店建筑设计
1 大厅
2 餐厅
3 宴会厅
4 前厅
5 厨房
6 备餐间
7 储藏
8 办公
9 包间
10 客房
11 布草间
12 锅炉房
13 水泵房
14 洗衣房
15 空调机房
16 变配电间
17 维修间
18 垃圾暂存
一层平面图 1:300
二层平面图 1:300
三层平面图 1:300
四层平面图 1:300
五层平面图 1:300
六层平面图 1:300
七层平面图 1:300
八层平面图 1:300
1 客房
2 布草间

2018 级建筑学
大三

李家傲

城乡客舍设计
山中游

指导教师：
周　韬
罗建亮
蔡　晴
邱　路
聂志勇
吴　靖

山中游 3

三清山度假酒店建筑设计

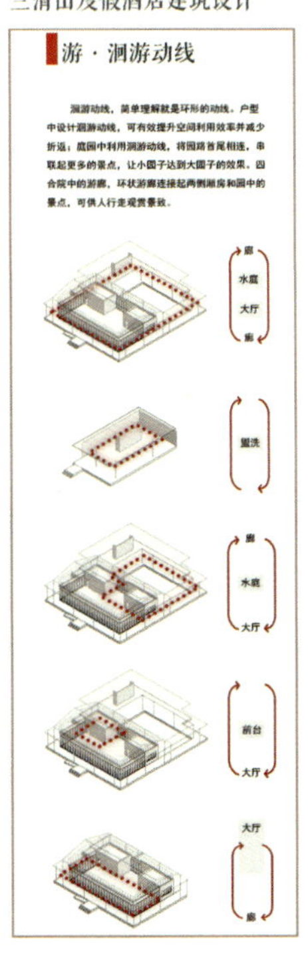
游 · 洄游动线

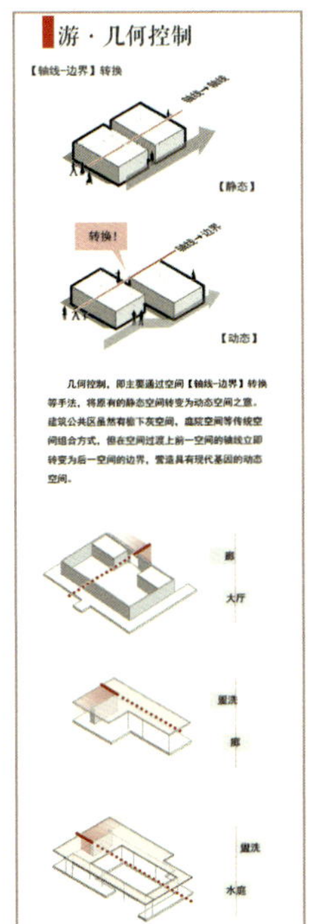
游 · 几何控制
【轴线-边界】转换
【静态】
转换！
【动态】

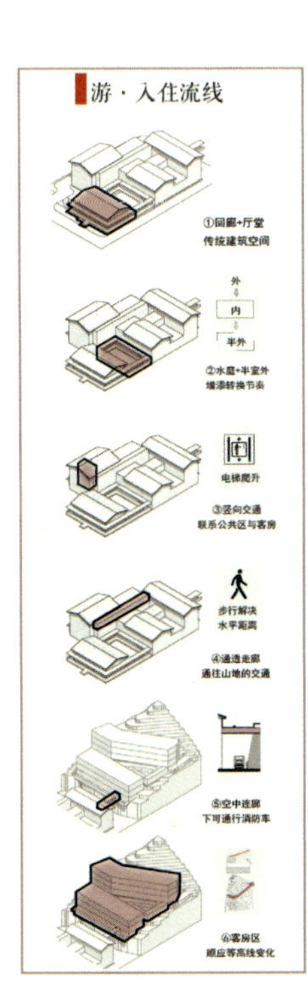
游 · 入住流线

山中游 4

三清山度假酒店建筑设计

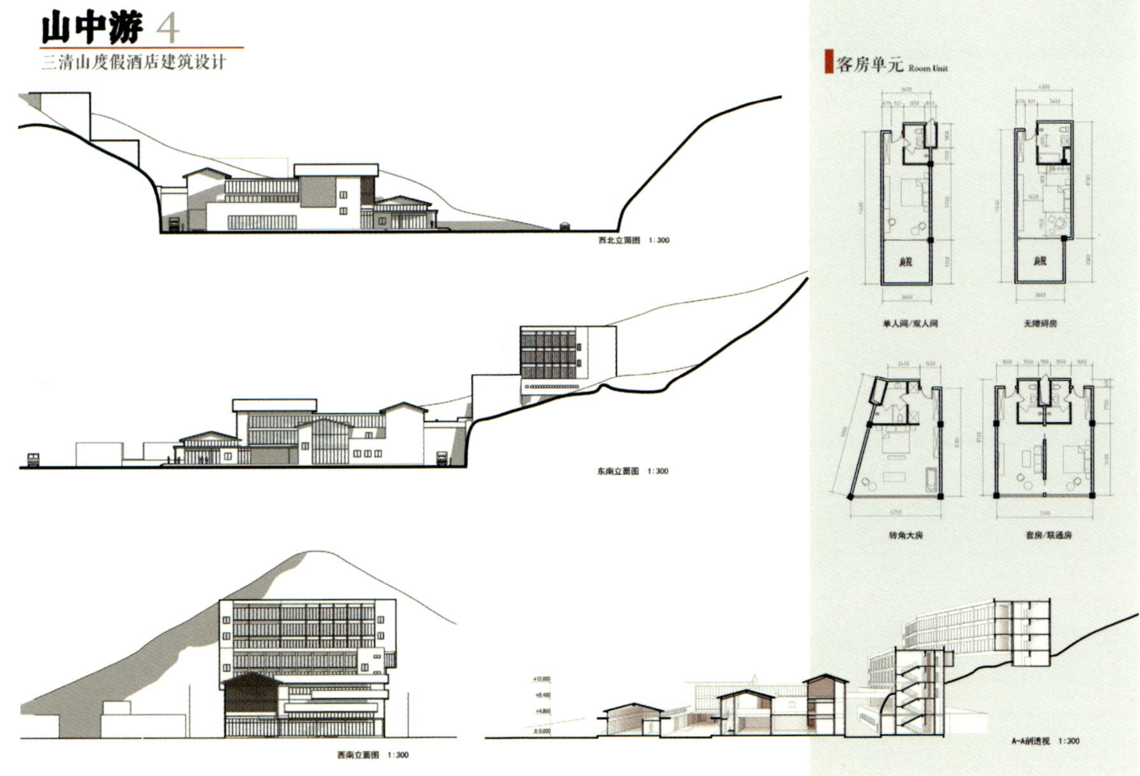
客房单元 Room Unit
西北立面图 1:300
东南立面图 1:300
西南立面图 1:300
A-A剖透视 1:300

2018 级建筑学
大三

王晨宇

城乡客舍设计

在屋顶唱着你的歌

指导教师：
周　韬
罗建亮
蔡　晴
邱　路
聂志勇
吴　靖

本次改造以纺织场的前世今生为主题。为了唤起当年人们在车间共同工作的回忆，在此次旅馆设计中引入了许多共享空间。同时，场地南面有 699 创意园的中心绿地，为了增强建筑与该地的呼应，设计了屋顶平台，同时在底部也打通了一个内部庭院和绿地可以进行视线相互交流的空间。整个旅馆的尺度也和 699 创意园中其他建筑的尺度相一致，不会有违和感。

在屋顶唱着你的歌 I
The theme hotle design of industrial district
区位分析
交通及肌理
设计出发
在屋顶唱着你的歌 II
The theme hotle design of industrial district
拆除与新建：
结构保留：
建筑策略：
材质选择：
总平面图 1:500
南立面图 1:150

2018 级建筑学
大三

王晨宇

城乡客舍设计

在屋顶唱着你的歌

指导教师：
周　韬
罗建亮
蔡　晴
邱　路
聂志勇
吴　靖

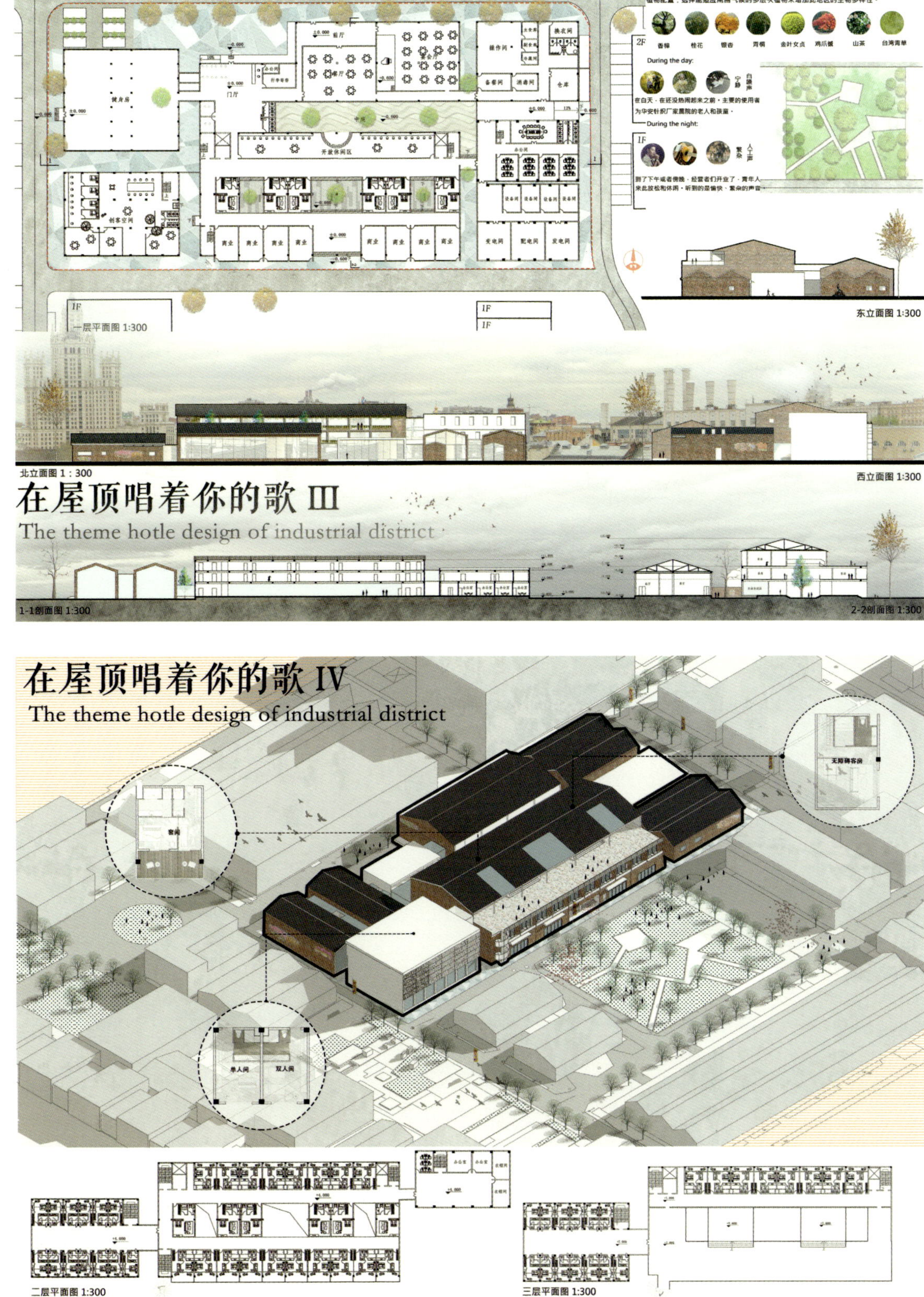
南向场地和中庭的声景观设计：
During the day:
During the night:
一层平面图 1:300
东立面图 1:300
北立面图 1：300
西立面图 1:300
在屋顶唱着你的歌 III
The theme hotle design of industrial district
1-1剖面图 1:300
2-2剖面图 1:300
在屋顶唱着你的歌 IV
The theme hotle design of industrial district
二层平面图 1:300
三层平面图 1:300

2018 级建筑学
大三

胥浩

城乡客舍设计 洞天

指导教师：
周　韬
罗建亮
蔡　晴
邱　路
聂志勇
吴　靖

该项目为改造建筑，改造对象为南昌市青山湖区 699 文创园中的几栋工业厂房，将原厂房的维护结构打破再重组，营造出多个内院，使得宾馆内的旅客在室内也可以享受优美的环境。同时，利用坡屋顶和屋顶排水营造“白噪声”的声环境，有利于旅客的睡眠。

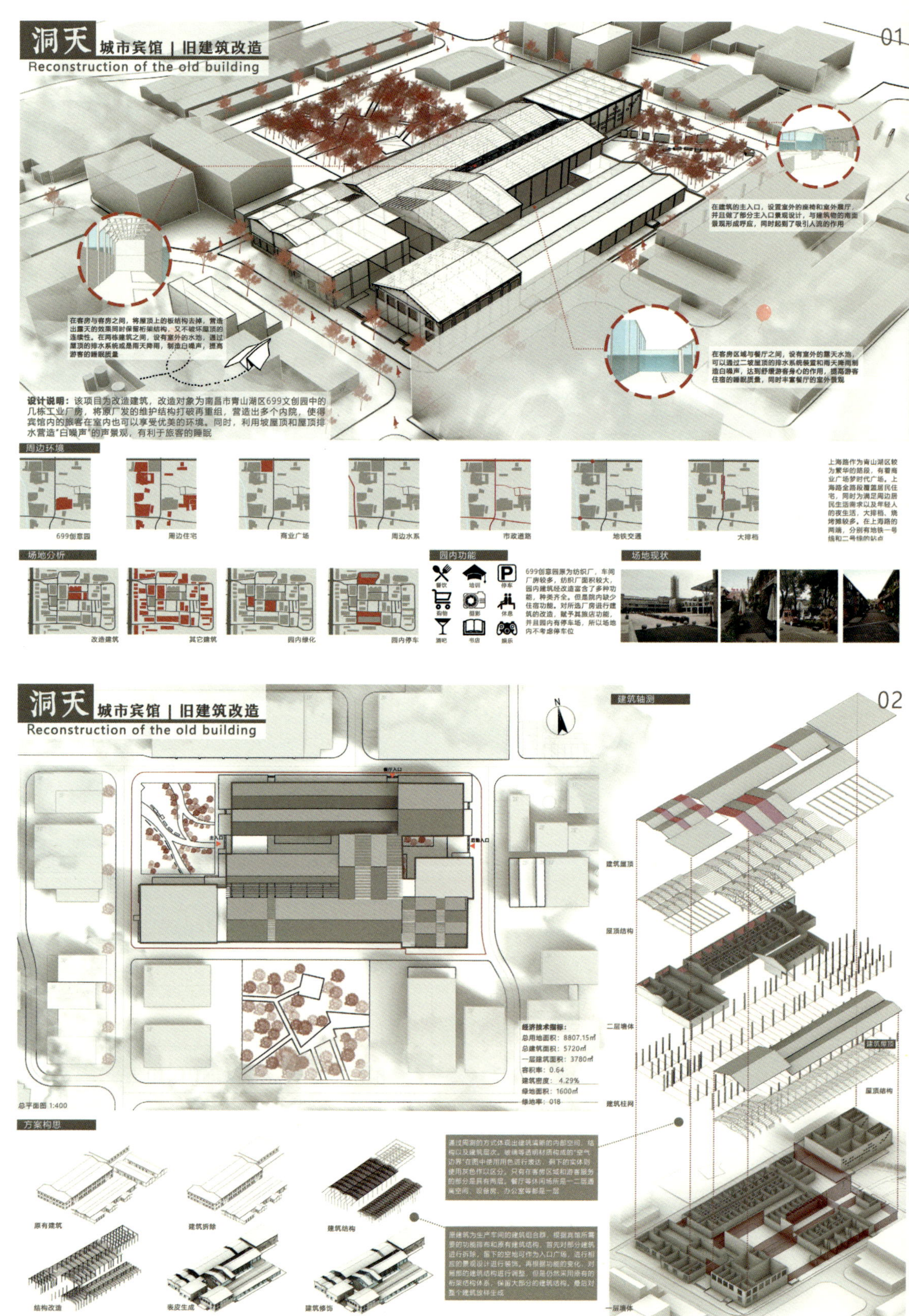
洞天 城市宾馆 | 旧建筑改造
Reconstruction of the old building
01
设计说明：该项目为改造建筑，改造对象为南昌市青山湖区699文创园中的几栋工业厂房，将原厂发的维护结构打破再重组，营造出多个内院，使得宾馆内的旅客在室内也可以享受优美的环境。同时，利用坡屋顶和屋顶排水营造"白噪声"的声景观，有利于旅客的睡眠
周边环境
699创意园
周边住宅
商业广场
周边水系
市政道路
地铁交通
大排档
场地分析
改造建筑
其它建筑
园内绿化
园内停车
园内功能
场地现状
洞天 城市宾馆 | 旧建筑改造
Reconstruction of the old building
02
建筑轴测
总平面图 1:400
经济技术指标：
总用地面积：8807.15㎡
总建筑面积：5720㎡
一层建筑面积：3780㎡
容积率：0.64
建筑密度：4.29%
绿地面积：1600㎡
绿地率：018
方案构思
原有建筑
建筑拆除
建筑结构
结构改造
表皮生成
建筑修饰
建筑屋顶
屋顶结构
二层墙体
建筑柱网
一层墙体

胥浩

城乡客舍设计

洞天

指导教师：
周　韬
罗建亮
蔡　晴
邱　路
聂志勇
吴　靖

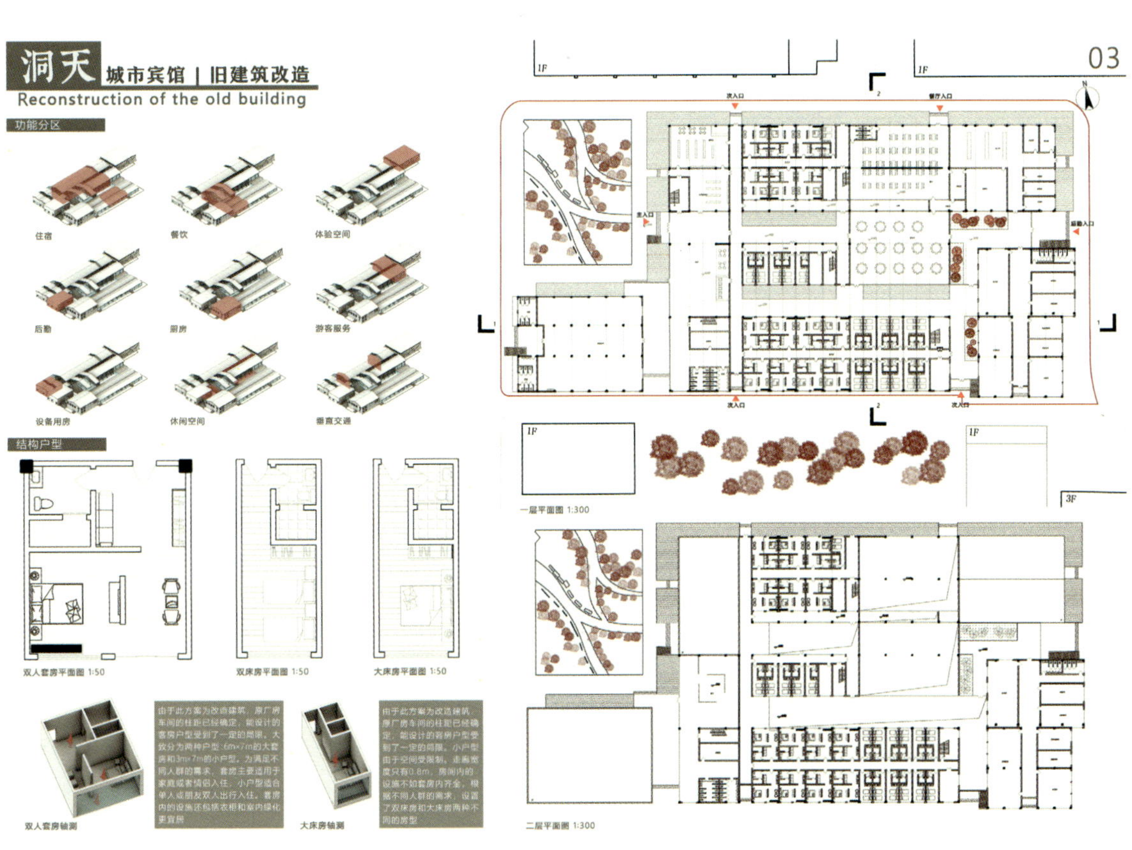
洞天
城市宾馆 | 旧建筑改造
Reconstruction of the old building
功能分区
住宿
餐饮
体验空间
后勤
厨房
游客服务
设备用房
休闲空间
垂直交通
结构户型
双人套房平面图 1:50
双床房平面图 1:50
大床房平面图 1:50
双人套房轴测
大床房轴测
03
一层平面图 1:300
二层平面图 1:300

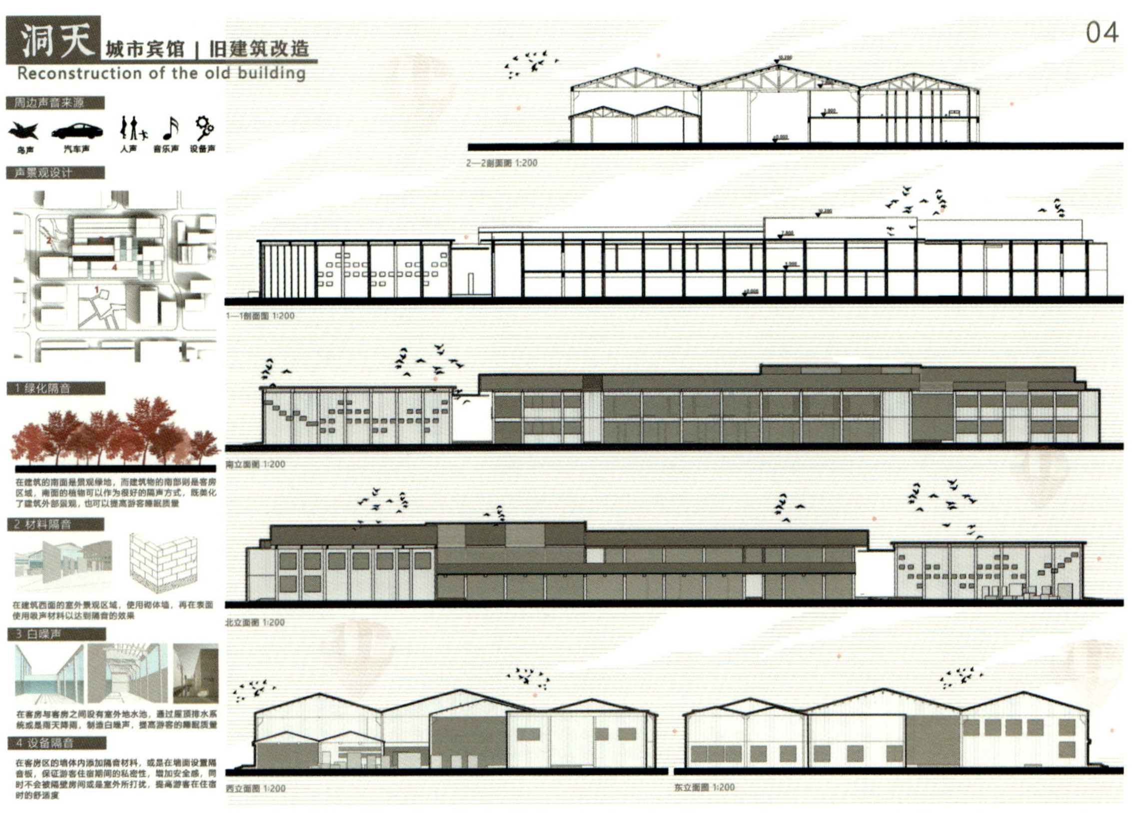
洞天
城市宾馆 | 旧建筑改造
Reconstruction of the old building
04
周边声音来源
鸟声
汽车声
人声
音乐声
设备声
声景观设计
1 绿化隔音
2 材料隔音
3 白噪声
4 设备隔音
2—2剖面图 1:200
1—1剖面图 1:200
南立面图 1:200
北立面图 1:200
西立面图 1:200
东立面图 1:200

张维予

城乡客舍设计
旧厂房改造

指导教师：
周　韬
罗建亮
蔡　晴
邱　路
聂志勇
吴　靖

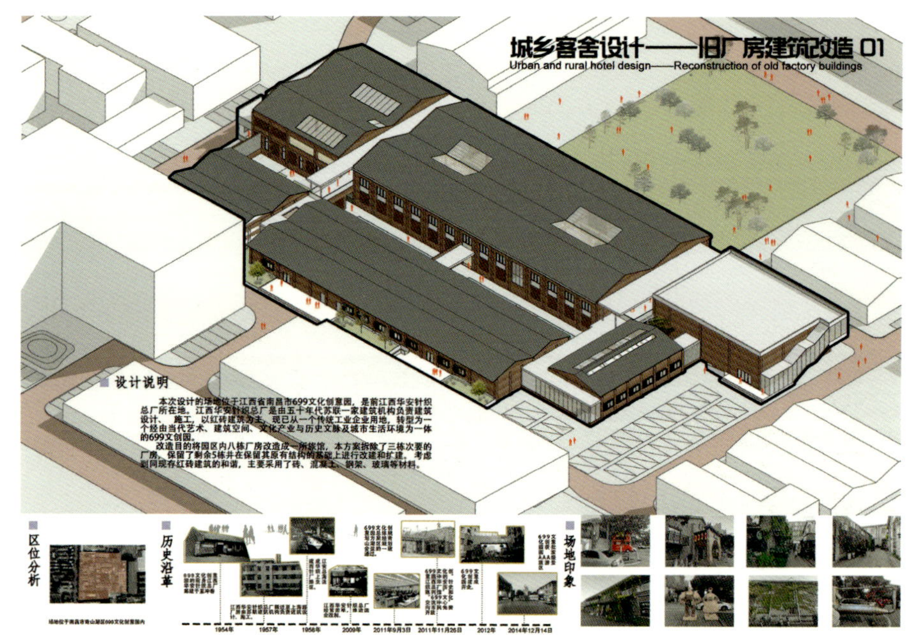
城乡客舍设计——旧厂房建筑改造 01
Urban and rural hotel design——Reconstruction of old factory buildings
设计说明
区位分析
历史沿革
场地印象

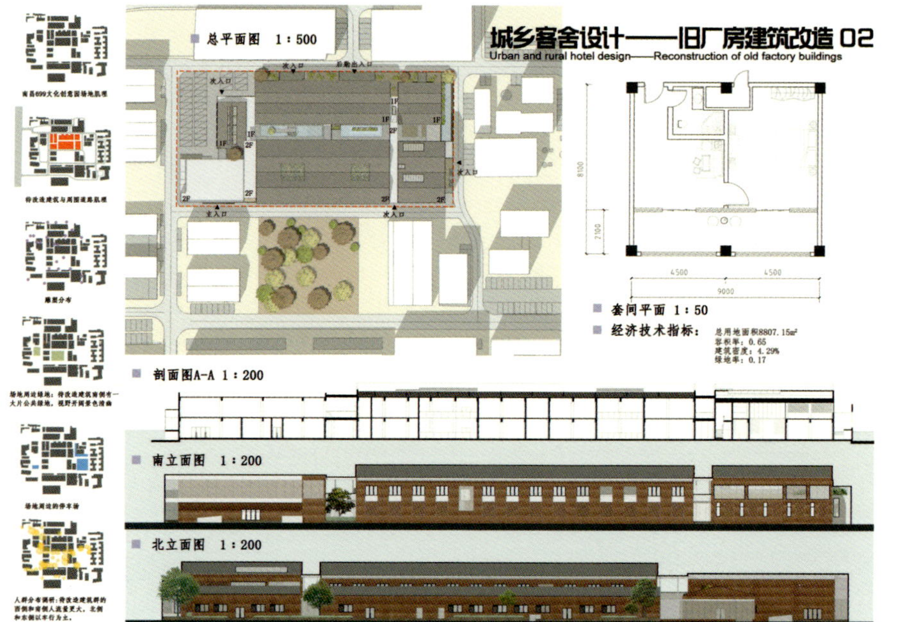
城乡客舍设计——旧厂房建筑改造 02
Urban and rural hotel design——Reconstruction of old factory buildings
总平面图　1：500
套间平面　1：50
经济技术指标：
剖面图A-A　1：200
南立面图　1：200
北立面图　1：200

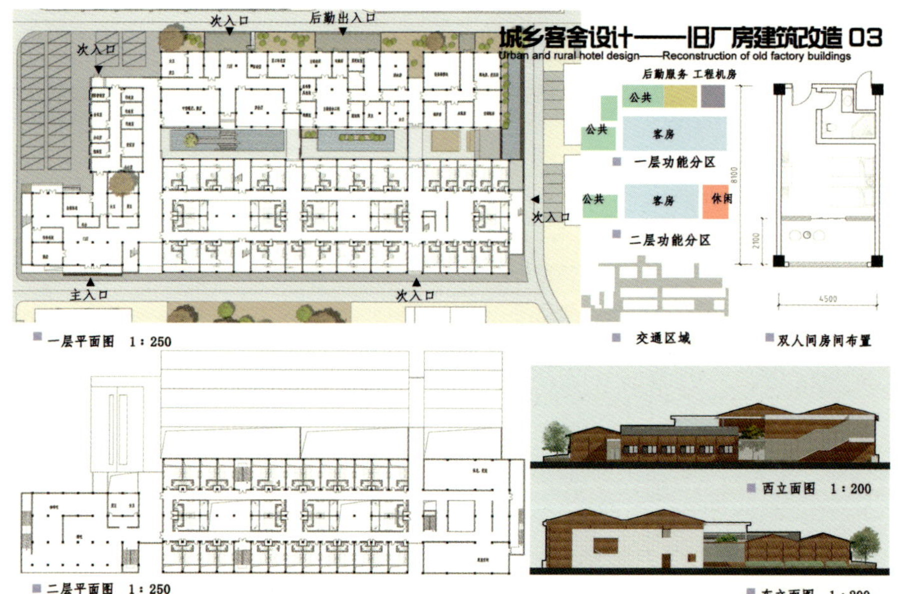
城乡客舍设计——旧厂房建筑改造 03
Urban and rural hotel design——Reconstruction of old factory buildings
次入口
后勤出入口
主入口
后勤服务 工程机房
公共
客房
休闲
一层功能分区
二层功能分区
交通区域
双人间房间布置
一层平面图　1：250
二层平面图　1：250
西立面图　1：200
东立面图　1：200

本次设计的场地位于江西省南昌市 699 文化创意园，是前江西华安针织总厂所在地。江西华安针织总厂是由二十世纪五十年代苏联一家建筑机构负责建筑设计、施工的，以红砖建筑为主。现已从一个传统工业企业用地，转型为一个经由当代艺术、建筑空间、文化产业与历史文脉及城市生活环境为一体的 699 文创园。改造目的将园区内八栋厂房改造成一所旅馆，本方案拆除了三栋次要的厂房、保留了剩余 5 栋并在保留其原有结构的基础上进行改建和扩建。考虑到同现存红砖建筑的和谐，主要采用了砖、混凝土、钢架、玻璃等材料。

2019 级建筑学
大三

庄晓琦

城乡客舍设计

游山玩居

指导教师：
周　韬
罗建亮
蔡　晴
邱　路
聂志勇
吴　靖

游山玩居
松筠不锁神仙境，携得烟霞满袖还
三清山旅馆建筑设计 I
设计说明：

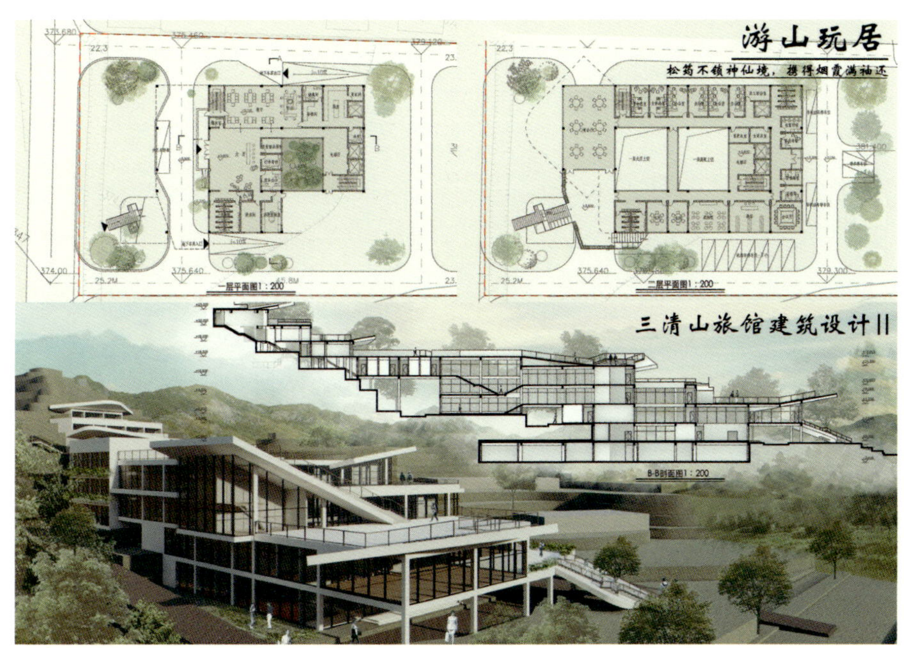
游山玩居
松筠不锁神仙境，携得烟霞满袖还
三清山旅馆建筑设计 II
一层平面图1：200
二层平面图1：200
B-B剖面图1：200

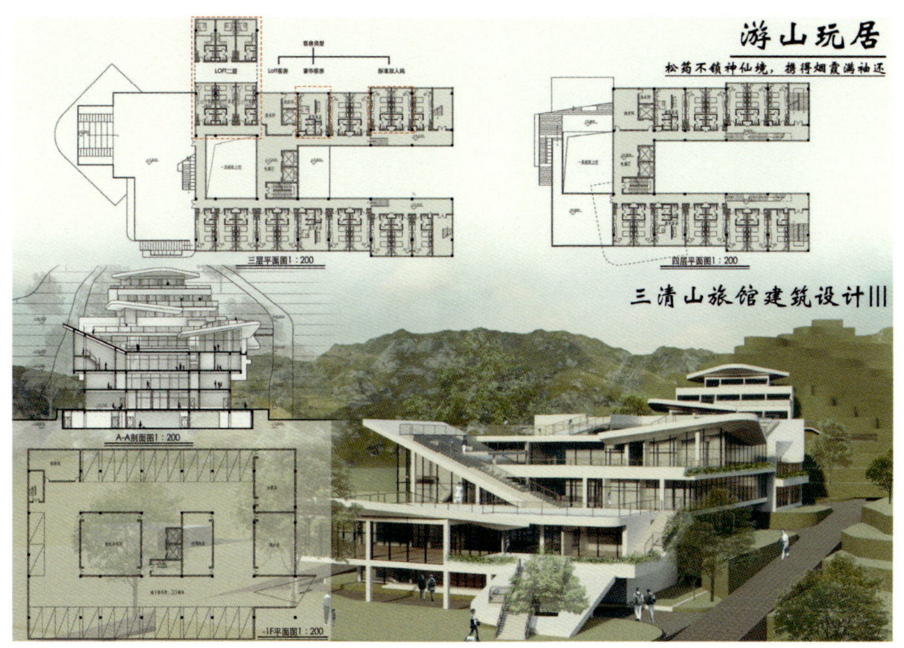
游山玩居
松筠不锁神仙境，携得烟霞满袖还
三清山旅馆建筑设计 III
三层平面图1：200
四层平面图1：200
A-A剖面图1：200
-1F平面图1：200

设计依托多角度的环山景观视野，在现有体量之上用多级白色切片，形成从山脚到山腰的山体连续漫游系统，串联起多级景观平台，使建筑与周边场地环境产生了联系，建筑的各个高度和屋顶产生了互动，带来步移景异的立体山体景观体验。平台的引入使建筑原本封闭孤立的状态被打破，建筑的室内外空间互通，使建筑成为景观的容器，也成为三清山附近旅馆的视觉焦点。

庄晓琦

城乡客舍设计

游山玩居

指导教师：
周　韬
罗建亮
蔡　晴
邱　路
聂志勇
吴　靖

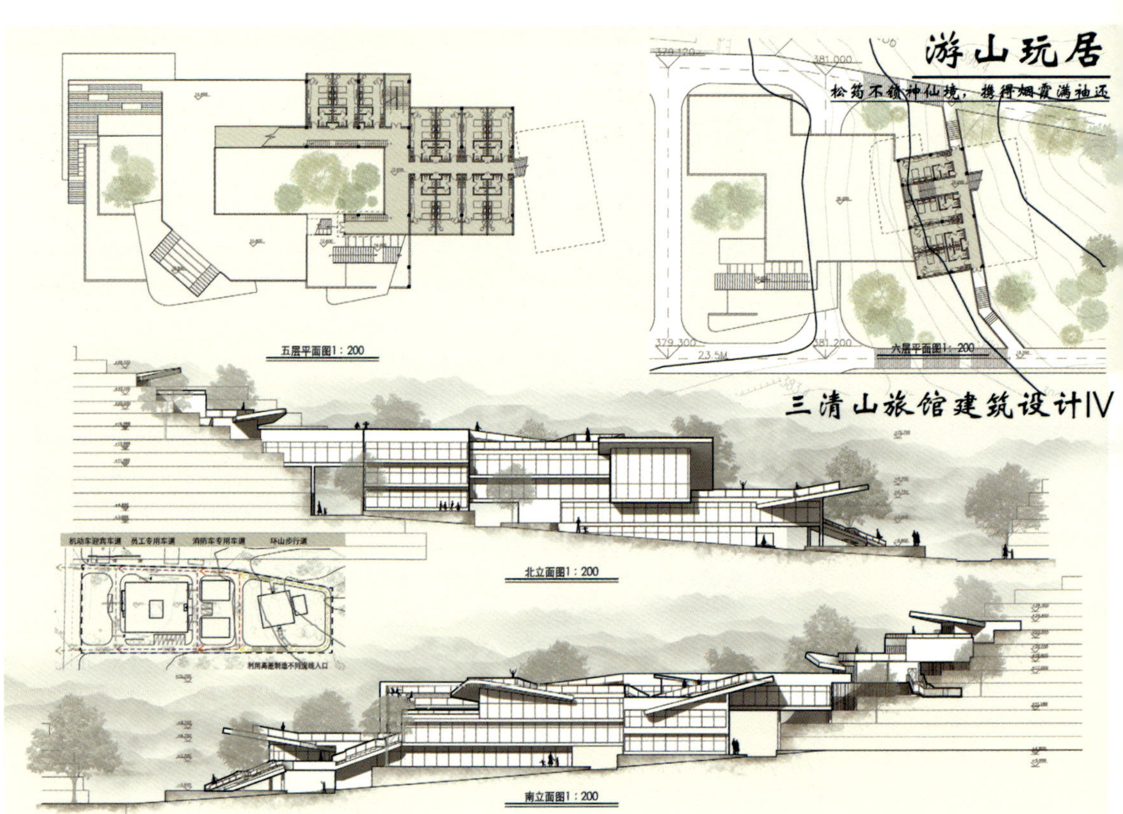
游山玩居
松筠不锁神仙境，携得烟霞满袖还
三清山旅馆建筑设计Ⅳ
五层平面图1：200
六层平面图1：200
北立面图1：200
南立面图1：200

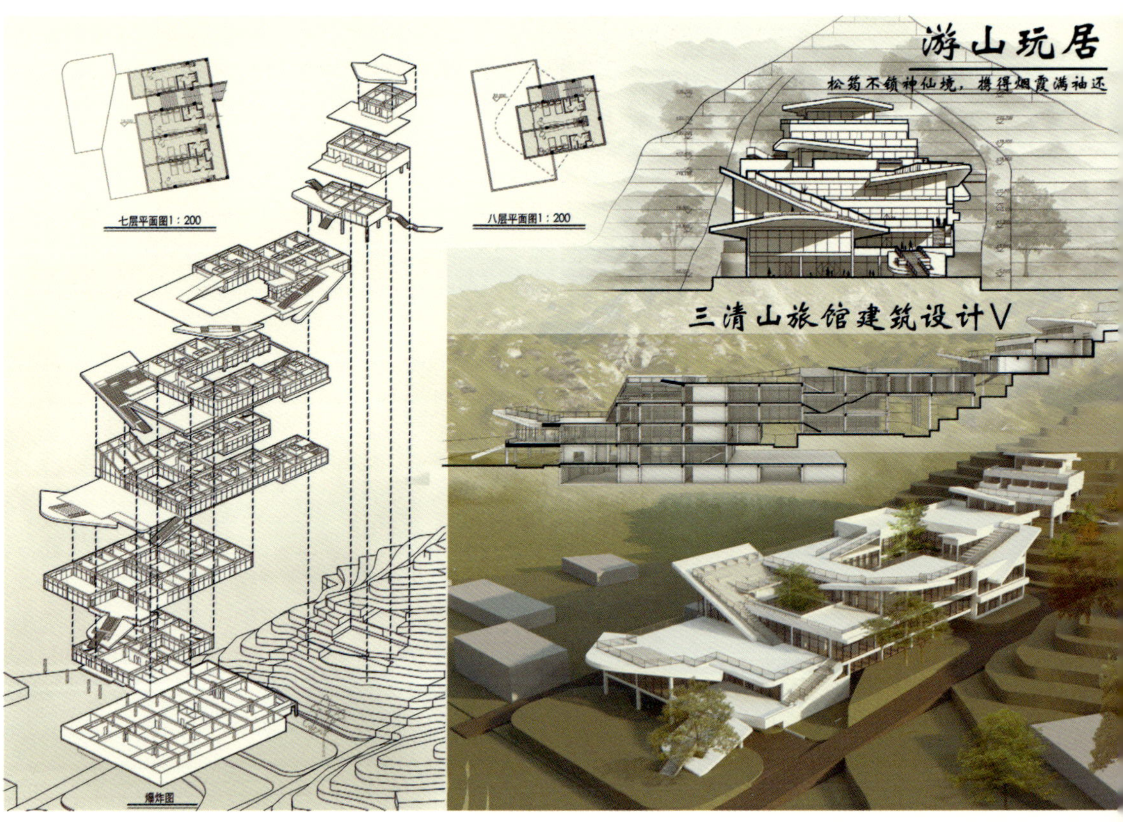
游山玩居
松筠不锁神仙境，携得烟霞满袖还
三清山旅馆建筑设计Ⅴ
七层平面图1：200
八层平面图1：200
爆炸图

2019 级建筑学
大三

王逸佳

城乡客舍设计 管道遨游 蒸汽栖居

指导教师：
周　韬
罗建亮
蔡　晴
邱　路
聂志勇
吴　靖

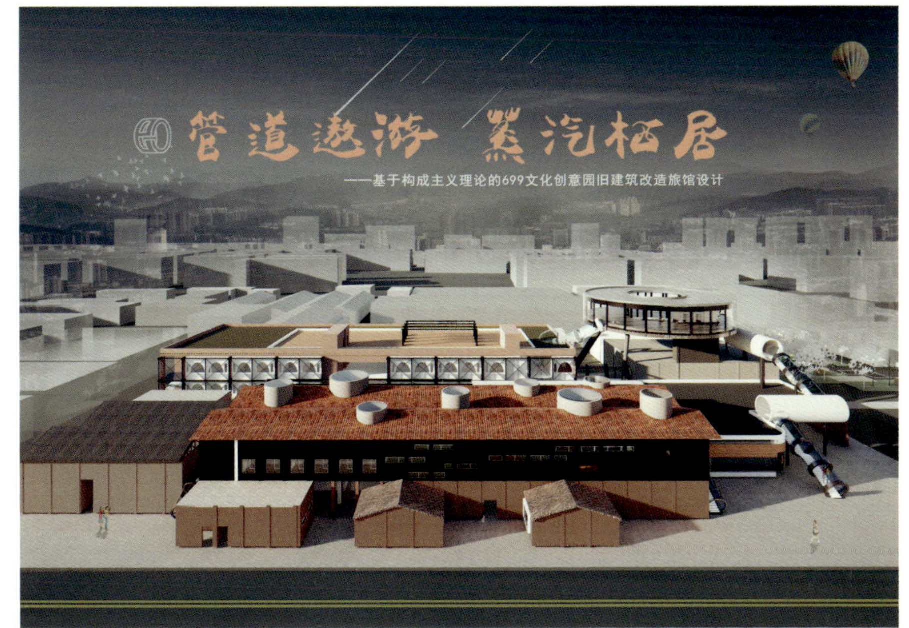
管道遨游 蒸汽栖居
——基于构成主义理论的699文化创意园旧建筑改造旅馆设计

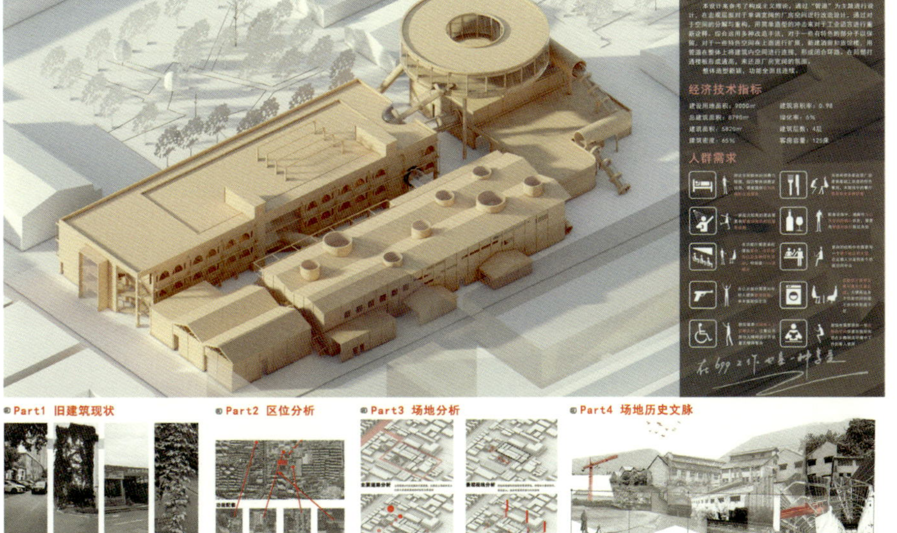
管道遨游 蒸汽栖居
基于构成主义理论的699文化创意园旧建筑改造旅馆设计
设计说明
经济技术指标
人群需求
Part1 旧建筑现状
Part2 区位分析
Part3 场地分析
Part4 场地历史文脉

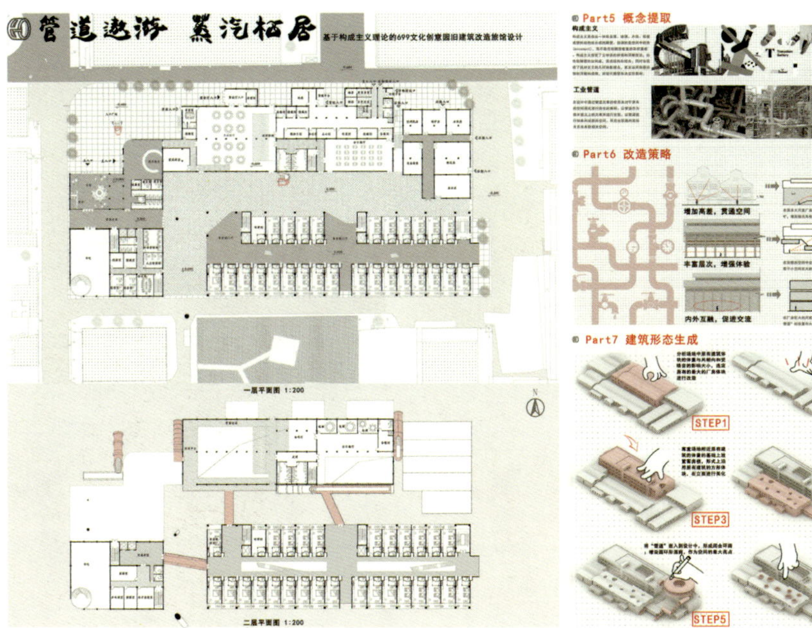
管道遨游 蒸汽栖居
基于构成主义理论的699文化创意园旧建筑改造旅馆设计
Part5 概念提取
构成主义
工业管道
Part6 改造策略
增加高差，贯通空间
丰富层次，增强体验
内外互融，促进交流
Part7 建筑形态生成
STEP1
STEP2
STEP3
STEP4
STEP5
STEP6
一层平面图 1:200
二层平面图 1:200

699 文创园的前身为江西华安针织总厂，在整体性的改造和规划之下成了一个富有工业特色、保留基本厂房特征的建筑群落。在 699 地块中选定地块设计成为旅馆，是一个较大的挑战。本设计方案参考了构成主义理论，通过“管道”为主题进行设计，在宏观层面对于单调宽阔的厂房空间进行改造设计，通过对于空间的分解与重构，用简单造型的冲击来对于工业语言进行重新诠释。综合运用多种改造手法，对于一些有特色的部分予以保留，对于一些特色空间在上面进行扩展，新建酒廊和旅馆楼，用管道在整体上将建筑内空间进行连接，形成闭合环路。在局部打通楼板形成通高，来还原厂房宽阔的氛围。整体造型新颖，功能全面且连续。

王逸佳

城乡客舍设计 管道遨游 蒸汽栖居

指导教师：
周　韬
罗建亮
蔡　晴
邱　路
聂志勇
吴　靖

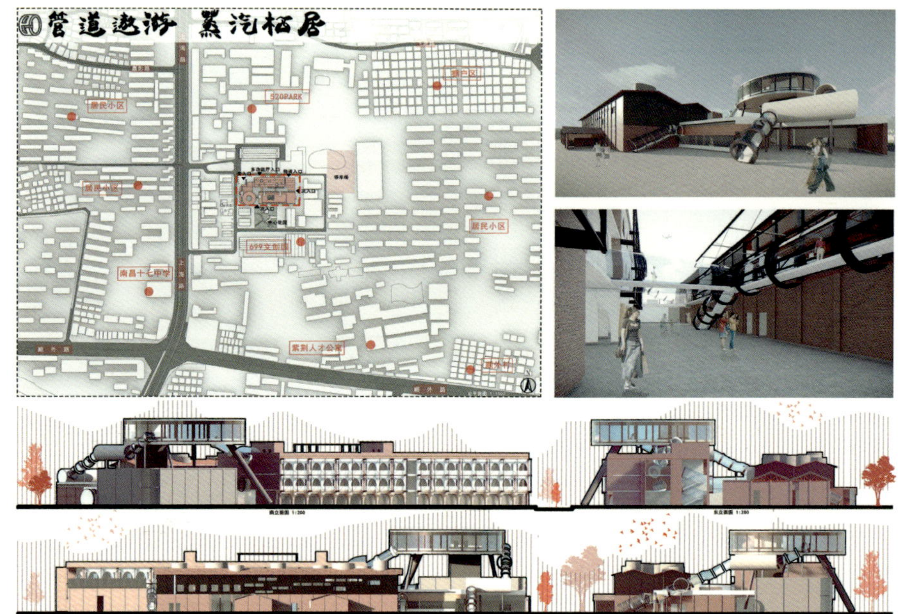
管道遨游 蒸汽栖居
居民小区
920PARK
南昌十七中学
居民小区

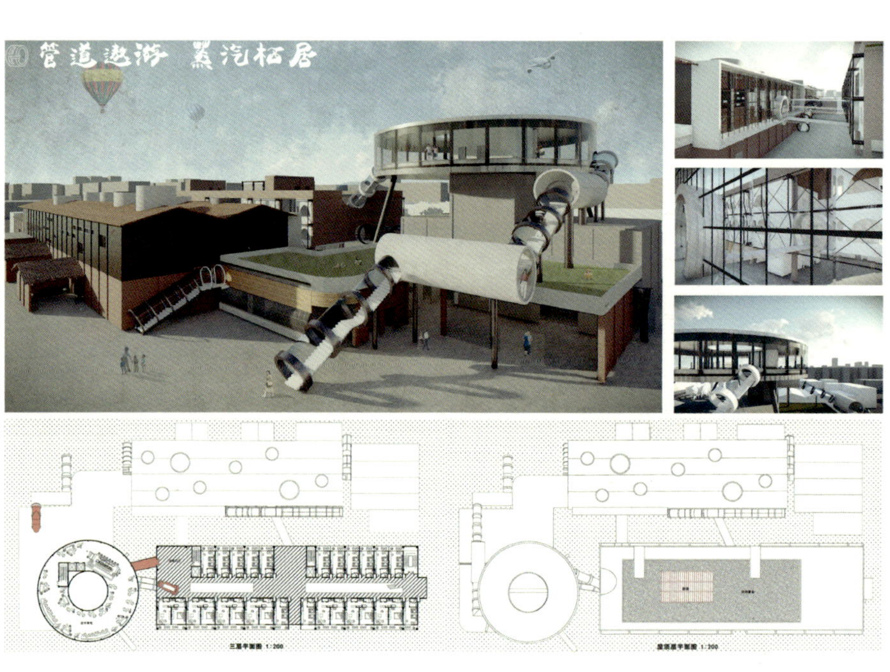
管道遨游 蒸汽栖居

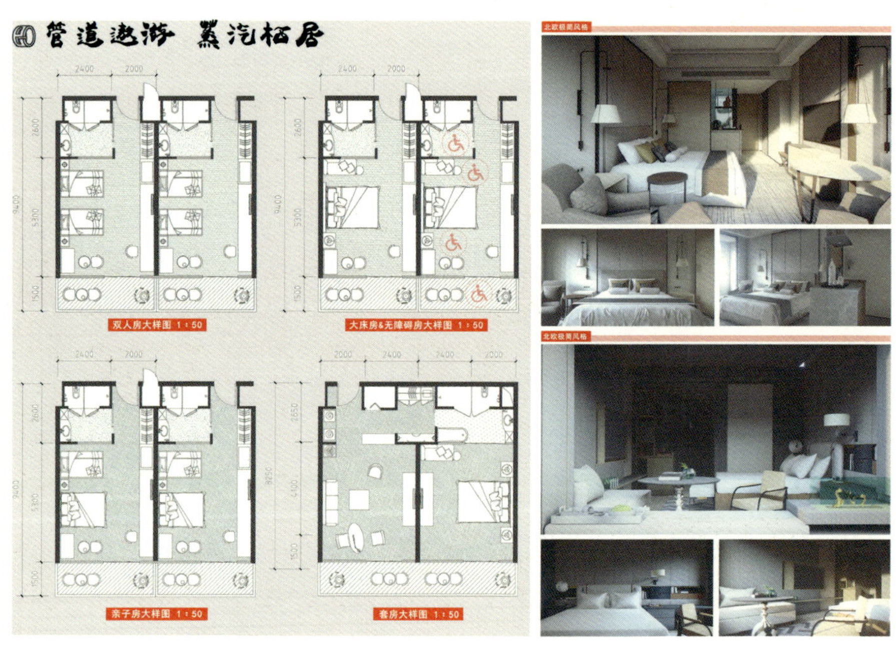
管道遨游 蒸汽栖居
双人房大样图 1:50
大床房&无障碍房大样图 1:50
亲子房大样图 1:50
套房大样图 1:50

2019 级建筑学
大三

王逸佳

城乡客舍设计

管道遨游 蒸汽栖居

指导教师：
周　韬
罗建亮
蔡　晴
邱　路
聂志勇
吴　靖

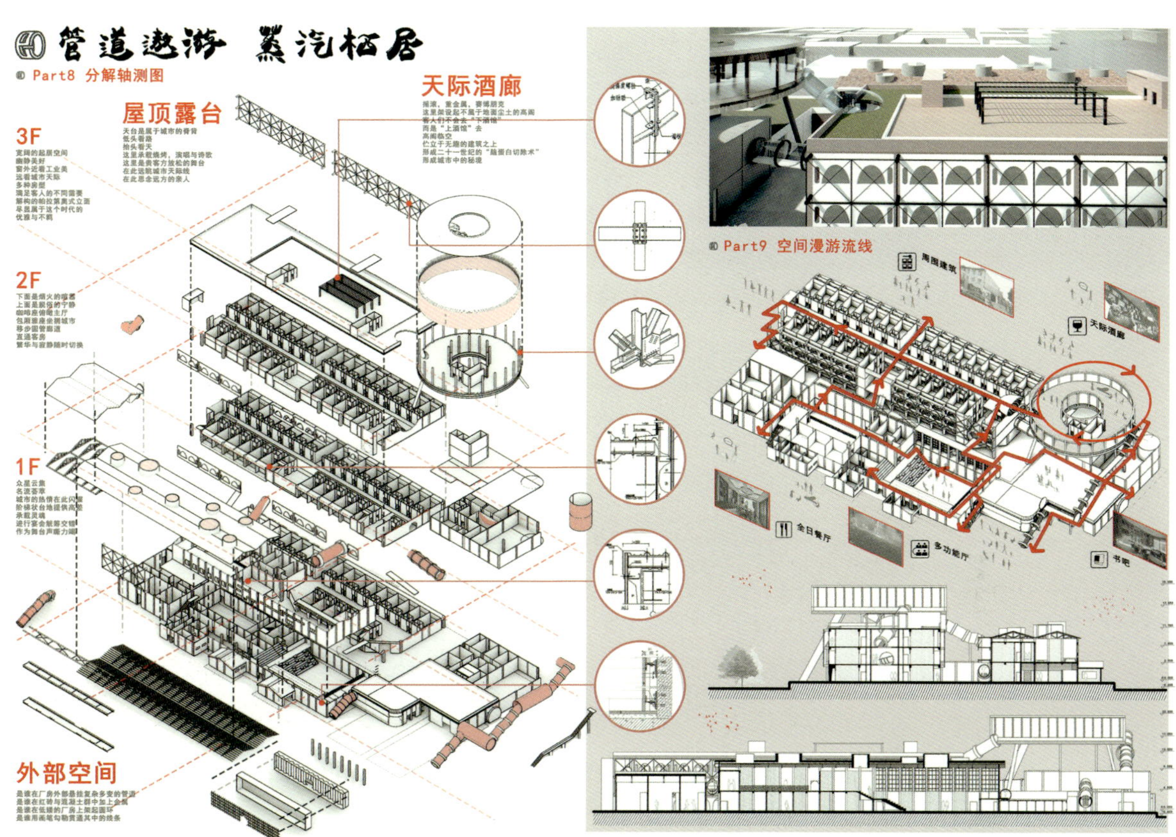
管道遨游 蒸汽栖居
Part8 分解轴测图
天际酒廊
屋顶露台
3F
2F
1F
外部空间
Part9 空间漫游流线
周围建筑
天际酒廊
全日餐厅
多功能厅
书吧

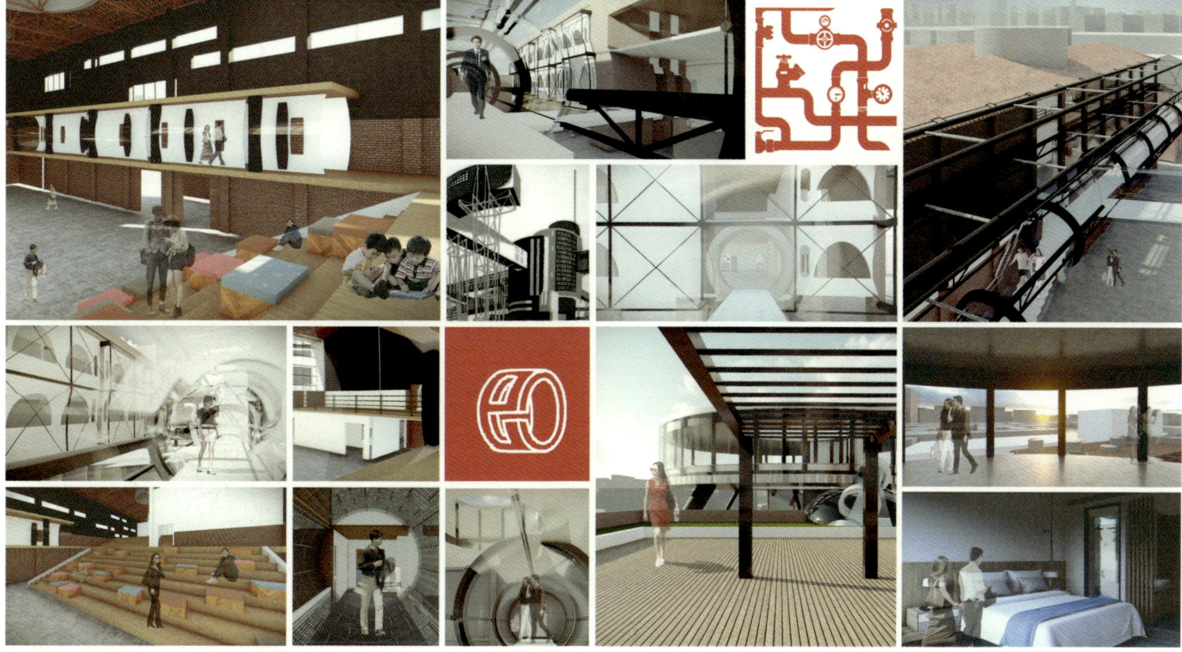
管道遨游 蒸汽栖居

2019 级建筑学
大三

杨涵婷

城乡客舍设计
富春山居

指导教师：
周　韬
罗建亮
蔡　晴
邱　路
聂志勇
吴　靖

富春山居——青山湖畔度假酒店设计2
背景介绍 Background
概念提取 Concept
设计说明 Description
基地照片 Photos

富春山居——青山湖畔度假酒店设计3

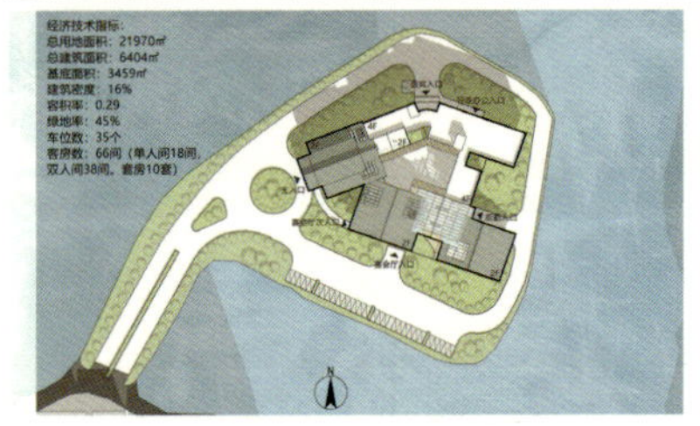

功能爆炸图
流线分析图

沿岸作为被看的主要景观面，以坡屋顶塑造山水空间氛围感；环湖三面视野开阔，为尽可能多地利用地理优势，顺应三边设置客房。

The coast, as the main landscape surface to be seen, shapes the atmosphere of landscape space with sloping roofs; The view around the lake is wide on three sides. In order to make full use of geographical advantages as much as possible, guest rooms are set along the three sides.

基地地理条件优越，环水而生，设计在“看”与“被看”之间赋予建筑语言。

The base has superior geographical conditions and is surrounded by water. The design endows architectural language between "seeing" and "being seen".

身处繁杂的城市，我们整日为了生活而奔走操劳，住在一幢幢公寓之中，大门紧闭，阻断了邻里之间的联系。为什么不敞开大门，与家人朋友进行一次尽兴的畅谈？为什么不抛开压力，去开阔的山水间享受自然？方案位于江西省南昌市青山湖风景区伸向湖心的小岛，四面环水，景观条件优越，视野开阔，小岛隔湖与周围小岛和建筑形成对望关系。

杨涵婷

城乡客舍设计
富春山居

指导教师：
司 韬
罗建亮
蔡 晴
邓 路
聂志勇
吴 靖

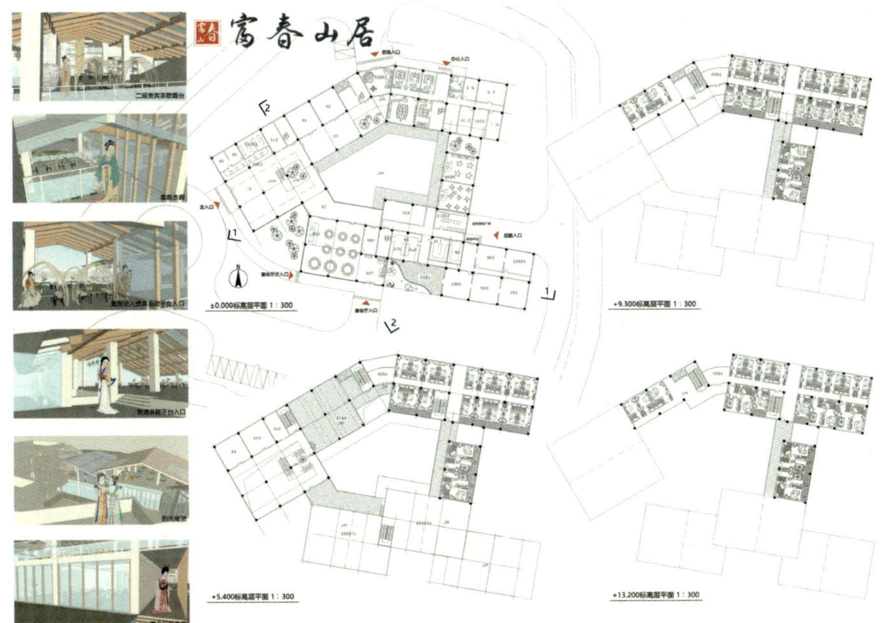
富春山居
±0.000标高层平面 1：300
+9.300标高层平面 1：300
+5.400标高层平面 1：300
+13.200标高层平面 1：300

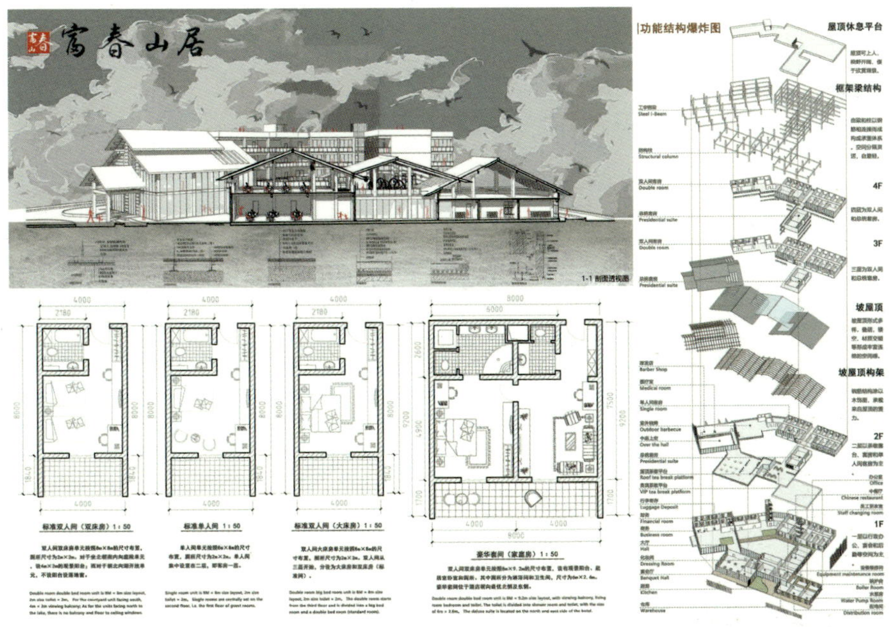
富春山居
1-1 剖面透视图
功能结构爆炸图
屋顶休息平台
框架梁结构
坡屋顶
坡屋顶构架
标准双人间（双床房）1：50
标准单人间 1：50
标准双人间（大床房）1：50
豪华套间（家庭房）1：50

富春山居
2-2 剖面透视图
东立面 1：200
南立面 1：200
西立面 1：200
北立面 1：200

建筑学大四优秀作品集

Collection of
excellent works of
senior
majoring in architecture

四年级课题概述

Projects overview of the fourth grade

建筑系四年级进入职业教育及设计能力深入提高阶段，对学生的能力培养向两个方向拓展。一方面，通过复杂的大型公建、高层综合建筑设计等内容，引导设计训练向技术层面深化，拓宽和加深学生的专业知识面。另一方面，着眼于城市尺度的空间形体环境设计、建筑群体设计、公共开放空间组织设计、城市交通组织设计等；使学生熟悉和了解城市设计以及城市规划的工作步骤和方法，理解住宅设计与地产开发策略，建立可持续发展和生态理念，继承和发扬中华民族传统智慧和传统文化，掌握旧城更新和社区改造的科学方法及策略。

四年级的课程设计共分为四个课题：

1. 观演建筑设计：主体厅堂为大跨结构，使学生掌握大跨度建筑和观演厅堂设计的基本知识和方法，包括视线、声学、防火疏散、结构选型、材料与构造等知识的综合运用。

2. 高层综合楼设计：学习高层商办综合建筑设计的原理、方法和设计步骤，完成多流线功能布局、空间组合的合规设计。引导学生运用被动式建筑节能技术，体现地域特色。

3. 居住区规划：强化全面资料搜集、主题调查分析及设计构思的能力，使学生能够综合运用所学探索如何在规划中顺应居民的需求和行为规律，营造环境优美、方便舒适且富有个性的居住空间环境，加深学生对人、住宅、住区和城市的整体认知，初步完成从单体设计到城市规划设计的过渡。

4. 城市设计：选题于南昌八一广场南城市更新地块，以城市更新设计研究旧城改造中有序、健康的发展。学习城市设计空间形态组织的原则和方法，培养学生对复合功能城市空间组织、人的环境行为和使用方式的初步分析能力。引导学生超越单纯的美学思考和形态推敲，注重文脉延续和场所创造，重视空间的社会意义及人的行为心理与环境互动关系层面的思考。

以上四个课题选题均倾向于技术复杂、功能复杂并与工程实践紧密相连的项目，为建筑师应具有的深厚职业素养打好基础。

南昌大学建筑与设计学院建筑系四年级组长　肖君

2023 年 3 月

吴明萱

高层建筑设计
城市森林

指导教师：
肖　君
王雪强
范丽娅
陈五英
赵志青
陶　莉

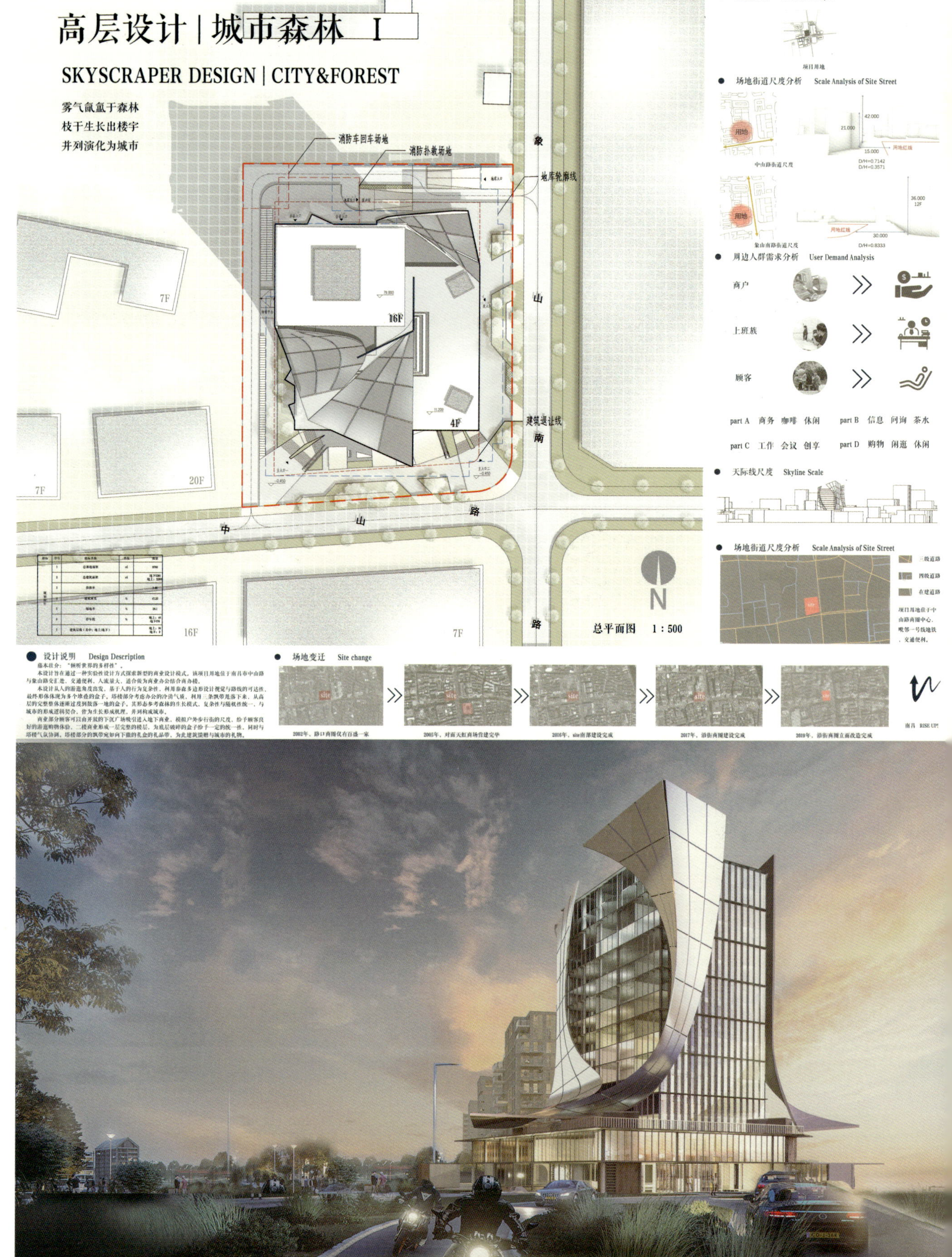

高层设计 | 城市森林 I
SKYSCRAPER DESIGN | CITY&FOREST
雾气氤氲于森林
枝干生长出楼宇
并列演化为城市
消防车回车场地
消防扑救场地
地库轮廓线
建筑退让线
象山南路
中山路
7F
20F
16F
4F
总平面图 1 : 500
区位分析 Location Analysis
场地街道尺度分析 Scale Analysis of Site Street
周边人群需求分析 User Demand Analysis
商户
上班族
顾客
part A 商务 咖啡 休闲
part B 信息 问询 茶水
part C 工作 会议 创享
part D 购物 闲逛 休闲
天际线尺度 Skyline Scale
设计说明 Design Description
场地变迁 Site change

吴明萱

高层建筑设计
城市森林

指导教师：
肖　君
王雪强
范丽娅
陈五英
赵志青
陶　莉

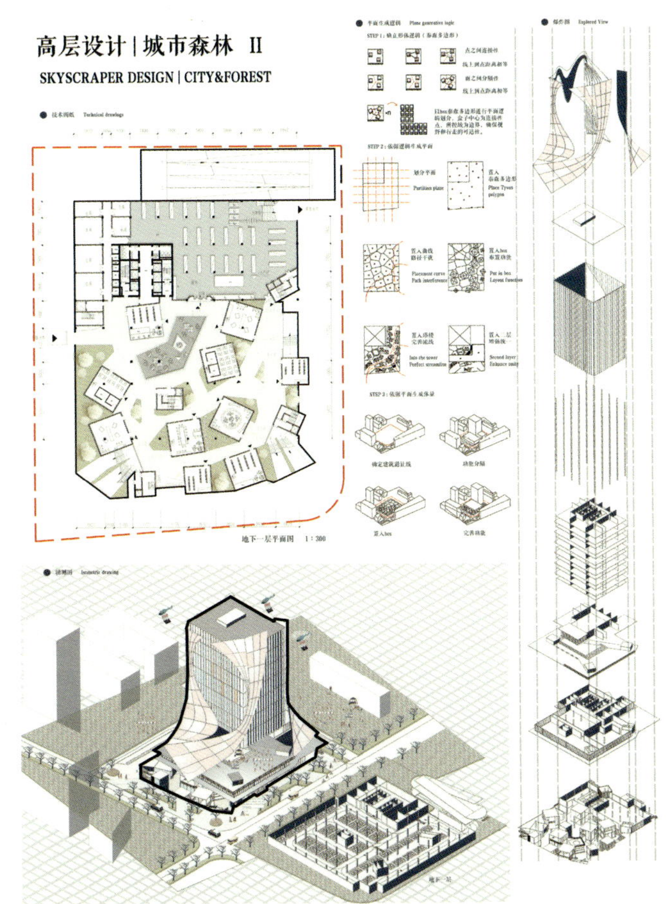
高层设计 | 城市森林 II
SKYSCRAPER DESIGN | CITY&FOREST

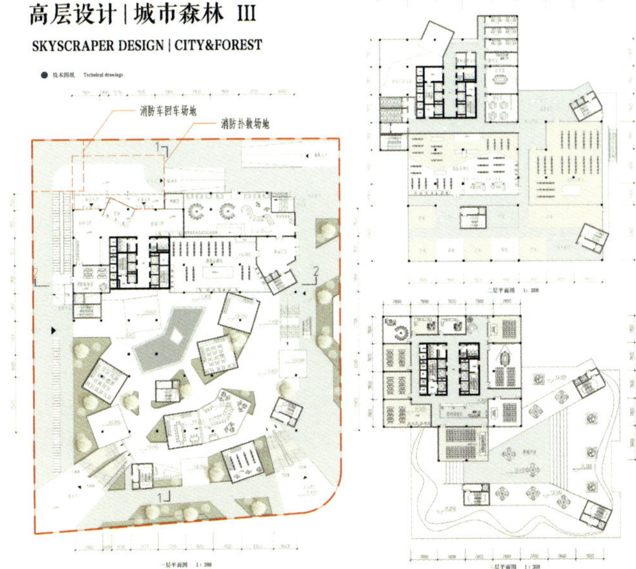
高层设计 | 城市森林 III
SKYSCRAPER DESIGN | CITY&FOREST
消防车回车场地
消防扑救场地

雾气笼罩于森林
枝干生长出楼宇
并到演化为城市

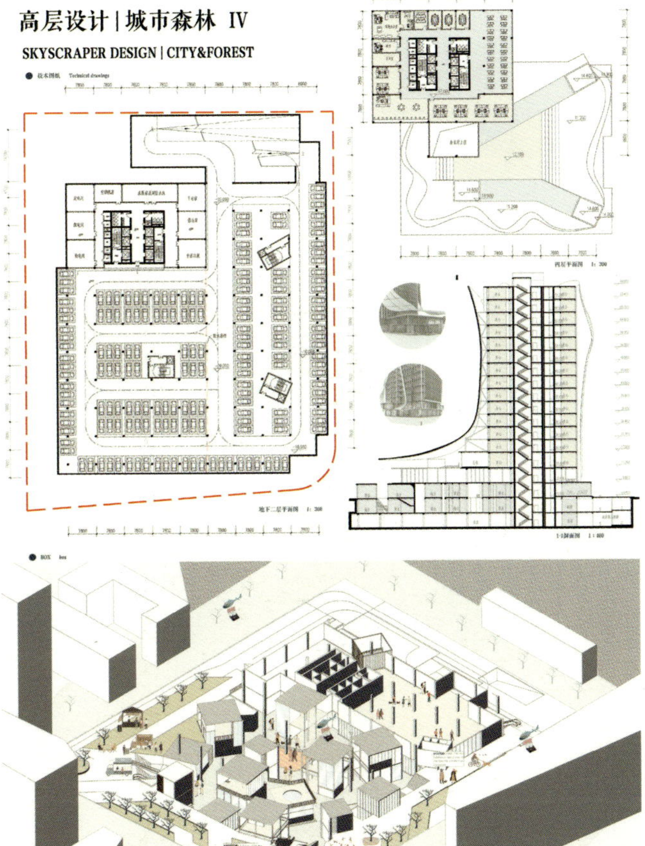
高层设计 | 城市森林 IV
SKYSCRAPER DESIGN | CITY&FOREST

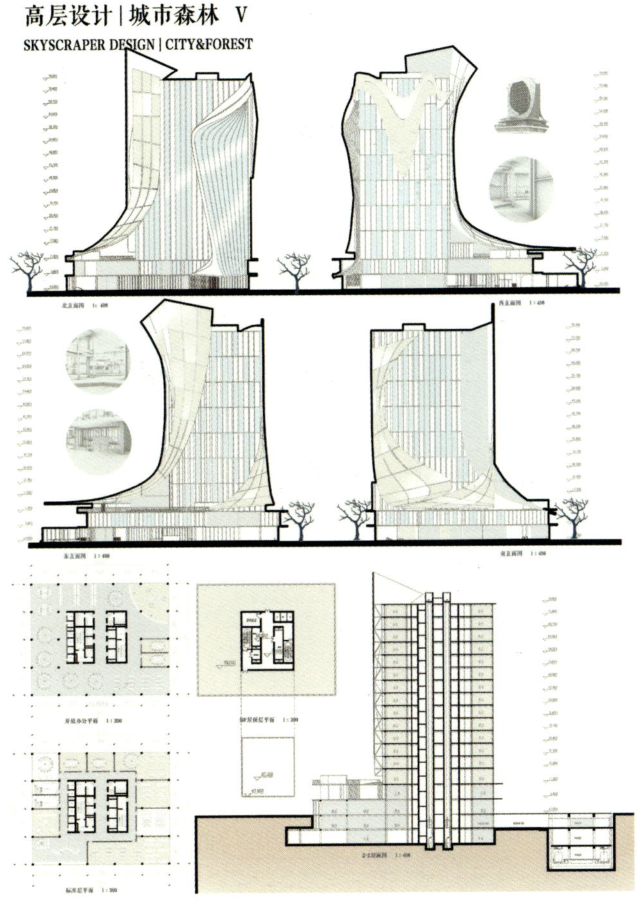
高层设计 | 城市森林 V
SKYSCRAPER DESIGN | CITY&FOREST

2017 级建筑学
大四

高欣元

高层建筑设计
洄游

指导教师：
肖　君
赵志青
陈五英
陶　莉
王雪强
范丽娅

党的“十九大”报告将“实施健康中国战略”作为国家发展基本方略中的重要内容，回应了人民的健康需要和对疾病医疗、食品安全、环境污染等方面后顾之忧的关切。办公人群在舒适的室内工作，也形成了过度依赖电梯、扶梯、计算机的室内化生活方式，催生了一系列身体和精神问题。综合国内外高层建筑的设计现状与发展趋势，尝试将公共空间健康设计的理念融入高层办公建筑。结合突发疫情的发展形势，从上班族的工作性质、工作状态和日常行为出发，理解各类高层办公建筑的分析总结，提出针对办公人群的交通、工作、休闲活动等空间行之有效的设计策略。用“流动”的路线引导人流，创造“洄游”空间，让人流自由地在空间中流淌。促使人们将日常锻炼融入工作，进而推动办公空间的健康化发展。

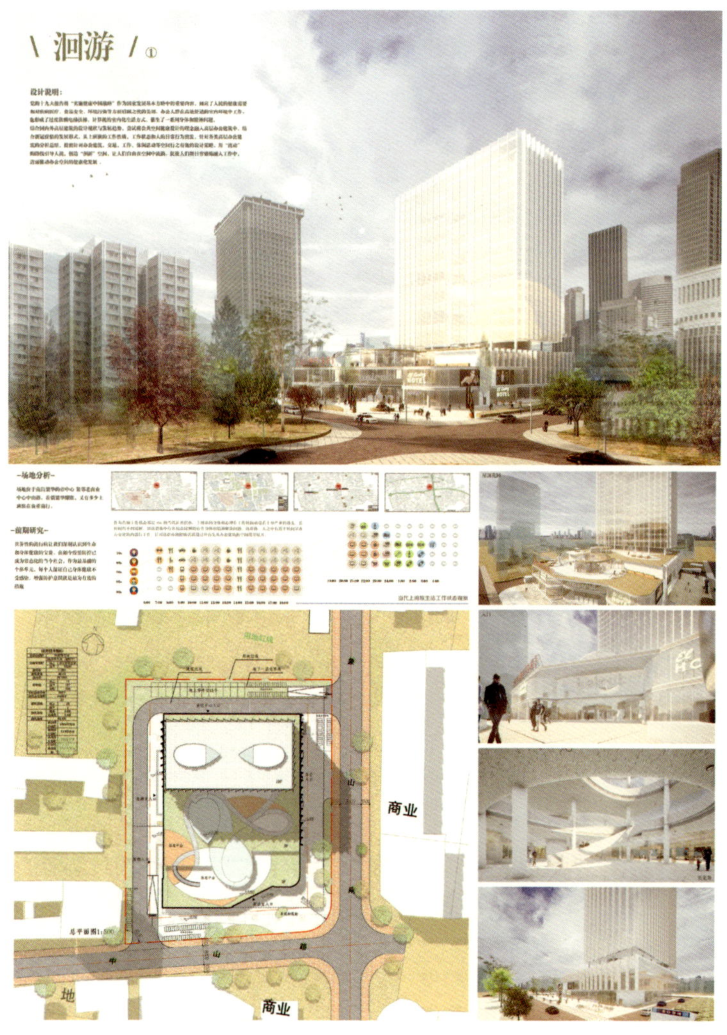
\ 洄游 / ①
设计说明：
商业
商业

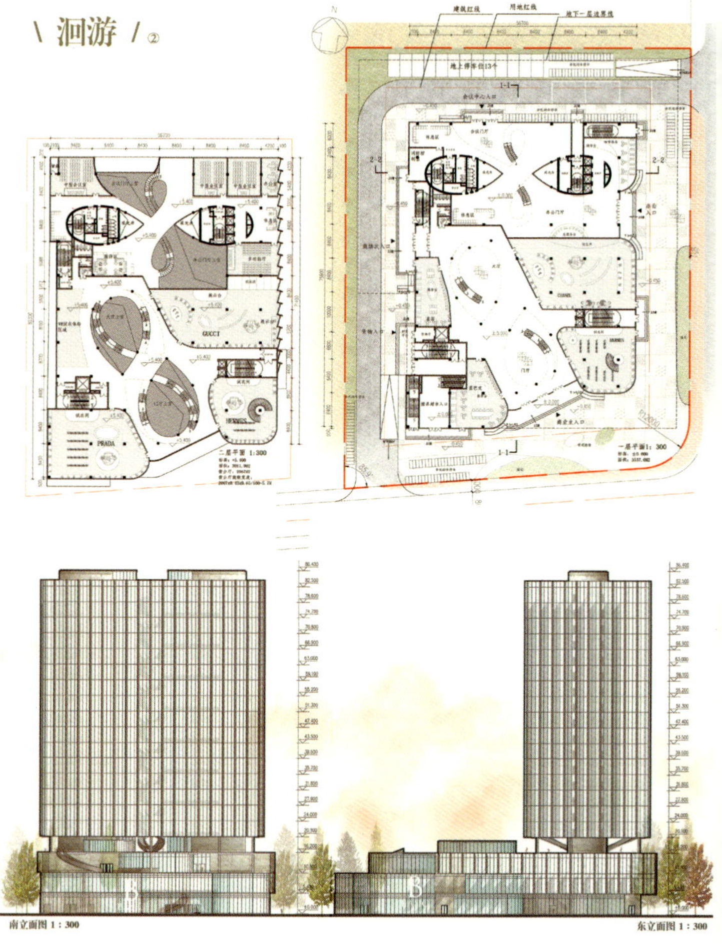
\ 洄游 / ②
南立面图 1：300
东立面图 1：300

高欣元

高层建筑设计 洄游

指导教师：
肖　君
赵志青
陈五英
陶　莉
王雪强
范丽娅

\ 洄游 / ③

西立面图 1 : 300
北立面图 1 : 300

\ 洄游 / ④

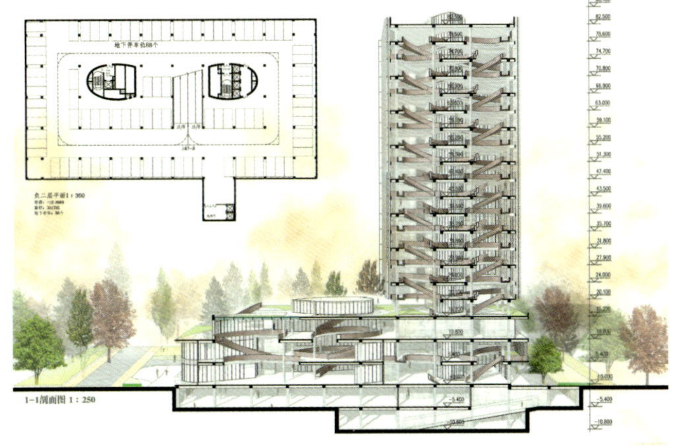
1-1剖面图 1 : 250

\ 洄游 / ⑤

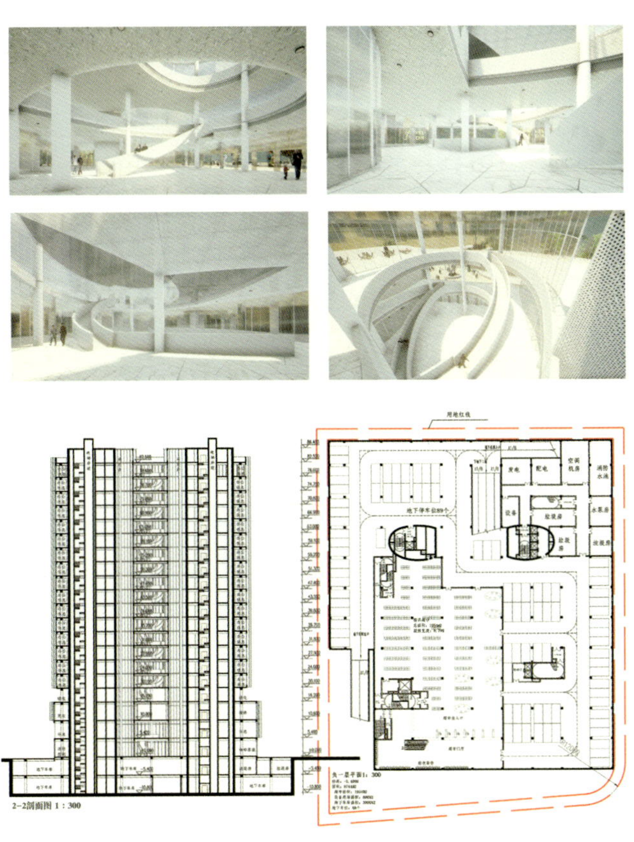
用地红线
地下停车位89个
2-2剖面图 1 : 300

\ 洄游 / ⑥

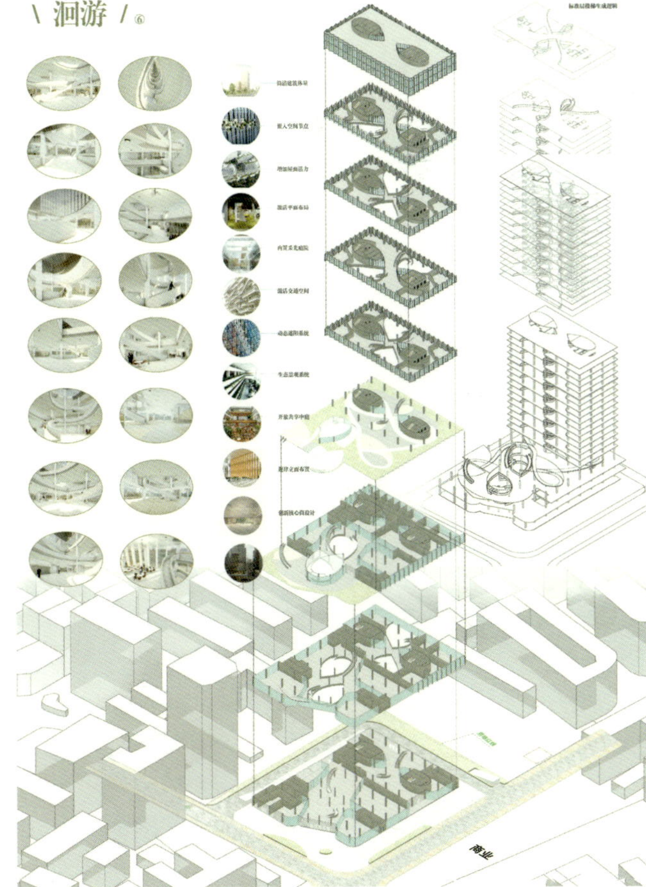

2017 级建筑学
大四

梁佳琪

高层建筑设计 游牧型办公模式

指导教师：肖　君　赵志青　陈五英　陶　莉　王雪强　范丽娅

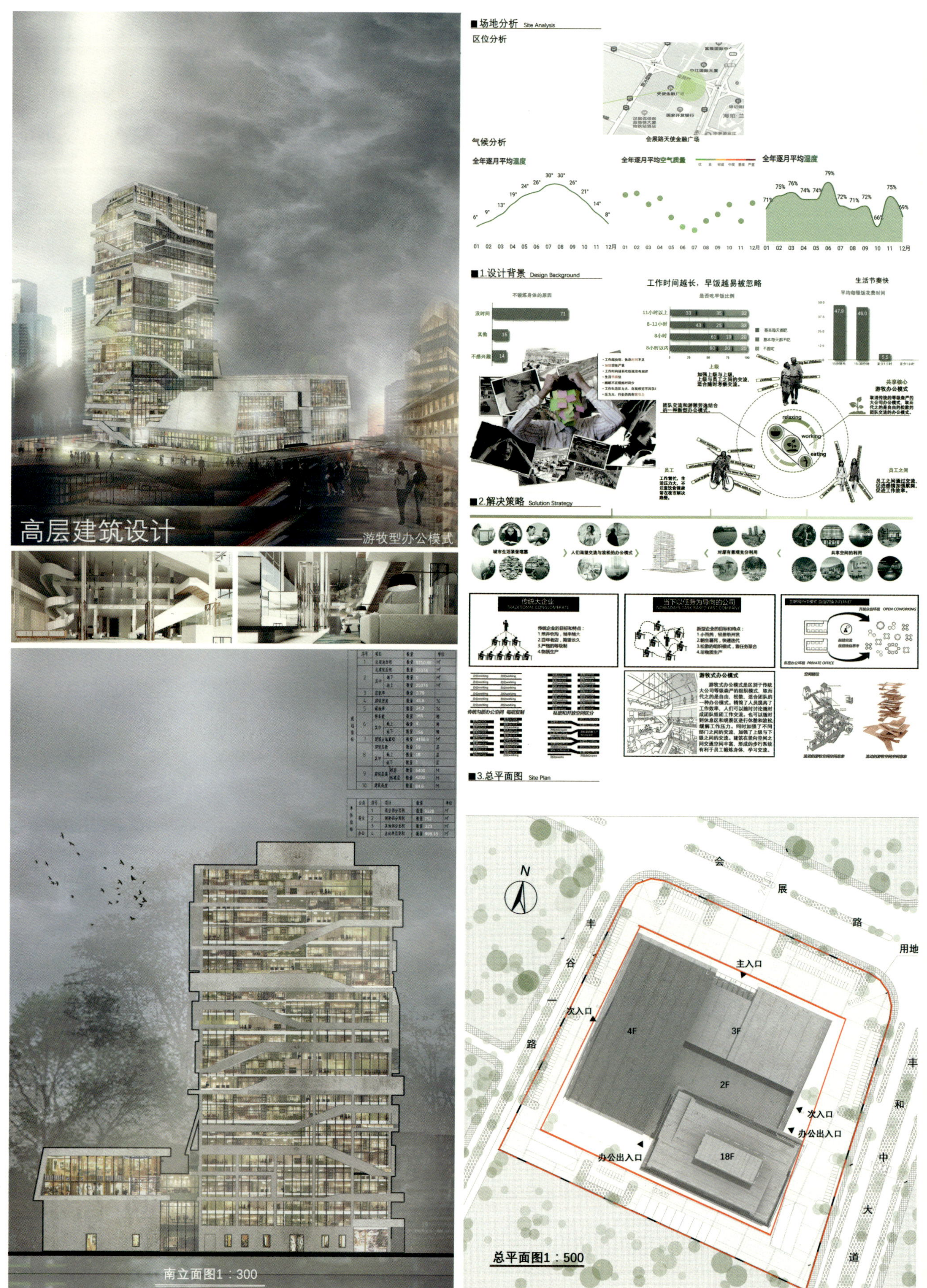
高层建筑设计
——游牧型办公模式
■场地分析 Site Analysis
区位分析
会展路天使金融广场
气候分析
全年逐月平均温度
全年逐月平均空气质量
全年逐月平均湿度
■1.设计背景 Design Background
工作时间越长，早饭越易被忽略
生活节奏快
共享核心
游牧办公模式
relaxing
working
eating
员工
上级
员工之间
■2.解决策略 Solution Strategy
传统大企业
当下以任务为导向的公司
游牧式办公模式
■3.总平面图 Site Plan
N
会
展
路
丰
谷
一
路
丰
和
中
大
道
用地
主入口
次入口
办公出入口
4F
3F
2F
18F
总平面图1：500
南立面图1：300

2017 级建筑学
大四

梁佳琪

高层建筑设计 游牧型办公模式

指导教师：
肖　君
赵志青
陈五英
陶　莉
王雪强
范丽娅

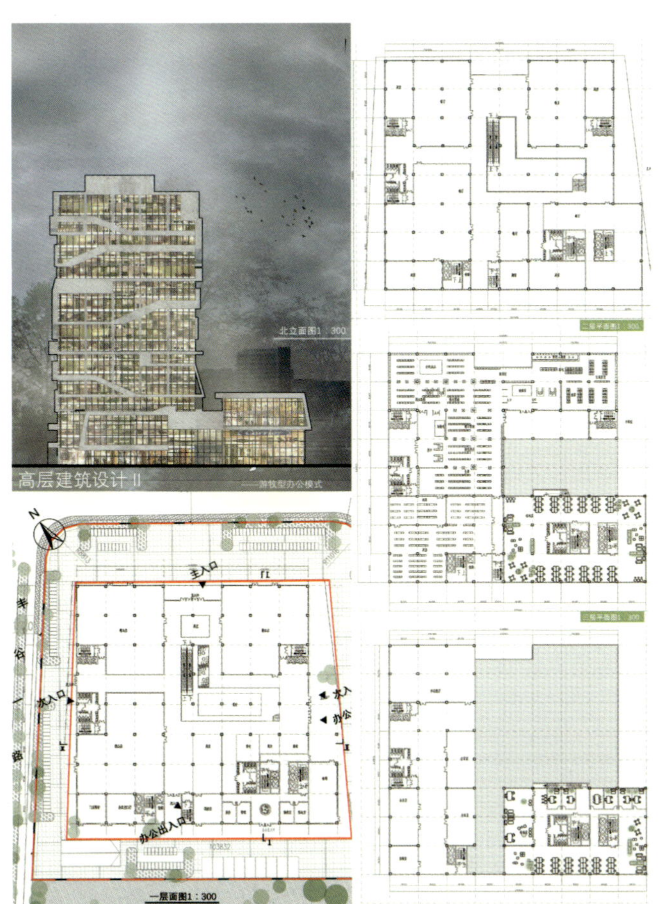
北立面图1：300
高层建筑设计 II
——游牧型办公模式
主入口
次入口
办公出入口
一层面图1：300

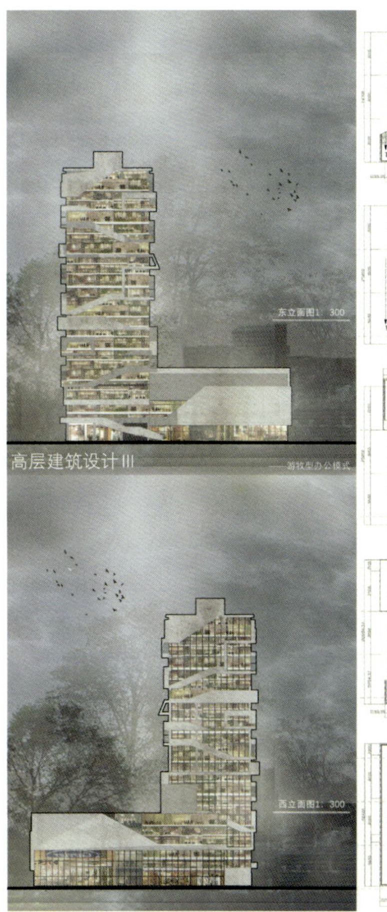
东立面图1：300
高层建筑设计 III
游牧型办公模式
西立面图1：300

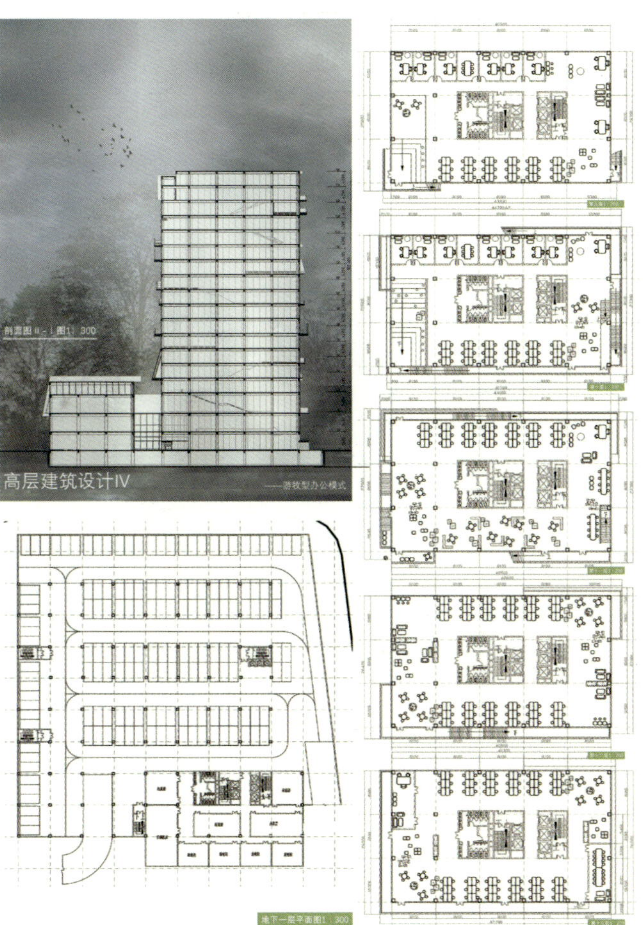
高层建筑设计 IV
——游牧型办公模式
地下一层平面图1：300

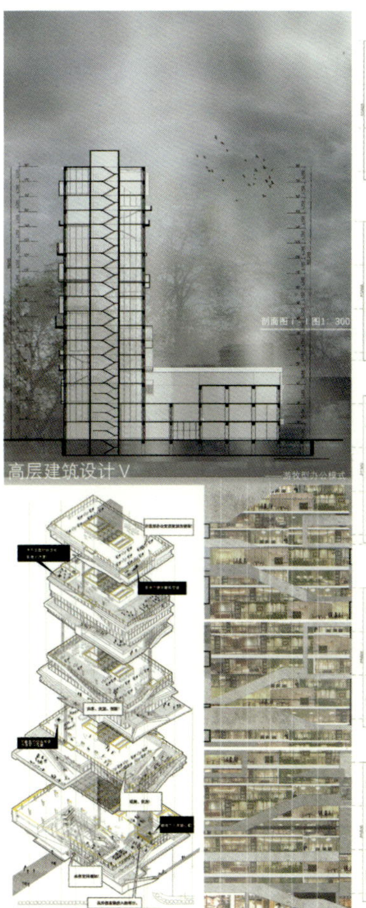
高层建筑设计 V

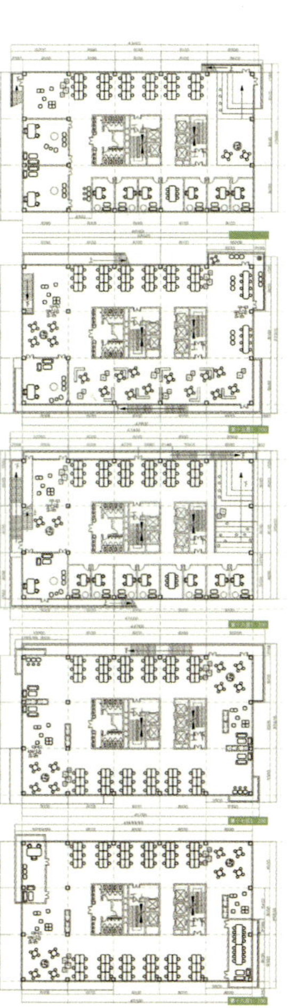

2017 级建筑学
大四

汪丁

高层建筑设计
草色入帘轻

指导教师：
肖　君
赵志青
陈五英
陶　莉
王雪强
范丽娅

当下的城市规划设计和建筑设计更多的是第一自然“回复设计”，应紧密结合景观设计思维，用“自然”去分解“城市”，融入建筑。

“草”指代自然及被动式绿色设计理念，而“帘”指建筑轻盈的外立面及其表皮，即“草”色入“帘”轻。中山路本是南昌市最繁华的街道，但这两年却逐渐没落。在方案总平设计中，通过挖掘中山路周边城市公共空间环境，以“第一自然”为核心理念，引进场地，打造文化、商业交融的城市公共空间，即以“自然”分解“城市”，达到丰富城市公共空间，复兴中山路的目的。“引进建筑”指本建筑设计以绿色建筑为中心，通过主楼螺旋贯穿的中庭设计、双层表皮设计、裙楼花园中庭设计、屋顶花园设计等被动式绿色建筑设计方法，打造自然共享办公、文化交融商业的建筑空间。

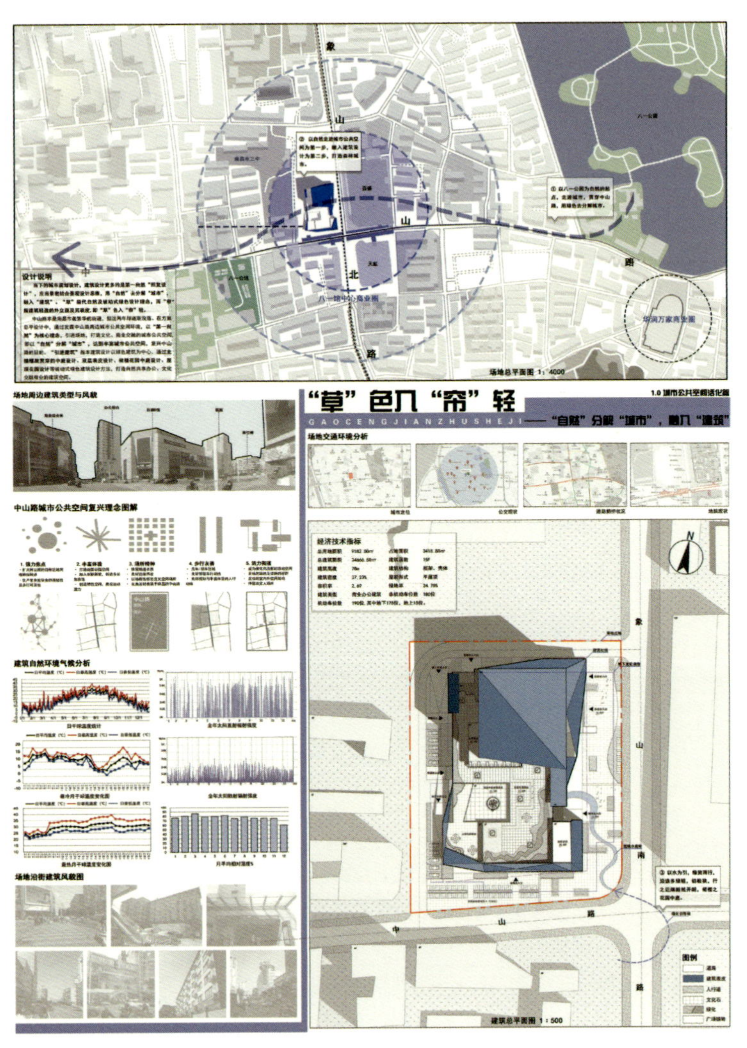
“草”色入“帘”轻
GAOCENGJIANZHUSHEJI
——“自然”分解“城市”，融入“建筑”
场地交通环境分析
中山路城市公共空间复兴理念图解
建筑自然环境气候分析
场地沿街建筑风貌图
经济技术指标
场地总平面图 1：4000
建筑总平面图 1：500

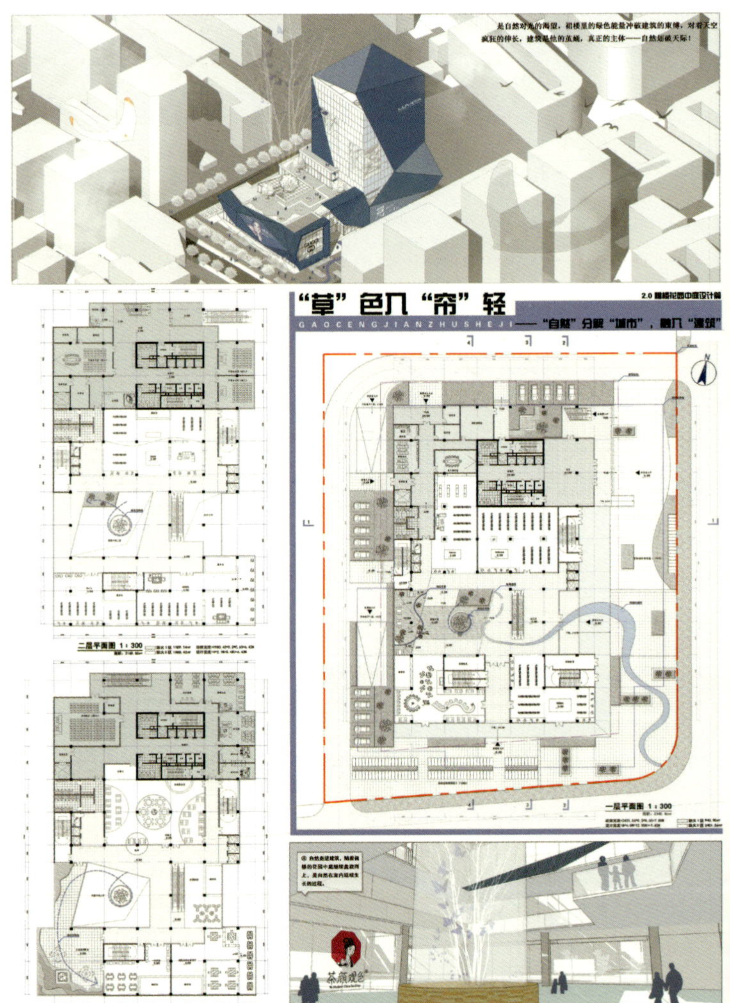
“草”色入“帘”轻
GAOCENGJIANZHUSHEJI
——“自然”分解“城市”，融入“建筑”
二层平面图 1：300
三层平面图 1：300
一层平面图 1：300

2017 级建筑学
大四

汪丁

高层建筑设计
草色入帘轻

指导教师：
肖　君
赵志青
陈五英
陶　莉
王雪强
范丽娅

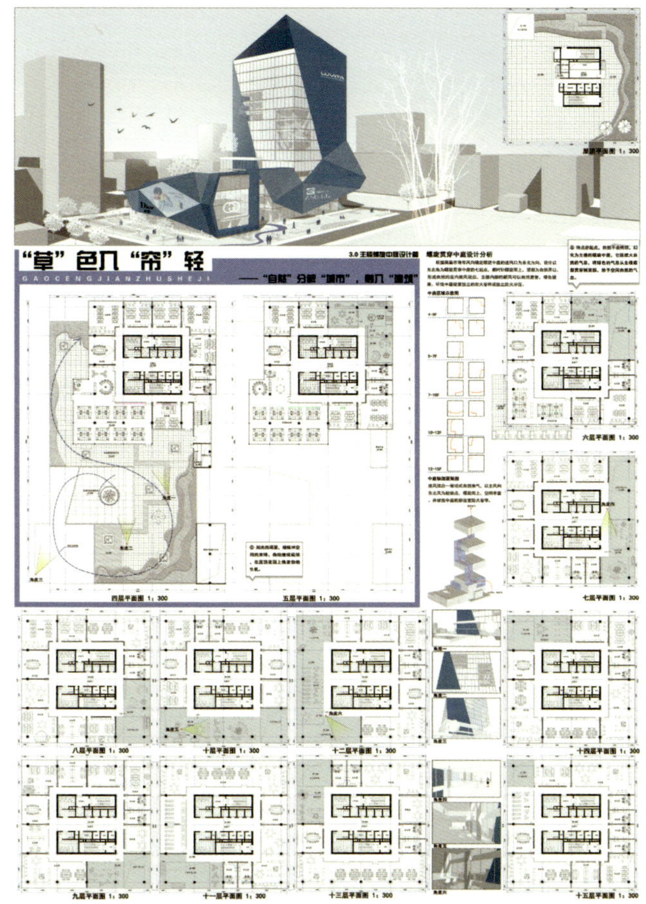
"草"色入"帘"轻
——"自然"分割"城市"，融入"建筑"
GAOCENGJIANZHUSHEJI
四层平面图 1：300
五层平面图 1：300
六层平面图 1：300
七层平面图 1：300
八层平面图 1：300
十层平面图 1：300
十二层平面图 1：300
十四层平面图 1：300
九层平面图 1：300
十一层平面图 1：300
十三层平面图 1：300
十五层平面图 1：300

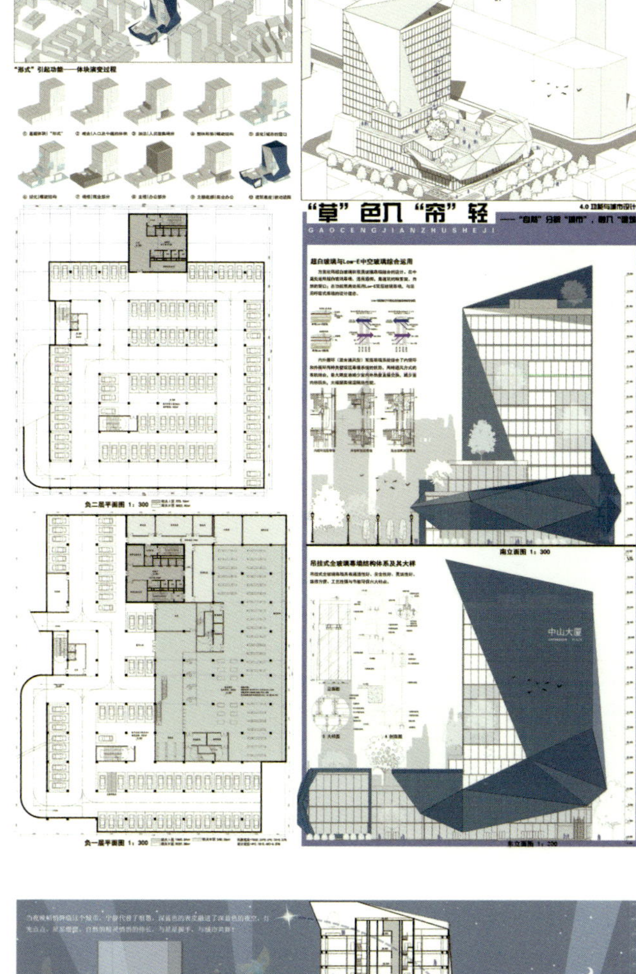
"草"色入"帘"轻
——"自然"分割"城市"，融入"建筑"
GAOCENGJIANZHUSHEJI
负二层平面图 1：300
负一层平面图 1：300
南立面图 1：300
中山大厦

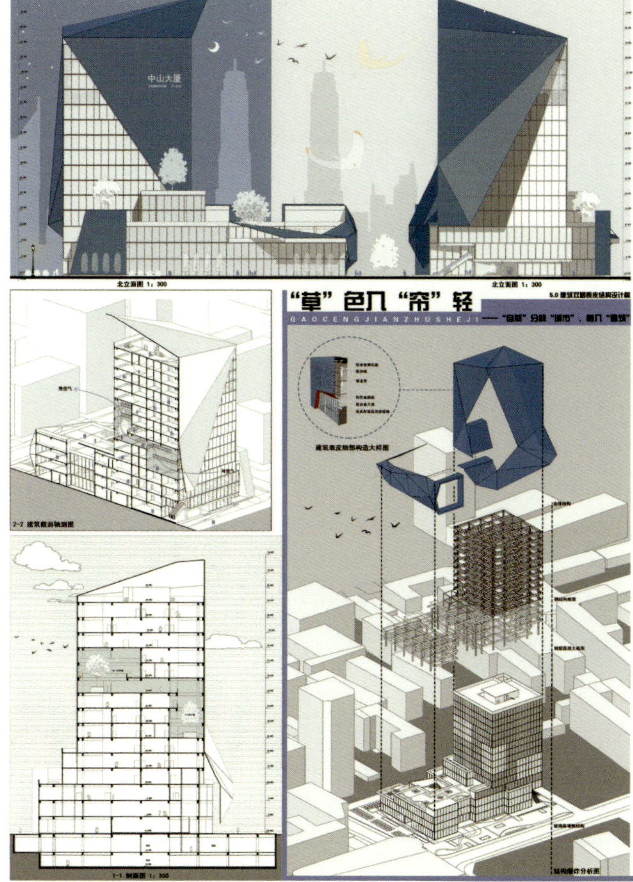
中山大厦
北立面图 1：300
"草"色入"帘"轻
——"自然"分割"城市"，融入"建筑"
GAOCENGJIANZHUSHEJI
2-2 建筑剖面轴测图
1-1 剖面图 1：300

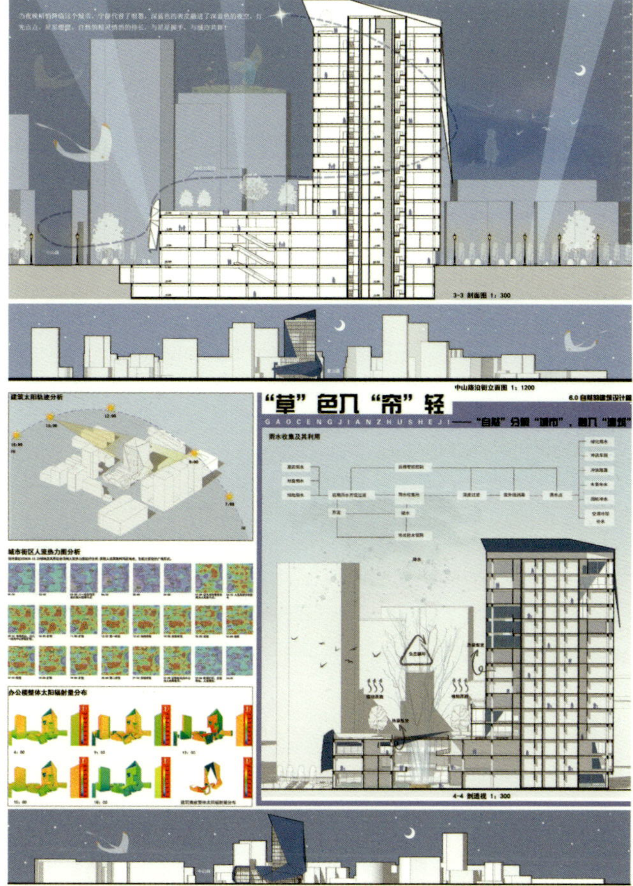
3-3 剖面图 1：300
"草"色入"帘"轻
——"自然"分割"城市"，融入"建筑"
GAOCENGJIANZHUSHEJI
建筑太阳轨迹分析
城市街区人流热力图分析
办公楼整体太阳辐射量分布
4-4 剖透视 1：300

吴颖滢

高层建筑设计
城市重启

指导教师：
肖 君
赵志青
陈五英
陶 莉
王雪强
范丽娅

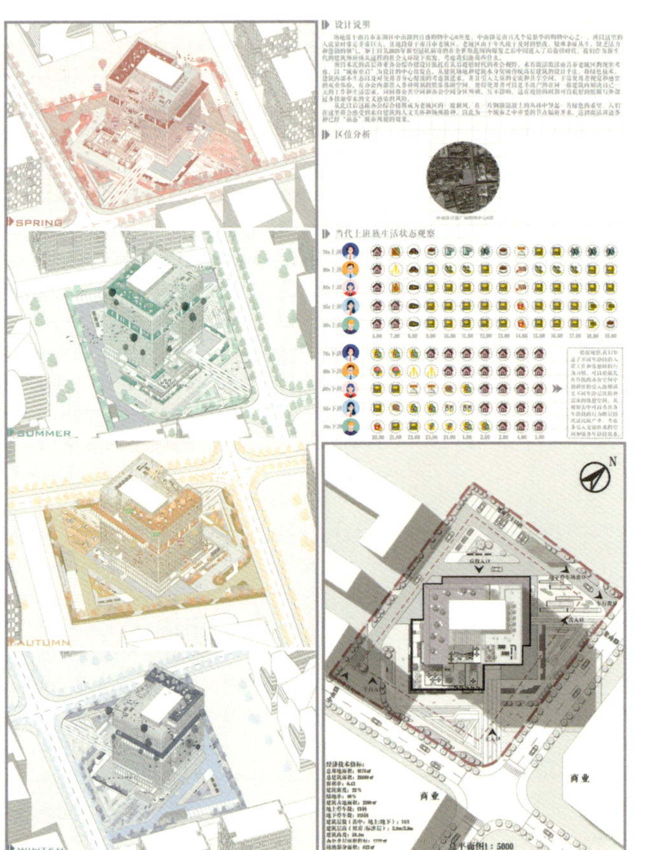

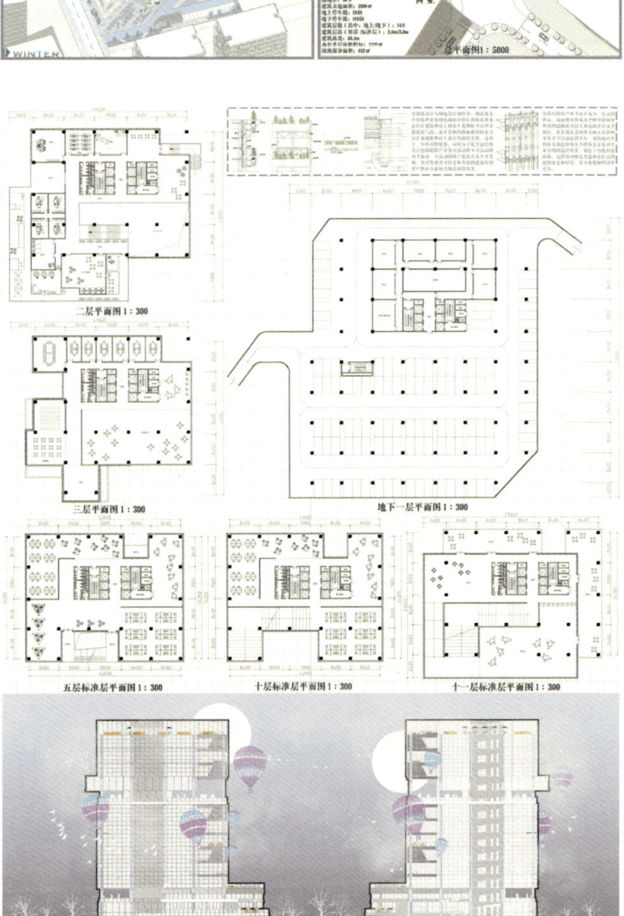

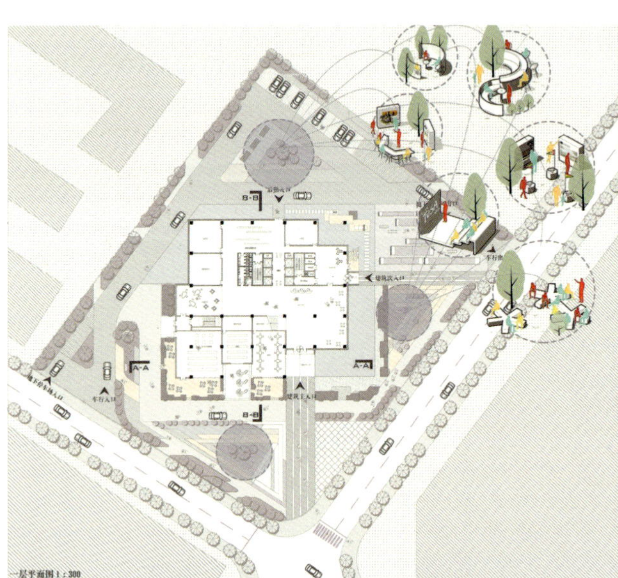

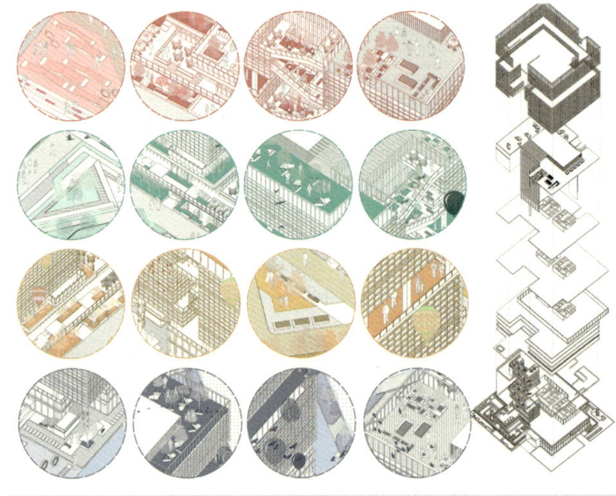

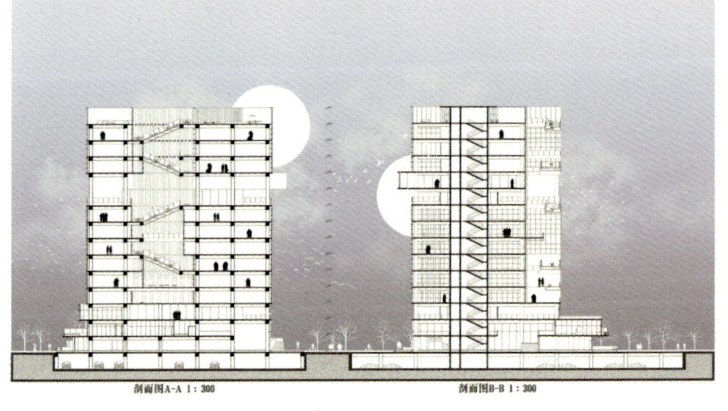

2018 级建筑学
大四

杨芳

高层建筑设计 沐风

指导教师：
肖　君
赵志青
陈五英
陶　莉
王雪强
范丽娅

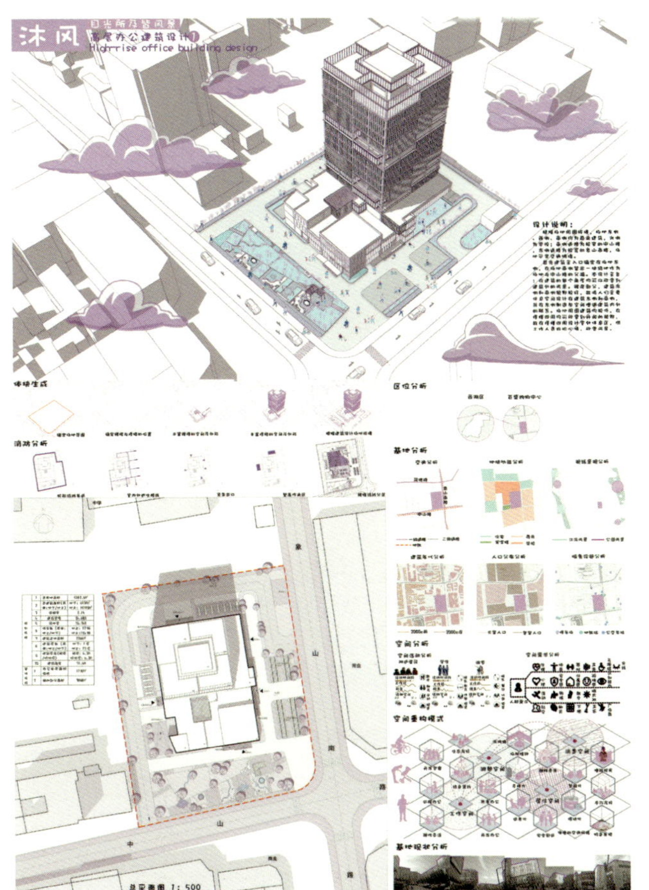
沐风
高层办公建筑设计①
High-rise office building design
设计说明：
总平面图 1:500

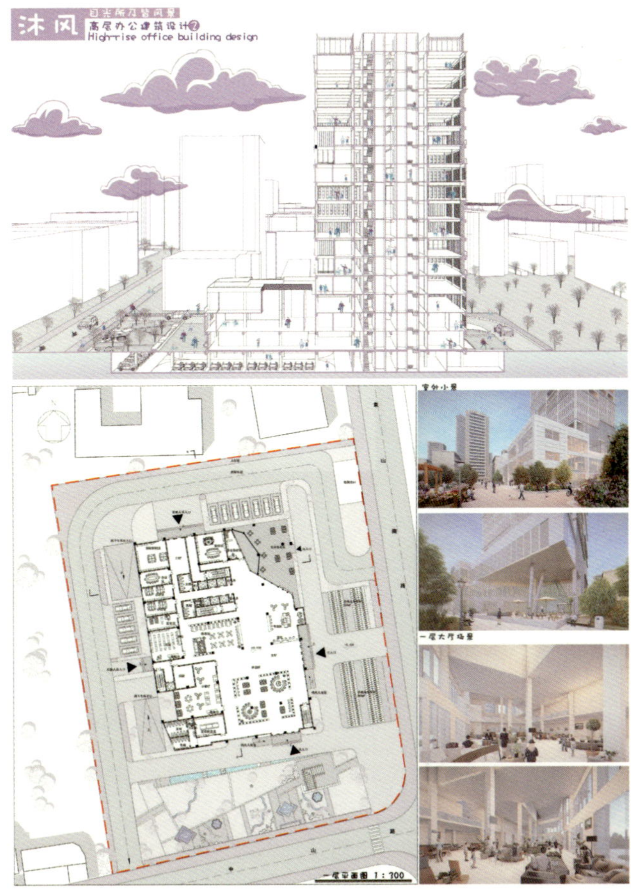
沐风
高层办公建筑设计②
High-rise office building design
一层平面图 1:300

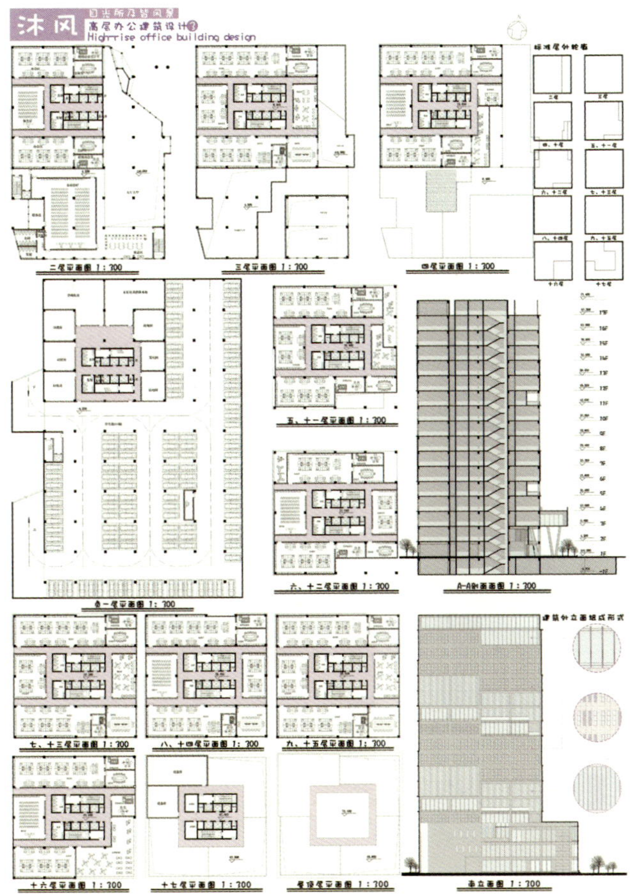
沐风
高层办公建筑设计③
High-rise office building design
二层平面图 1:300
三层平面图 1:300
四层平面图 1:300
五、十一层平面图 1:300
六、十二层平面图 1:300
A-A剖面图 1:300
七、十三层平面图 1:300
八、十四层平面图 1:300
九、十五层平面图 1:300
十六层平面图 1:300
十七层平面图 1:300
南立面图 1:300

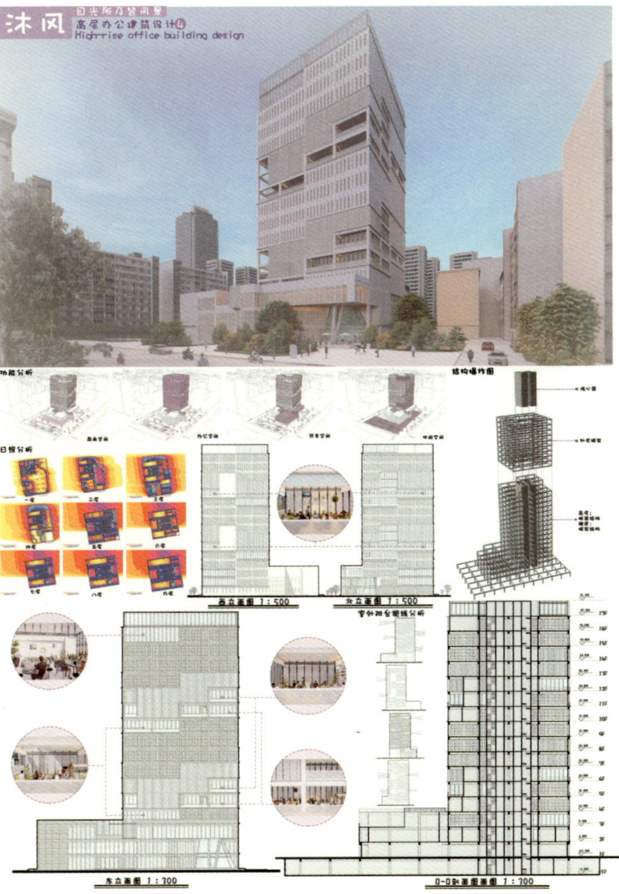
沐风
高层办公建筑设计④
High-rise office building design
功能分析
结构爆炸图
日照分析
东立面图 1:300
B-B剖面图 1:300

2019 级建筑学
大四

李纪凡

高层建筑设计 豫都绿林大厦

指导教师：
肖　君
赵志青
陈五英
陶　莉
王雪强
范丽娅

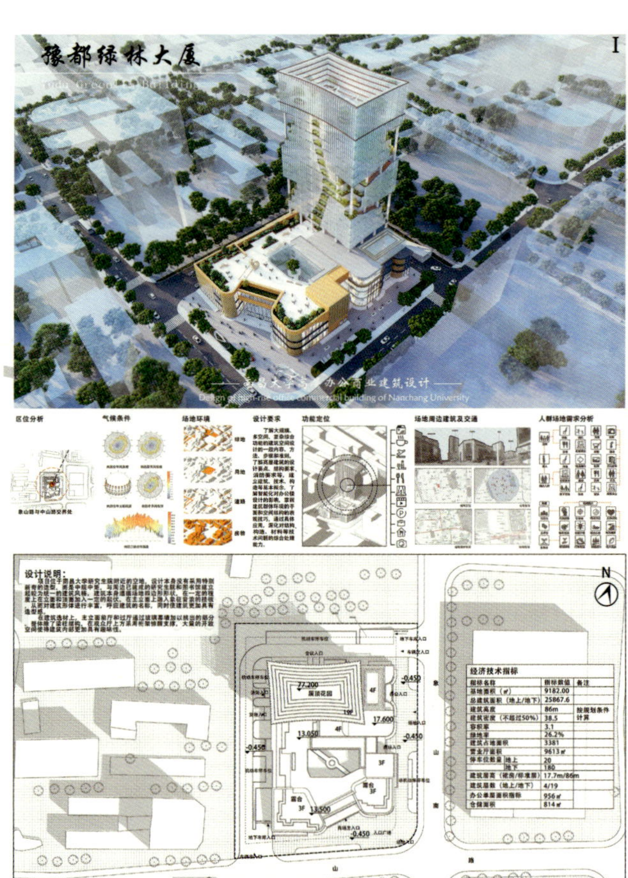
豫都绿林大厦
I

设计场地位于中山路与象山北路交界，方案通过发掘沟通中山路周边城市公共空间，以“绿色峡谷”为设计核心理念，将高层建筑与绿色相结合，融入南北两条主干道的天际线中。同时，建筑主体围绕设计核心理念，主立面通过打造“绿色峡谷”蜿蜒上升至顶层花园，其中还运用双层表皮设计、主体四周绿植设计、裙楼花园中庭设计等被动式绿色建筑设计方法，营造城市、建筑、自然相融合的商业办公高层建筑。

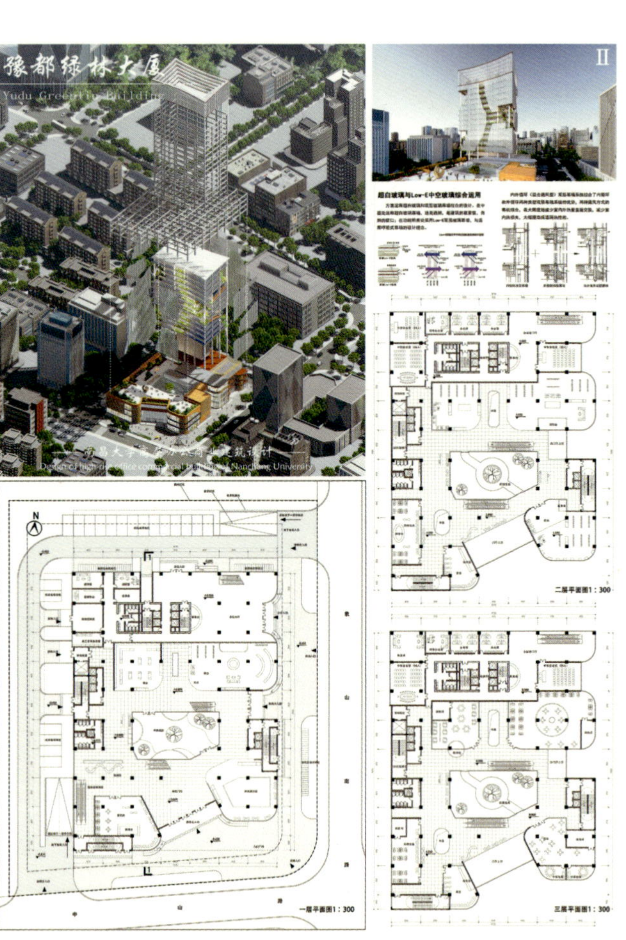
豫都绿林大厦
II

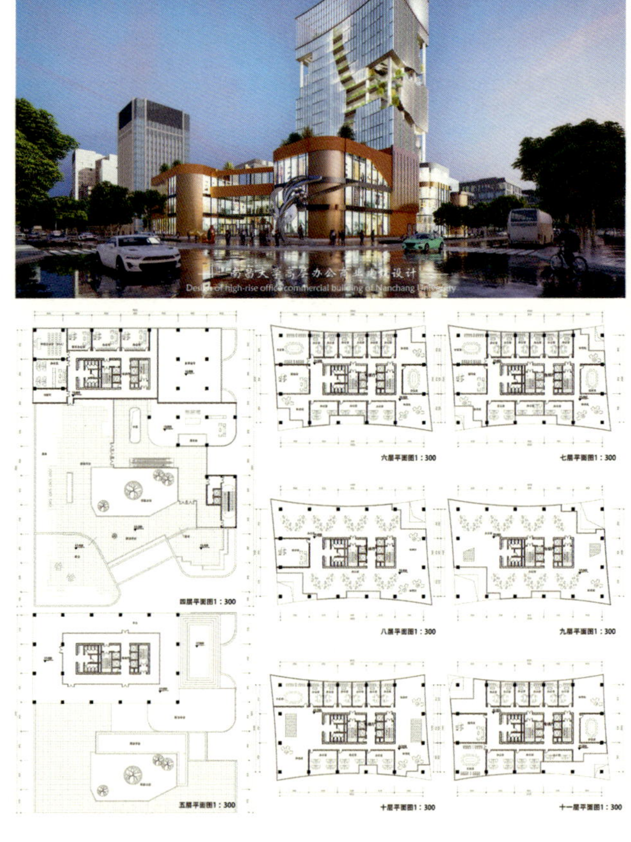
豫都绿林大厦
Yudu Greenlin Building
III

李纪凡

高层建筑设计
豫都绿林大厦

指导教师：
肖　君
赵志青
陈五英
陶　莉
王雪强
范丽娅

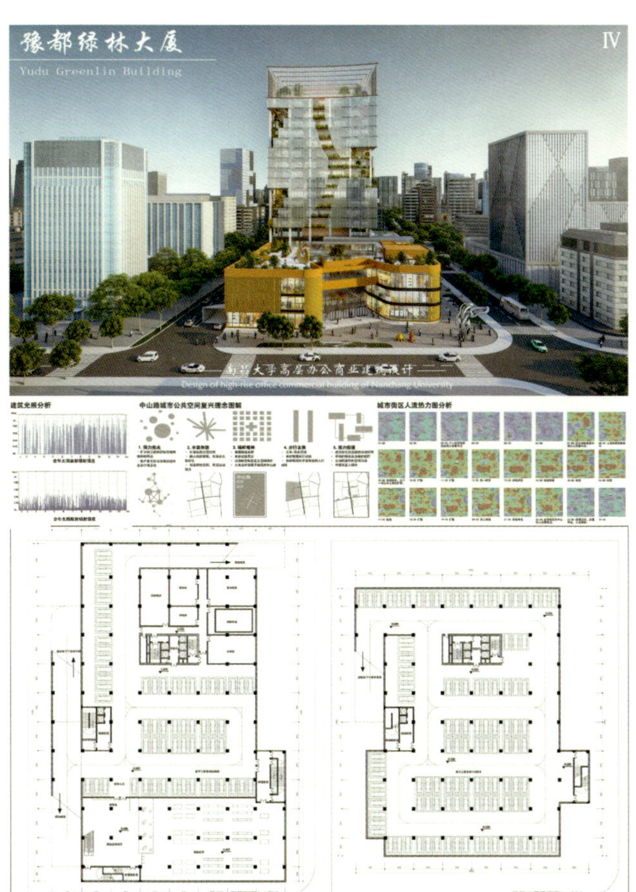
豫都绿林大厦
Yudu Greenlin Building
IV

豫都绿林大厦
V

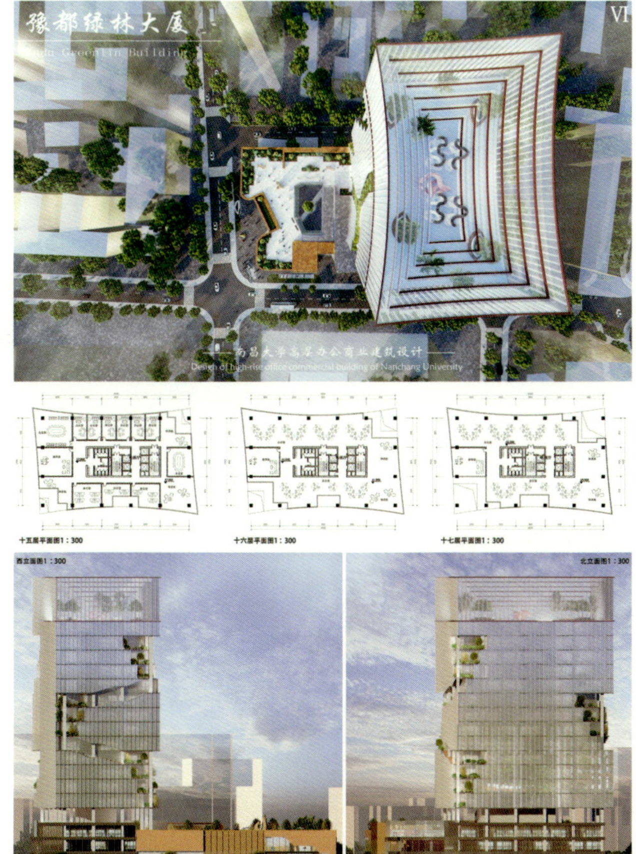
豫都绿林大厦
VI

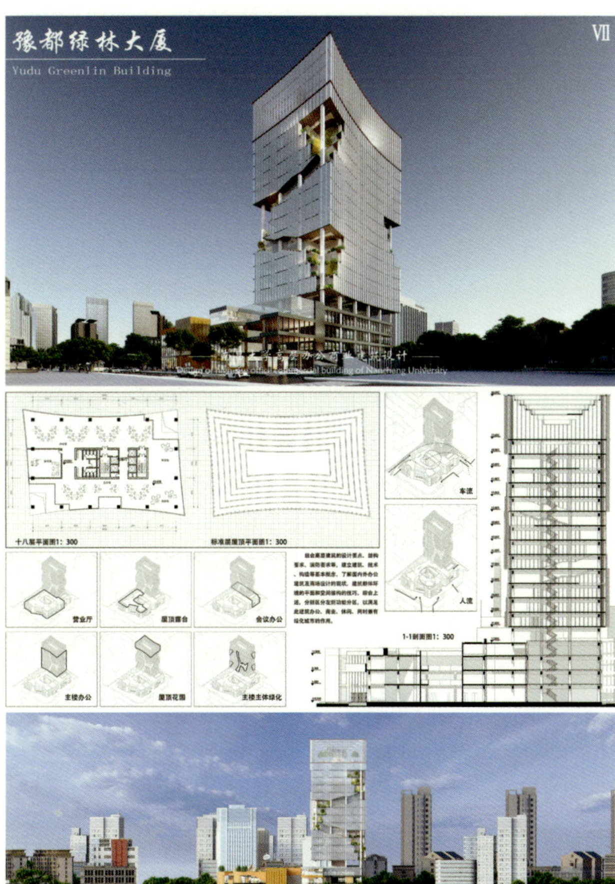
豫都绿林大厦
Yudu Greenlin Building
VII

2019 级建筑学
大四

陈可蕊

高层建筑设计
旋转大厦

指导教师：
肖 君
赵志青
陈五英
陶 莉
王雪强
范丽娅

旋转.大厦 REVOLVING.MANSION

设计说明：
区位分析：
周边环境：
东立面图1：300
北立面图1：300
西立面图1：300

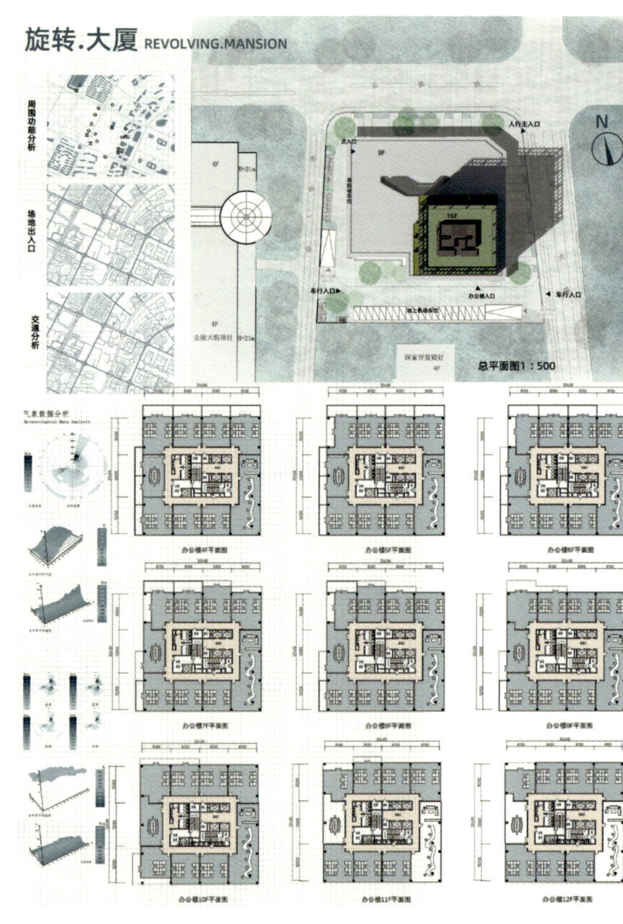
旋转.大厦 REVOLVING.MANSION
周围功能分析
场地出入口
交通分析
人行主入口
次入口
车行入口
办公楼入口
总平面图1：500

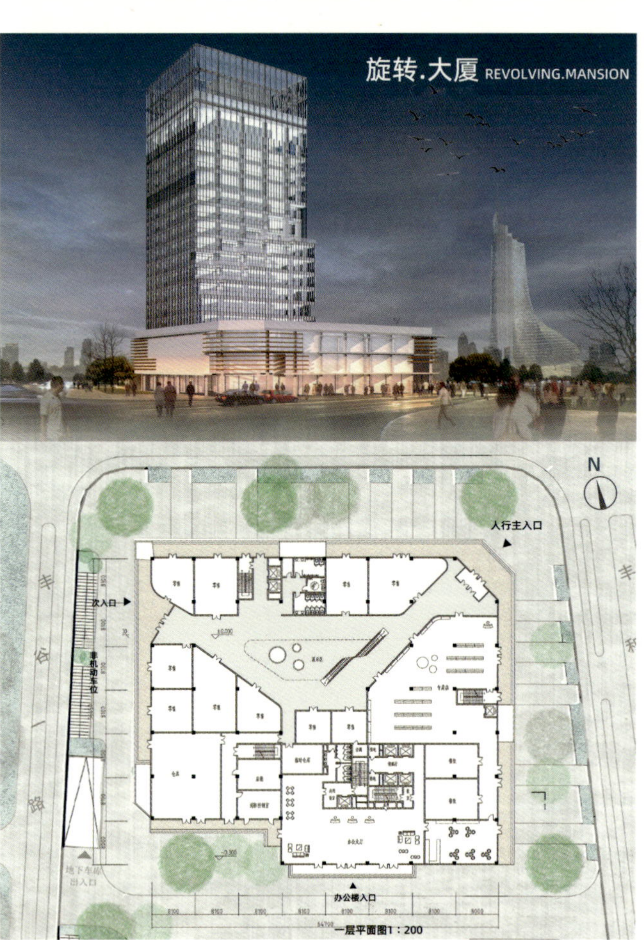
旋转.大厦 REVOLVING.MANSION
人行主入口
次入口
办公楼入口
一层平面图1：200

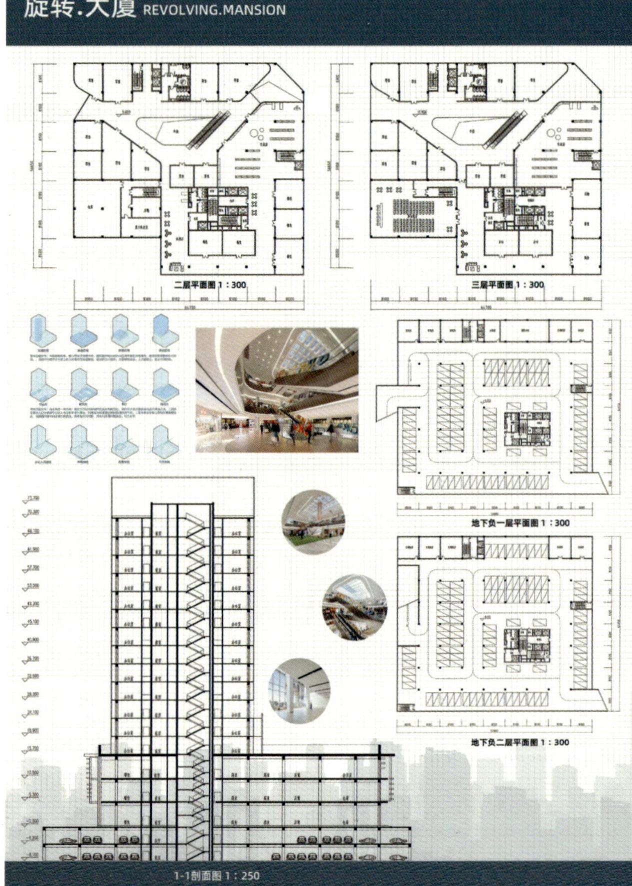
旋转.大厦 REVOLVING.MANSION
二层平面图1：300
三层平面图1：300
地下负一层平面图1：300
地下负二层平面图1：300
1-1剖面图1：250

2017 级建筑学
大四

郜婴恬

剧场建筑设计

指导教师：
肖　君
赵志青
陈五英
陶　莉
王雪强
范丽娅

剧场建筑设计 · 壹 Design of Theatre Building
设计说明
现代剧场设计中应该要考虑到多样化，现在社会一个很大的特征就是方方面面都是多元化的，这其中也包括广大民众的审美和文化形式的多样性，无论是高雅艺术还是通俗文化都有它的受众群，众口难调，没有一种艺术形式可以吸引到所有人。所以为了满足广大人民群众的需求，现在的剧场也应该是多样化的，应该是为各种艺术形式提供场地，让每一个民众都能享受到自己的乐趣。现代剧场建筑设计应该是一项科技和建筑艺术相结合的设计，不仅仅是环境艺术的设计，更不是各单科性专业设计的迭加，而是一项系统工程的设计，它包括建声设计(音质设计)、减噪设计、扩声系统设计，以及视线、空调等设计组成的视、听空间设计，舞台照明，舞台技术和机电系统设计所构成的演出空间设计。
经济技术指标
总建筑面积 8142m²
占地面积 4021m²
规划用地面积 16463m²
建筑密度 0.25
绿地率 37%
室外停车位个数 68个
容积率 0.49
室内停车位个数 33个
学府大道
总平面图 1：700

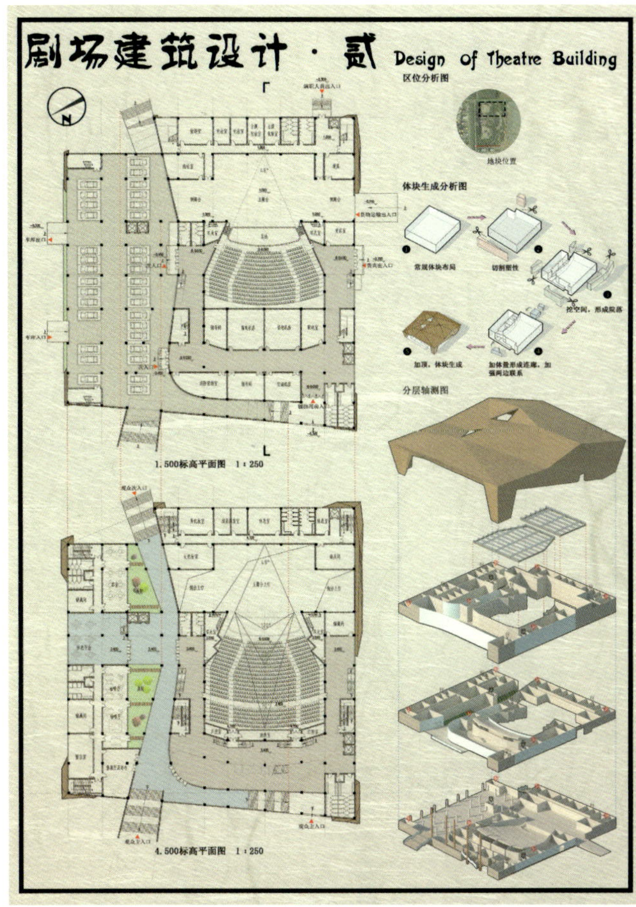
剧场建筑设计 · 贰 Design of Theatre Building
区位分析图
体块生成分析图
分层轴测图
1.500标高平面图 1：250
4.500标高平面图 1：250

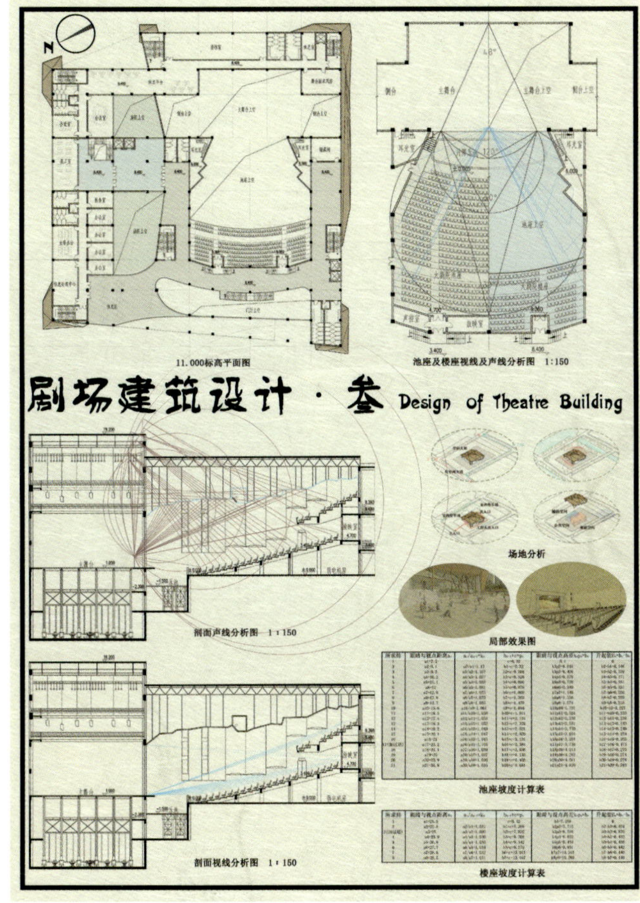
11.000标高平面图
池座及楼座视线及声线分析图 1：150
剧场建筑设计 · 叁 Design of Theatre Building
剖面声线分析图 1：150
场地分析
局部效果图
池座坡度计算表
剖面视线分析图 1：150
楼座坡度计算表

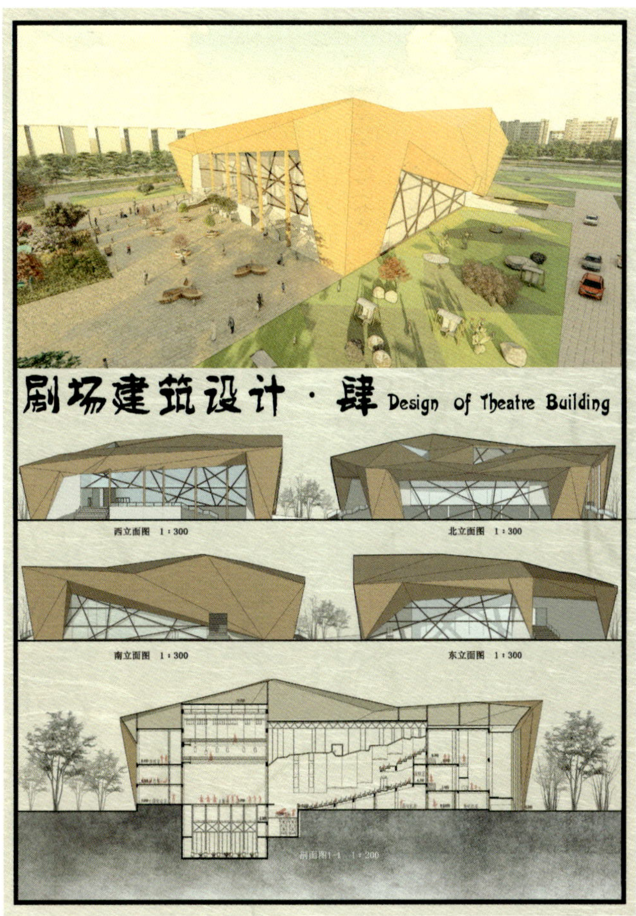
剧场建筑设计 · 肆 Design of Theatre Building
西立面图 1：300
北立面图 1：300
南立面图 1：300
东立面图 1：300

2017 级建筑学
大四

高欣元

剧场建筑设计

香樟风吟

指导教师：
肖　君
赵志青
陈五英
陶　莉
王雪强
范丽娅

月，透出高高的树梢，静静在水上流淌。风，悄悄吹过，吟唱着岁月的从容。高大的香樟树，树叶随风飘落。静静听吧，那是落叶的叮咛。

南昌，赣江川流而过，市树香樟郁郁葱葱。方案结合南昌文化营造出极具意境的场景：微风吹过，几片樟叶随风叮咛，亲吻水面，化成了主体剧场和室外露天剧场两个相互呼应的体量。樟叶的脉络由地面伸展、起伏，形成了有优美弧线的道路与景观，暗喻“以虚无为体，以柔弱为刚”的道法本质。方案探讨了建筑、人、景观三者关系。景观、道路、建筑浑然一体，建筑似从地面生长而出，又与水面紧密相连，优美的流线形体富有现代的美感，简洁而明快，细腻而温柔。

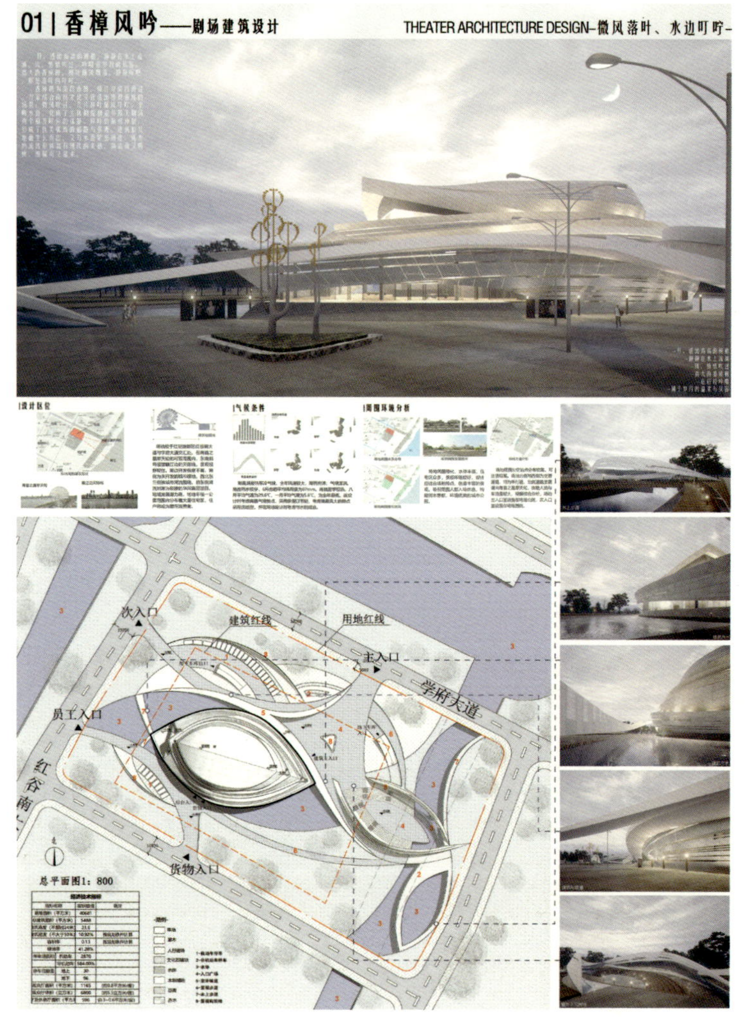
01 | 香樟风吟——剧场建筑设计
THEATER ARCHITECTURE DESIGN–微风落叶、水边叮咛–
次入口
建筑红线
用地红线
主入口
学府大道
员工入口
红谷南
货物入口
总平面图1：800

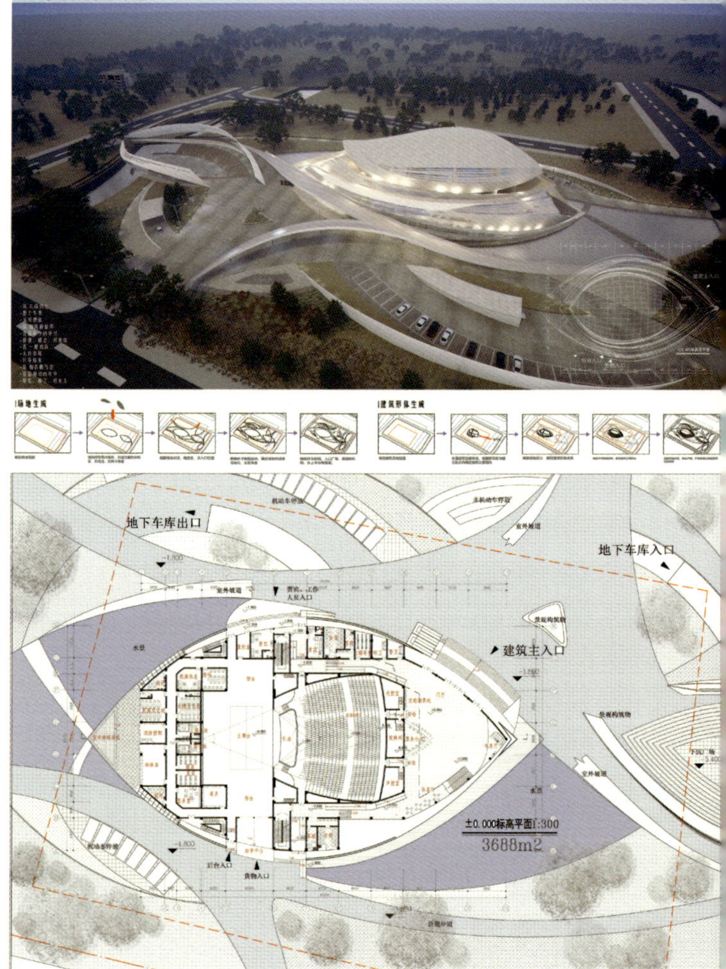
02 | 香樟风吟——剧场建筑设计
THEATER ARCHITECTURE DESIGN–微风落叶、水边叮咛–
地下车库出口
地下车库入口
建筑主入口
±0.000标高平面图1:300
3688m2

高欣元

剧场建筑设计
香樟风吟

指导教师：
肖君
赵志青
陈五英
陶莉
王雪强
范丽娅

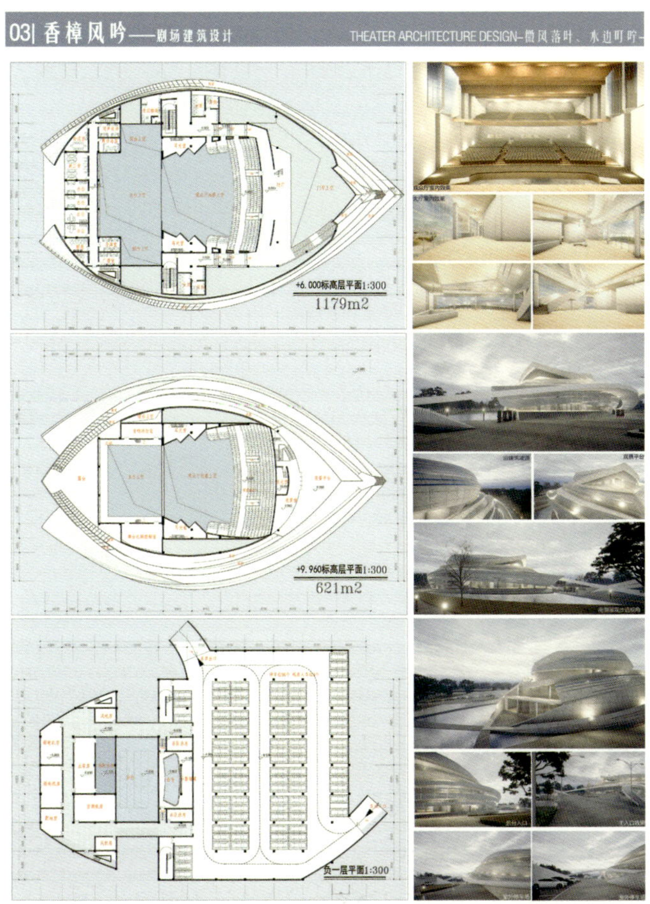
03| 香樟风吟——剧场建筑设计
THEATER ARCHITECTURE DESIGN-微风落叶、水边叮咛-
+6.000标高层平面1:300
1179m2
+9.960标高层平面1:300
621m2
负一层平面1:300

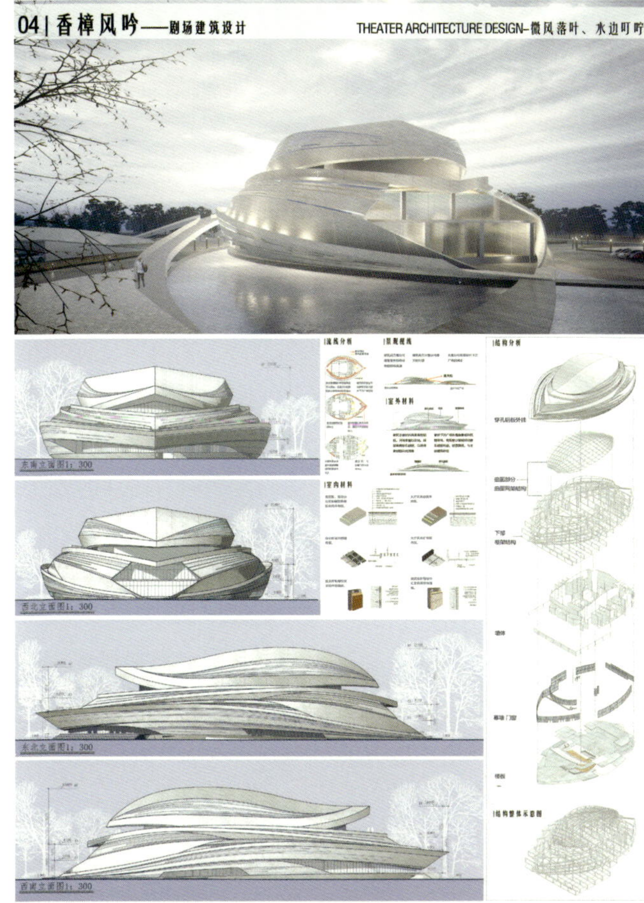
04| 香樟风吟——剧场建筑设计
THEATER ARCHITECTURE DESIGN-微风落叶、水边叮咛-

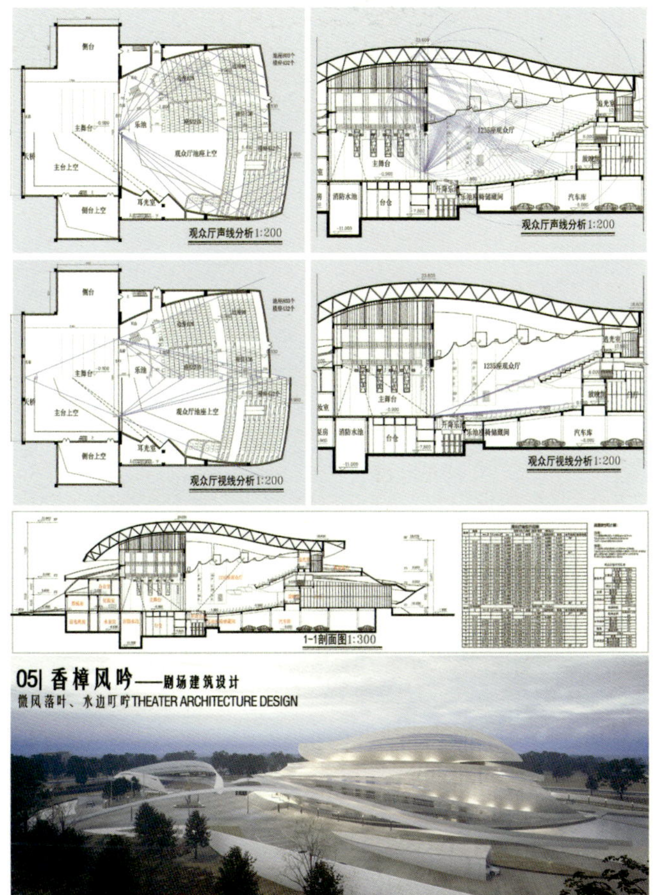
观众厅声线分析1:200
观众厅视线分析1:200
1-1剖面图1:300
05| 香樟风吟——剧场建筑设计
微风落叶、水边叮咛THEATER ARCHITECTURE DESIGN

06| 香樟风吟——剧场建筑设计

2017 级建筑学
大四

汪丁

剧场建筑设计
台横上阶律

指导教师：
肖　君
赵志青
陈五英
陶　莉
王雪强
范丽娅

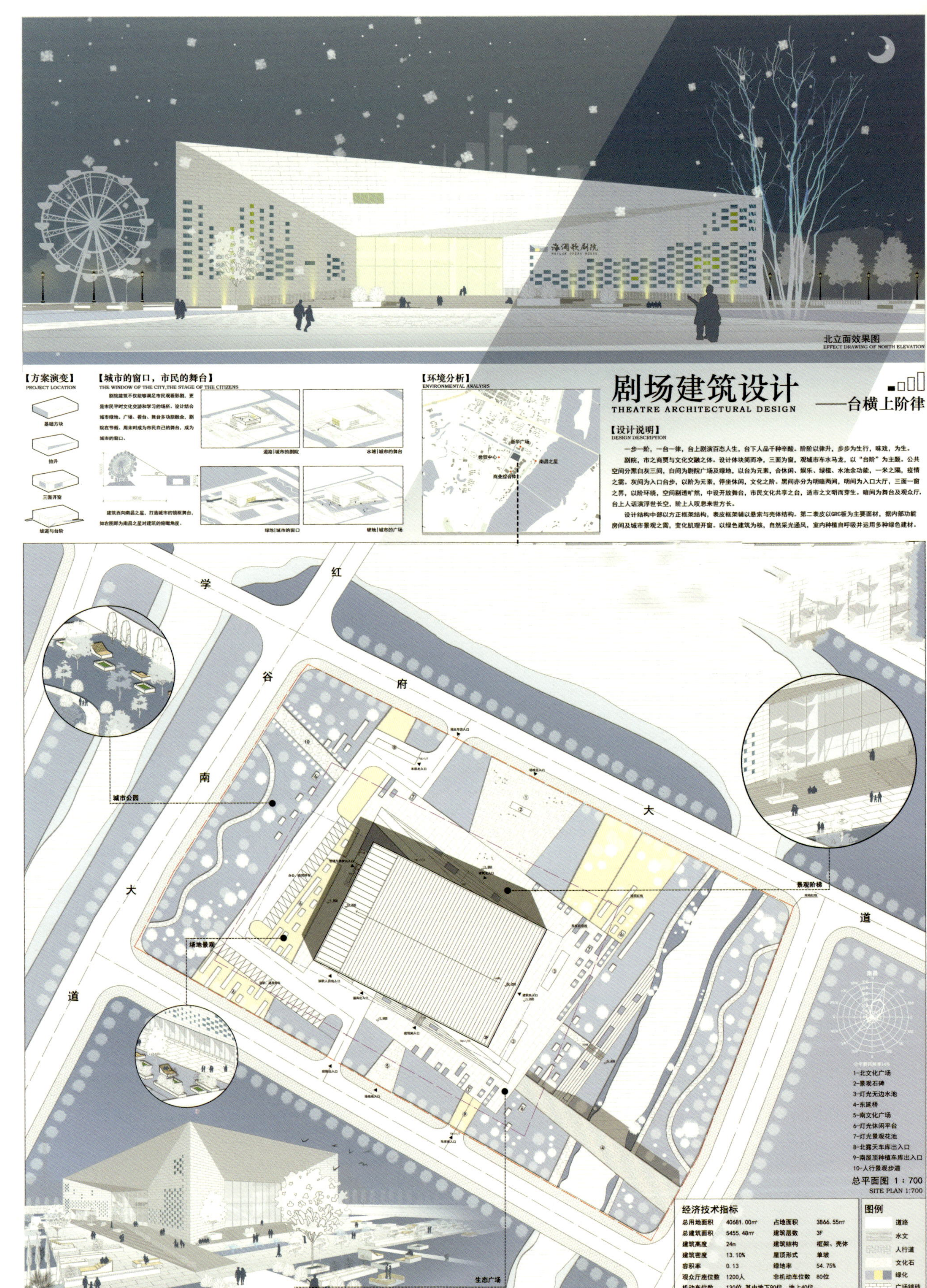
北立面效果图
EFFECT DRAWING OF NORTH ELEVATION
【方案演变】
PROJECT LOCATION
基础方块
抬升
三面开窗
坡道与台阶
【城市的窗口，市民的舞台】
THE WINDOW OF THE CITY,THE STAGE OF THE CITIZENS
剧院建筑不仅能够满足市民观看影剧，更是市民平时文化交游和学习的场所。设计结合城市绿地、广场、看台、舞台多功能融合，剧院在节假、周末时成为市民自己的舞台，成为城市的窗口。
建筑西向南昌之星，打造城市的镜框舞台，如右图即为南昌之星对建筑的俯瞰角度。
道路|城市的剧院
水域|城市的舞台
绿地|城市的窗口
硬地|城市的广场
【环境分析】
ENVIRONMENTAL ANALYSIS
南昌之星
剧场建筑设计
THEATRE ARCHITECTURAL DESIGN
——台横上阶律
【设计说明】
DESIGN DESCRIPYION
一步一阶，一台一律，台上剧演百态人生，台下人品千种辛酸。阶阶以律升，步步为生行，味戏，为生。
剧院，市之商贾与文化交融之体。设计体块简而净，三面为窗，观城市车水马龙，以“台阶”为主题。公共空间分黑白灰三间，白间为剧院广场及绿地，以台为元素，合休闲、娱乐、绿植、水池余功能，一米之隔，疫情之需。灰间为入口台步，以阶为元素，停坐休闲，文化之阶。黑间亦分为明暗两间，明间为入口大厅，三面一窗之界，以阶环绕，空间剔透旷然，中设开放舞台，市民文化共享之台，适市之文明而芽生。暗间为舞台及观众厅，台上人话演浮世长空，阶上人叹息来世方长。
设计结构中部以方正框架结构，表皮框架辅以悬索与壳体结构。第二表皮以GRC板为主要面材，据内部功能房间及城市景观之需，变化肌理开窗。以绿色建筑为核，自然采光通风，室内种植自呼吸并运用多种绿色建材。
学
红
谷
府
南
大
大
道
道
城市公园
场地景观
景观阶梯
生态广场
1-北文化广场
2-景观石砖
3-灯光无边水池
4-东延桥
5-南文化广场
6-灯光休闲平台
7-灯光景观花池
8-北露天车库出入口
9-南屋顶种植车库出入口
10-人行景观步道
总平面图 1：700
SITE PLAN 1:700
经济技术指标
总用地面积 40681.00㎡
占地面积 3866.55㎡
总建筑面积 5455.48㎡
建筑层数 3F
建筑高度 24m
建筑结构 框架、壳体
建筑密度 13.10%
屋顶形式 单坡
容积率 0.13
绿地率 54.75%
观众厅座位数 1200人
非机动车位数 80位
机动车位数 130位，其中地下90位，地上40位。
图例
道路
水文
人行道
文化石
绿化
广场铺砖

2017 级建筑学
大四

汪丁

剧场建筑设计
台横上阶律

指导教师：
肖　君
赵志青
陈五英
陶　莉
王雪强
范丽娅

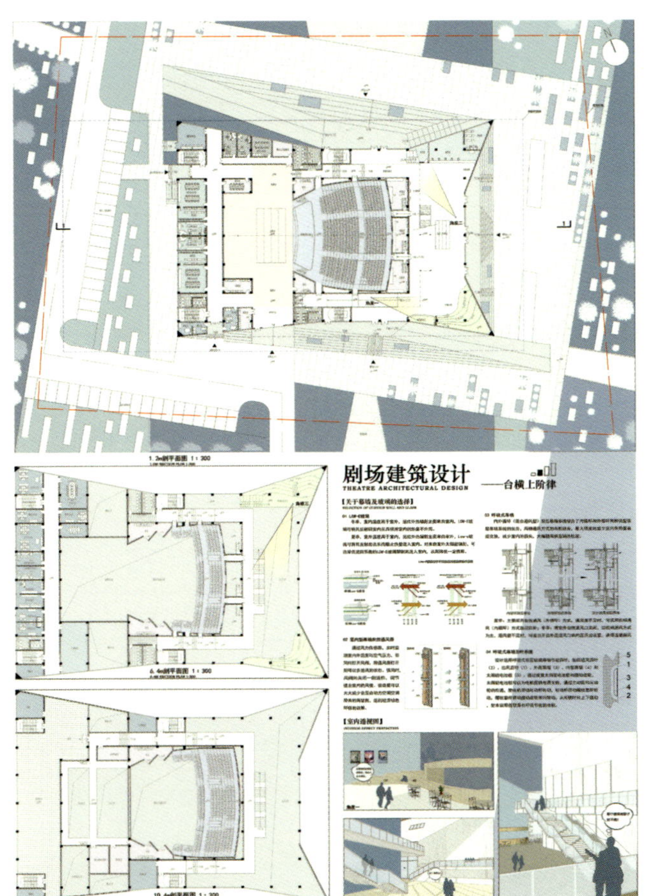

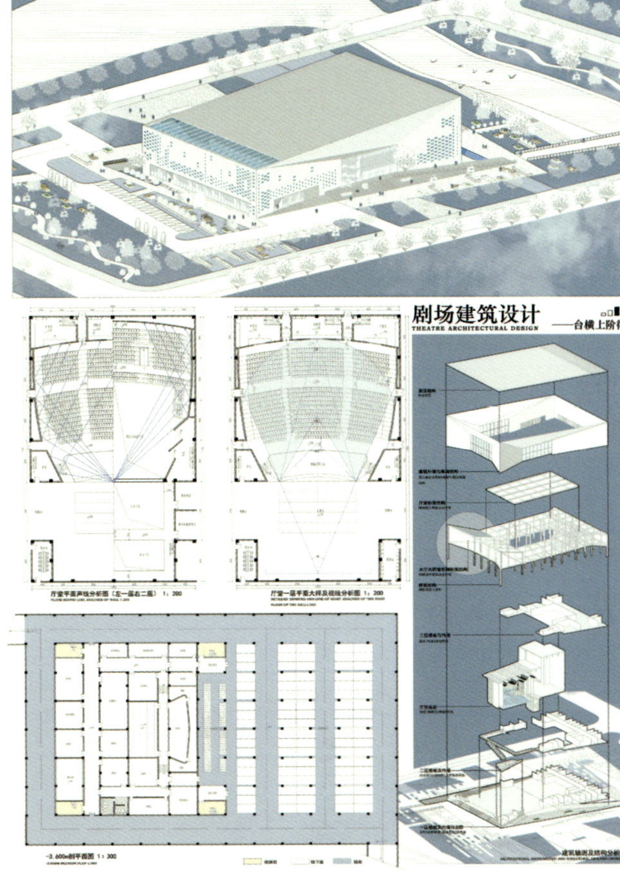

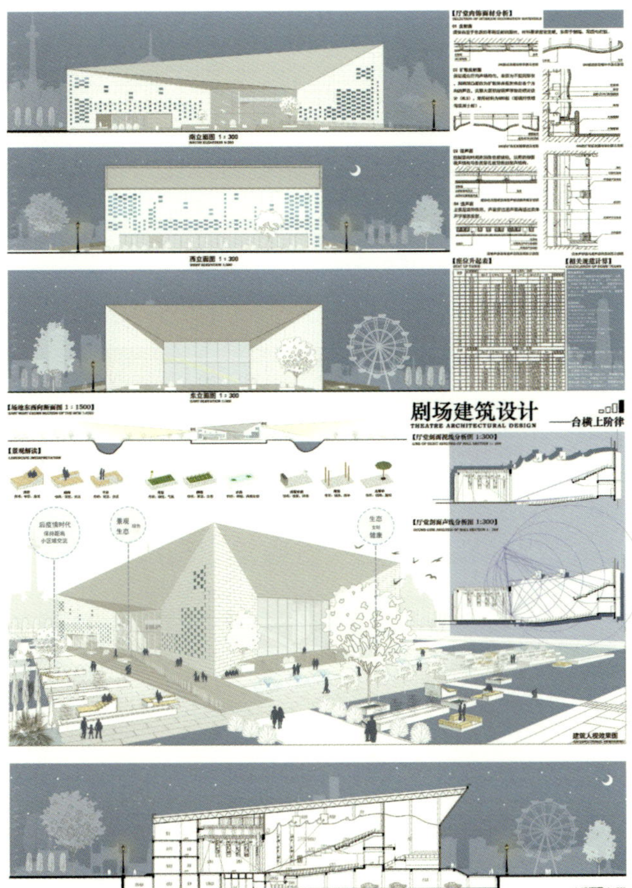

2017 级建筑学
大四

吴明萱

剧场建筑设计
浪遏飞舟

指导教师：
肖　君
赵志青
陈五英
陶　莉
王雪强
范丽娅

剧院设计|浪遏飞舟 I
Theater Design|Waves hold the boat I

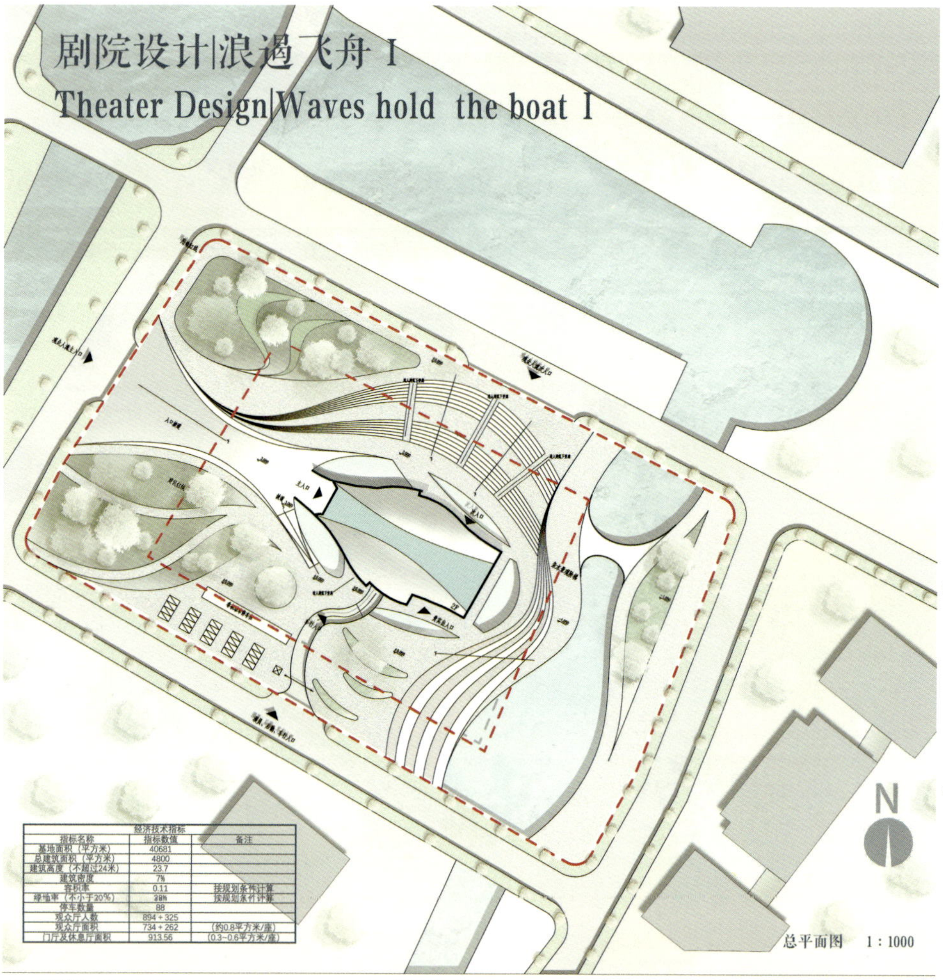

经济技术指标		
指标名称	指标数值	备注
基地面积（平方米）	40681	
总建筑面积（平方米）	4800	
建筑高度（不超过24米）	23.7	
建筑密度	7%	
容积率	0.11	按规划条件计算
绿地率（不小于20%）	38%	按规划条件计算
停车数量	88	
观众厅人数	894 + 325	
观众厅面积	734 + 262	（约0.8平方米/座）
门厅及休息厅面积	913.56	（0.3~0.6平方米/座）

总平面图　1：1000

交通分析　Traffic Analysis

该场地项目周边交通较为便利，位于红谷滩新区红谷南大道与学府大道交汇处，处于南昌之星摩天轮的可视范围内。

周边人群需求分析　User demand analysis

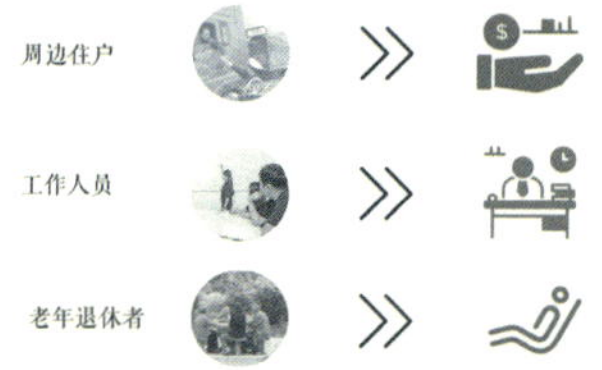

周边住户
工作人员
老年退休者

part A　商务　咖啡　休闲　　part B　信息　问询　茶水

part C　工作　会议　创享　　part D　观剧　观影　休闲

可视度分析　Visibility Analysis

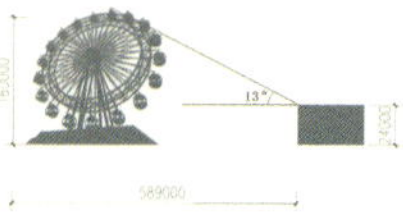

13°
163000
24000
589000

第五立面视野
平面构图
剧院东北透视
高度对比
城市天际线影响

总图概念生成　Site-plan concept generation

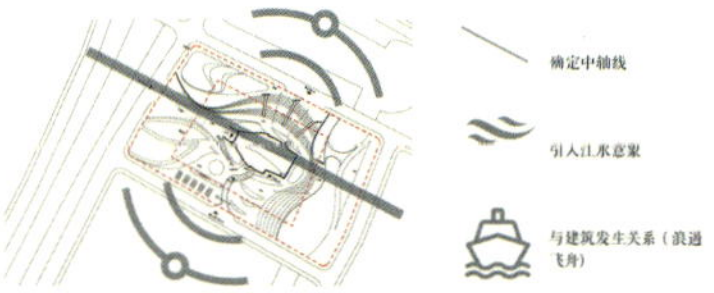

确定中轴线
引入江水意象
与建筑发生关系（浪遏飞舟）

设计说明　Design Description

本设计用地位于江西省南昌市赣江边，毗邻“南昌之星”摩天轮，对于东北面的视野有较高要求，同时从摩天轮的高视角观察，同样对建筑的鸟瞰角度提出了高要求。

该地位于赣江边，位于老城区对面，二十世纪末这里还是一片滩涂地与农村村落与农田，整体终日遭受赣江的冲刷，人口密度极低。进入二十一世纪后，城乡高速发展，江对岸的滩涂地被大量开发，形成了宽阔的马路与现代化规划过的社区，一座新城拔地而起。

本设计旨在基于该地块的更新与变化，以建筑形态呼应老城区向新城区的发展中心的过度，同时以“浪遏飞舟”的意象暗喻城市发展进取的精神。从赣江侧抽取曲线元素向建筑延伸，环绕建筑流动，与建筑形体产生呼应，形成“飞舟”在浪中进击的形象。

作者通过曲线流动的形态产生了立面，继而完成了整个建筑形体。

场地变迁　Site change

2002年　大部为滩涂地
2005年　路网铺设完成
2008年　周边建设初见成效
2010年　社区群体开始成立
2016年　城市肌理形成
南昌　RISE UP!

2017 级建筑学
大四

吴明萱

剧场建筑设计
浪遏飞舟

指导教师：
肖　君
赵志青
陈五英
陶　莉
王雪强
范丽娅

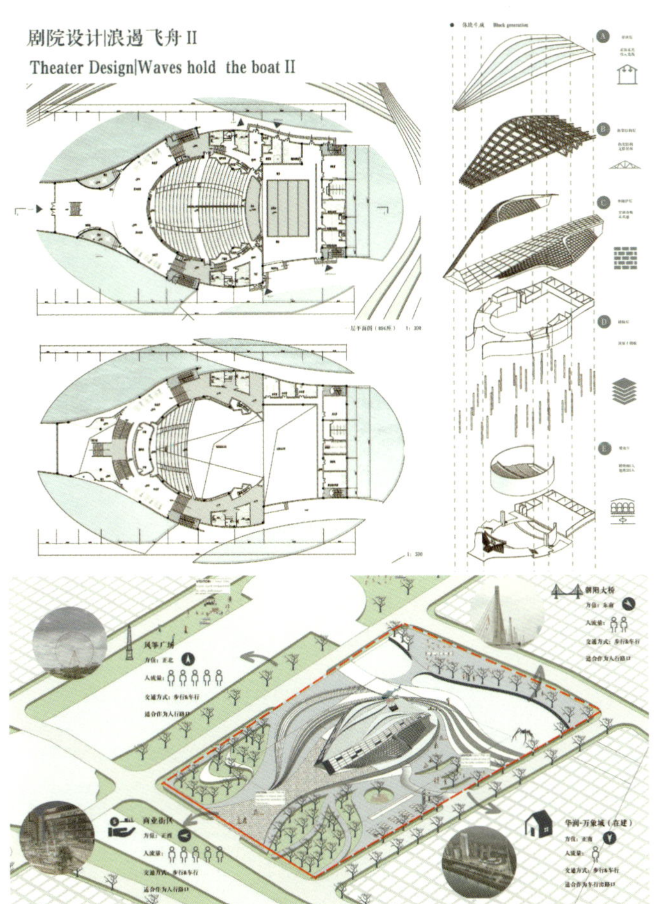
剧院设计|浪遏飞舟 II
Theater Design|Waves hold the boat II

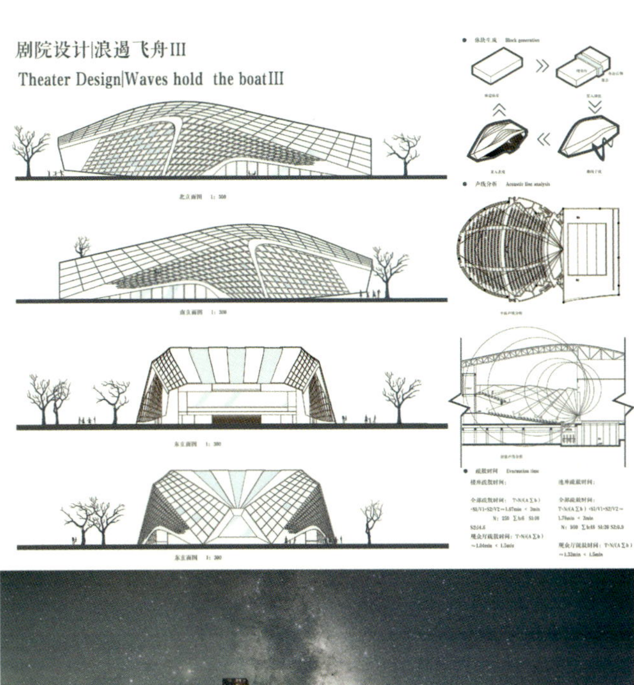
剧院设计|浪遏飞舟 III
Theater Design|Waves hold the boat III

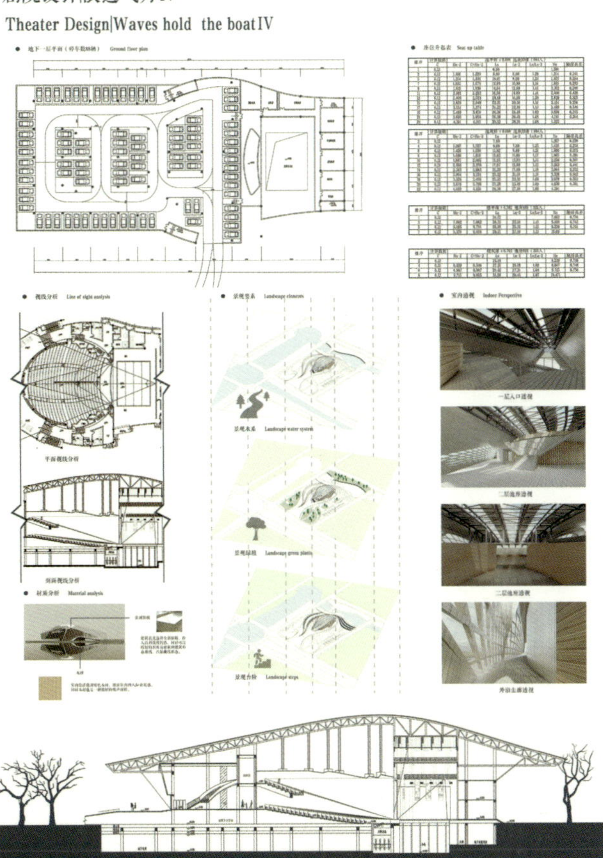
剧院设计|浪遏飞舟 IV
Theater Design|Waves hold the boat IV

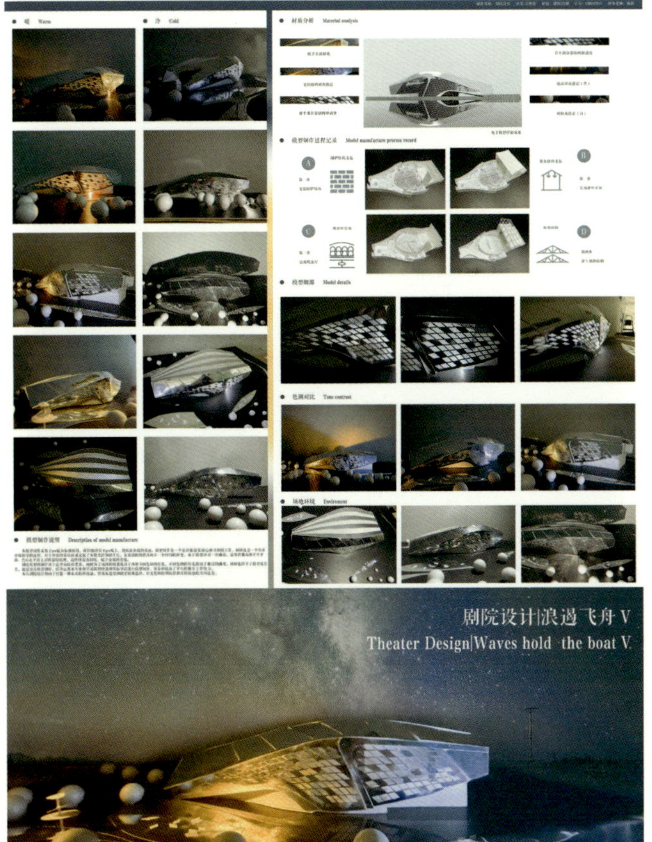
剧院设计|浪遏飞舟 V
Theater Design|Waves hold the boat V

2018 级建筑学
大四

胥浩

剧场建筑设计 红帆大剧院

指导教师：
肖　君
赵志青
陈五英
陶　莉
王雪强
范丽娅

红帆大剧院
The Red Sail Theatre
城市心脏 I
City heart
建筑位于城市的市中心，同时文化建筑也是城市重要的地标之一，是城市中人们精神文明的具象载体，赋予心脏之意
建筑的东侧是货物和后勤的出入口，这个位置有卸货平台，用钢结构外框作为建筑的第二表皮作为空气边界。同时也是游客出入的次入口，出口出来后可从两侧分别逃离。
On the east side of the building is the entrance and exit for goods and logistics, where there is the unloading platform, with the steel frame as the second skin of the building as the air boundary.
建筑的第二表皮大部分都是采用红色的外壳，在后勤部分的外围，使用了长条状，类似于编制形态的表皮，是阳光可以均匀照射的同时，也更有利于室外平台的通风。
Most of the second skin of the building is made of red skin. On the periphery of the logistics part, a long strip of skin is used, similar to the woven form, so that the sunlight can be evenly illuminated.
建筑可以看作是双层的围护整体，第一层多有的空间被玻璃壳包围住，第二层的不透光围护层，将后勤、消防控制室和工作人员的空间包围起来，游客的参观大厅设大面积玻璃。
The building can be regarded as a double envelope, the first floor is surrounded by glass shells, the second layer of opaque envelope, logistics, fire control room and staff space surrounded by a large area of glass visitors hall.
建筑的主入口是12层的台阶，上到离地高度1.8m的平面，游客可以从西侧和北侧两个方向进入建筑室内的入口大厅。同时入口两侧都设置了无障碍坡道。
The main entrance of the building is a 12-storey staircase that rises to a 1.8m level and allows visitors to enter the entrance hall from both the west and north sides of the building. At the same time, there are barrier-free ramps on both sides of the entrance.
设计说明：此剧院项目位于市中心八一广场地段，该地段聚集商业、教育、医疗等多种社会公共设施与功能。同时，八一广场周边建筑氛围较为严肃，建筑多为方正的外观，欧式的风格。此剧院使用大致为方正的外观，适应并融合环境；同时，八一广场是一个具有革命象征意义的场所，江西南昌也是具有革命历史的英雄城，于是使用象征革命的红色作为建筑的主题色，并赋予"帆"的外形，象征了"扬帆起航"的意义。

区位分析 | Location analysis

江西南昌　八一广场

周边交通 | surrounding traffic

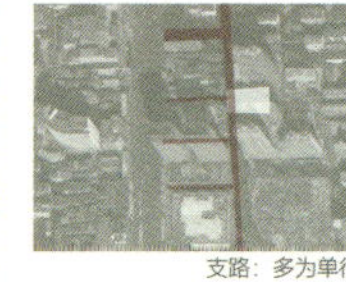

主干道：八一大道　支路：多为单行　地铁：一二号线　公交：线路众多

体块生成 | Block generated

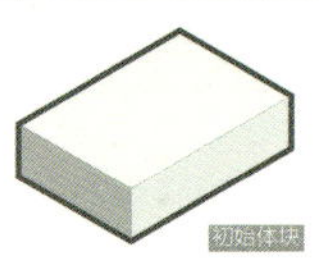
初始体块

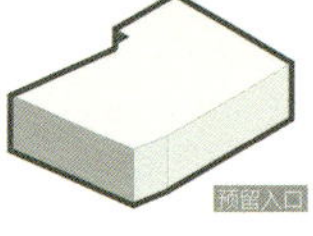
预留入口

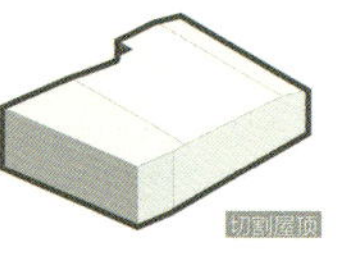
切割屋顶

台阶生成

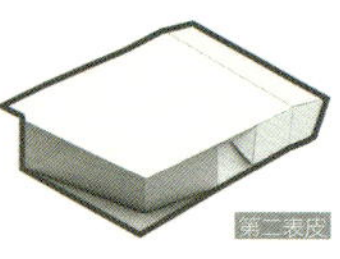
第二表皮

材质变化

方案成形

原址概况 | The site survey

建筑原址为江西省艺术剧院此剧院已经不承担演出、表演等功能，室内其他设施也不再经营

原剧院

建筑周边配备了南昌市最先进与最完备的医疗公共设施附近有江西妇女保健医院、南昌大学一附院和江西中医院三座医院。同时，周边配备了数家西药店和中药店，患者可以在此地段得到即时有效的治疗

医疗

八一广场所在地段是南昌市的老城区也是南昌市市中心周边有大量新旧程度不等的居民区，如：省政府大院、苏宁等等。人流量较大，且城市支路较窄，存在数条单行道，周边交通在早晚高峰十分容易拥堵

居住

八一广场地段位于城市核心有着丰富且发达的餐饮行业八一广场周边的万达、百货大楼，以及临近的中山路、天虹、万寿宫和百盛等等，都可以为游客提供多种多样且风格不同的饮食，并且能提供多元的娱乐设施

餐饮

附近教育资源也十分丰富，苏圃路二中、江西师大附中都离八一广场两公里以内，还有南昌八中等其他高中，同时还有南昌市育新学校小学部等中小学

教育

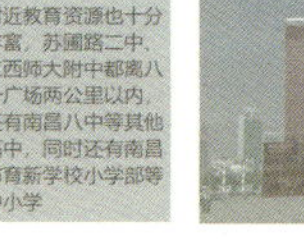

八一广场地段位于城市核心有着丰富且发达的娱乐行业八一广场周边的万达、百货大楼，以及临近的中山路、天虹、万寿宫和百盛等等，都可以为游客提供多元化的娱乐

商业

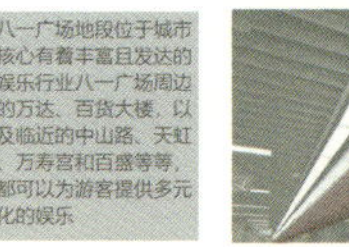

八一广场地段虽地上交通拥堵，但是地下交通是南昌市最为发达的地段，八一广场站是一号线与二号线汇集的站点，而八一馆站是一号线与三号线汇集的站点

地铁

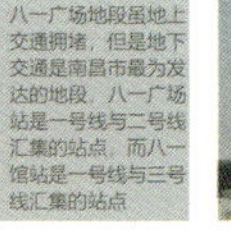

除八一广场外，该地段附近提供了其它几处供人群集散交流和休闲娱乐的场所，如：八一公园、人民公园等。除了商业体系的完备，自然要素也有

城市节点

功能分区 | Functional partition

入口门厅

由于场地的限制，入口的通高门厅设置成了"凹"字形，内部设有高低错落的台阶，是作为游客的公共活动空间，游客的室内活动范围也被限制在此处

室外台阶

建筑的生成逻辑中，将西北角向内切除一部分作为游客进入入口大厅的主入口在建筑的东侧向内挖去一部分，作为且或平台和疏散通道

演出部分

建筑的核心区域是舞台和观众厅，舞台通高18m，有主舞台和侧舞台构成，主舞台有升降台仓，观众厅可容纳一千余人，由池座和楼座构成

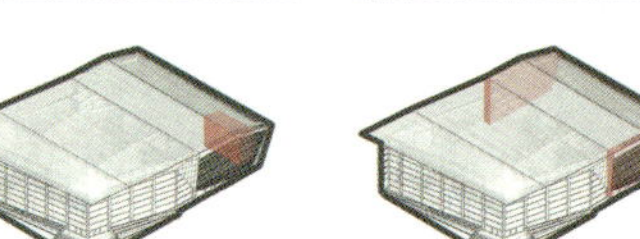

嘉宾设置了单独的出入口，位于建筑的西南角，与外部份游客的主要流线区分开来，保证了嘉宾身份的特殊性同时也照顾了嘉宾的体验感

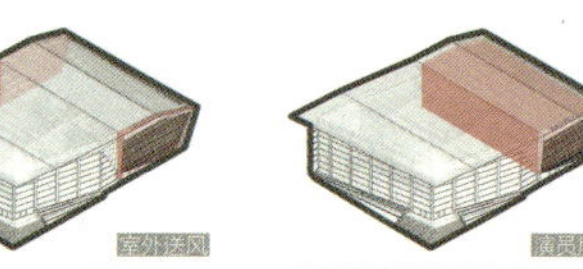

在建筑的玻璃外壳和第二表皮之间，存在供后勤和工作人员的休息平台，平台狭长，可作为送风口，风在建筑的两层表皮之间加速通过，提高舒适度

舞台的南部分的主要空间是演员、工作人员和后勤的工作和准备空间。演员的化妆室、服装室以及排练室都在此部分设备用房也在这部分

设计语言 | Design language

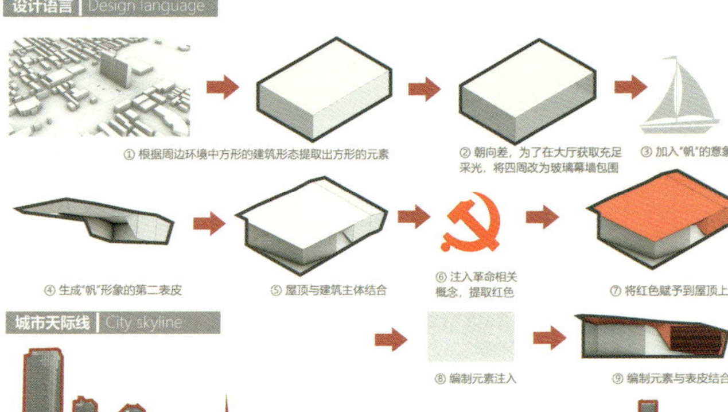
① 根据周边环境中方形的建筑形态提取出方形的元素
② 朝向差，为了在大厅获取充足采光，将四周改为玻璃幕墙包围
③ 加入"帆"的意象
④ 生成"帆"形象的第二表皮
⑤ 屋顶与建筑主体结合
⑥ 注入革命相关概念，提取红色
⑦ 将红色赋予到屋顶上
城市天际线 | City skyline
⑧ 编制元素注入
⑨ 编制元素与表皮结合

2018 级建筑学
大四

胥浩

剧场建筑设计
红帆大剧院

指导教师：
肖　君
赵志青
陈五英
陶　莉
王雪强
范丽娅

红帆大剧院
城市心脏 II
City heart
The Red Sail Theatre

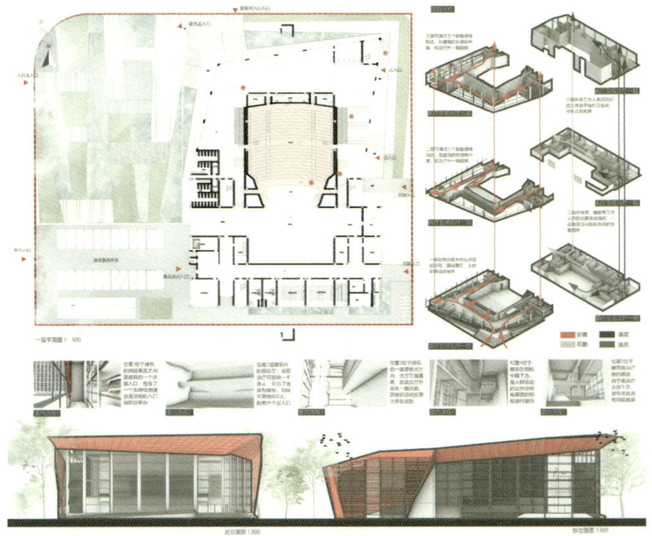

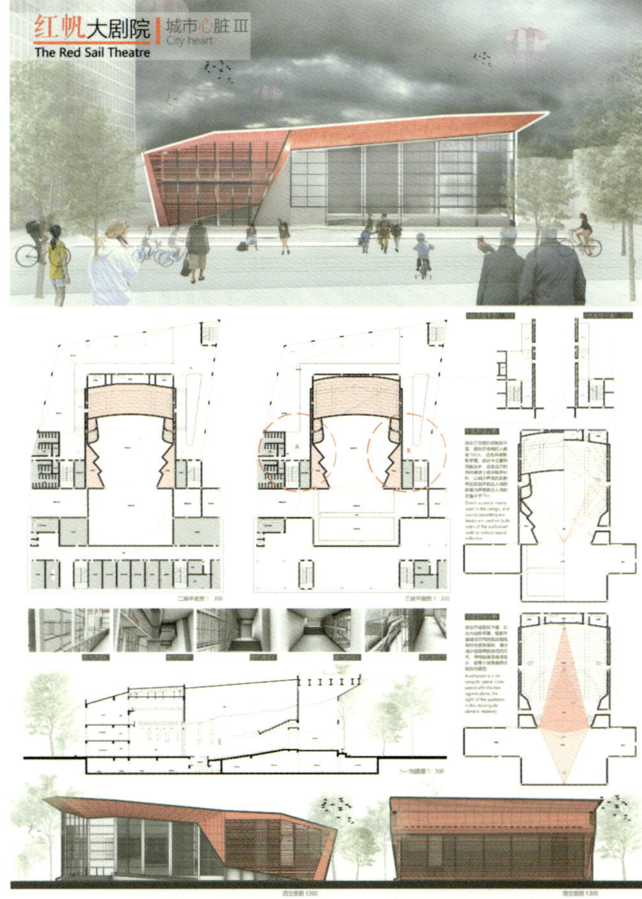
红帆大剧院
城市心脏 III
City heart
The Red Sail Theatre

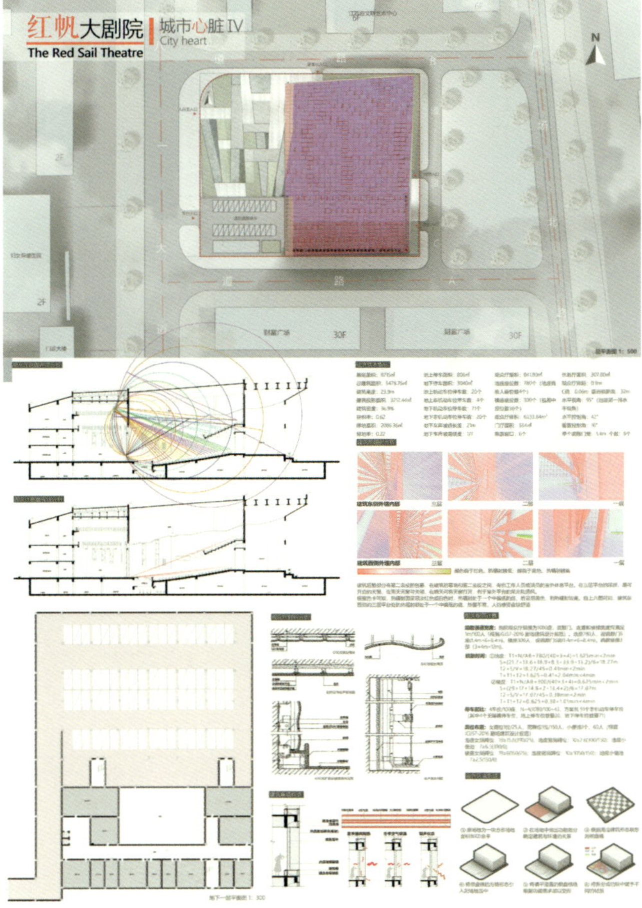
红帆大剧院
城市心脏 IV
City heart
The Red Sail Theatre

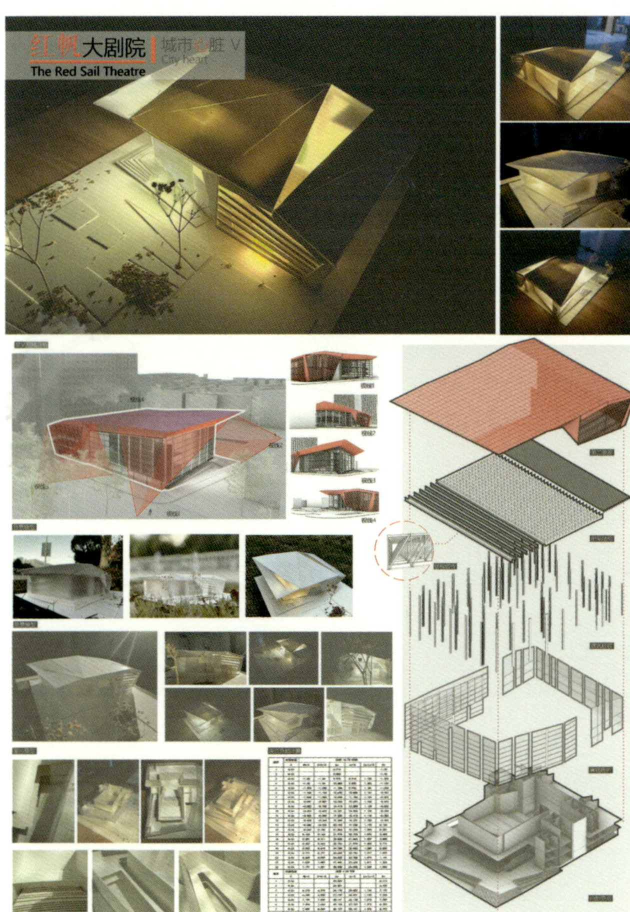
红帆大剧院
城市心脏 V
City heart
The Red Sail Theatre

2018 级建筑学
大四

吴颖滢

剧场建筑设计

半入清风半入云

指导教师：
肖 君
赵志青
陈五英
陶 莉
王雪强
范丽娅

“润溪水波翦樟香，剧台乐声醉人还。”剧场里面的优美旋律会顺着风意四起，吹入每个学子的耳畔，会随着润溪湖水，流入每个学子的心中。我想要南昌大学的学子们能在忙碌的学习中也不要忘记生活的本质是享受，我希望每个人来到这座剧院都能够找到自己心灵的慰藉。这座剧院不仅仅承担着演出剧目的功能，它更可以是学子们放松休闲的好场所。

同时我希望这个剧场能够成为南昌大学的一处地标性建筑物，能够起到活化校园环境的作用，所以建筑形式的初心就是互相缠绕的纽带交织而成的建筑，纽带寓意着连接音乐与“我”、学校与“我”、自然与“我”，以及我与“我”。建筑形体和场地的下沉广场结合形成一种漂浮的形态，与风共舞，让学子们进入此间能够有飞入云端的放松感觉，所以最终设计命题叫作“半入清风半入云”。

同时，模型外表面选择的材料也十分有未来感，穿孔铝板配上部分的银色金属流动表皮，使得其远观就像是进入一个奇妙空间的大门，参数化设计的孔洞也是为了等到夜幕降临之时华灯初上之际那亮起的星星点点的灯光能够使得建筑周身像是披上了一层银河外衣一般，更有置身清风与云上的感觉。

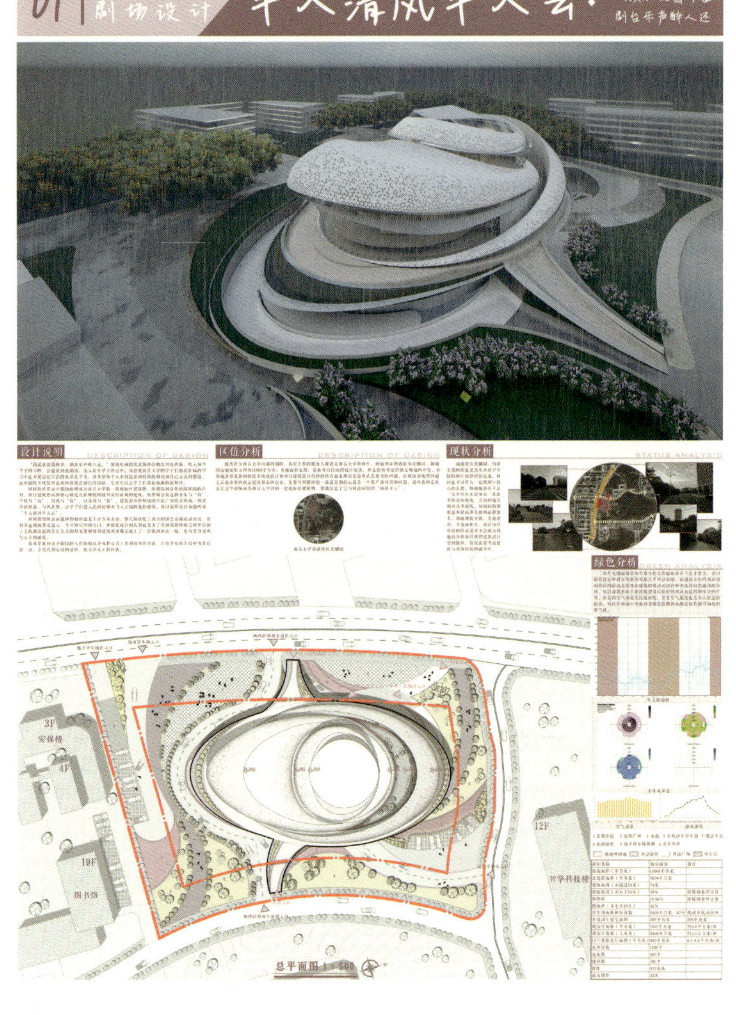
01
THEATER DESIGN
剧场设计
半入清风半入云·
润溪水波翦樟香
剧台乐声醉人还
设计说明
区位分析
现状分析
绿色分析
总平面图 1 : 500

02
THEATER DESIGN
剧场设计
半入清风半入云·
润溪水波翦樟香
剧台乐声醉人还

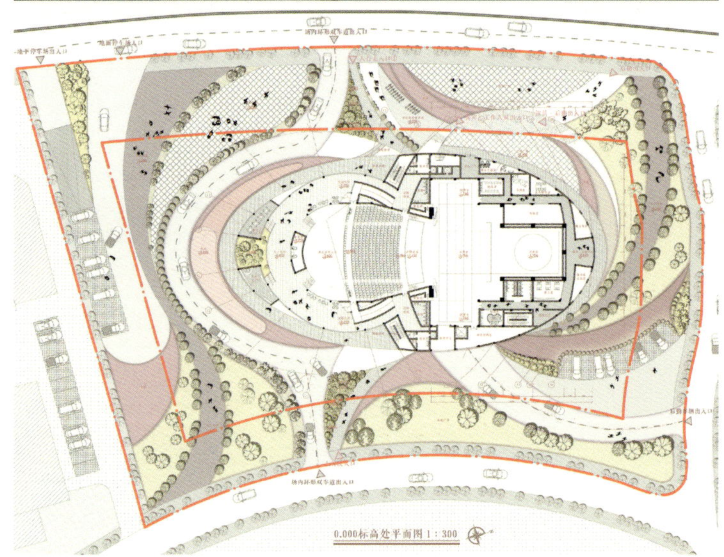
0.000标高处平面图 1 : 300

吴颖滢

剧场建筑设计 半入清风半入云

指导教师：
肖 君
赵志青
陈五英
陶 莉
王雪强
范丽娅

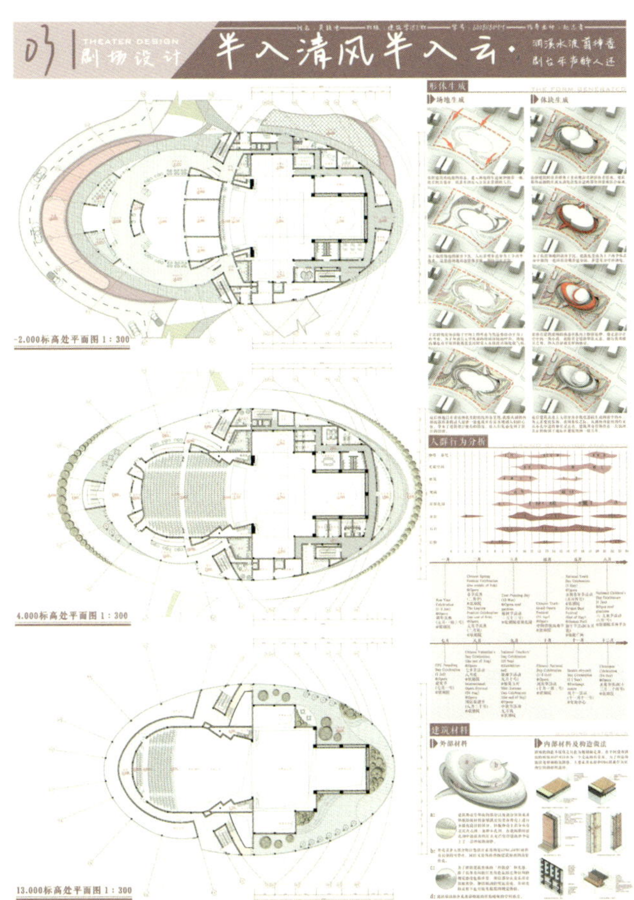
03
THEATER DESIGN
剧场设计
半入清风半入云·
洞溪水流荫神香
剧台乐声静人还
形体生成
场地生成
体块生成
人群行为分析
建筑材料
外部材料
内部材料及构造做法
-2.000标高处平面图 1：300
4.000标高处平面图 1：300
13.000标高处平面图 1：300

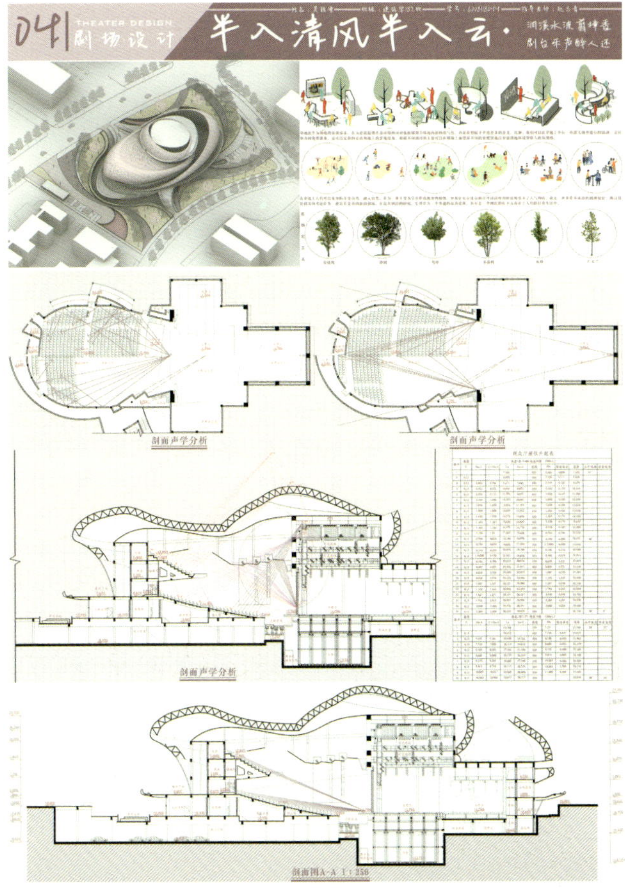
04
THEATER DESIGN
剧场设计
半入清风半入云·
洞溪水流荫神香
剧台乐声静人还
剖面声学分析
剖面声学分析
剖面声学分析
剖面图A-A 1：250

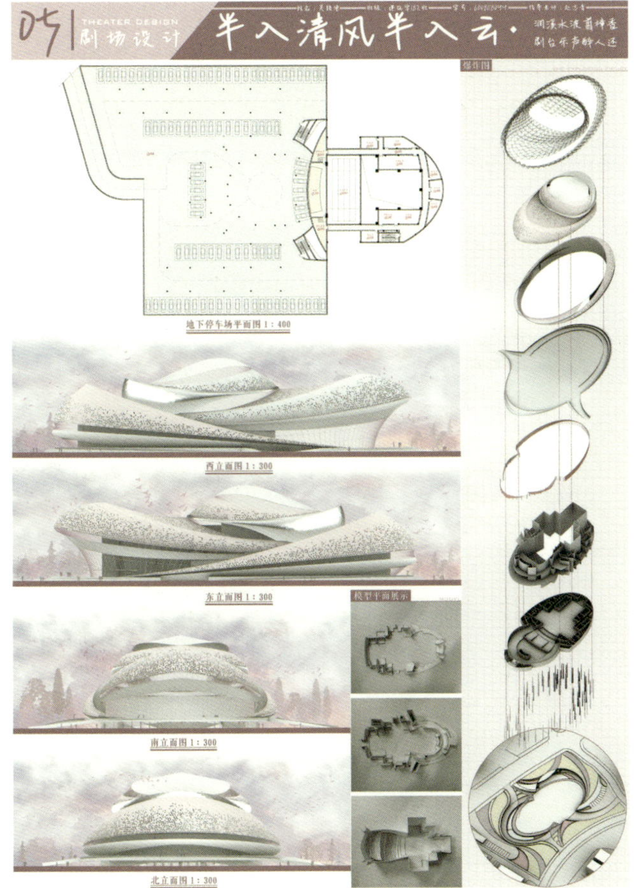
05
THEATER DESIGN
剧场设计
半入清风半入云·
洞溪水流荫神香
剧台乐声静人还
爆炸图
地下停车场平面图 1：400
西立面图 1：300
东立面图 1：300
模型平面展示
南立面图 1：300
北立面图 1：300

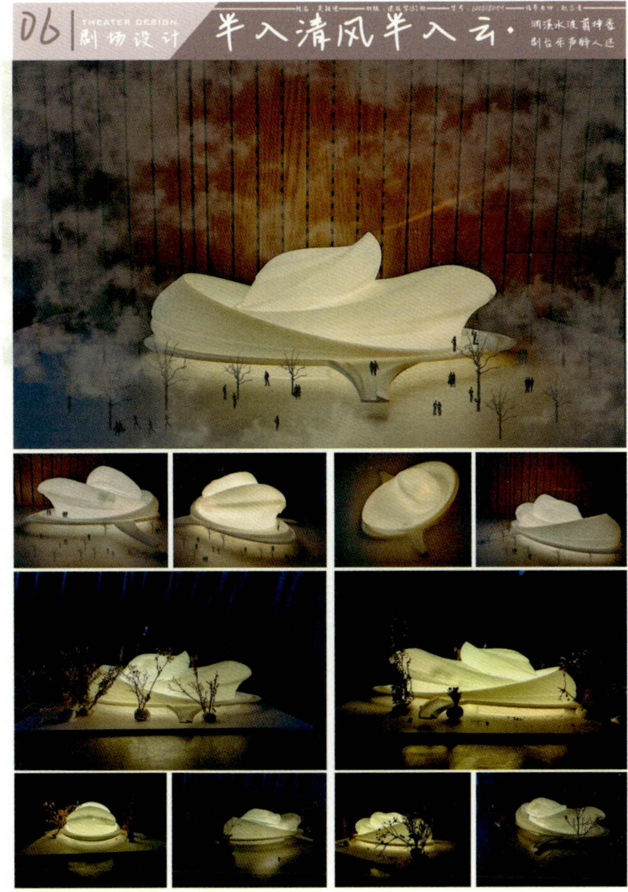
06
THEATER DESIGN
剧场设计
半入清风半入云·
洞溪水流荫神香
剧台乐声静人还

2018 级建筑学
大四

王晨宇

剧场建筑设计

折戏

指导教师：
肖　君
赵志青
陈五英
陶　莉
王雪强
范丽娅

场地位于八一大道东面，北临低矮厚重的文化馆，南临高层财富大楼。在这样极端的城市形象中，我决定将该剧院打造成一个具有过渡性质的形象。同时，还大面积地开放了该剧院的广场空间、平台空间、屋顶空间以及建筑内部大部分空间给市民和在城市中流浪的动物们，用以作为一个“城市社交空间”。

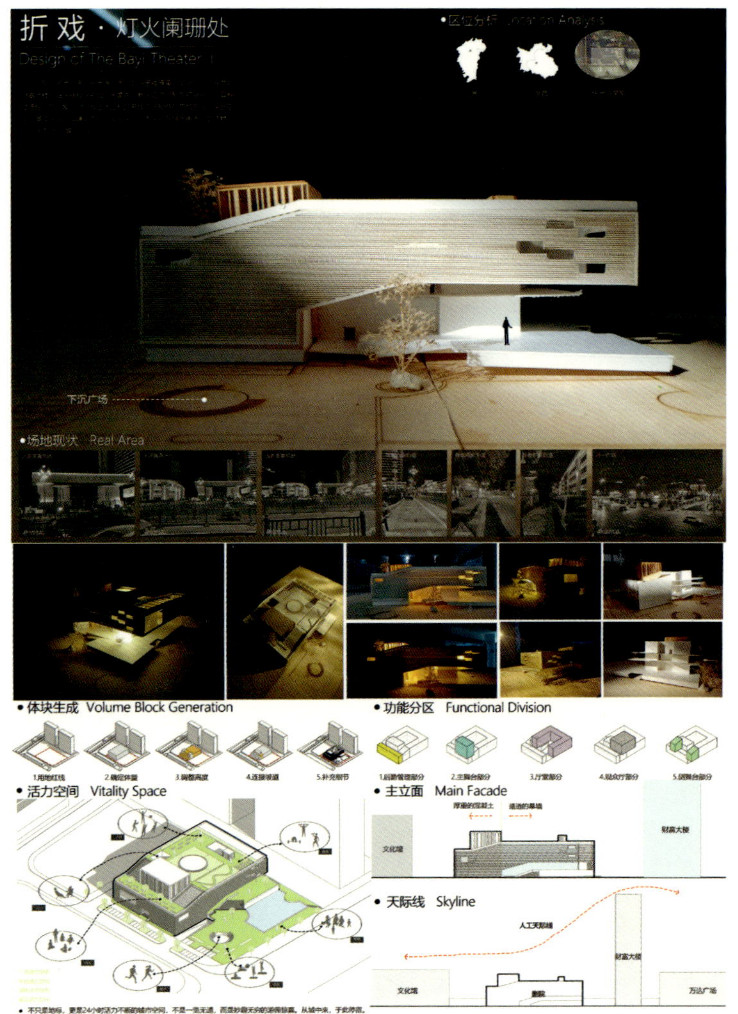
折戏 · 灯火阑珊处
Design of The Bayi Theater I
区位分析 Location Analysis
下沉广场
场地现状 Real Area
体块生成 Volume Block Generation
功能分区 Functional Division
活力空间 Vitality Space
主立面 Main Facade
文化馆
财富大楼
天际线 Skyline
人工天际线
万达广场

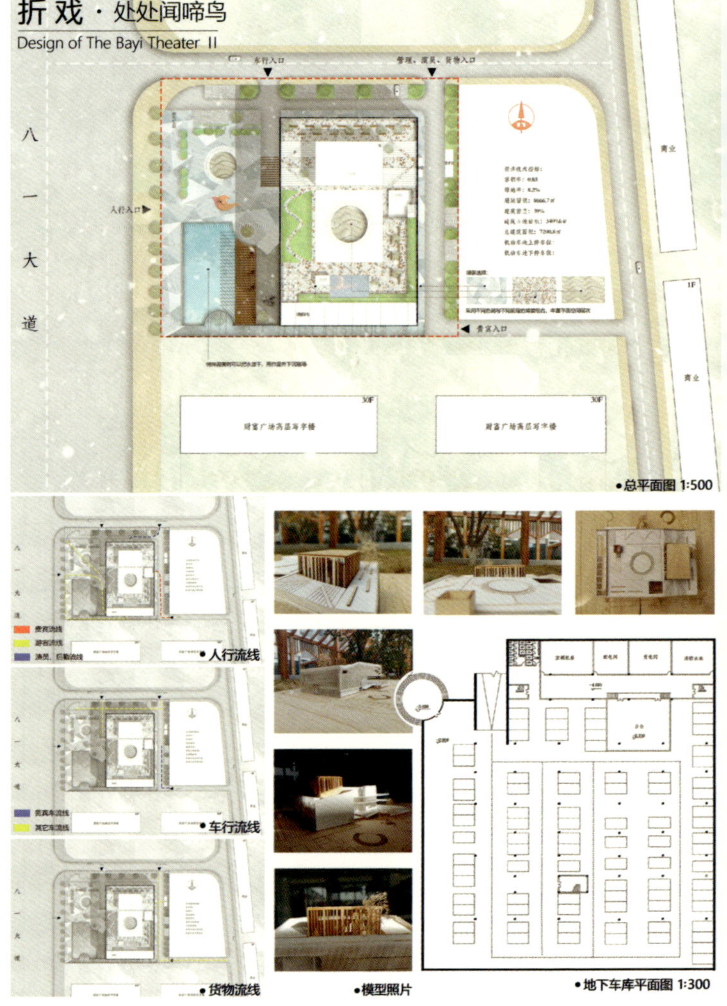
折戏 · 处处闻啼鸟
Design of The Bayi Theater II
八
一
大
道
总平面图 1:500
人行流线
车行流线
货物流线
模型照片
地下车库平面图 1:300

王晨宇

剧场建筑设计　折戏

指导教师：
肖　君
赵志青
陈五英
陶　莉
王雪强
范丽娅

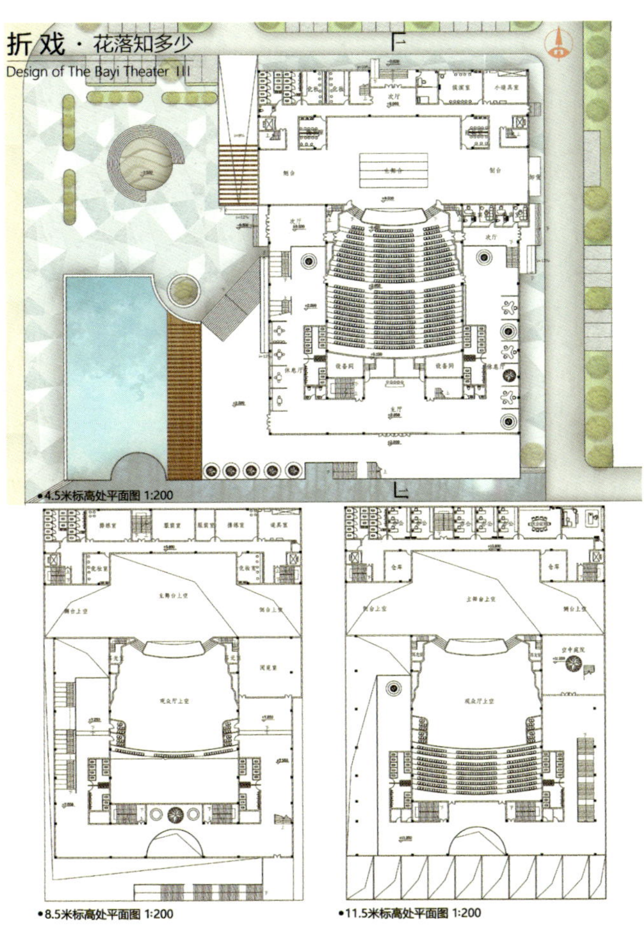
折戏 · 花落知多少
Design of The Bayi Theater III
•4.5米标高处平面图 1:200
•8.5米标高处平面图 1:200
•11.5米标高处平面图 1:200

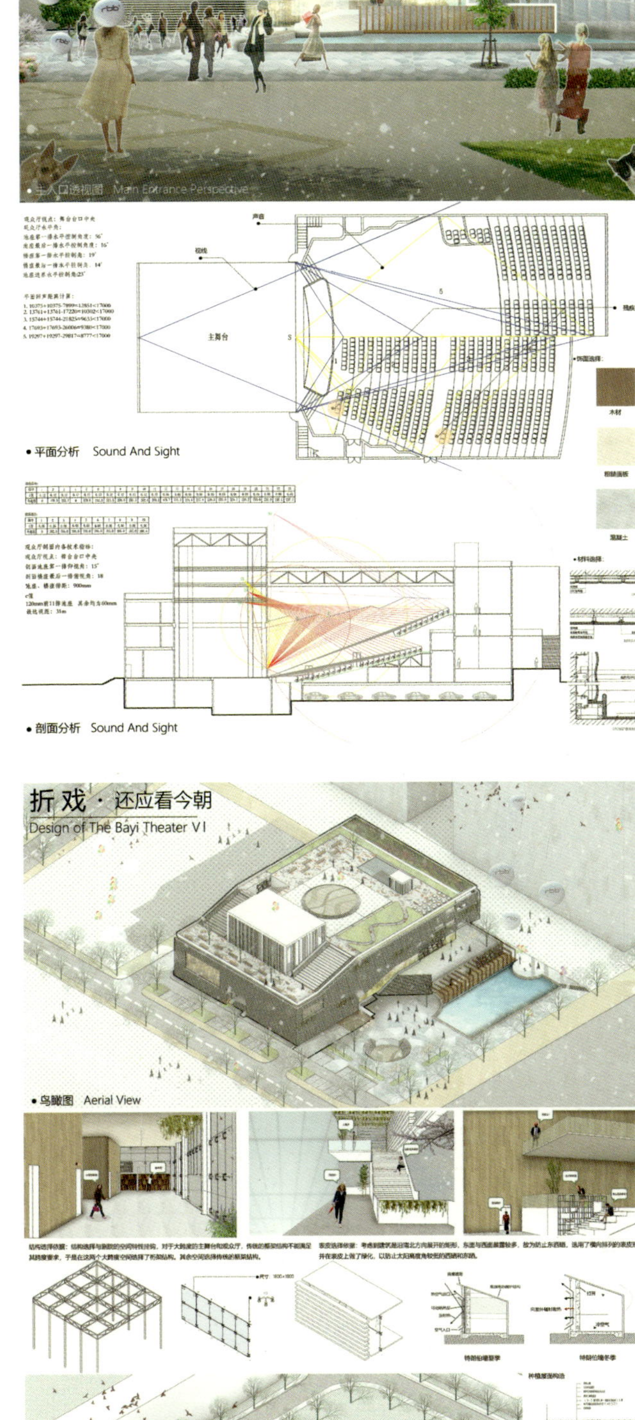
折戏 · 壮士已去兮
Design of The Bayi Theater IV
• 主入口透视图 Main Entrance Perspective
• 平面分析 Sound And Sight
• 剖面分析 Sound And Sight
折戏 · 还应看今朝
Design of The Bayi Theater VI
• 鸟瞰图 Aerial View
• 绿色技术总览 Green Technology

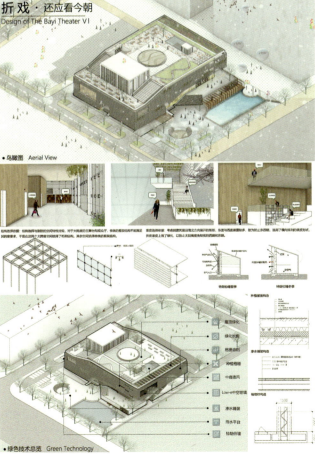

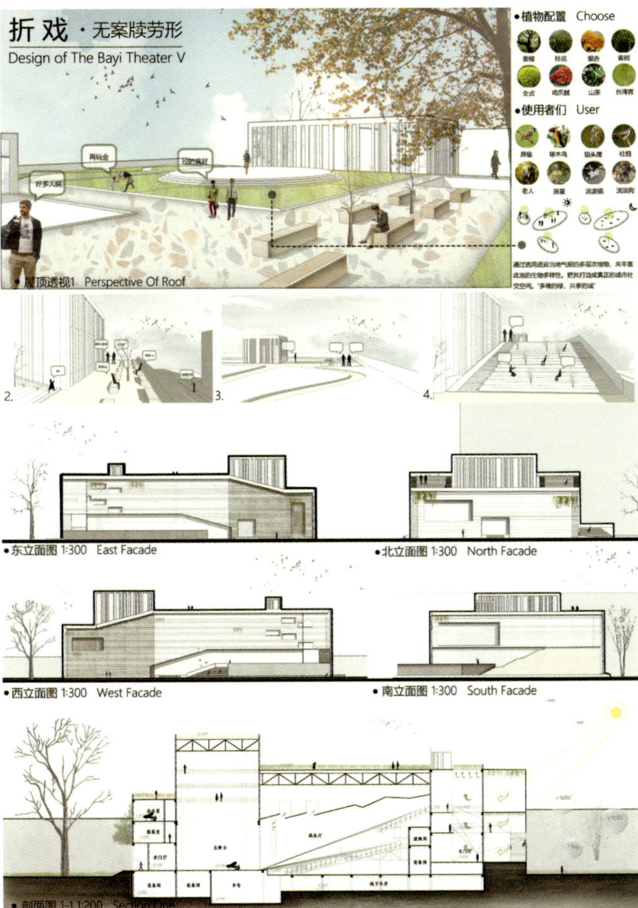
折戏 · 无案牍劳形
Design of The Bayi Theater V
•植物配置 Choose
•使用者们 User
• 屋顶透视1 Perspective Of Roof
•东立面图 1:300 East Facade
•北立面图 1:300 North Facade
•西立面图 1:300 West Facade
•南立面图 1:300 South Facade
• 剖面图 1-1 1:200 Section One

2019 级建筑学
大四

庄晓琦

剧场建筑设计

千叶汇声

指导教师：
肖　君
赵志青
陈五英
陶　莉
王雪强
范丽娅

本设计以南昌大学校徽中樟树叶片为构成元素，简化提炼出三角形形体元素进行设计，并采用落叶成堆的重复理念对三角形元素进行组合。外壳骨架采用了仿叶脉的结构形式，适当地利用虚实对比显露出结构，以此突出树叶的构成要素，同时加入声波的波动理念，描绘出叶落随风谱曲的形态，进行体块的升降处理。

设计中的每片叶片寓意着每一位昌大学子，叶片的堆积寓意着大家从五湖四海汇聚于此，在这里谱写青春之歌，风吹落汇聚成声，平面的落叶堆因此有了形状，剧院因此有了形体，这些元素共同构成了剧院的理论来源。

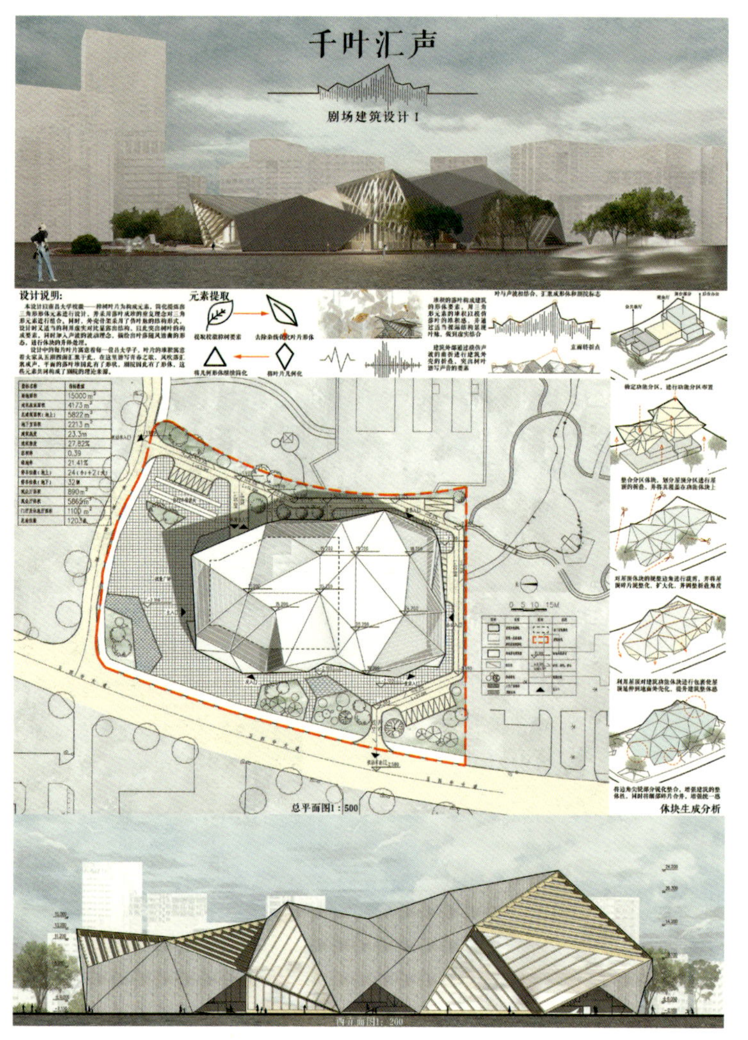
千叶汇声
剧场建筑设计 I
设计说明：
元素提取
总平面图1:500
体块生成分析

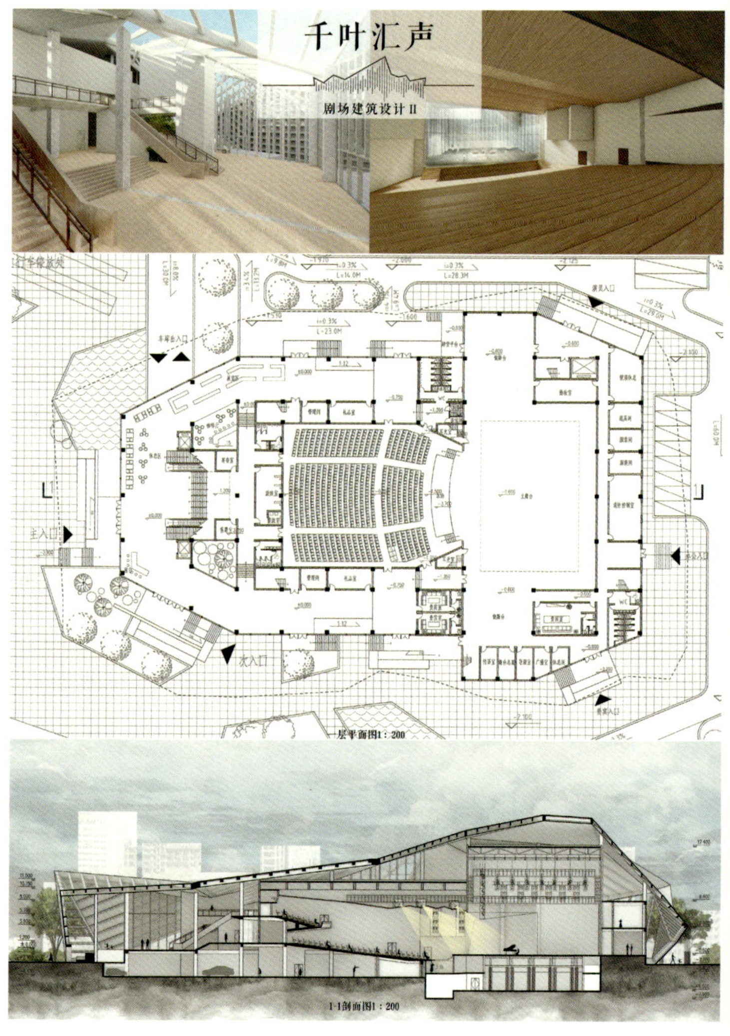
千叶汇声
剧场建筑设计 II
主入口
次入口
一层平面图1:200
1-1剖面图1:200

2019 级建筑学
大四

庄晓琦

剧场建筑设计
千叶汇声

指导教师：
肖　君
赵志青
陈五英
陶　莉
王雪强
范丽娅

千叶汇声
剧场建筑设计 III

小场景透视图

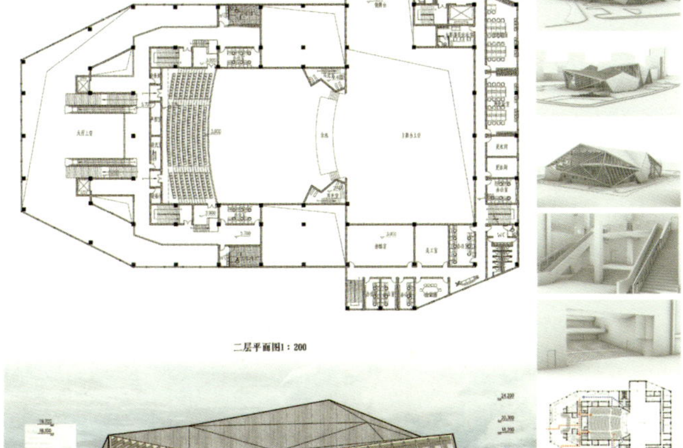

二层平面图1：200

观众进出场流线示意

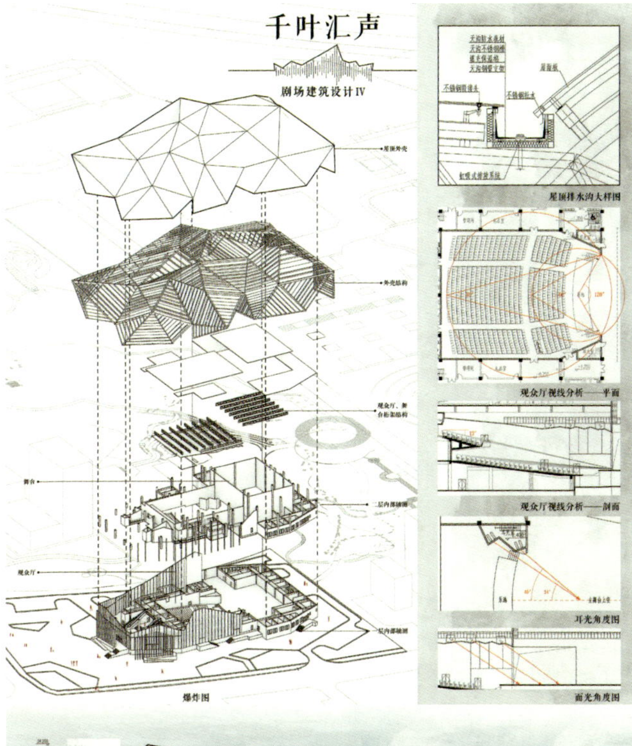
千叶汇声
剧场建筑设计 IV
爆炸图
屋顶排水沟大样图
观众厅视线分析——平面
观众厅视线分析——剖面
耳光角度图
面光角度图

千叶汇声
剧场建筑设计 V

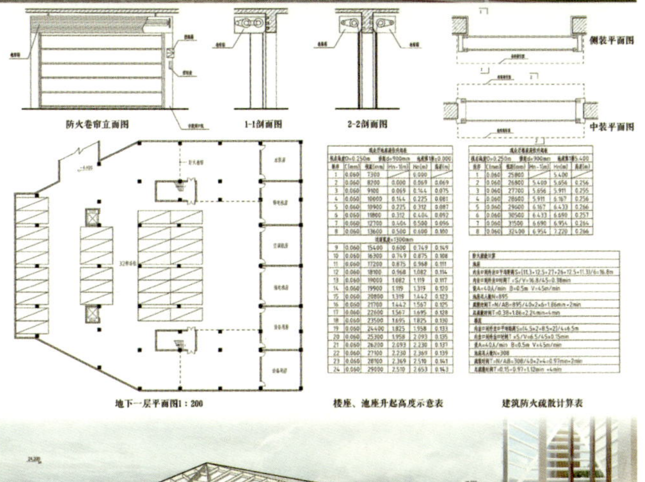
防火卷帘立面图
1-1剖面图
2-2剖面图
侧装平面图
中装平面图
地下一层平面图1：200
楼座、池座升起高度示意表
建筑防火疏散计算表

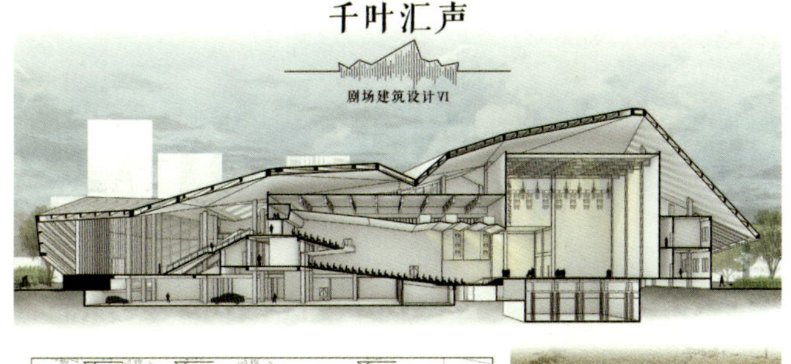
千叶汇声
剧场建筑设计 VI

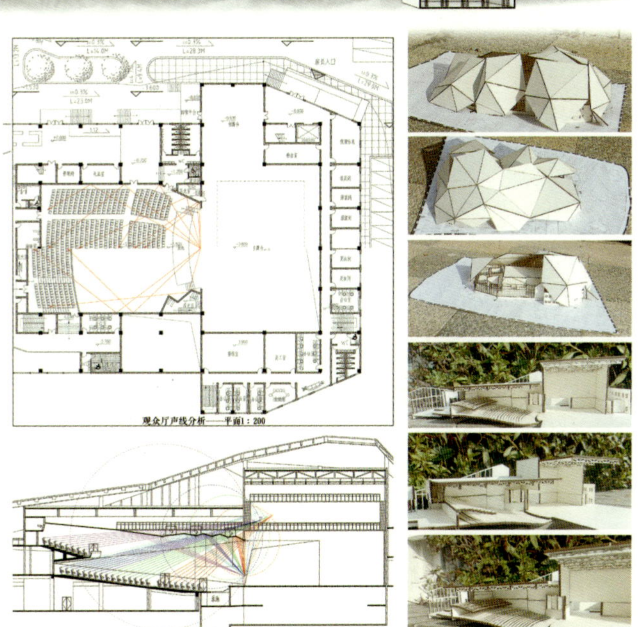
观众厅声线分析——平面1：200
观众厅声线分析——剖面

模型照片

2019 级建筑学
大四

李纪凡

剧场建筑设计
音浪豫章

指导教师：
肖　君
赵志青
陈五英
陶　莉
王雪强
范丽娅

音浪豫章
I
Yinlang Yuzhang Opera House
南昌大学剧场公共建筑设计
Nanchang University theater public building design

区位分析

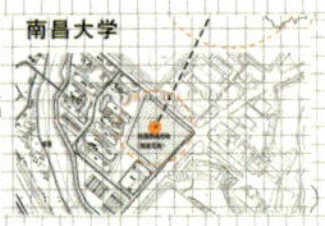

南昌大学

气候条件

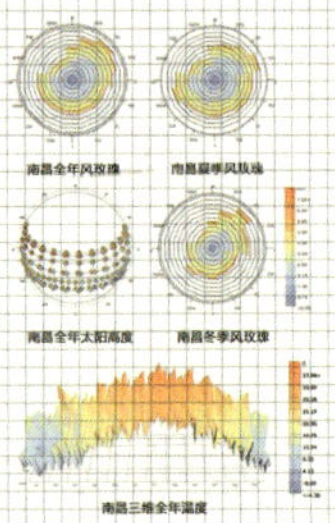

场地环境

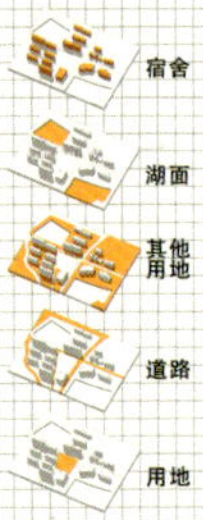

宿舍
湖面
其他用地
道路
用地

设计要求

剧场设计注重整体性和独创性相结合的原则。建筑风格需与周边环境相协调。合理布局各类建筑空间，创造便捷畅通的交通系统。合理设置各类出入口以及场地内的交通网络，做到安全有效、人车分流。在满足特定功能需求的前提下，应创造具有卓越的艺术品质及现代美学意味的建筑形态，力求实用、优美、精致和个性化的有机结合。

功能定位

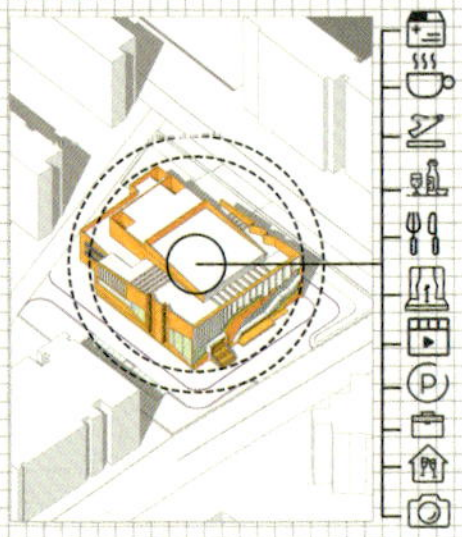

方案生成

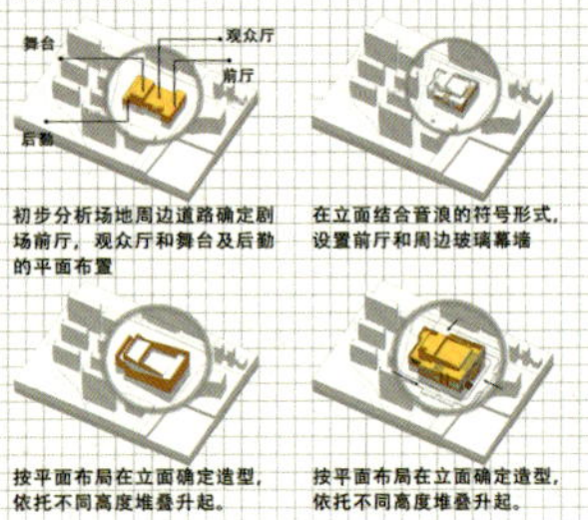

舞台
观众厅
前厅
后勤

初步分析场地周边道路确定剧场前厅，观众厅和舞台及后勤的平面布置

在立面结合音浪的符号形式，设置前厅和周边玻璃幕墙

按平面布局在立面确定造型，依托不同高度堆叠升起。

按平面布局在立面确定造型，依托不同高度堆叠升起。

人群场地需求分析

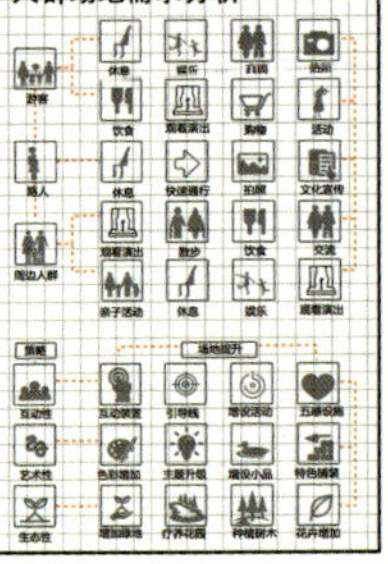

设计说明：

项目位于南昌大学研究生院附近的空地，设计本身没有采用特别新奇的造型，而是中规中矩，与周边已建成的研究生院和图书馆建立起较为统一的建筑风格。建筑本身遵循场地四边形形状，在一定的程度上在立面和顶面加入起伏。在主立面上融入象征音浪的挂板，从而对建筑形体进行丰富，呼应建筑的名称，同时使建筑更加具有造型感。

在建筑选材上，主立面前厅和过厅通过玻璃幕墙加以挑出的部分。整体除了梁柱结构，在观众厅上方采用桁架惊醒支撑，大量的开放空间使得建筑内部更加具有趣味性。

总平面图1：500

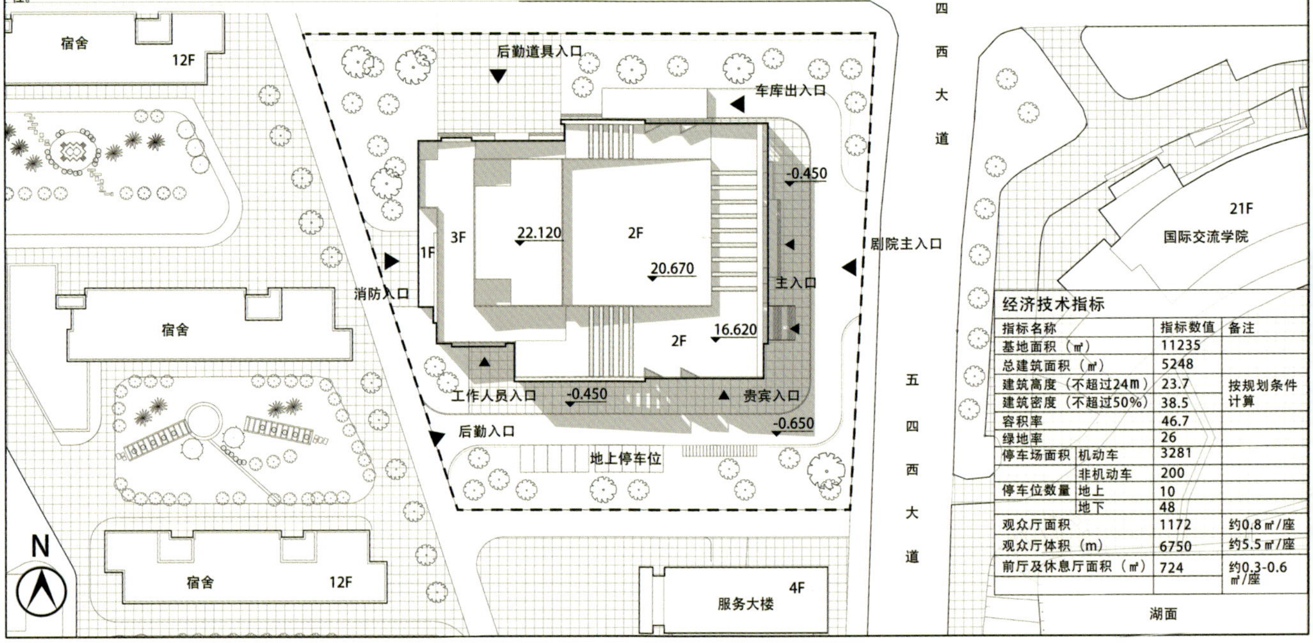

学周路
五四西大道
宿舍 12F
宿舍
宿舍 12F
后勤道具入口
车库出入口
-0.450
3F
1F
22.120
2F
20.670
剧院主入口
主入口
消防入口
2F
16.620
工作人员入口
-0.450
贵宾入口
后勤入口
-0.650
地上停车位
21F
国际交流学院
服务大楼 4F
湖面
N

经济技术指标

指标名称		指标数值	备注
基地面积（㎡）		11235	
总建筑面积（㎡）		5248	
建筑高度（不超过24m）		23.7	按规划条件计算
建筑密度（不超过50%）		38.5	
容积率		46.7	
绿地率		26	
停车场面积	机动车	3281	
	非机动车	200	
停车位数量	地上	10	
	地下	48	
观众厅面积		1172	约0.8㎡/座
观众厅体积（m）		6750	约5.5㎡/座
前厅及休息厅面积（㎡）		724	约0.3-0.6㎡/座

019 级建筑学
大四

李纪凡

音浪豫章
剧场建筑设计

指导教师：
肖 君
赵志青
陈五英
陶 莉
王雪强
范丽娅

音浪豫章
II
Yinlang Yuzhang Opera House
南昌大学剧场公共建筑设计
Nanchang University theater public building design
南立面图1：300
北立面图1：300
-5.100标高层平面1：300
+3.600标高层平面1：300

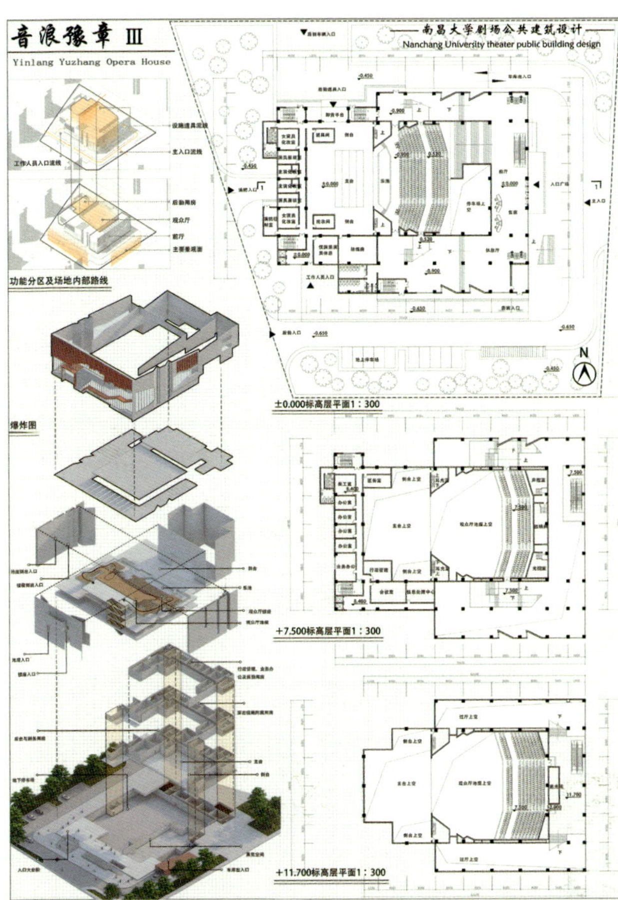
音浪豫章 III
Yinlang Yuzhang Opera House
南昌大学剧场公共建筑设计
Nanchang University theater public building design
功能分区及场地内部路线
爆炸图
±0.000标高层平面1：300
+7.500标高层平面1：300
+11.700标高层平面1：300

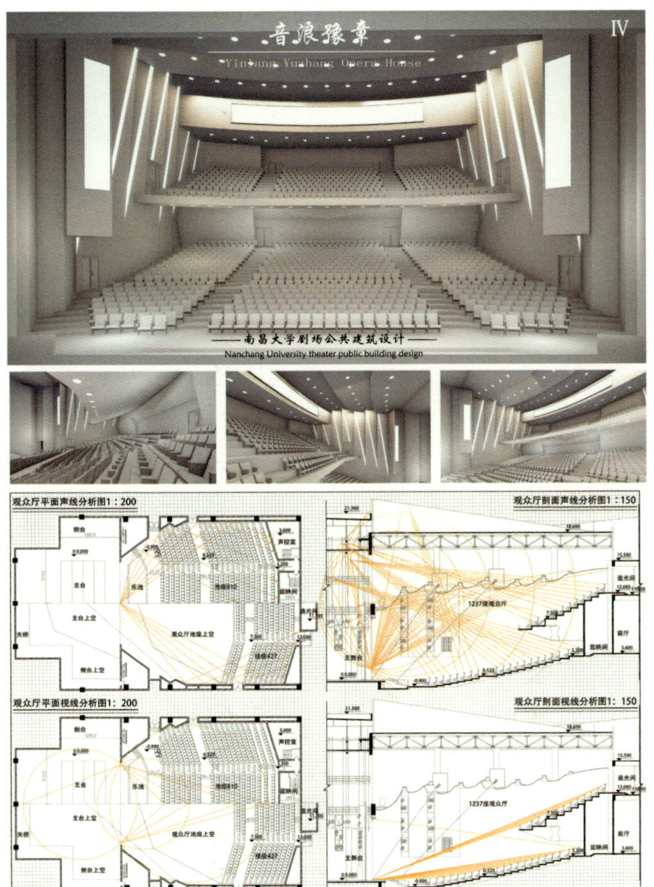
音浪豫章
IV
Yinlang Yuzhang Opera House
南昌大学剧场公共建筑设计
Nanchang University theater public building design
观众厅平面声线分析图1：200
观众厅剖面声线分析图1：150
观众厅平面视线分析图1：200
观众厅剖面视线分析图1：150

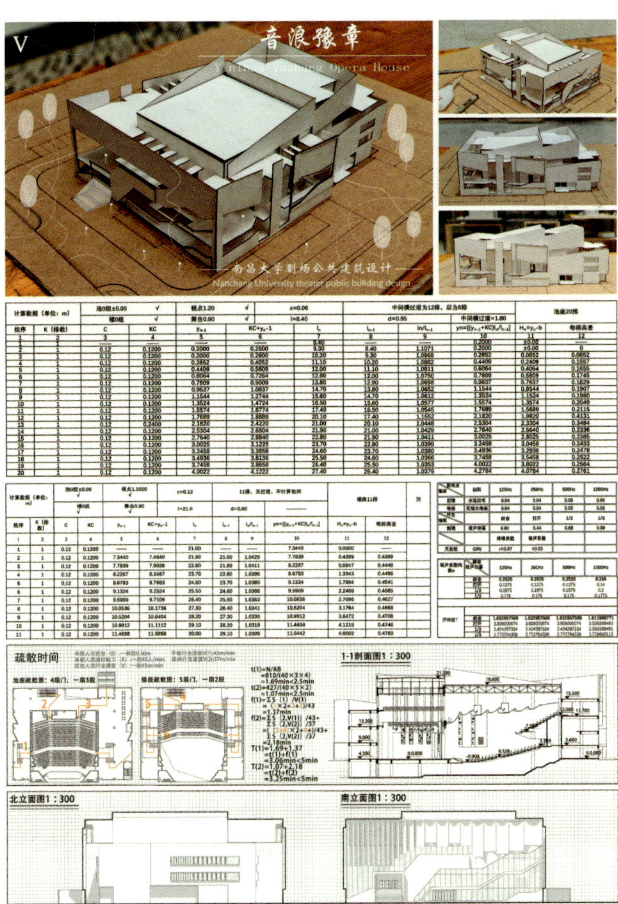
V
音浪豫章
Yinlang Yuzhang Opera House
南昌大学剧场公共建筑设计
Nanchang University theater public building design
疏散时间
1-1剖面图1：300
北立面图1：300
南立面图1：300

陈可蕊

剧场建筑设计
晚枫大剧院

指导教师：
肖　君
赵志青
陈五英
陶　莉
王雪强
范丽娅

01 剧院设计 晚枫大剧院 · 孤舟微月对枫林 分付鸣筝与客心

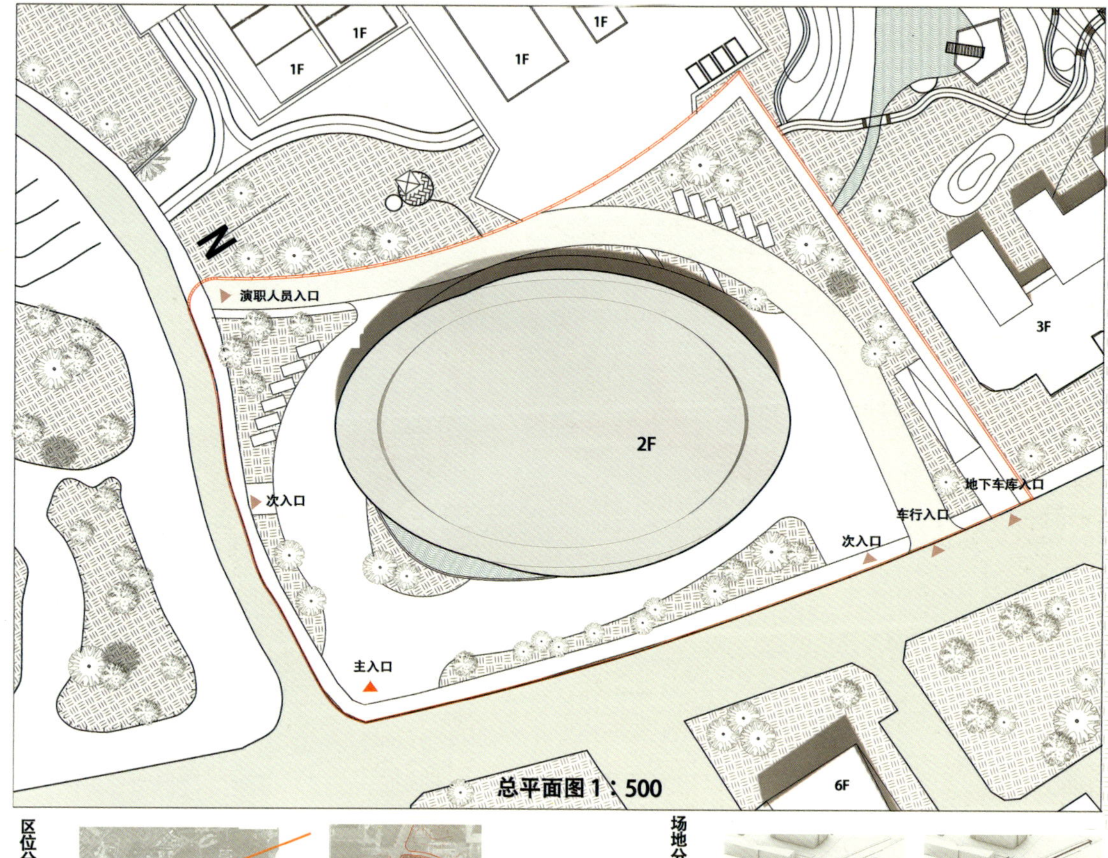
1F
1F
1F
1F
3F
2F
6F
演职人员入口
次入口
次入口
车行入口
地下车库入口
主入口
总平面图 1：500

设计说明：

剧院，是进行各种剧目表演的场所。在这里，表演者演绎着一个个不同的故事，观众则在此感受着不同的人生经历，与表演者共享时间，享受另一个从未了解的世界观，沉没在戏剧当中，就像进行着一场场时间共享的旅行、每一次都有新的体验。由落叶层层跌落的抽象提取，成为本次设计的形体来源，赋予剧院的观光坡道，推演成为最终的形态。在场地上设有星星点点的地灯，室内灯光也采用点光，夜晚来这里观剧，就像在进行一场浪漫的时间旅行。

总平面经济指标：

用地面积:15300㎡

总建筑面积：5450㎡

容积率：0.35

绿化率：32.5%

建筑高度：24m

区位分析

场地分析

保留原场地植物多样性

协调校园主次干道

促进人群相互交流

2019 级建筑学
大四

陈可蕊

剧场建筑设计

晚枫大剧院

指导教师：
肖　君
赵志青
陈五英
陶　莉
王雪强
范丽娅

02 剧院设计
晚枫大剧院 · 孤舟微月对枫林
分付鸣筝与客心
8.7m 平面图 1：300
7.0m 平面图 1：300
2.1m 平面图 1：300

03 剧院设计
晚枫大剧院 · 孤舟微月对枫林
分付鸣筝与客心
模型爆炸图
座位升起坡度计算
-5.2m 平面图 1：300
相关规范计算：
西立面图 1：300
05 剧院设计
晚枫大剧院 · 孤舟微月对枫林
分付鸣筝与客心

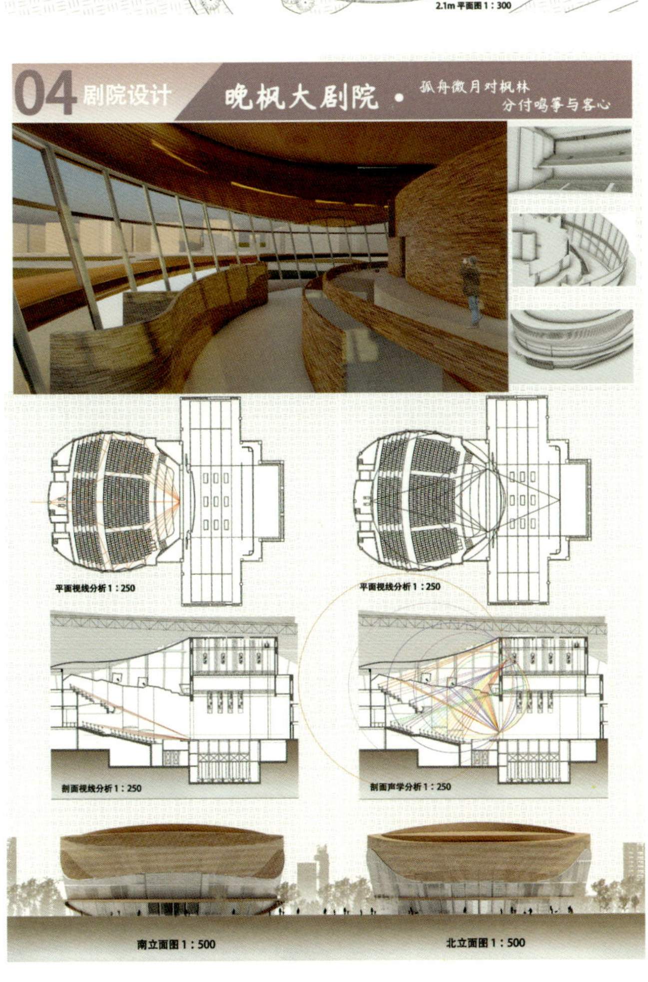
04 剧院设计
晚枫大剧院 · 孤舟微月对枫林
分付鸣筝与客心
平面视线分析 1：250
平面视线分析 1：250
剖面视线分析 1：250
剖面声学分析 1：250
南立面图 1：500
北立面图 1：500

2019 级建筑学
大四

王逸佳

剧场建筑设计 墨冰融穴

指导教师：
肖　君
赵志青
陈五英
陶　莉
王雪强
范丽娅

项目位于南昌大学前湖校区内，毗邻研究生公寓与国际交流学院大楼，距离五号门直线距离五百米左右。基地处于校园的主干道五四中大道旁，拥有极为方便的交通与开阔的视野。为了展现新时代大学生丰富多样的精神面貌与多元的生活态度，本设计案从"融冰"的概念出发，解构大学校园内均质的、刻板化的直线空间，用正在消融、不断变化的冰块来隐喻在这个剧场中上演的无穷变化与多元丰富的活动。冰块正在溶解，从而产生更多的未知空间，激发演员与剧作家在灵感领域的创造。穿插的体块贯穿其中，从而为人们提供更多遇见自己的角度。

墨冰融穴
南昌大学校园剧场设计

设计说明

场地文脉

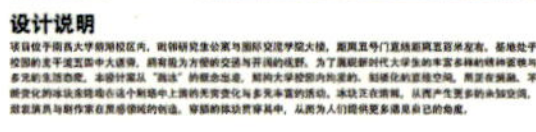

技术经济指标

概念提取

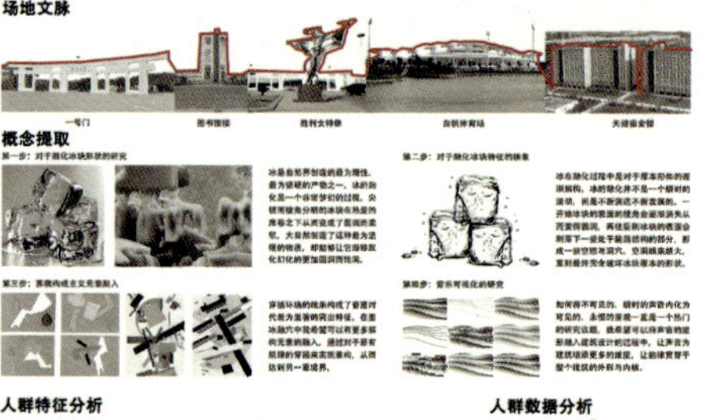

区位分析

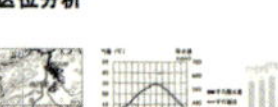

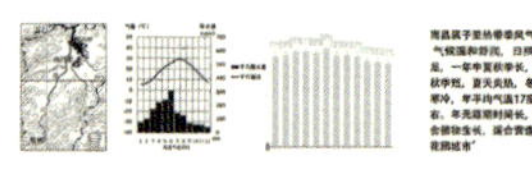

人群特征分析

人群数据分析

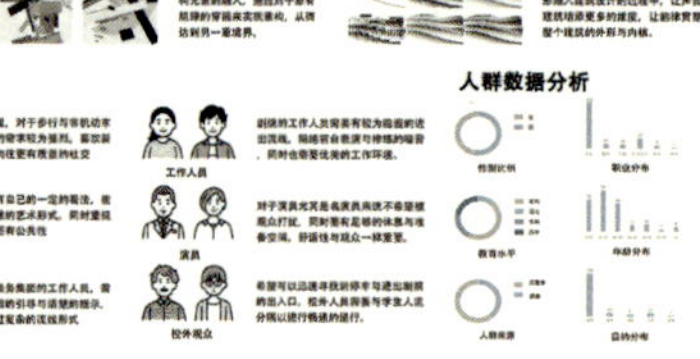

剧院发展脉络分析

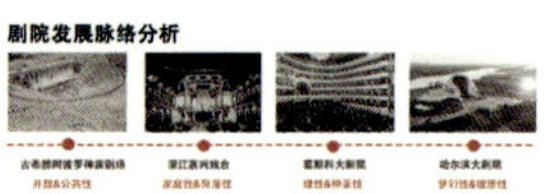

墨冰融穴
南昌大学校园剧场设计

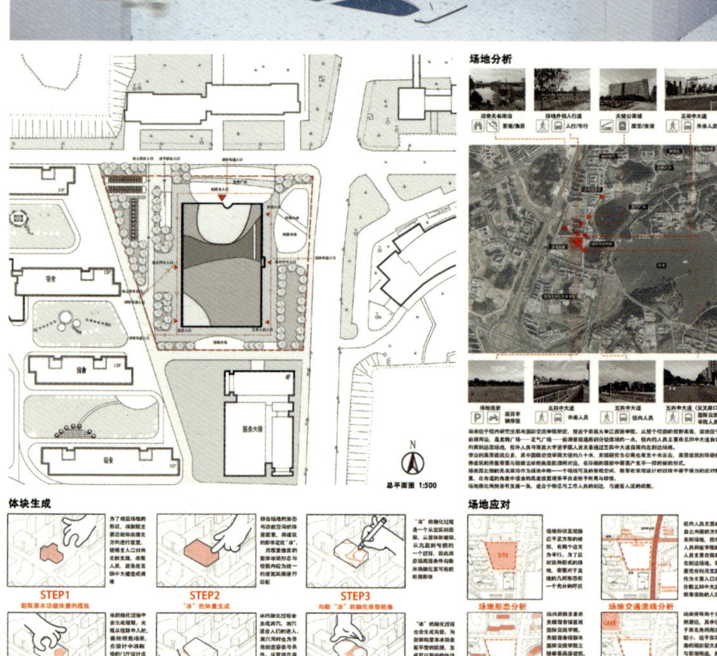
场地分析
总平面图 1:500
体块生成
STEP1
STEP2
STEP3
STEP4
STEP5
STEP6
场地应对
场地形态分析
场地交通流线分析
周围建筑高度分析
场地景观视野分析

2019 级建筑学
大四

王逸佳

剧场建筑设计
墨冰融穴

指导教师：
肖　君
赵志青
陈五英
陶　莉
王雪强
范丽娅

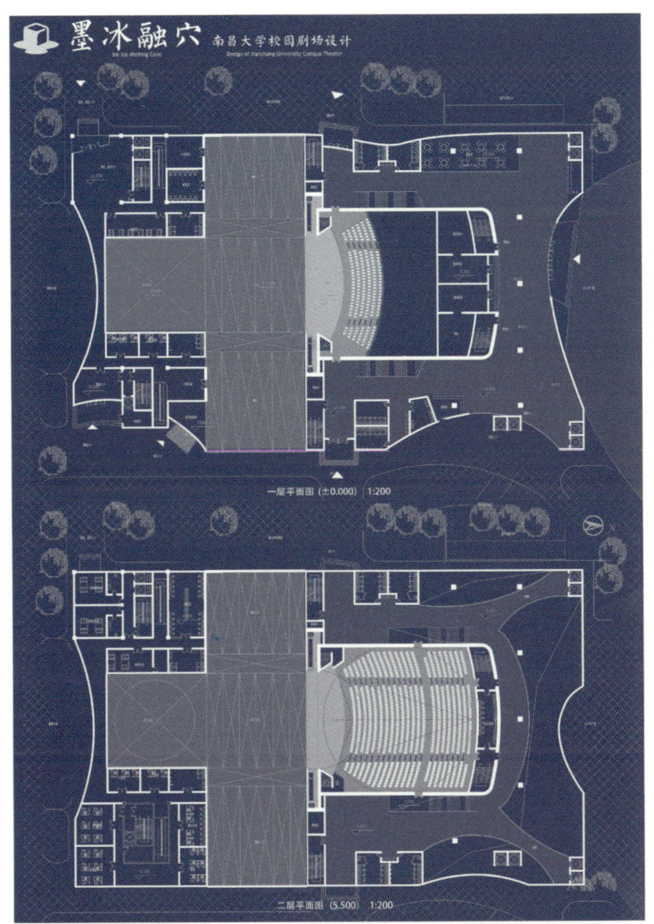
墨冰融穴
南昌大学校园剧场设计
一层平面图（±0.000）1:200
二层平面图（5.500）1:200

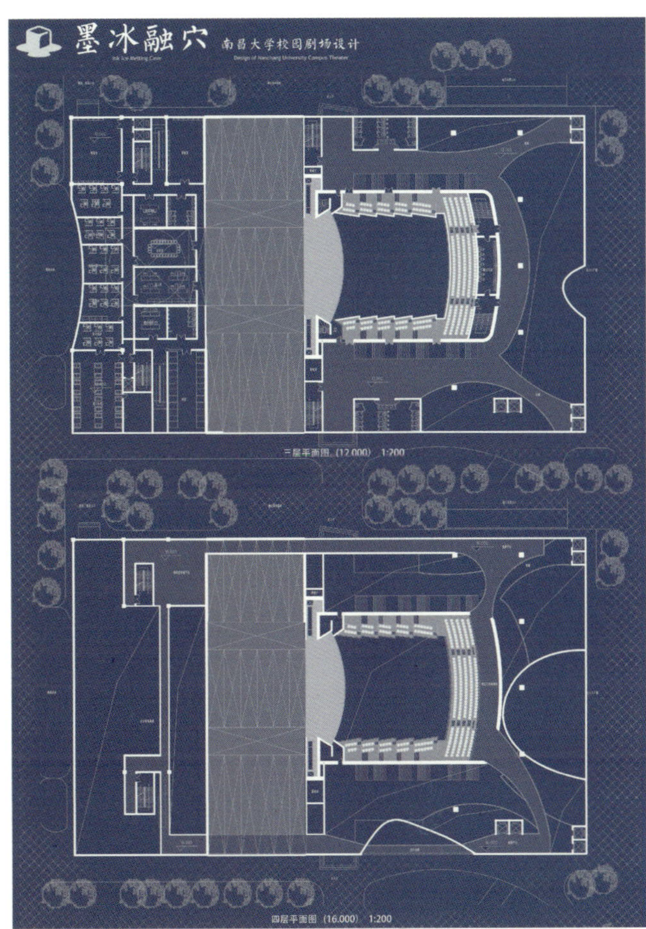
墨冰融穴
南昌大学校园剧场设计
三层平面图（12.000）1:200
四层平面图（16.000）1:200

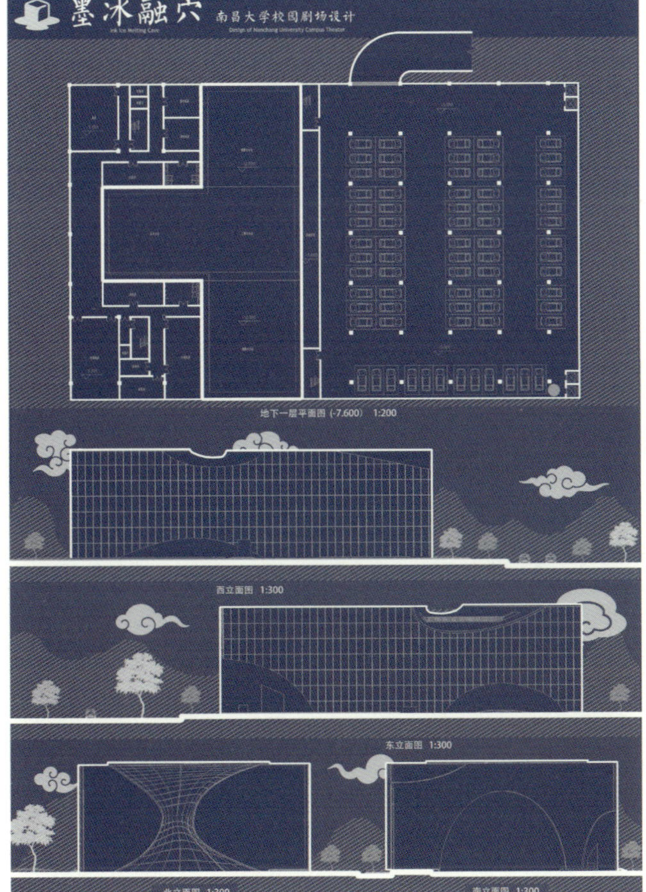
墨冰融穴
南昌大学校园剧场设计
地下一层平面图（-7.600）1:200
西立面图 1:300
东立面图 1:300
北立面图 1:300
南立面图 1:300

墨冰融穴
南昌大学校园剧场设计

2019 级建筑学
大四

王逸佳

剧场建筑设计
墨冰融穴

指导教师：
肖　君
赵志青
陈五英
陶　莉
王雪强
范丽娅

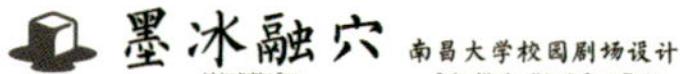

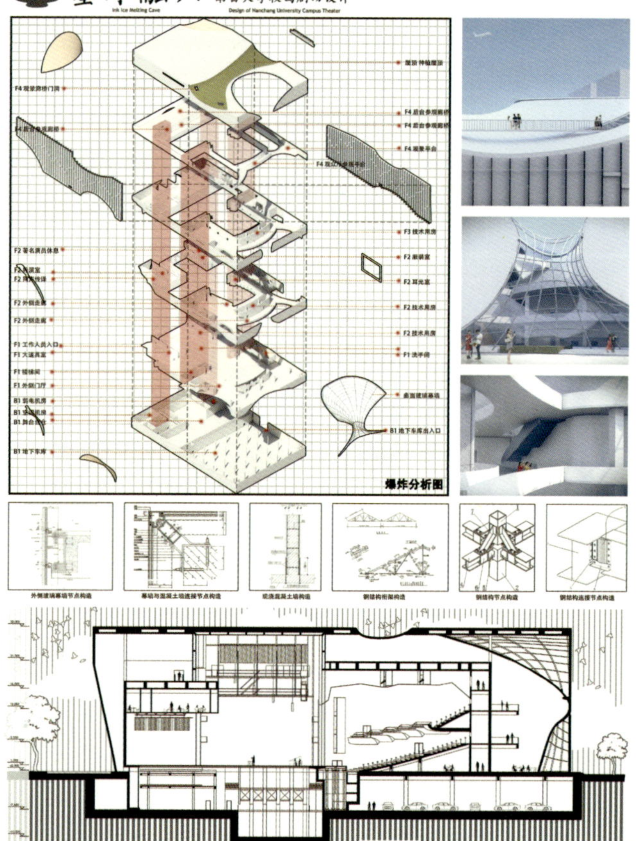
墨冰融穴
南昌大学校园剧场设计
爆炸分析图

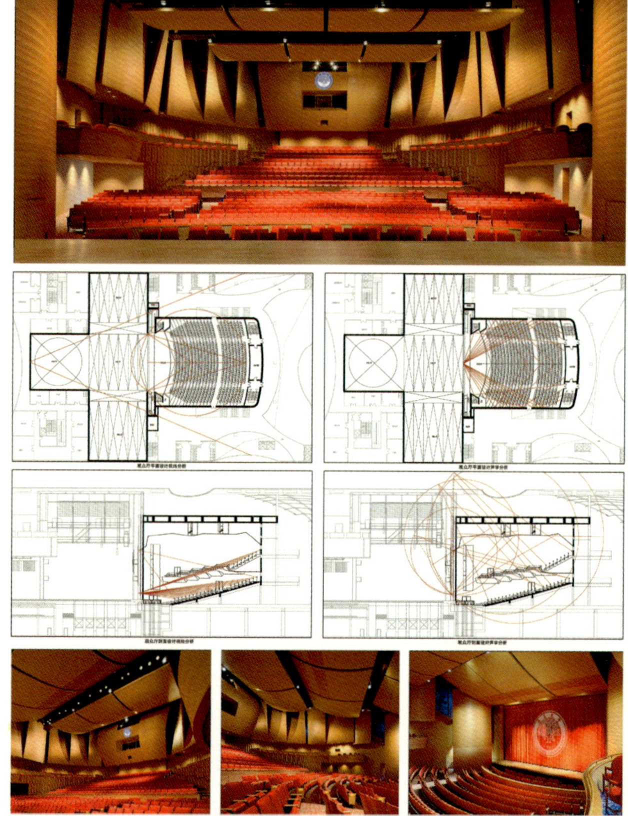
墨冰融穴
南昌大学校园剧场设计

墨冰融穴
南昌大学校园剧场设计

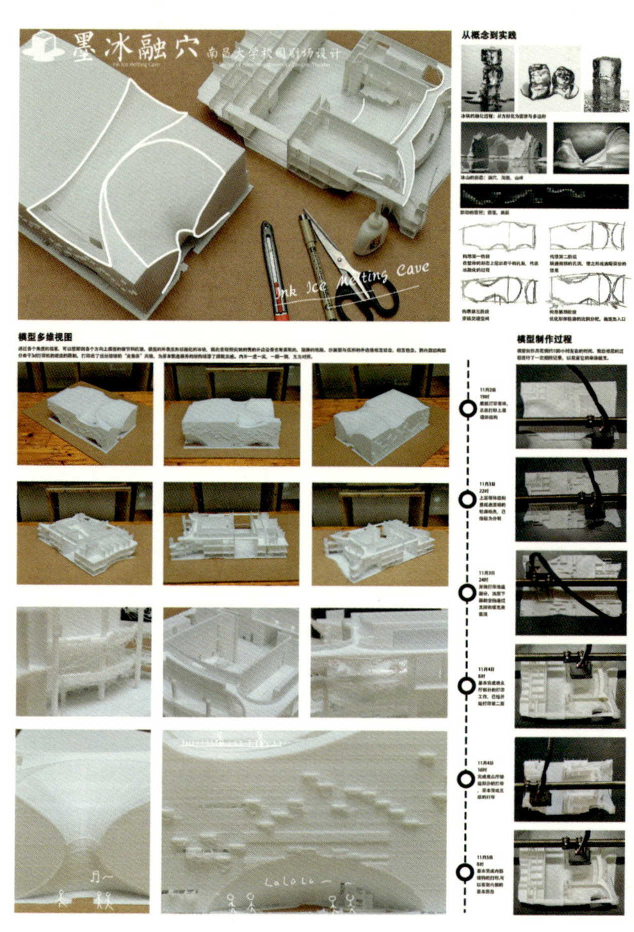
墨冰融穴
南昌大学校园剧场设计
Ink Ice Melting Cave
从概念到实践
模型多维视图
模型制作过程

2018 级建筑学
大四

贾漠

多变户型住宅设计 陪你度过漫长岁月

指导教师：
肖　君
赵志青
陈五英
陶　莉
王雪强
范丽娅

首先，住宅的户型需要满足舒适生活的需求。我们设计出了一个基本住房单元。然后，根据后期可变性需要，提出了一种可行性探索，在基本框架和外围护结构不变的情况下，将整个住房分为两个区域——不变区和可变区。住房北部为不变区，主要布置卫生间、厨房、长辈房、餐厅。住房南部为可变区，布置主卧、工作间、客厅、儿童房、客房等。运用智能滑轨系统，隔墙可在一定范围内移动，形成多种开间。该系统采用装配式轻质隔墙，墙体的集成家具都采取统一模数，简易装配，不需大拆大修，符合可持续性。住宅的多变性体现在两个方面，为“日常随时可变性”和“固定阶段可变性”。

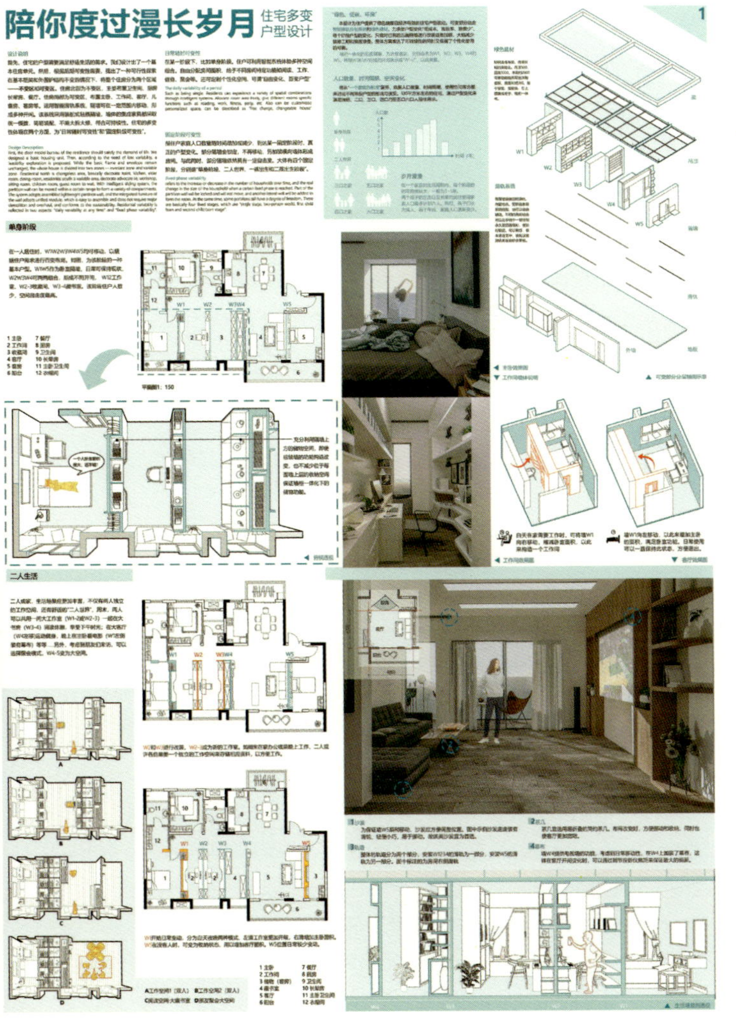
陪你度过漫长岁月 住宅多变户型设计
1
单身阶段
二人生活

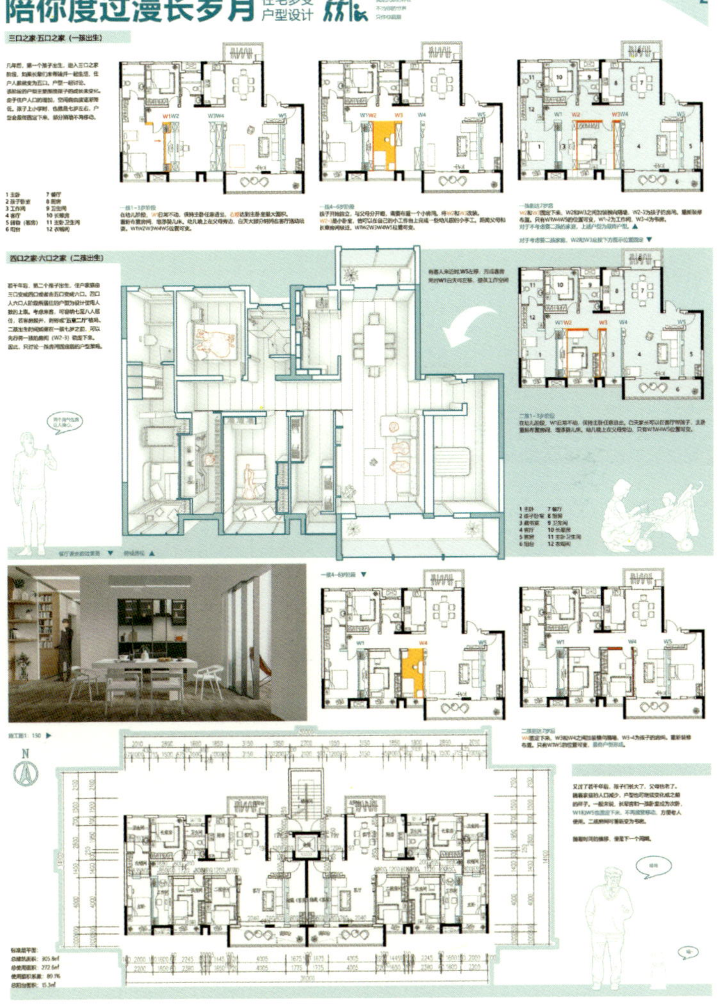
陪你度过漫长岁月 住宅多变户型设计
2
三口之家 五口之家（一孩出生）
四口之家 六口之家（二孩出生）

方明珠
吕思婷
魏嘉菲

小欢喜式家庭
多变户型住宅设计

指导教师：
肖　君
赵志青
陈五英
陶　莉
王雪强
范丽娅

135 平方米户型客户：五口之家，有三胎计划。老人分开居住，偶尔来帮忙，不常住。孩子的照顾有保姆协助。本次设计的理念是户型生命周期性变化和绿色环保节能相结合。周期性模拟从个人天地到居家养老，从追求平直品质生活到生儿育女最后又回归到夫妻的二人世界。户型主要围绕着两个空间变化，在不同时期有不同功能，采用装配式隔墙实现空间的任意转换，同时还能绿色节能。夫妻二人都有自己的工作，所以在周期过程中有自己的独立空间，同时孩童幼年时设计了室内趣味空间供其玩乐。

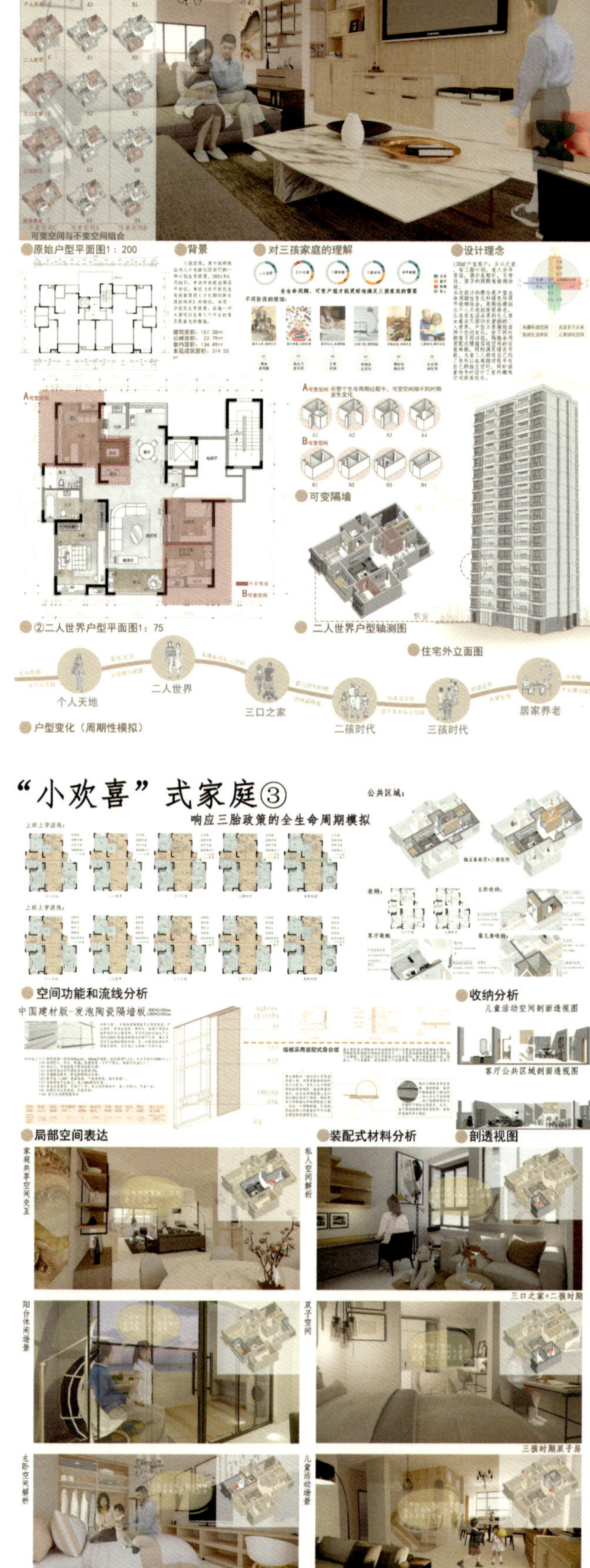
“小欢喜”式家庭①
响应三胎政策的全生命周期模拟
可变空间与不变空间组合
原始户型平面图1：200
背景
对三孩家庭的理解
设计理念
可变隔墙
②二人世界户型平面图1：75
二人世界户型轴测图
住宅外立面图
个人天地
二人世界
三口之家
二孩时代
三孩时代
居家养老
户型变化（周期性模拟）
“小欢喜”式家庭③
响应三胎政策的全生命周期模拟
公共区域：
空间功能和流线分析
收纳分析
中国建材版-发泡陶瓷隔墙板
局部空间表达
装配式材料分析
剖透视图
三口之家+二孩时期
三孩时期双子房

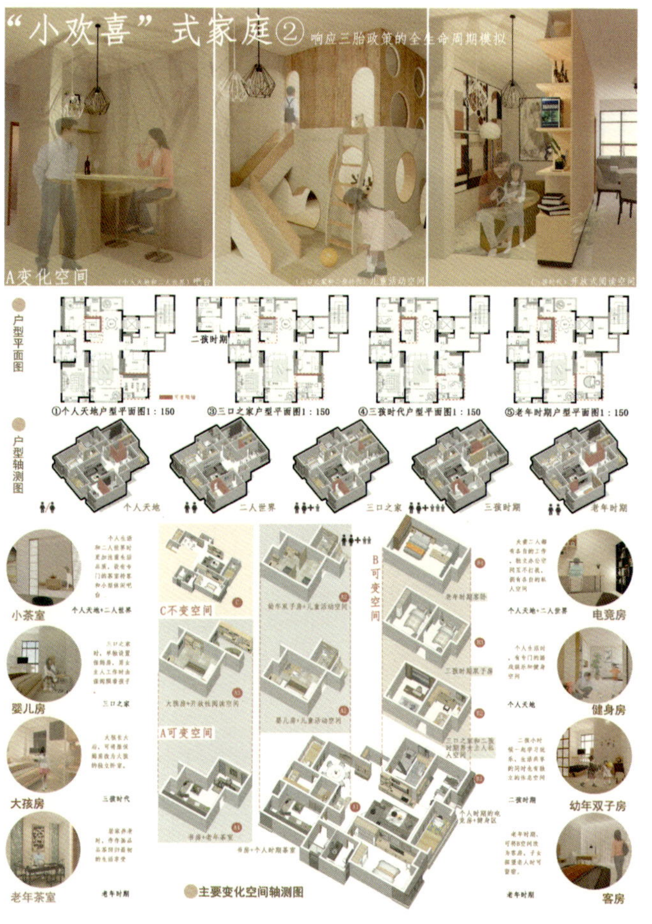
“小欢喜”式家庭②
响应三胎政策的全生命周期模拟
A变化空间
户型平面图
①个人天地户型平面图1：150
③三口之家户型平面图1：150
④三孩时代户型平面图1：150
⑤老年时期户型平面图1：150
户型轴测图
个人天地
二人世界
三口之家
三孩时期
老年时期
小茶室
婴儿房
大孩房
老年茶室
C不变空间
A可变空间
B可变空间
电竞房
健身房
幼年双子房
客房
主要变化空间轴测图

2018 级建筑学
大四

王佳弈
王议伟
张维予

生生与共

多变户型住宅设计

指导教师：
肖　君
赵志青
陈五英
陶　莉
王雪强
范丽娅

生生与共——人与自然、住宅和谐共生，相互促进，共同发展。设计以定制化和可变性作为主要理念。为不同的用户设计不同的可变模块，并形成根据个人性格而改变的独特百变户型。高自由度和可选择性是本设计的特点，体现了以人为本，弘扬个性的设计理念。在可变户型的基础上，根据轴线及多变空间设计可变墙体的骨架及中空墙体，从而达到易拆卸、更灵活的布置管线等优势。易于装配式一体化建造的同时使用绿色建筑材料，居住体验感更为舒适。建筑主体为 8 层，屋顶及立面采用了绿色建造技术，一层为架空层，更适合南昌的气候。

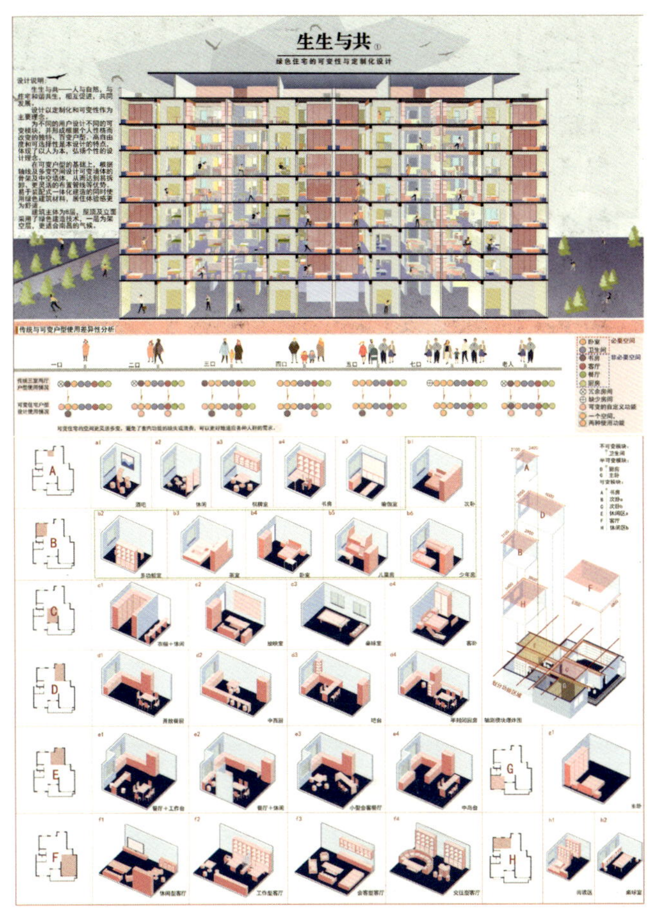
生生与共①
绿色住宅的可变性与定制化设计
传统与可变户型使用差异性分析

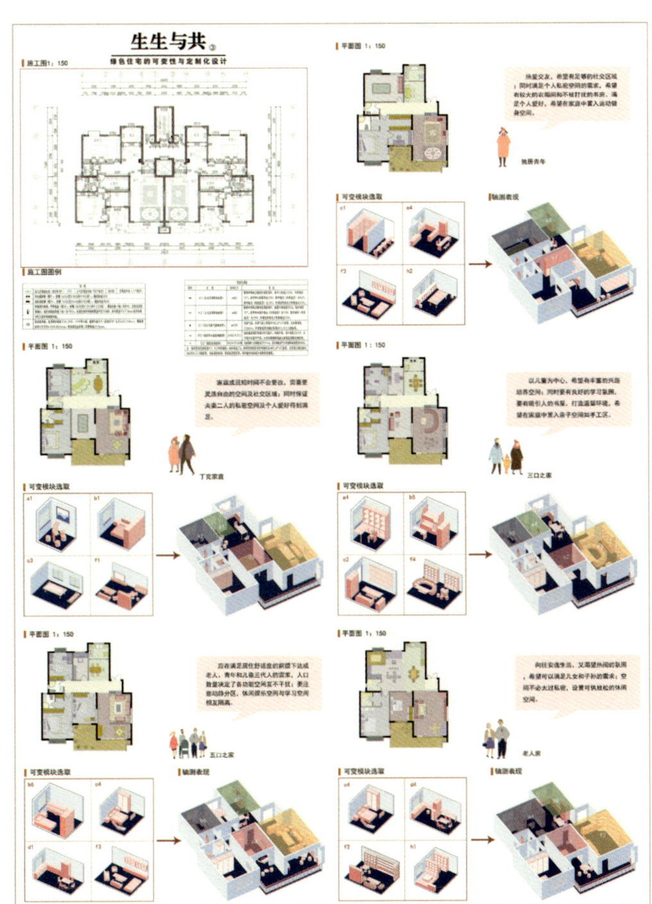
生生与共③
绿色住宅的可变性与定制化设计

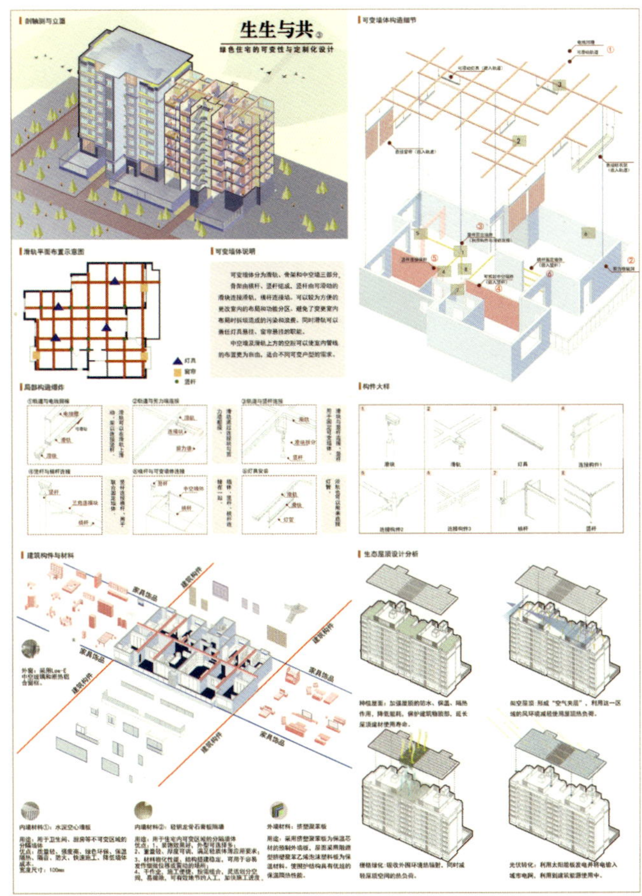
生生与共②
绿色住宅的可变性与定制化设计

2018 级建筑学
大四

黄　天
胡从恺

户未来
多变户型住宅设

指导教师：
肖　君
赵志青
陈五英
陶　莉
王雪强
范丽娅

对标解决设计背景下的三大问题：住房高空置率、建筑重复建设、住户业态单一。本次设计基于绿色环保、装配式建造技术来探索未来的个性化可变户型。建筑由工厂预制的骨架和板材组成，以柱（剪力墙）、梁组成承重框架，再搁置楼板和非承重的内外墙板。在工厂预制好梁、板、柱墙等构件，运输至施工现场进行吊装，再进行钢筋混凝土的搭接和浇筑。骨架板材建筑结构合理，可以减轻建筑物的自重，内部分隔灵活。建筑内部的隔墙采用一种新型的绿色环保建筑材料——发泡陶瓷隔墙板，该绿色环保材料具有轻质高强、防火、防水、防潮、防菌防霉、易加工、保温隔热隔音、耐久高等特点。

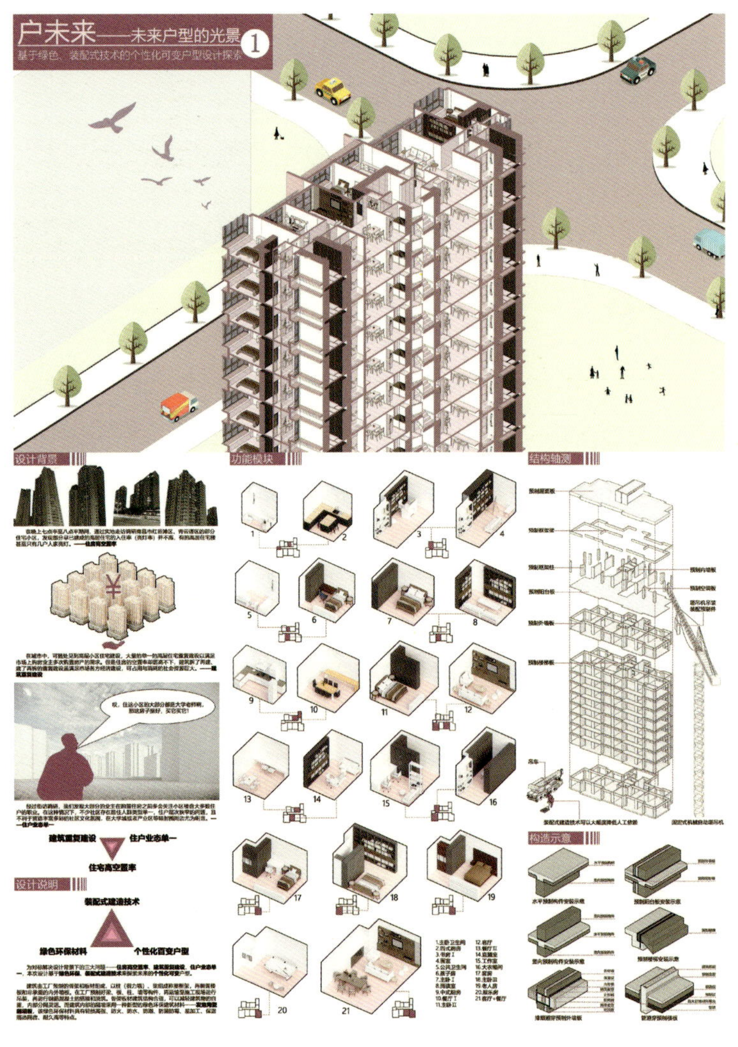
户未来——未来户型的光景 1
基于绿色、装配式技术的个性化可变户型设计探索
设计背景
功能模块
结构轴测
建筑重复建设
住户业态单一
住宅高空置率
设计说明
装配式建造技术
绿色环保材料
个性化百变户型
构造示意

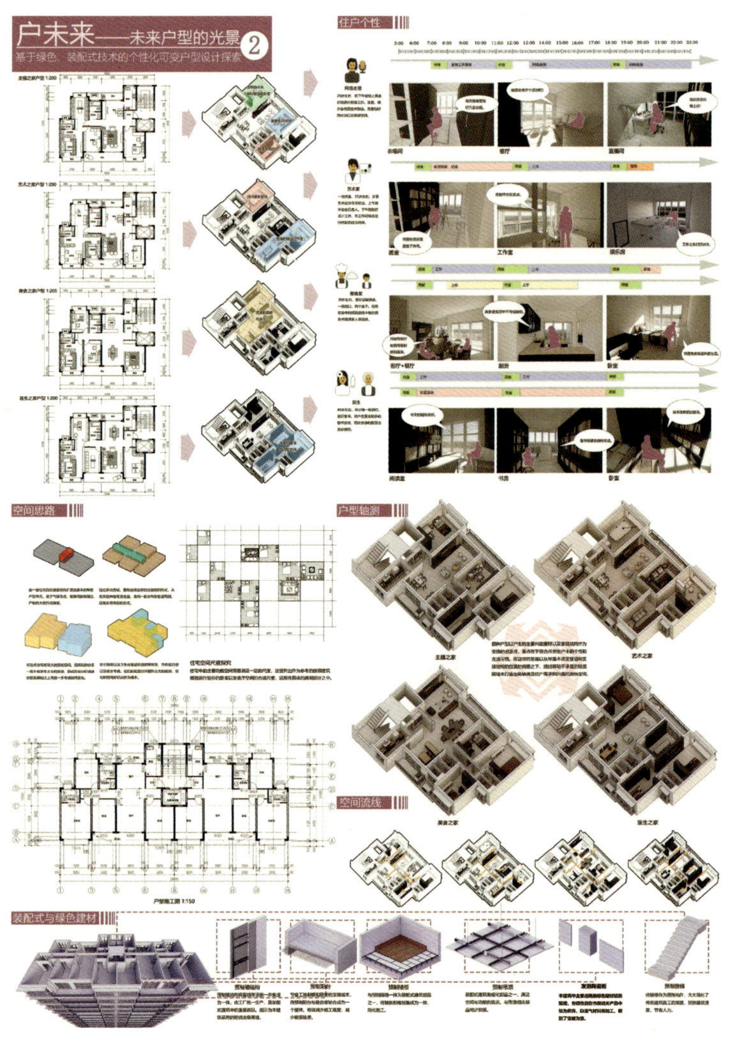
户未来——未来户型的光景 2
基于绿色、装配式技术的个性化可变户型设计探索
住户个性
空间思路
户型轴测
空间流线
装配式与绿色建材

2018 级建筑学
大四

李悦彤
雷贺玉

多变户型住宅设计
CNXYOU

指导教师：
肖　君
赵志青
陈五英
陶　莉
王雪强
范丽娅

我们观察到一个共同的现象，只要你生活在城市里，你的家就得更小，你可以通过 Choice（选择）、Connection（联系）、Convenience（便利）和 Coexistence（共存）重塑你的家，做你的“生存包”。我们将这个尚在胚胎阶段的“生存包”取名为“C 的 N 次方和你”。除了选择、联系、便利和共存，C 也可以是变化、二氧化碳、碳，更可以是单项择服中你最可能敲定的答案。你是这个空间的主人，拥有这个空间的使用权。此时的你可能正单身，也可能刚结婚，或许刚迎接了一个新的小生命。不管怎么样，这个生存包始终以你为中心，以你的意志为标准，通过可简易操作的变化手段，不影响日常生活，随时随刻可以做到改变内部空间大小和属性，满足你在人生的不同时间段各异的需求。这个“生存包”永远是你在经历了一天疲惫之后最温暖的港湾。

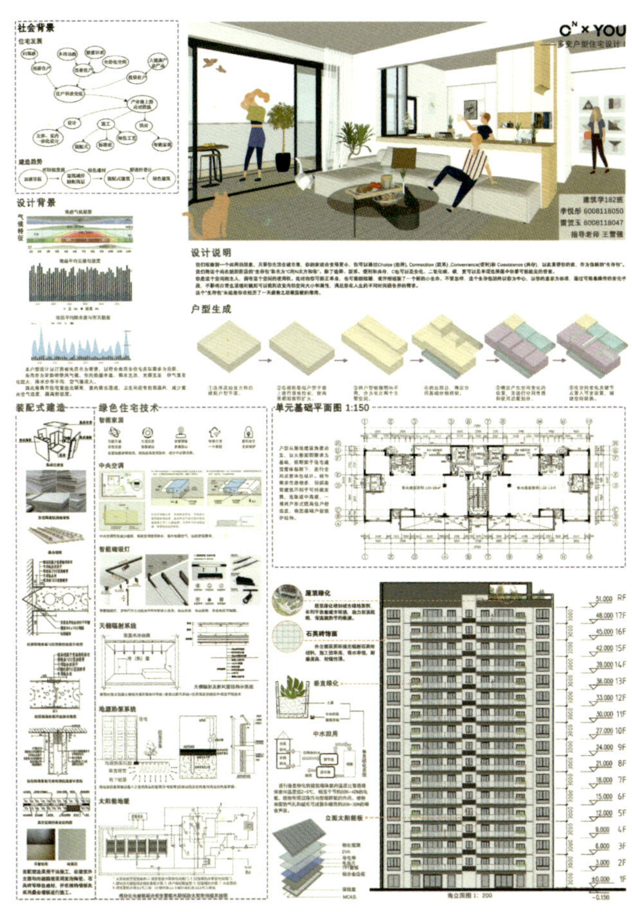
社会背景
设计背景
设计说明
户型生成
装配式建造
绿色住宅技术
单元基础平面图 1:150

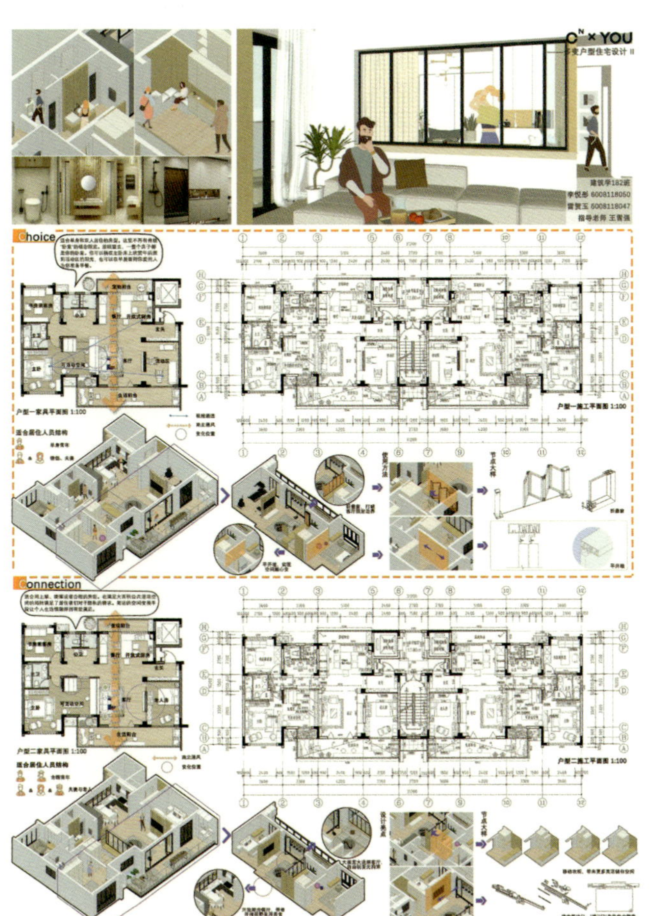
Choice
Connection

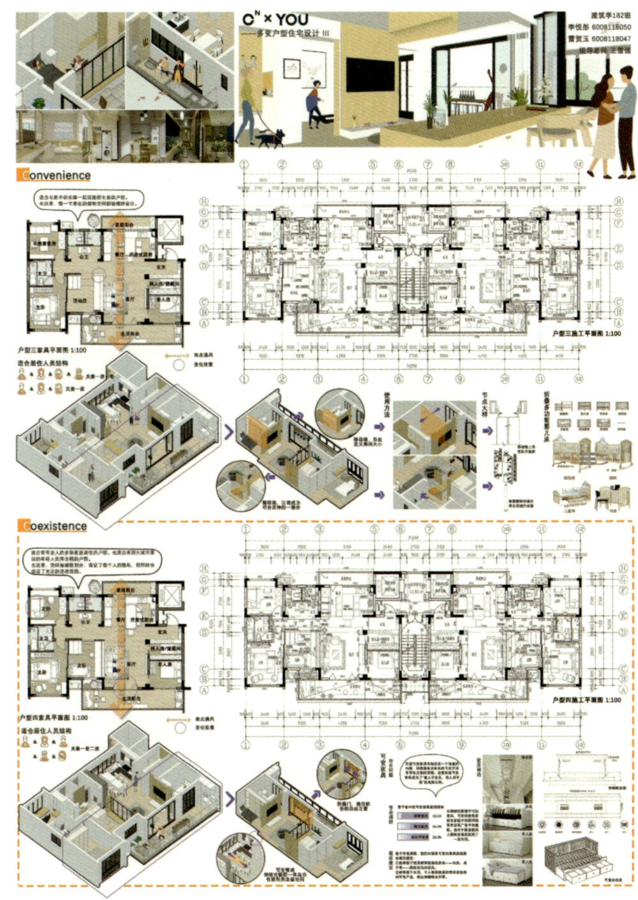
Convenience
Coexistence

2016 级建筑学
大四

徐子奇

居住区规划设计

指导教师：
肖 君
赵志青
陈五英
陶 莉
王雪强
范丽娅

定位研究
Residential planning and design
居住区规划设计
01

住宅区主出入口
总平面图
1:800
技术经济指标
日照分析图
居住区规划设计
Residential design
用地平衡表
02

03
Residential planning and design
居住区规划设计
中心景观平面图
Landscape analysis
绿化景观分析

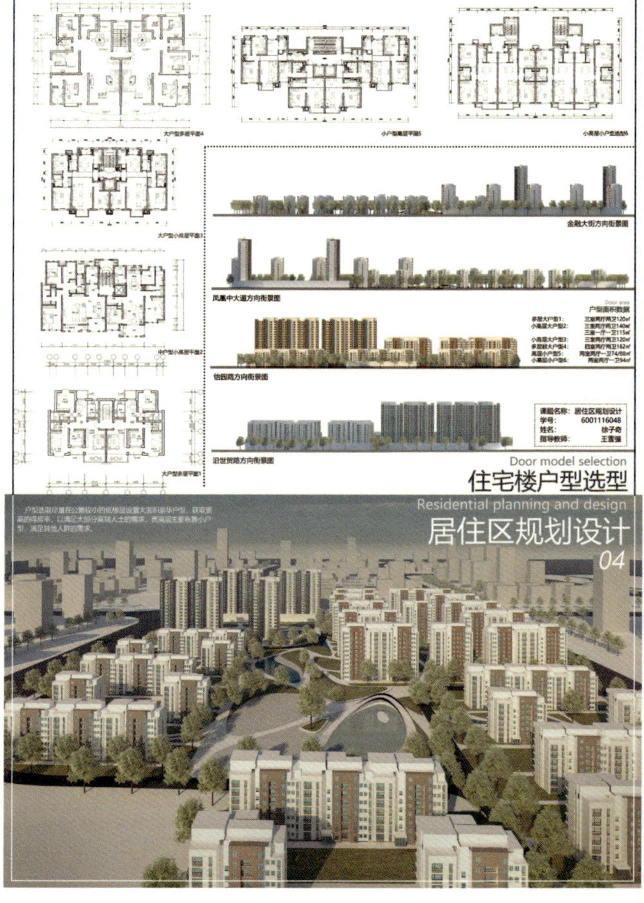
Door model selection
住宅楼户型选型
Residential planning and design
居住区规划设计
04

2017 级建筑学
大四

吴明萱

居住区规划设计
阳光半晌

指导教师：
肖　君
赵志青
陈五英
陶　莉
王雪强
范丽娅

阳光半晌 · I
SUN · SHINING-RESIDENTIAL DESIGN
基于曲线形态空间转译策略下居住区规划设计
经济技术指标
项目概况
图例
总平面图　1：1000

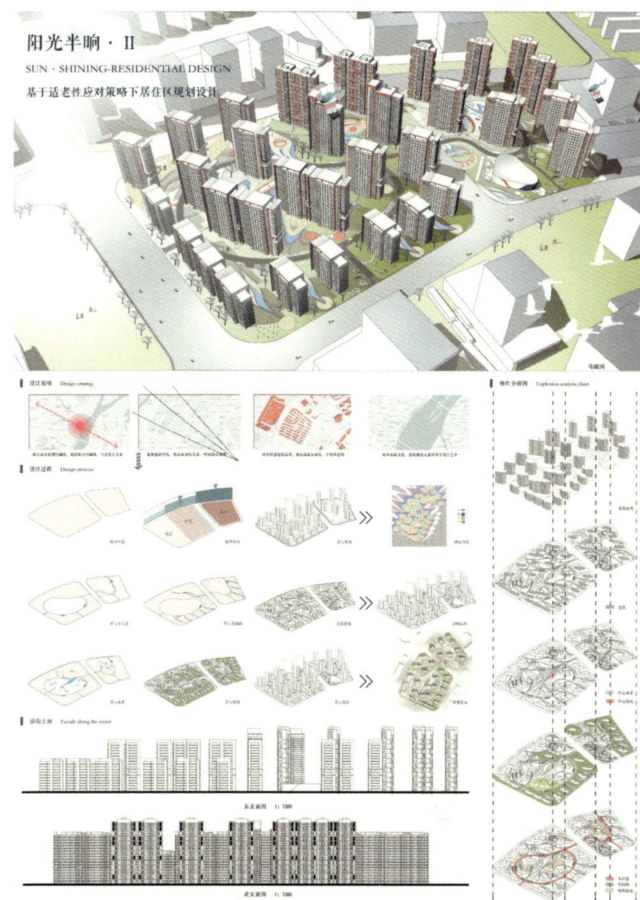
阳光半晌 · II
SUN · SHINING-RESIDENTIAL DESIGN
基于适老性应对策略下居住区规划设计

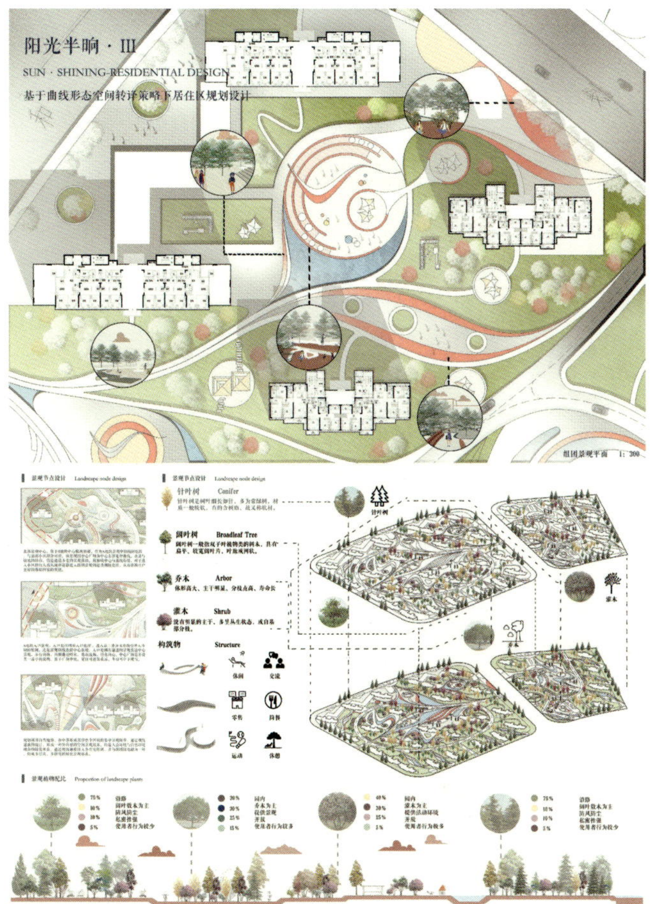
阳光半晌 · III
SUN · SHINING-RESIDENTIAL DESIGN
基于曲线形态空间转译策略下居住区规划设计
组团景观平面　1：200

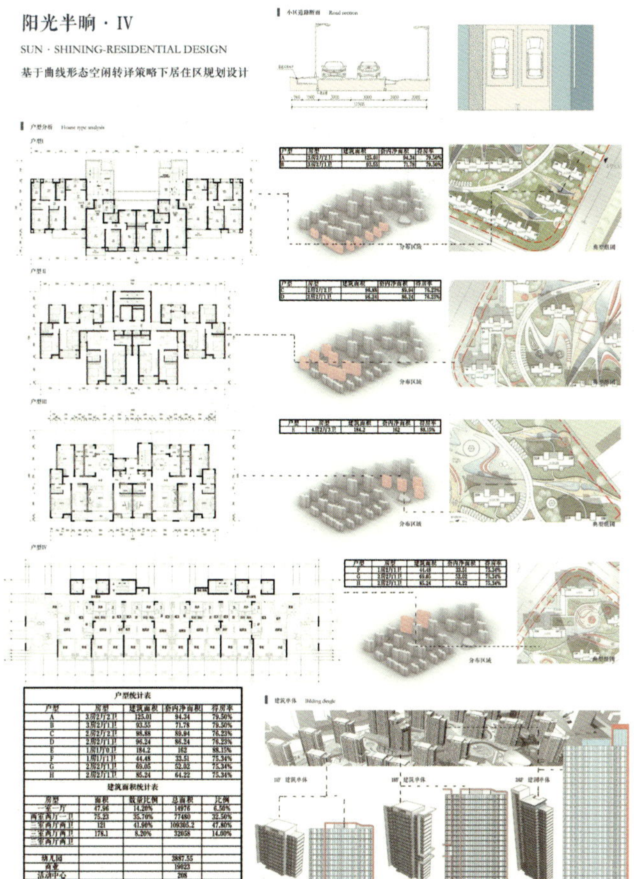
阳光半晌 · IV
SUN · SHINING-RESIDENTIAL DESIGN
基于曲线形态空间转译策略下居住区规划设计
户型统计表
建筑面积统计表

2017 级建筑学
大四

晏陈

居住区规划设计

指导教师：
肖　君
赵志青
陈五英
陶　莉
王雪强
范丽娅

居住小区规划设计——I
Residential District Planning
芳华路
凤凰中大道
金融大街
会展路
总平面图 1：1000
设计说明
经济技术指标

居住小区规划设计——II
Residential District Planning
户型图 1：200
户型立面图 1：250

居住小区规划设计——III
Residential District Planning
基地解读
中心景观轴线 1：60
道路断面图 1：100
植物种植分析
植物搭配分析

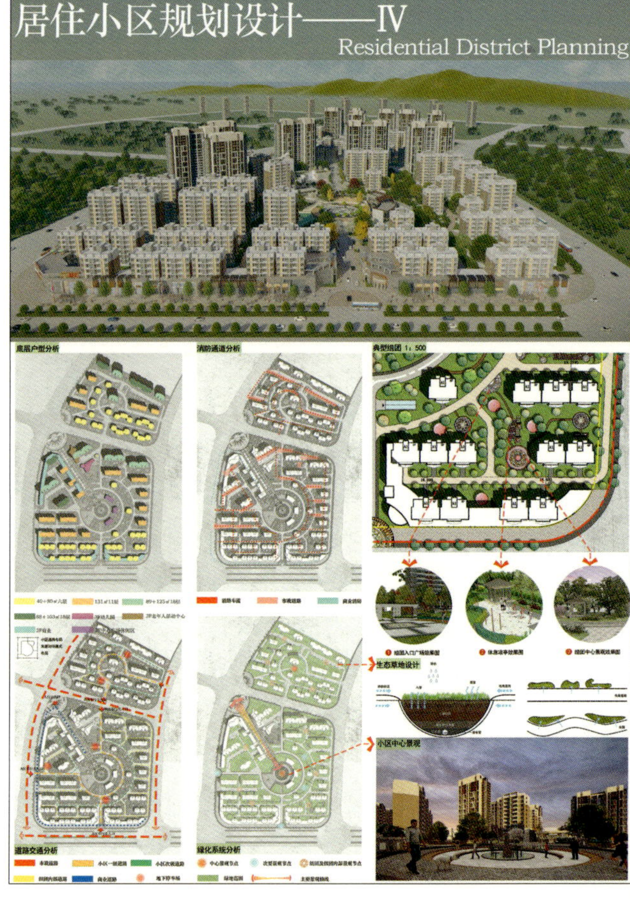
居住小区规划设计——IV
Residential District Planning
消防通道分析
道路交通分析
绿化系统分析
生态草地设计
小区中心景观

2017 级建筑学
大四

汪丁

居住区规划设计 园

指导教师：
肖　君
赵志青
陈五英
陶　莉
王雪强
范丽娅

园
自然·文化·交流
NATURE, CULTURE, INTERACTION
居住区规划设计 I
设计说明
总平面图 1：1000
小区空间布局策划
设计解读

园
自然·文化·交流
NATURE, CULTURE, INTERACTION
居住区规划设计 II
规划结构平面分析

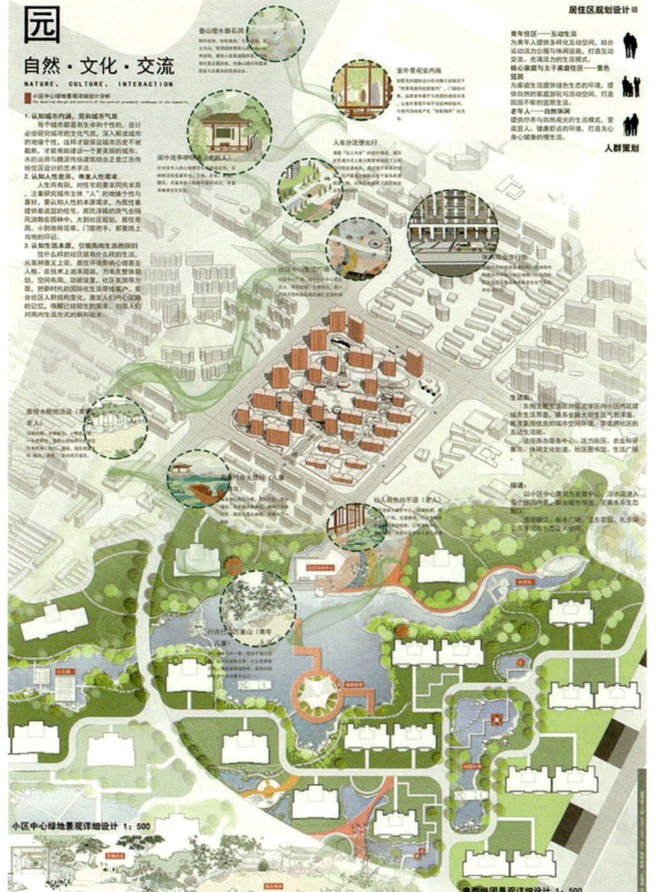
园
自然·文化·交流
NATURE, CULTURE, INTERACTION
居住区规划设计 III
人群策划
小区中心绿地景观详细设计 1：500
典型组团景观详细设计 1：500

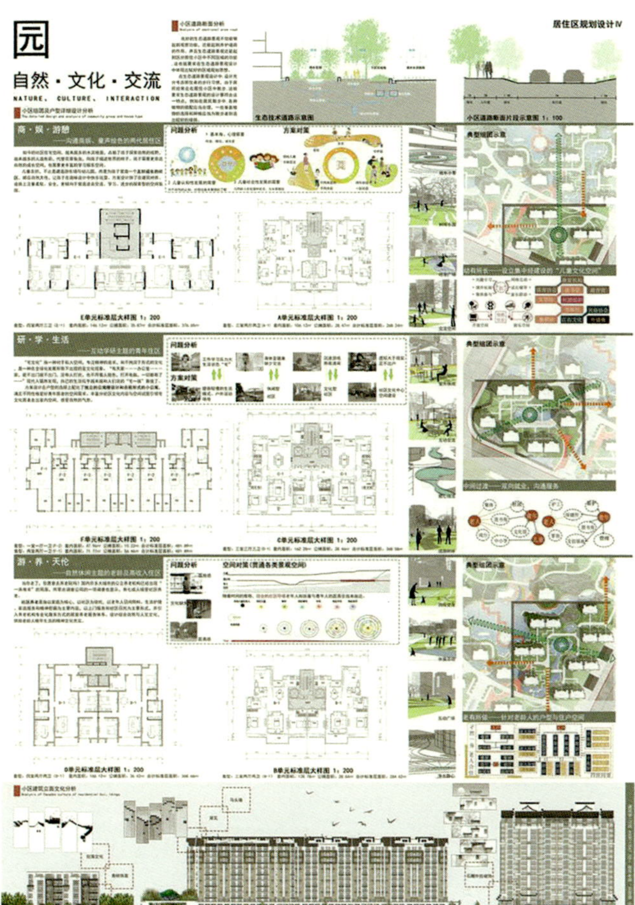
园
自然·文化·交流
NATURE, CULTURE, INTERACTION
居住区规划设计 IV
商·娱·游憩
研·学·生活
游·养·天伦

吴颖滢

居住区规划设计
乐活圈

指导教师：
肖　君
赵志青
陈五英
陶　莉
王雪强
范丽娅

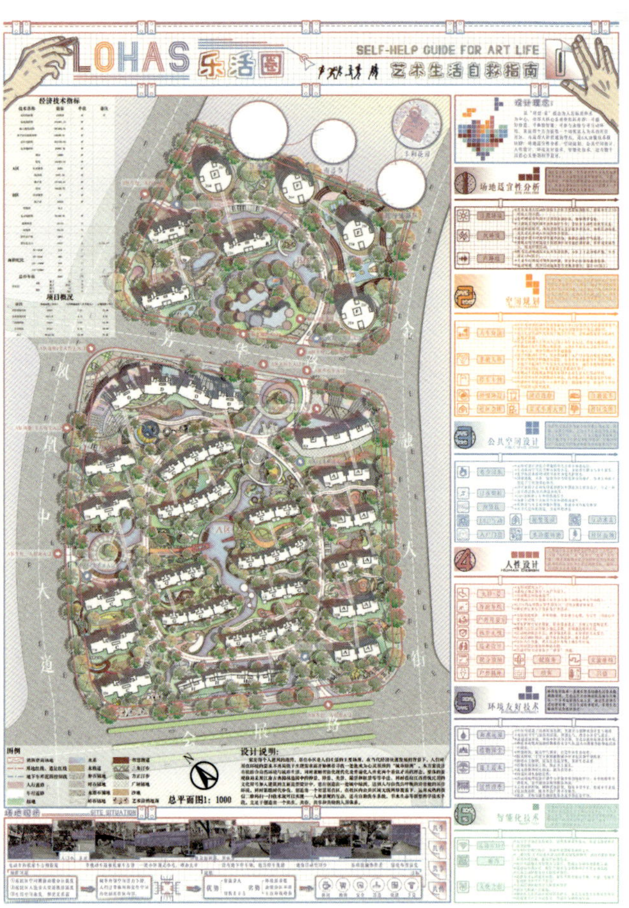
LOHAS 乐活圈
SELF-HELP GUIDE FOR ART LIFE
艺术生活自救指南
1
总平面图：1000
设计说明：

LOHAS 乐活圈
SELF-HELP GUIDE FOR ART LIFE
艺术生活自救指南
2

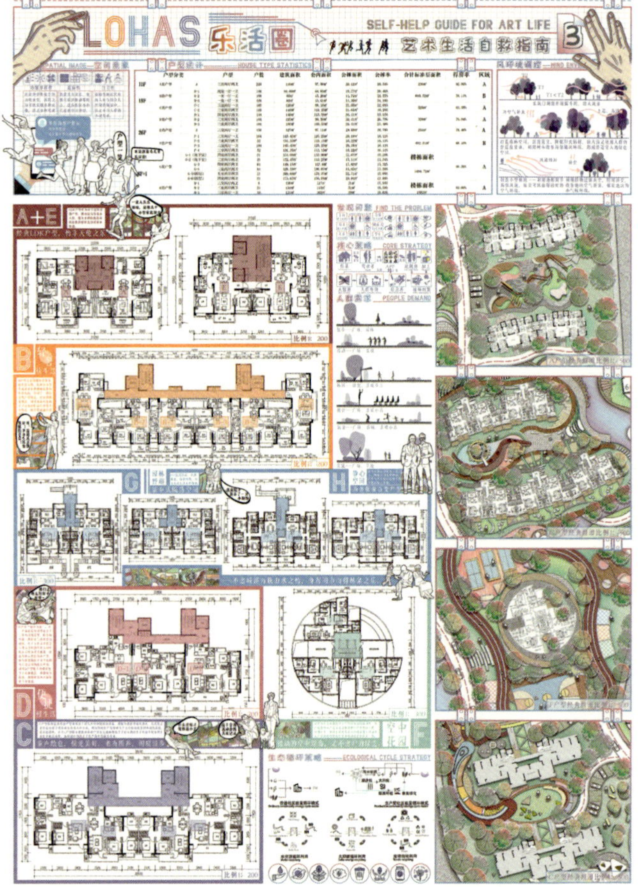
LOHAS 乐活圈
SELF-HELP GUIDE FOR ART LIFE
艺术生活自救指南
3

LOHAS 乐活圈
SELF-HELP GUIDE FOR ART LIFE
艺术生活自救指南
4

子宁
杨健

城市设计 未来·方城市

指导
教师：
君
志青
五英
莉
雪强
丽娅

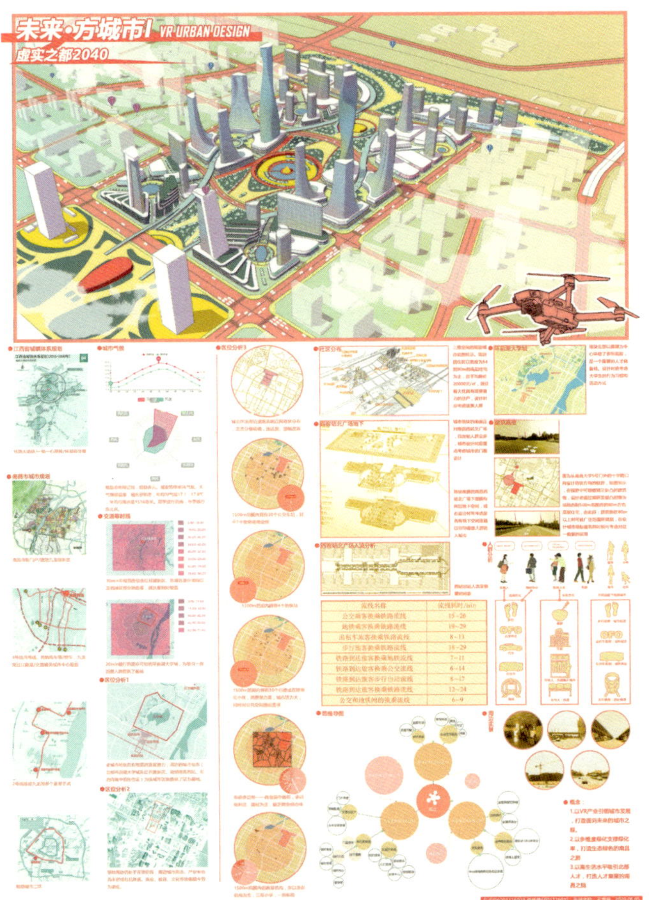
未来·方城市I VR URBAN DESIGN
虚实之都2040

未来·方城市II VR URBAN DESIGN
虚实之都2040

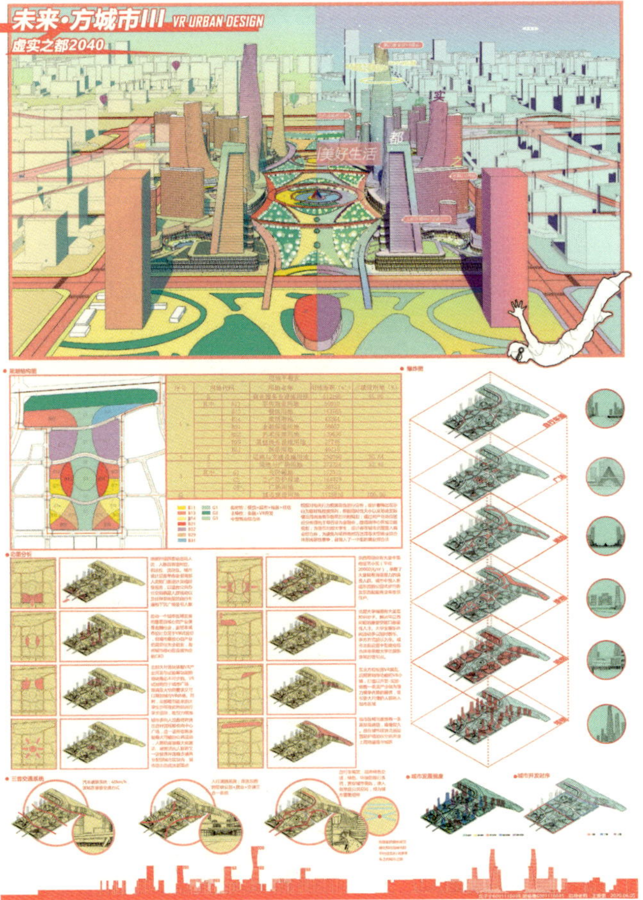
未来·方城市III VR URBAN DESIGN
虚实之都2040
美好生活

未来·方城市IV VR URBAN DESIGN
虚实之都2040

钟言
程蕊

城市设计 链式反应

指导教师：
肖　君
赵志青
陈五英
陶　莉
王雪强
范丽娅

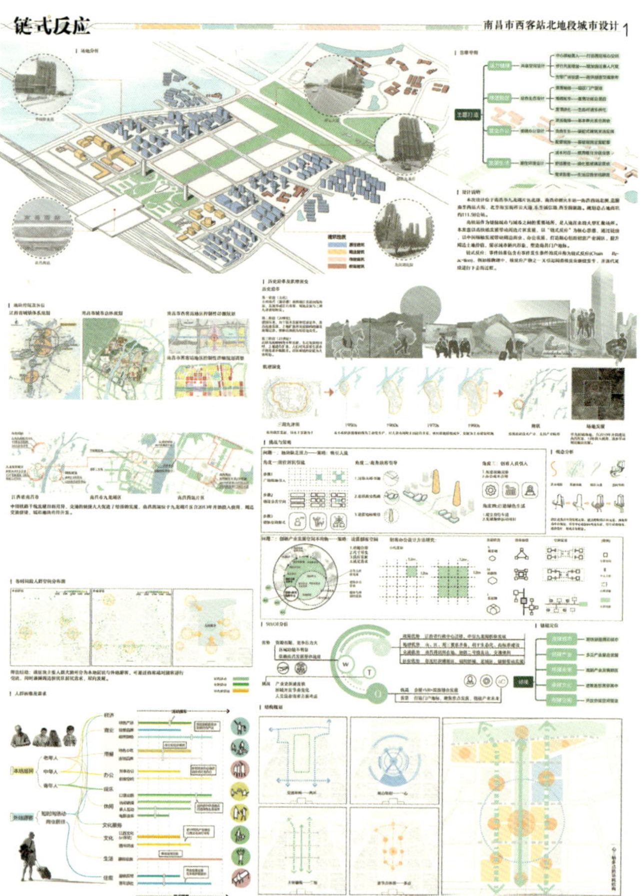
链式反应
南昌市西客站北地段城市设计 1

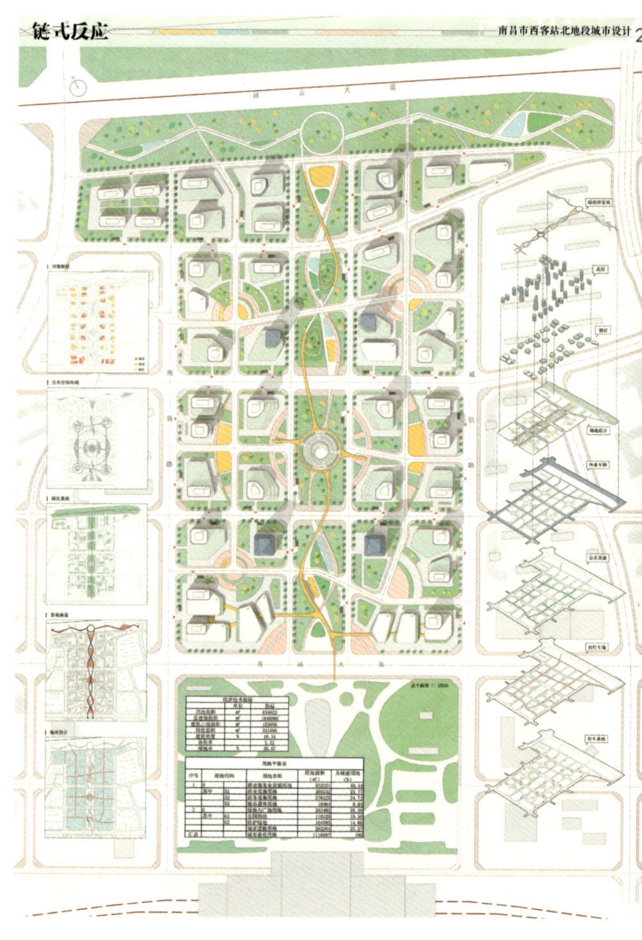
链式反应
南昌市西客站北地段城市设计 2

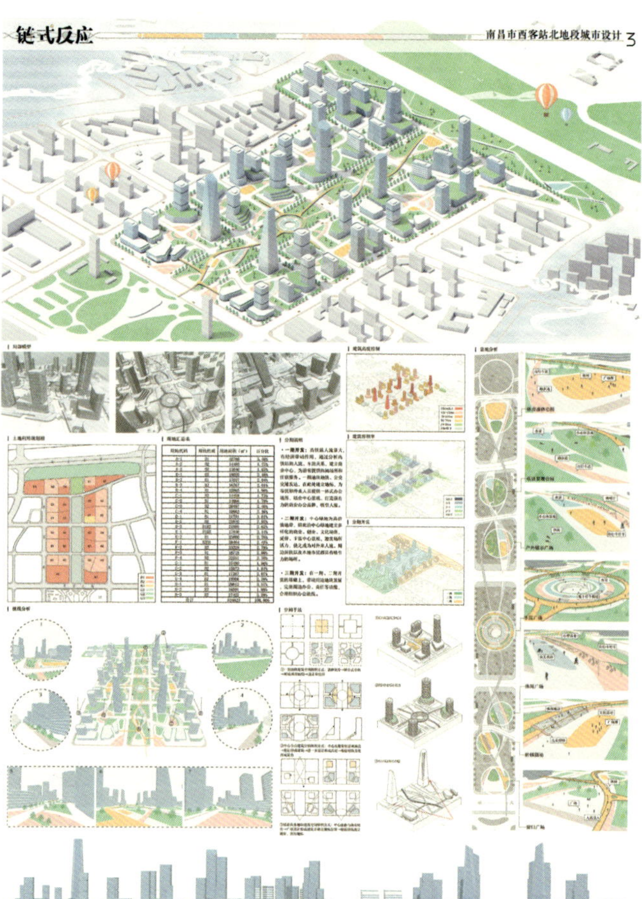
链式反应
南昌市西客站北地段城市设计 3

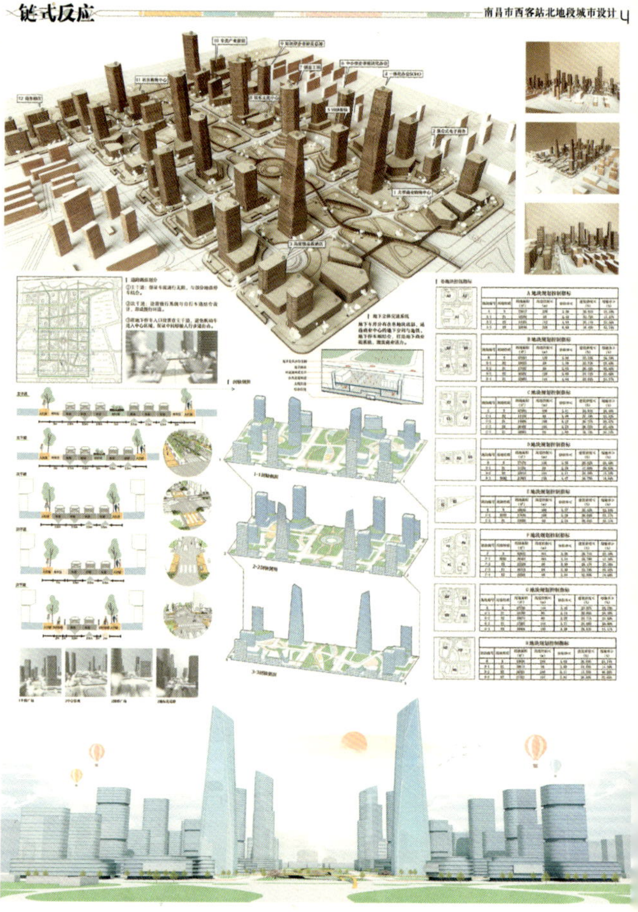
链式反应
南昌市西客站北地段城市设计 4

吴明萱
谢贤晨

城市设计
孤岛有机缝合计划

指导教师：
肖　君
赵志青
陈五英
陶　莉
王雪强
范丽娅

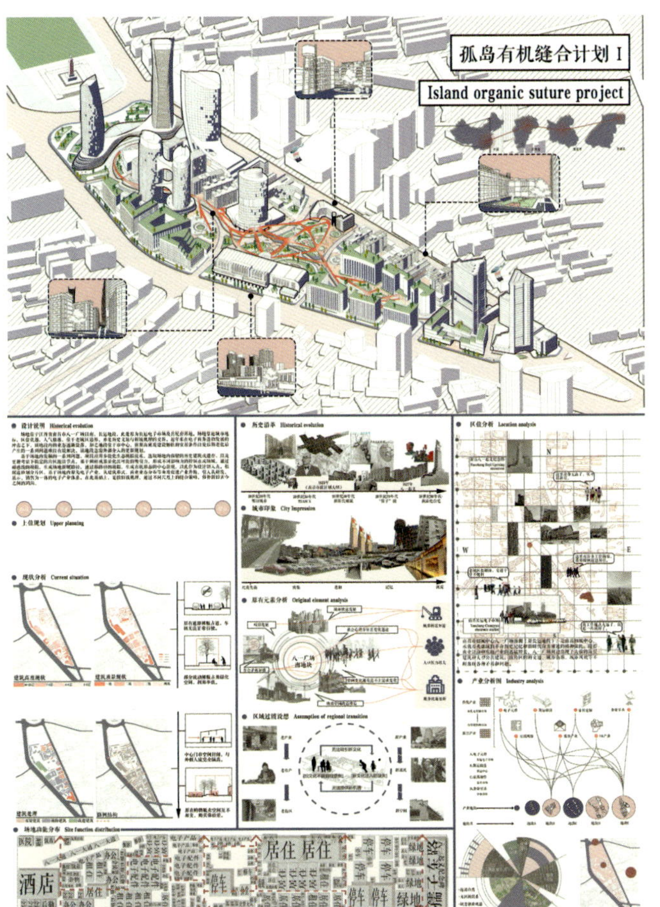
孤岛有机缝合计划 I
Island organic suture project

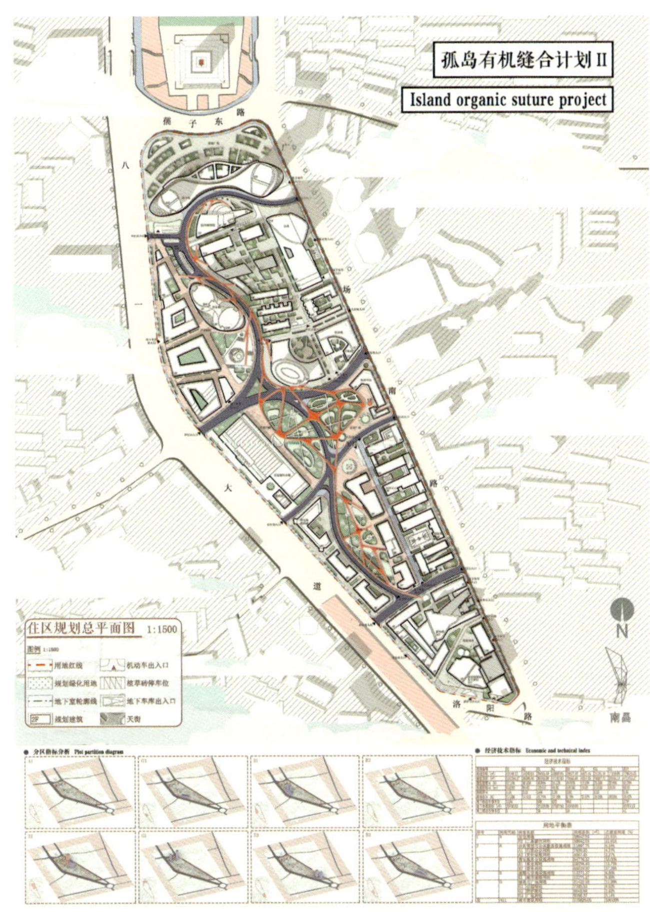
孤岛有机缝合计划 II
Island organic suture project
住区规划总平面图 1:1500

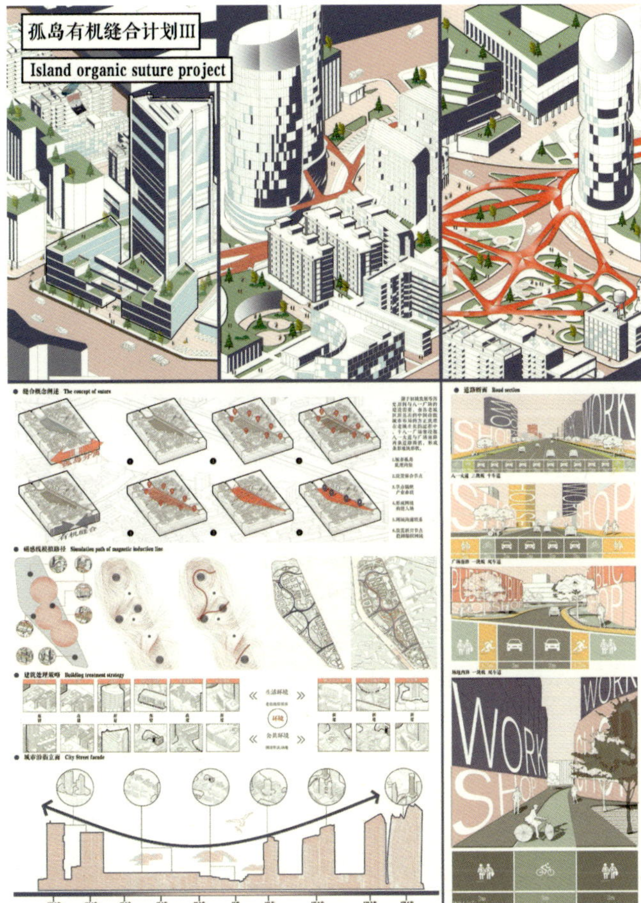
孤岛有机缝合计划III
Island organic suture project

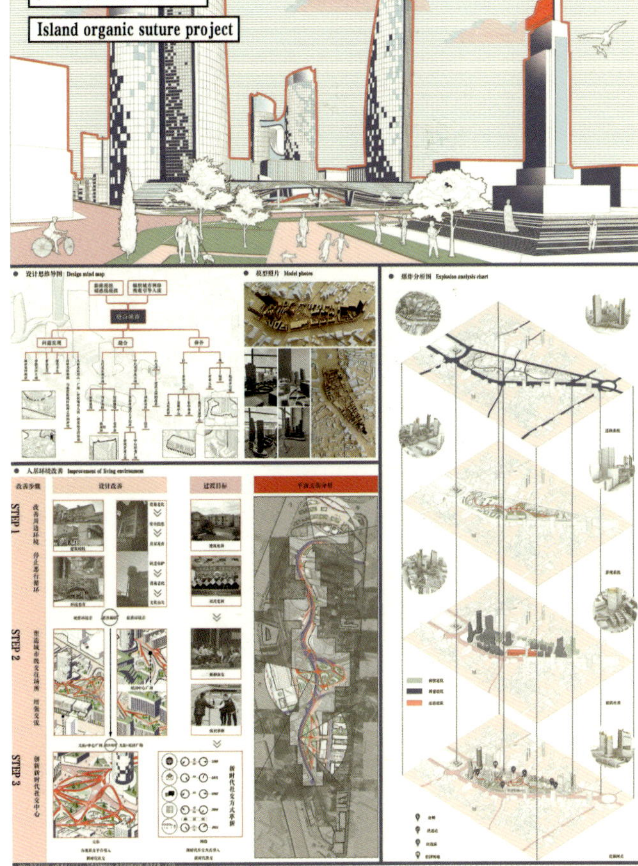
孤岛有机缝合计划IV
Island organic suture project

2017 级建筑学
大四

晏陈
梁佳琪

城市设计　穿越时空的绿廊

指导教师：
肖　君
赵志青
陈五英
陶　莉
王雪强
范丽娅

穿越时空的绿廊— 南昌老城区更新设计 I
Green corridor through time and space
孺子路
东
广场南路
八一大道
地下车库边界线
部分与建筑红线重合
用地红线/道路东线
建筑红线
满足南昌市城市规划管理技术规定
二十五条
退主干道10m，次干道8m
满足南昌市城市规划管理技术规定
十六条（二）
15.0m≥13m
满足南昌市城市规划管理技术规定
十四条（一）
42.7m>18×2.8m×0.8+（0.4÷4）=40.42m
满足南昌市城市规划管理技术规定
十四条（一）
59.1>24×2.8m×0.8+（17.2÷4）=58.06m
满足南昌市城市规划管理技术规定
十七条（一）（非居住建筑间距）
31.5m>6×2.8m×0.8=13.44m
公园入口
人行天桥
人行入口兼临时消防车道
场地次干道
场地主干道
小区入口
公交站
总平面图 1：1500
保留建筑（橙色）
场地标注
场地轴线
1 城市退让绿地
2 文化入口广场
3 民宿体验馆
4 中心广场
5 文化长廊
6 次广场1
7 次广场2
8 次广场3
文化旅游区
9 博物馆
10 剧场
11 文化大道
12 入口景观
创新产业区
13 A座产业大厦
14 B座产业大厦
15 A座庭院
16 连接天桥
生态居住区A
17 组团1
18 组团2
19 地下车库
20 组团景观
生态居住区B
21 组团1
22 组团2
23 地下车库
24 组团景观
活力智汇区A
25 高层办公楼
26 阶梯创新楼
27 阶梯办公楼
28 花园小径
活力智汇区B
29 高层办公楼
30 阶梯创新楼
31 阶梯办公楼
32 花园小径
文化保留区A
41 高凯宏有限公司
42 南味写字楼
43 商业住宅
44 商业住宅
活力智汇区C
33 入口花园
34 酒店中庭
35 酒店门厅
36 高层办公楼
活力智汇区D
37 高层办公楼
38 商业综合体单元
39 室外休息平台
40 连接天桥
文化保留区B
45 新建办公楼
46 海威大厦
47 嘉莱特酒店
48 保留住宅楼
区位分析
规划理念背景
规划理念
地块位于南昌市中心，南昌是红色文化革命根据地，有悠久的革命历史。地块地处红色文化的中心，周边旅游资源丰富，设计者以红色文化宣扬教育为主题，打造红色文化服务社区，为当地区、以及旅游的游客提供休息、餐饮、玩耍、购物等空间。同时通过对红色文化的打造与宣扬，提升当地居民的自豪感和归属感，通过文化长廊、红色影院、共享广场、特色民宿、红色文化街道几个特色景点，将场地化零为整，各功能相互配合，共同发展，使该地区重新焕发生机活力。

2017 级建筑学
大四

晏陈
梁佳琪

城市设计

穿越时空的绿廊

指导教师：
肖　君
赵志青
陈五英
陶　莉
王雪强
范丽娅

穿越时空的绿廊— 南昌老城区更新设计 II
Green corridor through time and space

穿越时空的绿廊— 南昌老城区更新设计 III
Green corridor through time and space

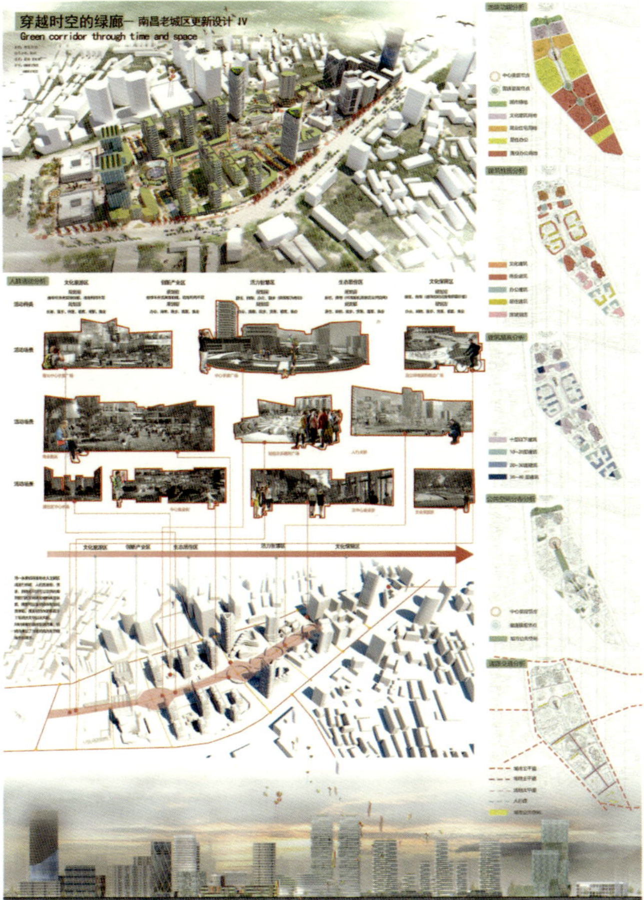
穿越时空的绿廊— 南昌老城区更新设计 IV
Green corridor through time and space

穿越时空的绿廊— 南昌老城区更新设计 V
Green corridor through time and space

2017 级建筑学
大四

汪丁
高欣元

城市设计

豫章故郡营造新生

指导教师：
肖　君
赵志青
陈五英
陶　莉
王雪强
范丽娅

设计地段位于江西省南昌市旧城中心八一广场南侧（原长运地段），规划用地范围北起孺子东路，东至广场南路，南至洛阳路，西至八一大道，规划总占地约 17.88 公顷。地区受长江中游城市群影响辐射；其地貌分区属郡阳湖冲积湖积平原，是我国东南低、中山地的重要组成部分，其地貌类型为：受湿润季风气候形成的冲湖积平原；位于我国长江流域，属于中亚热带湿润地区。

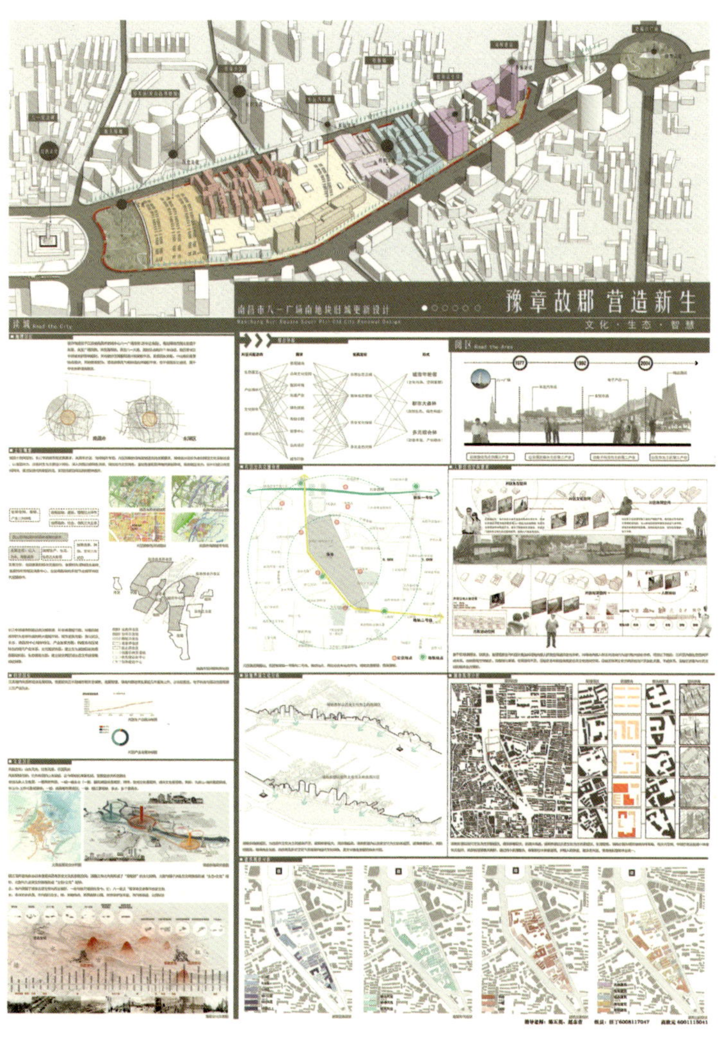
豫章故郡 营造新生
文化 · 生态 · 智慧
南昌市八一广场南地块旧城更新设计

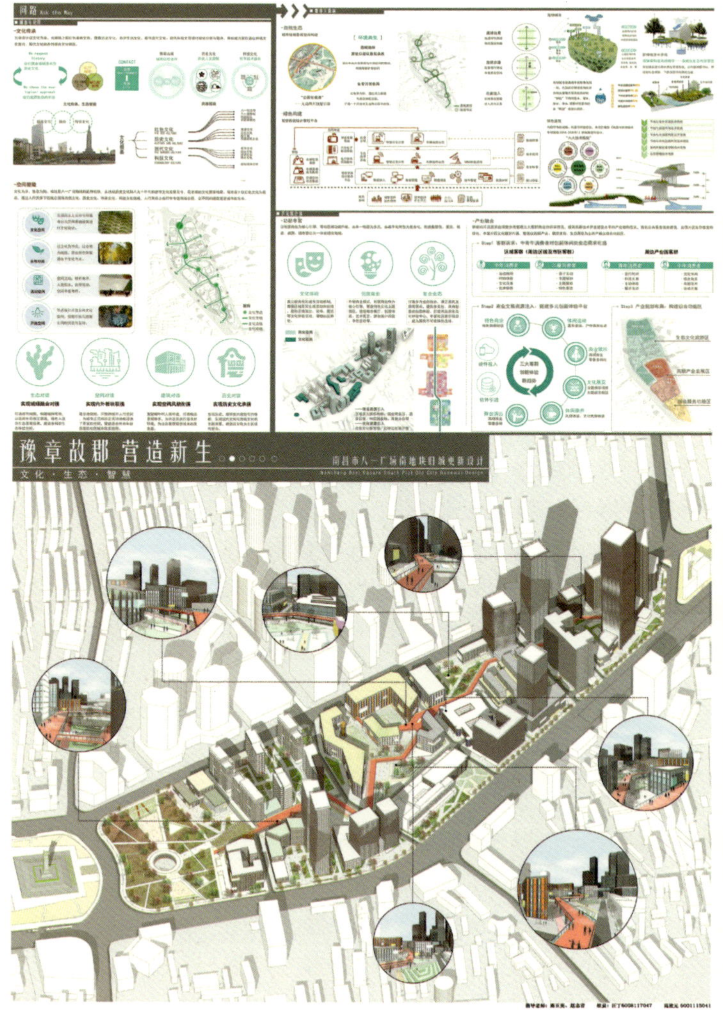
豫章故郡 营造新生
文化 · 生态 · 智慧
南昌市八一广场南地块旧城更新设计

2017 级建筑学
大四

汪丁
高欣元

城市设计 豫章故郡营造新生

指导教师：
肖　君
赵志青
陈五英
陶　莉
王雪强
范丽娅

豫章故郡 营造新生
文化·生态·智慧
南昌市八一广场南地块旧城更新设计
总平面图1：1500
广场南路立面图1：2000

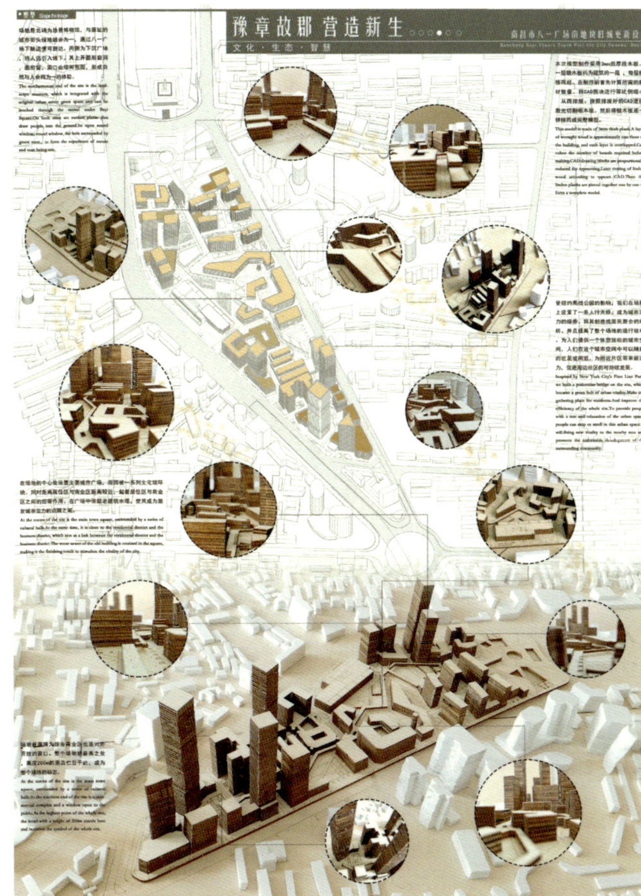
豫章故郡 营造新生
文化·生态·智慧
南昌市八一广场南地块旧城更新设计

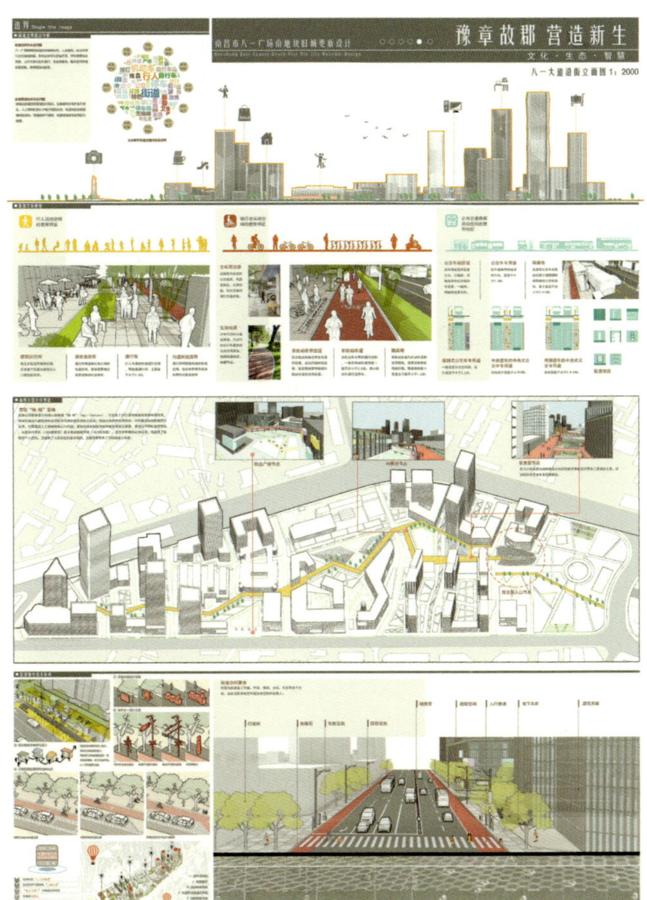
豫章故郡 营造新生
文化·生态·智慧
南昌市八一广场南地块旧城更新设计
八一大道沿街立面图 1：2000

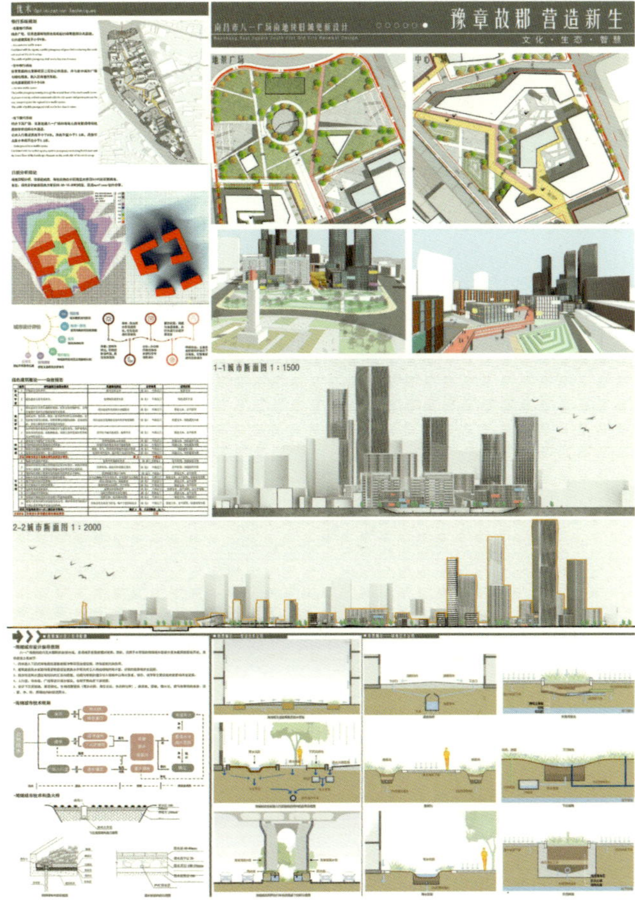
豫章故郡 营造新生
文化·生态·智慧
南昌市八一广场南地块旧城更新设计
1-1城市剖面图 1：1500
2-2城市剖面图 1：2000

2018 级建筑学
大四

李悦彤
雷贺玉
林雨天

城市设计
梦的旅人

指导教师：
肖　君
赵志青
陈五英
陶　莉
王雪强
范丽娅

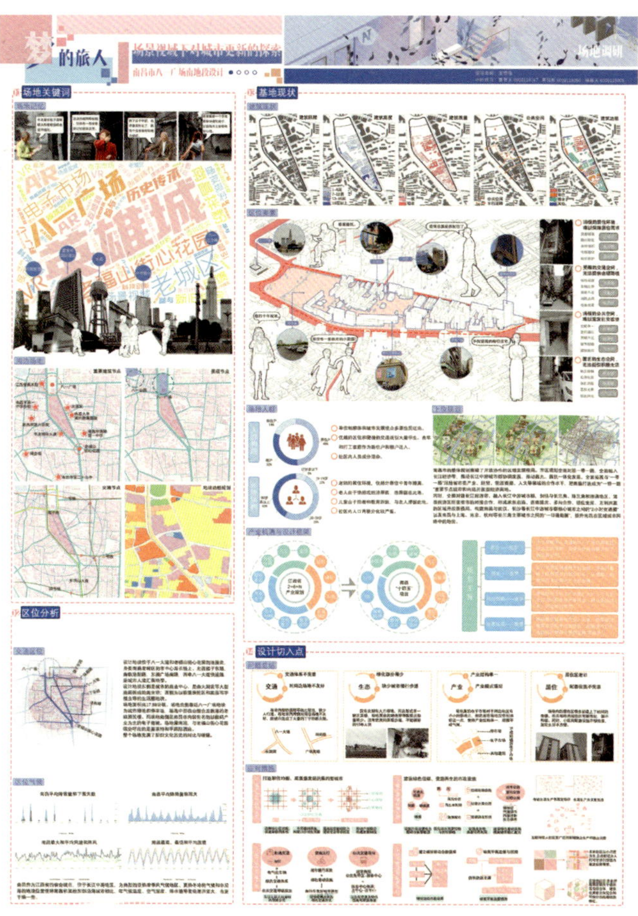

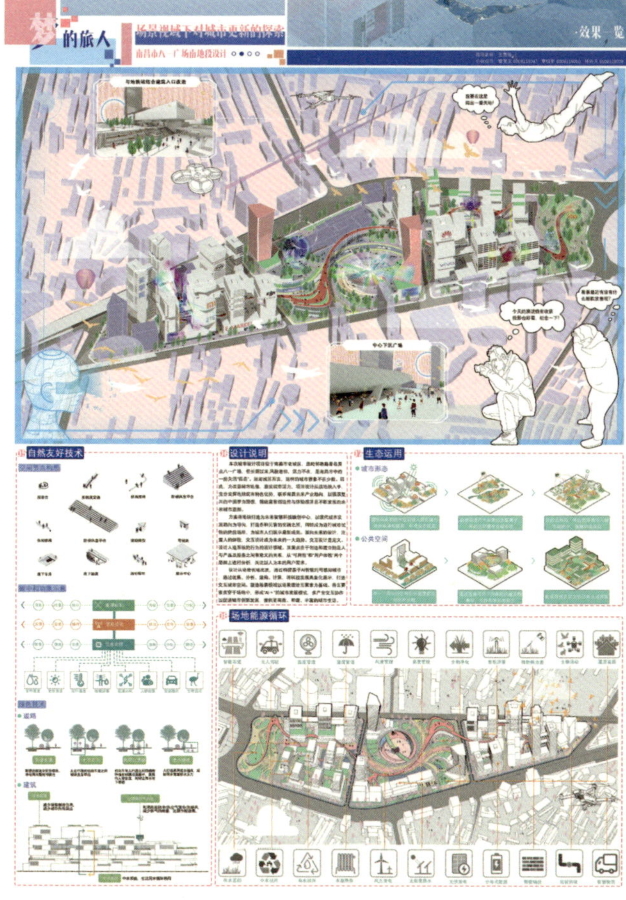

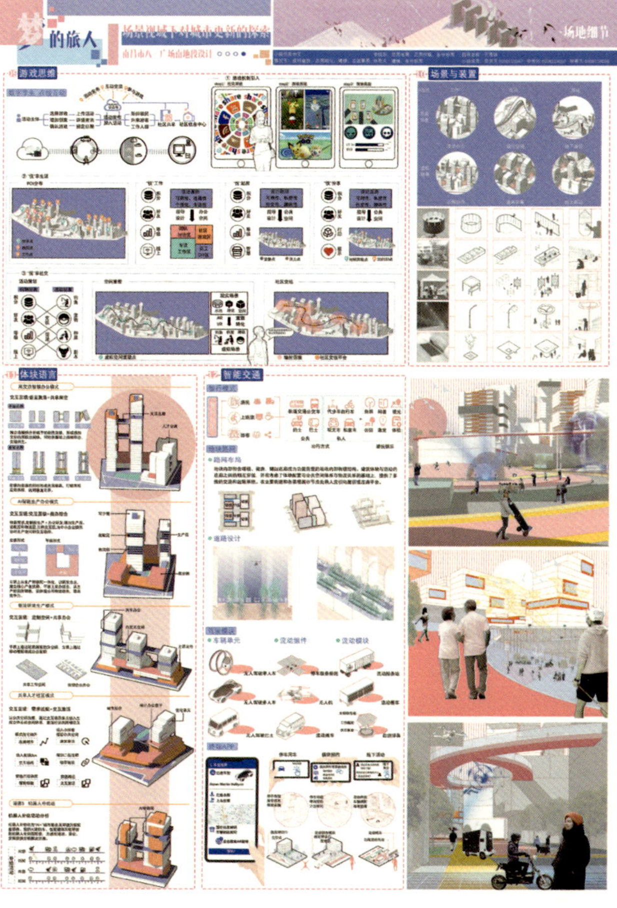

2018 级建筑学
大四

王晨宇
李　源
吴颖滢

城市设计

城中世事万般变 · 惊艳洪都十二时

指导教师：
肖　君
赵志青
陈五英
陶　莉
王雪强
范丽娅

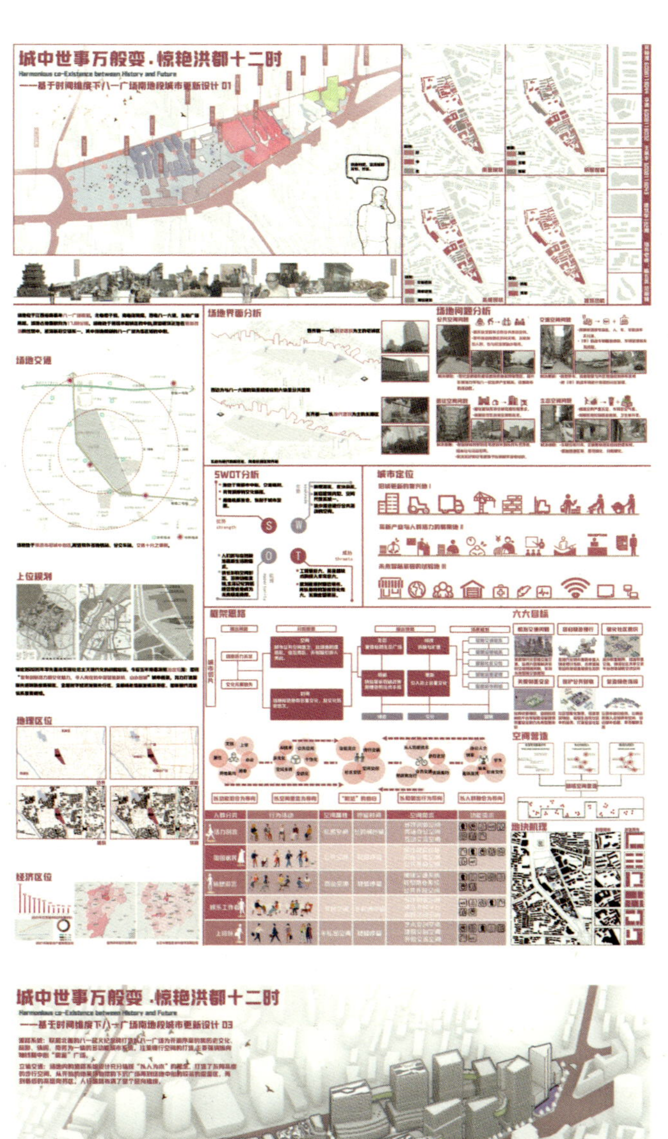
城中世事万般变 · 惊艳洪都十二时
Harmonious co-Existence between History and Future
——基于时间维度下八一广场南地段城市更新设计 01
场地界面分析
场地问题分析
场地交通
SWOT分析
城市定位
上位规划
框架思路
六大目标
地理区位
空间营造
经济区位
地块肌理

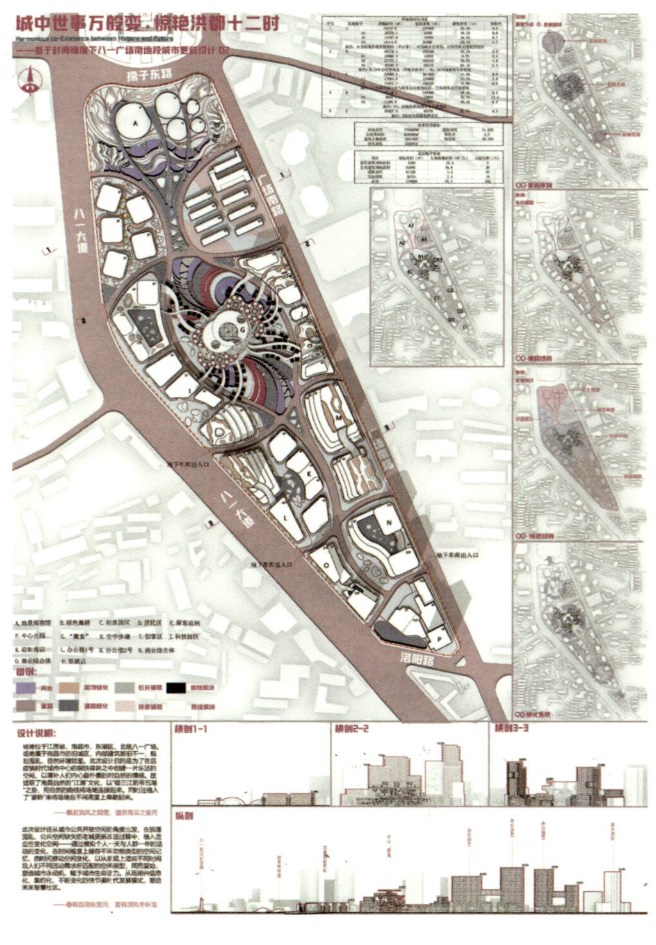
城中世事万般变 · 惊艳洪都十二时
Harmonious co-Existence between History and Future
——基于时间维度下八一广场南地段城市更新设计 02
孺子东路
八一大道
洛阳路
设计说明：
横剖1-1
横剖2-2
横剖3-3
纵剖

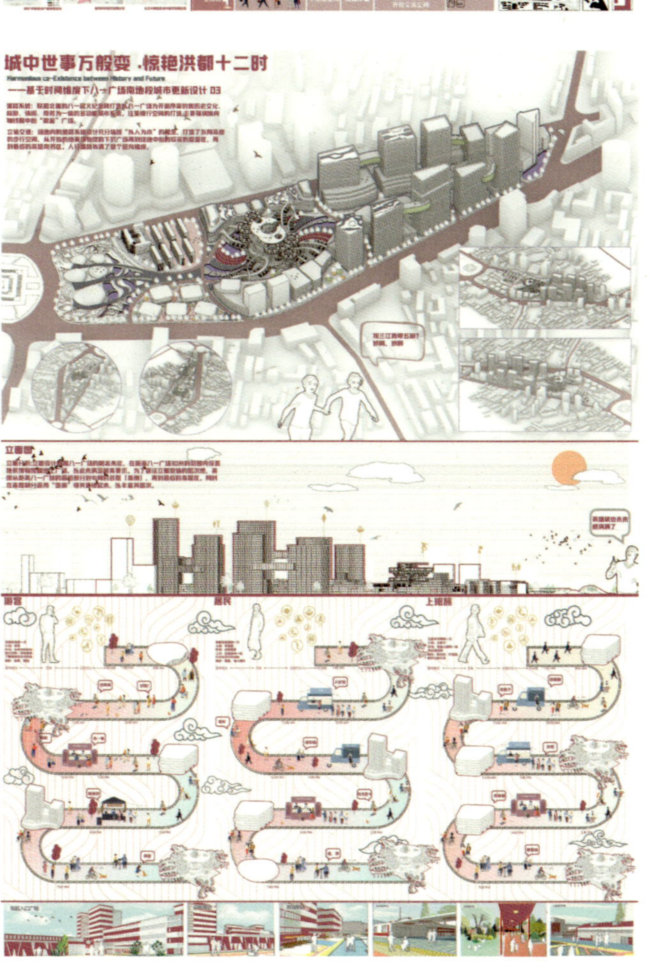
城中世事万般变 · 惊艳洪都十二时
Harmonious co-Existence between History and Future
——基于时间维度下八一广场南地段城市更新设计 03
立面图

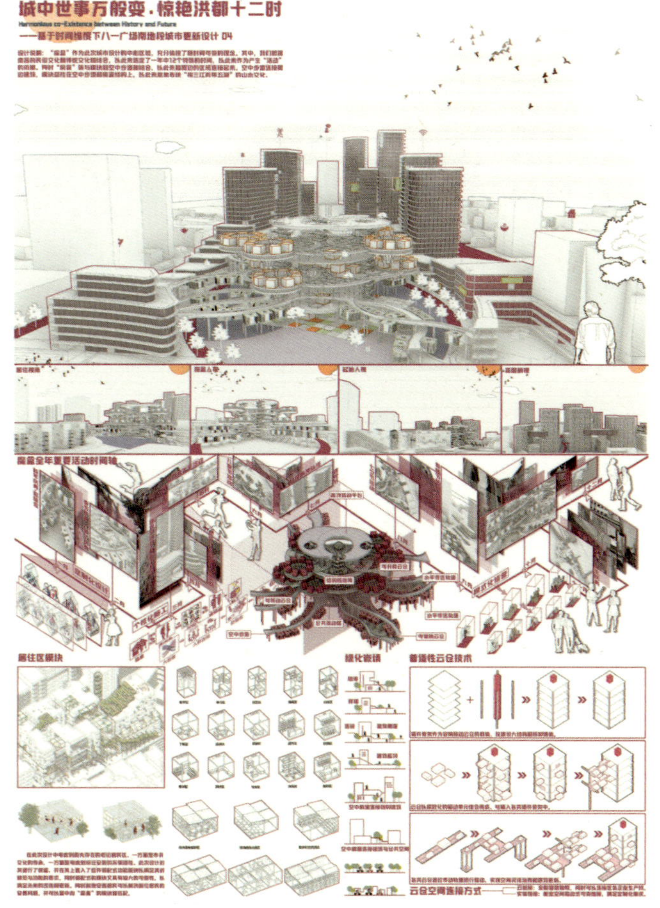
城中世事万般变 · 惊艳洪都十二时
Harmonious co-Existence between History and Future
——基于时间维度下八一广场南地段城市更新设计 04
居住区模块
绿化数据
普通住宅云仓技术
云仓空间连接方式

建筑学大五优秀毕业设计

Excellent
graduation works of
fifth year
architecture students

五年级课题概述

Projects of the fifth grade

毕业设计是本科专业学习的最后一个环节，是学生完成教学培养计划规定的全部课程后进行的必修实验性教学环节，它是对学生完成本科学习走向社会或者继续深造前所具备的专业素质、能力和知识的一次综合演练，也是对专业教学质量的一次集中检验。通过这一阶段的多尺度设计、建筑设计或专题研究，培养学生应用学习过程中所掌握的基础知识、理论、技能以及实践经验，综合建筑设计、建筑环境、结构、设备、技术、法规、经济以及其他与专业相关知识，较好地解决毕业设计中所包含的各类相关专业问题，通过调研、实习、总结、设计、表达、展览和评价等环节，完成一套功能、技术、经济、性能都比较合理的解决方案。

毕业设计选题大致可以分为城市空间设计类和建筑单体设计类，有的从大尺度的城市环境出发，逐步聚焦于小尺度的日常生活空间；有的从小尺度的建筑为起点，思考建筑与城市、建筑与环境的复杂关系；有的放眼世界展望城市建筑的未来图景；有的注重探索公共空间活力激发和基础设施重构；还有高密度城市空间形态的组织策略等，具体的题目选择由教师根据研究方向、实际工程设计或者虚拟现实项目来设定。在设计中充分发挥学生的想象力和创造力，更深入地掌握设计技能，培养解决实际工程问题的能力。

毕业设计是为了培养基础理论和专业知识，独立分析和解决问题及调查研究能力，培养学生严谨求实、开拓创新的工作作风，从而使学生在今后的工作中具备综合性研究设计能力。

南昌大学建筑与设计学院建筑系五年级组长　范丽娅
2023 年 3 月

2015 级建筑学
大五

范静哲
王丝雨
舒建峰
张 驰
姚子雪
初 楚

毕业设计
寻脉溯源 环环相生

指导
教师：
江婉平
周志仪

寻脉溯源 环环相生
——基于可持续发展理论的"三旧改造"更新设计
广东省中山市老安山城市更新片区规划设计
01 寻环
区位背景
区域生态格局
基地发展条件
上位规划及相关规划
基地现状
历史沿革及肌理演变
基地演变总结
现在的老安山——机遇与挑战分析
机遇1：三旧改造，存量土地再利用
机遇2：新旧交界节点，片区占领优越战略地位
机遇3：景观资源良好，生态本底优渥
挑战1：利益主体多元复杂，改造面临多方挑战
挑战2：用地混杂，人居品质和文化诉求急需提升和满足
挑战3：城河发展背离，环境资源近而不亲
研究思路和框架
寻环
概念引入篇
过去的老安山——寻脉
现在的老安山——面临机遇与挑战
未来的老安山——续源
街环
三大设计策略
利益共生环 —— 平衡多方利益的共赢环
生活共享环 —— 从需求视角构建的共享环
生态共融环 —— 串联破碎文脉的共融环
环环相生
三大设计策略
分期开发策略
核心节点设计

2015 级建筑学
大五

范静哲
王丝雨
舒建峰
张　驰
姚子雪
初　楚

毕业设计
寻脉溯源 环环相生

指导
教师：
江婉平
周志仪

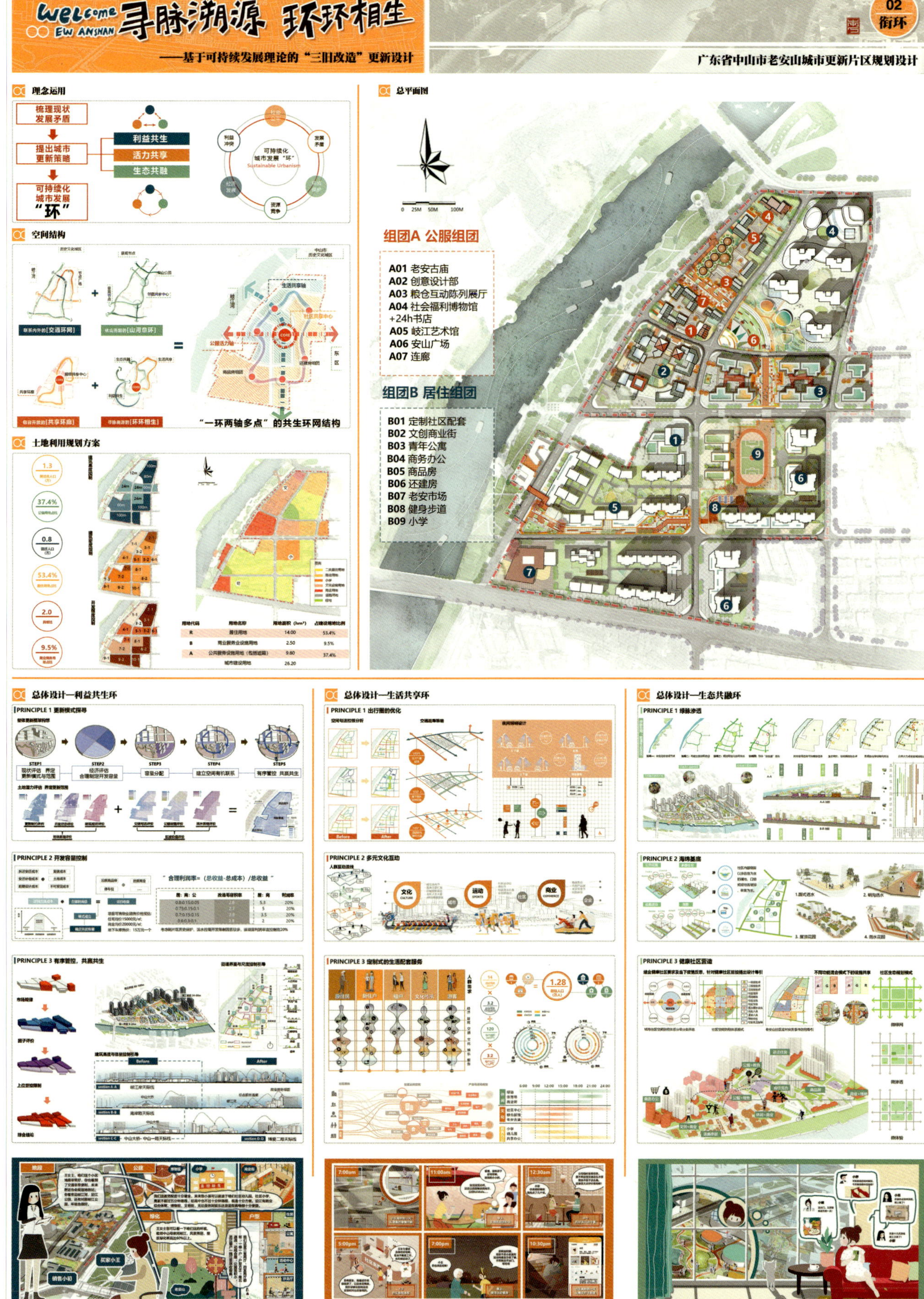
寻脉溯源 环环相生
——基于可持续发展理论的"三旧改造"更新设计
02 街环
广东省中山市老安山城市更新片区规划设计
理念运用
梳理现状 发展矛盾
提出城市 更新策略
可持续化 城市发展 "环"
利益共生
活力共享
生态共融
空间结构
"一环两轴多点"的共生环网结构
土地利用规划方案
总平面图
组团A 公服组团
A01 老安古庙
A02 创意设计部
A03 粮仓互动陈列展厅
A04 社会福利博物馆 +24h书店
A05 岐江艺术馆
A06 安山广场
A07 连廊
组团B 居住组团
B01 定制社区配套
B02 文创商业街
B03 青年公寓
B04 商务办公
B05 商品房
B06 还建房
B07 老安市场
B08 健身步道
B09 小学
总体设计—利益共生环
PRINCIPLE 1 更新模式探寻
PRINCIPLE 2 开发容量控制
PRINCIPLE 3 有序管控，共赢共生
总体设计—生活共享环
PRINCIPLE 1 出行圈的优化
PRINCIPLE 2 多元文化互助
PRINCIPLE 3 定制式的生活配套服务
总体设计—生态共融环
PRINCIPLE 1 绿脉渗透
PRINCIPLE 2 海绵基底
PRINCIPLE 3 健康社区营造

2015 级建筑学
大五

范静哲
王丝雨
舒建峰
张　驰
姚子雪
初　楚

毕业设计　寻脉溯源环环相生

指导教师：
江婉平
周志仪

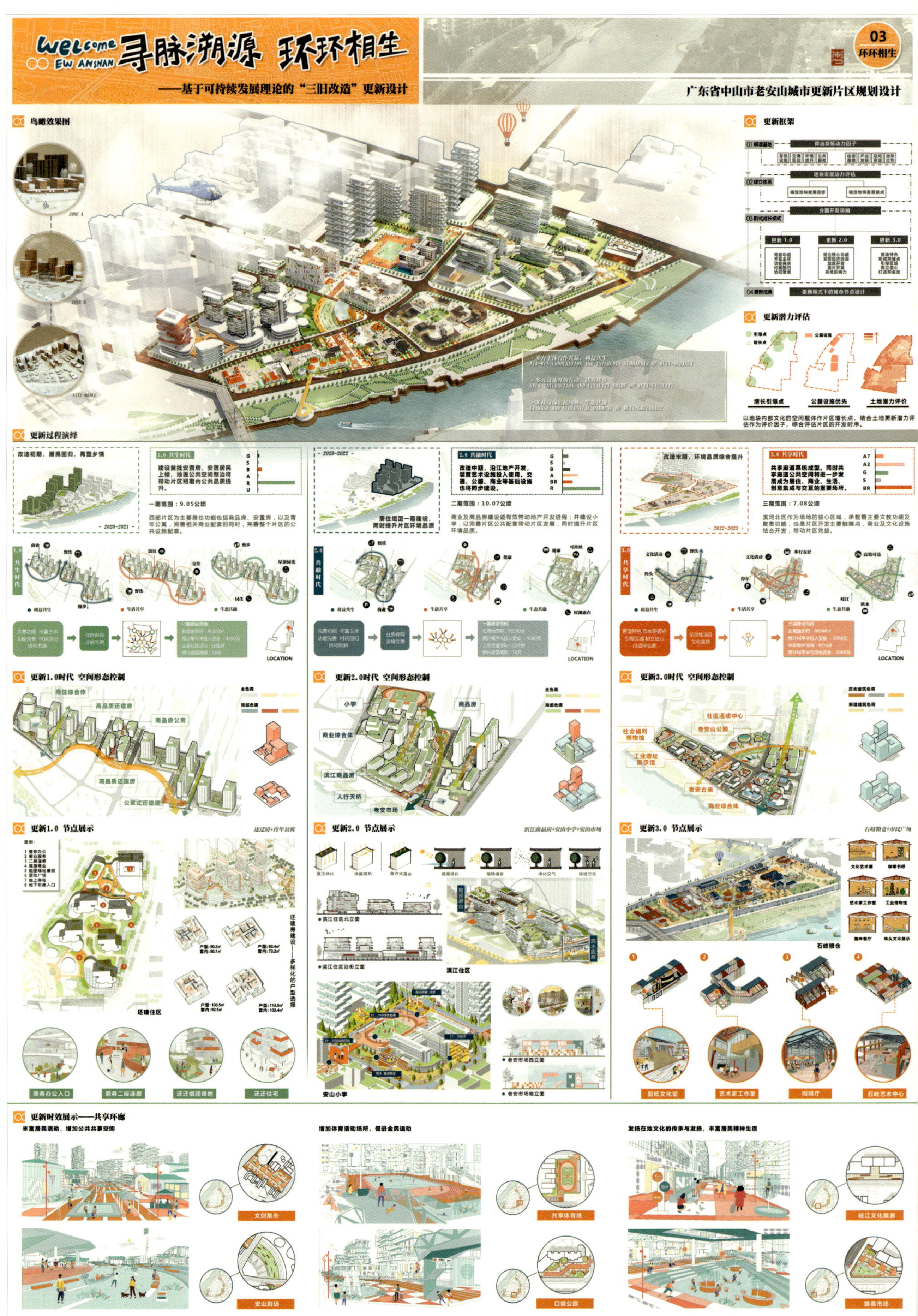
寻脉溯源 环环相生
——基于可持续发展理论的"三旧改造"更新设计
广东省中山市老安山城市更新片区规划设计
03
环环相生
鸟瞰效果图
更新框架
更新潜力评估
更新过程演绎
更新1.0时代 空间形态控制
更新2.0时代 空间形态控制
更新3.0时代 空间形态控制
更新1.0 节点展示
更新2.0 节点展示
更新3.0 节点展示
更新时效展示——共享环廊
丰富居民活动，增加公共共享空间
增加体育活动场所，促进全民运动
发扬在地文化的传承与发扬，丰富居民精神生活

2015 级建筑学
大五

范静哲
王丝雨
舒建峰
张　驰
姚子雪
初　楚

毕业设计　寻脉溯源　环环相生

指导教师：
江婉平
周志仪

WELcome EW ANSHAN
寻脉溯源 环环相生
——基于可持续发展理论的"三旧改造"更新设计
2020"南粤杯"六校联合毕业设计
04 个人节点
广东省中山市老安山城市更新片区规划设计
粮仓+古庙片区轴测图
厂房轴测图
石岐粮仓活动中心立面图
工艺品售卖立面图
儿童乐园立面图
演艺厅立面图
咖啡吧立面图
观景台立面图
工业艺术3D展立面图
石岐粮仓活动中心剖面图
工艺品售卖剖面图
儿童乐园剖面图
演艺厅剖面图
咖啡吧剖面图
观景台剖面图
工业艺术3D展剖面图
粮仓改造效果图
粮仓平面图
工业艺术吧平面图
石岐历史馆平面图
剪纸文化馆平面图
艺术家工作室平面图
石岐艺术中心平面图
咖啡餐厅平面图
特色小吃+陶塑手工体验馆平面图
石岐活动中心平面图
石岐历史馆立面图
剪纸文化馆立面图
艺术家工作室立面图
石岐艺术中心立面图
咖啡餐厅立面图
特色小吃+陶塑手工体验馆立面图
工业艺术bar立面图
石岐历史馆剖面图
剪纸文化馆剖面图
艺术家工作室剖面图
石岐艺术中心剖面图
咖啡餐厅剖面图
特色小吃+陶塑手工体验馆剖面图
工业艺术bar剖面图

2015 级建筑学
大五

洪叶

毕业设计 临川区文化中心建筑方案设计

指导教师：
王雪强

临川区文化中心建筑方案设计 01

Linchuan District Cultural Center Design

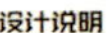

设计说明

在我国城市化迅猛发展的时代，随着人们对文化生活的需求日益明显，文化中心的建设得到越来越大的重视。文化中心不仅是城市大型公共活动的空间载体，也是市民日常休闲娱乐、丰富精神生活的重要场所。作为城市活动的集合点，文化中心建筑往往承载着该地区的城市记忆和文化印记。临川文化中心将成为承载临川人民文化生活的重要舞台。

本方案设计从基地背景出发，研究分析临川文脉特点，在建筑设计中突出其文化特色，考虑在建筑空间场所感营造和整体建筑造型体块塑造中提取并承接文脉。方案从功能、空间、造型、材料等方面塑造建筑独特气质，营造特色文化氛围，塑造特色文化精神。同时，在功能和交通上满足不同使用人群的需求，使建筑整体设计具有合理性，更好地服务于市民，体现以人为本的根本思想，创建一个具有城市互动性的文化客厅。使之成为公益文化场所，城市公园，市民休闲中心及青少年活动场所，成为城市的标志性建筑。

区位分析

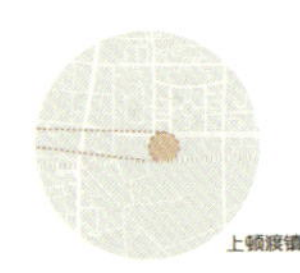
上顿渡镇

该课题项目位于江西省抚州市临川区，毗邻临川区政府，是未来临川区的标志性文化建筑。用地位于临川上顿渡金山大道以南，广场西路与公园西路之间，用地面积26.4亩。建筑功能包括文化馆、图书馆、专业性电视演播厅、博物馆，地下停车库等配套设施，从而形成一个汇集文化元素的功能配套，资源共享的综合性文化设施平台。

周边环境分析

交通环境分析

项目用地西面临街，北侧与上顿渡金山大道相邻，西侧与广场西路相邻，东侧与公园西路相邻，南侧是目前还未开发地规划道路，用地面积26.4亩。场地周边交通便利，道路通畅，公共交通设施便捷，通达性良好。

项目用地位于区行政中心西南方向，场地东北侧现建有临川区政府大楼，大楼南侧是大型开放市民公园，场地西北侧为居住小区。而相较于北侧，场地南侧尚未开发，较为空旷且可见少量村落。

周边现状分析

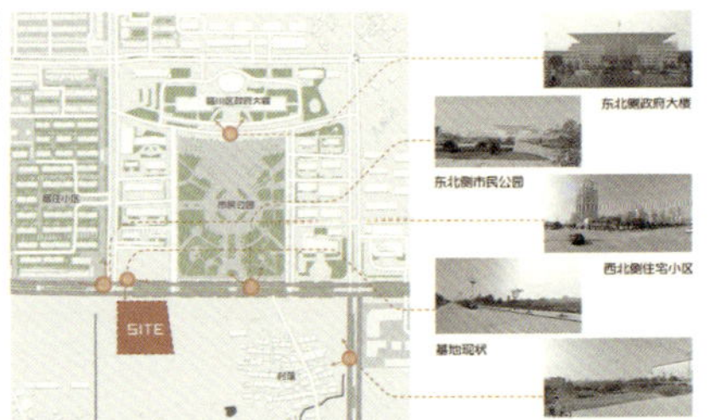
东北侧政府大楼
东北侧市民公园
西北侧住宅小区
基地现状
南侧空地及部分村落

概念形成

抚州流坑古村肌理

赣派建筑马头墙

空间格局：玉隆万寿宫具有浓郁的临川文化建筑特色，且临川素有"戏曲之乡"的美誉提取具最具有文化特色的空间序列作为本方案的主要空间布局，以体现该建筑与这个城市文化的情感连接，塑造场所精神，引发情感共鸣。以门坊、戏台、前厅的空间序列作为中轴线，呼应传统建筑的肌理空间，形成围合型的中心庭院。

临川玉隆万寿宫平面示意图　　戏台空间意向

肌理造型：延续当地古村落肌理形态，结合基地地形，将多个矩形体块引入基地，建筑形体采用体块凹凸、起伏、光影变化、相互咬合等造型。屋面则提取传统赣派建筑中高低马头墙曲折优美的曲线，形成曲面屋顶，大小不一体块的高低变化，层层跌进，错落有致，形成了丰富的立面和屋顶视觉效果，使得建筑在整体造型营造上富有韵律美和动感。

体块生成　　功能布局

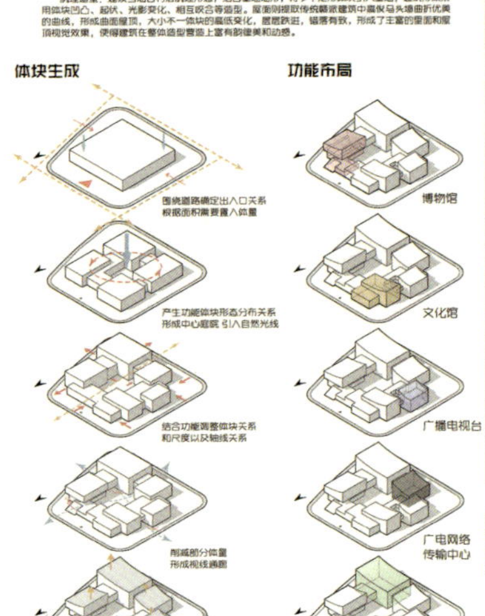
围绕道路确定出入口关系
根据面积需要置入体量
产生功能体块形态分布关系
形成中心庭院 引入自然光线
结合功能调整体块关系
和尺度以及轴线关系
削减部分体量
形成视线通廊
局部抬升，形成曲面屋顶
完善屋顶交错节奏
博物馆
文化馆
广播电视台
广电网络
传输中心
图书馆

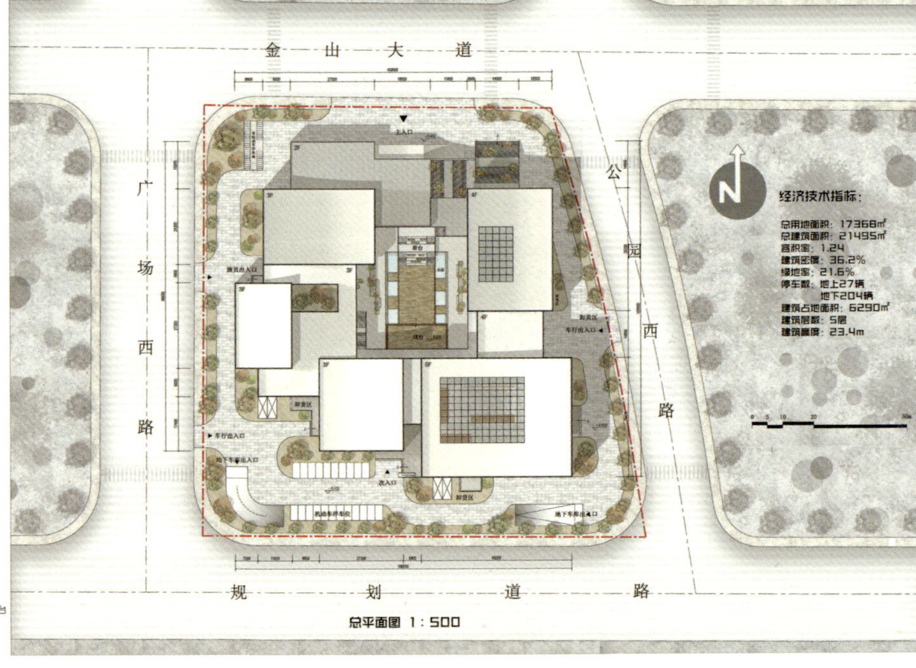
金山大道
广场西路
公园西路
规划道路
经济技术指标：
总用地面积：17368㎡
总建筑面积：21495㎡
容积率：1.24
建筑密度：36.2%
绿地率：21.6%
停车数：地上27辆
地下204辆
建筑占地面积：6290㎡
建筑层数：5层
建筑高度：23.4m

总平面图 1：500

总平分析

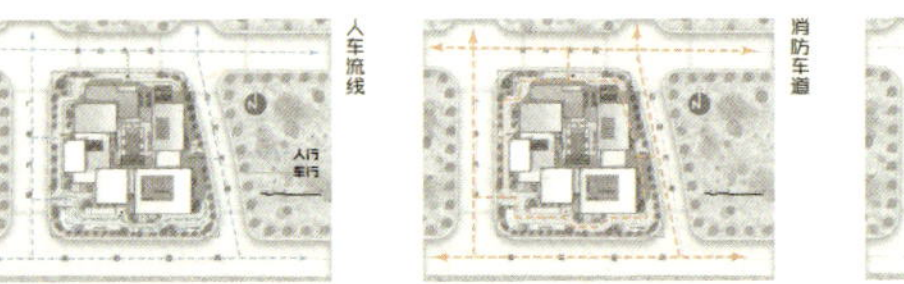
人车流线
消防车道

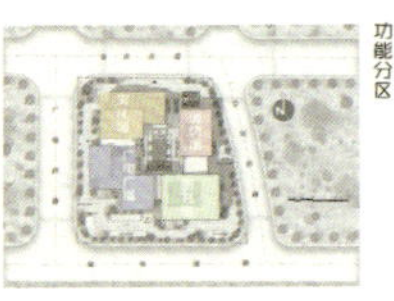
功能分区

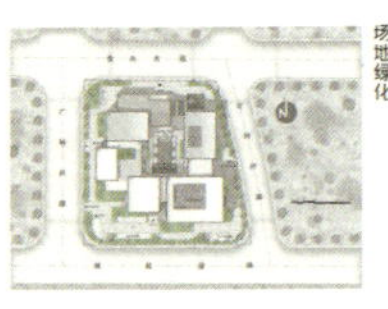
场地绿化

015 级建筑学
大五

共叶

毕业设计

临川区文化中心建筑方案设计

指导教师：王雪强

临川区文化中心建筑方案设计 02

Linchuan District Cultural Center Design

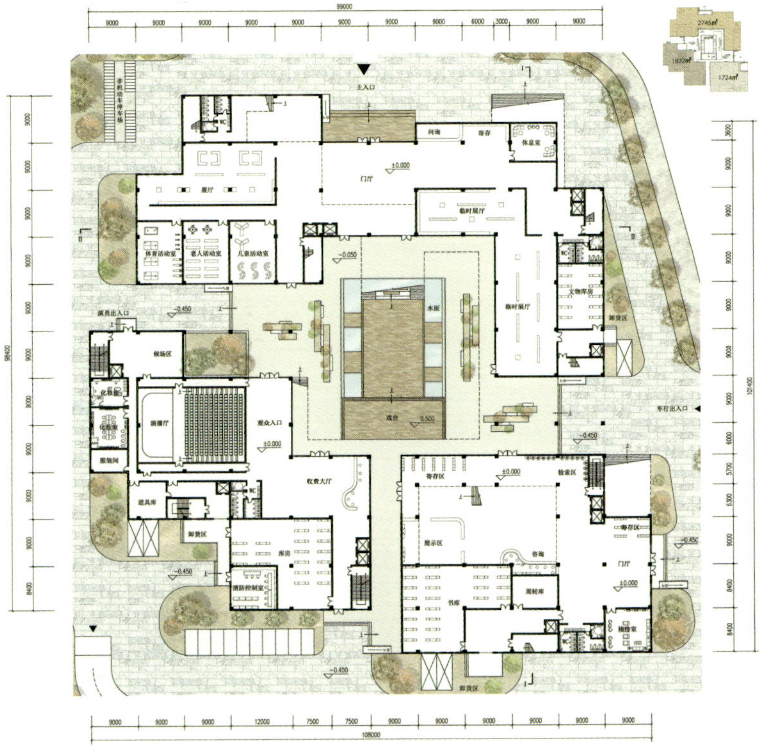

首层平面 1：300

轴测分解图

建筑功能分区：

总体功能分区可分为展览空间（一二层为主，三层有局部空间）、演艺活动空间（一二层）、休闲体验空间（一二层为主，各层有局部空间）、学习阅览空间（二层以上均有局部空间）、工作会议空间（三层为主，二四层有局部空间）、后勤辅助空间（一二层为主，各层有局部空间）。建筑中心为围合庭院，为人们提供一个自由开敞的公共空间，是整个建筑最活跃的区域，交流互动性强。同时，借助庭院引入光线，可以满足各空间的采光要求。

在建筑内部，各层公共环廊面向中心庭院，具有良好的视野，且流线上均可与其产生联系，引入人流至中心庭院，使得中心庭院成为必经流线，活跃场地，达到以此作为公共文化交流重要场所的目的。

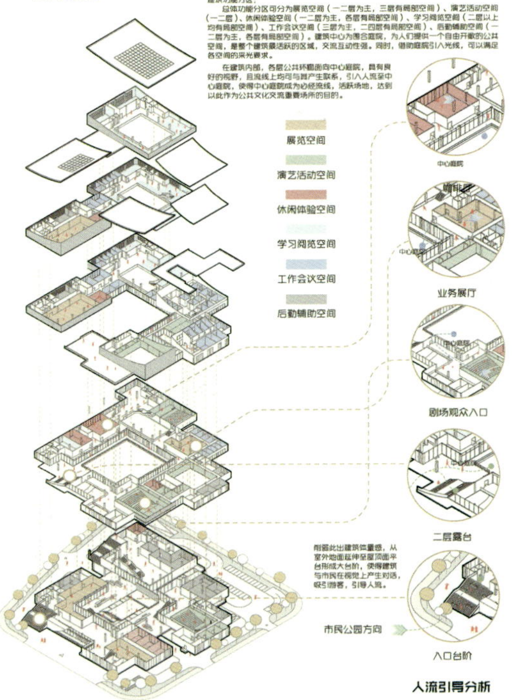

展览空间

演艺活动空间

休闲体验空间

学习阅览空间

工作会议空间

后勤辅助空间

中心庭院

业务展厅

剧场观众入口

二层露台

削弱此出建筑体量感，从室外地面延伸至屋顶面平台形成大台阶，使得建筑与市民在视觉上产生对话，吸引游客，引导人流。

市民公园方向

入口台阶

人流引导分析

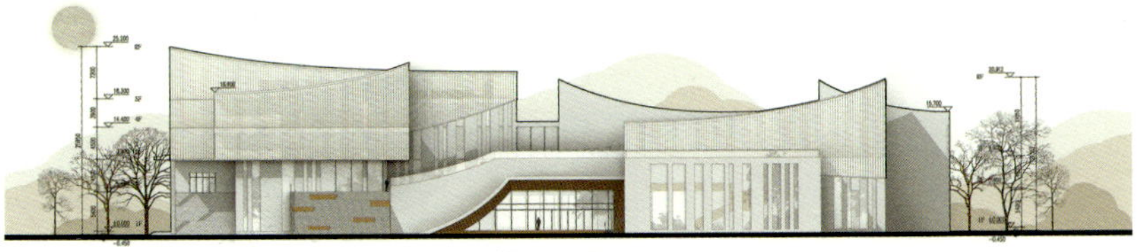

北立面 1：300

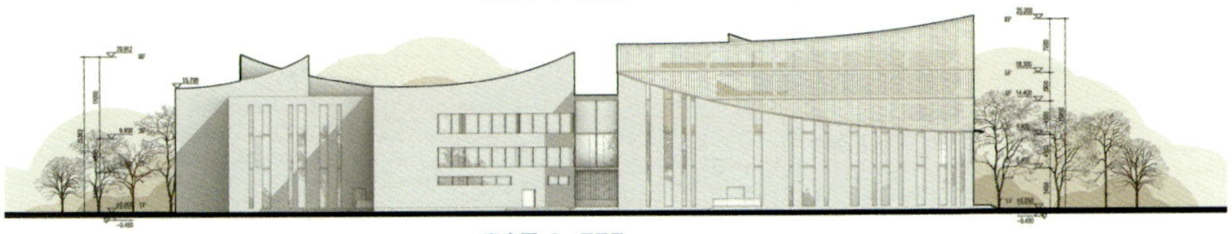

南立面 1：300

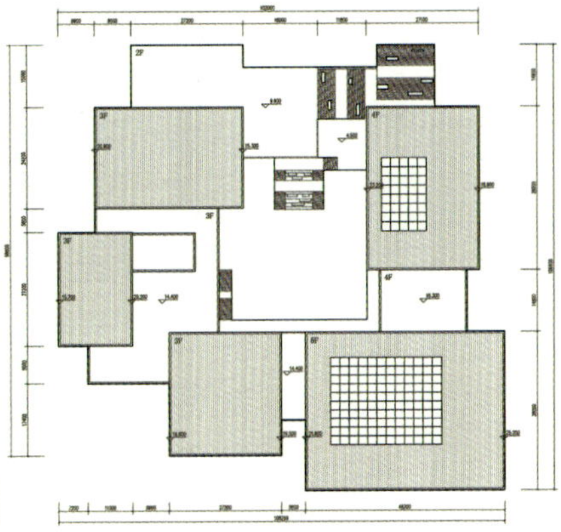

屋顶平面 1：500

洪叶

毕业设计 临川区文化中心建筑方案设计

指导教师：
王雪强

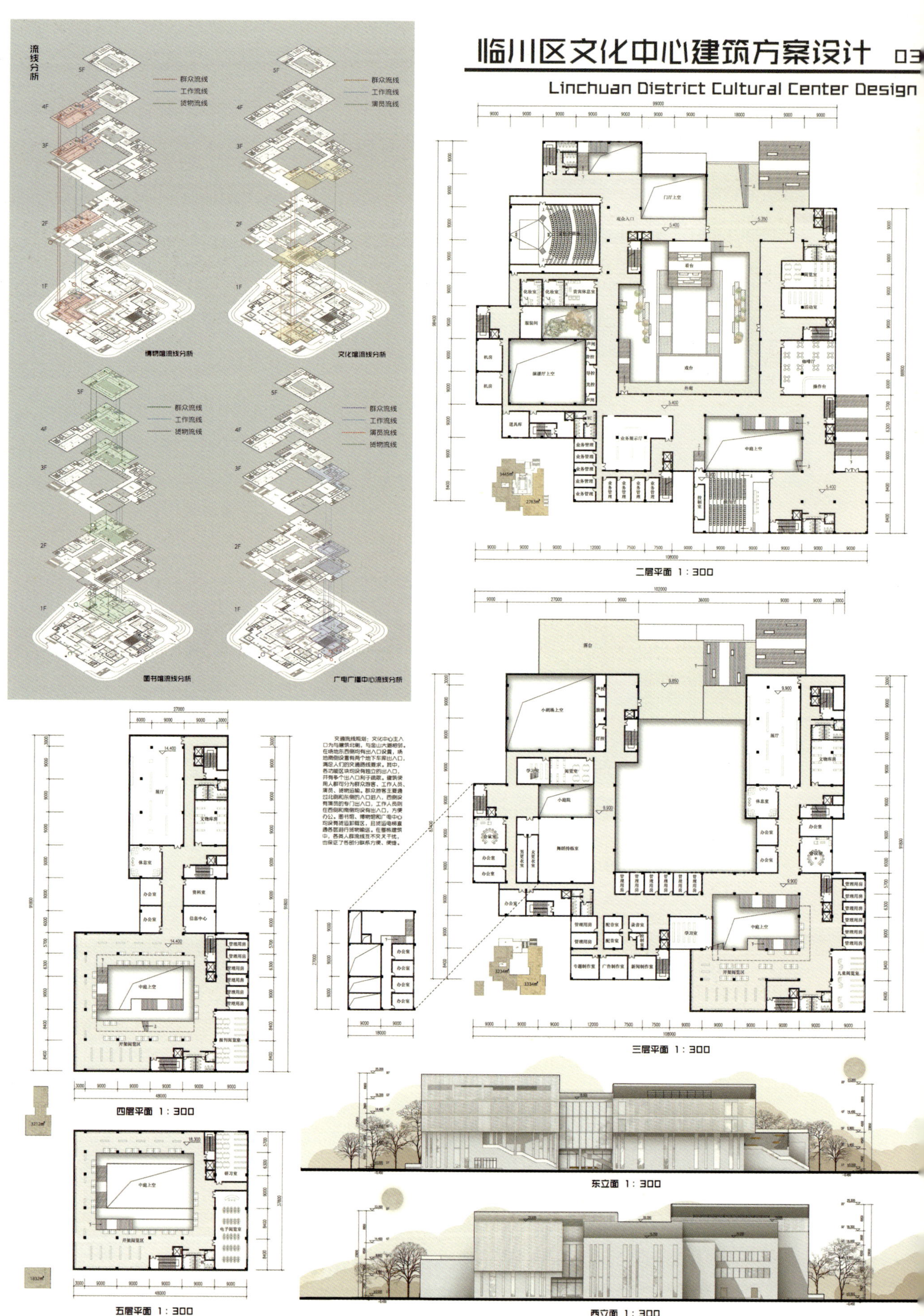
临川区文化中心建筑方案设计 03
Linchuan District Cultural Center Design
流线分析
群众流线
工作流线
货物流线
演员流线
博物馆流线分析
文化馆流线分析
图书馆流线分析
广电广播中心流线分析
交通流线规划：文化中心主入口为与建筑北侧，与金山大道相邻。在场地东西侧均有出入口设置，场地南侧设置有两个地下车库出入口，满足人们的交通路线要求。其中，各功能区块均设有独立的出入口，并有多个出入口利于疏散。建筑使用人群可分为群众游客、工作人员、演员、货物运输。群众游客主要通过北侧和东侧的入口进入，西侧设有演员的专门出入口，工作人员则在西侧和南侧均设有出入口，方便办公。图书馆、博物馆和广电中心均设有货运卸载区，且货运电梯直通各层进行货物输送。在整栋建筑中，各类人群流线互不交叉干扰，也保证了各部分联系方便、便捷。
二层平面 1：300
三层平面 1：300
四层平面 1：300
五层平面 1：300
东立面 1：300
西立面 1：300

2015 级建筑学
大五

洪叶

毕业设计 临川区文化中心建筑方案设计

指导教师：
王雪强

临川区文化中心建筑方案设计 04

Linchuan District Cultural Center Design

模型成果展示

模型制作心得：

此次模型制作过程收获甚多。模型的每一个细节在材质上都经过精挑细选，肌理和质感都尽力还原出建筑原有的味道。建筑墙和楼采用1.5M厚的椴木板，玻璃采用1厚的透明亚克力，新型U型玻璃则采用了2M厚的磨砂亚克力板材，营造出半透明的材质效果。在整个过程中，深切体会到了作为文化中心建筑的构成和基本尺度。

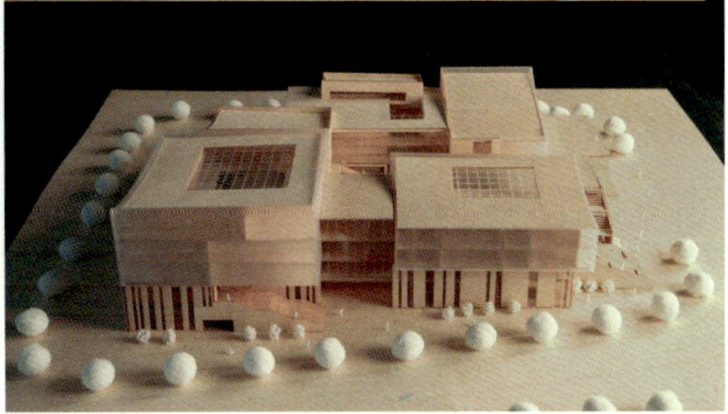

U型玻璃

此处运用了半透明的新型U型玻璃，此类材质透光却不透明，使得空间具有一定的隐私性，使外部环境于内部空间产生距离感。适用于展厅和图书馆阅览区等需要采光但要避免太阳光直射的空间。其横截面呈"U"形，透光性、保温性、隔热性以及机械强度都能达到一定要求，在现代建筑中用途广泛。从施工角度来讲，也比较便捷。同时应用到建筑隔断或者立面时，会产生一种独特的朦胧美和意想不到的艺术效果。

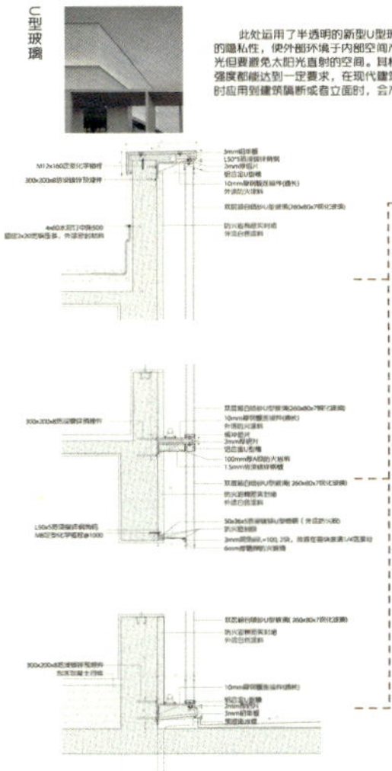

墙身大样 1：20

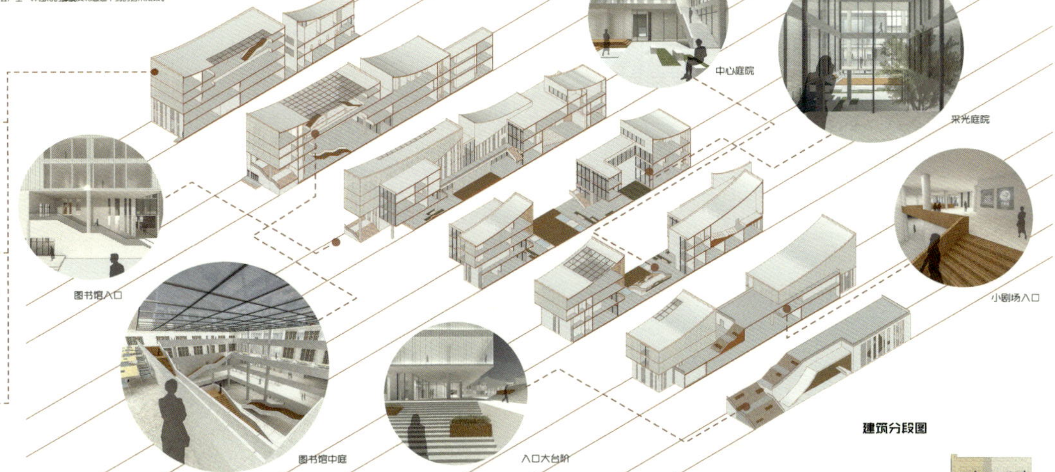

中心庭院

采光庭院

图书馆入口

小剧场入口

图书馆中庭

入口大台阶

建筑分段图

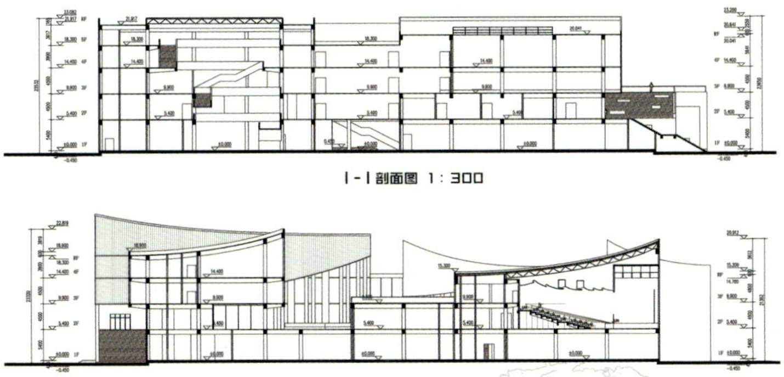

I-I 剖面图 1：300

II-II 剖面图 1：300

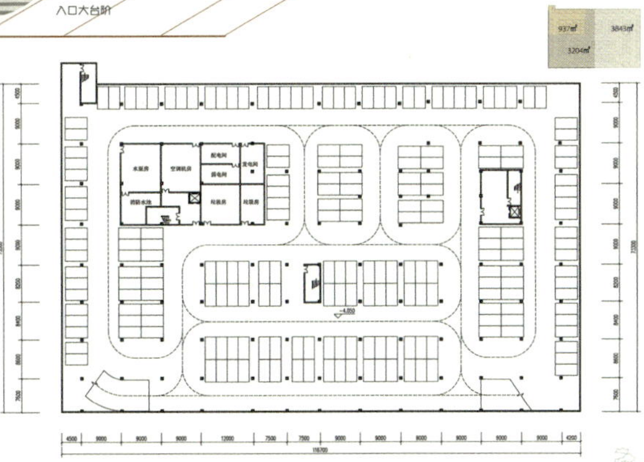

地下一层平面 1：400

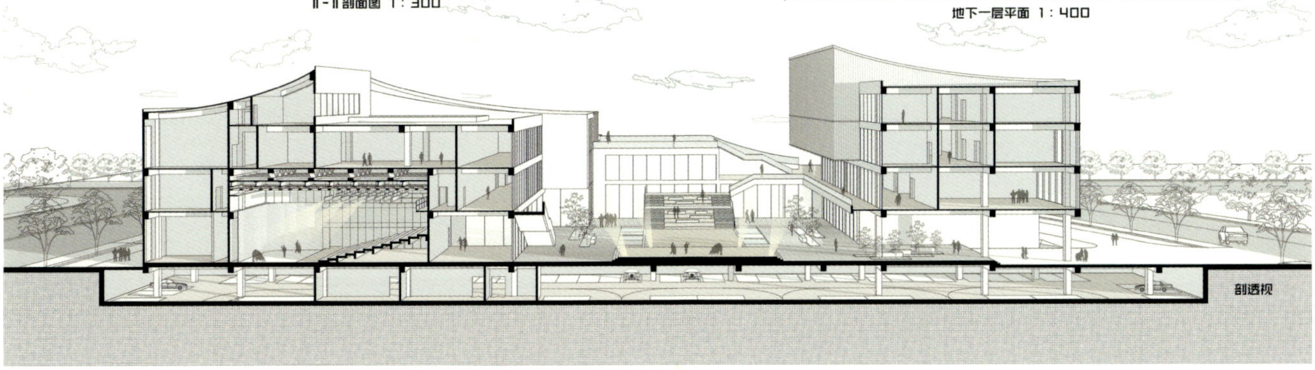

剖透视

2015 级建筑学
大五

刘晶

毕业设计 中阳建设集团有限公司总部大楼设计

指导教师：周 韬

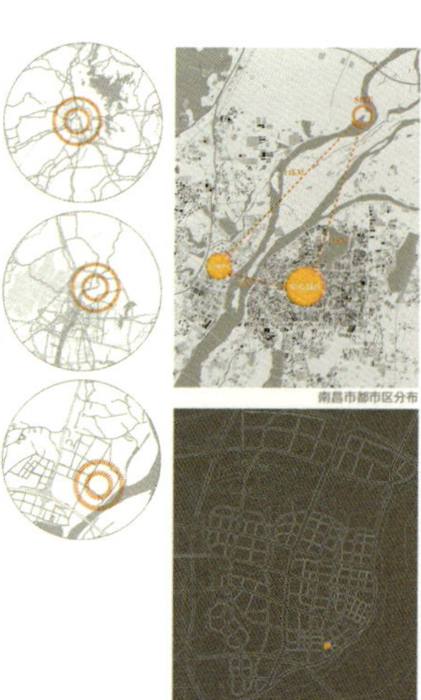
南昌市都市区分布
赣江新区与本案用地

场地区位

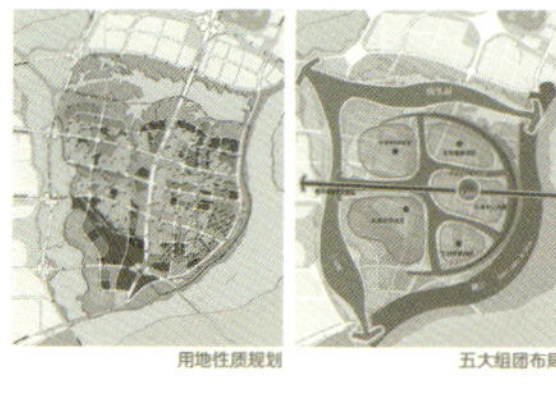
用地性质规划
五大组团布局

办公人群在高效舒适的室内环境中工作，也形成了过度依赖电梯、扶梯、计算机的室内化生活方式，进而催生一系列身体和精神问题。本文综合研究国内外高层办公建筑的设计现状和发展趋势，以纽约市城市空间的公共空间健康设计导则（ADG）为参考，尝试将公共空间健康设计的理念融入高层办公建筑设计之中。从上班族的工作性质、工作状态和人的日常行为出发，经过对各类高层办公建筑的分析总结，提出针对办公建筑交通、工作、休闲、活动等空间行之有效的设计策略，促使人们将日常锻炼融入工作之中，促进积极健康工作方式的推广，进而推动办公空间的健康化发展。

Office workers work efficiently in an efficient and comfortable indoor environment, which also forms an indoor life style of over dependence on elevators, escalators and computers, and then gives birth to a series of physical and mental problems. This paper comprehensively studies the design status and development trend of high-rise office buildings at home and abroad, and tries to integrate the concept of public space health design into the design of high-rise office buildings with the reference of New York City active design guidelines (ADG). Starting from the working nature, working state and people's daily behavior of office workers, through the analysis and summary of all kinds of high-rise office buildings, this paper puts forward effective design strategies for traffic, work, leisure, activities and other spaces of office buildings, so as to promote people to integrate daily exercise into their work, promote the promotion of positive and healthy working methods, and then Promote the healthy development of office space.

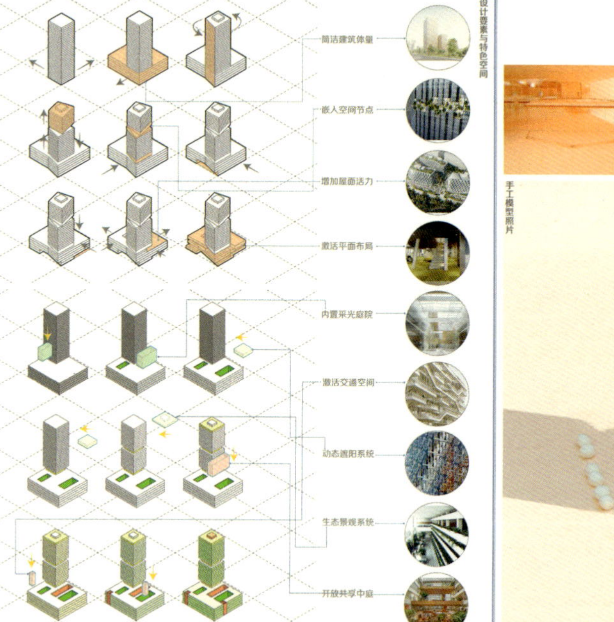
设计要素与特色空间
简洁建筑体量
嵌入空间节点
增加屋面活力
激活平面布局
内置采光庭院
激活交通空间
动态遮阳系统
生态景观系统
开放共享中庭

中阳建设集团有限公司总部大楼设计

DESIGN OF HEADQUARTERS BUILDING OF ZHONGYANG CONSTRUCTION GROUP CO., LTD

手工模型照片
入口
入口
城市界面
入口

2015 级建筑学
大五

刘晶

毕业设计 中阳建设集团有限公司总部大楼设计

指导教师：周 韬

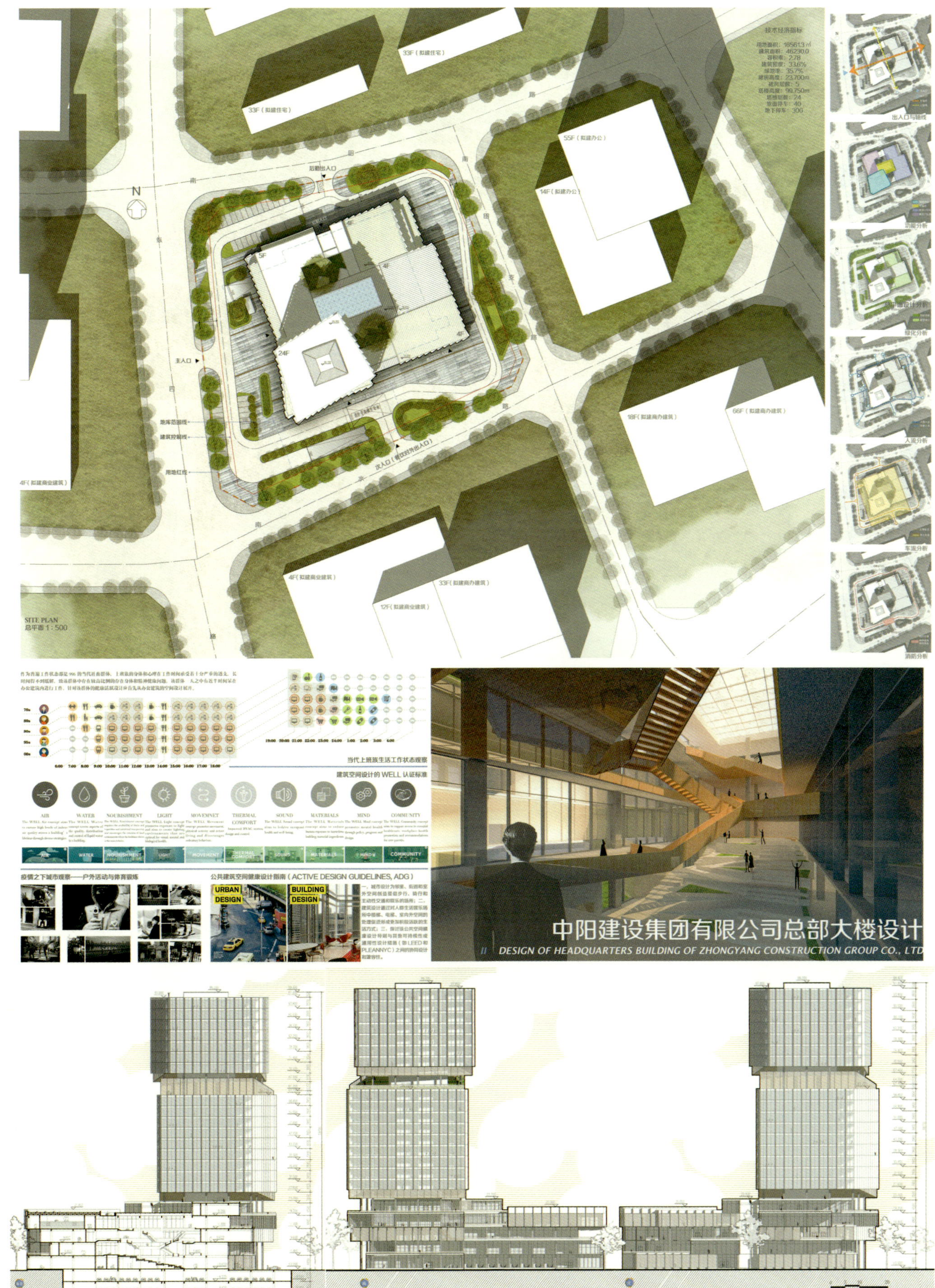
SITE PLAN
总平面 1 : 500
当代上班族生活工作状态观察
建筑空间设计的 WELL 认证标准
疫情之下城市观察——户外活动与体育锻炼
公共建筑空间健康设计指南（ACTIVE DESIGN GUIDELINES, ADG）
URBAN DESIGN
BUILDING DESIGN
中阳建设集团有限公司总部大楼设计
DESIGN OF HEADQUARTERS BUILDING OF ZHONGYANG CONSTRUCTION GROUP CO., LTD
B-B SECTION
B-B 剖面 1 : 400
SOUTH ELEVATION
南立面 1 : 400
NORTH ELEVATION
北立面 1 : 400

2015 级建筑学
大五

刘晶

毕业设计

中阳建设集团有限公司总部大楼设计

指导教师：周 韬

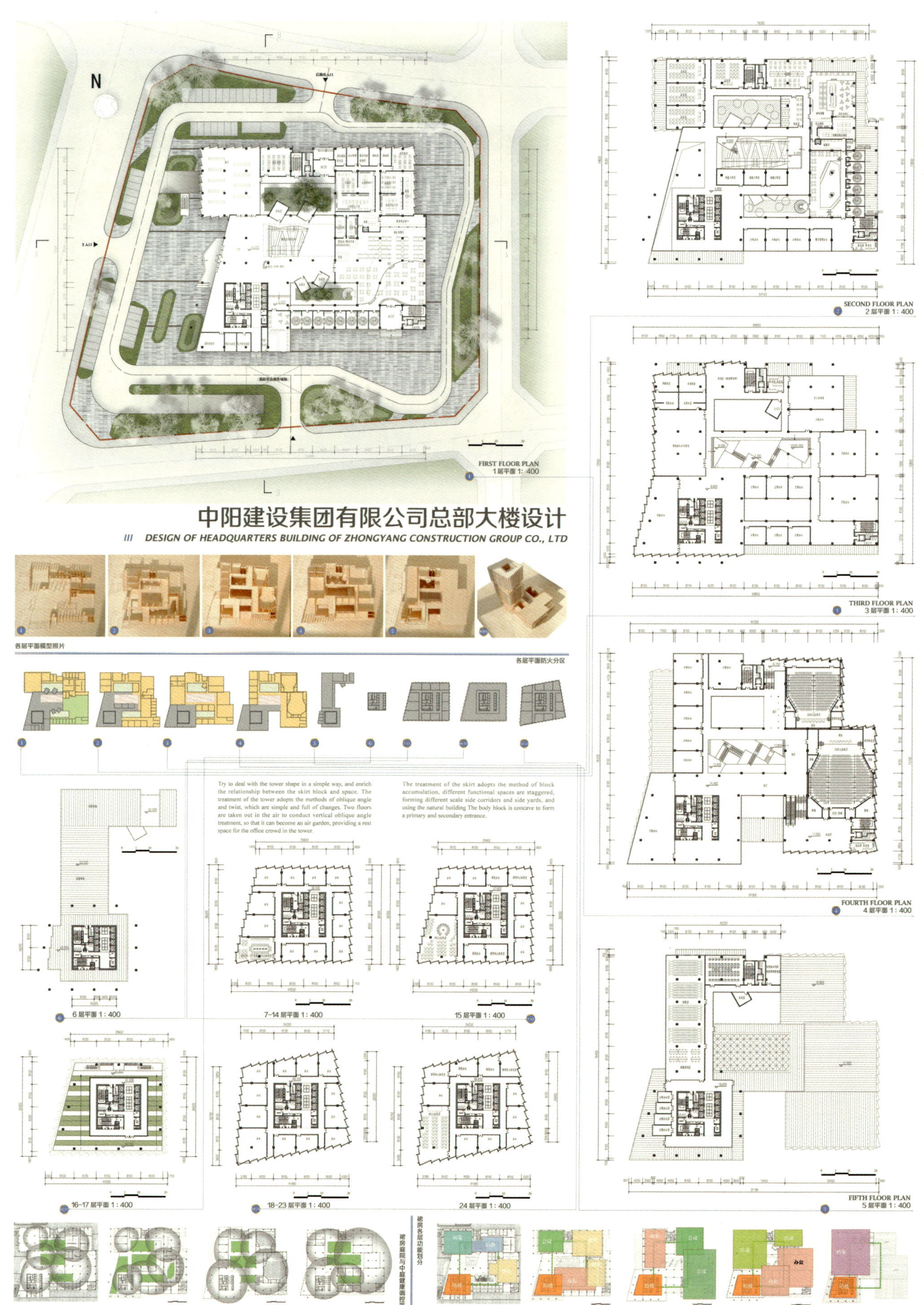
N
FIRST FLOOR PLAN
1 层平面 1: 400
中阳建设集团有限公司总部大楼设计
III DESIGN OF HEADQUARTERS BUILDING OF ZHONGYANG CONSTRUCTION GROUP CO., LTD
各层平面模型照片
各层平面防火分区
Try to deal with the tower shape in a simple way, and enrich the relationship between the skirt block and space. The treatment of the tower adopts the methods of oblique angle and twist, which are simple and full of changes. Two floors are taken out in the air to conduct vertical oblique angle treatment, so that it can become an air garden, providing a rest space for the office crowd in the tower.
The treatment of the skirt adopts the method of block accumulation, different functional spaces are staggered, forming different scale side corridors and side yards, and using the natural building The body block is concave to form a primary and secondary entrance.
6 层平面 1：400
7–14 层平面 1：400
15 层平面 1：400
16–17 层平面 1：400
18–23 层平面 1：400
24 层平面 1：400
SECOND FLOOR PLAN
2 层平面 1：400
THIRD FLOOR PLAN
3 层平面 1：400
FOURTH FLOOR PLAN
4 层平面 1：400
FIFTH FLOOR PLAN
5 层平面 1：400
裙房庭院与中庭健康调控范围
裙房各层功能划分

刘晶

毕业设计 中阳建设集团有限公司总部大楼设计

指导教师：周 韬

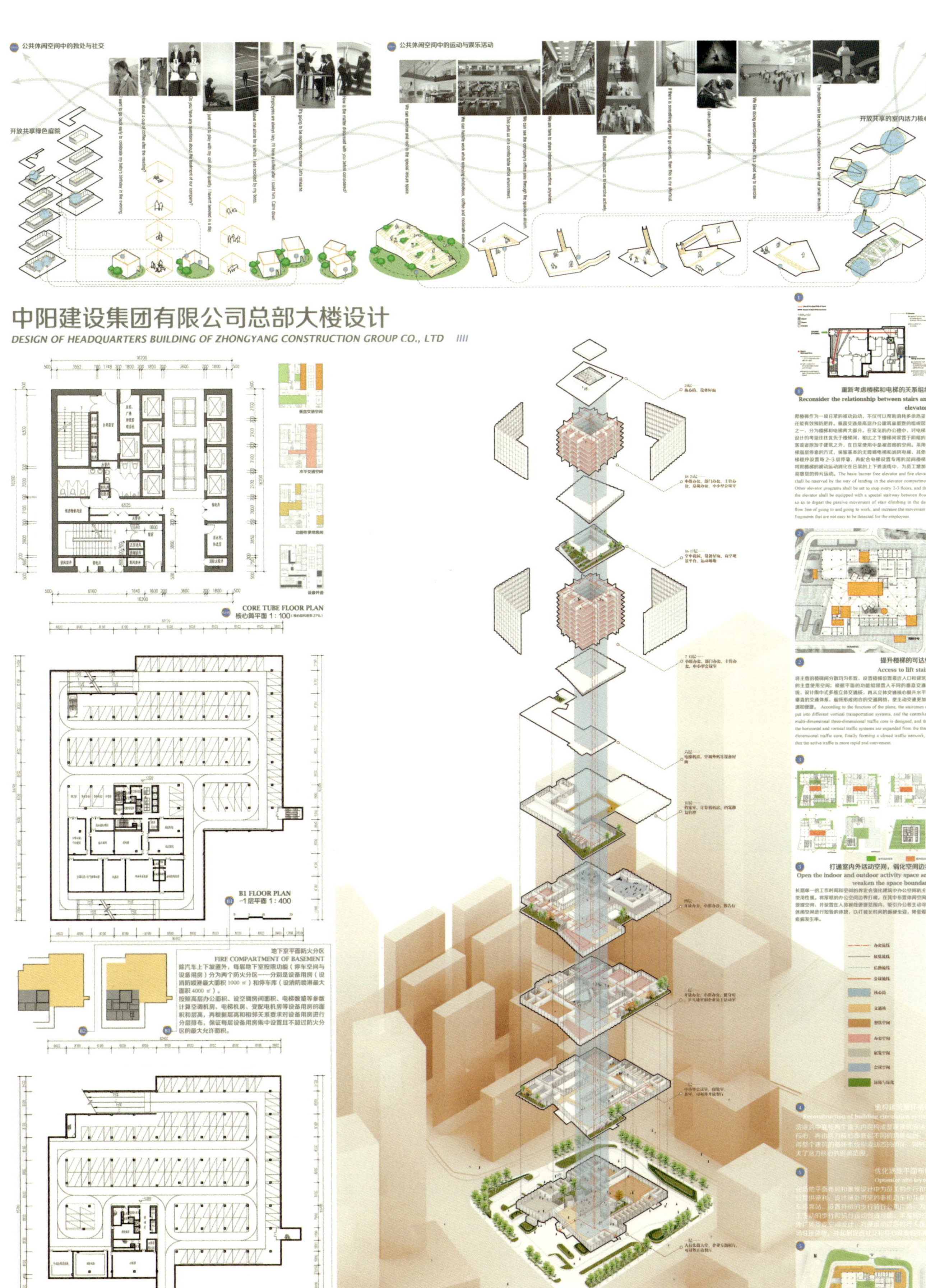
公共休闲空间中的独处与社交
公共休闲空间中的运动与娱乐活动
开放共享绿色庭院
开放共享的室内活力核心
中阳建设集团有限公司总部大楼设计
DESIGN OF HEADQUARTERS BUILDING OF ZHONGYANG CONSTRUCTION GROUP CO., LTD
CORE TUBE FLOOR PLAN
核心筒平面 1：100
B1 FLOOR PLAN
-1 层平面 1：400
B2 FLOOR PLAN
-2 层平面 1：400
地下室平面防火分区
FIRE COMPARTMENT OF BASEMENT
重新考虑楼梯和电梯的关系组织
Reconsider the relationship between stairs and elevators
提升楼梯的可达性
Access to lift stairs
打通室内外活动空间，弱化空间边界
Open the indoor and outdoor activity space and weaken the space boundary
建筑三维循环系统流动闭合

2015 级建筑学
大五

刘晶

毕业设计 中阳建设集团有限公司总部大楼设计

指导教师：周韬

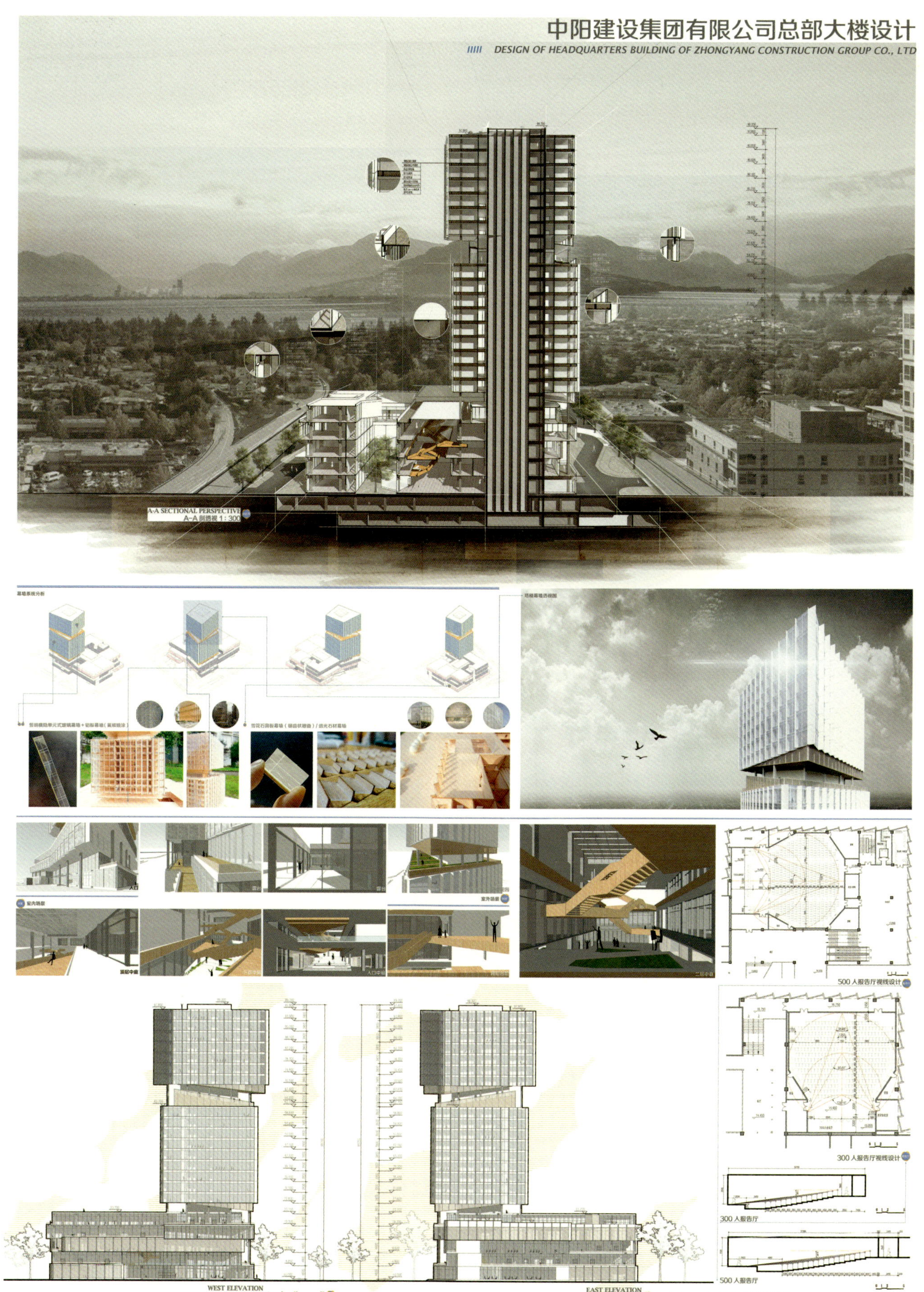
中阳建设集团有限公司总部大楼设计
DESIGN OF HEADQUARTERS BUILDING OF ZHONGYANG CONSTRUCTION GROUP CO., LTD
A-A SECTIONAL PERSPECTIVE
A-A 剖透视 1 : 300
500 人报告厅视线设计
300 人报告厅视线设计
300 人报告厅
500 人报告厅
报告厅视线与起坡设计
WEST ELEVATION
西立面 1 : 400
EAST ELEVATION
东立面 1 : 400

2016 级建筑学
大五

陈宜旻

毕业设计　宿迁市殡仪馆设计

指导教师：
刘锷东
王雪强

MEMORIAL HALL 宿迁市殡仪馆设计

SUQIAN FUNERAL HOME DESIGN

设计说明 DESIGN SPECIFICATION

殡葬文化是中国传统文化中极为重要的组成部分，也是社会发展中不容忽视的内容。殡仪馆作为生死相交的场所，是生者送别逝者的最后一站。选题有别于一般公共建筑，殡仪馆从历史传统发展而来承载了更多的内涵与意义。设计以"生"与"死"的主题为出发点探讨殡葬建筑设计的理念与形式。远与近，圆与方，光与暗，开放与封闭，厚重的混凝土与若隐的半透明板材；对称式的规划布局，地连接地上与地下的阶梯，连续不断的拱形结构与回廊一对立交错的语汇凝缩时间与空间，是对过去，当下和未来之间的连接。硬质建筑和自然生活在空间和时间的流动中对话，生命是一个循环，我们源于自然，最终回归自然，这里没有恐惧，安宁长存。

项目用地 SUQIAN FUNERAL HOME DESIGN

本次毕设选题结合当下民生社会背景，依托深化殡葬体制改革趋势，针对宿迁市发展规划及区域发展预测为宿迁市快速发展提供有力的民生和社会事业基础设施支撑，在宿豫区侍岭镇新建年处理1.2万具遗体的I级殡仪馆，以满足未来宿迁市离世人员的治丧和安葬需求，探讨殡葬建筑及纪念性空间设计方法。

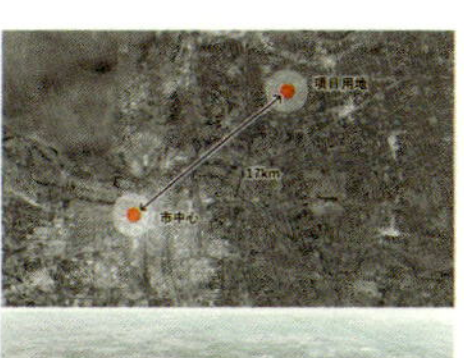
项目用地
17km

用地红线

项目用地位于江苏省宿迁市宿豫区东北部边隅，距市中心城区约17km。现状周边地势平坦，场地开阔平整，田园肌理清晰，村庄成规整块状分布其中，生态景观良好，原有村落道路密集，无其他影响基地规划的不利因素。

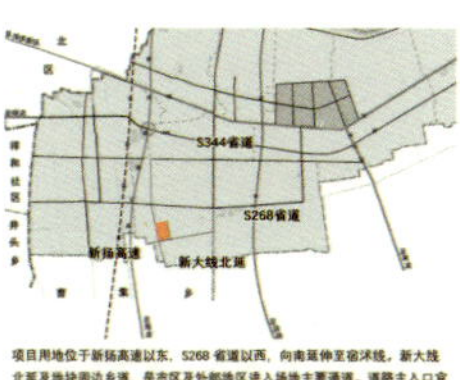
S344省道
S268省道
新扬高速
新大线北延

项目用地位于新扬高速以东，S268 省道以西，向南延伸至宿沭线，新大线北延及地块周边乡道，是市区及外部地区进入场地主要通道。道路主入口宜设置在南面区域便于人流往来。

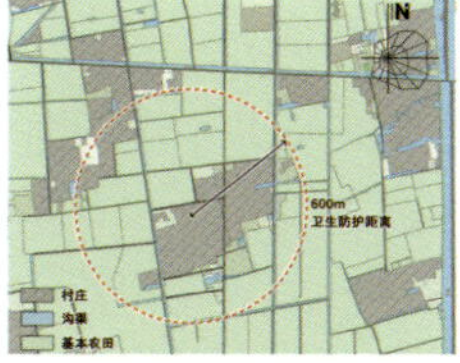
N
600m
卫生防护距离
村庄
沟渠
基本农田

宿迁市年平均风速约3.1m/秒，依据火葬场卫生防护距离标准，本项目卫生防护距离为600m，用地防护区范围内村庄需进行拆迁，结合当地风向情况，设计时尽可能减少殡仪馆对周边环境的影响。

设计目标 DESIGN OBJECTIVE

殡仪馆设计一方面要满足严格的流程要求及复杂的功能需求；另一方面又要满足使用者的精神诉求。设计整体上需充分考虑与周边村庄农田的整体协调关系，从空间形态、交通网络、建筑界面和组合方式、环境因素进行综合考虑，使该综合体符合控规的要求，创造宜人的空间环境，成为大地景观的有机组成部分。遵循实用性、人性化、现代化、以人为本、可持续发展等原则，从内部功能和空间形式出发，进行适当的结构选型和设备选择，以期最大限度地满足殡葬建筑的生产和丧属的治丧需求；采用可持续发展的科技手段，设施现代化、管理现代化，构建绿色环保的适应性建筑；充分考虑当地殡葬文化以及使用感受，创造出静谧、庄重的场所氛围。殡葬建筑作为殡葬文化的衍生体，承载了生者的寄托。建筑设计需要让殡仪馆不仅包含实用意义的功能，还应包体现纪念性建筑在情感方面的的场所精神营造。

设计概念 DESIGN CONCEPT

殡葬建筑的形式可以从与城市住宅建筑的类型追溯，即是实现一个充满对逝者集体记忆的城市。简洁重复的原始元素构成环境空间内的集体精神。与此同时殡葬建筑并不仅仅是一个城市原型的再生，巨大的规模与低矮的墙体使之看上去像一个古老的、有围墙的住宅区，而在墙体里的要素布置使人进一步想起一个自给自足的内在化世界。我国古代比较规整化的陵寝形制，中轴对称，内外坦墙，模仿身前所居宫室中前朝后寝，亦可见模拟城市的格局。

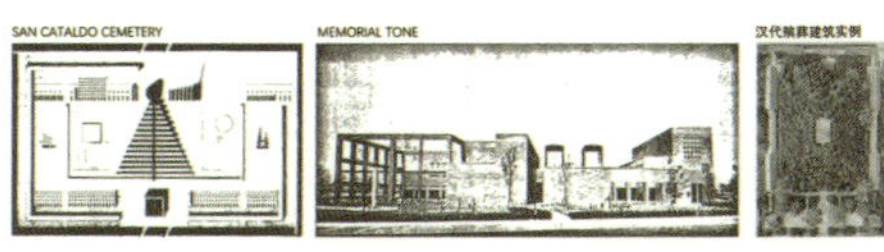
SAN CATALDO CEMETERY
MEMORIAL TONE
汉代殡葬建筑实例

"构成城市形态的建筑本身的形态，也是通过历史积淀产生的记忆逐步形成其独特的类型，对城市形态本身的记忆也顺势发展成为人们的集体记忆。"设计基于城市住宅建筑到死亡建筑的类型比对分析，结合传统殡葬建筑形制，创造一个整体性的，包容生与死，传达纪念意义的宁静之所。

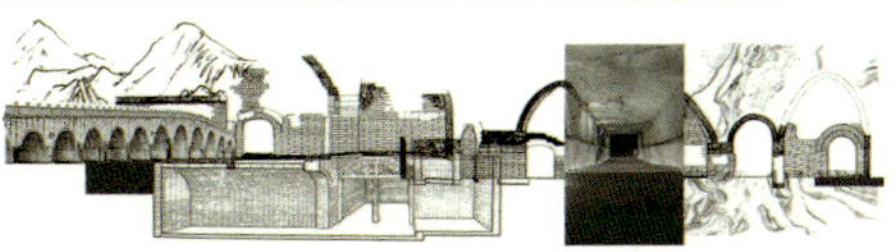

类型分析 TYPOLOGY ANALYSIS

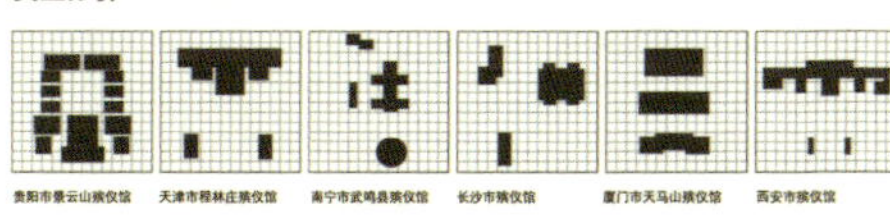
贵阳市景云山殡仪馆
天津市程林庄殡仪馆
南宁市武鸣县殡仪馆
长沙市殡仪馆
厦门市天马山殡仪馆
西安市殡仪馆

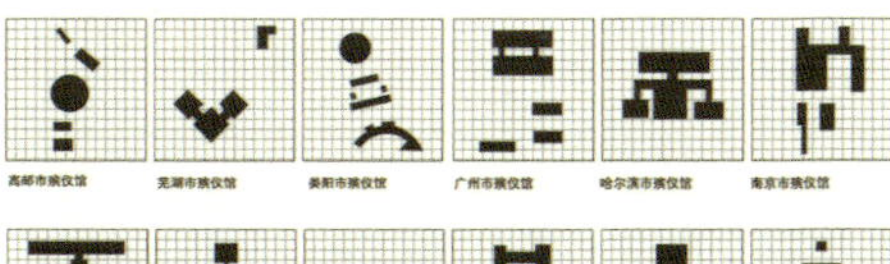
高邮市殡仪馆
芜湖市殡仪馆
贵阳市殡仪馆
广州市殡仪馆
哈尔滨市殡仪馆
南京市殡仪馆

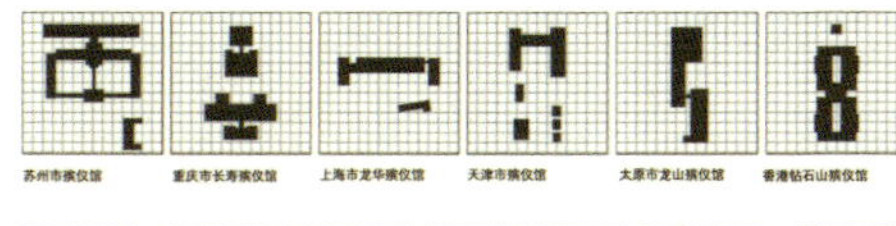
苏州市殡仪馆
重庆市长寿殡仪馆
上海市龙华殡仪馆
天津市殡仪馆
太原市龙山殡仪馆
香港钻石山殡仪馆

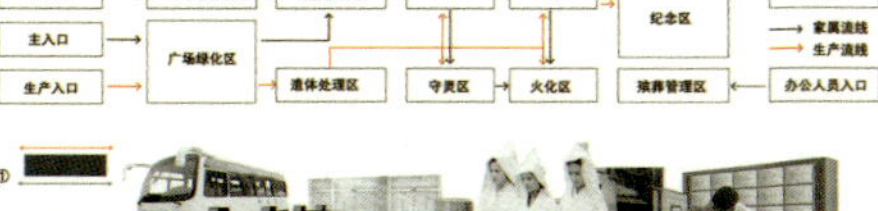
车辆入口
外来车辆停放区
业务接待区
悼念区
等灰区
纪念区
祭扫入口
主入口
广场绿化区
家属流线
生产流线
生产入口
遗体处理区
守灵区
火化区
殡葬管理区
办公人员入口

①

②

③ 当下国内已建成的殡葬建筑多为主体对称、多段式规划格局，主体建筑将场地内的家属与生产流线进行分隔，且流线主要可分类为三种类型。类型①不适用于较大型场地设计；类型③若为整体式设计导致环形流线过长，交通不便。

② 考虑以类型②为基础进行设计，将场地规划为"生"→"过渡空间"→"死"三段序列，轴线串联生与死将场所联系，从时间和空间的双重维度上传达纪念的意义。结合用地形状及建筑围合形成的开放及封闭空间的变化，将类型②进一步推演为"H"型进行空间及功能的串联组合，以创造连续且更丰富的空间效果。

设计原则 DESIGN PRINCIPLES

总体原则：① 尊重逝者，为逝者创造一个宁静、祥和、文明的安息场所。② 慰藉亲人，为丧属提供一个可以缅怀先人、寄托哀思、慰藉后人的祭祀场所，应兼顾祭日高峰对空间和场所的需求。③文明祭奠、低碳祭扫、平安清明。

规划合理原则：① 各类建筑的功能区、位置、形态、风格、空间规模、组合关系应首先进行总体布局设计。② 殡葬建筑的功能是遗体处理加工厂和骨灰安葬地，又是丧属告别逝者祭祀亡灵的场所,两者应合理分离。

有效组织原则：① 应严格按工艺流程组织功能区。② 功能区应按单向工序流动方向组织空间序列,避免交叉迂回。

卫生原则；安全防护原则；污染减排原则；融于自然原则；人文关怀原则；集约设计原则

殡葬建筑主要服务于遗体的火化处理、丧属的悼念、告别礼仪、骨灰的安放和丧属祭祀活动等主要功能。由于存在活人与死人分离、殡仪和安葬分离、工作人员和丧属分离的流线要求,以及各功能区的室内环境质量不同的要求，还要解决青山白化、公共场所缺乏的问题所需要的外环境、绿化、景点和景区配置等,因此殡葬建筑设计应优先明确功能区构成、划分和组合的组织。

设计生成 DESIGN GENERATION

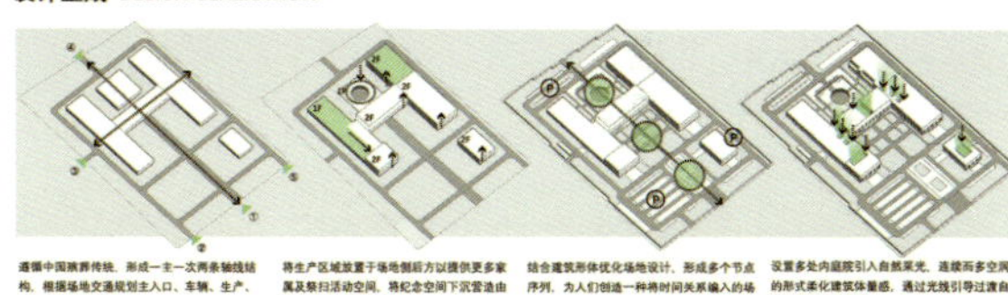

遵循中国殡葬传统，形成一主一次两条轴线结构，根据场地交通规划主入口、车辆、生产、祭扫及办公五处入口。

将生产区域放置于场地侧后方以提供更多家属及祭扫活动空间，将纪念空间下沉营造由地上→地下的沉浸感。

结合建筑形体优化场地设计，形成多个节点序列，为人们创造一种将时间关系编入的场所。

设置多处内庭院引入自然采光，连接而多空洞的形式柔化建筑体量感，通过光线引导过渡自然空间与建筑空间。

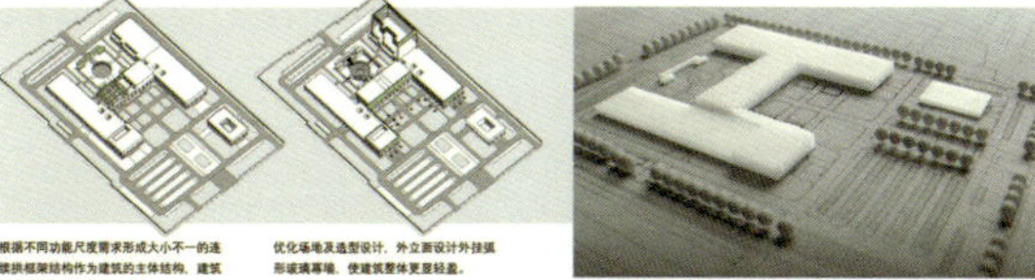

根据不同功能尺度需求形成大小不一的连续拱框架结构作为建筑的主体结构，建筑外围拱廊与之呼应。

优化场地及造型设计，外立面设计外挂弧形玻璃幕墙，使建筑整体更显轻盈。

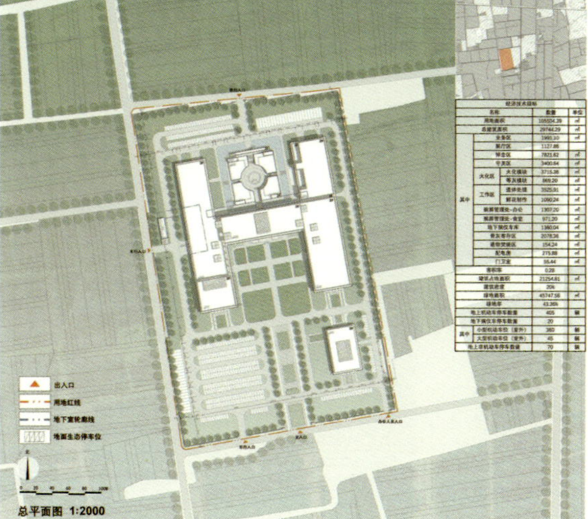
出入口
用地红线
地下室边界线
地面生态停车位

经济技术指标				
名称			数量	单位
用地面积			105504.29	㎡
总建筑面积			29744.29	㎡
其中	业务区		1990.10	㎡
	展厅区		1127.86	
	悼念区		7821.82	㎡
	守灵区		3400.64	㎡
	火化区	火化模块	3715.38	㎡
		等灰模块	869.20	㎡
	工作区	遗体处理	3525.91	㎡
		鲜花制作	1090.24	㎡
	殡葬管理处-办公		1307.20	㎡
	殡葬管理处-食堂		971.20	㎡
	地下殡仪车库		1360.04	㎡
	骨灰寄存区		2078.36	㎡
	祭物焚烧区		154.24	㎡
	配电房		275.88	㎡
	门卫室		55.44	㎡
容积率			0.28	
建筑占地面积			21254.81	㎡
建筑密度			20%	
绿地面积			45747.58	㎡
绿地率			43.36%	
地上机动车停车数量			405	辆
地下殡仪车停车数量			20	
其中	小型机动车位（室外）		360	辆
	大型机动车位（室外）		45	辆
地上非机动车停车数量			70	辆

总平面图 1:2000

2016 级建筑学
大五

陈宜旻

毕业设计
宿迁市殡仪馆设计

指导教师：
刘锷东
王雪强

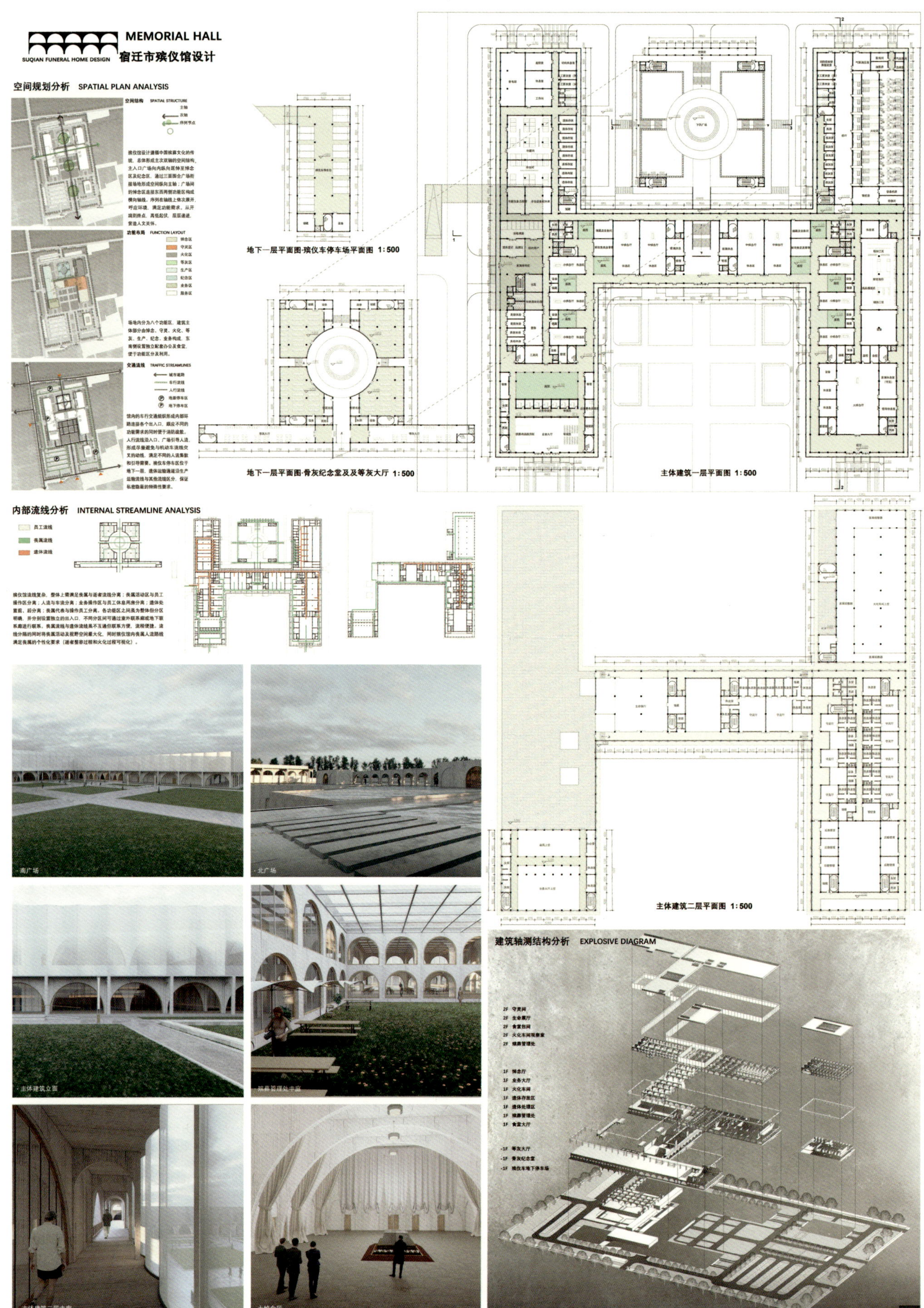
MEMORIAL HALL
SUQIAN FUNERAL HOME DESIGN
宿迁市殡仪馆设计
空间规划分析 SPATIAL PLAN ANALYSIS
地下一层平面图·殡仪车停车场平面图 1:500
地下一层平面图·骨灰纪念堂及及等灰大厅 1:500
主体建筑一层平面图 1:500
内部流线分析 INTERNAL STREAMLINE ANALYSIS
主体建筑二层平面图 1:500
建筑轴测结构分析 EXPLOSIVE DIAGRAM
南广场
北广场
主体建筑立面
殡葬管理处中庭
主体建筑二层走廊
大悼念厅
02

2016 级建筑学
大五

陈宜旻

毕业设计

宿迁市殡仪馆设计

指导教师：
刘锷东
王雪强

MEMORIAL HALL
宿迁市殡仪馆设计
SUQIAN FUNERAL HOME DESIGN

主体建筑北立面图 1:400

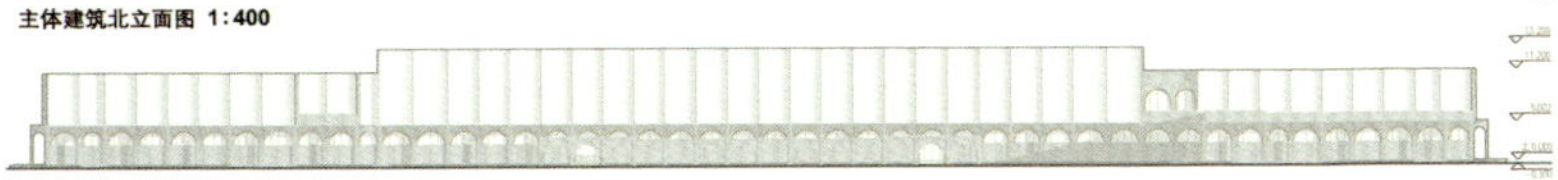

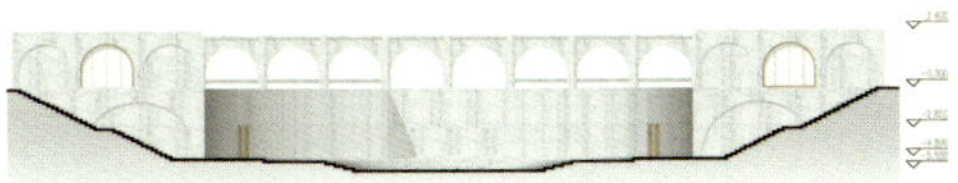

骨灰纪念堂剖面图 1:200

主体建筑南立面图 1:400

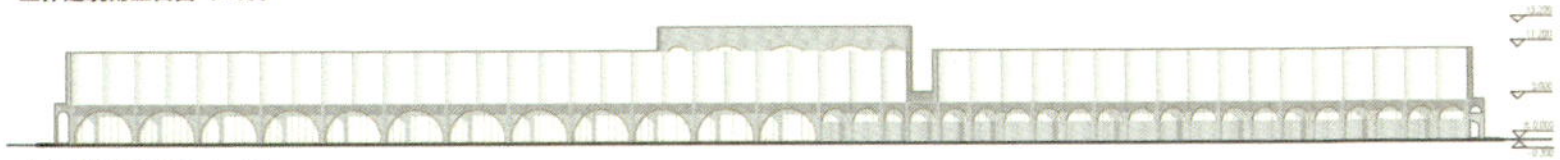

主体建筑东立面图 1:400

主体建筑西立面图 1:400

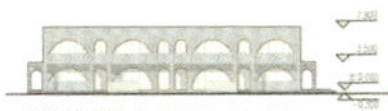

殡葬管理处南立面图 1:400

殡葬管理处东立面图 1:400

殡葬管理处西立面图 1:400

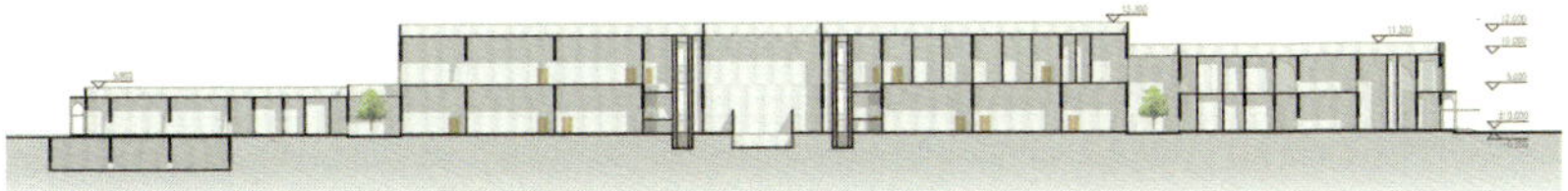

主体建筑剖面1-1 1:400

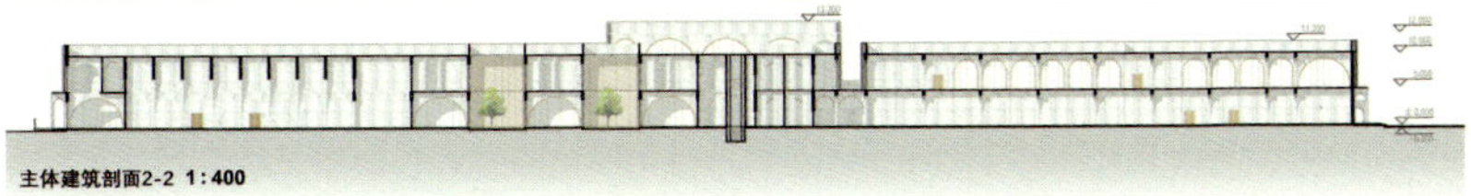

主体建筑剖面2-2 1:400

建筑可持续雨水循环分析 ANALYSIS OF SUSTAINABLE RAINWATER CIRCULATION IN BUILDINGS

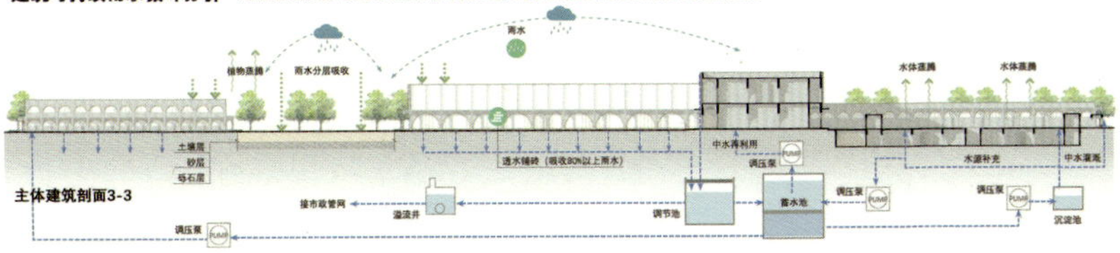

主体建筑剖面3-3

2016 级建筑学
大五

陈宜旻

毕业设计 宿迁市殡仪馆设计

指导教师：
刘锷东
王雪强

MEMORIAL HALL
宿迁市殡仪馆设计

SUQIAN FUNERAL HOME DESIGN

"硬质建筑和自然生活在空间和时间的流动中对话自然与建筑，光与影，生与死，相互矛盾着、纠缠着、依存着、适应着却愈显隽永鲜活。"

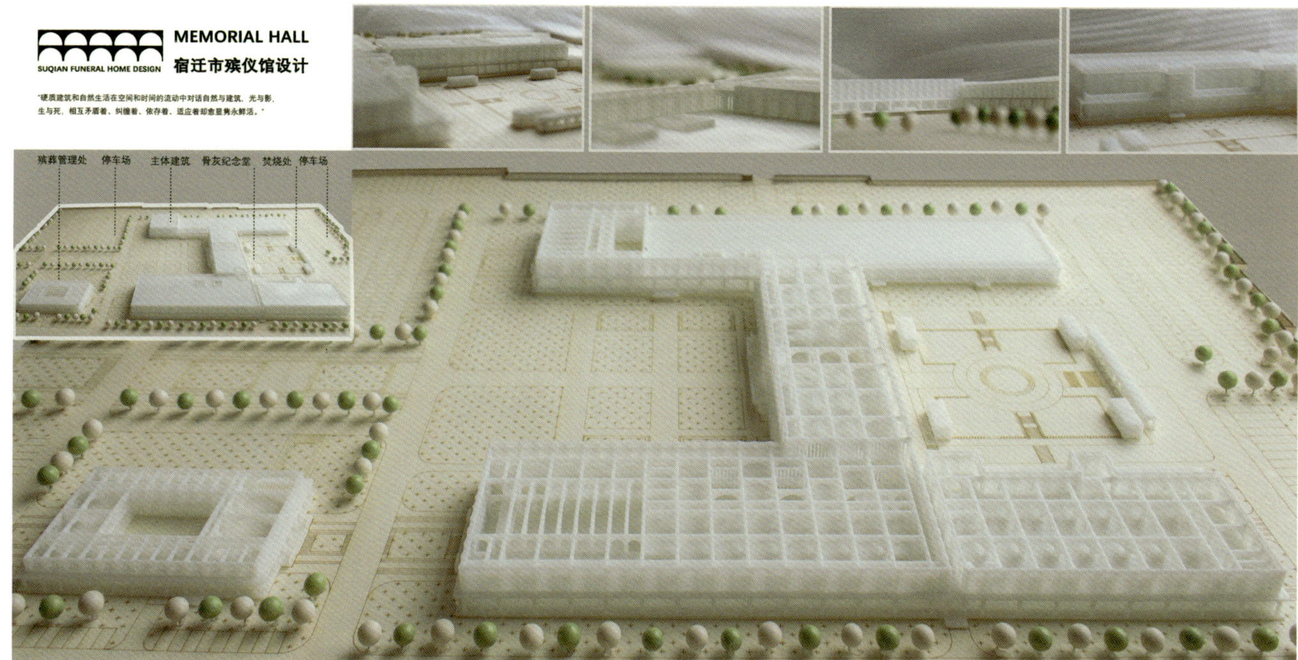
殡葬管理处
停车场
主体建筑
骨灰纪念堂
焚烧处
停车场

结构分析 DSTRUCTURAL ANALYSIS

结构拱门 STRUCTURAL PORCH

混凝土拱门承重结构示意图，按方案的要求组织，现场浇筑实施。

外部环廊 FACADE PORCH

外部拱廊示意图，沿立面走向延续设置，按方案的要求组织，现场浇筑实施。

预制立面 PREFABRICATED PANELS

二层立面外挂白色透光PMMA板围合，预制立面现场装配。

5.00m 6.50m 4.00m 8.80m
5.00m 6.50m 7.20m 8.80m
5.00m 10.00m 4.00m 16.00m
5.00m 10.00m 4.00m 19.20m

四种不同高度连接的拱门类型

考虑不同功能空间对建筑高度的需求，设计了四种不同高度连接的拱门组合以保证建筑整体性。

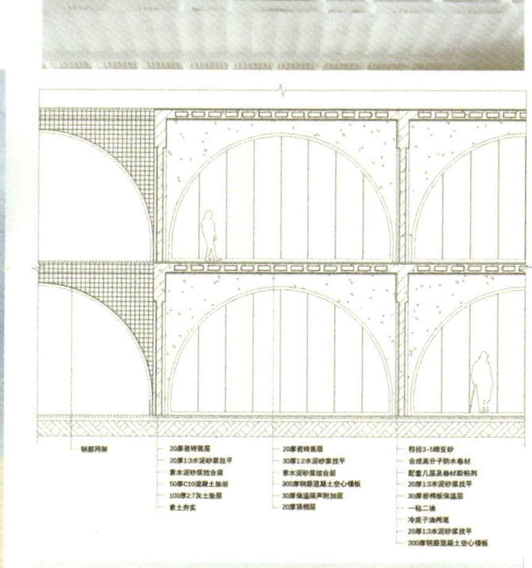

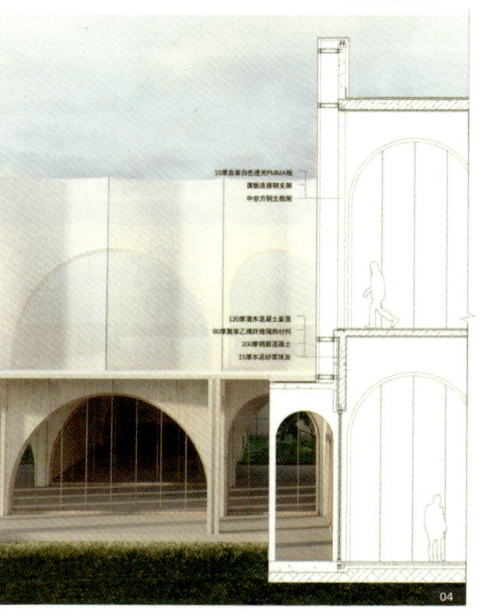

2016 级建筑学
大五

宋秉文

毕业设计 南昌大学大学生活动中心

指导教师：肖 芬 吴 琼

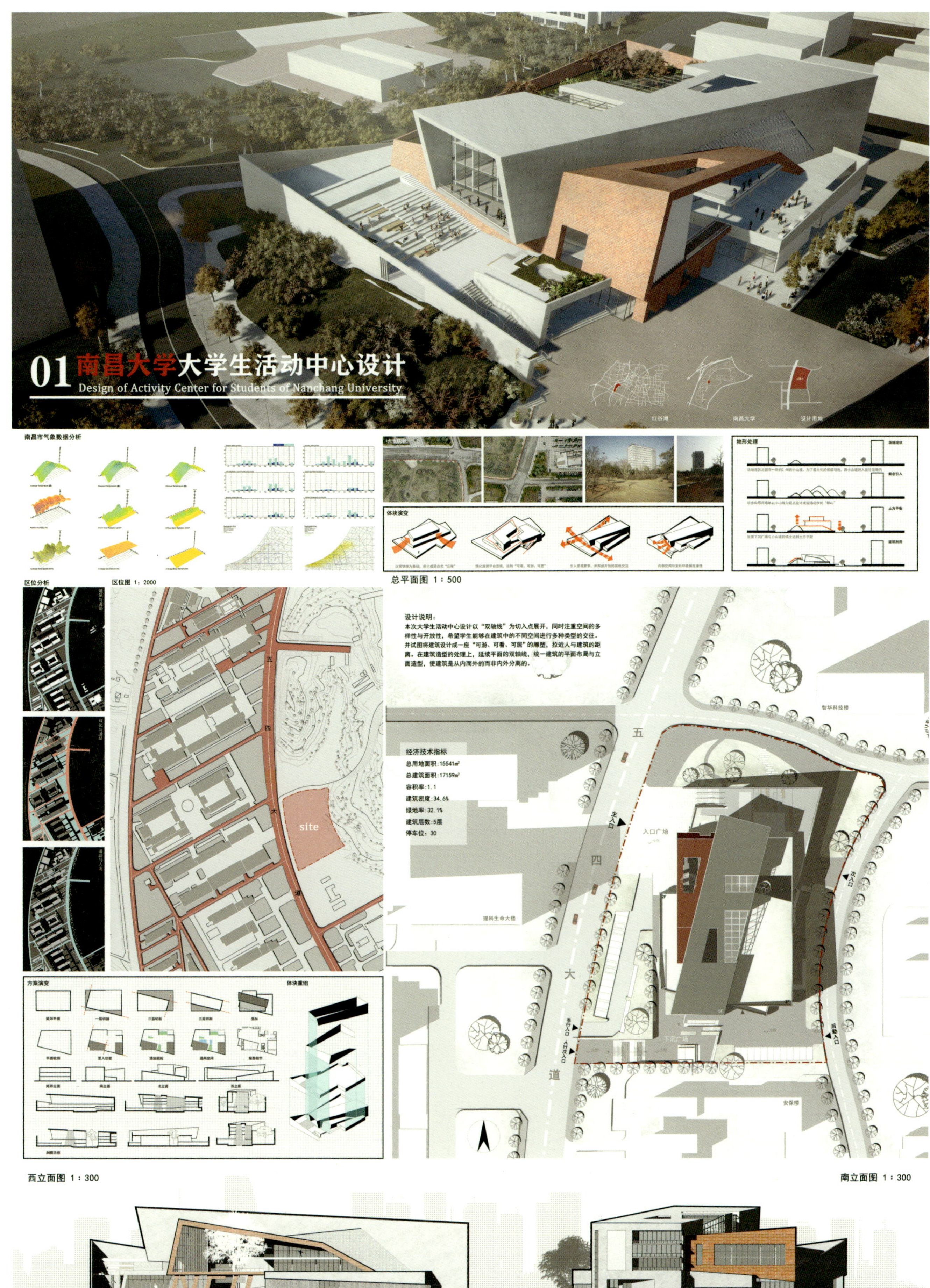
01 南昌大学大学生活动中心设计
Design of Activity Center for Students of Nanchang University
红谷滩
南昌大学
设计用地
南昌市气象数据分析
体块演变
地形处理
区位分析
区位图 1：2000
site
五
四
大
道
总平面图 1：500
设计说明：
本次大学生活动中心设计以“双轴线”为切入点展开，同时注重空间的多样性与开放性，希望学生能够在建筑中的不同空间进行多种类型的交往。并试图将建筑设计成一座“可游、可看、可居”的雕塑，拉近人与建筑的距离。在建筑造型的处理上，延续平面的双轴线，统一建筑的平面布局与立面造型，使建筑是从内而外的而非内外分离的。
经济技术指标
总用地面积：15541m²
总建筑面积：17159m²
容积率：1.1
建筑密度：34.6%
绿地率：32.1%
建筑层数：5层
停车位：30
主入口
入口广场
次入口
后勤入口
方案演变
体块重组
西立面图 1：300
南立面图 1：300

2016 级建筑学
大五

宋秉文

毕业设计 南昌大学大学生活动中心

指导教师：肖　芬
吴　琼

02 南昌大学大学生活动中心设计
Design of Activity Center for Students of Nanchang University

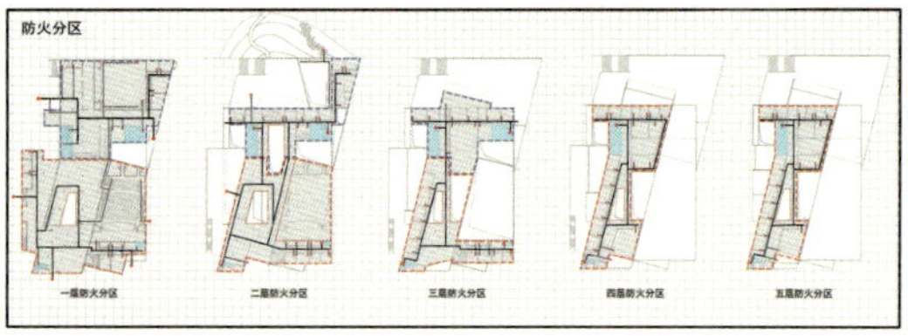

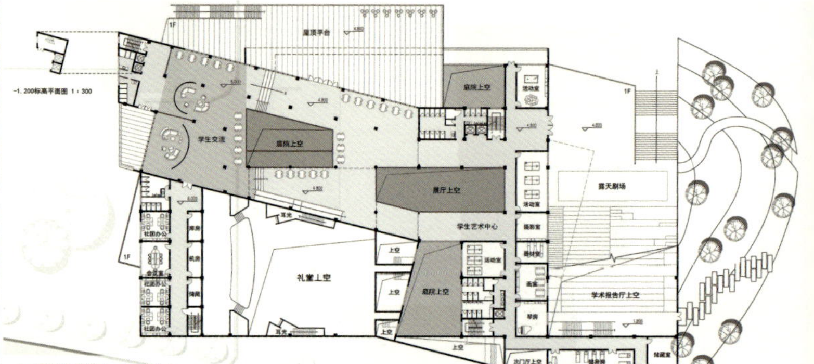

防火分区

一层防火分区　二层防火分区　三层防火分区　四层防火分区　五层防火分区

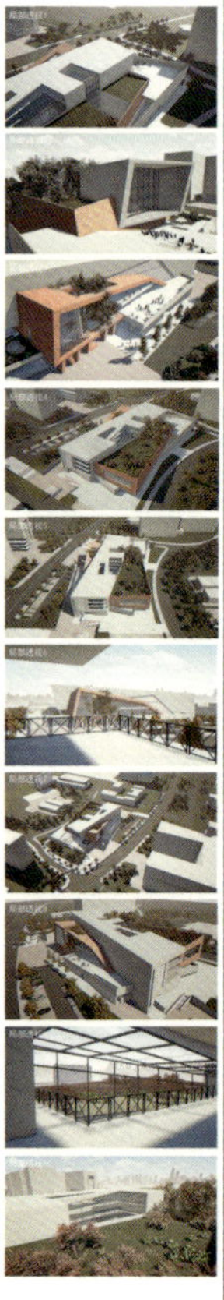

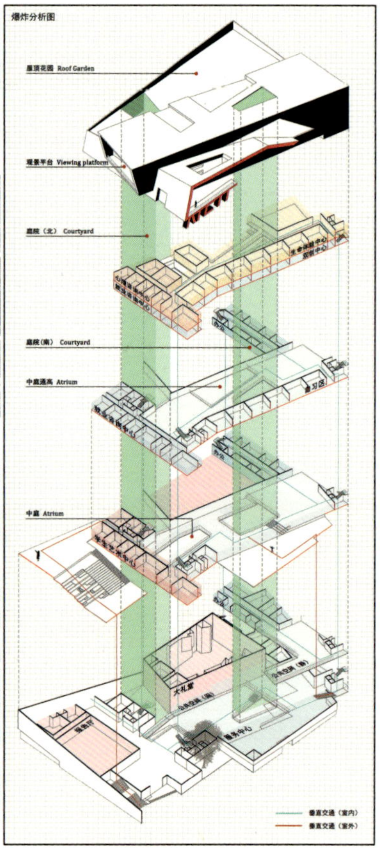

爆炸分析图

屋顶花园 Roof Garden
观景平台 Viewing platform
庭院（北）Courtyard
庭院（南）Courtyard
中庭通高 Atrium
中庭 Atrium

二层平面图　1：300

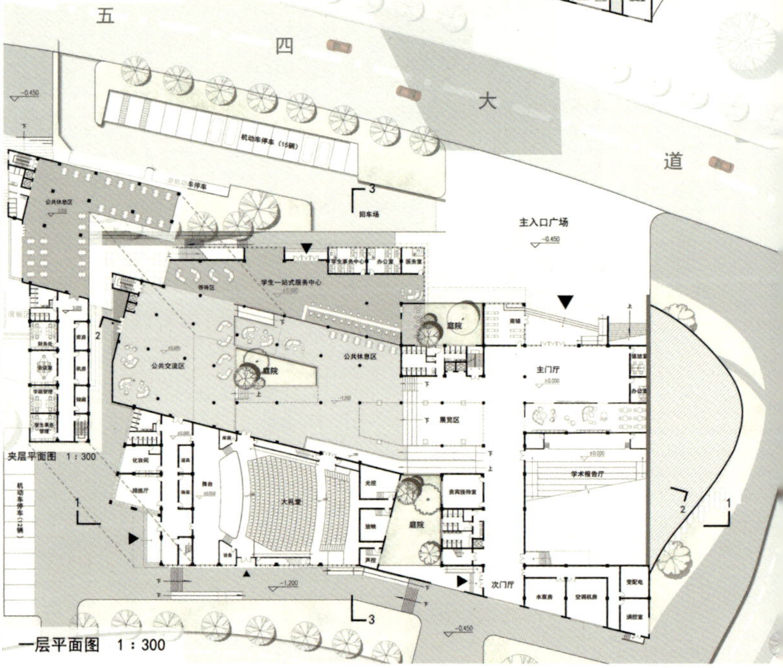

一层平面图　1：300

夹层平面图　1：300

主入口广场

北立面图　1：300

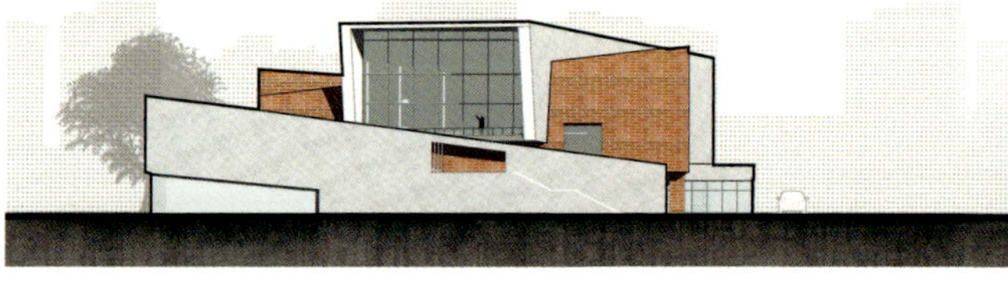

东立面图　1：300

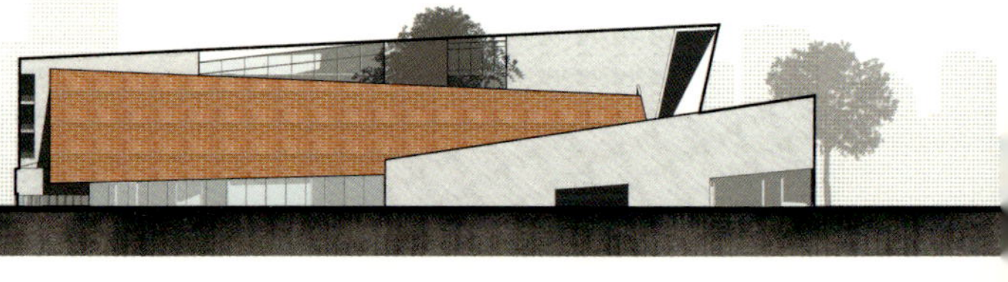

2016 级建筑学
大五

宋秉文

毕业设计
南昌大学大学生活动中心

指导教师：
肖　芬
吴　琼

03 南昌大学大学生活动中心设计
Design of Activity Center for Students of Nanchang University

特朗伯墙

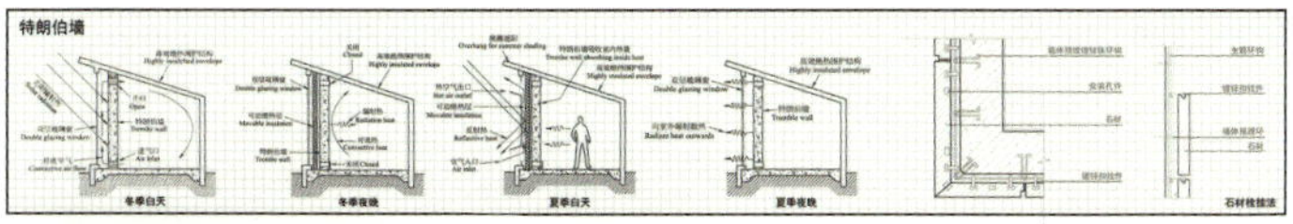

冬季白天　冬季夜晚　夏季白天　夏季夜晚　石材做法

公共空间

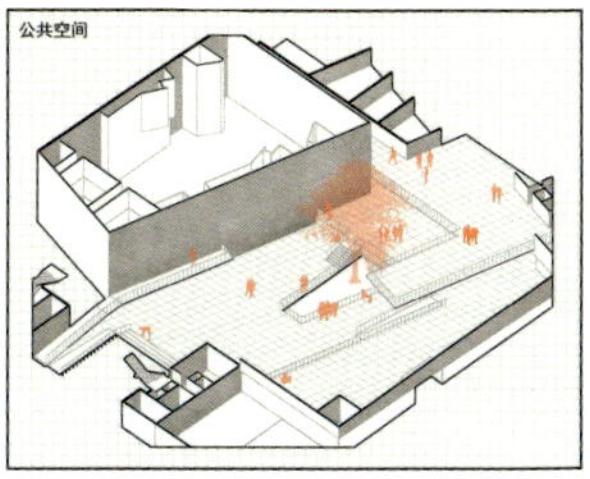

露天剧场

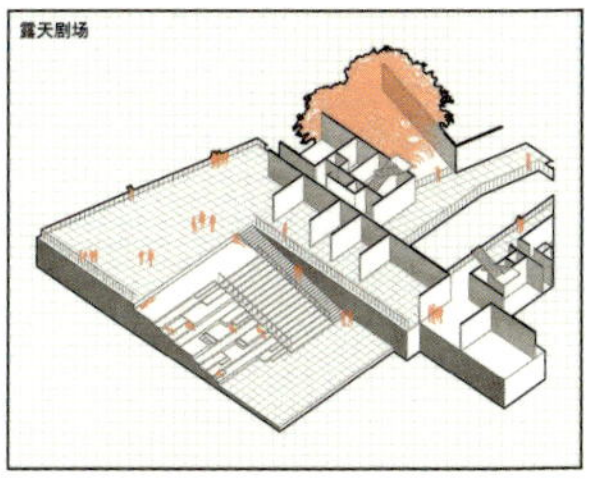

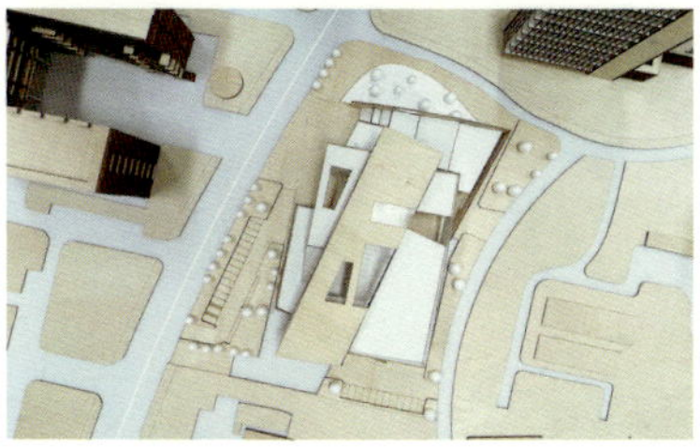

中庭空间

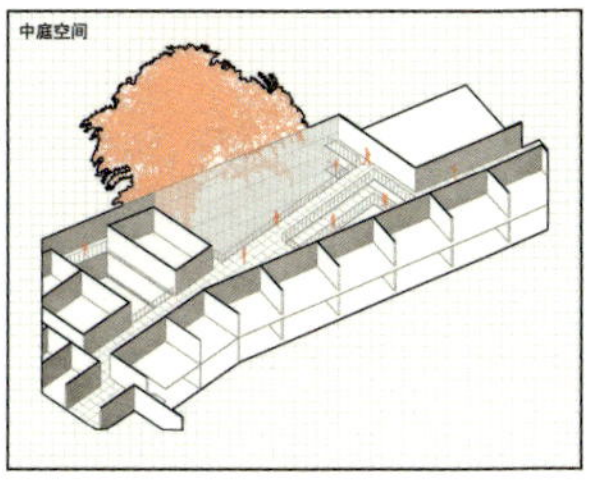

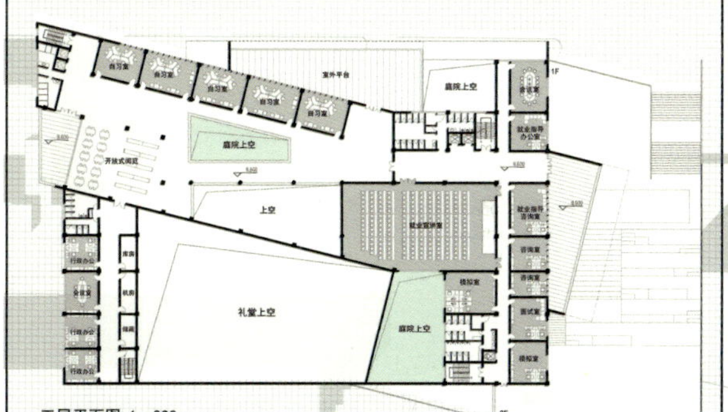

三层平面图 1 : 300

四层平面图 1 : 300

五层平面图 1 : 300

1-1剖面图 1 : 300

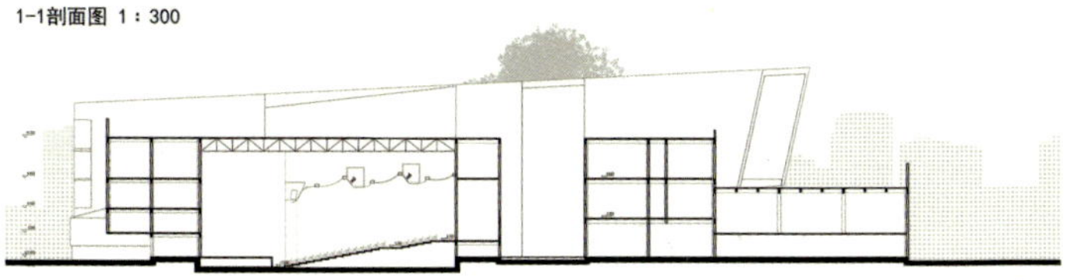

2-2剖面图 1 : 300

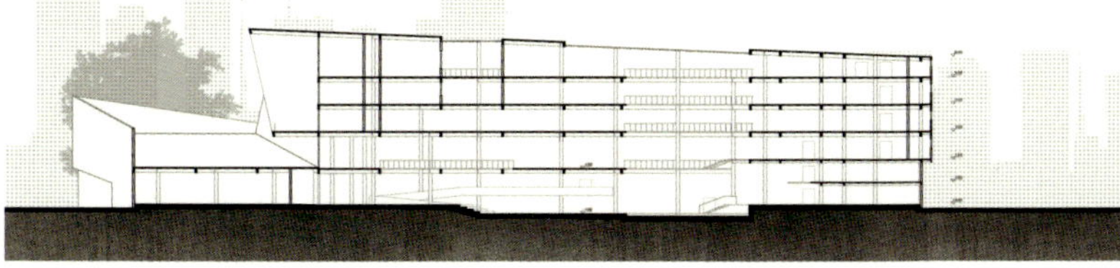

3-3剖面图 1 : 300

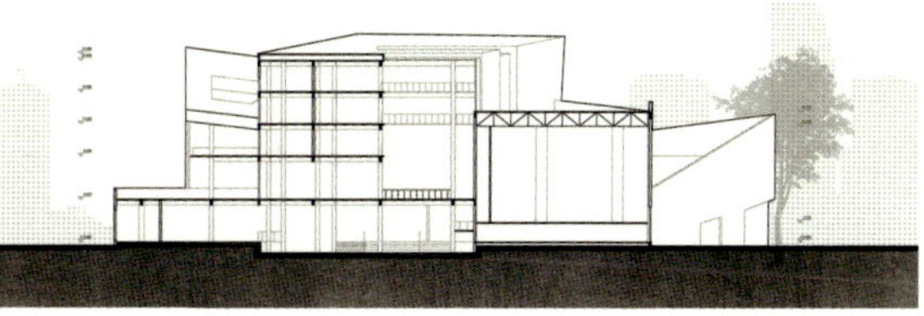

2017 级建筑学
大五

汪丁

毕业设计 核工厂合公场

指导教师：
黄景勇
范丽娅

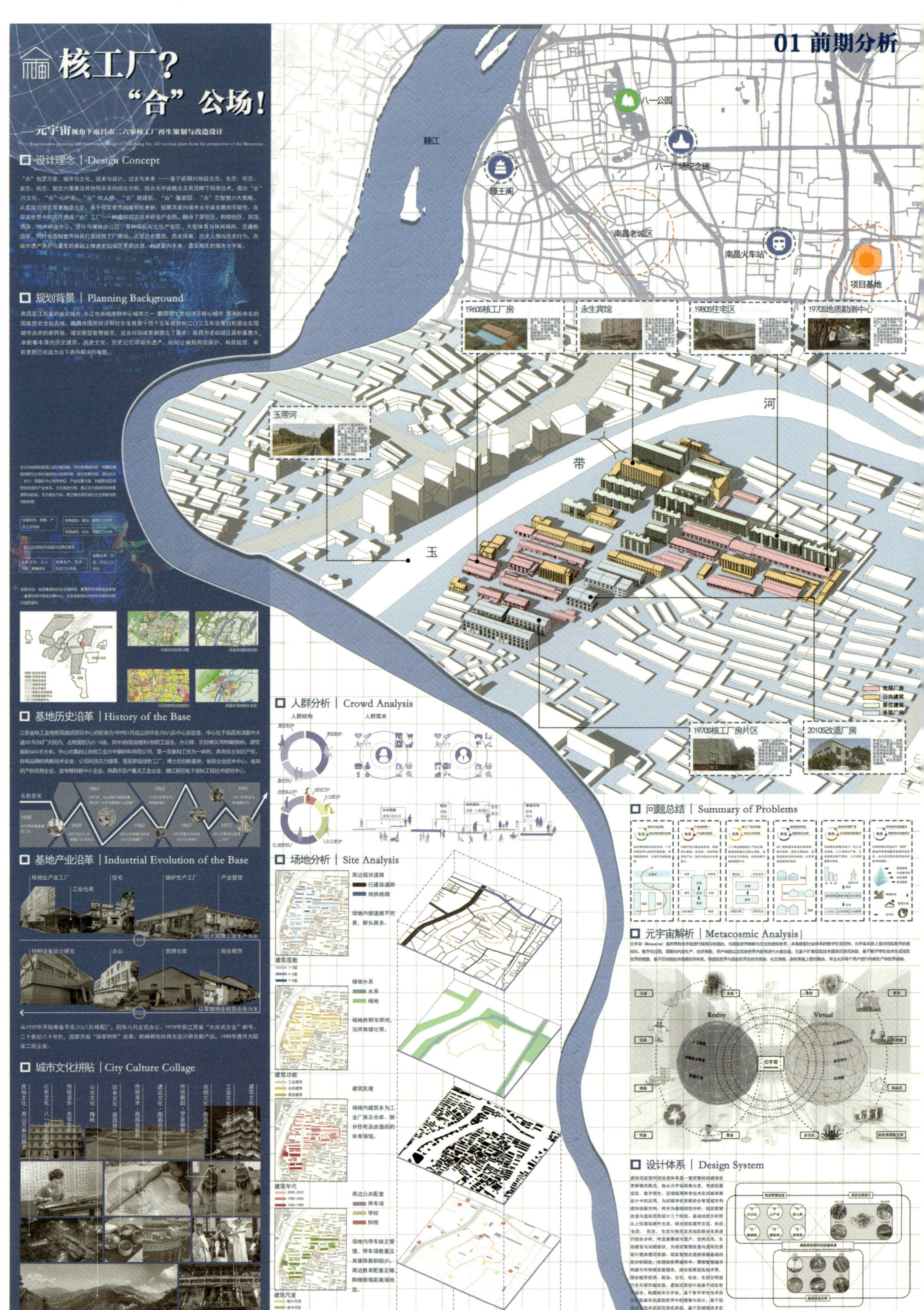
核工厂？
“合”公场！
——元宇宙视角下南昌市二六零核工厂再生策划与改造设计
设计理念 | Design Concept
规划背景 | Planning Background
基地历史沿革 | History of the Base
基地产业沿革 | Industrial Evolution of the Base
城市文化拼贴 | City Culture Collage
01 前期分析
八一公园
八一广场纪念碑
滕王阁
赣江
南昌老城区
南昌火车站
项目基地
1960S核工厂房
永生宾馆
1980S住宅区
1970S地质勘测中心
玉带河
玉
带
河
1970S核工厂房片区
2010S改造厂房
人群分析 | Crowd Analysis
场地分析 | Site Analysis
问题总结 | Summary of Problems
元宇宙解析 | Metacosmic Analysis
Reality
Virtual
设计体系 | Design System

王丁

毕业设计 核工厂合公场

指导教师：
黄景勇
范丽娅

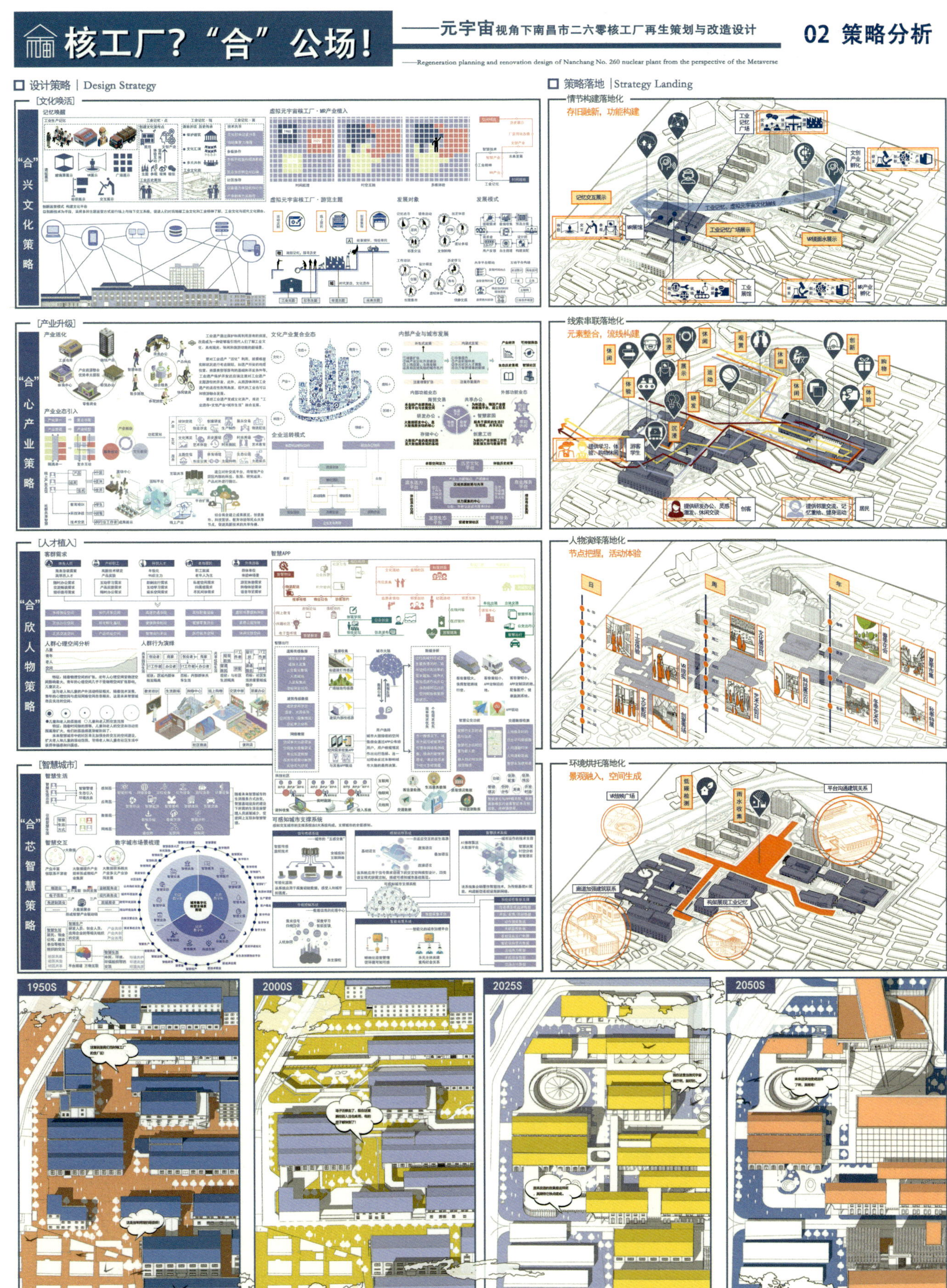
核工厂？"合"公场！
——元宇宙视角下南昌市二六零核工厂再生策划与改造设计
——Regeneration planning and renovation design of Nanchang No. 260 nuclear plant from the perspective of the Metaverse
02 策略分析
设计策略 | Design Strategy
[文化唤活]
"合"兴文化策略
[产业升级]
"合"心产业策略
[人才植入]
"合"欣人物策略
[智慧城市]
"合"芯智慧策略
策略落地 | Strategy Landing
情节构建落地化
存旧融新，功能构建
线索串联落地化
元素整合，流线构建
人物演绎落地化
节点把握，活动体验
环境烘托落地化
景观融入，空间生成
1950S
2000S
2025S
2050S

汪丁

毕业设计 核工厂合公场

指导教师：
黄景勇
范丽娅

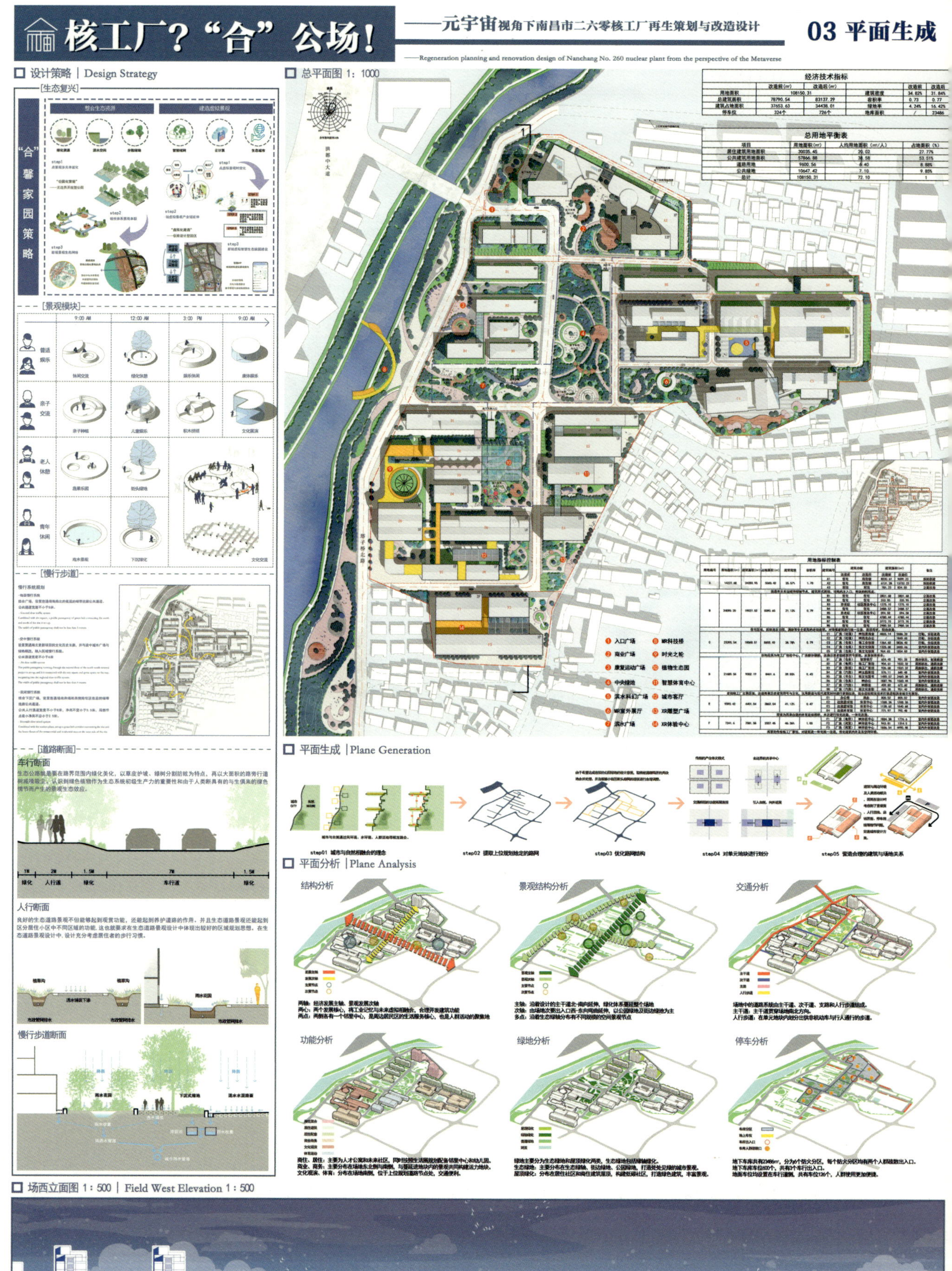
核工厂？“合”公场！
——元宇宙视角下南昌市二六零核工厂再生策划与改造设计
03 平面生成
——Regeneration planning and renovation design of Nanchang No. 260 nuclear plant from the perspective of the Metaverse
设计策略 | Design Strategy
总平面图 1：1000
经济技术指标
总用地平衡表
平面生成 | Plane Generation
平面分析 | Plane Analysis
结构分析
景观结构分析
交通分析
功能分析
绿地分析
停车分析
场西立面图 1：500 | Field West Elevation 1：500

2017 级建筑学
大五

汪丁

毕业设计 核工厂合公场

指导教师：
黄景勇
范丽娅

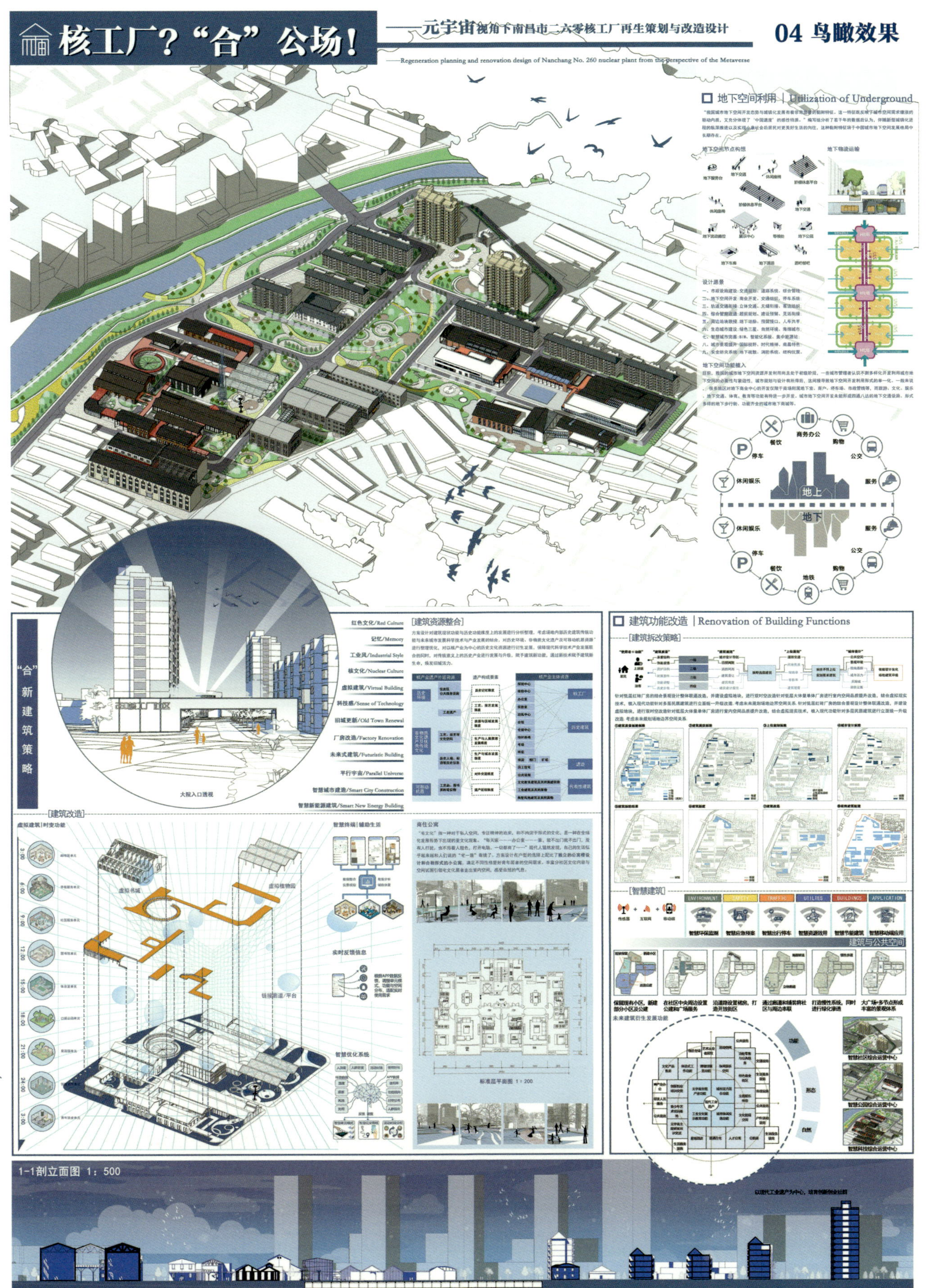
核工厂？“合”公场！
——元宇宙视角下南昌市二六零核工厂再生策划与改造设计
——Regeneration planning and renovation design of Nanchang No. 260 nuclear plant from the perspective of the Metaverse
04 鸟瞰效果
地下空间利用 | Utilization of Underground
地上
地下
“合”新建筑策略
建筑资源整合
建筑功能改造 | Renovation of Building Functions
建筑拆改策略
建筑改造
智慧建筑
建筑与公共空间
标准层平面图 1：200
1-1剖立面图 1：500

2017 级建筑学
大五

汪丁

毕业设计 核工厂合公场

指导教师：
黄景勇
范丽娅

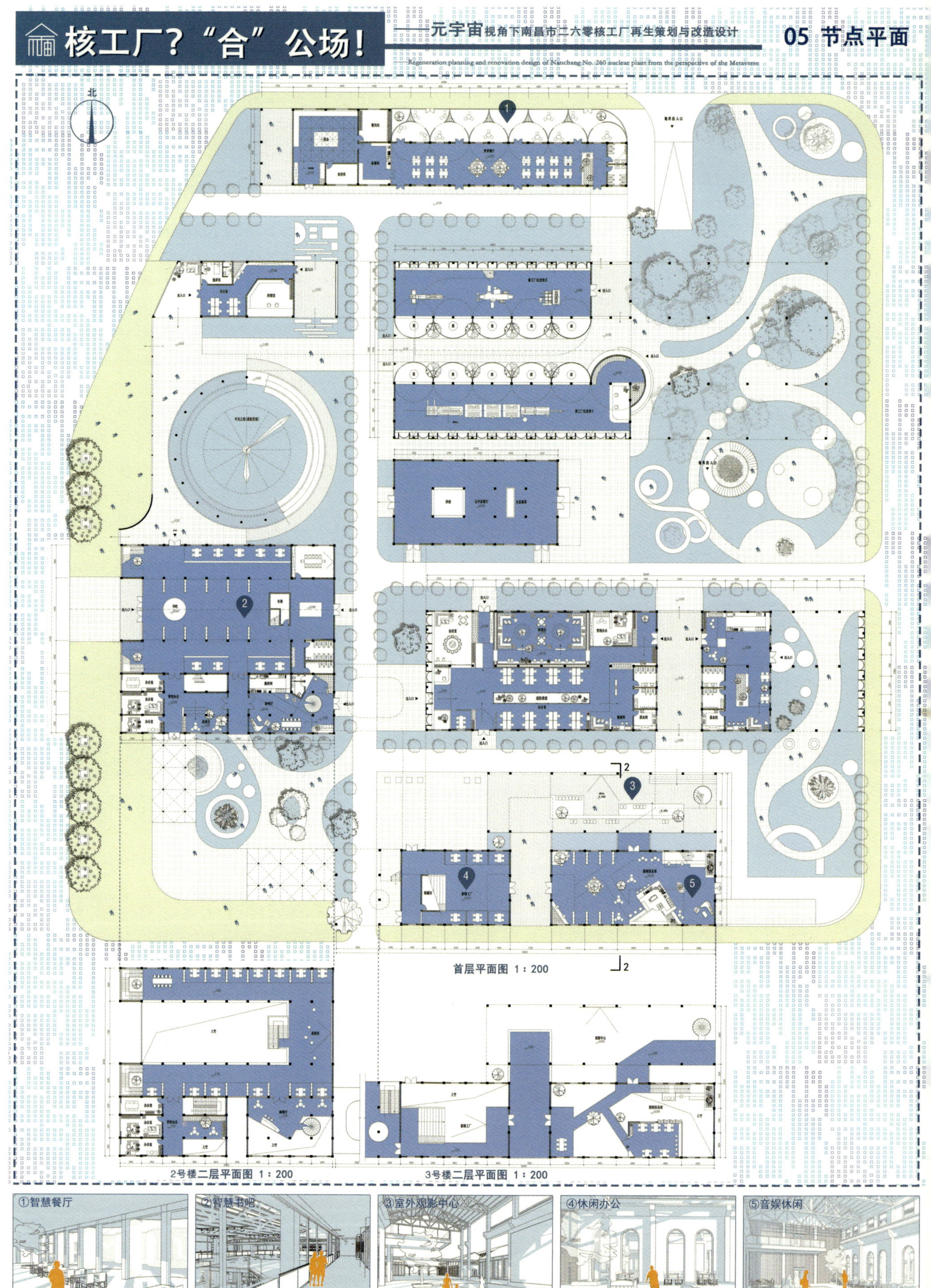
核工厂？"合"公场！
元宇宙视角下南昌市二六零核工厂再生策划与改造设计
Regeneration planning and renovation design of Nanchang No. 260 nuclear plant from the perspective of the Metaverse
05 节点平面
北
首层平面图 1：200
2号楼二层平面图 1：200
3号楼二层平面图 1：200
①智慧餐厅
②智慧书吧
③室外观影中心
④休闲办公
⑤音娱休闲

汪丁

毕业设计
核工厂合公场

指导教师：
黄景勇
范丽娅

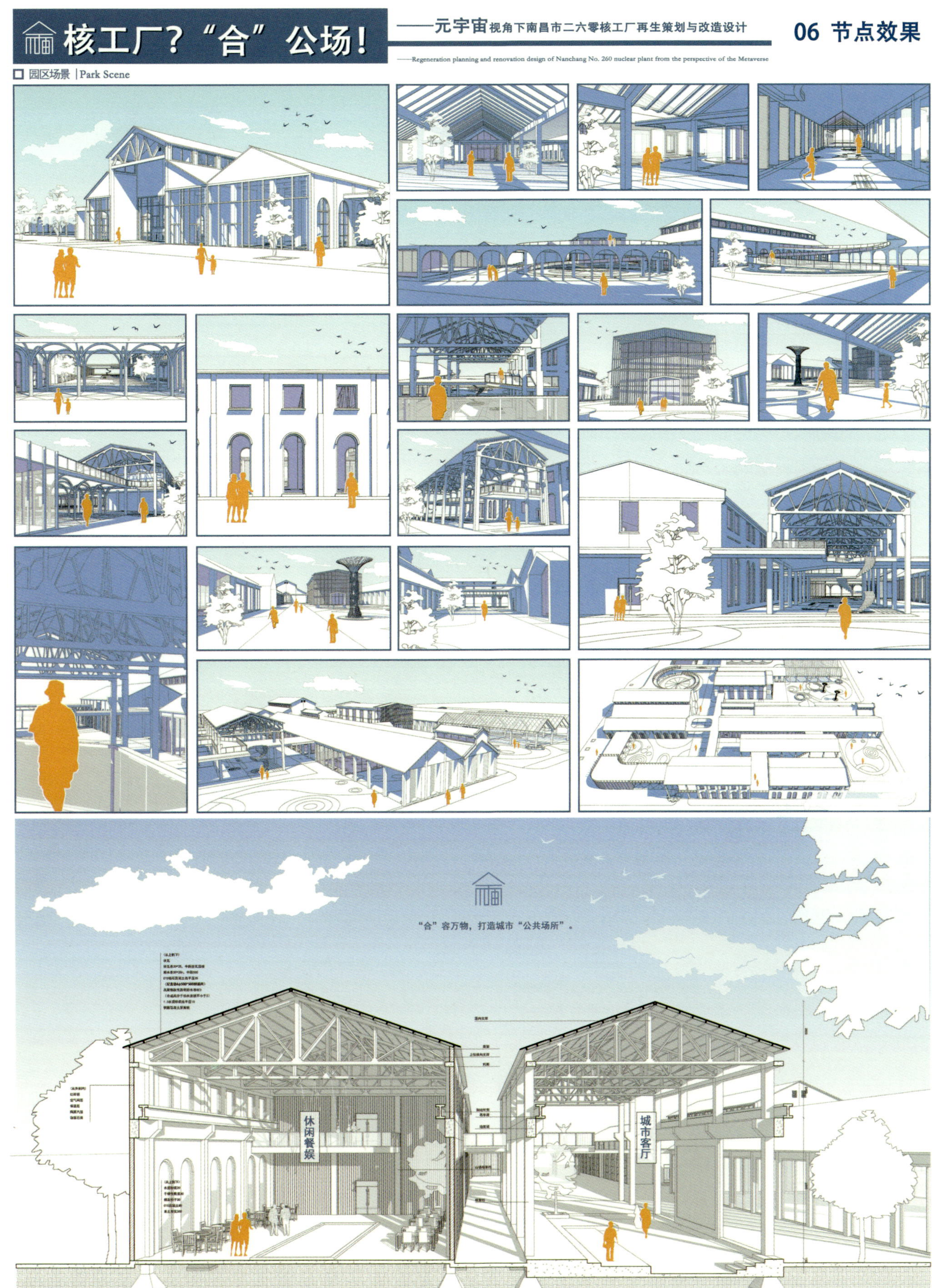
核工厂？“合”公场！
——元宇宙视角下南昌市二六零核工厂再生策划与改造设计
——Regeneration planning and renovation design of Nanchang No. 260 nuclear plant from the perspective of the Metaverse
06 节点效果
园区场景 | Park Scene
“合”容万物，打造城市“公共场所”。
休闲餐娱
城市客厅
2-2剖透视 1：50

2017 级建筑学
大五

吴明萱
高欣元
张雨颖
傅 琦
王梓铭
罗 庆

毕业设计

南粤杯联合毕设

文融山海环环生诗

指导教师：
梁步青
周志仪

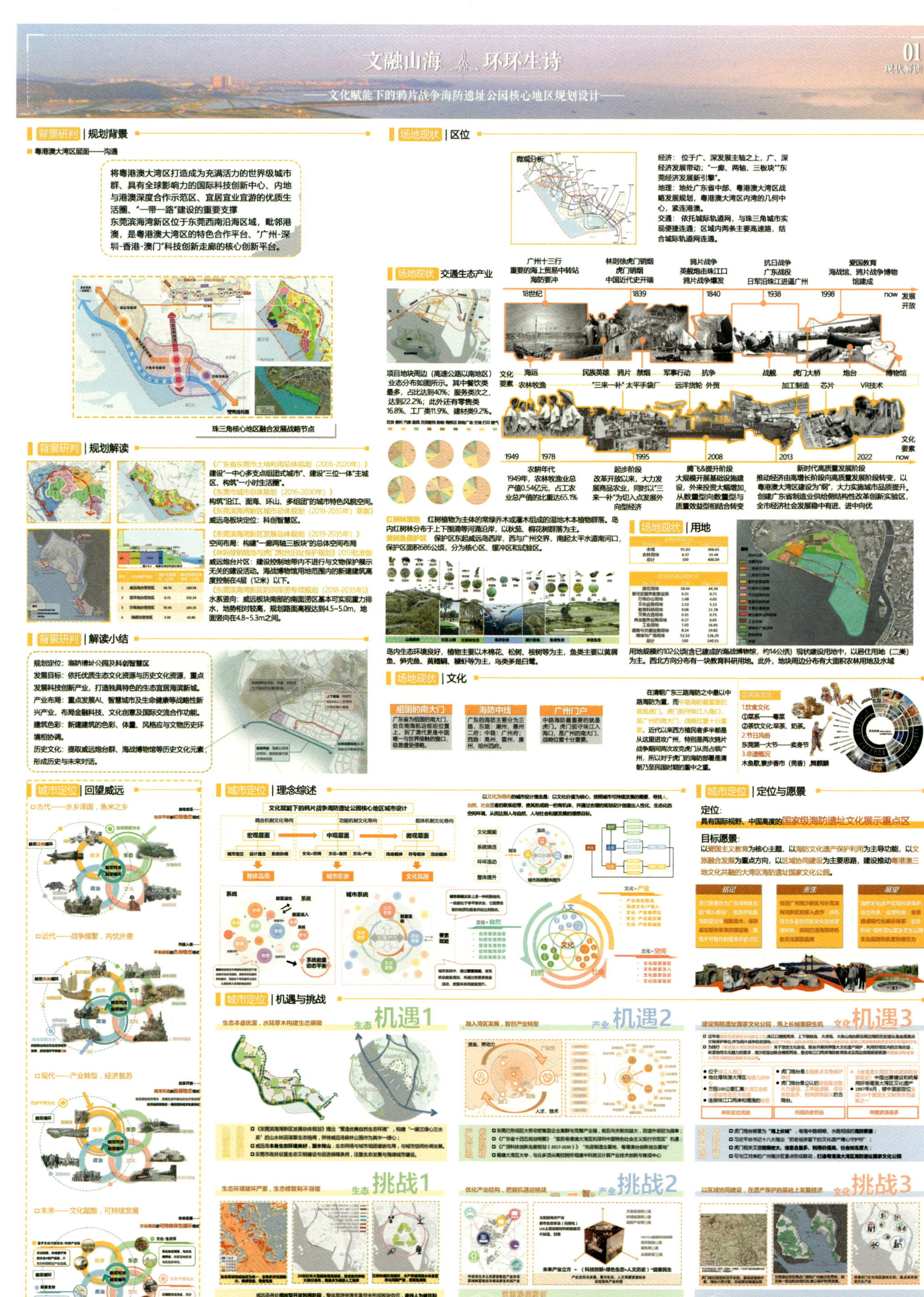
文融山海 环环生诗
01
现状解读
——文化赋能下的鸦片战争海防遗址公园核心地区规划设计——
背景研判 | 规划背景
粤港澳大湾区层面——沟通
将粤港澳大湾区打造成为充满活力的世界级城市群、具有全球影响力的国际科技创新中心、内地与港澳深度合作示范区、宜居宜业宜游的优质生活圈、"一带一路"建设的重要支撑
东莞滨海湾新区位于东莞西南沿海区域，毗邻港澳，是粤港澳大湾区的特色合作平台、"广州-深圳-香港-澳门"科技创新走廊的核心创新平台。
珠三角核心地区融合发展战略节点
场地现状 | 区位
微观分析
经济：位于广、深发展主轴之上，广、深经济发展带动；"一廊、两轴、三板块"东莞经济发展新引擎。
地理：地处广东省中部、粤港澳大湾区战略发展规划，粤港澳大湾区内湾的几何中心，紧连港澳。
交通：依托城际轨道网，与珠三角城市实现便捷连通；区域内两条主要高速路，结合城际轨道网连通。
场地现状 | 交通生态产业
背景研判 | 规划解读
背景研判 | 解读小结
场地现状 | 用地
场地现状 | 文化
祖国的南大门
海防中线
广州门户
城市定位 | 回望威远
城市定位 | 理念综述
城市定位 | 定位与愿景
城市定位 | 机遇与挑战
机遇1
机遇2
机遇3
挑战1
挑战2
挑战3

2017 级建筑学
大五

吴明萱
高欣元
张雨颖
傅　琦
王梓铭
罗　庆

毕业设计
南粤杯联合毕设

文融山海
环环生诗

指导教师：
梁步青
周志仪

文融山海 环环生诗
——文化赋能下的鸦片战争海防遗址公园核心地区规划设计——
02
方案规划
方案规划｜方案生成
方案规划｜分期实施规划
1.0 文化触媒
2.0 文创活城
3.0 智创兴城
方案规划｜空间结构图
"两轴三环一链多片"的"生长网络"结构
方案规划｜核心分析图
方案规划｜用地与开发
方案规划｜总平面展示
01 海战博物馆
02 英雄树林
03 宣誓广场
04 海战VR展示馆
05 海战英雄雕塑
06 国际和平会议中心
07 爱国教育基地
08 反战广场
09 爱国渡口
10 海文化馆
11 近战英雄馆
12 改革开放复兴馆
13 现代海防科技馆
14 文化创意园
15 宾馆民宿
16 市井商业街
17 文化风情海岸
18 兴国号角码头
19 商业综合体
20 商住混合体
21 阳光乐活海岸
22 社区地震中心
23 低碳智汇产业园
24 海洋生物展示中心
25 海洋科研中心
26 海洋文化智慧区
27 农业文化体验区
28 全民运动海岸
29 黄唇鱼保护中心
30 生态保育海岸
珠江 PEARL RIVER
0 500 1000 2000 5000m
方案规划｜开发原则
方案规划｜管理原则
海防遗址公园
文创产业园
中央商业区
科创走廊
剧场/生态走廊
节点塑造｜铭记—海战博物馆片区改造
场所载体：沉浸式海防历史体验路径
活动载体：爱国主义教育
符号载体：建筑设计与景观设计
节点塑造｜重生—中心商住活力片区塑造
场所载体：交融式新老文化融合
活动载体：强国活力展示
符号载体：建筑设计与街道空间
节点塑造｜展望—低碳健康城市形象塑造
场所载体：碳中和之路、健康中国之廊
活动载体：环境保护教育
符号载体：园区设计与建筑材料
低碳化智慧园区
模块化产业园区

2017 级建筑学
大五

吴明萱
高欣元
张雨颖
傅　琦
王梓铭
罗　庆

毕业设计　南粤杯联合毕设　文融山海环环生诗

指导教师：
梁步青
周志仪

文融山海 环环生诗
03
设计策略
——文化赋能下的鸦片战争海防遗址公园核心地区规划设计——
设计策略 | 文化+空间
空间现状评估
文化能量提取
文化能量注入
关注点状文化空间，强调线性文化空间，统筹面状文化空间。结点成线，织线成网。
铭记之环
重生之环
展望之环
设计说明：
民俗建筑空间提取
海防文化要素提取
海洋文化要素提取
文化能量流动
文化能量辐射
将地块作为粤港澳海防遗址国家文化公园的一部分，串联南沙周边旅游线路。
设计策略 | 文化+产业
产业现状评估
产业类别甄选
文化积淀引领产业发展，产业进步带动文化繁荣
文化IP植入
文化-产业链
环环相生，古今对望，文化相融
设计策略 | 文化+自然
自然要素提取
构建生境网络
水利工程与水体功能分析
生物多样性修复
弹性雨洪管理，构建海绵城市
营造生境特色
回应海防文化

2017 级建筑学
大五

吴明萱
高欣元
张雨颖
傅 琦
王梓铭
罗 庆

毕业设计 南粤杯联合毕设

文融山海 环环生诗

指导教师：
梁步青
周志仪

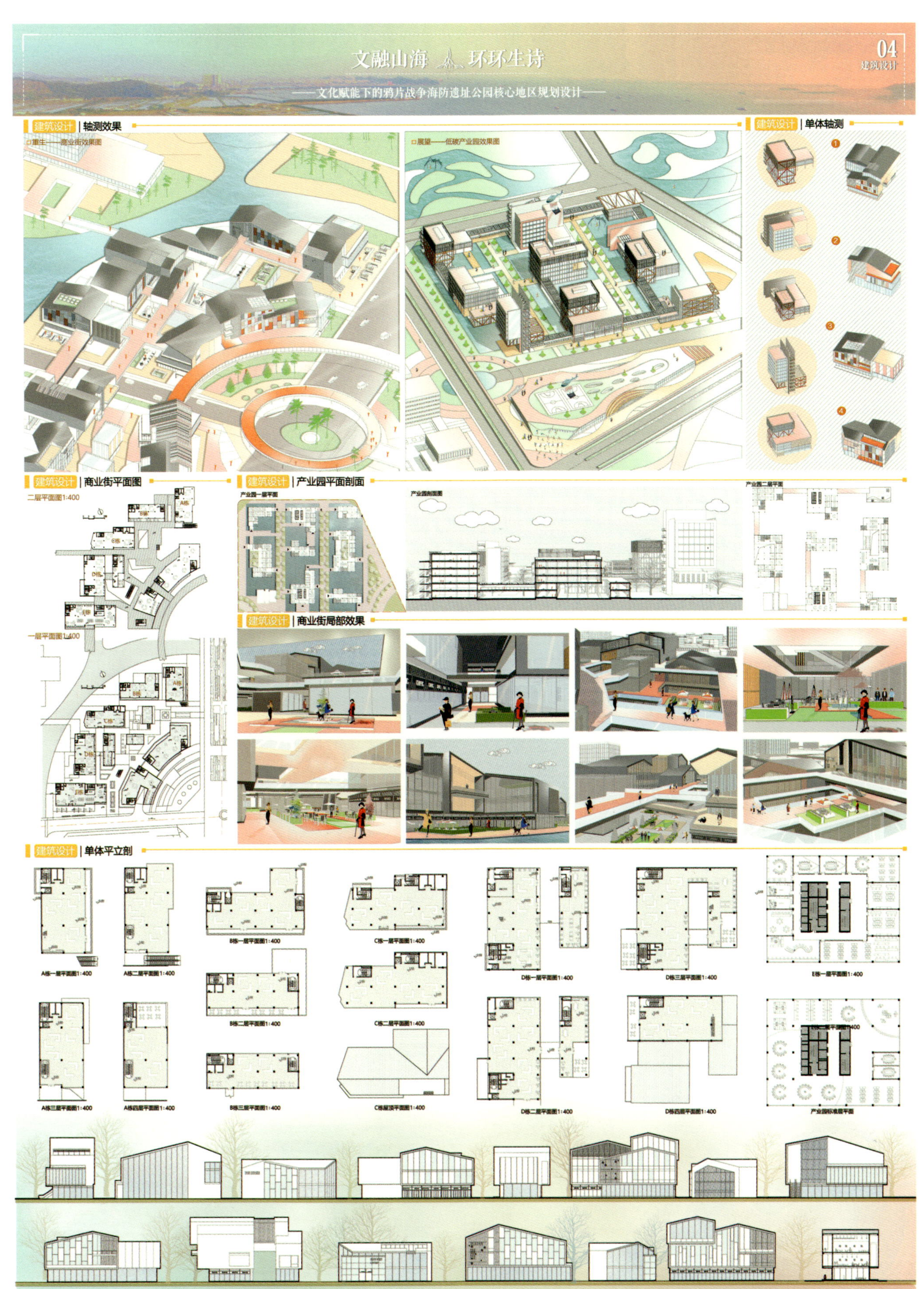
文融山海 环环生诗
04
建筑设计
——文化赋能下的鸦片战争海防遗址公园核心地区规划设计——
建筑设计 | 轴测效果
建筑设计 | 单体轴测
建筑设计 | 商业街平面图
建筑设计 | 产业园平面剖面
建筑设计 | 商业街局部效果
建筑设计 | 单体平立剖

2016 级建筑学
大五

钟　言
冯际帆
王钰琪
石筱璟
宗文可
李玉婷
程　蕊

毕业设计 南粤杯联合毕设 汩汩涓流循循织新

指导教师：
周志仪
江婉平

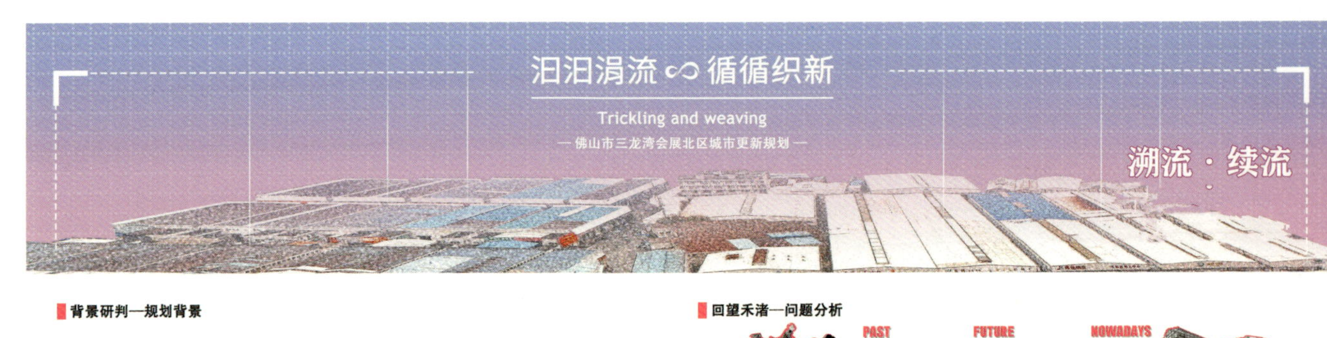

汩汩涓流∞循循织新
Trickling and weaving
—佛山市三龙湾会展北区城市更新规划—
溯流·续流

背景研判—规划背景

在"十四五"规划纲要的指导下，我国将以推动高质量发展为主题，打造带动全国高质量发展增长极。三龙湾高端创新集聚区作为新时代全国同城化发展示范区，将承接"十四五"规划对粤港澳大湾区的创新科技发展需求，为推动高质量发展提供动能。

区位分析

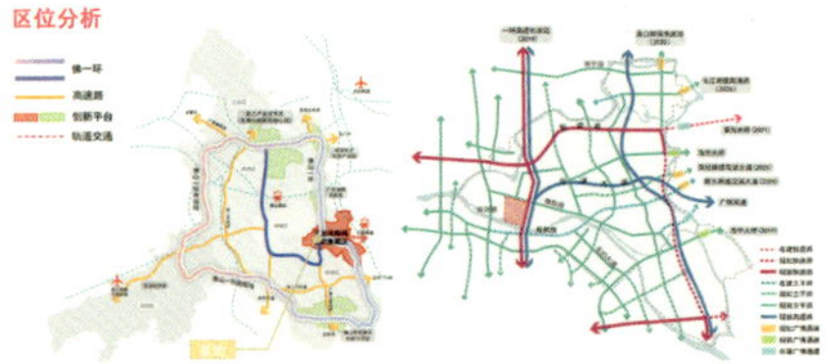

广佛两市选取交界区域的核心地带，共建广佛融合发展区其中以广州南站为核心，共建广佛融合先导区。佛山三龙湾毗邻广州南站，位于广佛融合先导区的核心区。依托陈村花卉世界展览中心、现状物流平台以及周边花卉种植基地，项目地可与对岸潭洲国际会展中心联动，重点发展花卉等农产品研发培育、展贸物流以及主题商业旅游、居住配套等功能的综合发展片区。

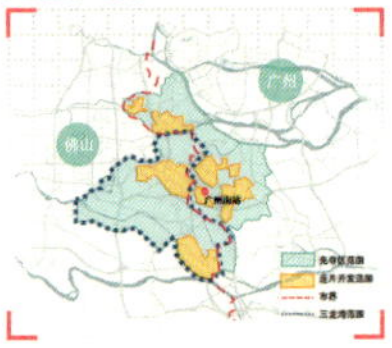

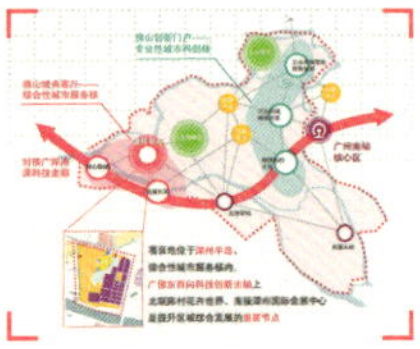

广佛层面—联动
广州
佛山

三龙湾层面—辐射

背景研判—规划解读

《广东省佛山市土地利用总体规划(2006-2020年)》
重点建设顺德区陈村花卉世界等城郊都市型生态农业区，加快城乡"三旧"改造工程的实施，积极推行节地型城、镇、村更新改造，全面提高经济社会发展。

《佛山市城市总体规划（2011-2020年）》
构筑"1+2+5"城镇空间格局；顺德水道以北镇加强与禅城区的产业协作与交通联系。

《三龙湾城市总体规划》
通过减量提质，城中增绿的途径塑造"半城半绿"的用地布局。推动广佛科技产业融合发展。

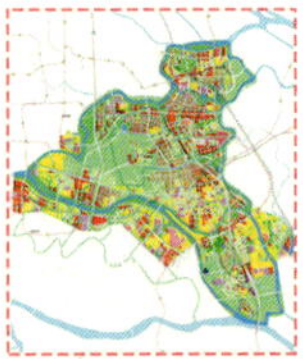

展望禾渚—机遇与挑战

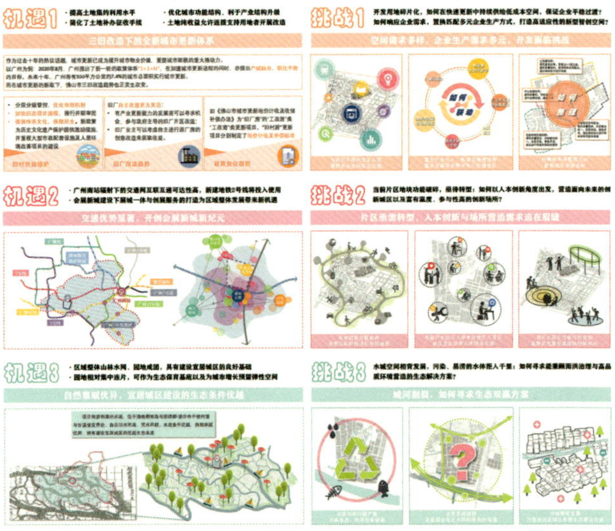

机遇1
·提高土地集约利用水平
·简化了土地补办征收手续
·优化城市功能结构、利于产业结构升级
·土地纯收益允许返拨支持用地者开展改造
三旧改造下的全新城市更新体系
挑战1
机遇2
挑战2
机遇3
挑战3

我们的思考：
Q1：用什么来解决当前项目地产业发展、空间转型、城河割裂的困境？ Q2：我们想要营造一个怎样的禾渚？

禾渚的自白—人口分析

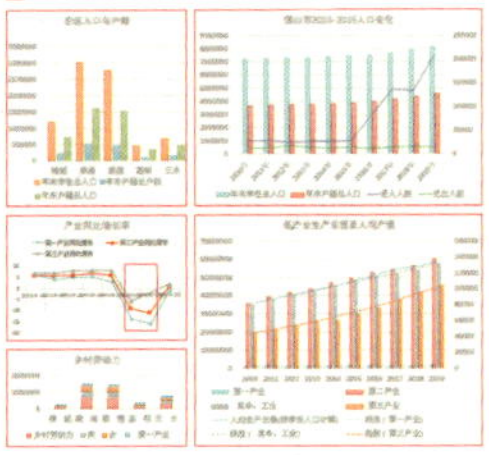

·外来人口数量增加。自2016年起，佛山市外来迁入人口数量急剧增加，并且势头持续上扬。但外来人口数量与户籍人口总数差距缓慢扩大。

·政策及企业转型带来人口变化。粤港澳大湾区广佛极点的正式成立将佛山推向了新的发展阶段，在劳动密集型企业的基础下向高端智造业逐步转型，丰富的优质就业资源吸引了大量外来人口在此落户。

·三产从业人员稳步增加且增势强劲。三产从业人员逐年增加，2015年开始增长率不断提高，内生动力饱满。第二产业中工业仍占主导地位。与此同时第二第三产差距逐年缩小，标志着佛山市的产业复合转型正在稳步推进中。

顺德区产业人口结构
顺德区各产产值
顺德区工业结构

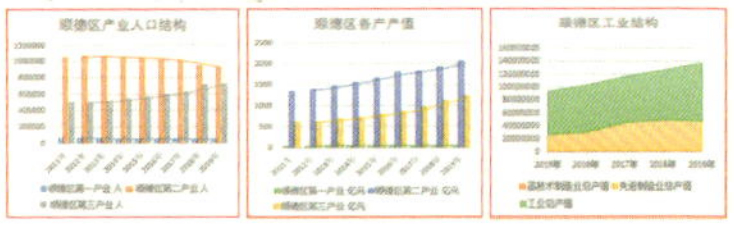

回望禾渚—问题分析

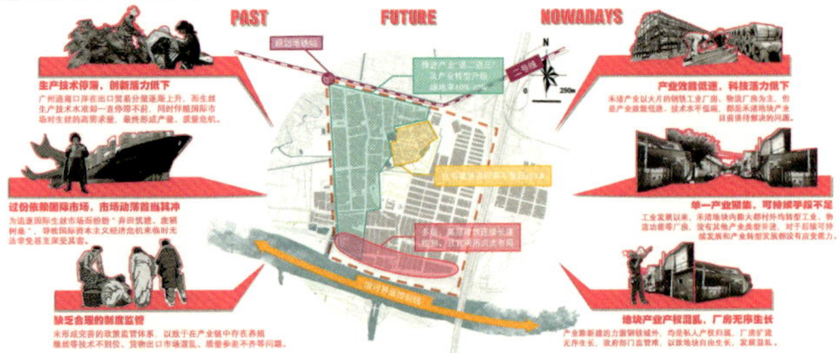

PAST
FUTURE
NOWADAYS

回望禾渚—历史沿革

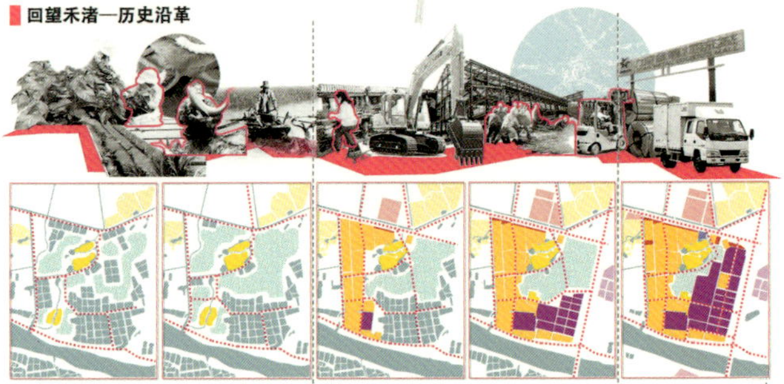

1985
1995
2002
2008
2021

基塘转型，退塘还田。沿江桑基鱼塘开始向果基蔗、基鱼塘转型，内陆鱼塘开始转型为稻田。

工业兴起，挤压空间。工业厂房逐渐占用鱼塘空间，形成沿江厂房包围内陆稻田的态势。

空间破碎，生态失衡。各方断流，丧失连接。

禾渚的自白—现状分析

基地现状

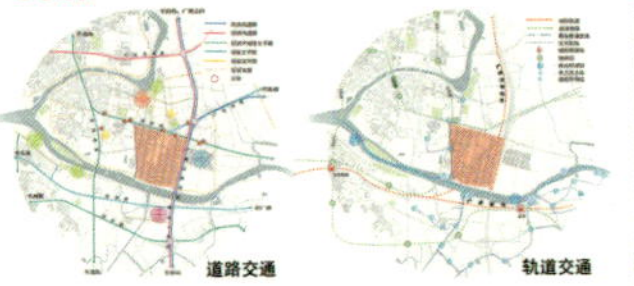

道路交通
轨道交通

地块周边交通便利，东为广佛江珠高速，西侧为潭村工业区一路，南邻潭洲水道，北为佛陈路。周边资源优越，南连潭州会展中心，北接陈村花卉世界，东侧为金锠国际金属交易广场，南临潭州水道

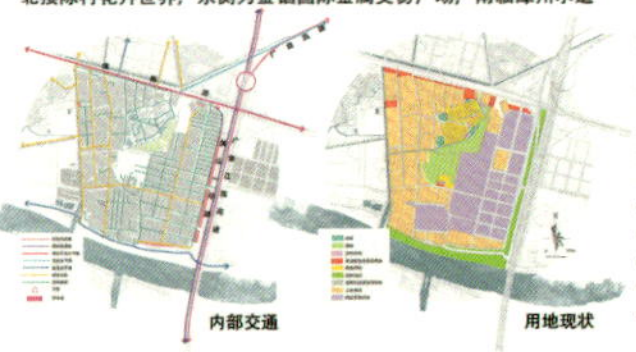

内部交通
用地现状

景观要素分析

历史文化街区
历史建筑
水利遗产

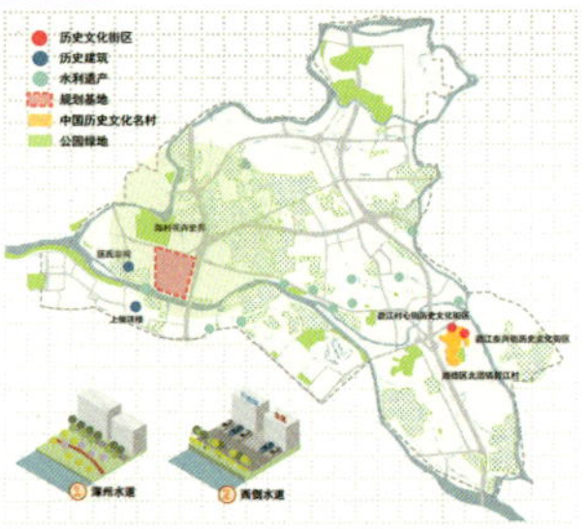

·水网发达、形态丰富；
·三江环绕（东平水道、陈村水道、潭洲水道）河网密布贯穿其中；
·项目基地北接陈村花卉世界，处于其景观重要影响范围内；
·位于潭洲水道北岸，具有较好的滨水景观资源；
·基地邻近三龙湾重要历史建筑及水利遗产孖庙水闸等历史资源要素。

禾渚的瓶颈—断流之音

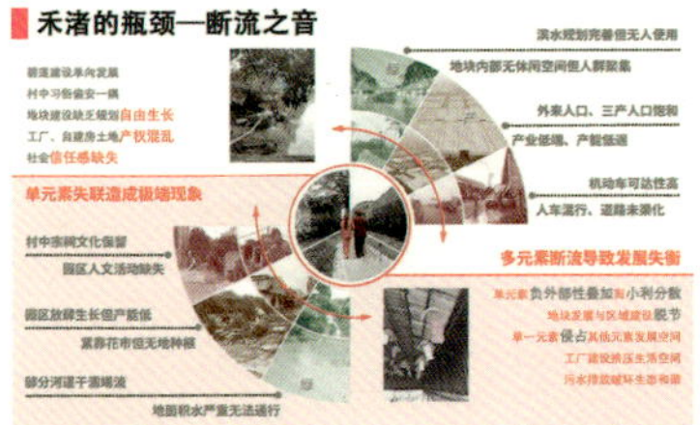

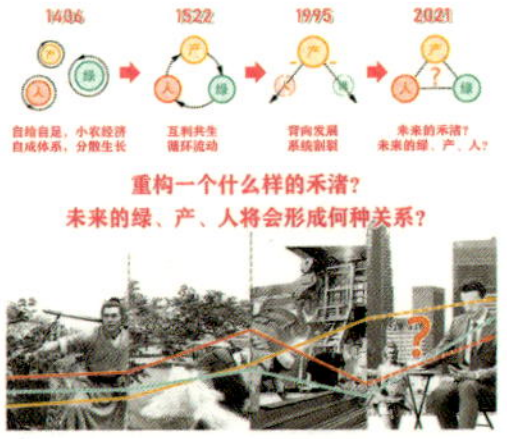

1406
1522
1995
2021
自给自足，小农经济
自成体系，分散生长
互利共生
循环流动
背向发展
系统割裂
未来的禾渚？
未来的绿、产、人？
重构一个什么样的禾渚？
未来的绿、产、人将会形成何种关系？

禾渚的瓶颈—续流所向

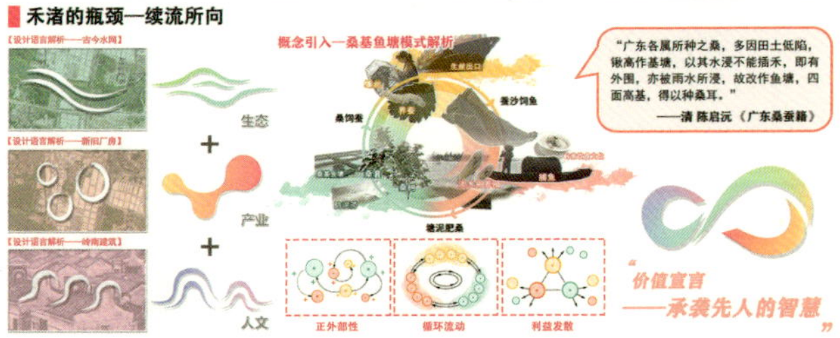

概念引入—桑基鱼塘模式解析
生态
产业
人文
正外部性
循环流动
利益发散

"广东各属所种之桑，多因田土低陷，锹高作基塘，以其水浸不能插禾，即有外围，亦被雨水所浸，故改作鱼塘，四面高基，得以种桑耳。"

——清 陈启沅《广东桑蚕籍》

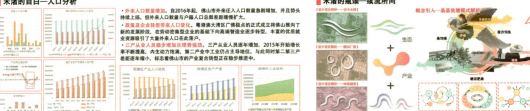

"价值宣言
——承袭先人的智慧"

2016 级建筑学
大五

钟言
冯际帆
王钰琪
石筱璟
宗文可
李玉婷
程蕊

毕业设计

南粤杯联合毕设

汩汩涓流 循循织新

指导教师：
周志仪
江婉平

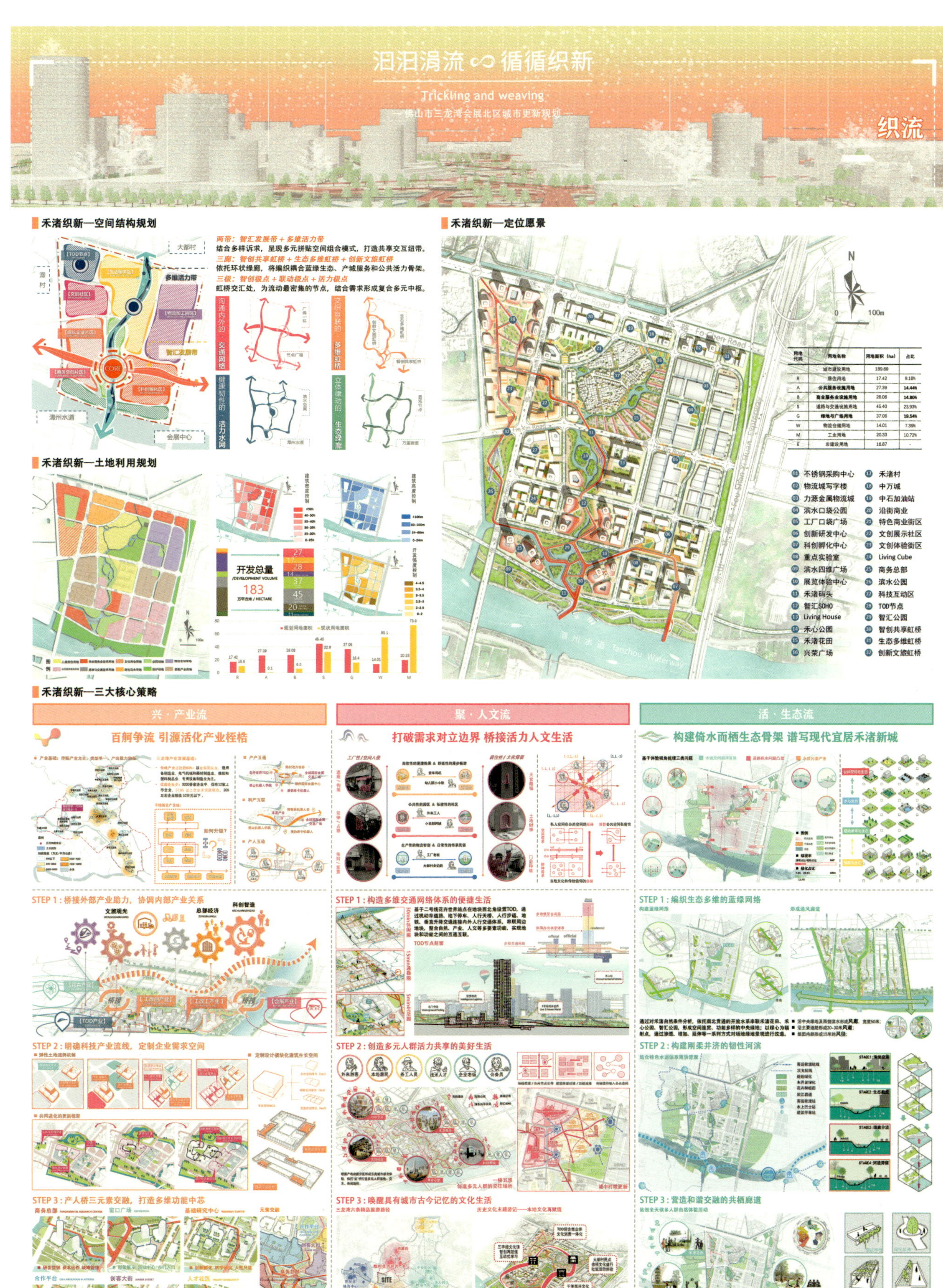
汩汩涓流∞循循织新
Trickling and weaving
——佛山市三龙湾会展北区城市更新规划——
织流
禾渚织新—空间结构规划
两带：智汇发展带＋多维活力带
结合多样诉求，呈现多元拼贴空间组合模式，打造共享交互纽带。
三廊：智创共享虹桥＋生态多维虹桥＋创新文旅虹桥
依托环状绿廊，将编织耦合蓝绿生态、产城服务和公共活力骨架。
三极：智创极点＋联动极点＋活力极点
虹桥交汇处，为流动最密集的节点，结合需求形成复合多元中枢。
禾渚织新—土地利用规划
开发总量
183
禾渚织新—定位愿景
禾渚织新—三大核心策略
兴·产业流
百舸争流 引源活化产业桎梏
聚·人文流
打破需求对立边界 桥接活力人文生活
活·生态流
构建倚水而栖生态骨架 谱写现代宜居禾渚新城
STEP 1：桥接外部产业助力，协调内部产业关系
STEP 1：构造多维交通网络体系的便捷生活
STEP 1：编织生态多维的蓝绿网络
STEP 2：明确科技产业流线，定制企业需求空间
STEP 2：创造多元人群活力共享的美好生活
STEP 2：构建刚柔并济的韧性河滨
STEP 3：产人桥三元素交融，打造多维功能中芯
STEP 3：唤醒具有城市古今记忆的文化生活
STEP 3：营造和谐交融的共栖廊道
02

2016 级建筑学
大五

钟　言
冯际帆
王钰琪
石筱璟
宗文可
李玉婷
程　蕊

毕业设计

南粤杯联合毕设

汩汩涓流循循织新

指导教师：
周志仪
江婉平

汩汩涓流 ∞ 循循织新
Trickling and weaving
—佛山市三龙湾会展北区城市更新规划—
汇流 · 互流
禾渚织新—编织虹桥
我们关注人产绿三者间的联系，以虹桥为载体实现生产、生活、生态间的灵活交互。
多维生态虹桥
智创共享虹桥
创新文旅虹桥
三座虹桥将以分享与循环流动的特质，链接昔日动态和谐的良性状态，助力青年才俊厚积薄发，成为创造多元未来的容器。
智创共享虹桥
创新文旅虹桥
生态多维虹桥
禾渚织新—未来愿景
[智汇、流动、人本]
展产联动冲破桎梏、科创要素流动、内外交互成长
多元社群需求复合、原生记忆融合、包容人文脉续
水城相接和谐共生、有机水网渗透、无限绿意蔓延
节点设计——工厂改造活动中心
商业-活动-办公 功能混合
分期开发策略
1.0 立新时代
2.0 融心时代
3.0 聚芯时代
城市设计指南
城市天际线
植物选配
选取佛山绿化的10种基调树种：白兰、榕树、秋枫、木棉、红花洋蹄甲、尖叶杜英、大花紫薇、扁桃、人面子、王棕，结合龟背竹、肾蕨等植物依据四季景观活动进行景观配置导引设计。
智能设施
海绵城市设计手册
基于景观生态特征的三级海绵系统
多级类的海绵城市设施规划
海绵设施与区域需求
海绵设施与景观营造
产业开发管理手册
STAGE1：多元融资，打造共融流动资金池
吸引多方资金注入，支持鼓励非园区权利人参与园区改造在政策引导下共同形成流动资金池，串联各方利益，形成共赢。
STAGE2：整合土地关系，企业循环混合开发
——加强园区连片整合改造
整合集体土地与国有土地关系，实现混合土地开发，并且引入企业竞争机制，保持企业活力生长
1 鼓励连片开发项目混合出让。
2 完善连片整合园区梯级差额补偿机制，鼓励相邻园区进行联合报建开发，结合连片整合园区的个数、改造面积、土地连片整合成本，实行梯级差额补偿机制。
——产业园区入园评估标准
1 入园项目适用范围
2 园区发展评定要求
2.1 政府整理改造用地的经济指标要求
2.2 集体整理改造用地的经济指标要求
3 园区改造提升项目扶持奖励办法
3.1 拆除改造奖励项目要求与标准
3.2 微改造类奖励要求及标准
3.3 招商引资奖励要求及标准
3.4 税收区级留成奖励要求及标准
STAGE3：实现园区共同运营，打破独立管理
——创新园区管理机制
1 发展"混合公司制"管理模式
· 管理公司持股及管理人员构成
· 政府介入，优化园区管理
2 推进园区高标准"双达标"
· 制定和完善园区"双达标"标准
· 实施"双公示"制度
3 建立园区评级制度和奖惩机制
· 结合园区改造标准及发展方向
· 健全园区评级奖惩机制
03

钟　言
冯际帆
王钰琪
石筱璟
宗文可
李玉婷
程　蕊

毕业设计　南粤杯联合毕设　汩汩涓流　循循织新

指导教师：
周志仪
江婉平

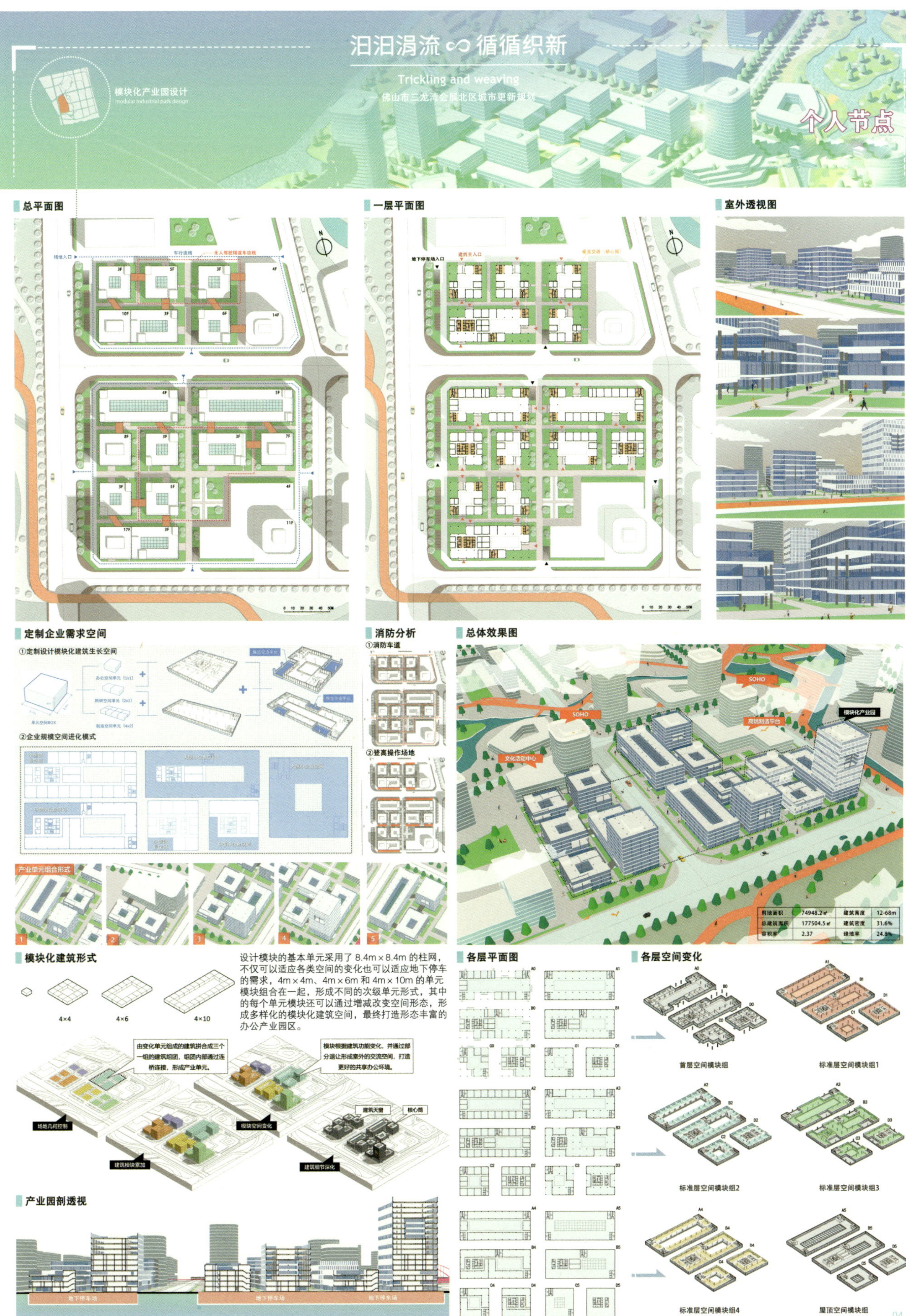
汩汩涓流 ∽ 循循织新
Trickling and weaving
佛山市三龙湾会展北区城市更新规划
模块化产业园设计
modular industrial park design
个人节点
总平面图
一层平面图
室外透视图
定制企业需求空间
①定制设计模块化建筑生长空间
②企业规模空间进化模式
产业单元组合形式
消防分析
①消防车道
②登高操作场地
总体效果图
SOHO
文化活动中心
模块化产业园
模块化建筑形式
4×4
4×6
4×10
由变化单元组成的建筑拼合成三个一组的建筑组团，组团内部通过连桥连接，形成产业单元。
模块根据建筑功能变化，并通过部分退让形成室外的交流空间，打造更好的共享办公环境。
场地几何控制
模块空间变化
建筑模块叠加
建筑细节深化
建筑天窗
核心筒
产业园剖透视
地下停车场
各层平面图
各层空间变化
首层空间模块组
标准层空间模块组1
标准层空间模块组2
标准层空间模块组3
标准层空间模块组4
屋顶空间模块组

设计模块的基本单元采用了 8.4m×8.4m 的柱网，不仅可以适应各类空间的变化也可以适应地下停车的需求，4m×4m、4m×6m 和 4m×10m 的单元模块组合在一起，形成不同的次级单元形式，其中的每个单元模块还可以通过增减改变空间形态，形成多样化的模块化建筑空间，最终打造形态丰富的办公产业园区。

2017 级建筑学
大五

晏陈

毕业设计 丰城市民中心设计

指导教师：肖　君　吴　靖

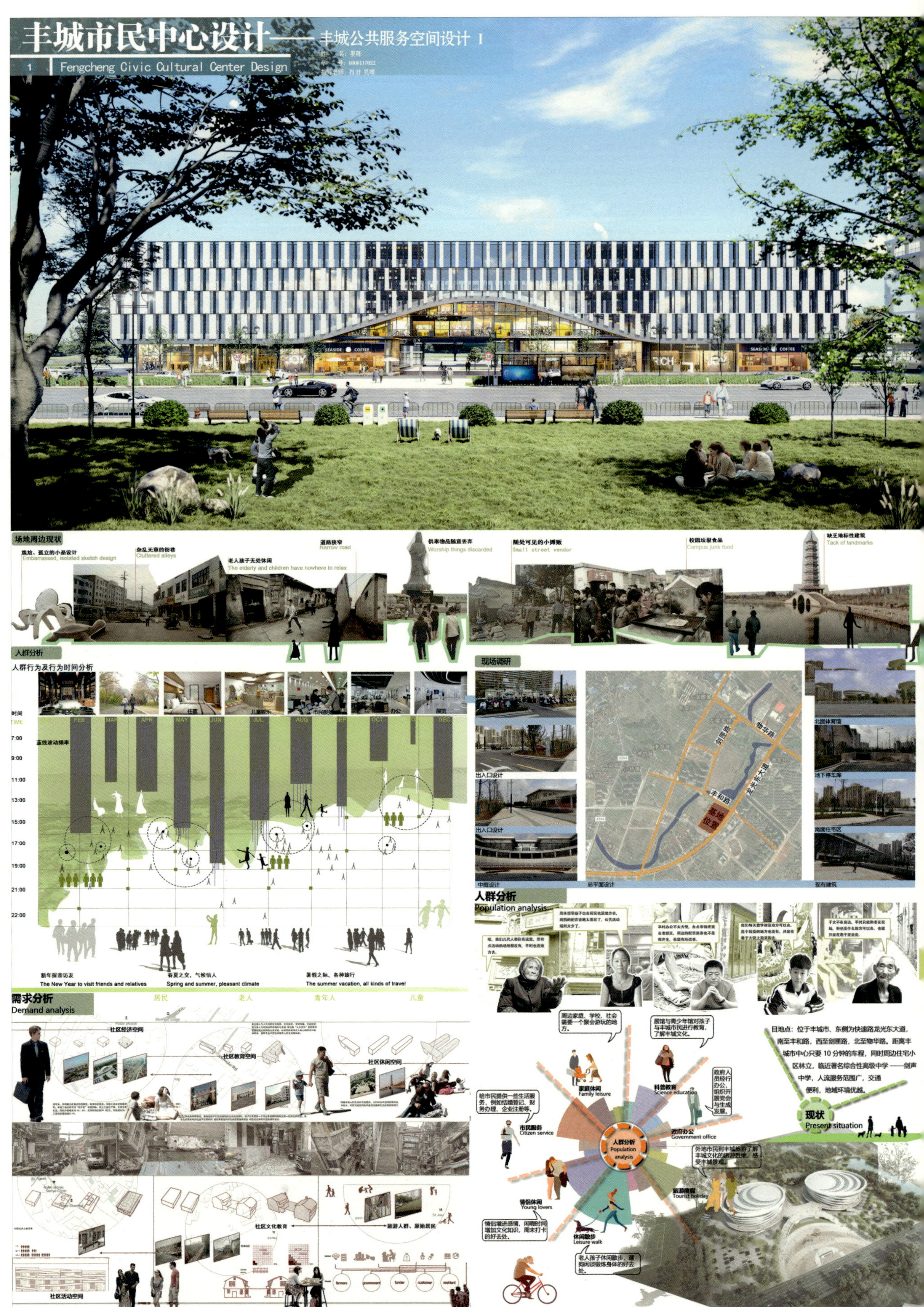
丰城市民中心设计——丰城公共服务空间设计 I
1 Fengcheng Civic Cultural Center Design
场地周边现状
人群分析
人群行为及行为时间分析
现场调研
人群分析
Population analysis
需求分析
Demand analysis
现状
Present situation

2017 级建筑学
大五

晏陈

毕业设计 丰城市民中心设计

指导教师：
肖　君
吴　靖

丰城市民中心设计—— 丰城公共服务空间设计 II
2
Fengcheng Civic Cultural Center Design
地表生态分析
Surface ecological analysis
城市分析
urban analysis
1. 标志性建筑
2. 序列性轴线空间
3. 地标性建筑群
2m人行道
组团道路横断面
步行道断面图
主要道路横断面
植物搭配分析
Plant collocation analysis
植物搭配方面采用常绿加少量落叶树，可在四级观赏到同景色，夏能遮荫、冬可沐浴阳光。色彩方面以绿色为主，少量红枫等异色叶作为点缀。搭配灌木使景观更有层次。
服务区域入库
建筑开窗及构件　线条
任何线条本身都具有一种特殊的表现力和多种造型的功能，对表达建筑性格、组织韵律和协调比例等起着至关重要的作用。竖线条具有挺拔、高耸、向上的气氛。
幕墙遮阳及造型设计
东立面图 1 : 400

2017 级建筑学
大五

晏陈

毕业设计 丰城市民中心设计

指导教师：
肖　君
吴　靖

丰城市民中心设计——丰城公共服务空间设计 III
3
Fengcheng Civic Cultural Center Design
入口分析
内部交通流线分析
绿化水体分析
广场以及采光分析
B座一层平面图 1：400
B座二层平面图 1：400
B座三层平面图 1：400
B座四层平面图 1：400
水平遮阳板
水平遮阳板
水平遮阳板
垂直遮阳板
外部遮阳设计
内部遮阳设计
A座北立面图 1：400
B座北立面图 1：400

晏陈

毕业设计
丰城市民中心设计

指导教师：
肖　君
吴　靖

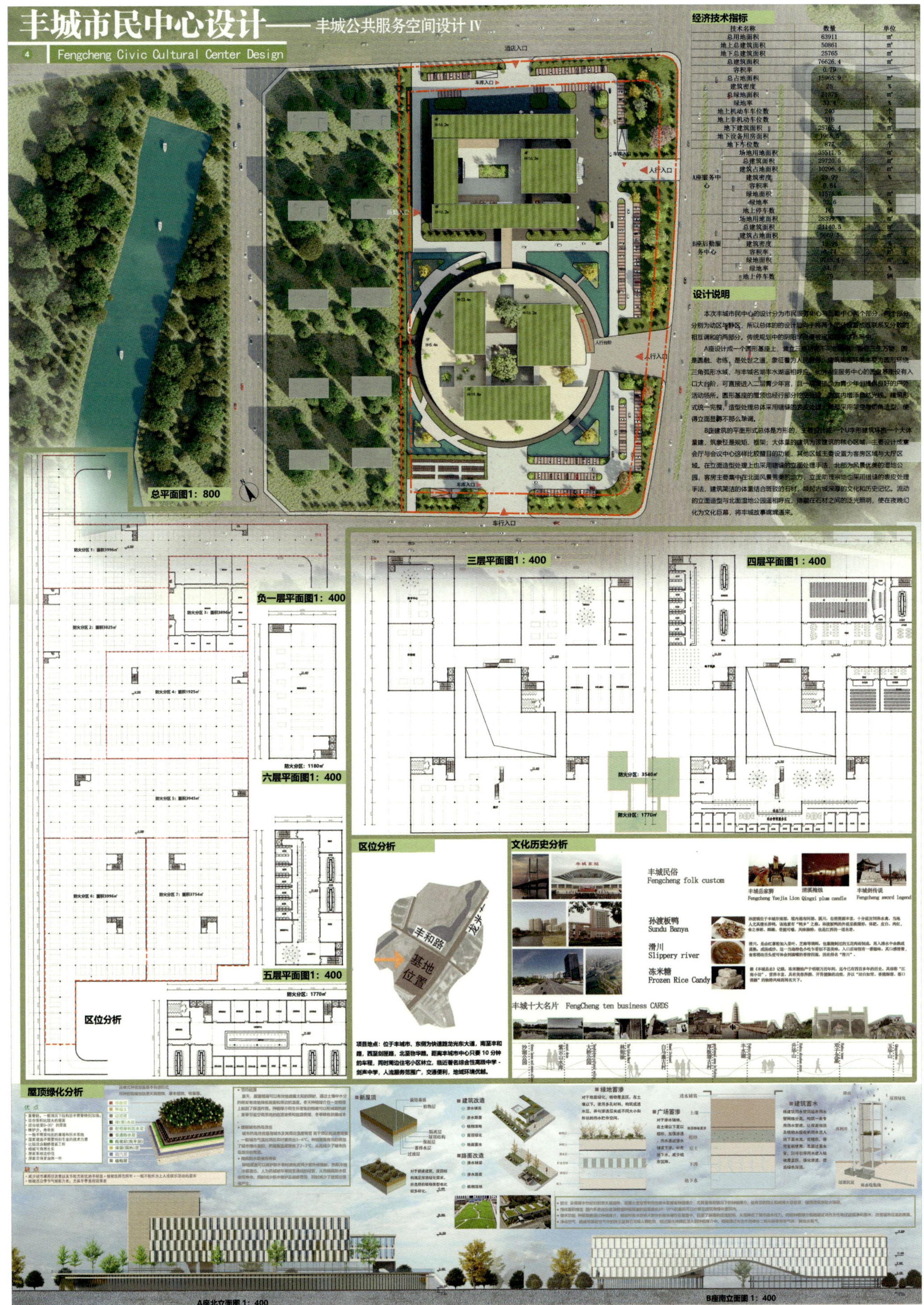
丰城市民中心设计——丰城公共服务空间设计 IV
4
Fengcheng Civic Cultural Center Design
经济技术指标
技术名称 数量 单位
总用地面积 63911 ㎡
地上总建筑面积 50861 ㎡
地下总建筑面积 25765 ㎡
总建筑面积 76626.4 ㎡
容积率 0.79
总占地面积 15965.9 ㎡
建筑密度 25 %
地上机动车车位数 240 个
地上非机动车位数 316 个
地下设备用房面积 ㎡
地下车位数 个
A座服务中心 场地用地面积 35511.5 ㎡
总建筑面积 29720.5 ㎡
建筑占地面积 10296.4 ㎡
建筑密度 29.99 %
容积率 0.84
B座后勤服务中心 总建筑面积 21140.5 ㎡
绿地率 %
地上停车数 79 辆
设计说明
B座建筑的平面形式总体是方形的，主要设计成一个U字形建筑环抱一个大体量建，筑象征是规矩、框架；大体量的建筑为该建筑的核心区域，主要设计成宴会厅与会议中心这样比较醒目的功能，其他区域主要设置为客房区域与大厅区域。在立面造型处理上也采用错缝的立面处理手法，北部为风景优美的湿地公园，客房主要集中在北面风景秀美的地方，立面助理宗地也采用错缝的表皮处理手法，建筑简洁的体量结合斑驳的石材，唤起古城深厚的文化和历史记忆。流动的立面造型与北面湿地公园遥相呼应，隐藏在石材之间的泛光照明，使在夜晚幻化为文化巨幕，将丰城故事娓娓道来。
酒店入口
人行入口
车行入口
总平面图1：800
负一层平面图1：400
六层平面图1：400
五层平面图1：400
三层平面图1：400
四层平面图1：400
区位分析
丰和路
龙光大道
基地位置
文化历史分析
丰城民俗
Fengcheng folk custom
孙渡板鸭
Sundu Banya
滑川
Slippery river
冻米糖
Frozen Rice Candy
丰城十大名片 FengCheng ten business CARDS
屋顶绿化分析
A座北立面图 1：400
B座南立面图 1：400

2017 级建筑学
大五

晏陈

毕业设计 丰城市民中心设计

指导教师：
肖 君
吴 靖

丰城市民中心设计—— 丰城公共服务空间设计 V
Fengcheng Civic Cultural Center Design
功能分析
A座二层平面图 1：400
A座一层平面图 1：400
室内空间设计意向
A座服务中心
B座后勤服务
行政服务中心
青少年宫
智慧城市展览
公共资源交易
城市规划展示
综合信息中心
宴会厅及餐厅
客房及大堂
办公休闲
导光筒
太阳能利用
雨棚利用
明框玻璃构造
A座北立面图 1：400
B座南立面图 1：400

建筑 85 级　江敏　毕业设计 0

建筑 85 级　江敏　毕业设计 1

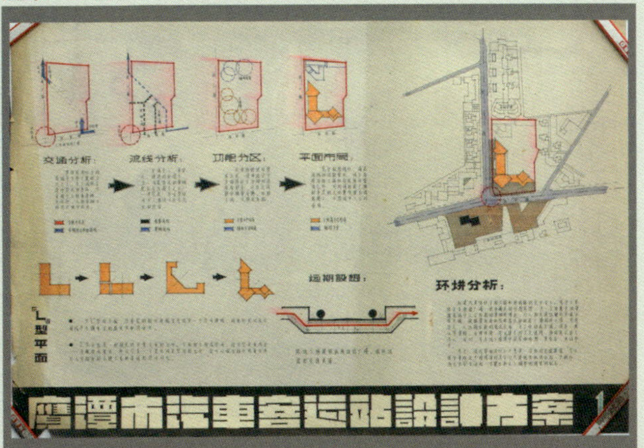

建筑 85 级　江敏　毕业设计 2

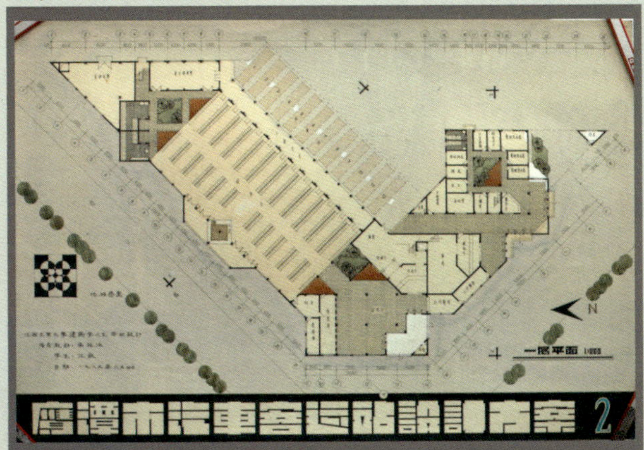

建筑 85 级　江敏　毕业设计 3

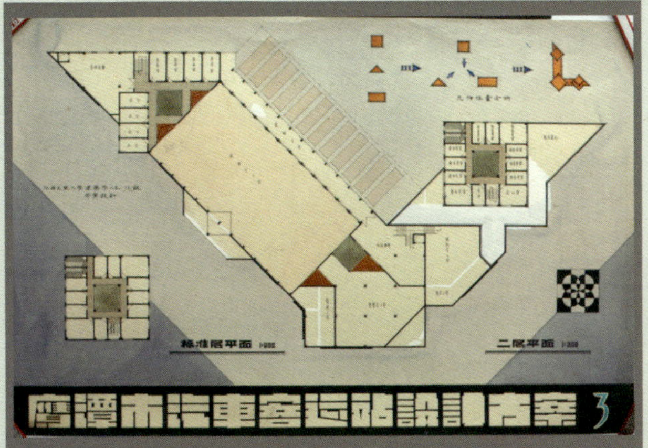

建筑 85 级　江敏　毕业设计 4

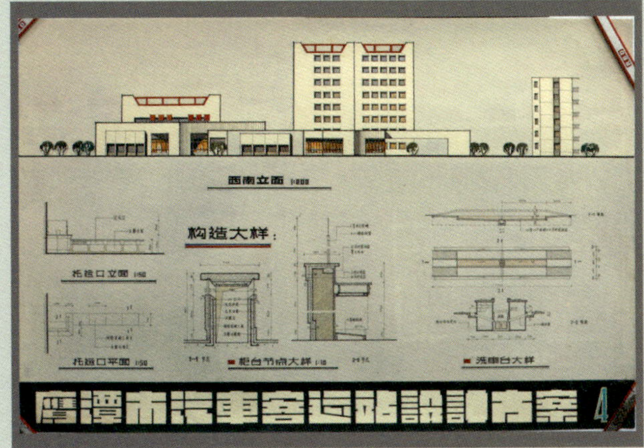

建筑 85 级　江敏　毕业设计 5

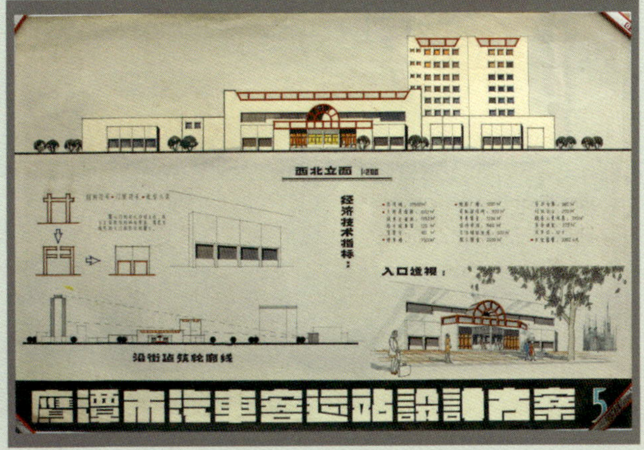

建筑 85 级　江敏　毕业设计 6

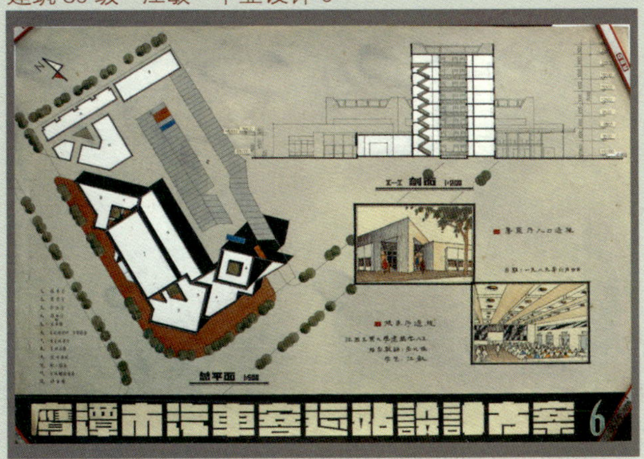

建筑 85 级　江敏　毕业设计 7

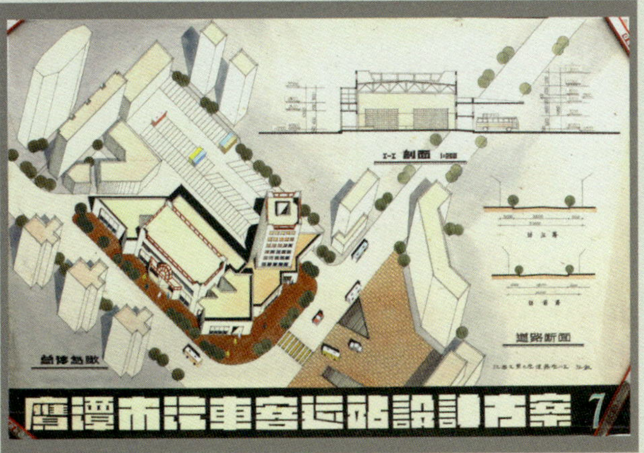

建筑遗产测绘实习优秀成果

Excellent
results of
architectural heritage
mapping practice

建筑遗产测绘
Architectural heritage mapping

《建筑遗产测绘实习》是普通高等学校建筑学专业的学科基础课程，具有综合性强、社会服务性高、理论联系实际等特点，南昌大学建筑学专业于本科四年级夏季学期开设本门课程。课程通过对江西地方传统聚落的现场调研和测绘，使学生直观感受江西生态宜居的绿色环境、深厚文化的历史底蕴和辉煌灿烂的地方文化，对学生的知识结构优化、专业技能提高、创新能力培养以及综合素质养成有着举足轻重的作用。

本课程注重将文化知识与思政教育相结合，引导学生认识和了解江西优秀建成遗产与传统文化，从而激发学生民族自豪感和爱国热情，通过实地调研考察和测绘，提升学生注重实践、刻苦钻研和勇于探索的职业素养。

本课程教学内容与时俱进，将虚拟现实技术与实践教学相结合，充分利用虚拟现实技术的沉浸性、交互性、创造性三个特点，使学生与建筑遗产之间实现时空对话，从而获得良好的空间体验和学习效果。

江西省传统聚落遗存丰富，有着大量值得研究和保护的建筑遗产，师生们期待通过本门课程，不仅能够实现教学目标，更重要的是为中国地方传统建筑遗产保护以及文化的传承做出点滴贡献。

2017 级建筑学
大五

吴明萱
徐浩轩
谢贤晟

修水县鹦鹉街抱爱医院建筑遗产测绘

指导教师：
姚 赯
蔡 晴
马 凯
李久君
李岳川
陈家欢
梁步青

南昌大學建筑學專業建筑遺產測繪
修水县鹦鹉街抱爱医院

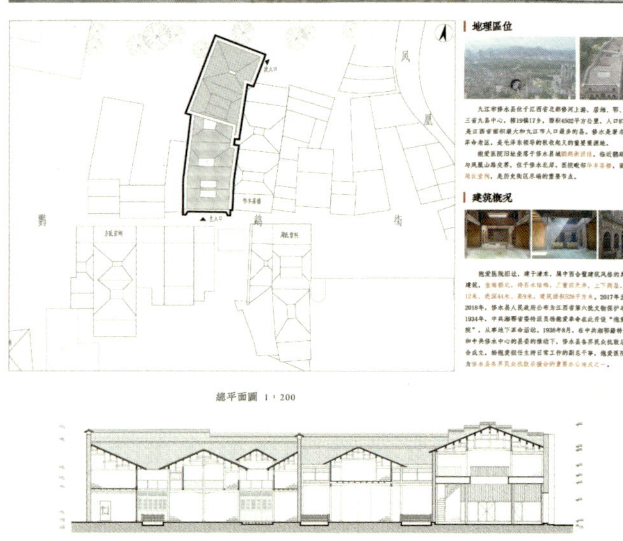
地理區位
建筑概况

總平面圖 1：200

1-1剖面圖 1：50

壹

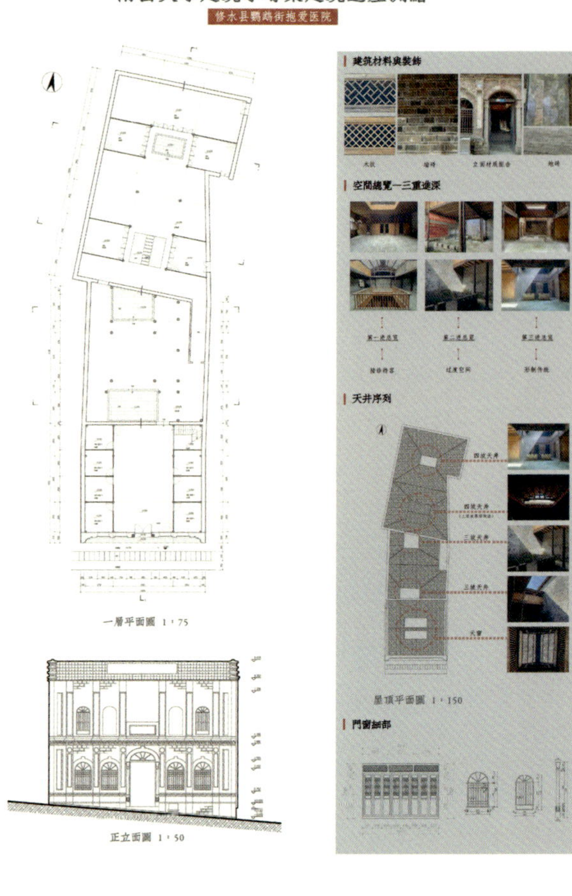
南昌大學建筑學專業建筑遺產測繪
修水县鹦鹉街抱爱医院
建筑材料與裝飾
空間感覺—三重递深
天井序列
屋頂平面圖 1：150
門窗細部

一層平面圖 1：75

正立面圖 1：50

貳

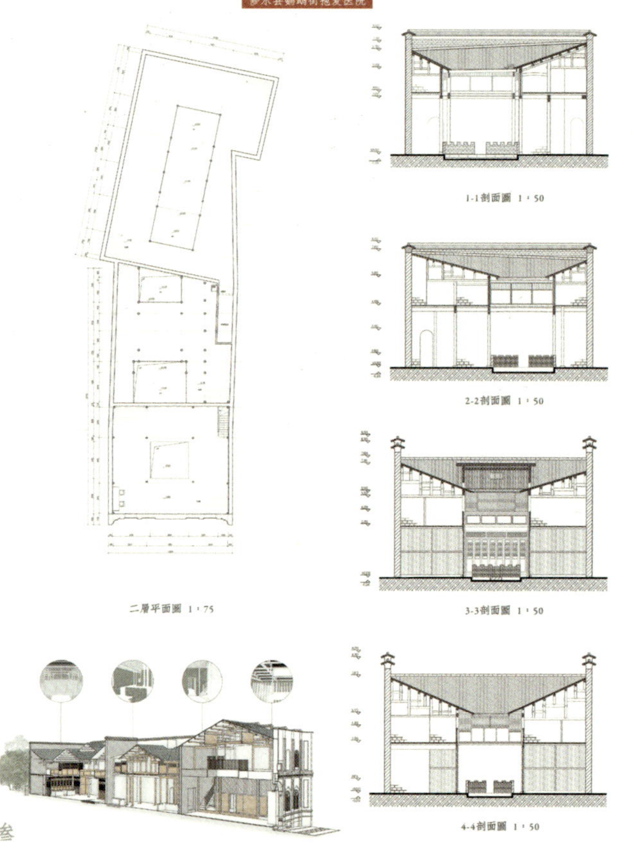
南昌大學建筑學專業建筑遺產測繪
修水县鹦鹉街抱爱医院

二層平面圖 1：75

1-1剖面圖 1：50

2-2剖面圖 1：50

3-3剖面圖 1：50

4-4剖面圖 1：50

叁

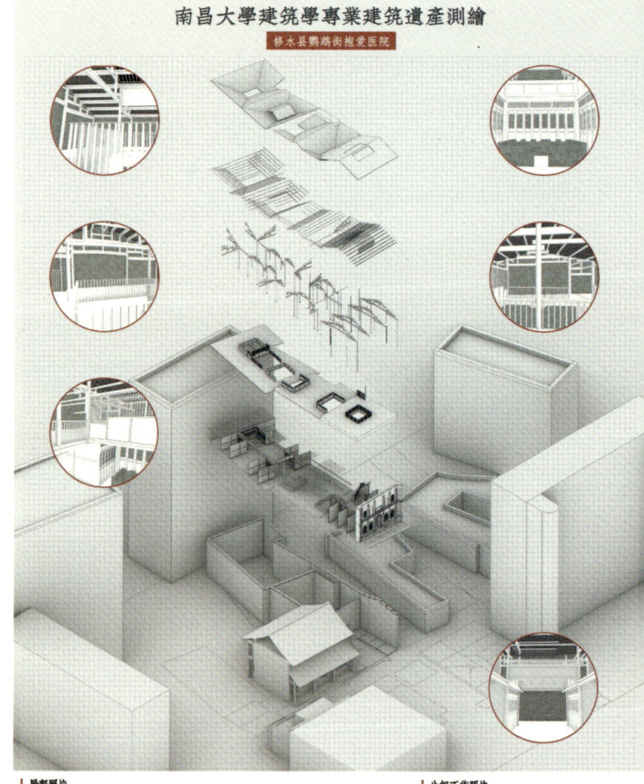
南昌大學建筑學專業建筑遺產測繪
修水县鹦鹉街抱爱医院

局部照片

小組工作照片

肆

2018 级建筑学
大五

彭　昆
肖遥宇
张泽龙
薛宝华

建筑遗产测绘
周氏宗祠

指导教师：
姚　赯
蔡　晴
马　凯
李久君
李岳川
陈家欢
梁步青

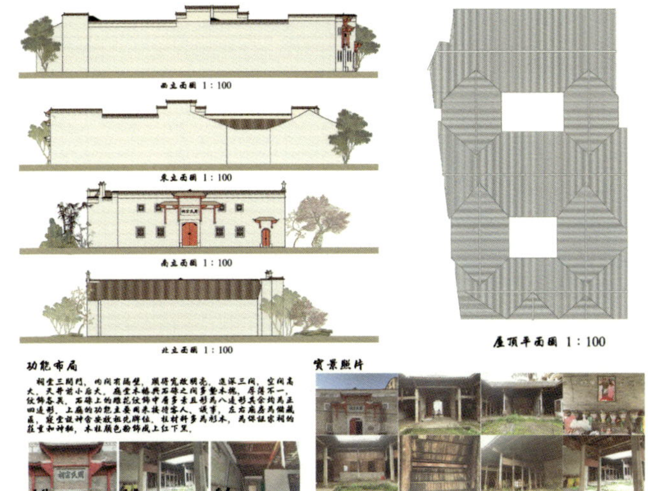

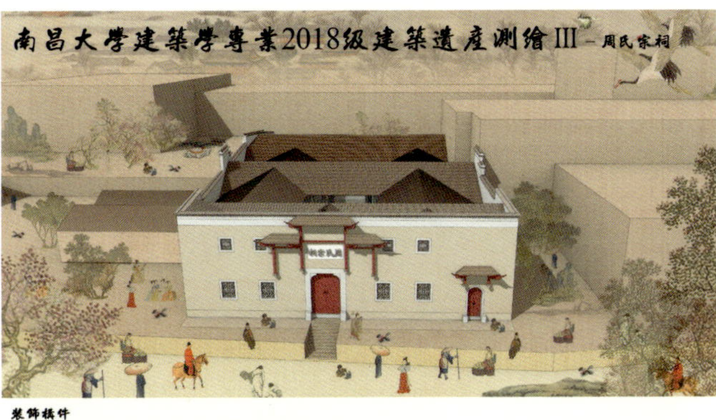

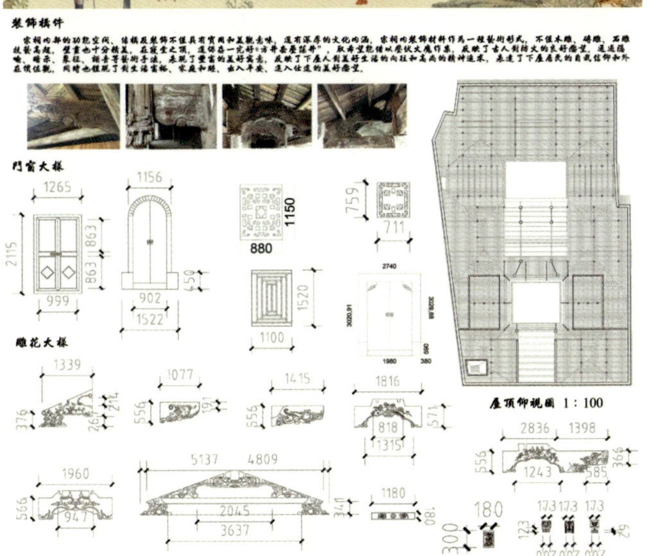

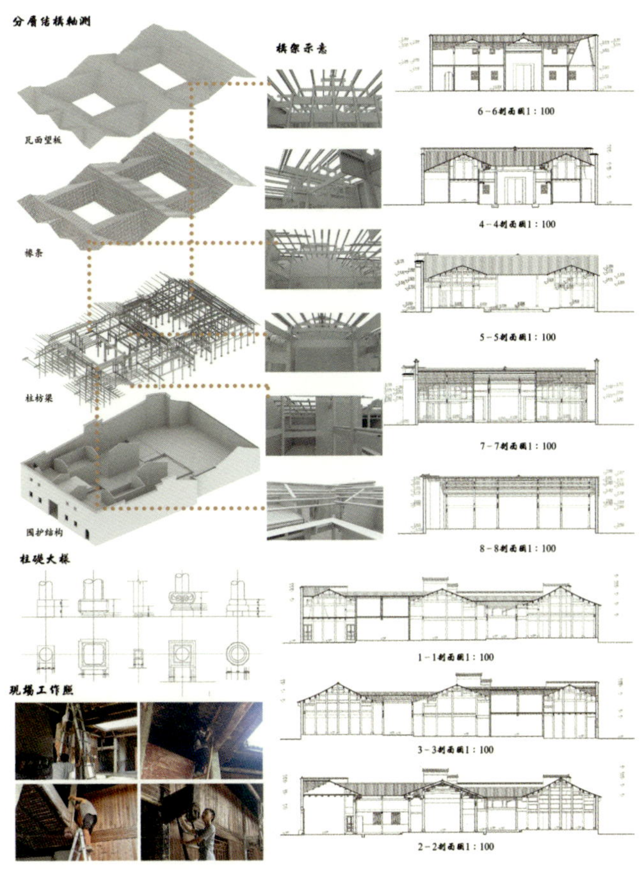

2019 级建筑学
大五

陈可蕊
江　奥
闫　朵
邝哲源
巫贤忠
陈炜奇
陈　玥
邓科瑞

建筑遗产测绘
汝南世家

指导教师：
姚　赯
蔡　晴
马　凯
李久君
李岳川
陈家欢
梁步青

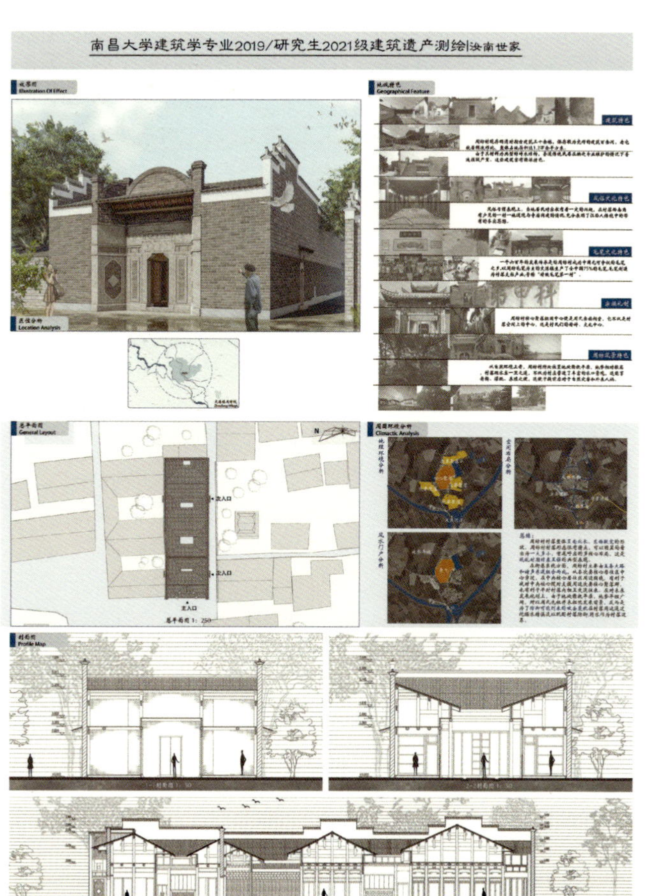
南昌大学建筑学专业2019/研究生2021级建筑遗产测绘|汝南世家

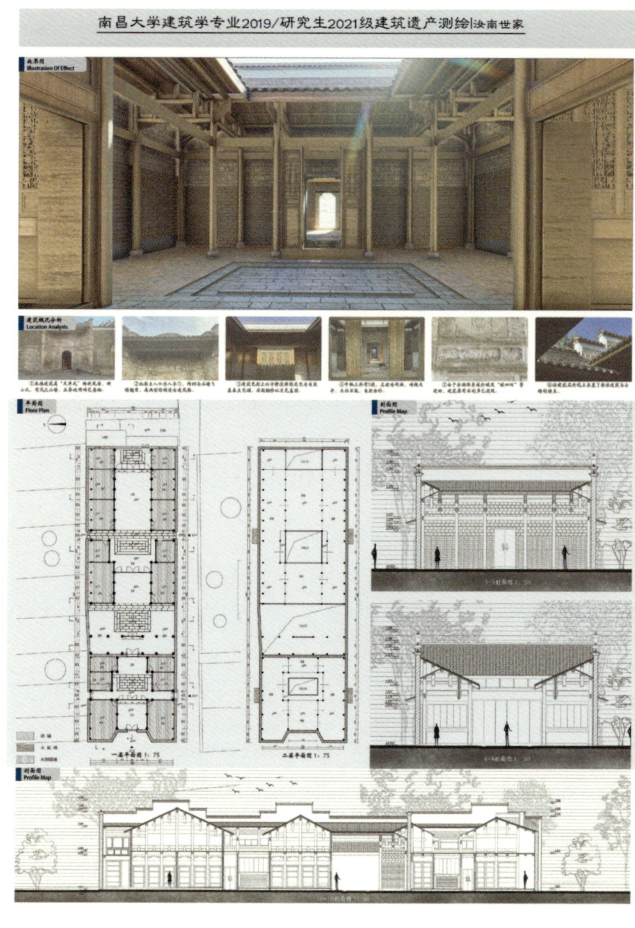
南昌大学建筑学专业2019/研究生2021级建筑遗产测绘|汝南世家

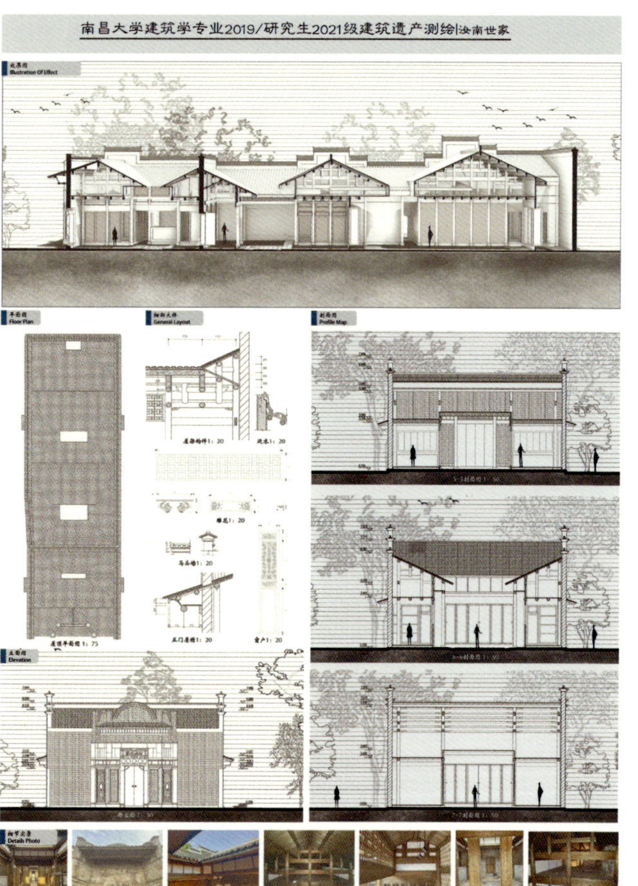
南昌大学建筑学专业2019/研究生2021级建筑遗产测绘|汝南世家

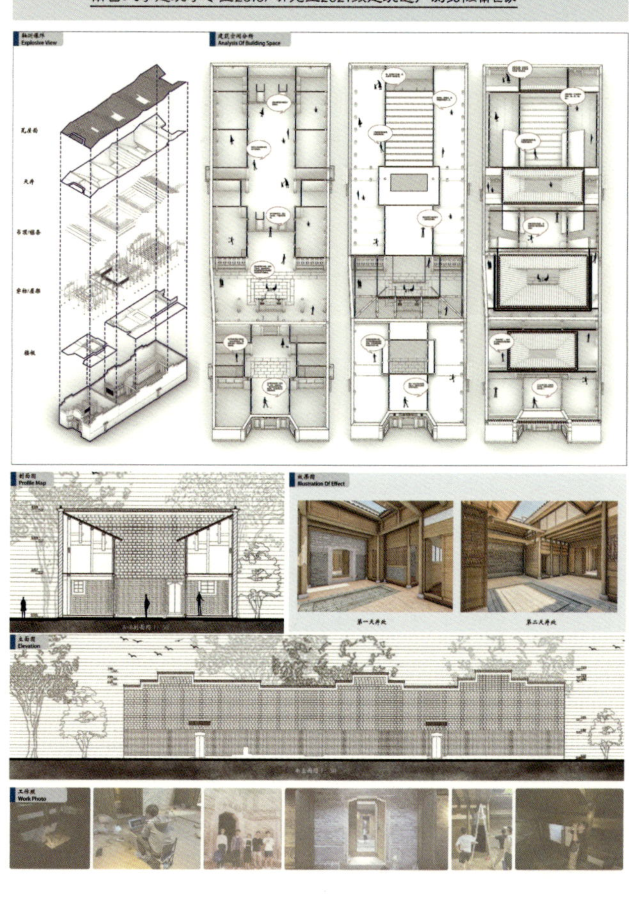
南昌大学建筑学专业2019/研究生2021级建筑遗产测绘|汝南世家

2019 级建筑学
大五

杨亚辉
庄晓琦
肖湘羽
敖　杨
婕　妤
王懿荣

建筑遗产测绘 紫芝流芳

指导教师：
姚　赯
蔡　晴
马　凯
李久君
李岳川
陈家欢
梁步青

本建筑地点位于江西省南昌市进贤县周坊村，建筑名为紫芝流芳，房屋内大量使用莲花等花草纹样。相传周敦颐曾在此居住。同时，其建成时期也与周敦颐所在朝代有所重合，故能推测出周敦颐出自周坊村。

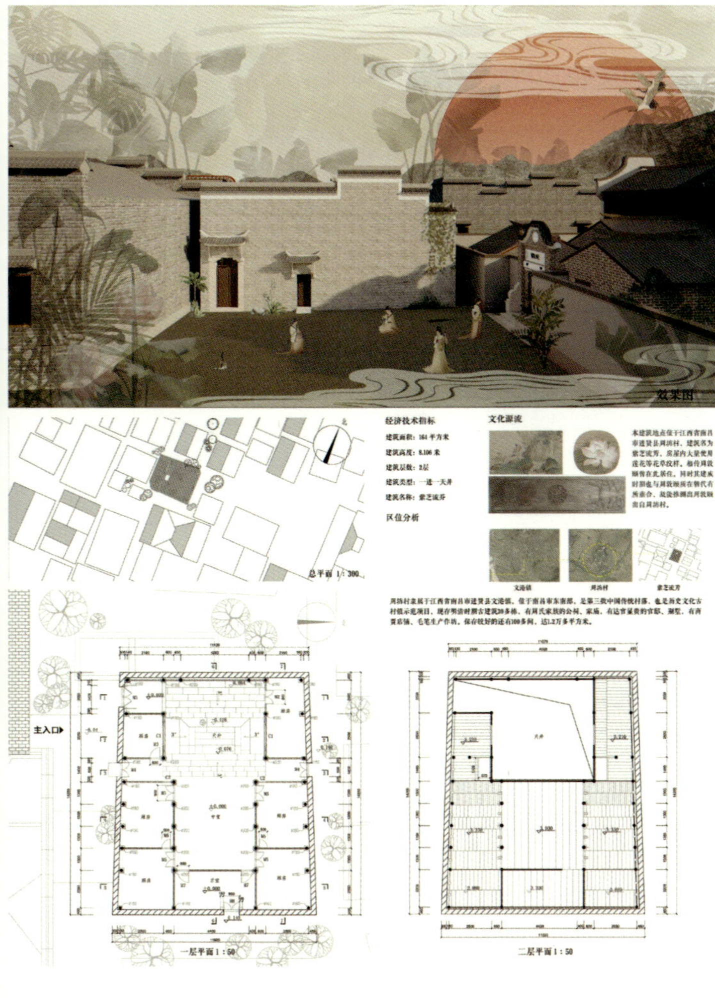
效果图
经济技术指标
文化源流
区位分析
总平面 1：300
主入口
一层平面 1：50
二层平面 1：50

室内场景
实景照片
柱础
南立面
爆炸图
正脊
瓦面
望板
檩条
梁
穿枋
柱
台基

2019 级建筑学
大五

**杨亚辉
庄晓琦
肖湘羽
敖 杨
婕 妤
王懿荣**

建筑遗产测绘 紫芝流芳

指导教师：
姚 赯
蔡 晴
马 凯
李久君
李岳川
陈家欢
梁步青

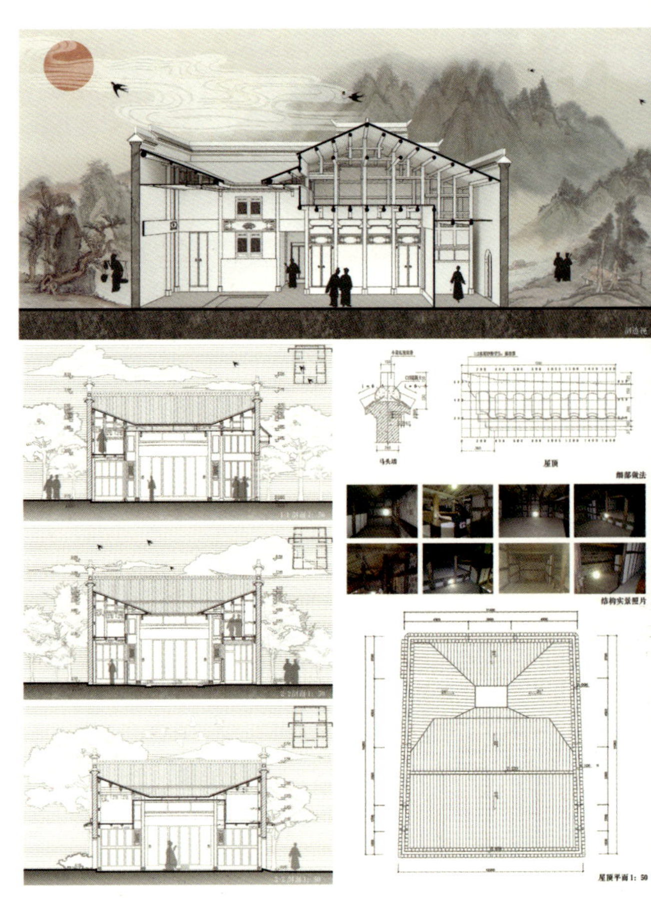

周坊村隶属于江西省南昌市进贤县文港镇，位于南昌市东南部，是第三批中国传统村落，也是历史文化古村镇示范项目，现存明清时期古建筑 30 多栋，有周氏家族的公祠、家庙，有达官显贵的官邸、别墅，有商贾店铺、毛笔生产作坊。保存较好的还有 100 多间，达 1.2 万多平方米。

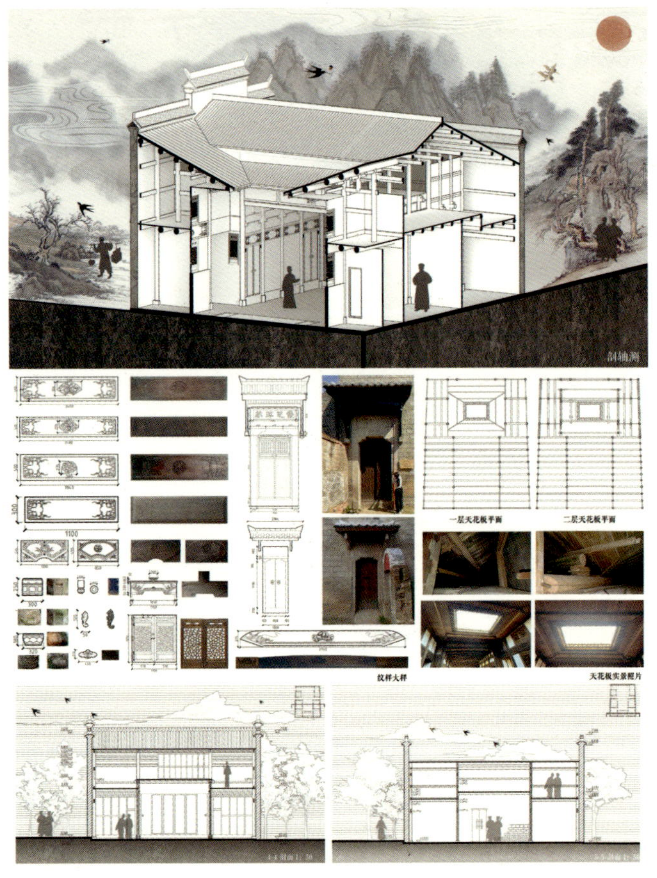

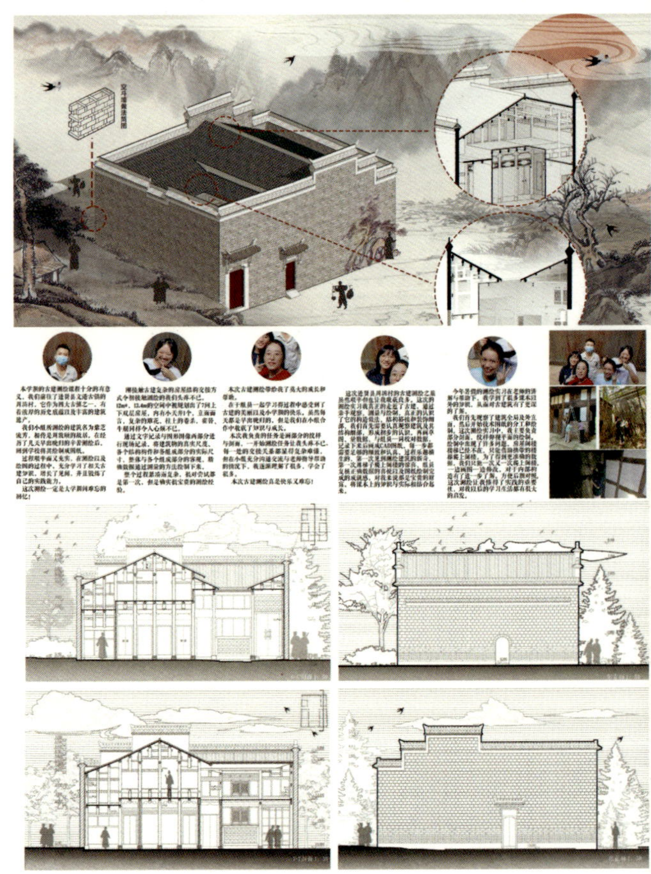

建筑 85 级　许洪兴　儿童食品厂设计

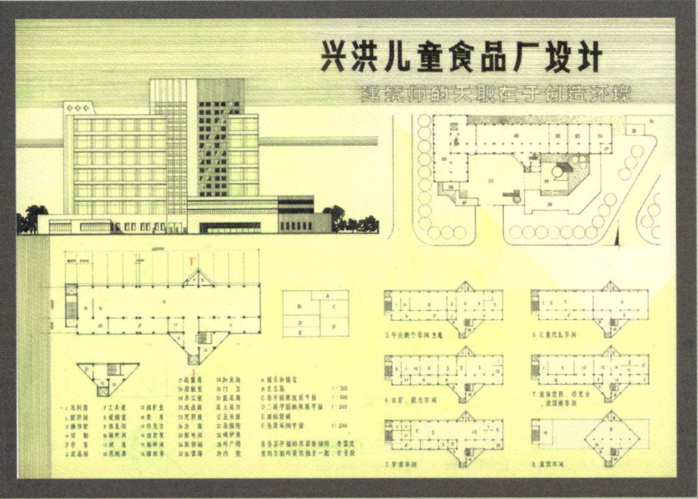
兴洪儿童食品厂设计

建筑 85 级　许洪兴　儿童食品厂设计

设计
说明

建筑 85 级　江敏　居住小区规划 1

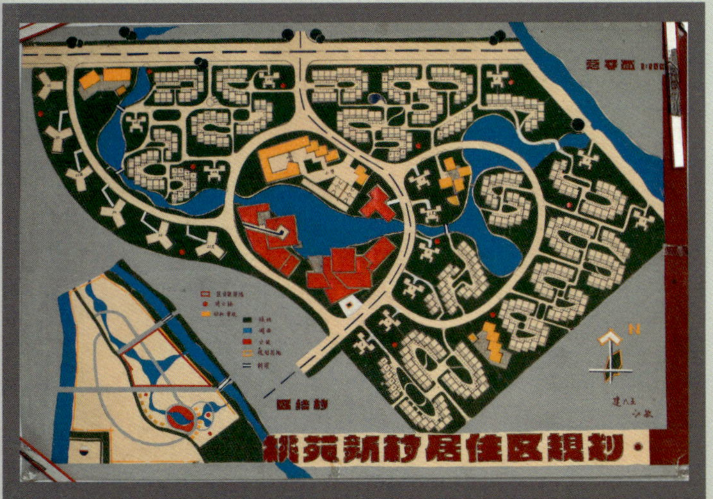
桃苑新村居住区规划

建筑 85 级　江敏　居住小区规划 2

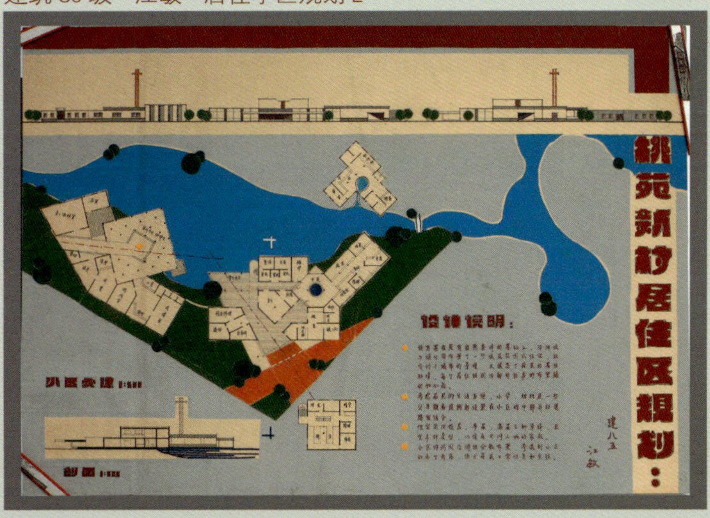
桃苑新村居住区规划：
设计说明：

建筑 85 级　江敏　居住小区规划 3

桃苑新村居住区规划：：

建筑 85 级　江敏　居住小区规划 4

桃苑新村居住区规划：：
I 用地平衡表
II 经济技术指标

后记
Postscript

“宝剑锋从磨砺出，梅花香自苦寒来”，建筑学专业的教学和学习是充满挑战和艰辛的，课程设计无疑是五年建筑学本科专业学习中最重要的部分，同学们从入门到毕业，期间经历了无数次的思考、探索和超越自我，用一张张图纸来完成各阶段的专业学习。当然，比设计成果更重要的是设计过程本身，本书收录了南昌大学建筑学专业本科生 2020—2022 年之间的部分优秀作品，虽然其中仍尚存诸多不足，但凝聚了建筑系师生们教与学过程中的付出与心血。

本书在学校和学院各级领导的关怀和编委会师生的不懈努力下按时完成编撰工作，恰逢南昌大学建筑学专业获批国家一流本科专业建设点和新的建筑与设计学院成立之初，既是对过去三年的教学总结，也是对未来的期待和展望。

在党的二十大精神指引下，南昌大学建筑系师生将紧扣时代脉搏，牢记历史使命，以乡村振兴和城市更新建设为目标，以文化传承和适宜技术为着力点，坚持产学研一体化，用建筑与城市设计的金画笔、绘制人民美好生活的宏图!

图书在版编目（CIP）数据

南昌大学建筑系学生作品集萃：2020–2022 = UNDERGRADUATE WORK COLLECTION OF DEPARTMENT OF ARCHITECTURE，NANCHANG UNIVERSITY：2020–2022 / 南昌大学建筑与设计学院编；黄景勇等主编；周韬等副主编 .— 北京：中国建筑工业出版社，2023.8
ISBN 978-7-112-28900-4

Ⅰ .①南… Ⅱ .①南… ②黄… ③周… Ⅲ .①建筑设计—作品集—中国—现代 Ⅳ .① TU206

中国国家版本馆 CIP 数据核字（2023）第 123287 号

责任编辑：唐　旭
文字编辑：吴人杰
责任校对：王　烨

南昌大学建筑系学生作品集萃 2020–2022
UNDERGRADUATE WORK COLLECTION OF DEPARTMENT OF ARCHITECTURE，NANCHANG UNIVERSITY 2020–2022
南昌大学建筑与设计学院　编
黄景勇　王雪强　范丽娅　马　凯　主　编
周　韬　吴　琼　肖　君　曹　蕾　副主编
*
中国建筑工业出版社出版、发行（北京海淀三里河路 9 号）
各地新华书店、建筑书店经销
北京雅盈中佳图文设计公司制版
北京富诚彩色印刷有限公司印刷
*
开本：880 毫米 ×1230 毫米　1/16　印张：17　字数：484 千字
2023 年 8 月第一版　　2023 年 8 月第一次印刷
定价：**248.00** 元
ISBN 978-7-112-28900-4
（41224）